从零开始

神龙工作室 策划　朱文轩 编著

Word/Excel/PPT

2016 三合一办公应用基础教程

人民邮电出版社

北京

图书在版编目（CIP）数据

Word/Excel/PPT 2016三合一办公应用基础教程 / 神龙工作室策划 ; 朱文轩编著. -- 北京 : 人民邮电出版社, 2020.5
（从零开始）
ISBN 978-7-115-52492-8

Ⅰ. ①W… Ⅱ. ①神… ②朱… Ⅲ. ①办公自动化—应用软件—教材 Ⅳ. ①TP317.1

中国版本图书馆CIP数据核字(2020)第034409号

内 容 提 要

本书是指导初学者学习 Word/Excel/PPT 2016 的入门书籍。书中详细地介绍了初学者在学习软件时应该掌握的基础知识、使用方法和操作技巧，并对初学者在使用时经常遇到的问题进行了专家级的指导，以免初学者在学习过程中走弯路。全书共 11 章，分别介绍文档的基本操作，表格应用与图文混排，Word 高级排版，工作簿与工作表的基本操作，规范与美化工作表，排序、筛选与汇总数据，图表与数据透视表，公式与函数的应用，数据分析与数据可视化，编辑与设计幻灯片，动画效果与放映。

本书附带丰富的教学资源，读者可关注公众号“职场研究社”获取下载方法。教学资源中包含 120 集与本书内容同步的视频讲解、本书案例的素材文件和结果文件、教学 PPT 课件、900 套 Word/Excel/PPT 2016 实用模板、300 页 Excel 函数与公式使用详解电子书等内容。

本书既适合电脑初学者阅读，又可以作为各类院校或者企业的培训教材，同时对有经验的 Office 用户也有很高的参考价值。

◆ 策　　划　神龙工作室
编　　著　朱文轩
责任编辑　马雪伶
责任印制　马振武

◆ 人民邮电出版社出版发行　　北京市丰台区成寿寺路 11 号
邮编　100164　　电子邮件　315@ptpress.com.cn
网址　http://www.ptpress.com.cn
山东华立印务有限公司印刷

◆ 开本：787×1092　1/16
印张：17
字数：435 千字　　　2020 年 5 月第 1 版
印数：1 – 2 600 册　　　2020 年 5 月山东第 1 次印刷

定价：49.80 元

读者服务热线：(010)81055410　印装质量热线：(010)81055316
反盗版热线：(010)81055315
广告经营许可证：京东工商广登字 20170147 号

前　言

随着企业信息化的不断发展，办公软件已经成为企业日常办公中不可或缺的工具。目前主流的办公软件有Word、Excel和PowerPoint，可分别用于文档资料的管理、数据的处理与分析、演示文稿的制作与展示等，目前已被广泛地应用于财务、行政、人事、统计和金融等众多领域，因此我们组织多位办公软件应用专家和经验丰富的职场人士精心编写了本书，以帮助企业实现高效、简捷的现代化管理的目标。

本着“学用结合”的原则，我们在教学方法、教学内容以及教学资源上都体现出自己的特色。

本书特点

本书采用“课前导读→课堂讲解→课堂实训→常见疑难问题解析→课后习题”五段法，来激发读者的学习兴趣，更细致地讲解理论知识，重点训练动手能力，有针对性地解答常见问题，并通过课后练习帮助读者强化及巩固所学的知识和技能。

◎ 课前导读：介绍本章相关知识点，以及学完本章内容后读者可以做什么，帮助读者了解本章知识点在办公中的作用，以及学习这些知识点的必要性和重要性。

◎ 课堂讲解：深入浅出地讲解理论知识，理论内容的设计以“必需、够用”为度；强调“应用”，着重实际训练，配合经典实例介绍如何在实际工作当中灵活应用这些知识点。

◎ 课堂实训：紧密结合课堂讲解的内容给出操作要求，并提供适当的操作思路以及专业背景知识供读者参考，要求读者独立完成操作，以充分训练读者的动手能力，并提高其独立完成任务的能力。

◎ 常见疑难问题解析：我们根据十多年的教学经验，精选出用户在理论学习和实际操作中经常会遇到的问题并进行答疑解惑，以帮助读者吃透理论知识并掌握其应用方法。

◎ 课后习题：结合每章内容给出难度适中的习题操作，读者可通过练习，巩固所学知识点，达到温故而知新的效果。

本书内容

本书的目标是循序渐进地帮助读者掌握在办公中要用到的相关知识，让他们能使用Word、Excel和PowerPoint办公并完成相关工作。全书共有11章，可分为3部分，具体内容如下。

◎ 第1部分（第1～3章）：主要讲解Word的相关知识，如文档的基本操作、表格应用与图文混排，以及Word高级排版等。

◎ 第2部分（第4～9章）：主要讲解Excel的使用，如工作簿与工作表的基本操作，规范与美化工作表，排序、筛选与汇总数据，图表与数据透视表，公式与函数的应用和数据分析与数据可视化等。

◎ 第3部分（第10～11章）：主要讲解如何使用PowerPoint办公，如编辑与设计幻灯片和动画效果，以及放映等。

说明：本书以Office 2016版本为例，在讲解时如使用“在【开始】→【字体】组中……”则表示在“开始”选项卡的“字体”组中进行相应设置。

教学资源

◎ 关注“职场研究社”公众号，回复“52492”，即可获取本书配套教学资源的下载方式。

◎ 在教学资源主界面中单击相应的内容即可开始学习。教学资源包括120集与本书内容同步的视频讲解、本书案例的素材文件和结果文件、教学PPT课件、900套Word/Excel/PPT办公模板、300页Excel函数与公式使用详解电子书等。

本书由神龙工作室策划，朱文轩编写，参与资料收集和整理工作的人员有孙冬梅、张学等。由于时间仓促，书中难免有疏漏和不妥之处，恳请广大读者不吝批评和指正。

本书责任编辑的联系邮箱：maxueling@ptpress.com.cn。

编　者

目录

第1章 文档的基本操作

本章内容简介

本章主要介绍如何新建文档、保存文档、编辑文档、浏览文档、打印文档、保护文档以及文档中简单的格式设置等内容。

学完本章我能做什么

通过本章的学习，我们能熟练制作一个 Word 文档，在文档中进行不同的编辑并在编辑文档后进行不同的格式设置。

学习目标

- 学会新建并保存文档
- 学会编辑文档
- 学会怎样打印文档
- 学会怎样对文档进行保护
- 掌握文档的格式设置

1.1 基本操作——面试通知

面试通知是公司通知应聘者参加面试的一种文书。应聘者凭面试通知参加面试。

面试是面试官通过书面或面谈的形式来考查一个人的工作能力，经由这一过程面试官可以初步判断应聘者是否可以融入自己的团队，可以说这是一种经过组织者精心策划的招聘活动。在特定场景下，以面试官对应聘者的面对面交谈与观察为主要手段，由表及里测评应聘者的知识、能力、经验等有关素质的考试活动。

1.1.1 新建文档

用户可以使用Word 2016方便快捷地新建多种类型的文档，如空白文档、基于模板的文档等。

扫码看视频

1. 新建空白文档

如果Word 2016没有启动，那么便可通过“右键快捷菜单”的方法新建空白文档。

一般情况下，先选定文档的保存位置，例如想将文档保存在E盘【文件】文件夹中，就在该位置新建文档。

❶ 单击【此电脑】，双击进入E盘，双击E盘中的【文件】文件夹，如图1.1–1所示。

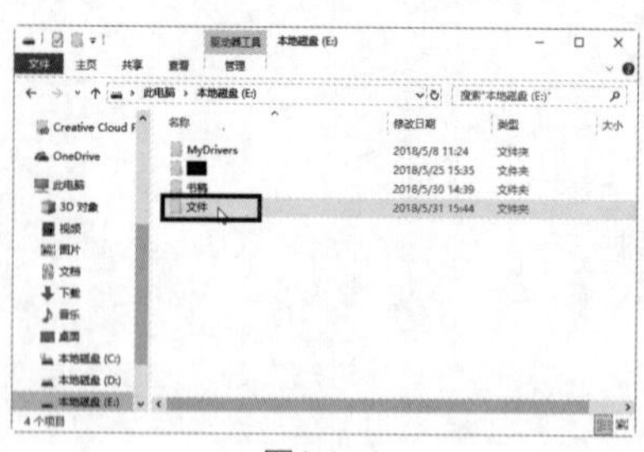

图1.1–1

❷ 在【文件】文件夹中单击鼠标右键，在弹出的快捷菜单中单击【新建】→【Microsoft Word文档】命令，如图1.1–2所示，即可在文件夹中新建一个Word文档。

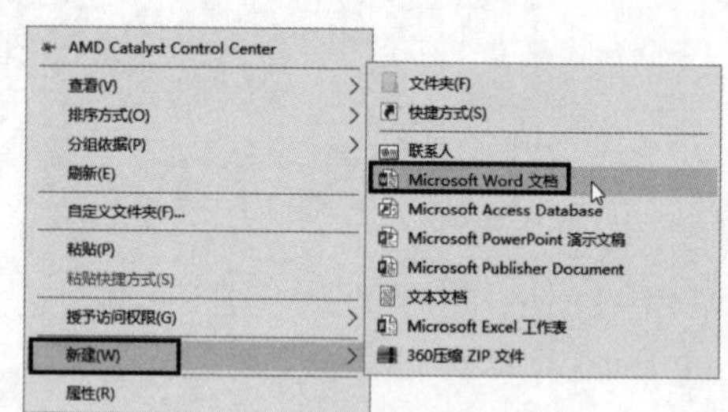

图1.1–2

如果Word 2016已经启动，可有3种方法新建空白文档，下面以使用【文件】按钮为例进行讲解。

在Word 2016主界面中单击 文件 按钮，在弹出的界面中单击【新建】选项卡，系统会打开【新建】界面，在列表框中选中【空白文档】选项，如图1.1–3所示。

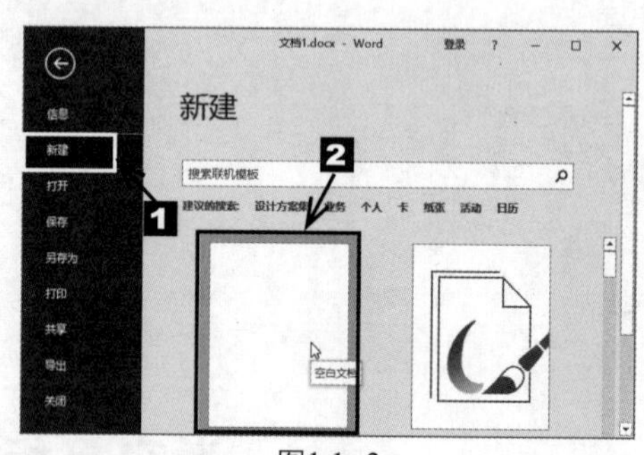

图1.1–3

> 提示：在Word 2016中，用户可以使用组合键新建文档，例如按【Ctrl】+【N】组合键即可创建一个新的空白文档。

2. 新建联机文档

除了Office 2016软件自带的模板之外，微软公司还提供了很多精美的联机模板。

在日常办公中，如果需要制作有固定格式的文档，例如制作会议纪要、规章制度、通知等，使用联机文档创建所需的文档会事半功倍。

下面以创建一个面试通知的文档为例来介绍具体方法。为了能搜索到与自己需求更匹配的文档，这里我们以“通知”为关键词进行搜索。具体的操作步骤如下。

❶ 单击 文件 按钮，在弹出的界面中单击【新建】选项，系统会打开【新建】界面，在【搜索联机模板】搜索框中输入想要搜索的模板类型，例如输入“通知”，单击【开始搜索】按钮，如图1.1-4所示。

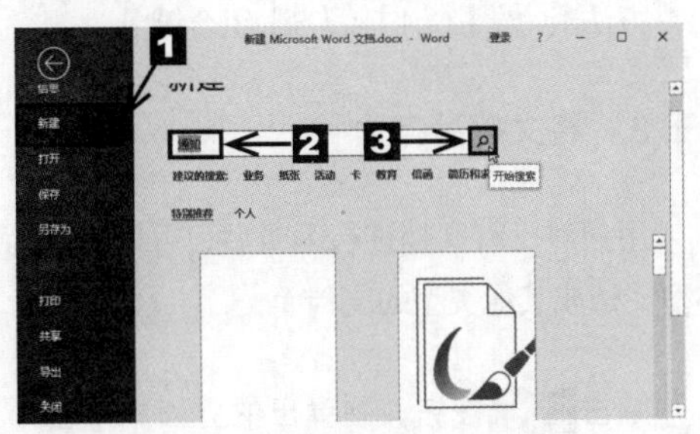

图1.1-4

❷ 在【搜索联机模板】搜索框下方会显示搜索结果，从中选择一种合适的模板，如图1.1-5所示。

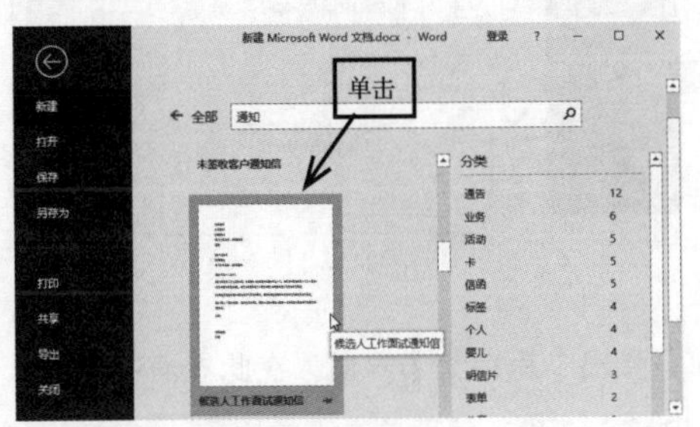

图1.1-5

❸ 在弹出的【通知】预览界面中单击【创建】按钮，如图1.1-6所示。

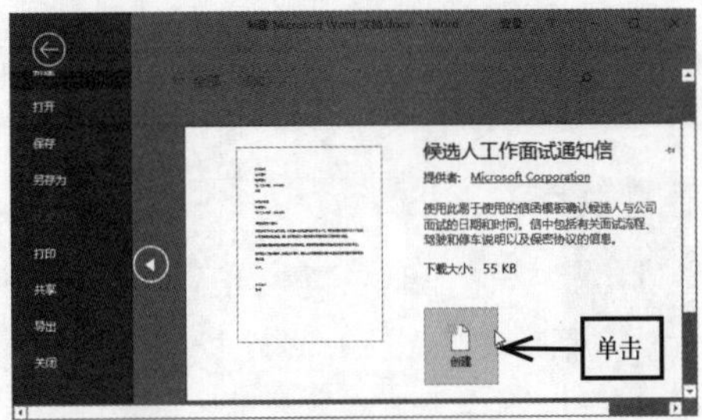

图1.1-6

❹ 系统自动进入下载界面，如图1.1-7所示，下载完毕后即可在Word中打开该模板。

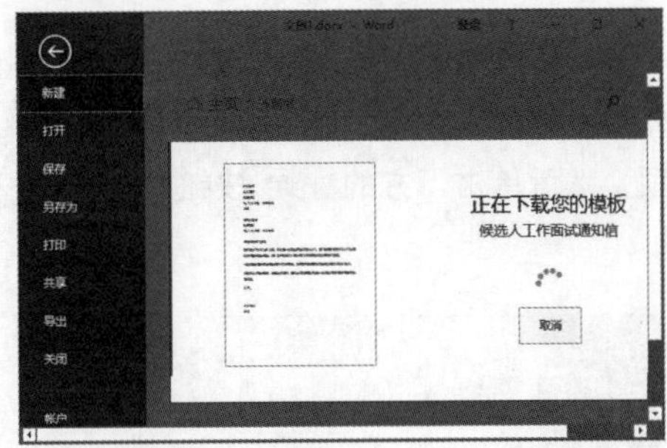

图1.1-7

提示：联机模板的下载需要连接网络，否则无法显示信息或下载。

1.1.2 保存文档

在编辑文档的过程中，可能会出现断电、死机或者系统自动关闭等情况，从而造成数据丢失。为了避免这种情况的发生，应该及时保存文档。

1. 保存新建的文档

新建文档之后，可以将其保存。在首次保存文档时，需要为文档指定保存的位置、文件名等信息，具体的操作步骤如下。

❶ 单击 文件 按钮，在弹出的界面中单击【保存】选项，如图1.1-8所示。

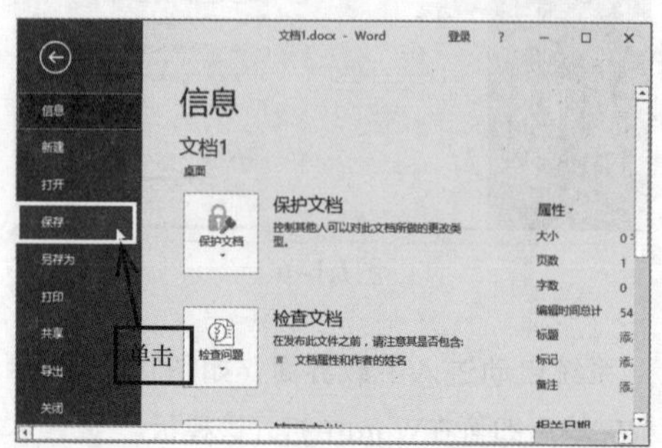

图1.1-8

❷ 此时若是第一次保存文档，系统会打开【另存为】界面，在此界面中单击【这台电脑】选项，然后单击下方的 浏览 按钮，如图1.1-9所示。

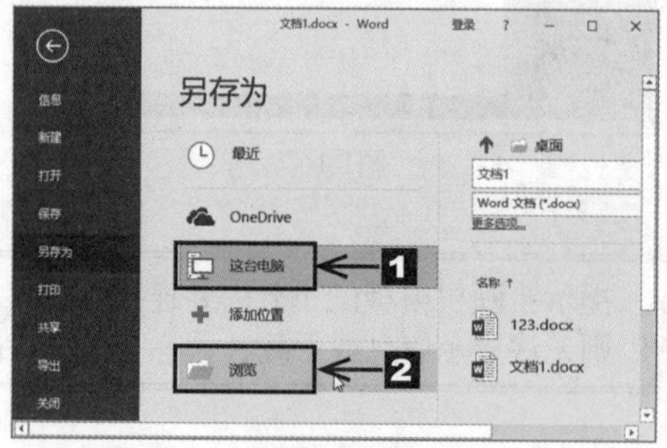

图1.1-9

❸ 弹出【另存为】对话框，在左侧的列表框中选择保存位置，在【文件名】文本框中输入文件名，在【保存类型】下拉列表框中选中【Word文档】选项，如图1.1-10所示。

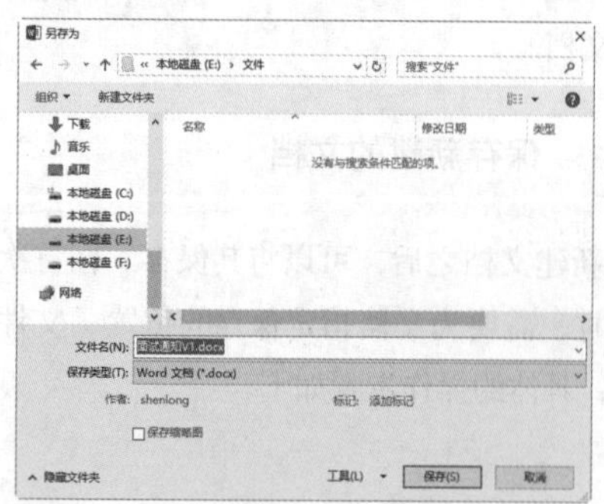

图1.1-10

❹ 单击 保存(S) 按钮，即可保存新建的Word文档。

提示："面试通知"这个文档可能需要修改多次，在保存时可以为其加上版本编号和时间，如"面试通知V1-20201103"。

2. 保存已有文档

用户对已经保存过的文档进行编辑之后，可以使用以下几种方法保存。

方法1：单击【快速访问工具栏】中的【保存】按钮。

方法2：单击 文件 按钮，在弹出的界面中单击【保存】选项。

方法3：按【Ctrl】+【S】组合键。

3. 将文档另存为

用户对已有文档进行编辑后，可以另存为同类型文档或其他类型的文档。

❶ 单击 文件 按钮，在弹出的界面中单击【另存为】选项，如图1.1-11所示。

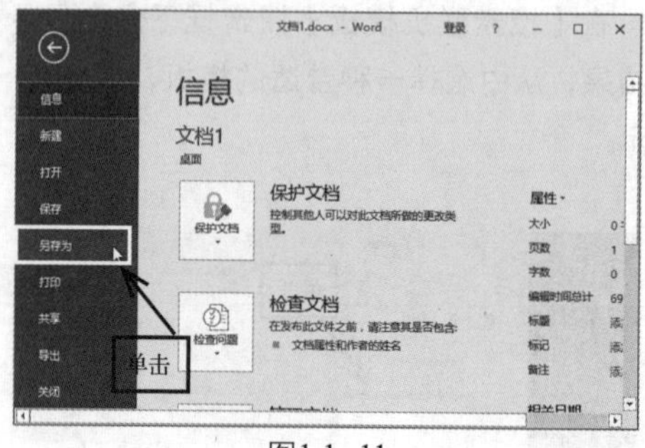

图1.1-11

❷ 弹出【另存为】界面，在此界面中单击【这台电脑】选项，然后单击下方的 浏览 按钮，如图1.1-12所示。

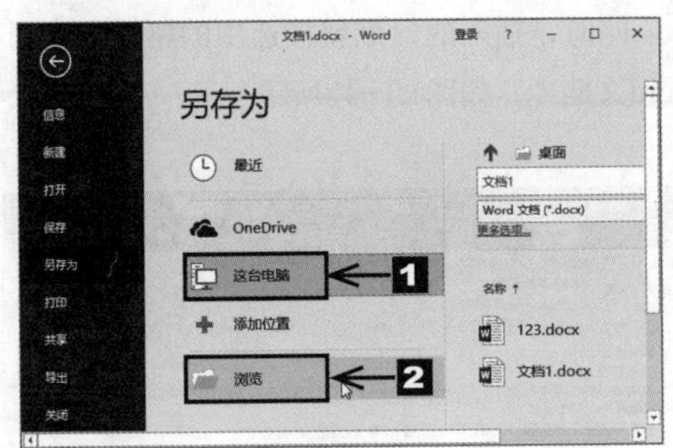

图1.1-12

❸ 弹出【另存为】对话框，在左侧的列表框中选择保存位置，在【文件名】文本框中输入文件名，在【保存类型】下拉列表框中选中【Word文档】选项，单击 保存(S) 按钮即可，如图1.1-13所示。

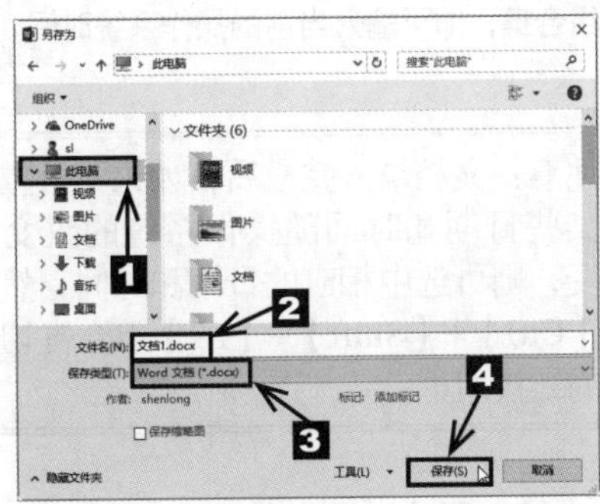

图1.1-13

在实际工作中，更多的情况是文档已经保存在电脑的某个文件夹中了，这时用户只要在对文档进行编辑之后单击【保存】按钮，就可以完成对文档的保存。

如果使用组合键来保存文档会更有效，而且更专业——按【Ctrl】和【S】组合键。

> 提示：在本书后续的讲解中，我们用【Ctrl】+【S】这种形式表示同时按【Ctrl】和【S】键。

1.1.3 输入文本

编辑文档是Word文字处理软件最主要的功能之一，接下来介绍如何在Word文档中编辑中文、日期、数字以及英文等对象。

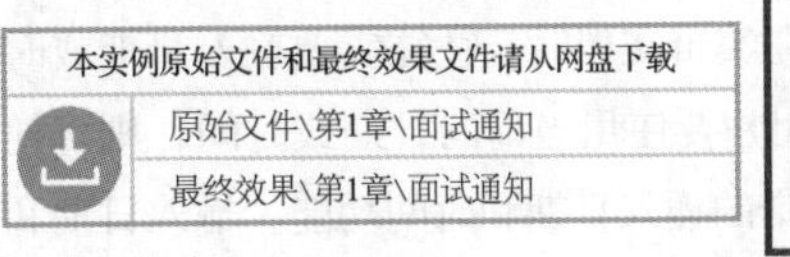

本实例原始文件和最终效果文件请从网盘下载

原始文件\第1章\面试通知

最终效果\第1章\面试通知

扫码看视频

1. 输入中文

新建“面试通知”空白文档后，用户就可以在文档中输入中文了。具体的操作步骤如下。

❶ 打开本实例的原始文件“面试通知.docx”，然后切换到任意一种汉字输入法。

❷ 在文档编辑区单击，在光标闪烁处输入文本内容，例如“面试通知”，然后按【Enter】键，光标会自动移至下一行行首，如图1.1-14所示。

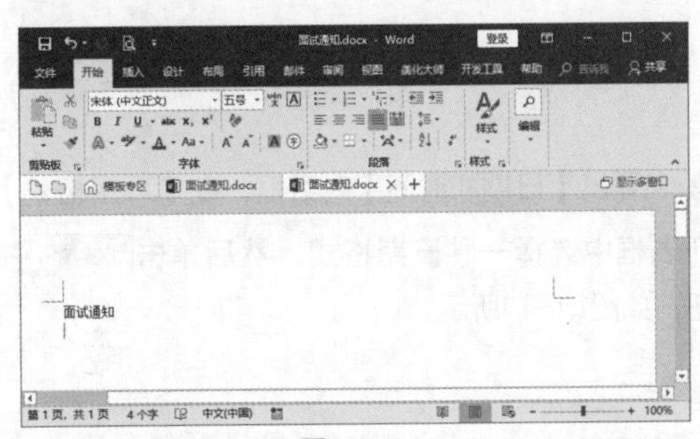

图1.1-14

❸ 再输入面试通知中的主要内容，如图1.1-15所示。

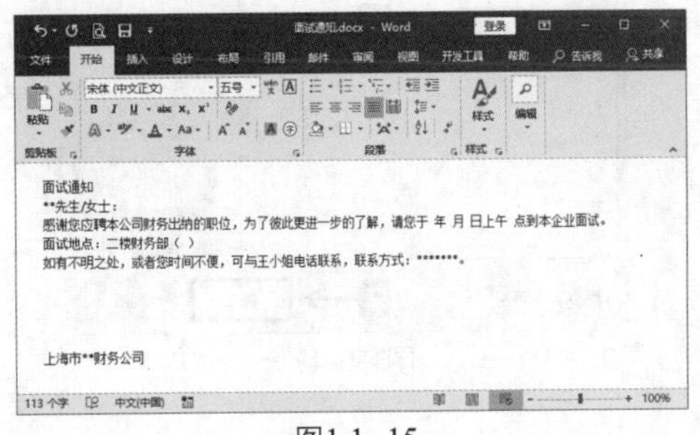

图1.1-15

> 提示：为了便于读者学习，我们提供了已经输入了面试内容的文档（原始文件\面试通知）。

2. 输入日期和时间

用户在编辑文档时，往往需要输入日期或时间。如果用户要使用当前的日期或时间，则可使用Word自带的插入日期和时间功能。输入日期和时间的具体步骤如下。

❶ 将光标定位在文档最后一行的行首，然后切换到【插入】选项卡，在【文本】组中单击 日期和时间 按钮，如图1.1–16所示。

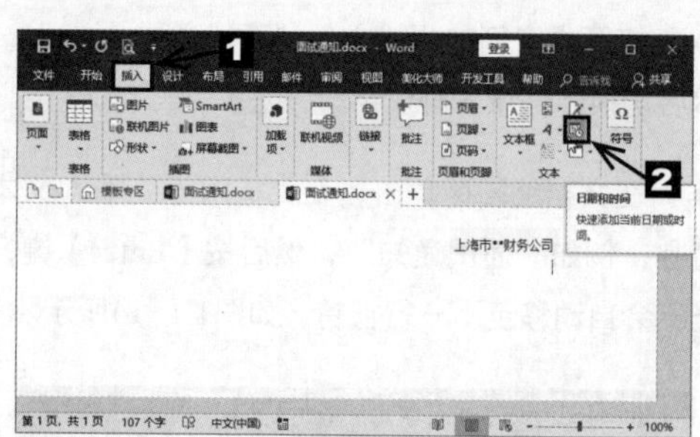

图1.1–16

❷ 弹出【日期和时间】对话框，在【可用格式】列表框中选择一种日期格式，然后单击 确定 按钮，如图1.1–17所示。

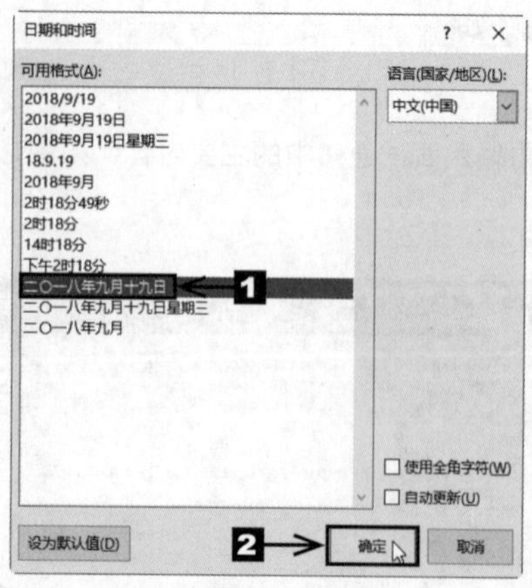

图1.1–17

❸ 此时，插入的日期就按选中的格式插入到了Word文档中，如图1.1–18所示。

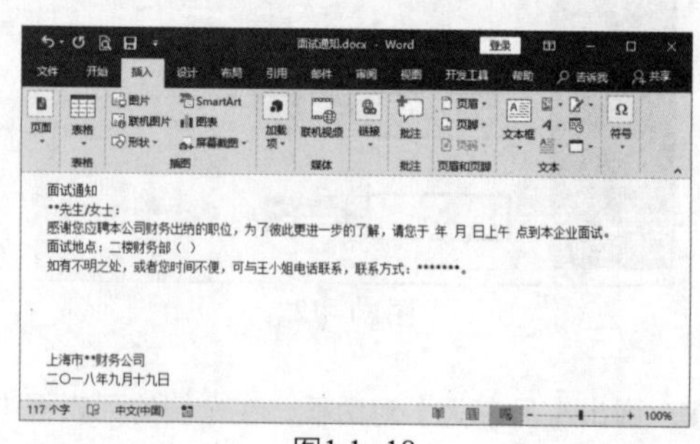

图1.1–18

❹ 用户还可以使用组合键输入当前日期和时间，方法：按【Alt】+【Shift】+【D】组合键，即可输入当前的操作系统日期；按【Alt】+【Shift】+【T】组合键，即可输入当前的操作系统时间。

> 注意：文档录入完成后，如果不希望其中某些日期和时间随操作系统的改变而改变，则可选中相应的日期和时间，然后按【Ctrl】+【Shift】+【F9】组合键切断域的链接即可。

3. 输入数字

在编辑文档的过程中，如果用户需要用到数字内容，按键盘上的数字直接输入即可。输入数字的具体步骤如下。

❶ 将光标定位在文本“于”和“年”之间，依次按键盘上的数字键“2”“0”“1”“8”；再将光标定位在“年”和“月”之间，依次按数字键“1”“2”；将光标定位在“月”和“日”之间，依次按数字键“2”“3”，即可分别输入数字“2018”“12”和“23”，如图1.1–19所示。

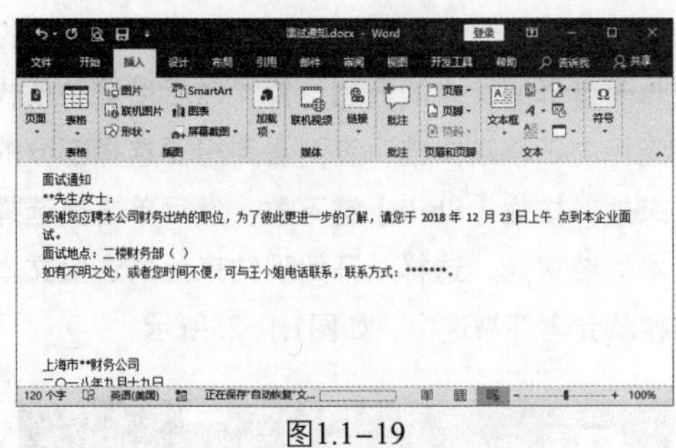

图1.1–19

❷ 使用同样的方法输入其他数字即可，如图1.1–20所示。

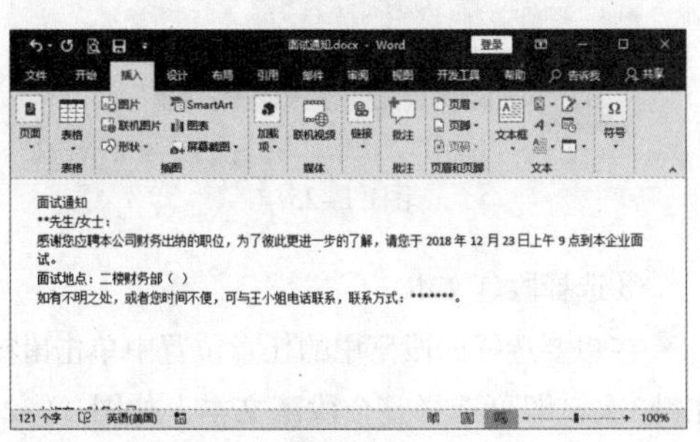

图1.1–20

4. 输入英文

在编辑文档的过程中，用户如果想要输入英文文本，需先将输入法切换到英文状态，然后进行输入。输入英文文本的具体步骤如下。

❶ 按【Shift】键将输入法切换到英文状态，将光标定位在文本第1页的“二楼财务部”后面的括号中间，按【Caps Lock】键，然后输入大写英文文本“FD”，如图1.1–21所示。

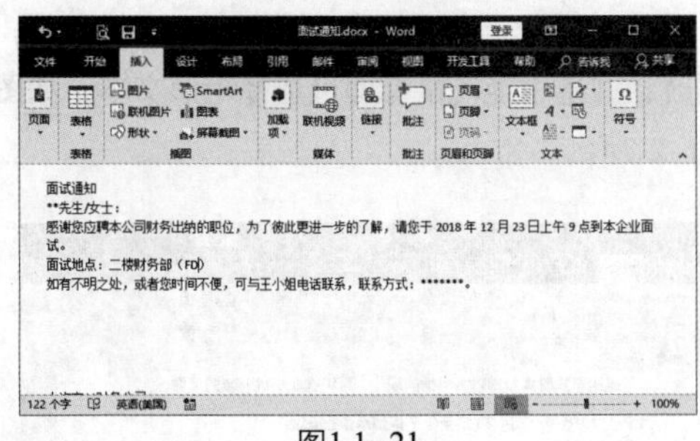

图1.1–21

❷ 在文档中输入其他的英文，如果要更改英文的大小写，需先选择英文文字，如“FD”，然后切换到【开始】选项卡，在【字体】组中单击【更改大小写】按钮Aa，在弹出的下拉列表框中选中【小写】选项，如图1.1–22所示。

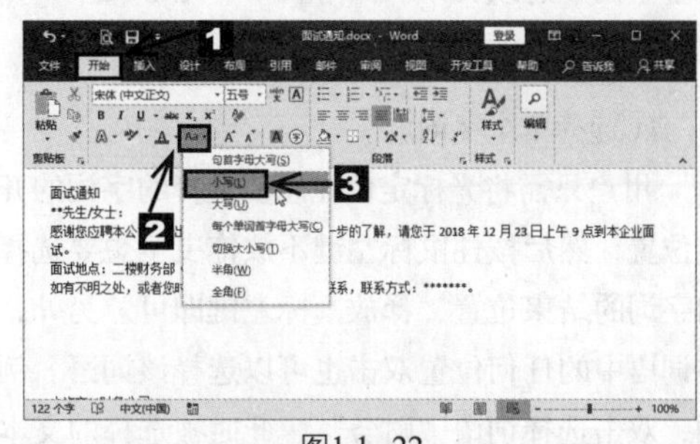

图1.1–22

❸ 也可以使用组合键更改英文大小写。在保持“FD”的选中状态下，按【Shift】+【F3】组合键，“FD”变成了“fd”；再次按【Shift】+【F3】组合键，“fd”则变成了“Fd”。

注意：用户也可以使用组合键改变英文输入的大小写。方法是：按【Caps Lock】键（大写锁定键），然后按字母键，即可输入大写字母；再次按【Caps Lock】键，即可取消英文大写状态。英文输入法中，同时按【Shift】键和字母键也可以输入大写字母。

1.1.4 编辑文本

文档的基本操作一般包括选择、复制、剪切、粘贴、删除、查找和替换文本等，接下来分别进行介绍。

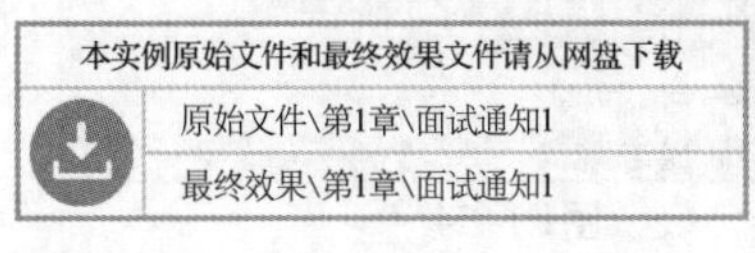

扫码看视频

1. 选择文本

对Word文档中的文本进行编辑之前，首先应选择要编辑的文本。下面介绍使用鼠标和键盘选择文本的几种方法。

使用鼠标选择文本。用户可以使用鼠标选取单个字词、连续文本、段落文本、矩形文本、分散文本以及整个文档等。

①选择单个字词。

用户只需将光标定位在想要选择的字词的开始位置，然后按住鼠标左键不放拖曳至想要选择的字词的结束位置，释放鼠标左键即可。另外，在词语中的任何位置双击也可以选择该词语。例如，双击选择词语“财务”，此时被选择的文本会以深灰色底纹显示，如图1.1–23所示。

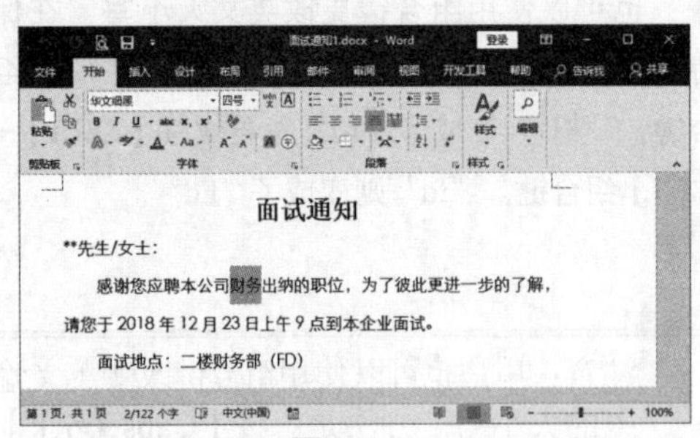

图1.1–23

②选择连续文本。

❶ 用户只需将光标定位在想要选择的文本的开始位置，然后按住鼠标左键不放拖曳至想要选择的文本的结束位置，释放鼠标左键即可，如图1.1–24所示。

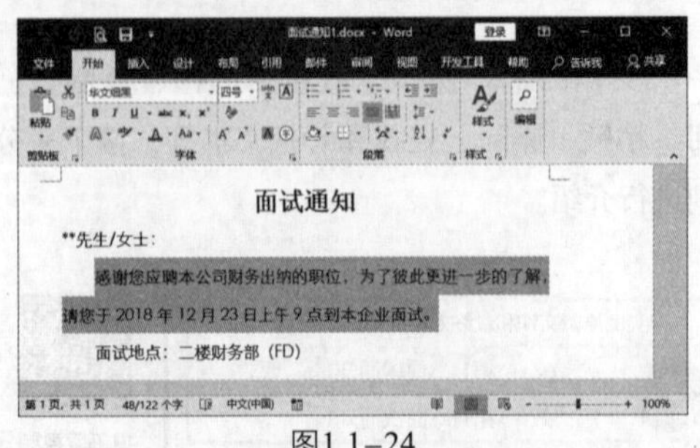

图1.1–24

❷ 如果要选择超长文本，用户只需将光标定位在想要选择的文本的开始位置，然后用滚动条代替光标向下移动文档，直到看到想要选择部分的结束处，按住【Shift】键不放，然后单击要选择文本的结束处，这样从开始到结束处的这段文本内容就会全部被选中，如图1.1–25所示。

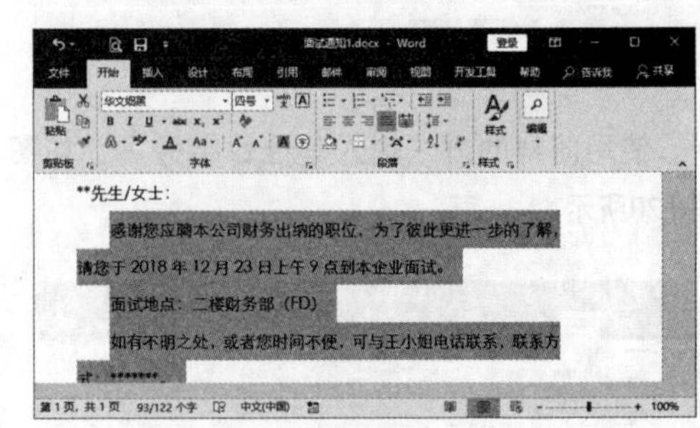

图1.1–25

③选择段落文本。

在想要选择的段落中的任意位置中单击鼠标左键3次，即可选择整个段落文本，如图1.1–26所示。

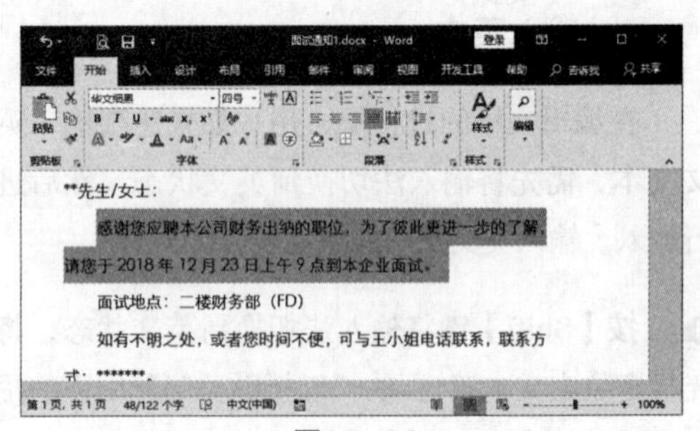

图1.1–26

④选择矩形文本。

先选择一个文本，然后按住【Alt】键不放，同时在文本中拖动鼠标即可选择矩形文本，如图1.1–27所示。

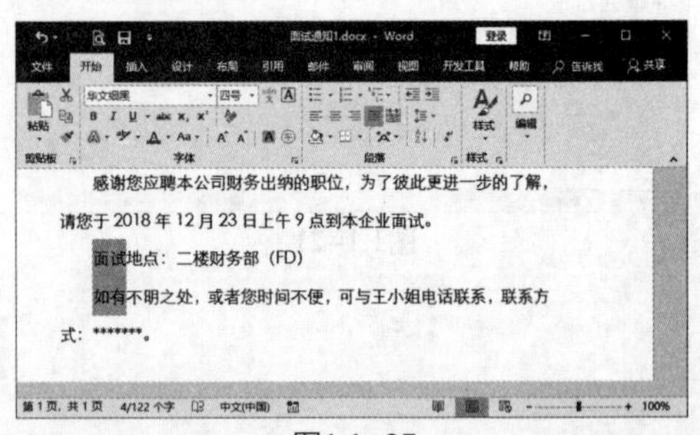

图1.1–27

⑤选择分散文本。

在Word文档中，首先使用拖动鼠标的方法选择一个文本，然后按住【Ctrl】键不放，依次选择其他文本，就可以选择任意数量的分散文本了，如图1.1–28所示。

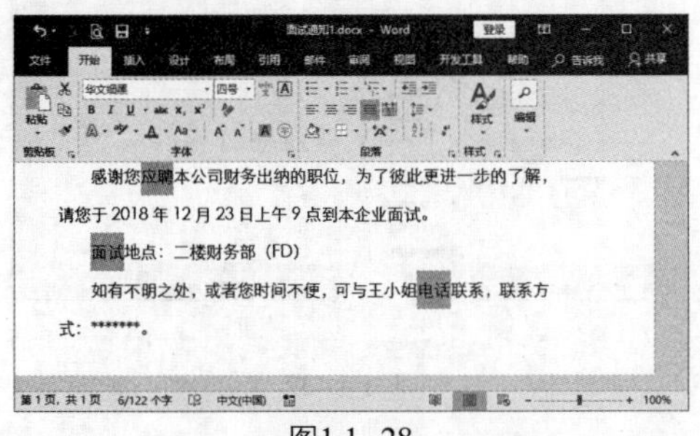

图1.1–28

除了使用鼠标选择文本外，用户还可以使用键盘上的组合键选择文本。在使用组合键选择文本前，用户应根据需要将光标定位在适当的位置，然后再按相应的组合键选择文本。

Word 2016提供了一整套利用键盘选择文本的方法，主要是通过【Shift】键、【Ctrl】键和方向键来实现的，操作方法如表1.1–1所示。

表1.1–1

快捷键	功能
Ctrl+A	选择整篇文档
Ctrl+Shift+Home	选择光标所在处至文档开始处的文本
Ctrl+Shift+End	选择光标所在处至文档结束处的文本
Alt+Ctrl+Shift+PageUp	选择光标所在处至本页开始处的文本
Alt+Ctrl+Shift+PageDown	选择光标所在处至本页结束处的文本
Shift+↑	向上选中一行
Shift+↓	向下选中一行
Shift+←	向左选中一个字符
Shift+→	向右选中一个字符
Ctrl+Shift+←	选择光标所在处左侧的词语
Ctrl+Shift+→	选择光标所在处右侧的词语

2. 复制文本

复制文本时，Word软件会给整个文档或文档中的一部分复制一份备份文件，并放到指定位置——剪贴板中，而已“被复制”的原内容仍按原样保留在原位置。

在编辑文档时，遇到需要输入相同内容的情况时，为了节省时间，用户可以通过复制文本来输入相同的内容。

剪贴板是Windows的一块临时存储区，用户可以在剪贴板上对文本进行复制、剪切或粘贴等操作。美中不足的是，剪贴板只能保留一份数据，每当新的数据传入，旧的数据便会被覆盖。复制文本的具体操作方法如下。

打开本实例的原始文件，选择文本“财务部”，然后切换到【开始】选项卡，在【剪贴板】组中单击【复制】按钮，如图1.1–29所示。

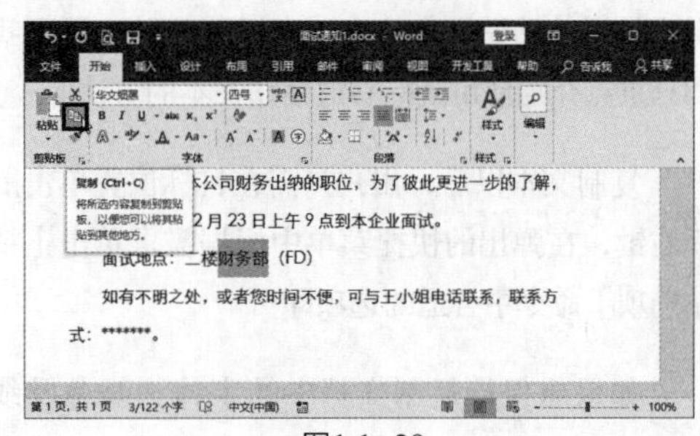

图1.1–29

提示：选择文本“财务部”，然后单击鼠标右键，在弹出的快捷菜单中单击【复制】命令或者按【Ctrl】+【C】组合键。

使用【Shift】+【F2】组合键。选中文本，按【Shift】+【F2】组合键，状态栏中将出现“复制到何处?”字样，单击放置复制对象的目标位置，然后按【Enter】键即可，如图1.1–30所示。

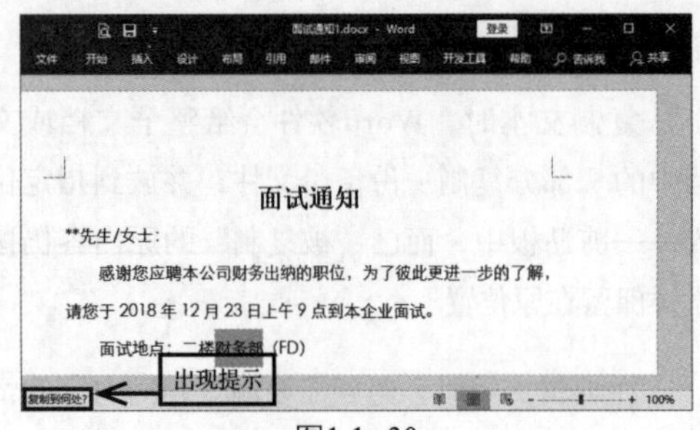

图1.1–30

3. 剪切文本

“剪切”是指用户把选中的文本放入到剪切板中，单击【粘贴】按钮后又会出现一份相同的文本，原来的文本会被系统自动删除。

剪切的操作方法与复制的操作方法类似，而使用组合键【Ctrl】+【X】可以快速地剪切文本。

4. 粘贴文本

复制文本以后，接下来就可以进行粘贴了。用户常用的粘贴文本的方法有以下几种，下面我们只重点介绍使用鼠标右键粘贴文本的方法。

复制文本以后，用户只需在目标位置单击鼠标右键，在弹出的快捷菜单中根据需求单击【粘贴选项】命令中合适的选项即可。

如果想保持复制文档中的字体、颜色及线条等格式不变，那么可以在右键快捷菜单中单击【保留源格式】命令，如图1.1–31所示。

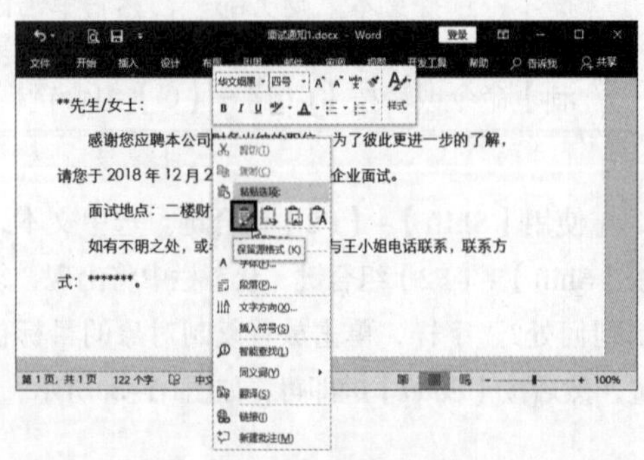

图1.1–31

如果要复制不同格式的文档，那么在右键快捷菜单中单击【合并格式】命令即可，如图1.1–32所示。

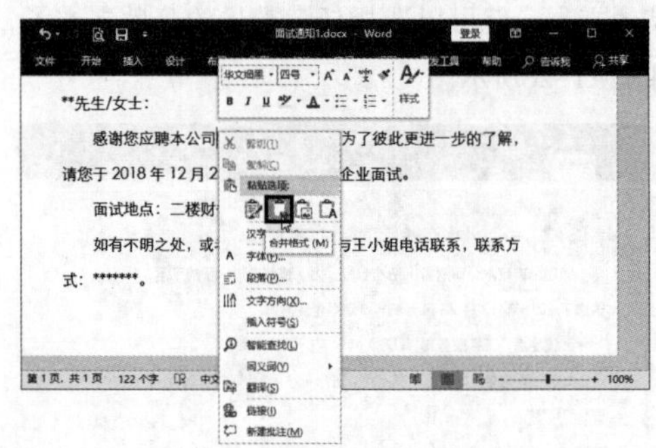

图1.1–32

如果我们在右键快捷菜单中单击【图片】命令，那么粘贴到文档中的内容是以图片形式显示的，图片中的文字内容是无法再进行编辑的。如果我们不希望粘贴的内容发生改变，可以使用这种方式，如图1.1–33所示。

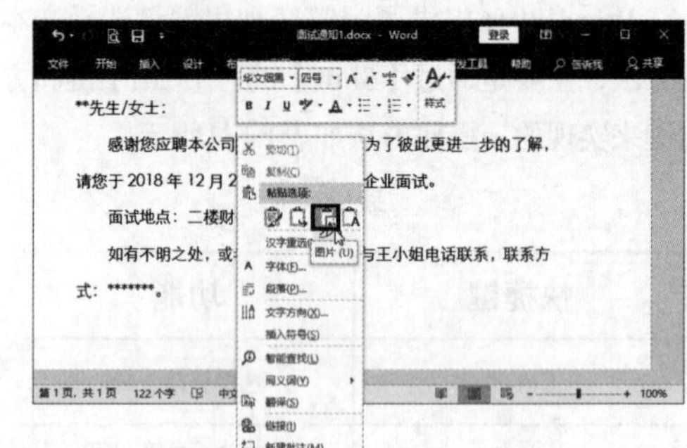

图1.1–33

如果文本是从网络上复制过来的，我们只需要文字而不需要网络上的格式时，可以在右键快捷菜单中单击【只保留文本】命令，如图1.1–34所示。

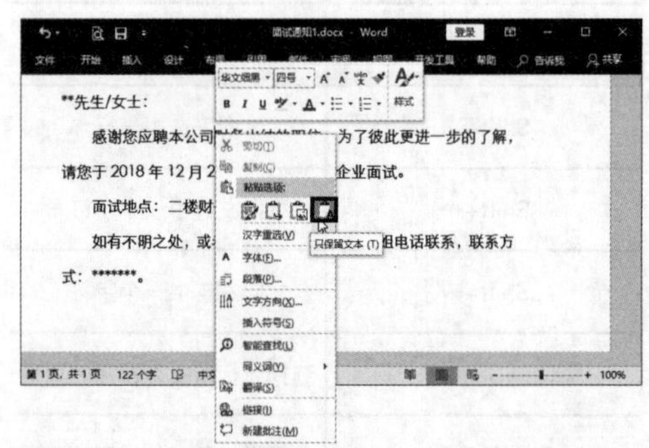

图1.1–34

复制文本以后，除了使用右键快捷菜单进行粘贴外，用户还可以使用【剪贴板】组中的【粘贴】按钮，如图1.1-35所示。

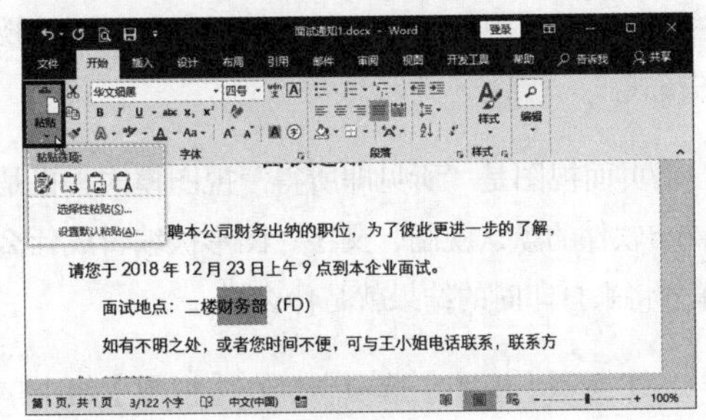

图1.1-35

> 提示：使用【Ctrl】+【C】和【Ctrl】+【V】组合键，可以分别快速地复制和粘贴文本。

5. 查找和替换文本

在编辑文档的过程中，有时要查找并替换某些字词，当内容比较少时，用户可以挨个操作，但如果是长篇的文档，挨个操作会给用户增加很大的工作量。为了提高工作效率，节省时间，用户可以使用查找和替换功能。

下面我们以“面试通知”文档中的“公司”替换为“企业”为例，对如何查找和替换文本进行介绍。具体的操作步骤如下。

❶ 打开本实例的原始文件，按【Ctrl】+【F】组合键，弹出【导航】窗格，然后在查找文本框中输入“公司”，按【Enter】键，随即在【导航】窗格中查找到了该文本所在的位置，同时文本“公司”在Word文档中以黄色底纹显示，如图1.1-36所示。

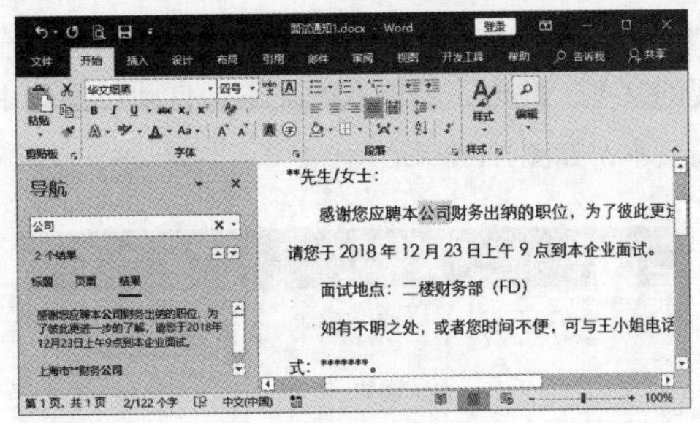

图1.1-36

❷ 如果用户要替换相关的文本，可以按【Ctrl】+【H】组合键，弹出【查找和替换】对话框，系统自动切换到【替换】选项卡，在【替换为】文本框中输入“企业”，然后单击 全部替换(A) 按钮，如图1.1-37所示。

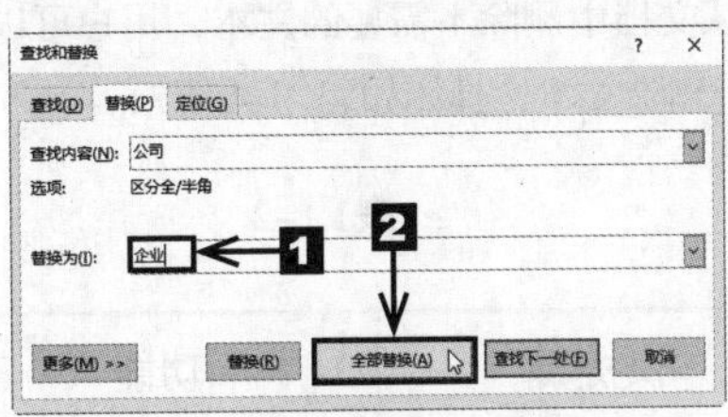

图1.1-37

❸ 弹出【Microsoft Word】提示对话框，提示用户“全部完成。完成2处替换”，然后单击 确定 按钮，如图1.1-38所示。

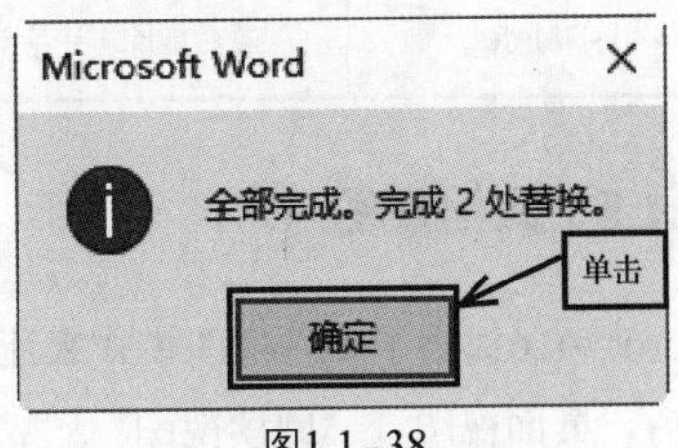

图1.1-38

❹ 单击 关闭 按钮，返回Word文档中，即可看到替换效果。

6. 改写文本

在输入文档的过程中，如果发现输入的文档中有错误，那么我们就需要将错误的文本进行改写。具体的操作步骤如下。

首先用鼠标选中要改写的文本，然后输入需要的文本。此时，新输入的文本会自动替换选中的文本，如图1.1-39所示。

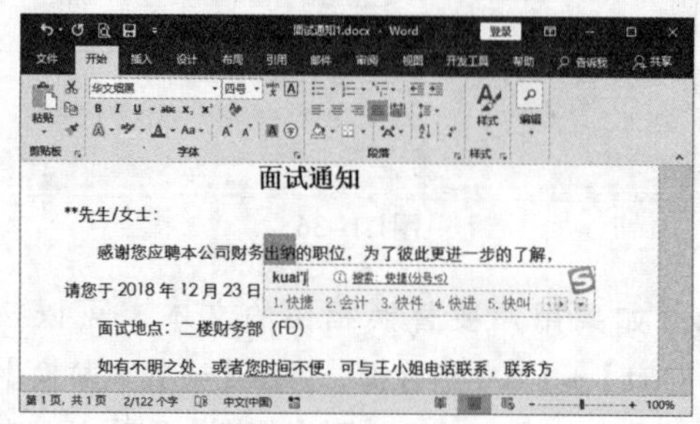

图1.1-39

7. 删除文本

从文档中删除不需要的文本，用户可以使用快捷键删除文本，具体如表1.1-2所示。

表1.1-2

快捷键	功能
BackSpace	向左删除一个字符
Delete	向右删除一个字符
Ctrl+BackSpace	向左删除一个字词
Ctrl+Delete	向右删除一个字词

1.1.5 文档视图

Word 2016提供了多种视图模式来让用户选择，包括“页面视图”“阅读视图”“Web版式视图”“大纲视图”“草稿”5种视图模式。

下面我们以“面试通知”为例，讲解在编辑面试通知时如何使用上述的5种视图模式。

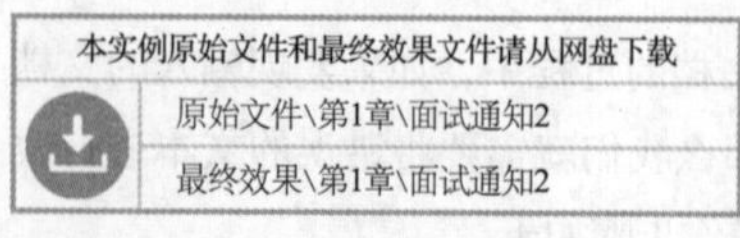

本实例原始文件和最终效果文件请从网盘下载

原始文件\第1章\面试通知2

最终效果\第1章\面试通知2

扫码看视频

1. 页面视图

页面视图可以显示Word 2016文档的打印结果的外观，主要包括页眉、页脚、图形对象、分栏设置、页边距等元素，是最接近打印结果的视图模式。

页面视图是“所见即所得”视图模式，也是Word软件的默认视图，文字、图形被编辑成什么样，将来打印时的结果就是什么样。

切换到【视图】选项卡，在【视图】组中单击【页面视图】按钮，或者单击视图状态栏中的【页面视图】按钮，如图1.1-40所示。

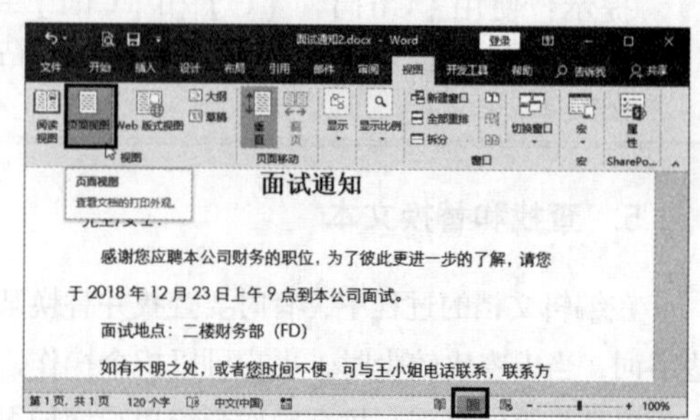

图1.1-40

2. 阅读视图

阅读视图是为了方便阅读、浏览文档而设计的视图模式。此模式默认仅保留方便在文档中跳转的导航窗格，将其他诸如开始、插入、页面设置、审阅、邮件合并等文档编辑工具进行了隐藏，从而扩大了Word文档界面的显示区域。另外，此模式对阅读功能进行了优化，最大限度地为用户提供优良的阅读体验。

阅读视图是以阅读书籍的方式查看当前文档的，便于用户在Word中阅读较长的文档。

切换到【视图】选项卡，在【视图】组中单击【阅读视图】按钮，或者单击视图状态栏中的【阅读视图】按钮，效果如图1.1-41所示。

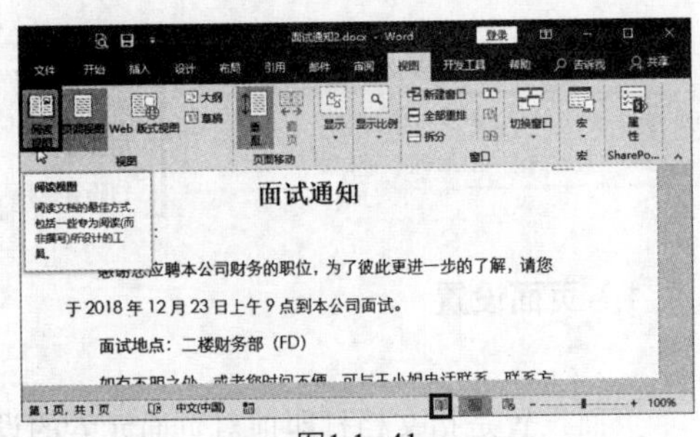
图1.1-41

3. Web版式视图

Web版式视图以网页的形式显示Word 2016文档，适用于发送电子邮件和创建网页等情况。

对普通用户来说，此视图模式使用的频率是比较低的。不过，如果偶尔碰到文档中存在超宽的表格或图形对象又不方便进行调整的时候，可以考虑切换到此视图中进行操作，会有意想不到的收获。

切换到【视图】选项卡，在【视图】组中单击【Web版式视图】按钮，或者单击视图状态栏中的【Web版式视图】按钮，即可将文档的显示方式切换到“Web版式视图”模式，效果如图1.1-42所示。

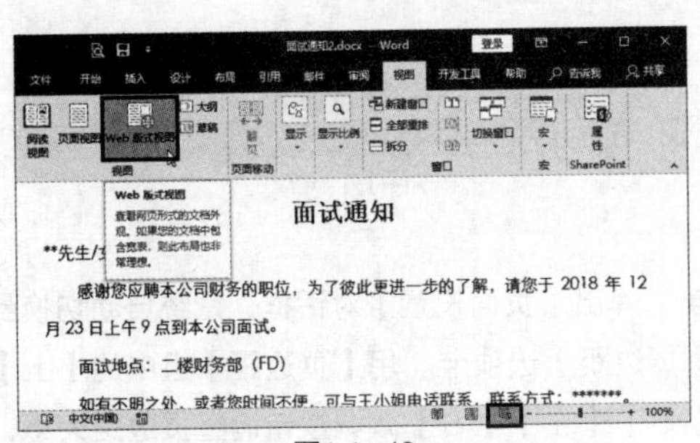
图1.1-42

4. 大纲视图

大纲视图主要用于Word 2016文档结构的设置和浏览，使用大纲视图可以迅速了解文档的结构和内容梗概。

大纲视图可以方便地查看、调整文档的层次结构，设置标题的大纲级别，成区块地移动文本段落。此视图可以轻松地对超长文档进行结构层面上的调整，并且不会误删一个字。

❶ 切换到【视图】选项卡，然后在【视图】组中单击【大纲视图】按钮，如图1.1-43所示。

图1.1-43

❷ 此时，即可将文档切换到“大纲视图”模式，同时在菜单栏中会显示【大纲显示】选项卡，如图1.1-44所示。

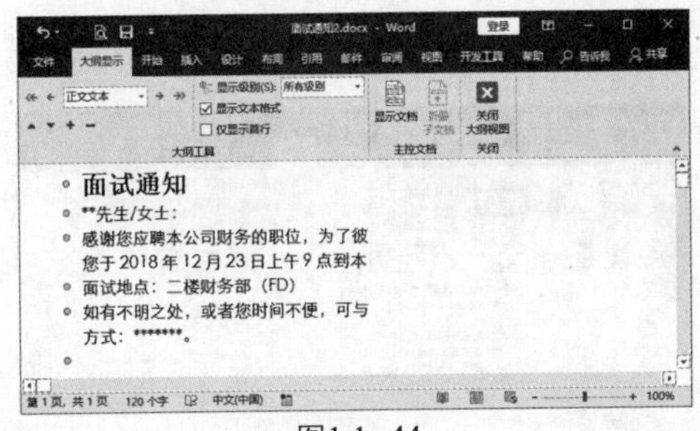
图1.1-44

❸ 切换到【大纲显示】选项卡，在【大纲工具】组中单击【显示级别】按钮右侧的下三角按钮，用户可以在弹出的下拉列表框中为文档设置或修改大纲级别。设置完毕，单击【关闭大纲视图】按钮，自动返回进入大纲视图前的视图状态，如图1.1-45所示。

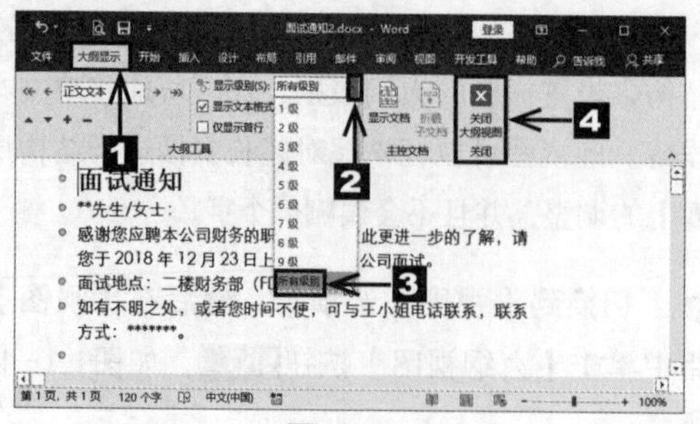

图1.1-45

5. 草稿视图

草稿视图取消了页边距、分栏、页眉页脚和图片等元素，仅显示标题和正文，是最节省计算机系统硬件资源的视图方式。

现如今，对普通用户来说，基本上用不着草稿视图模式。对于专业排版人员来说，偶尔对脚注、尾注调整时有可能会用到此模式，平时则基本不会用到。

切换到【视图】选项卡，在【视图】组中单击【草稿】按钮 草稿，将文档的视图方式切换到"草稿视图"，效果如图1.1-46所示。

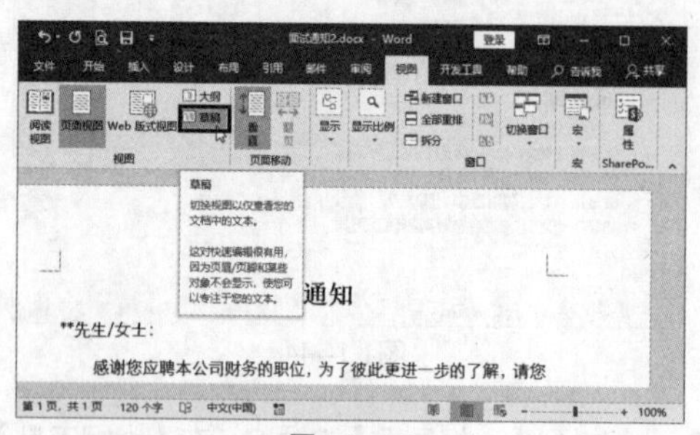

图1.1-46

1.1.6 打印文档

文档编辑完成后，用户可以进行简单的页面设置，然后预览。如果用户对预览效果比较满意，就可以开始打印了。

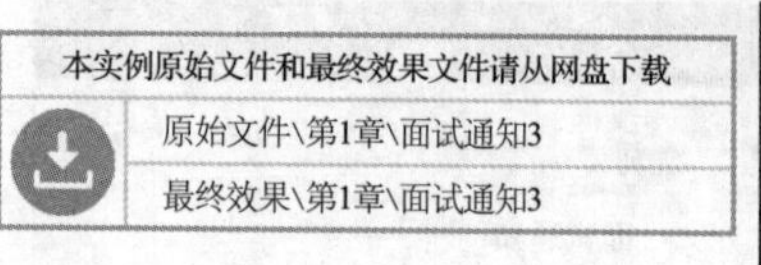

本实例原始文件和最终效果文件请从网盘下载

原始文件\第1章\面试通知3

最终效果\第1章\面试通知3

扫码看视频

1. 页面设置

页面设置是指文档打印前对页面元素的设置，主要包括页边距、纸张、版式和文档网格等内容。

为了让文档能被完整地打印出来，而不是只打印一部分，用户可以在打印文档前对页面进行设置，使要打印的文档完整地显示在同一页面中。页面设置的具体步骤如下。

❶ 打开本实例的原始文件，切换到【布局】选项卡，单击【页面设置】组右侧的【对话框启动器】按钮，如图1.1-47所示。

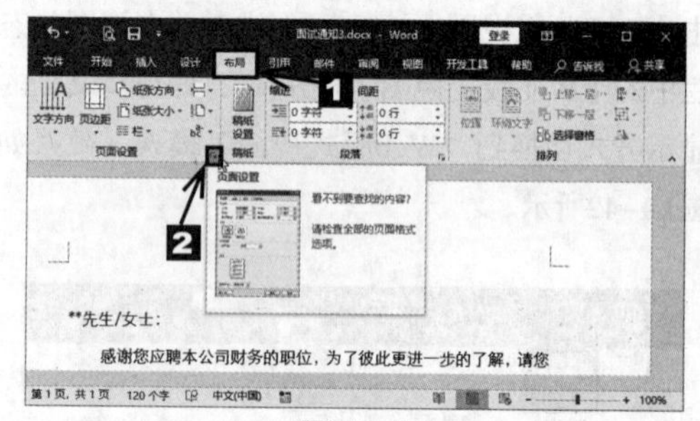

图1.1-47

❷ 弹出【页面设置】对话框，系统自动切换到【页边距】选项卡。用【页边距】组中的【上】【下】【左】【右】微调按钮调整页边距大小，在【纸张方向】组中选中【纵向】选项，如图1.1-48所示。

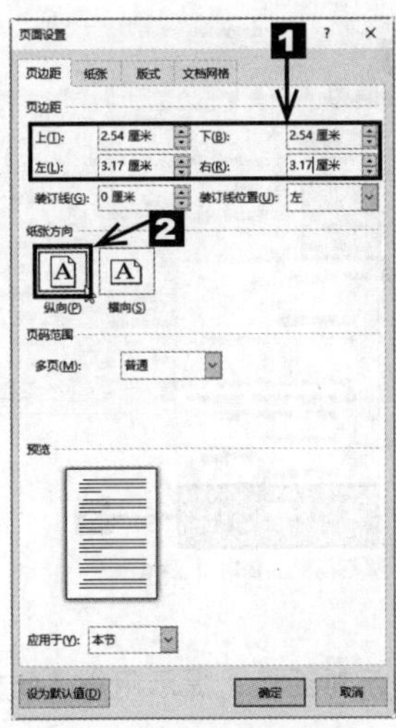

图1.1–48

❸ 切换到【纸张】选项卡，在【纸张大小】下拉列表框中选中【A4】选项，然后单击 确定 按钮即可，如图1.1–49所示。

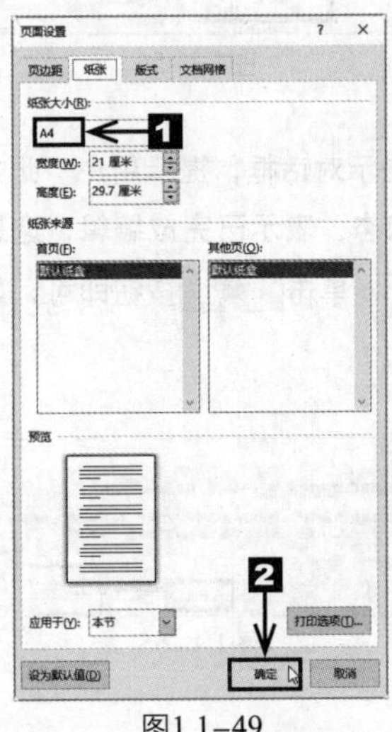

图1.1–49

2. 预览后打印

页面设置完成后，可以通过打印预览来浏览打印效果。

在编辑完成后若要进行打印，在打印前用户需要对Word进行打印预览，查看文档的排版是否合理。对文档的整体排版感到满意后，便可以进行打印。预览及打印的具体步骤如下。

❶ 单击【自定义快速访问工具栏】按钮，在弹出的下拉列表框中选中【打印预览和打印】选项，如图1.1–50所示。

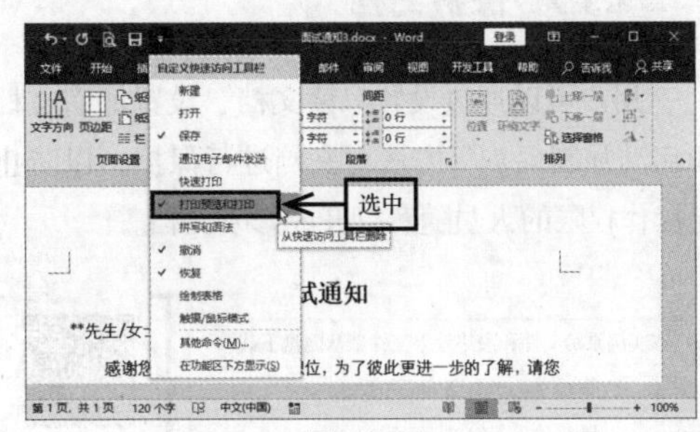

图1.1–50

❷ 此时，【打印预览和打印】按钮就添加在了【快速访问工具栏】中。单击【打印预览和打印】按钮，弹出【打印】界面，界面右侧显示了预览效果，如图1.1–51所示。

图1.1–51

❸ 用户可以根据打印需要单击相应选项并进行设置。如果用户对预览效果比较满意，就可以单击【打印】按钮进行打印，如图1.1–52所示。

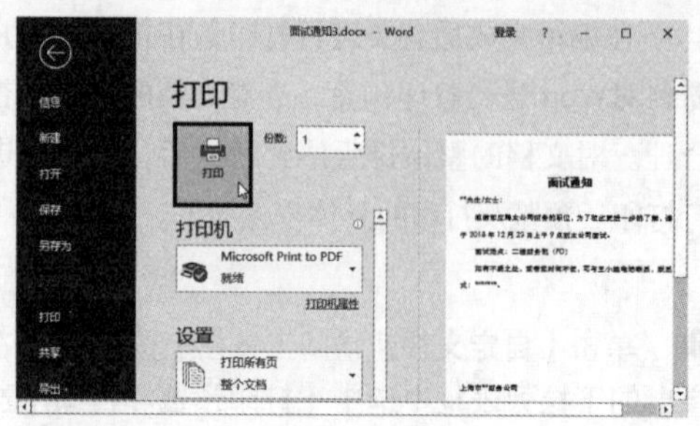

图1.1-52

1.1.7 保护文档

用户可以通过设置只读文档、设置加密文档和启动强制保护等方法对文档进行保护，以防止无操作权限的人员随意打开或修改文档。

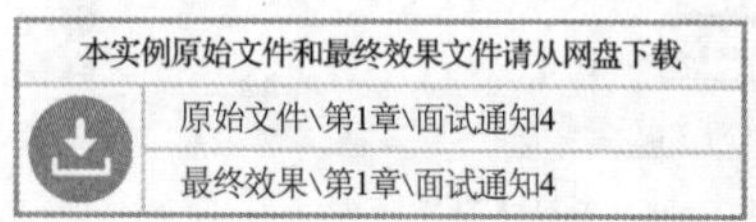

1. 设置只读文档

只读文档是指开启的文档“只能阅读”，无法被修改。若文档为只读文档，会在文档的标题栏上显示“只读”字样。

对于一些重要的文档，为了安全，同时也为了避免别人不小心修改文档的内容，用户可以将文档设置为只读状态。设置只读文档的方法主要有以下两种。具体步骤如下。

将文档标记为最终状态，可以让读者知晓文档是最终版本，还是只读文档。

❶ 打开本实例的原始文件，单击 文件 按钮，在弹出的界面中单击【信息】选项，然后单击【保护文档】按钮，在弹出的下拉列表框中选中【标记为最终状态】选项，如图1.1-53所示。

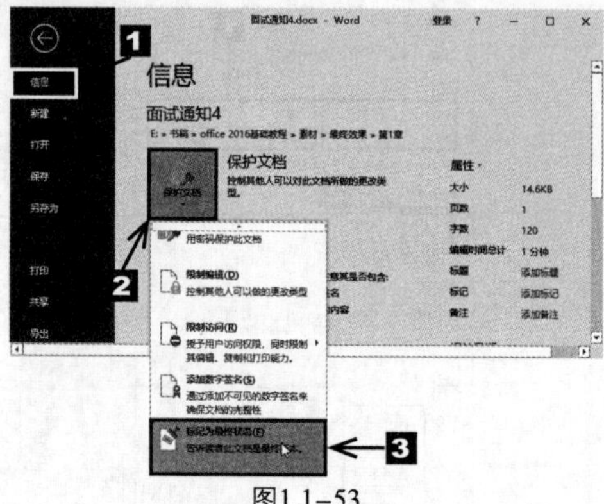

图1.1-53

❷ 弹出提示对话框，提示用户“此文档将先被标记为终稿，然后保存。”，然后单击 确定 按钮，如图1.1-54所示。

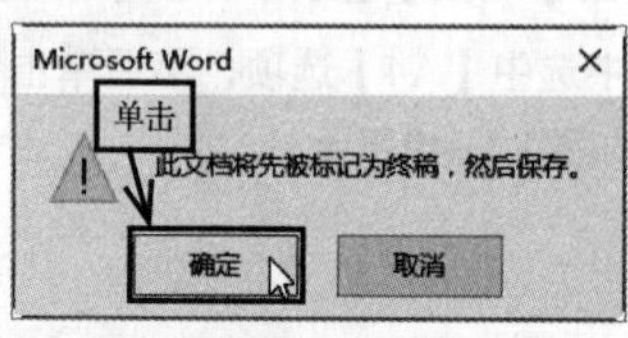

图1.1-54

❸ 弹出提示对话框，提示用户“此文档已被标记为最终状态，表示已完成编辑，这是文档的最终版本。”，单击 确定 按钮即可，如图1.1-55所示。

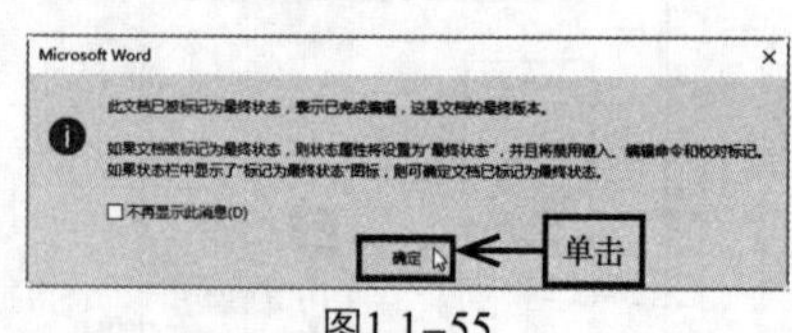

图1.1-55

❹ 再次启动文档，弹出提示对话框，并提示用户“作者已将此文档标记为最终版本以防止编辑。”，此时文档的标题栏上显示“只读”。如果要编辑文档，单击 仍然编辑 按钮即可，如图1.1-56所示。

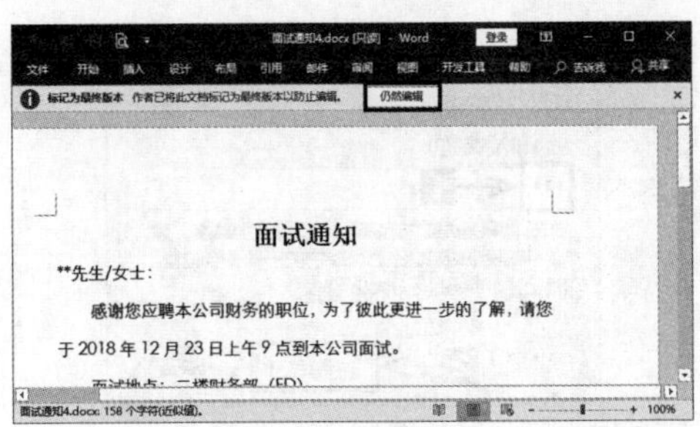
图1.1-56

使用常规选项设置只读文档，步骤如下。

❶ 单击 文件 按钮，在弹出的界面中单击【另存为】选项，弹出【另存为】界面，选中【这台电脑】选项，然后单击【浏览】按钮 浏览 ，如图1.1-57所示。

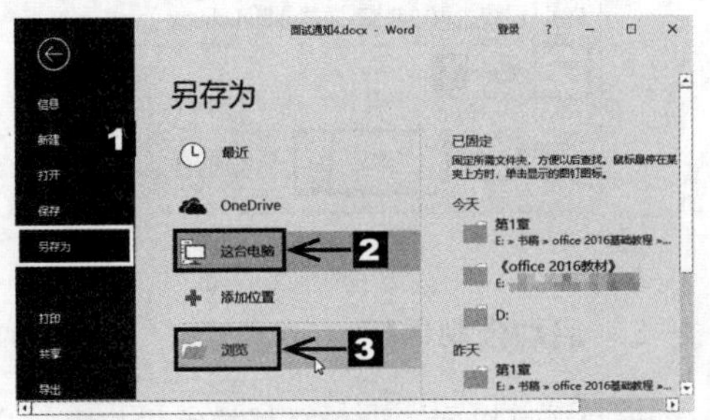
图1.1-57

❷ 弹出【另存为】对话框，单击 工具(L) 按钮，在弹出的下拉列表框中选中【常规选项】选项，如图1.1-58所示。

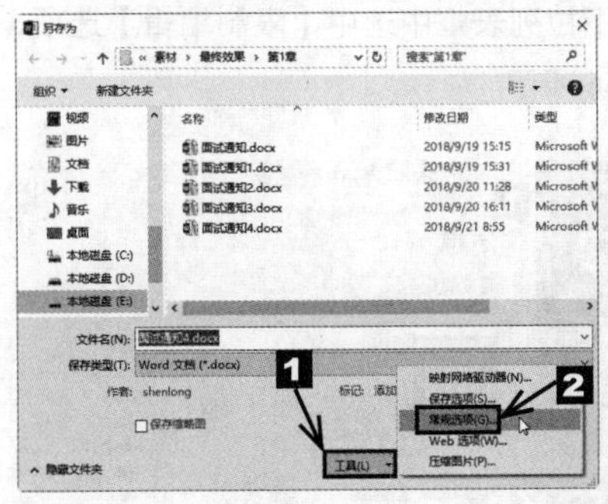
图1.1-58

❸ 弹出【常规选项】对话框，选中【建议以只读方式打开文档】复选框，单击 确定 按钮，如图1.1-59所示。

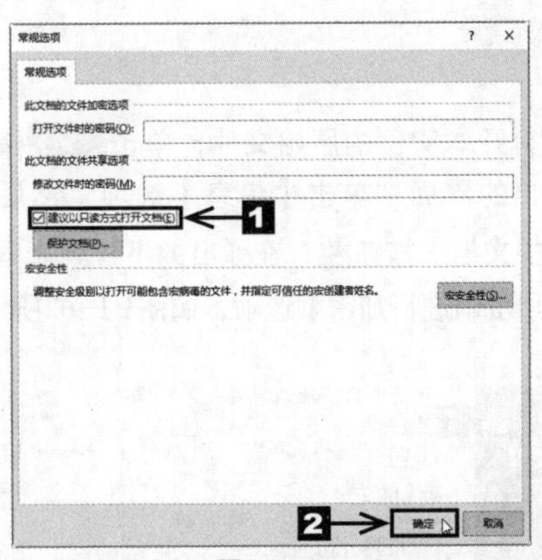
图1.1-59

❹ 返回【另存为】对话框，然后单击 保存(S) 按钮。再次启动该文档时，将弹出提示对话框，提示用户“作者希望您以只读方式打开此文件，除非您需要进行更改。是否以只读方式打开？”，单击 是(Y) 按钮，如图1.1-60所示。

图1.1-60

❺ 启动Word文档，此时该文档处于“只读”状态，如图1.1-61所示。

图1.1-61

2. 设置加密文档

在日常办公中，为了保证文档安全，用户经常会为文档加密。设置加密文档的具体步骤如下。

❶ 打开本实例的原始文件，单击 文件 按钮，在弹出的界面中单击【信息】选项，然后单击【保护文档】按钮，在弹出的下拉列表框中选中【用密码进行加密】选项，如图1.1-62所示。

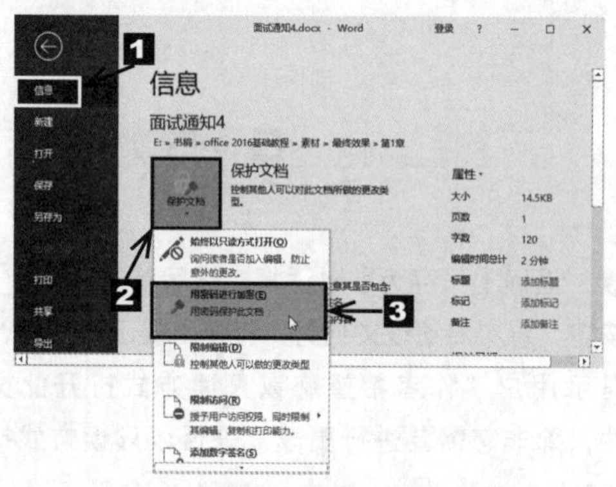

图1.1-62

❷ 弹出【加密文档】对话框，在【密码】文本框中输入“123”，然后单击 确定 按钮，如图1.1-63所示。

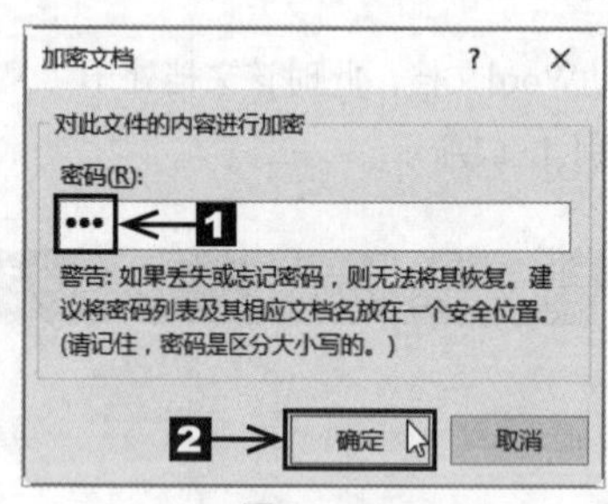

图1.1-63

❸ 弹出【确认密码】对话框，在【重新输入密码】文本框中输入“123”，然后单击 确定 按钮，如图1.1-64所示。

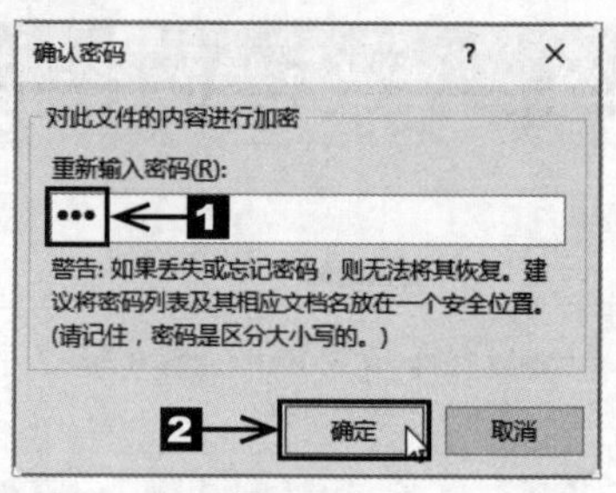

图1.1-64

❹ 再次启动该文档时会弹出【密码】对话框，在【请键入打开文件所需的密码】文本框中输入密码“123”，然后单击 确定 按钮即可打开Word文档，如图1.1-65所示。

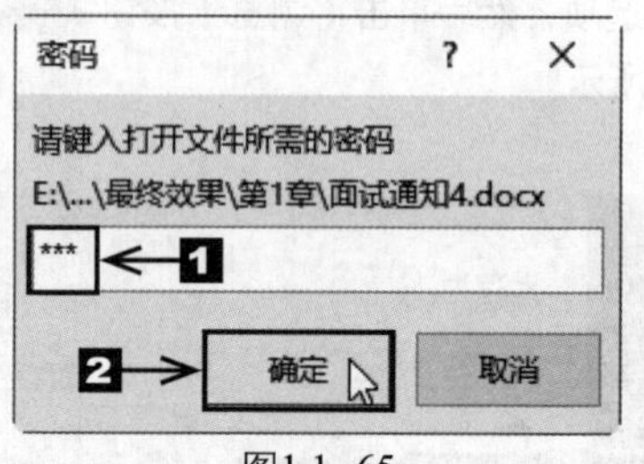

图1.1-65

3. 启动强制保护

用户还可以通过设置文档的编辑权限，启动文档的强制保护功能来保证文档的内容不被修改，具体的操作步骤如下。

❶ 单击 文件 按钮，在弹出的界面中单击【信息】选项，然后单击【保护文档】按钮，在弹出的下拉列表框中选中【限制编辑】选项，如图1.1-66 所示。

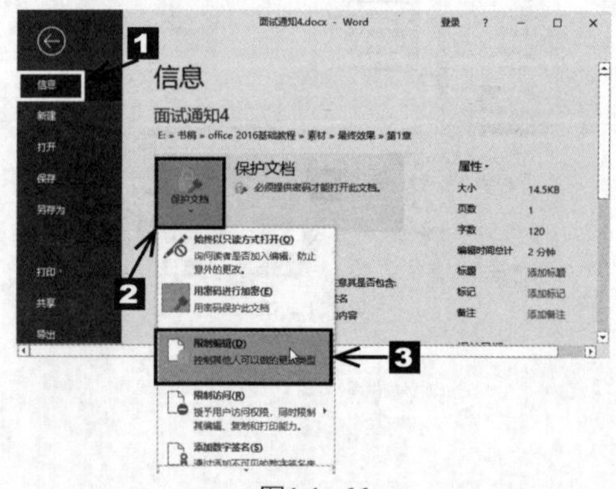

图1.1-66

❷ 在Word文档编辑区的右侧出现一个【限制编辑】窗格，【仅允许在文档中进行此类型的编辑】复选框，然后在其下方的下拉列表框中选中【不允许任何更改(只读)】选项，如图1.1-67所示。

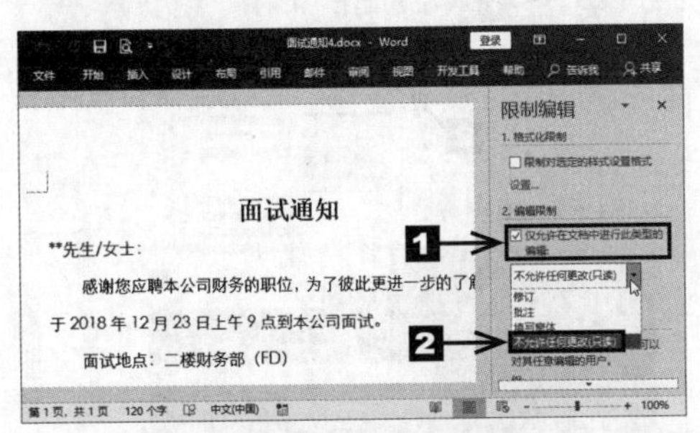

图1.1-67

❸ 单击［是，启动强制保护］按钮，弹出【启动强制保护】对话框，在【新密码】和【确认新密码】文本框中都输入“123”，单击［确定］按钮，如图1.1-68所示。

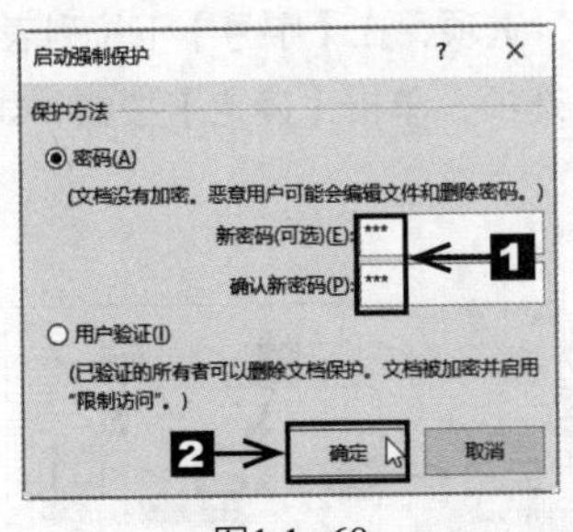

图1.1-68

❹ 返回Word文档中，此时文档处于保护状态。如果用户要取消强制保护，单击［停止保护］按钮即可，如图1.1-69所示。

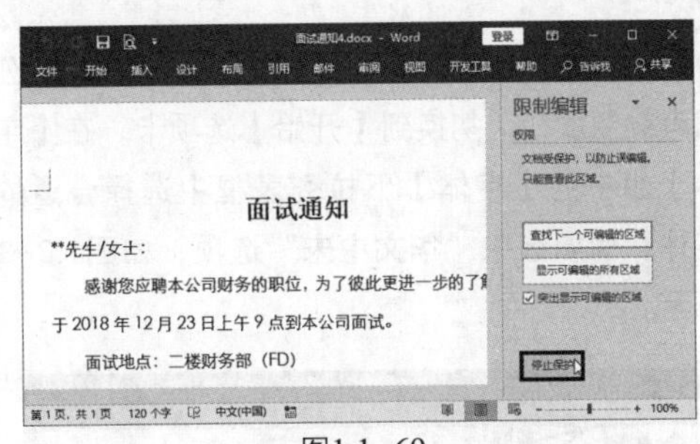

图1.1-69

❺ 弹出【取消保护文档】对话框，在【密码】文本框中输入“123”，然后单击［确定］按钮即可，如图1.1-70所示。

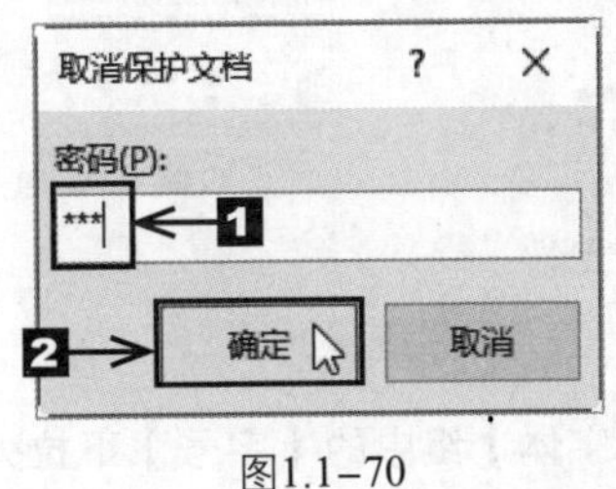

图1.1-70

1.2　设置文档格式——考勤制度

考勤制度是公司进行正常工作秩序的基础，是支付工资、员工考核的重要依据。接下来我们介绍如何制作一个“公司考勤制度”文档。

1.2.1　设置字体格式

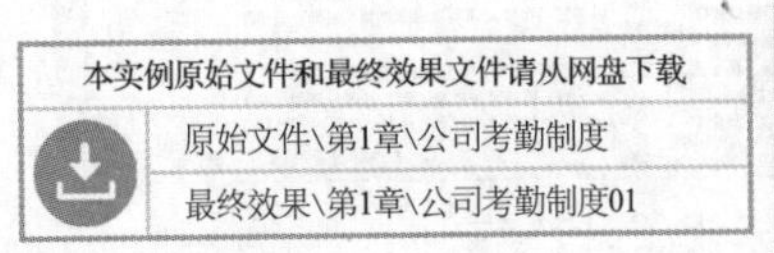

为了使文档更丰富多彩，Word 2016 提供了多种字体格式来让用户进行选择。对字体格式进行设置主要包括设置字体、字号、加粗、倾斜和字体效果等。

1. 设置字体字号

为了便于阅读——字体与背景色应呈对比效果，用户就需要对文档中的字体及字号进行设置，以区分各种不同的文本。

使用【字体】组

使用【字体】组进行字体和字号设置的具体步骤如下。

❶ 打开本实例的原始文件，选中文档标题“公司考勤制度”，切换到【开始】选项卡，在【字体】组中的【字体】下拉列表框中选择合适的字体，例如选中“华文中宋”选项，如图1.2-1所示。

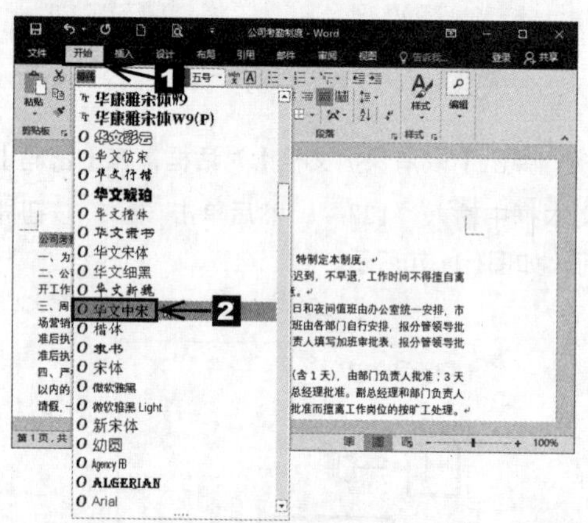

图1.2-1

❷ 在【字体】组中的【字号】下拉列表框中选择合适的字号，例如选中“小一”选项，如图1.2-2所示。

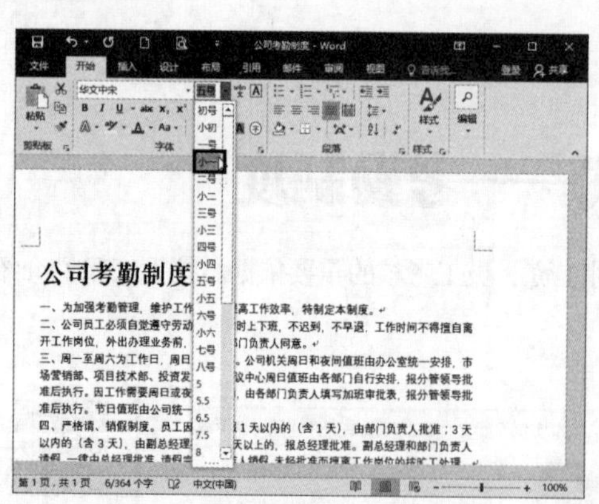

图1.2-2

使用【字体】对话框

使用【字体】对话框对选中的文本进行设置的具体步骤如下。

❶ 选中所有的正文文本，切换到【开始】选项卡，单击【字体】组右下角的【对话框启动器】按钮，如图1.2-3所示。

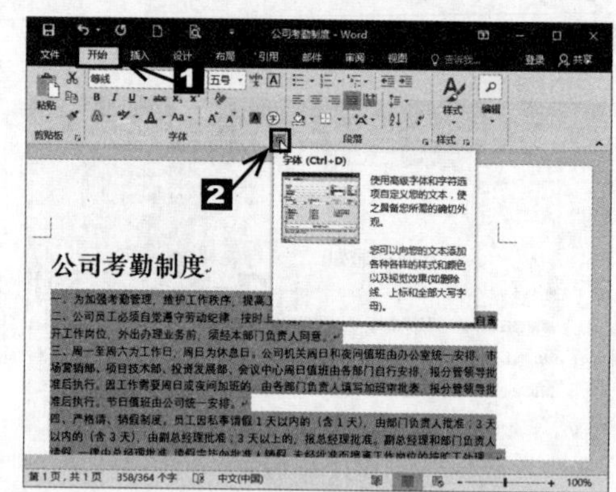

图1.2-3

❷ 弹出【字体】对话框，系统自动切换到【字体】选项卡，在【中文字体】下拉列表框中选中“华文仿宋”选项，在【字形】下拉列表框中选中“常规”选项，在【字号】下拉列表框中选中“四号”选项，单击【确定】按钮，如图1.2-4所示。

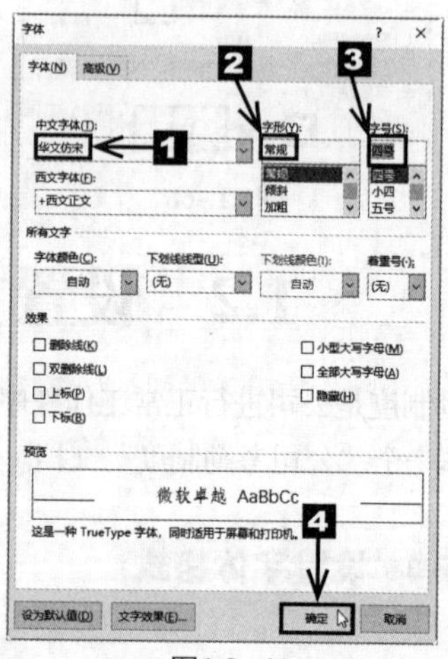

图1.2-4

❸ 返回 Word 文档，设置效果如图1.2-5所示。

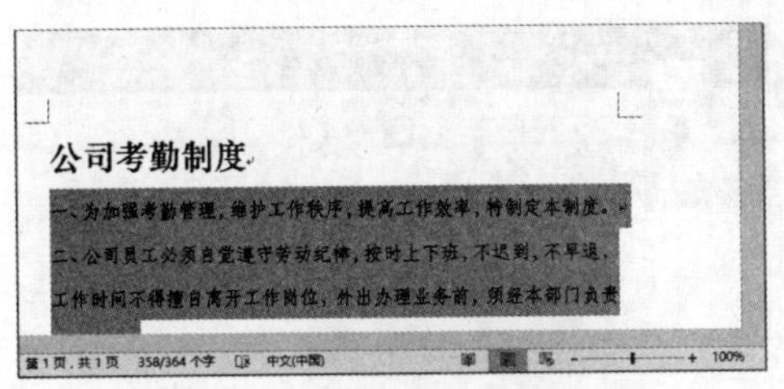
图1.2-5

提示：在【西文字体】下拉列表中选择一种西文字体，即可为段落中的西文字体应用不同于中文的字体，如图1.2-6所示。

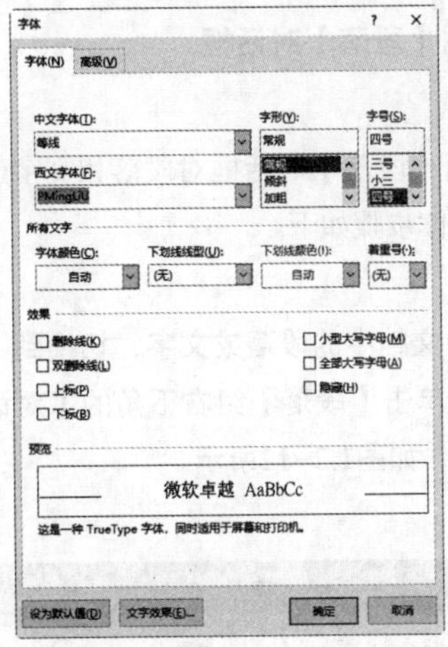
图1.2-6

2. 设置加粗效果

设置加粗效果，可让选择的文本更加突出。

打开本实例的原始文件，选中文档标题“公司考勤制度”，切换到【开始】选项卡，单击【字体】组中的【加粗】按钮，加粗后的效果如图1.2-7所示。

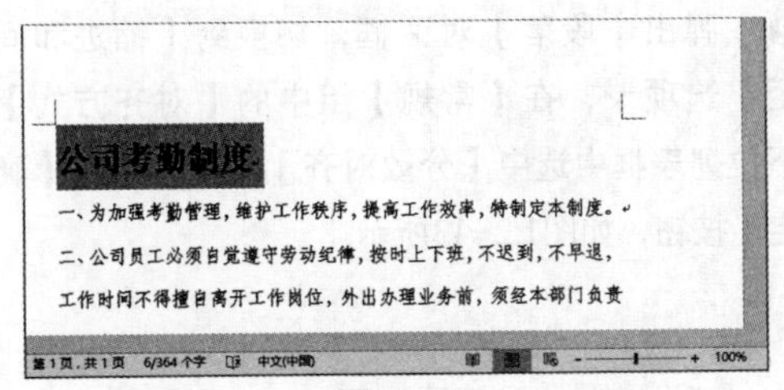
图1.2-7

3. 设置字符间距

通过设置 Word 2016 文档中的字符间距，可以使文档的页面布局更符合实际需要。设置字符间距的具体步骤如下。

❶ 选中文档标题“公司考勤制度”，切换到【开始】选项卡，单击【字体】组右下角的【对话框启动器】按钮，如图1.2-8所示。

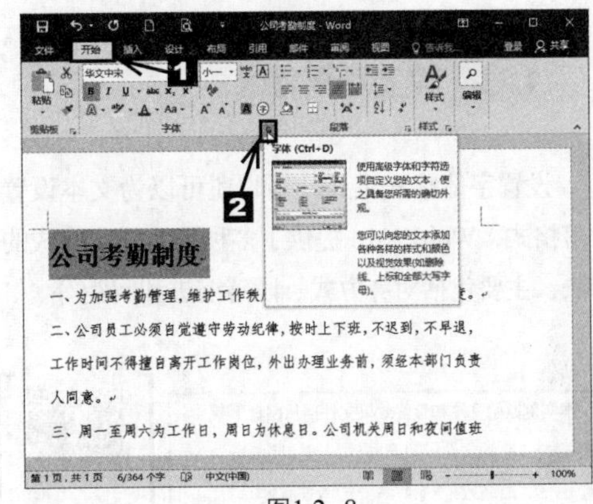
图1.2-8

❷ 弹出【字体】对话框，切换到【高级】选项卡，在【字符间距】组中的【间距】下拉列表框中选中【加宽】选项，调节【磅值】为“4磅”，单击【确定】按钮，如图1.2-9所示。

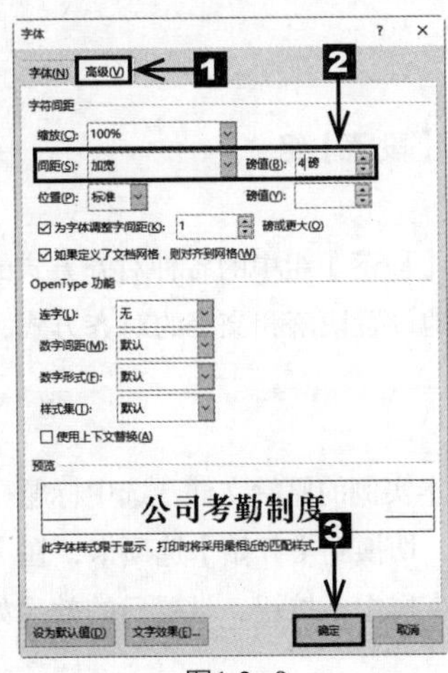
图1.2-9

❸ 返回 Word 文档，设置效果如图1.2-10所示。

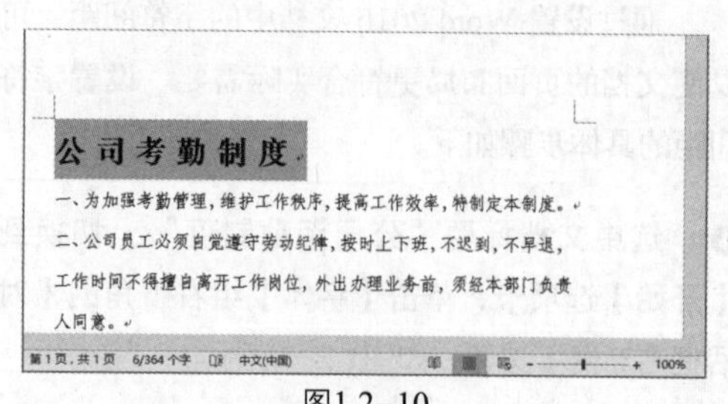

图1.2-10

1.2.2 设置段落格式

设置字体格式之后，用户还可以为文本设置段落格式，Word 2016 提供了多种设置段落格式的方法，主要包括对齐方式、段落缩进和间距等。

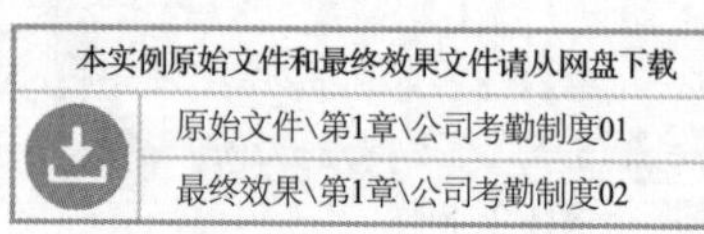

本实例原始文件和最终效果文件请从网盘下载

原始文件\第1章\公司考勤制度01

最终效果\第1章\公司考勤制度02

扫码看视频

1. 设置对齐方式

段落和文字的对齐方式可以通过【段落】组进行设置，也可以通过【段落】对话框进行设置。

使用【段落】组

使用【段落】组中的各种对齐方式的按钮，可以快速地设置段落和文字的对齐方式，具体步骤如下。

打开本实例的原始文件，选中标题“公司考勤制度”，切换到【开始】选项卡，在【段落】组中单击【居中】按钮，设置后的效果如图1.2-11所示。

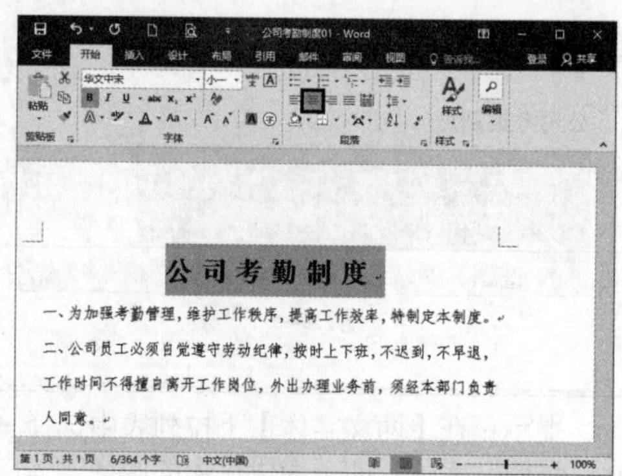

图1.2-11

使用【段落】对话框

使用【段落】对话框对段落和文字进行对齐设置的具体步骤如下。

❶ 选中文档中的段落或文字，切换到【开始】选项卡，单击【段落】组右下角的【对话框启动器】按钮，如图1.2-12所示。

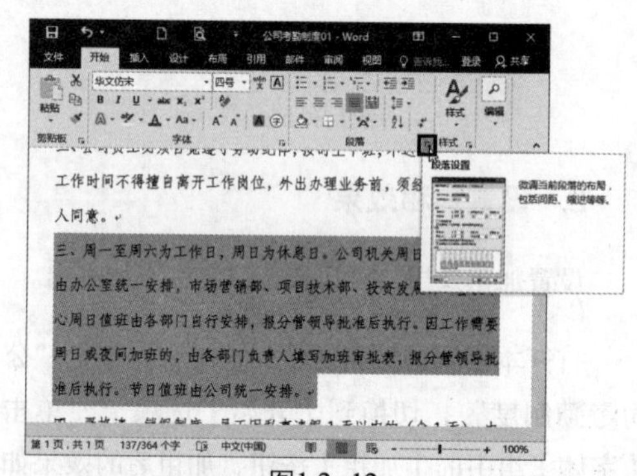

图1.2-12

❷ 弹出【段落】对话框，切换到【缩进和间距】选项卡，在【常规】组中的【对齐方式】下拉列表框中选中【分散对齐】选项，单击【确定】按钮，如图1.2-13所示。

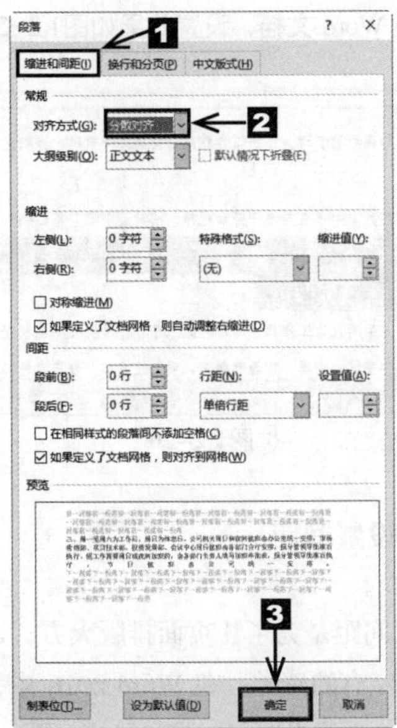

图1.2-13

❸　返回 Word 文档，设置效果如图1.2-14所示。

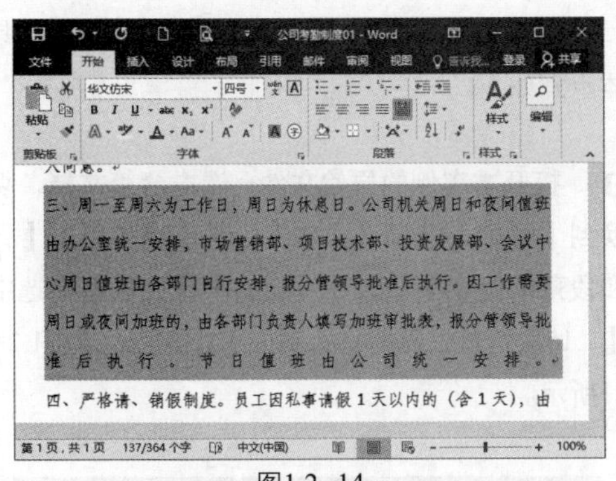

图1.2-14

2.　设置段落缩进

通过设置段落缩进，可以调整文档正文内容与页边距之间的距离。用户可以使用【段落】组、【段落】对话框或标尺设置段落缩进。

使用【段落】组

❶　选中除标题以外的其他文本段落，切换到【开始】选项卡，在【段落】组中单击【增加缩进量】按钮，如图1.2-15所示。

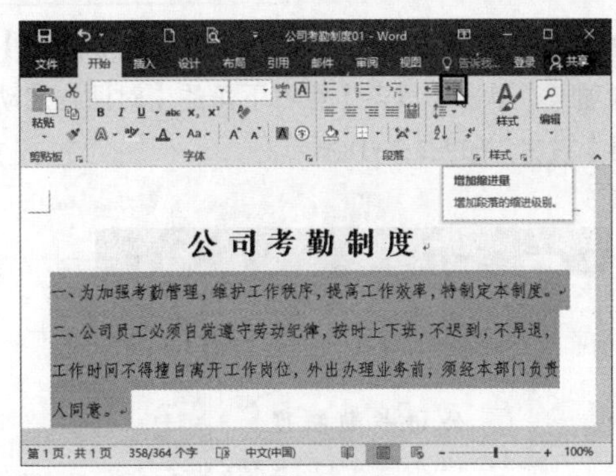

图1.2-15

❷　返回 Word 文档，选中的文本段落向右侧缩进了一个字符，如图1.2-16所示。

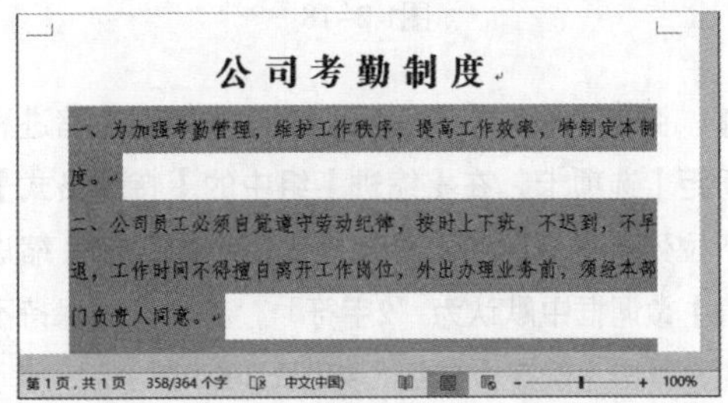

图1.2-16

如图1.2-17所示，可以看到向后缩进一个字符前后的对比效果。

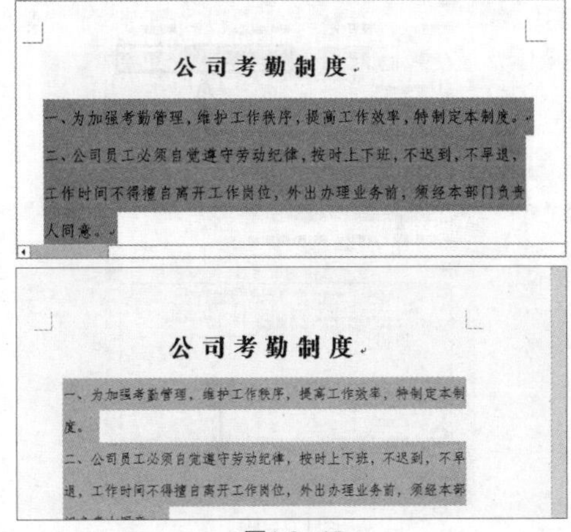

图1.2-17

使用【段落】对话框

❶ 选中文档中的文本段落，切换到【开始】选项卡，单击【段落】组右下角的【对话框启动器】按钮，如图1.2-18所示。

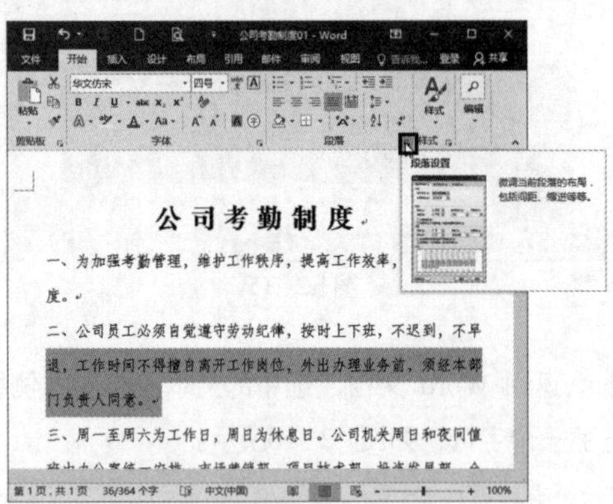

图1.2-18

❷ 弹出【段落】对话框，自动切换到【缩进和间距】选项卡，在【缩进】组中的【特殊格式】下拉列表框中选中【悬挂缩进】选项，在【缩进值】微调框中默认为“2字符”，其他设置保持不变，单击【确定】按钮，如图1.2-19所示。

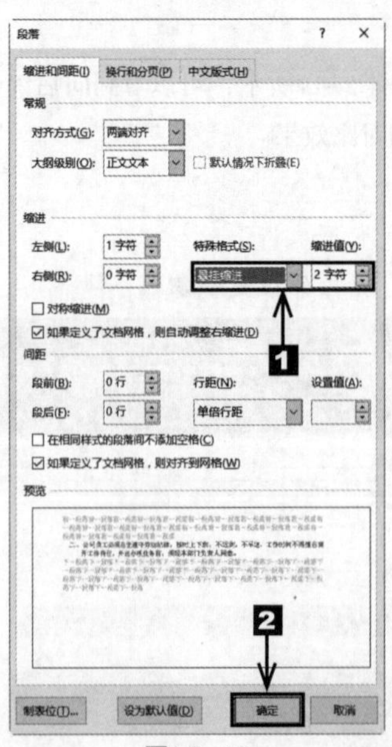

图1.2-19

❸ 返回Word文档，设置效果如图1.2-20所示。

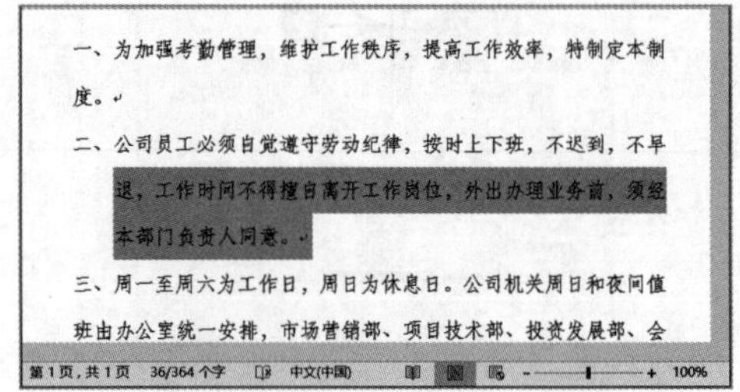

图1.2-20

3. 设置间距

设置间距是为了让页面排版大方，避免出现布局密密麻麻的感觉。在Word 2016中，用户可以通过如下方法设置行间距和段落间距。

使用【段落】组

使用【段落】组设置行间距和段落间距的具体步骤如下。

❶ 打开本实例的原始文件，选中全篇文档，切换到【开始】选项卡，在【段落】组中单击【行和段落间距】按钮，在弹出的下拉列表框中选中【1.15】选项，随即行距变成了1.15倍，如图1.2-21所示。

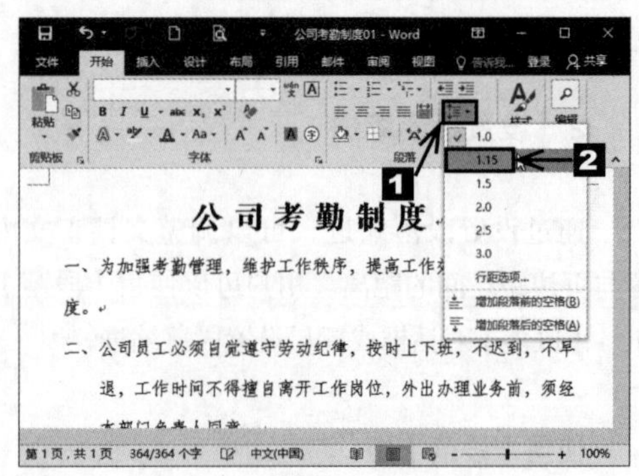

图1.2-21

❷ 选中标题行，切换到【开始】选项卡，在【段落】组中单击【行和段落间距】按钮，在弹出的下拉列表框中选中【增加段落后的空格】选项，随即标题所在的段落下方增加了一块空白间距，如图1.2-22所示。

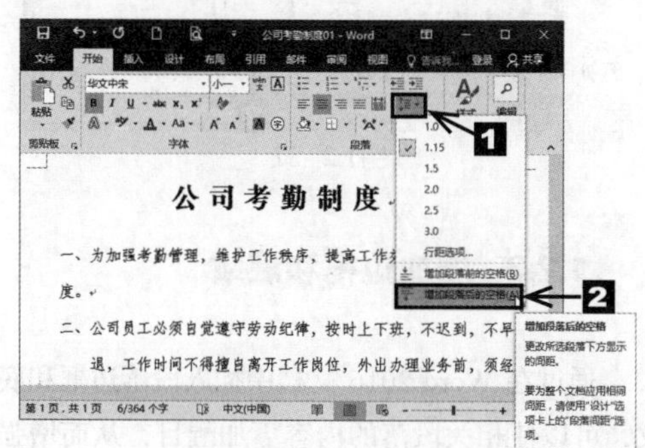

图1.2-22

使用【段落】对话框

❶ 打开本实例的原始文件，选中文档的标题行，切换到【开始】选项卡，单击【段落】组右下角的【对话框启动器】按钮，弹出【段落】对话框，自动切换到【缩进和间距】选项卡，调节【间距】组中的【段前】间距值为“1行”，调节【段后】间距值为“12磅”，在【行距】下拉列表框中选中【最小值】选项，在【设置值】微调框中输入“12磅”，单击 确定 按钮，如图1.2-23所示。

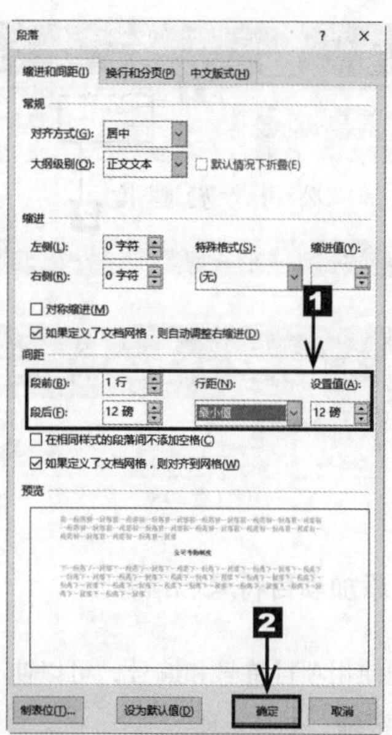

图1.2-23

❷ 返回Word文档，设置效果如图1.2-24所示。

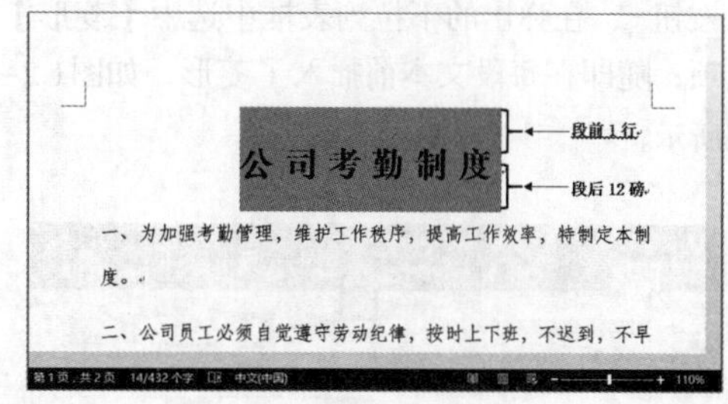

图1.2-24

使用【页面布局】选项卡

选中文档中的各条目，切换到【布局】选项卡，调节【段落】组的【段前】和【段后】微调按钮将间距值均调整为“0.5行”，效果如图1.2-25所示。

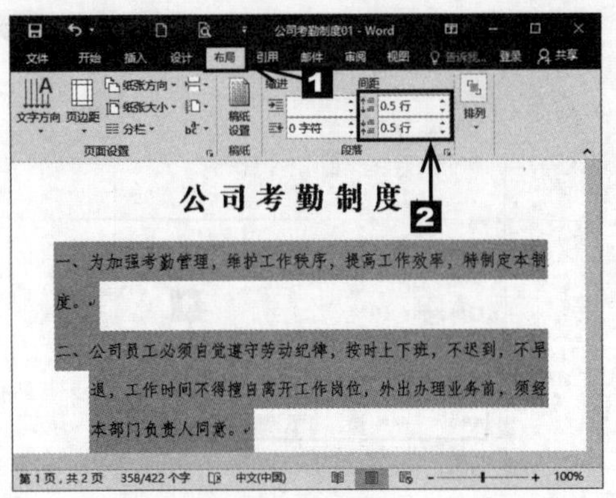

图1.2-25

4. 添加项目符号和编号

合理使用项目符号和编号，可以使文档的层次结构更清晰、更有条理。

打开本实例的原始文件，选中需要添加项目符号的文本，切换到【开始】选项卡，在【段落】组中单击【项目符号】按钮右侧的下三角按钮，在弹出的下拉列表框中选中【菱形】选项，随即在每段文本前插入了菱形，如图1.2-26所示。

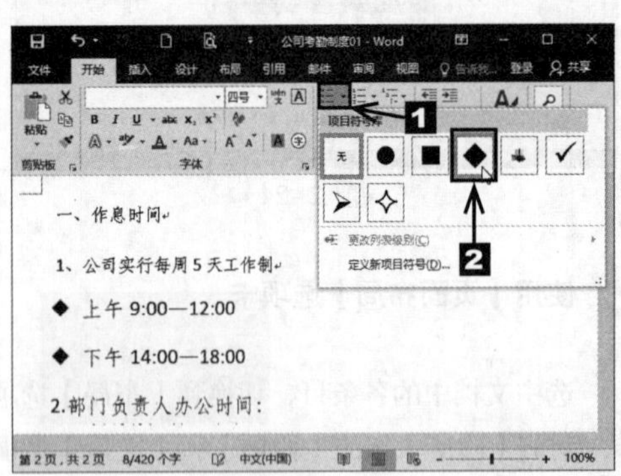

图1.2-26

选中需要添加编号的文本，在【段落】组中单击【编号】按钮右侧的下三角按钮，在弹出的下拉列表框中选择一种合适的编号，即可在文档中插入编号，如图1.2-27所示。

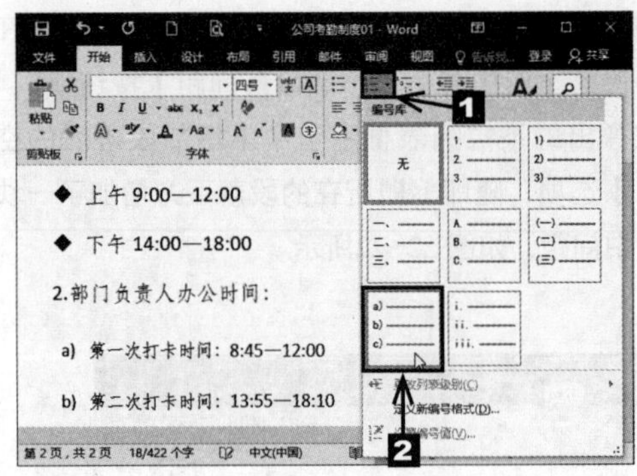

图1.2-27

1.2.3 添加边框和底纹

通过在 Word 2016 文档中插入段落边框和底纹，可以使相关段落的内容更加醒目，从而增强 Word 文档的可读性。

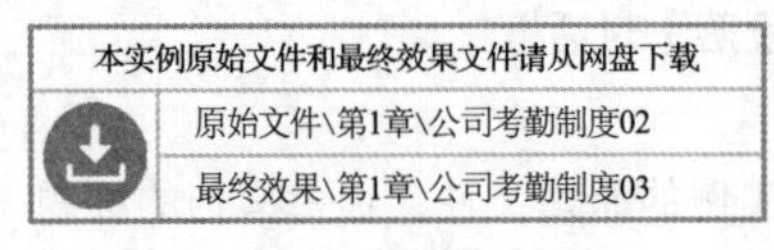

本实例原始文件和最终效果文件请从网盘下载

原始文件\第1章\公司考勤制度02

最终效果\第1章\公司考勤制度03

扫码看视频

1. 添加边框

在默认情况下，段落边框的格式为黑色单直线。用户可以通过设置段落边框的格式，使其更加美观。为文档添加边框的具体步骤如下。

❶ 打开本实例的原始文件，选中要添加边框的文本，切换到【开始】选项卡，在【段落】组中单击【边框】按钮右侧的下三角按钮，在弹出的下拉列表框中选中【外侧框线】选项，如图1.2-28所示。

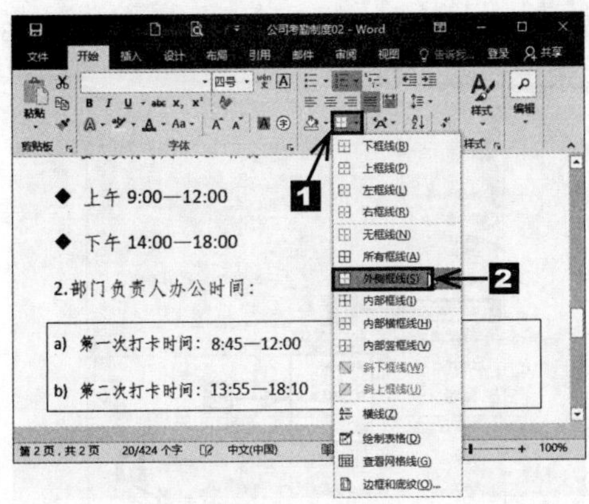

图1.2-28

❷ 返回Word文档，效果如图1.2-29所示。

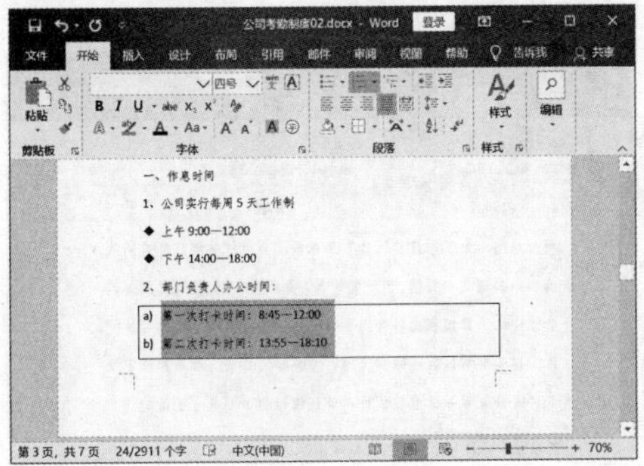

图1.2-29

2. 添加底纹

为文档添加底纹的具体步骤如下。

❶ 选中要添加底纹的文档，切换到【设计】选项卡，在【页面背景】组中单击【页面边框】按钮，如图1.2-30所示。

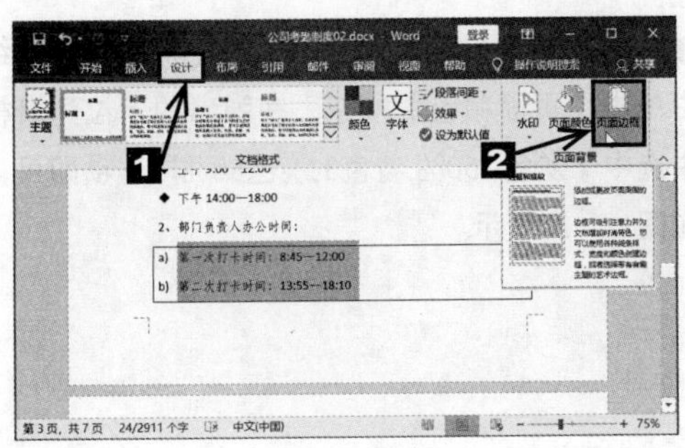

图1.2-30

❷ 弹出【边框和底纹】对话框，切换到【底纹】选项卡，在【填充】下拉列表框中选中“橙色,个性色2,淡色80%”选项，如图1.2-31所示。

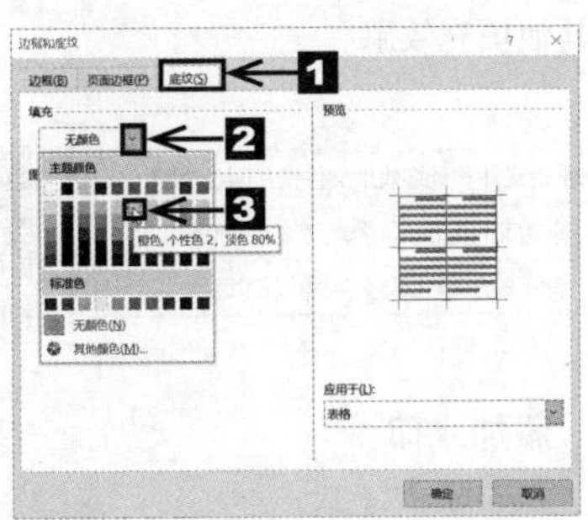

图1.2-31

❸ 在【图案】中的【样式】下拉列表框中选中“5%”选项，单击 确定 按钮，如图1.2-32所示。

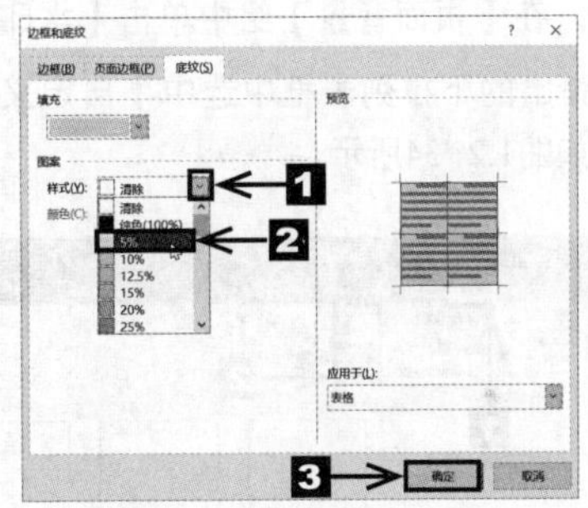

图1.2-32

❹ 返回Word文档，效果如图1.2-33所示。

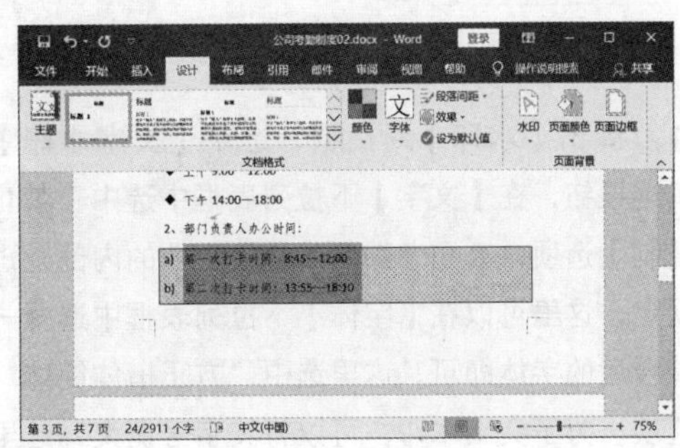

图1.2-33

1.2.4 设置页面背景

为了使 Word 文档看起来更加美观，用户可以添加各种漂亮的页面背景，例如水印、页面颜色以及其他填充效果。

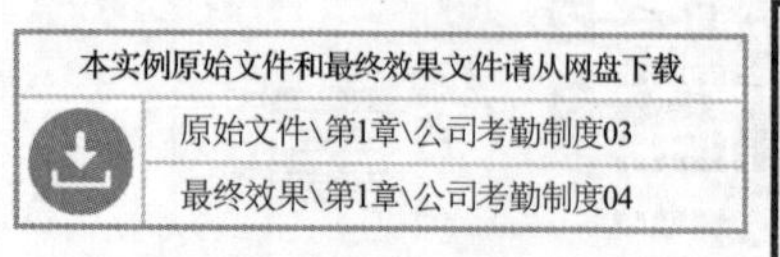

扫码看视频

1. 添加水印

在一些重要文件上添加水印，例如“绝密”“保密”等字样，不仅让获得文件的人知道该文档的重要性，还可以告诉使用者该文档的归属权。为Word文档添加水印的具体步骤如下。

❶ 打开本实例的原始文件，切换到【设计】选项卡，在【页面背景】组中单击【水印】按钮，在弹出的下拉列表框中选中【自定义水印】选项，如图1.2-34所示。

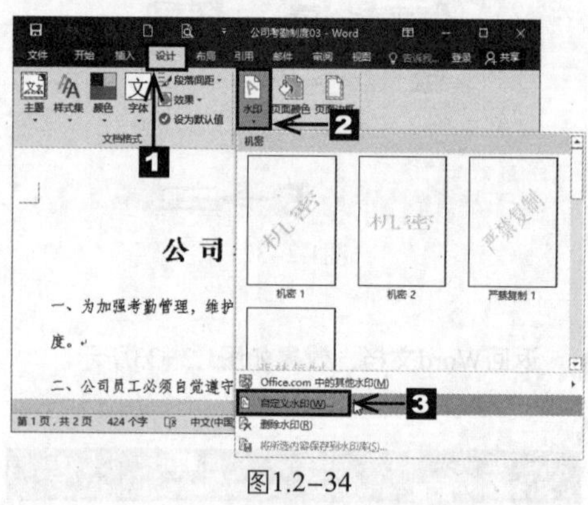

图1.2-34

❷ 弹出【水印】对话框，选中【文字水印】单选按钮，在【文字】下拉列表框中选中【禁止复制】选项，公司考勤制度属于企业的内部管理规定，这里可以在【字体】下拉列表框中选择一种合适的字体即可，这里选中“方正楷体简体”选项。为了突出水印，可以将其字号调大，这里在【字号】下拉列表框中选中“80”选项，其他选项保持默认，单击【确定】按钮，如图1.2-35所示。

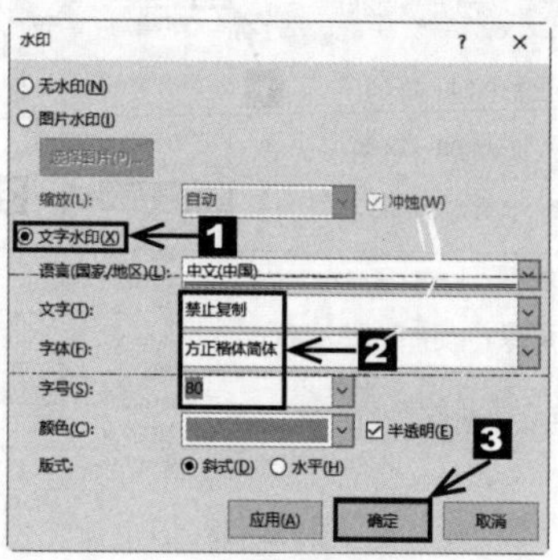

图1.2-35

❸ 返回Word文档，设置效果如图1.2-36所示。

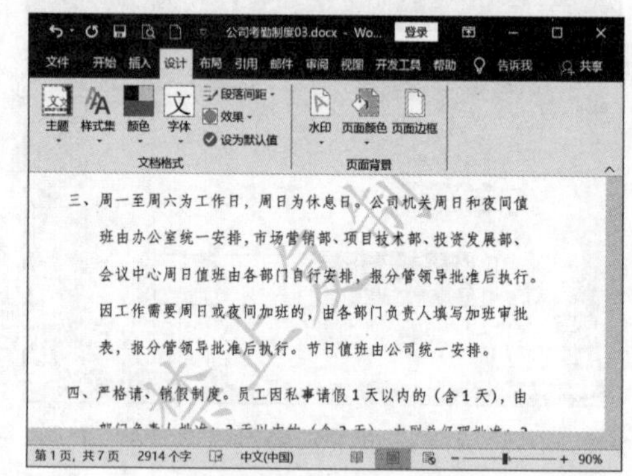

图1.2-36

2. 设置页面颜色

页面颜色是指显示在Word文档最底层的颜色或图案，用于丰富Word文档的页面显示效果，页面颜色在打印时不会显示。设置页面颜色的具体步骤如下。

❶ 切换到【设计】选项卡，在【页面背景】组中单击【页面颜色】按钮，在弹出的下拉列表框中选中“灰色-50%,着色3,淡色80%”选项即可，如图1.2-37所示。

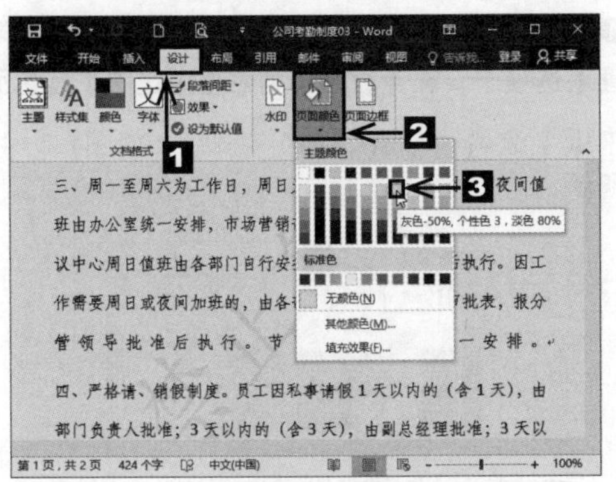
图1.2-37

❷ 如果“主题颜色”和“标准色”中显示的颜色依然无法满足用户的需要，那么可以在弹出的下拉列表框中单击【其他颜色】选项，如图1.2-38所示。

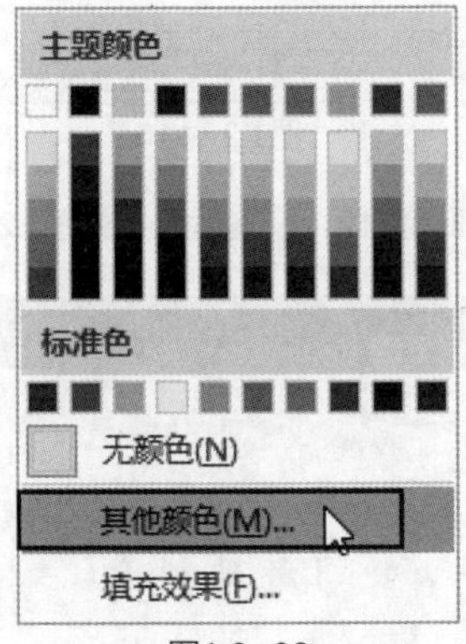

图1.2-38

❸ 弹出【颜色】对话框，切换到【自定义】选项卡，然后根据用户的需求进行设置即可，如图1.2-39所示。

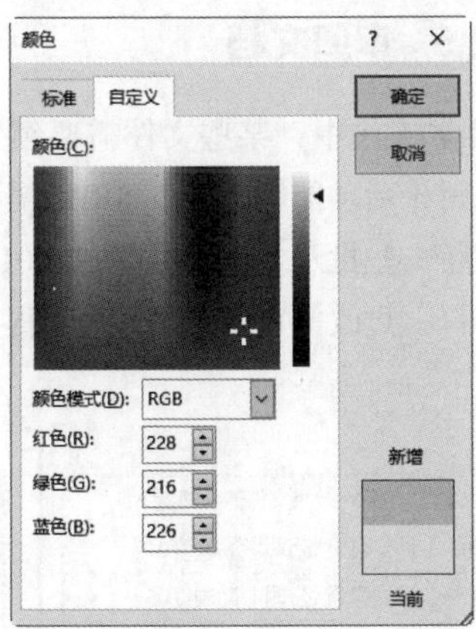

图1.2-39

❹ 单击 确定 按钮，返回Word文档，设置后的效果如图1.2-40所示。

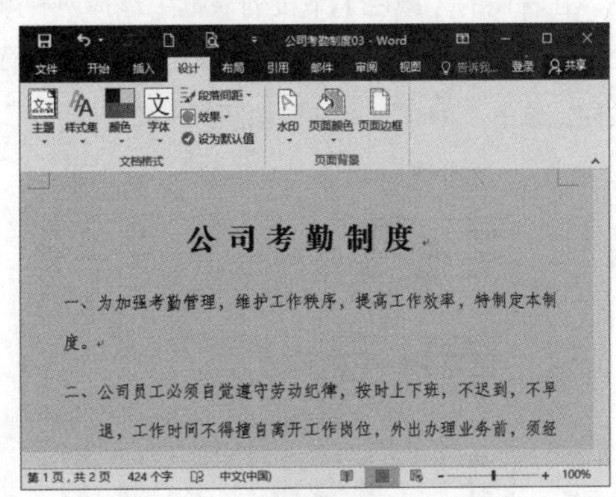
图1.2-40

3. 设置其他填充效果

在 Word 2016 文档窗口中，如果使用填充颜色功能设置Word文档的页面背景，可以使Word文档更富有层次感。

添加渐变效果

❶ 切换到【设计】选项卡，在【页面背景】组中单击【页面颜色】按钮，在弹出的下拉列表框中单击【填充效果】选项，如图1.2-41所示。

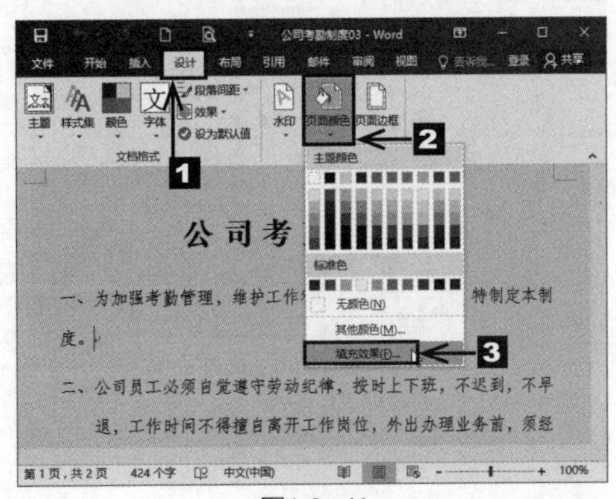
图1.2-41

❷ 弹出【填充效果】对话框，切换到【渐变】选项卡，在【颜色】组中选中【双色】单选按钮，在右侧的【颜色】下拉列表框中选择两种颜色，然后选中【底纹样式】组中的【斜上】单选按钮，单击 确定 按钮，如图1.2-42所示。

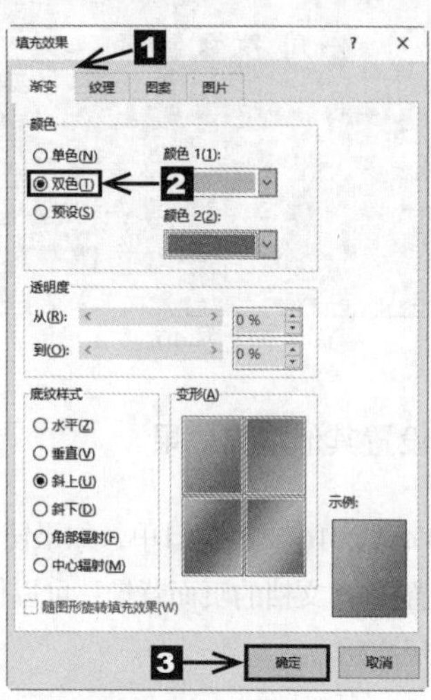

图1.2-42

❸ 返回Word文档，设置后效果如图1.2-43所示。

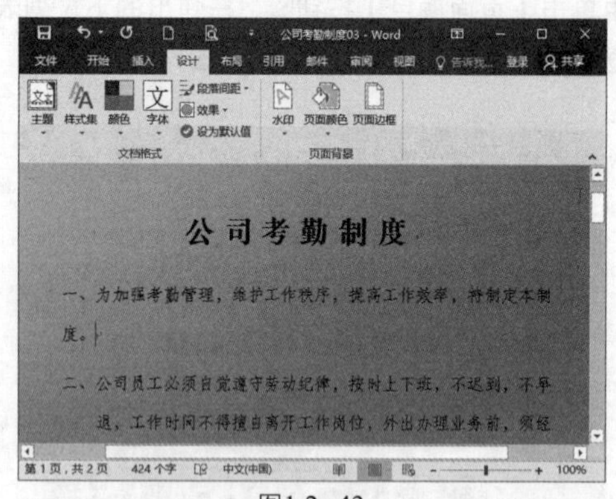

图1.2-43

添加纹理效果

为Word文档添加纹理效果的具体步骤如下。

❶ 在【填充效果】对话框中，切换到【纹理】选项卡，在【纹理】列表框中选中【蓝色面巾纸】选项，单击 确定 按钮，如图1.2-44所示。

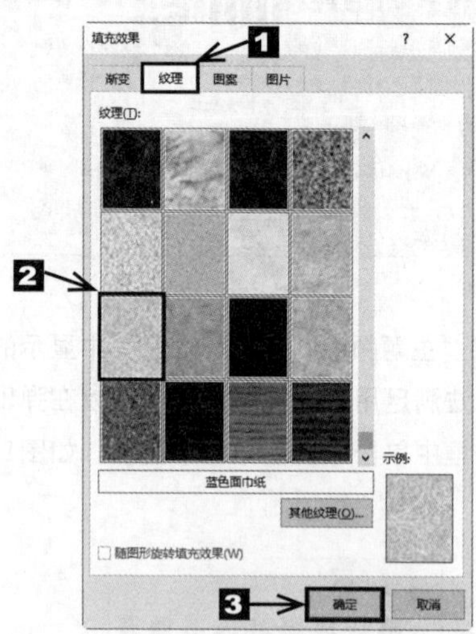

图1.2-44

❷ 返回Word文档，设置后效果如图1.2-45所示。

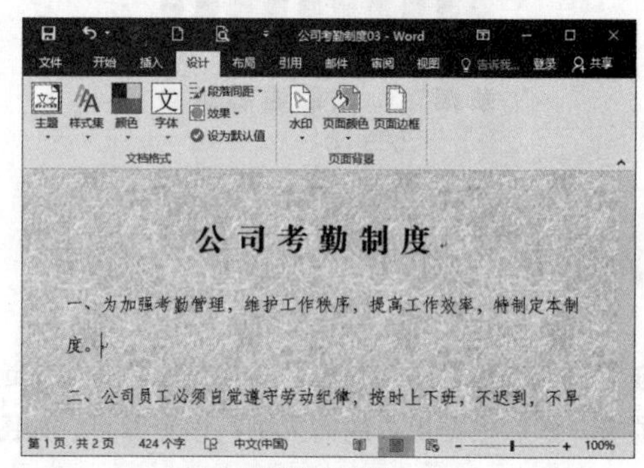

图1.2-45

1.2.5 审阅文档

在日常工作中，某些文件需要领导审阅或经过大家讨论后才能够执行，这时就需要在这些文件上进行一些批示、修改。Word 2016 提供了批注、修订、更改等审阅工具，大大提高了办公效率。

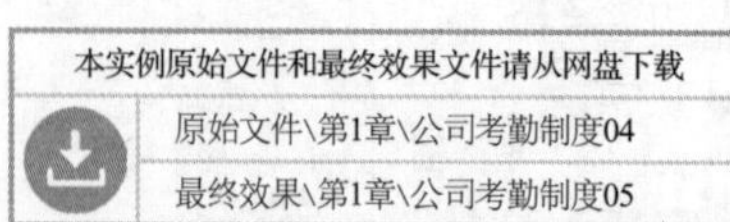

本实例原始文件和最终效果文件请从网盘下载

原始文件\第1章\公司考勤制度04

最终效果\第1章\公司考勤制度05

扫码看视频

1. 添加批注

为了帮助阅读者更好地理解文档内容以及跟踪文档的修改状况，可以为 Word 文档添加批注。添加批注的具体步骤如下。

❶ 打开本实例的原始文件，选中要插入批注的文本，切换到【审阅】选项卡，在【批注】组中单击【新建批注】按钮，如图1.2-46所示。

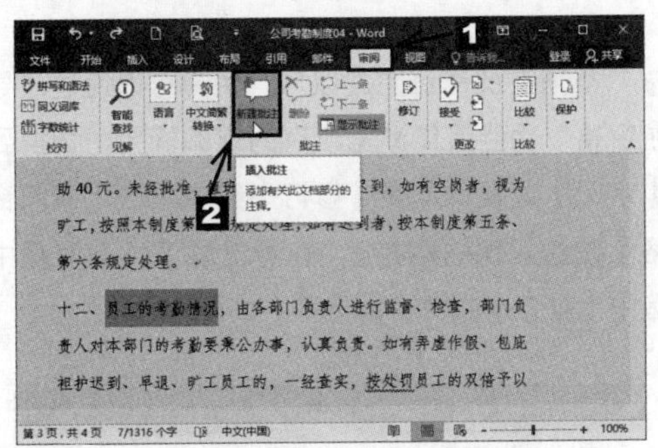

图1.2-46

❷ 随即在文档的右侧出现一个批注框，用户可以根据需要输入批注信息。Word 2016 的批注信息前面会自动加上用户名以及添加批注时间，如图1.2-47所示。

图1.2-47

❸ 如果要删除批注，可先选中批注框，在【批注】组中单击【删除】按钮的下方按钮，在弹出的下拉列表框中选中【删除】选项，如图1.2-48所示。

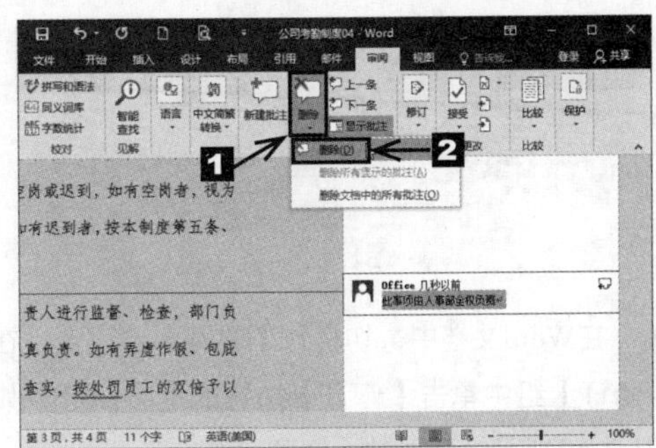

图1.2-48

Word 2016 批注的【答复】按钮，可使用户在相关文字旁边讨论以便轻松地跟踪批注。

2. 修订文档

Word 2016 提供了文档修订功能，在打开修订功能的情况下，系统将会自动跟踪对文档进行的所有更改，包括插入、删除和格式更改，并对更改的内容做出标记。

修订文档

❶ 切换到【审阅】选项卡中，单击【修订】组中的【显示标记】按钮，在弹出的下拉列表框中选中【批注框】→【在批注框中显示修订】选项，如图1.2-49所示。

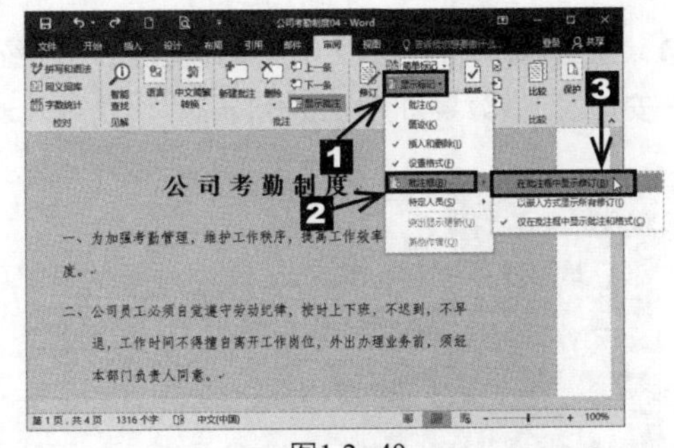

图1.2-49

❷ 在【修订】组中单击【简单标记】按钮右侧的下三角按钮，从弹出的下拉列表框中选中【所有标记】选项，如图1.2-50所示。

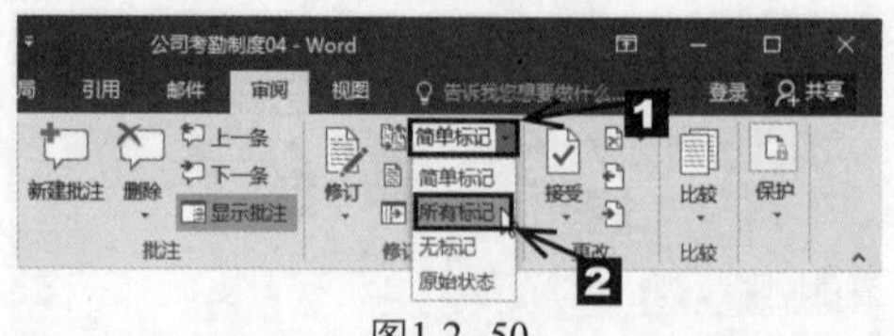

图1.2-50

❸ 在Word文档中，切换到【审阅】选项卡，在【修订】组中单击【修订】按钮的上半部分，如图1.2-51所示，随即进入修订状态。

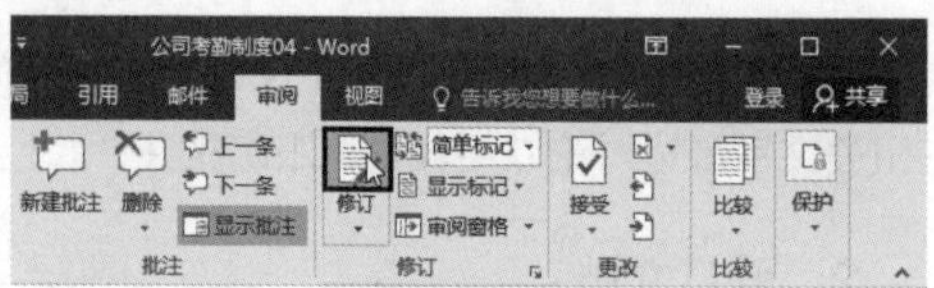

图1.2-51

❹ 此时，将文档中的文字“5”改为“10”，批注框会自动显示修改的作者、修改时间以及删除的内容，如图1.2-52所示。

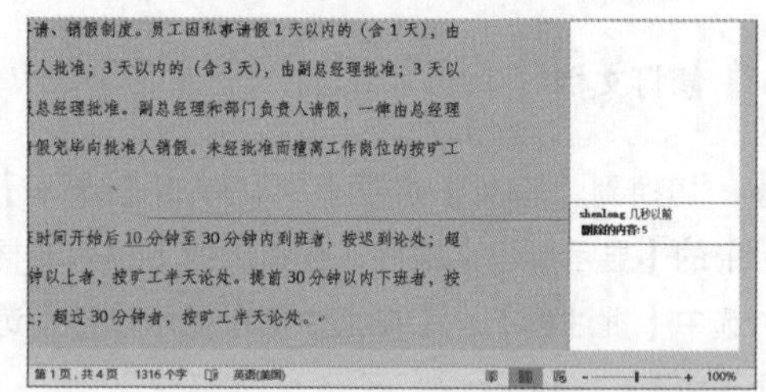

图1.2-52

❺ 直接删除文档中的文本“节日值班由公司统一安排。”，效果如图1.2-53所示。

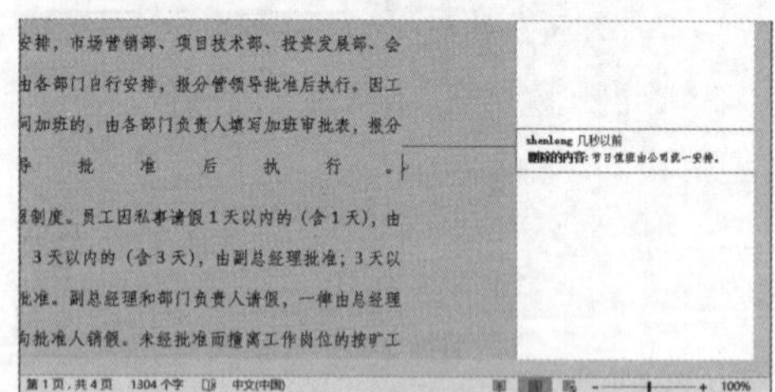

图1.2-53

❻ 将文档的标题“公司考勤制度”的字号调整为“二号”，随即在右侧弹出一个批注框，并显示格式修改的详细信息，如图1.2-54所示。

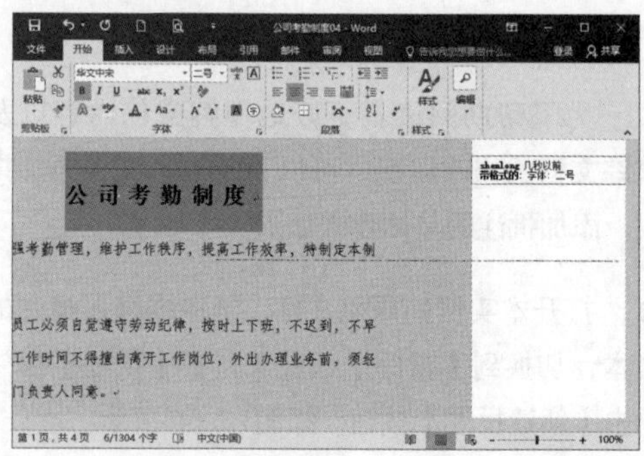

图1.2-54

❼ 当所有的修订完成以后，用户可以通过“导航窗格”功能通篇浏览所有的审阅摘要。切换到【审阅】选项卡，在【修订】组中单击【审阅窗格】按钮右侧的▾按钮，在弹出的下拉列表框中选中【垂直审阅窗格】选项，如图1.2-55所示。

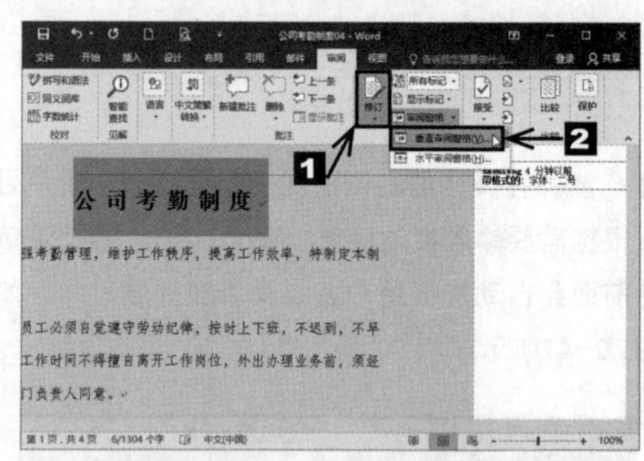

图1.2-55

❽ 此时在文档的左侧出现一个导航窗格，并显示审阅记录，如图1.2-56所示。

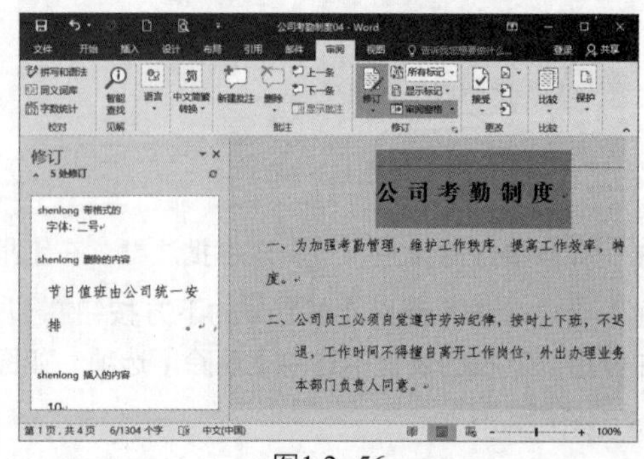

图1.2-56

3. 更改文档

文档的修订工作完成以后，用户可以跟踪修订内容，并选择接受或拒绝修订。更改文档的具体操作步骤如下。

❶ 在Word文档中，切换到【审阅】选项卡，在【更改】组中单击【上一处修订】按钮或【下一处修订】按钮，可以定位到当前修订内容的上一条内容或下一条内容，如图1.2-57所示。

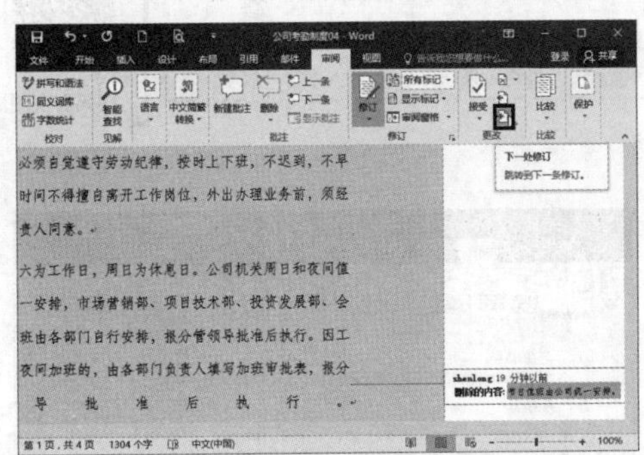

图1.2-57

❷ 在【更改】组中单击【接受】按钮的下半部分按钮，从弹出的下拉列表框中选中【接受所有修订】选项，如图1.2-58所示。

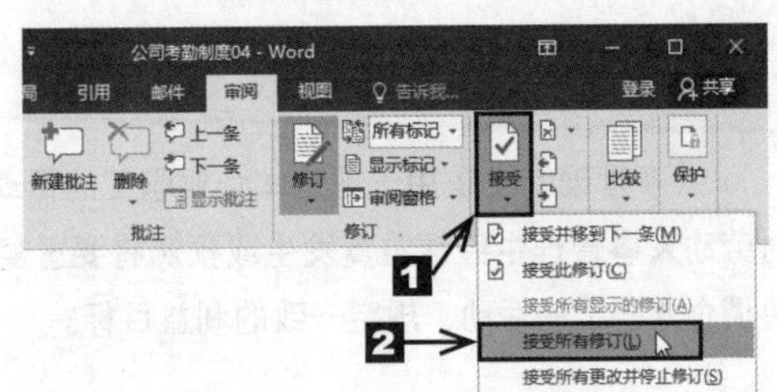

图1.2-58

❸ 审阅完毕，单击【修订】组中的【修订】按钮的上半部分按钮，退出修订状态，如图1.2-59所示。

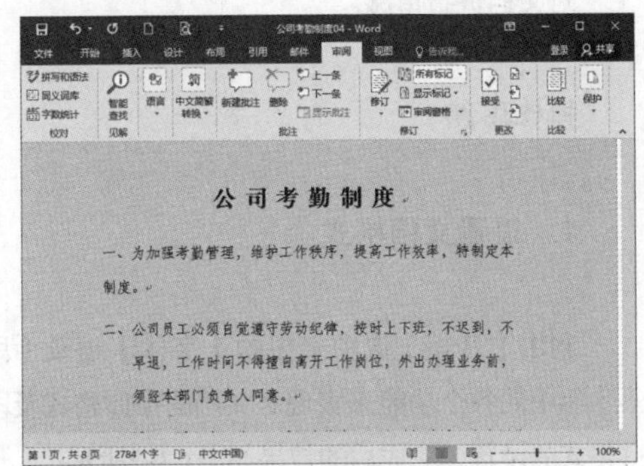

图1.2-59

1.3 课堂实训——制作企业人事管理制度

根据1.2节学习的内容，我们来制作一份完整的企业人事管理制度，效果如图1.3-1所示。

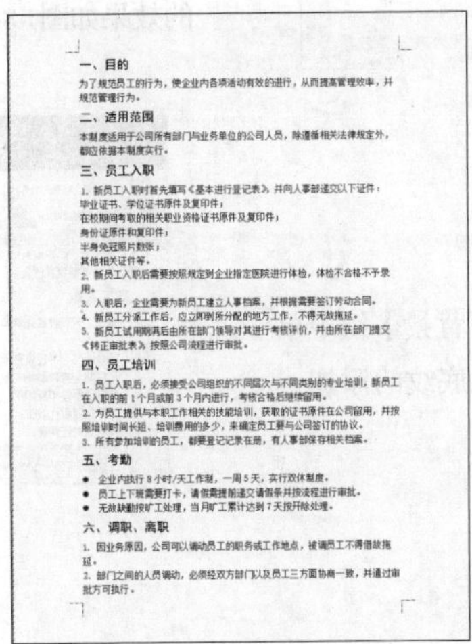

一、目的

为了规范员工的行为，使企业内各项活动有效的进行，从而提高管理效率，并规范管理行为。

二、适用范围

本制度适用于公司所有部门与业务单位的公司人员，除遵循相关法律规定外，都应依据本制度实行。

三、员工入职

1. 新员工入职时首先填写《基本进行量记表》，并向人事部递交以下证件：
毕业证书、学位证书原件及复印件；
在校期间考取的相关职业资格证书原件及复印件；
身份证原件和复印件；
半身免冠照片数张；
其他相关证件等。
2. 新员工入职后需要按照规定到企业指定医院进行体检，体检不合格不予录用。
3. 入职后，企业需要为新员工建立人事档案，并根据需要签订劳动合同。
4. 新员工分派工作后，应立即到所分配的地方工作，不得无故拖延。
5. 新员工试用期满后由所在部门领导对其进行考核评价，并由所在部门提交《转正审批表》按照公司流程进行审批。

四、员工培训

1. 员工入职后，必须接受公司组织的不同层次与不同类别的专业培训，新员工在入职的前1个月或前3个月内进行，考核合格后继续留用。
2. 为员工提供与本职工作相关的技能培训，获取的证书原件在公司留用，并按照培训时间长短、培训费用的多少，来确定员工要与公司签订的协议。
3. 所有参加培训的员工，都要登记记录在册，有人事部保存相关档案。

五、考勤

- 企业内执行8小时/天工作制，一周5天，实行双休制度。
- 员工上下班需要打卡，请假需提前递交请假条并按流程进行审批。
- 无故缺勤按旷工处理，当月旷工累计达到7天按开除处理。

六、调职、离职

1. 因业务原因，公司可以调动员工的职务或工作地点，被调员工不得借故拖延。
2. 部门之间的人员调动，必须经双方部门以及员工三方面协商一致，并通过审批方可执行。

图1.3-1

专业背景

人事管理制度是用于规范本企业职工的行动、办事方法，规定工作流程等活动的规章制度。它是针对劳动人事管理中经常重复发生或预测将要重复发生的事情制定的对策及处理原则。它采用条文的形式协调企业职工的活动，规定一致的利益目标。

实训目的

◎ 设置文档的格式

◎ 为文档添加边框及底纹

◎ 对文档进行审阅

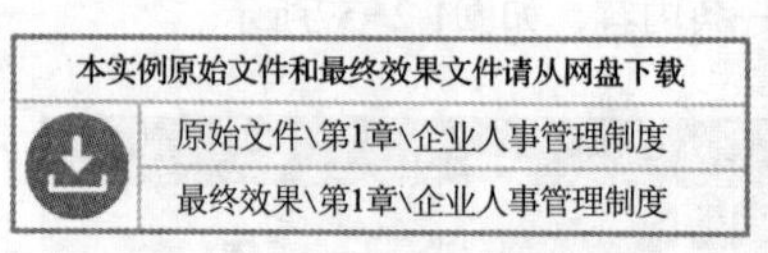

本实例原始文件和最终效果文件请从网盘下载

原始文件\第1章\企业人事管理制度

最终效果\第1章\企业人事管理制度

扫码看视频

操作思路

1. 设置文档格式

利用【开始】选项卡中的【字体】组及【段落】组中的各个功能来实现对文档的字体格式及段落格式的设置，完成后的效果如图1.3-2所示。

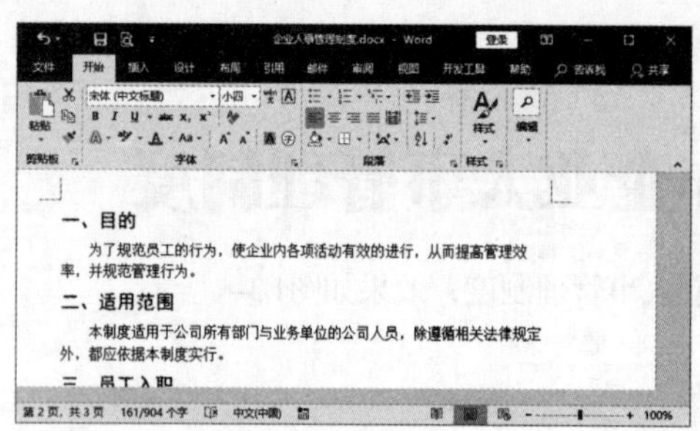

图1.3-2

2. 为文档添加边框及底纹

在【设计】选项卡下的【页面背景】组中单击【页面边框】按钮来实现边框及底纹的添加，完成后的效果如图1.3-3所示。

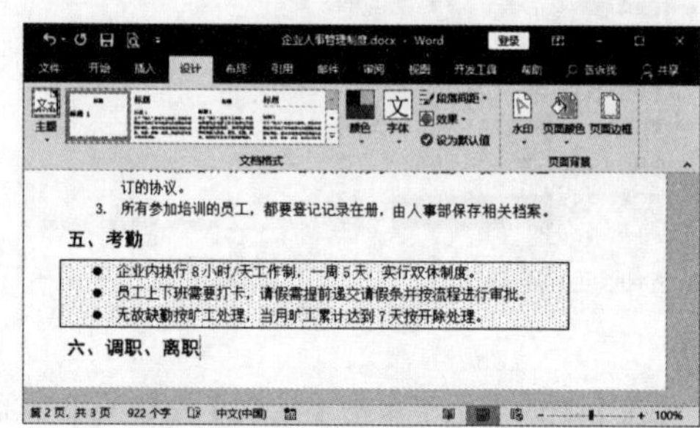

图1.3-3

3. 对文档进行审阅

利用【审阅】选项卡中的【批注】组及【修订】组中的各个功能来实现对文档的审阅，完成后的效果如图1.3-4所示。

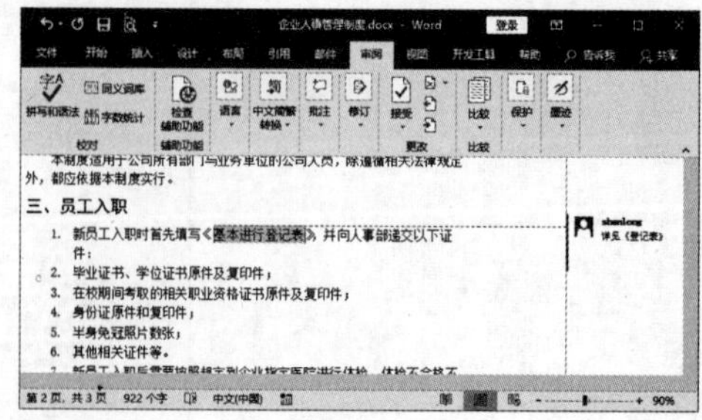

图1.3-4

1.4　常见疑难问题解析

问：如何修复已损坏的Word文档？

答：单击【文件】按钮，在弹出的界面中单击【打开】选项，或者直接按【Ctrl】+【O】组合键，弹出【打开】对话框，选择需要修复的文档，然后单击【打开】按钮右侧的下拉按钮，在弹出的下拉列表框中选中【打开并修复】选项即可。

问：如何关闭拼写和语法错误标记？

答：单击【文件】按钮，在弹出的界面中单击【选项】选项，弹出【Word选项】对话框，切换到【校对】选项卡，在【在Word中更正拼写和语法时】组中撤选各个复选框，然后单击【确定】按钮即可。

1.5　课后习题

（1）新建一个文档，将其命名为会议纪要，并输入会议纪要的文本内容。最终效果如图1.5−1所示。

扫码看视频

（2）设置会议纪要中文本的字体和段落格式，并为文档中的内容添加编号。最终效果如图1.5−2所示。

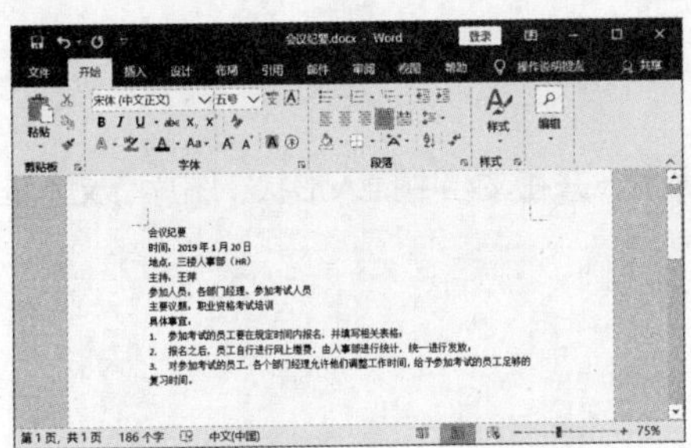

图1.5−1

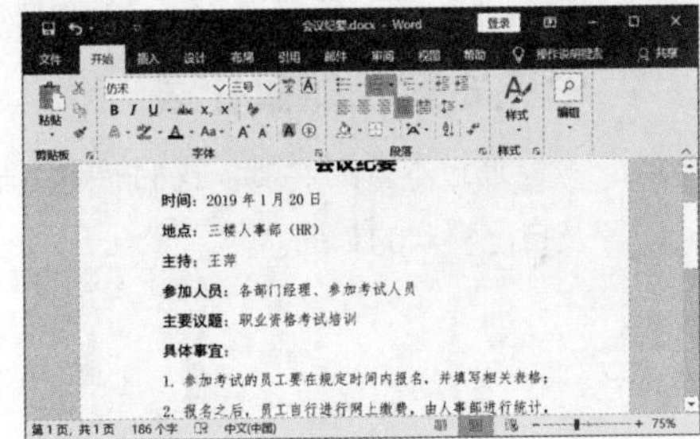

图1.5−2

第2章 表格应用与图文混排

本章内容简介

本章主要介绍页面比例分割、插入图片、插入文本框、插入形状、插入表格、设置页面以及插入封面等内容。

学完本章我能做什么

通过本章的学习，我们能熟练制作不同的简历，并在文档中插入形状、图片、文本框以及自己喜欢的封面。

学习目标

- 学会页面分割
- 学会插入图片、形状、文本框
- 学会插入表格
- 学会页面设置
- 学会插入封面

2.1　插入图形与表格——简历

简历是用人单位在面试前了解求职者基本情况的主要手段。简历中综合能力的描述非常重要，求职者应尽可能多地将自己的这些信息通过简历传递给用人单位。

2.1.1　页面比例分割

个人简历一般应用A4幅面，为了让简历信息更加清晰、明了，重点突出，我们把页面按照黄金比例垂直分割。

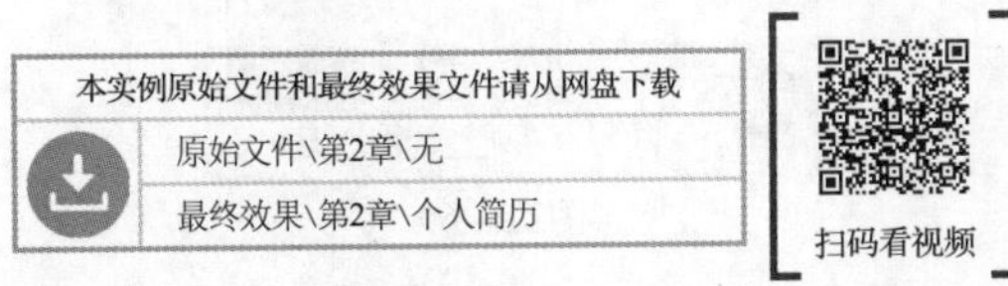

1. 垂直分割

根据个人简历的内容，这里我们将页面按8∶13的比例进行分割，左边填写个人简要信息，例如，年龄、籍贯、学历等；右边填写个人优势等信息，例如，软件技能、实习实践等。

本案例我们介绍一下如何通过直线把A4页面按照黄金比例进行垂直分割。

❶ 新建一个空白文档，并将其命名为“个人简历”。打开文档，切换到【插入】选项卡，在【插图】组中单击【形状】按钮，在弹出的下拉列表框中选中【线条】→【直线】选项，如图2.1-1所示。

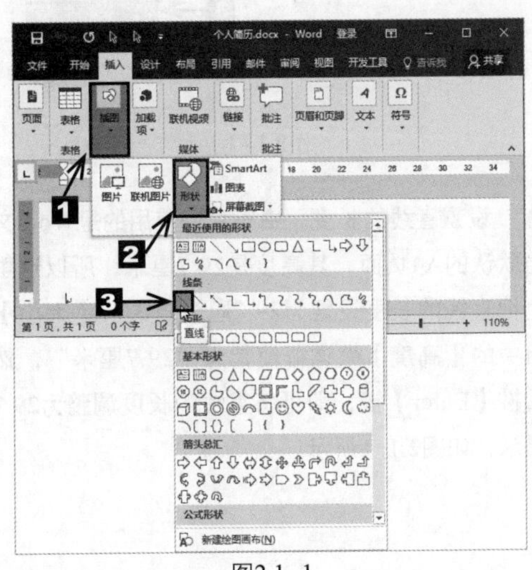

图2.1-1

❷ 此时将鼠标指针移动到文档的编辑区，鼠标指针呈“十”形状，按住【Shift】键的同时，按住鼠标左键不放，向下拖动即可绘制一条竖直直线，绘制完毕，释放鼠标左键即可，如图2.1-2所示。

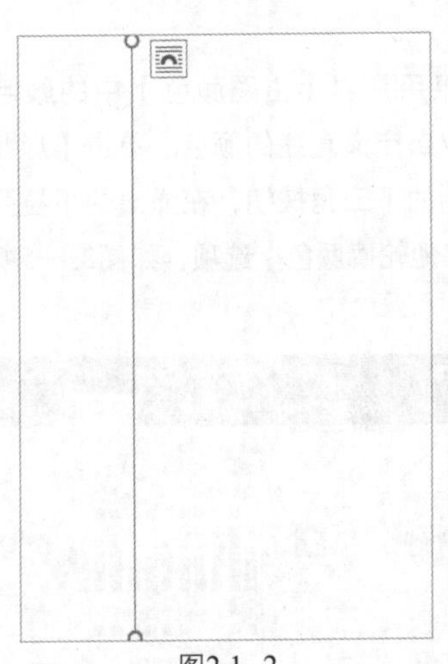

图2.1-2

❸ 接下来对直线的长度、宽度、颜色等进行设置。首先设置直线的颜色。此处我们绘制的直线的主要作用是帮助分割页面，它不是页面的重点内容，所以我们选用一种淡点的颜色，如图2.1-3所示。

图2.1-3

❹ 选中绘制的直线，切换到【格式】选项卡，在【形状样式】组中单击【形状轮廓】按钮右侧的下三角按钮，在弹出的下拉列表框中选择一种合适的颜色即可，如图2.1-4所示。

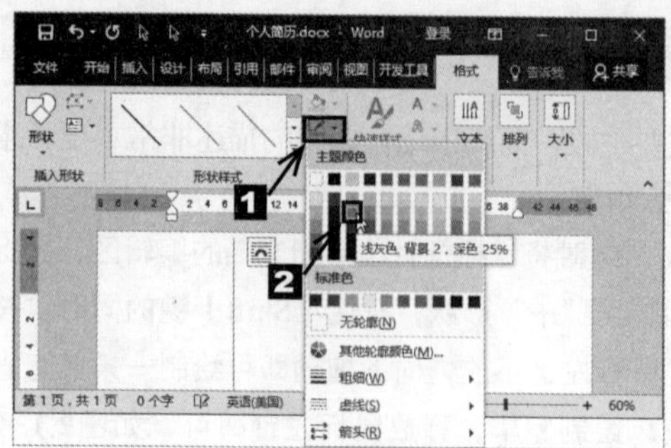

图2.1–4

❺ 如果用户对【主题颜色】中的颜色都不满意，可以自定义直线的颜色。单击【形状轮廓】按钮右侧的下三角按钮，在弹出的下拉列表框中单击【其他轮廓颜色】选项，如图2.1–5所示。

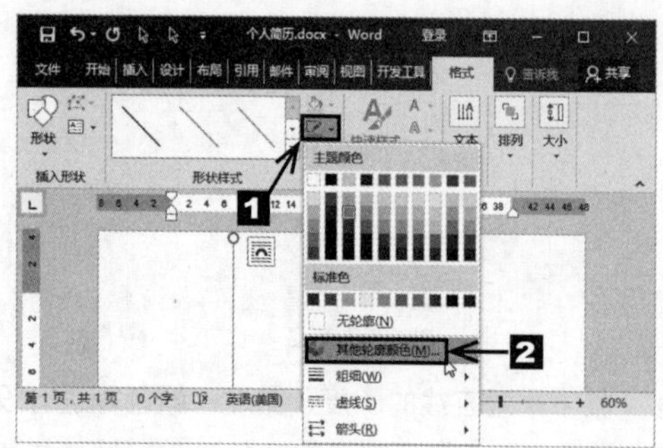

图2.1–5

❻ 随即弹出【颜色】对话框，切换到【自定义】选项卡，在【颜色模式】下拉列表框中选中【RGB】选项，然后通过调整【红色】【绿色】和【蓝色】微调框中的数值来设置合适的颜色，为了与页面的背景色相对应，直线的颜色设置为灰色，此处调节【红色】【绿色】和【蓝色】微调框使其数值分别设置为“236”“233”和“234”，单击 确定 按钮即可，如图2.1–6所示。

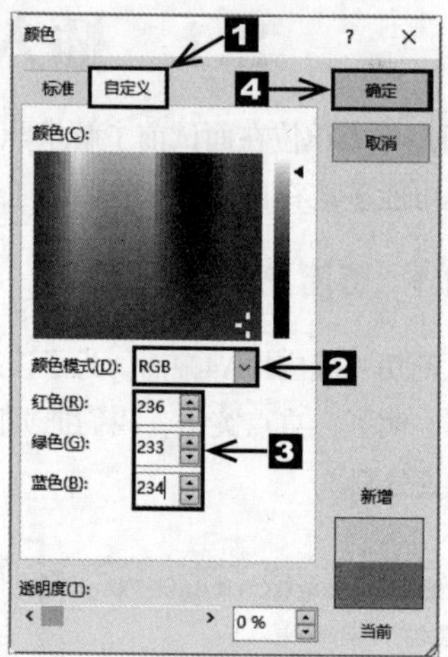

图2.1–6

❼ 设置直线的宽度。再次单击【形状样式】组中的【形状轮廓】按钮，在弹出的下拉列表框中选中【粗细】→【1.5磅】选项，如图2.1–7所示。

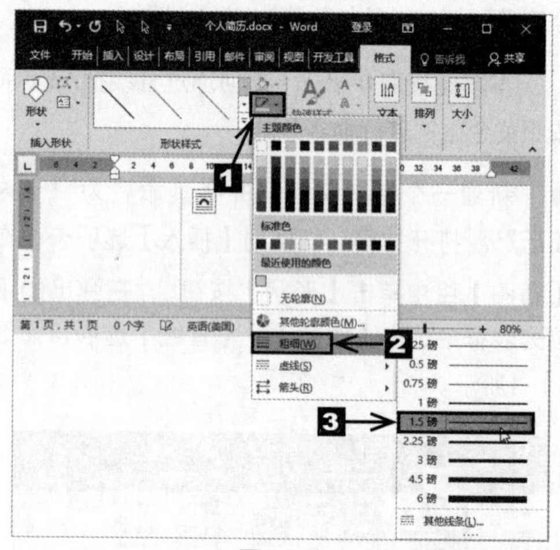

图2.1–7

❽ 设置直线的长度。由于我们使用的是Word文档默认的A4页面，其高度是29.7厘米，所以这里也把直线的长度设置为29.7厘米。调节【大小】组中的【高度】微调框使其为“29.7厘米”，然后按【Enter】键，即可将直线的长度调整为29.7厘米，如图2.1–8所示。

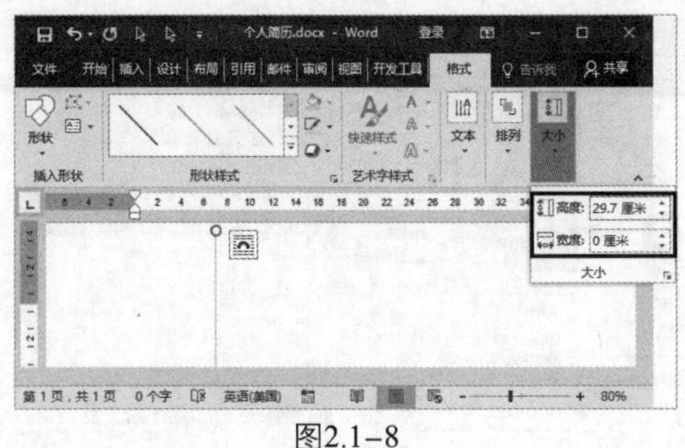
图2.1-8

❾　直线的颜色、长度、宽度设置完成后，就可以调整直线的位置将页面按8∶13进行垂直分割。

2. 页面对齐

若要凭借一条直线将页面按8∶13分成两部分，只需将直线相对于页面顶端对齐，并设置其相对于左边距的距离为8厘米即可。这样直线左侧页面是8厘米，右侧是13厘米，正好是8∶13的比例。具体操作步骤如下。

❶　切换到【格式】选项卡，在【排列】组中单击【位置】按钮，在弹出的下拉列表框中单击【其他布局选项】，如图2.1-9所示。

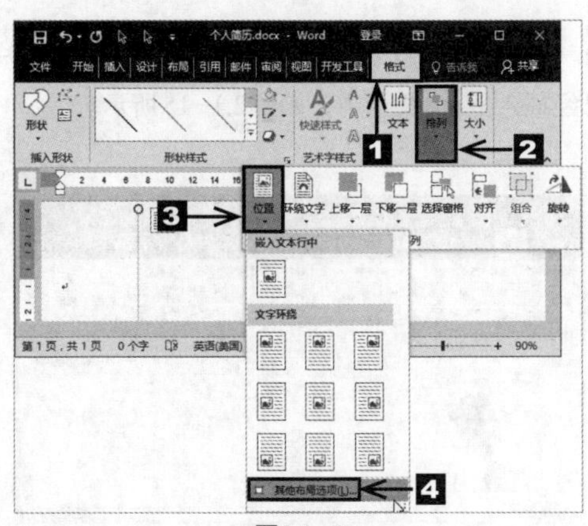
图2.1-9

❷　弹出【布局】对话框，切换到【位置】选项卡，在【水平】组中，选中【绝对位置】单选按钮，在其后面的【右侧】下拉列表框中选中【左边距】选项，然后在【绝对位置】微调框中输入“8厘米”，如图2.1-10所示。

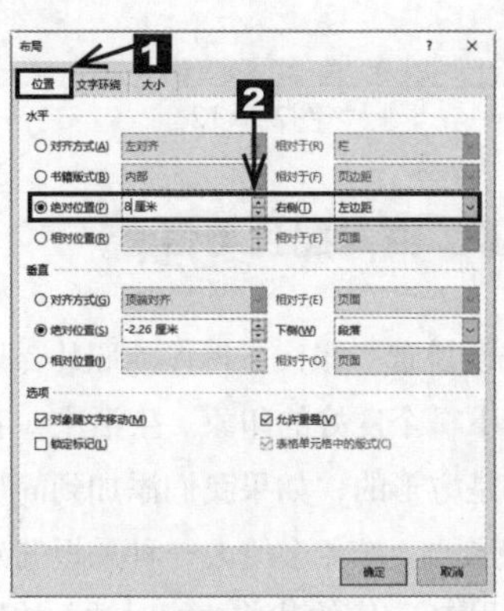
图2.1-10

❸　在【垂直】组中选中【对齐方式】单选按钮，在【对齐方式】下拉列表框中选中【顶端对齐】选项，在【相对于】下拉列表框中选中【页面】选项，如图2.1-11所示。

图2.1-11

❹　设置完毕，单击 确定 按钮，返回Word文档，即可看到直线已经将页面分成两部分，如图2.1-12所示。

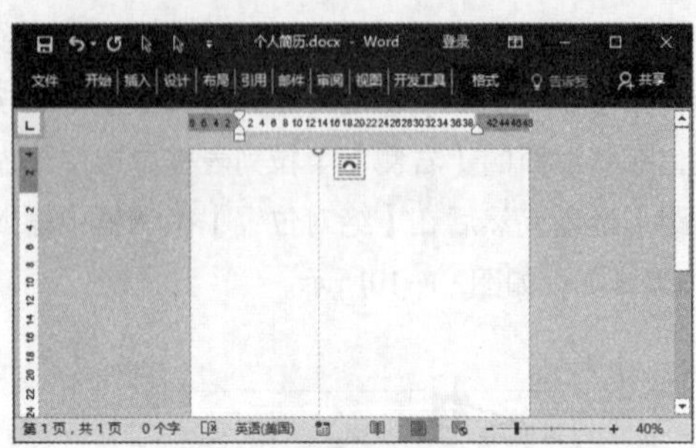

图2.1-12

2.1.2 插入图片与信息

首先要挑选一张大方得体的照片，以便给招聘人员留下一个良好的印象。生活中，我们拍摄的照片都是方形的，如果我们添加到简历中的照片也是方形的，难免会给人一种呆板的感觉。下面我们利用Word中的裁剪功能对插入的照片进行裁剪，使其呈圆形，具体步骤如下。

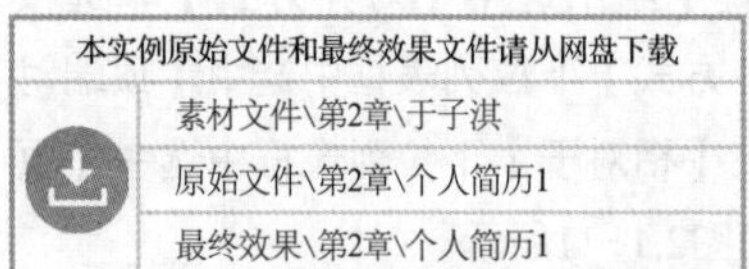

本实例原始文件和最终效果文件请从网盘下载
素材文件\第2章\于子淇
原始文件\第2章\个人简历1
最终效果\第2章\个人简历1

扫码看视频

1. 插入图片

页面划分好后，就可以输入简历的内容。首先我们来输入个人简历左栏的个人简要信息。为了方便查看，我们把个人简要信息进行简单归类。第一部分，个人照片、姓名和求职意向；第二部分，个人基本信息；第三部分，联系方式；第四部分，特长爱好。首先，输入第一部分内容：个人照片、姓名和求职意向。具体操作步骤如下。

❶ 打开本实例的原始文件，切换到【插入】选项卡，在【插图】组中单击【图片】按钮，如图2.1-13所示。

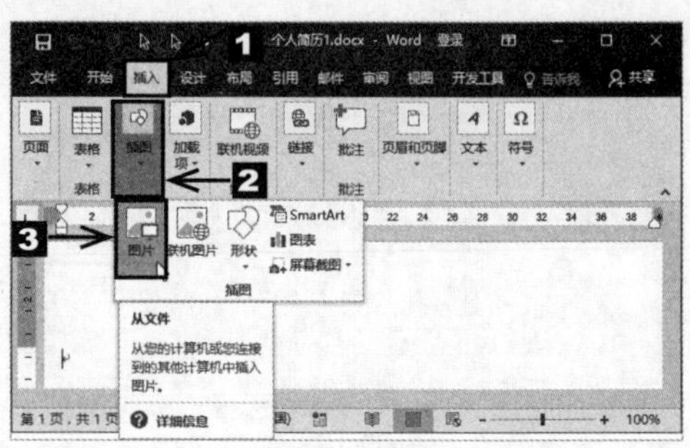

图2.1-13

❷ 弹出【插入图片】对话框，在左侧选中图片所在的文件夹，选中要插入的照片“于子淇.jpg”，然后单击 插入(S) 按钮，如图2.1-14所示。

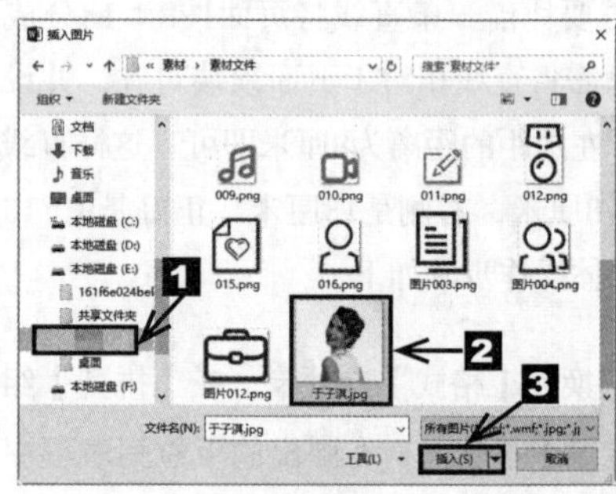

图2.1-14

❸ 返回Word文档，即可看到选中的个人照片已经插入Word文档中，如图2.1-15所示。

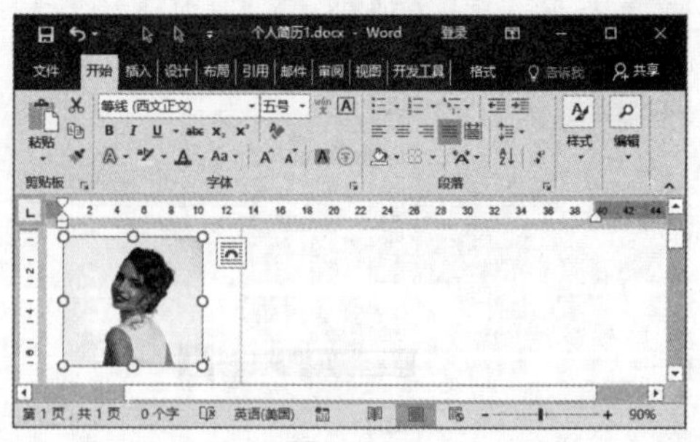

图2.1-15

❹ 选中插入的图片，切换到【格式】选项卡，在【大小】组中单击【裁剪】按钮的下半部分，在弹出的下拉列表框中选中【裁剪为形状】→【基本形状】→【椭圆】选项，如图2.1-16所示。

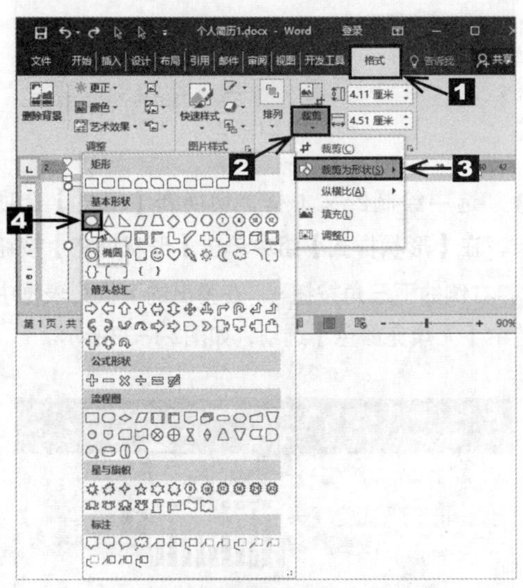

图2.1-16

❺ 单击【裁剪】按钮的上半部分，图片上会弹出裁剪标记，适当调整裁剪图形的大小，然后按【Enter】键即可，如图2.1-17所示。

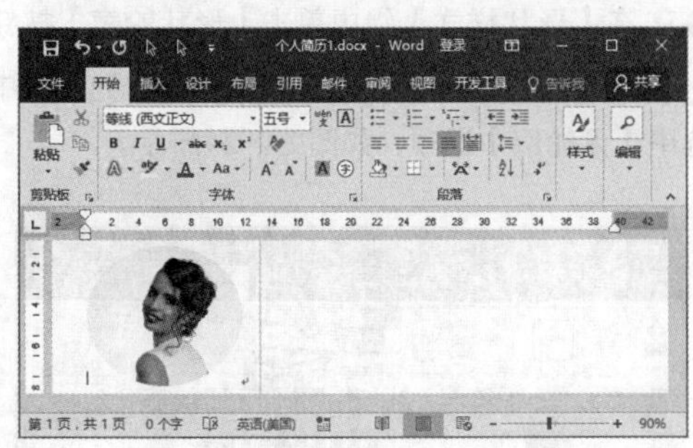

图2.1-17

由于我们选用的图片背景颜色比较浅，不太容易与文档背景区分，因此我们可以为图片添加一个边框，具体的操作步骤如下。

❶ 切换到【格式】选项卡，在【图片样式】组中单击【图片边框】按钮的右半部分，在弹出的下拉列表框中选中【粗细】→【6磅】选项，如图2.1-18所示。

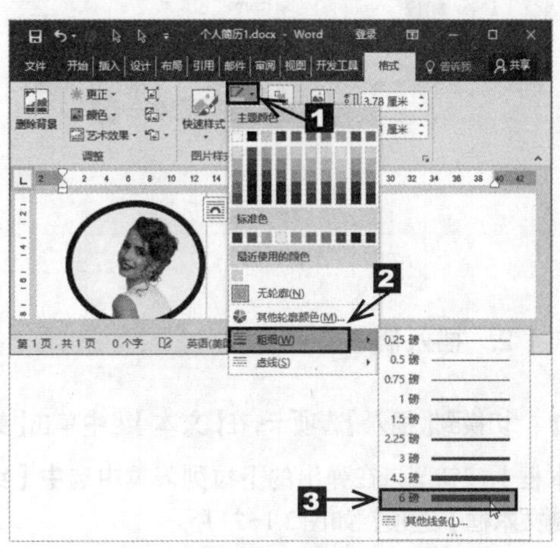

图2.1-18

❷ 再次单击【图片边框】按钮的右半部分，在弹出的下拉列表框中选中【主题颜色】→“白色，背景1，深色5%”选项，如图2.1-19所示。

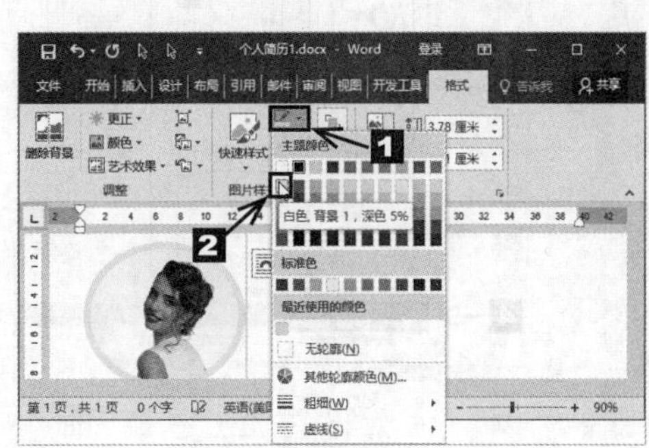

图2.1-19

❸ 选中图片，切换到【格式】选项卡，在【排列】组中，单击【环绕文字】按钮，在弹出的下拉列表框中选中【浮于文字上方】选项，然后适当地调整图片的大小和位置，如图2.1-20所示。

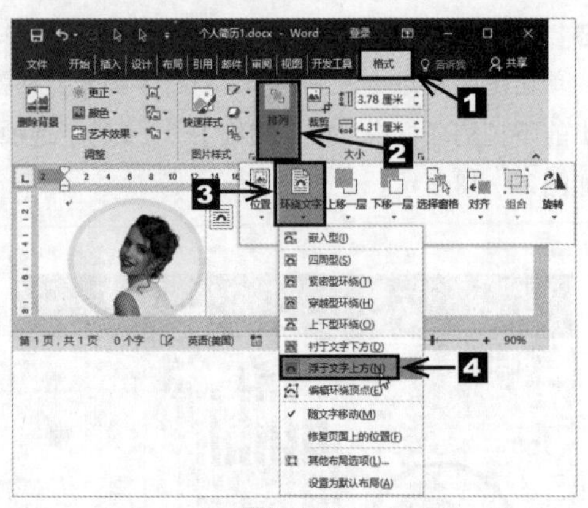

图2.1–20

2. 插入信息

❶ 切换到【插入】选项卡，在【文本】组中单击【文本框】按钮，在弹出的下拉列表框中选中【绘制文本框】选项，如图2.1–21所示。

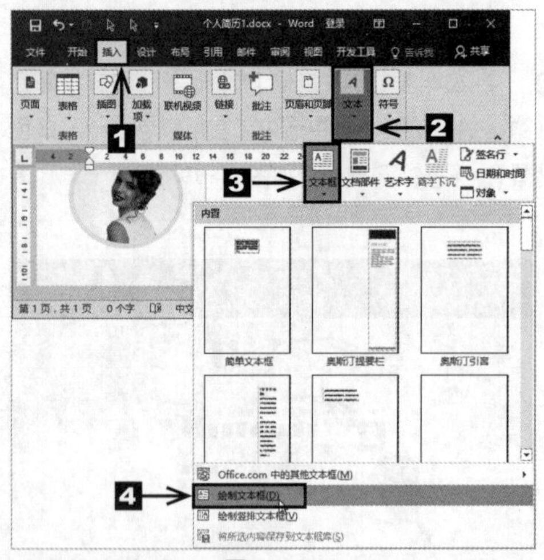

图2.1–21

❷ 将鼠标指针移动到个人照片的下方，此时鼠标指针呈"十"形状。按住鼠标左键不放，拖动鼠标即可绘制一个横排文本框，绘制完毕，释放鼠标左键即可，如图2.1–22所示。

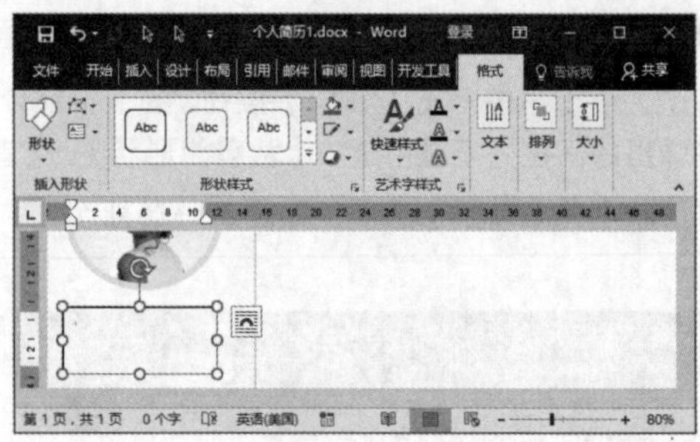

图2.1–22

❸ 选中绘制的文本框，切换到【格式】选项卡，在【形状样式】组中单击【形状填充】按钮右侧的下三角按钮，在弹出的下拉列表框中选中【无填充颜色】选项，如图2.1–23所示。

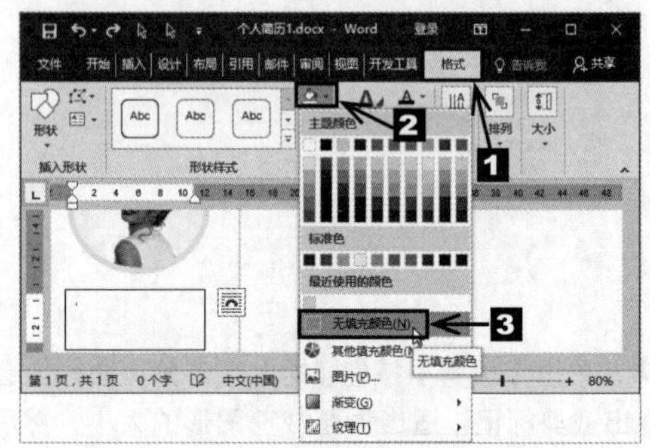

图2.1–23

❹ 在【形状样式】组中单击【形状轮廓】按钮右侧的下三角按钮，在弹出的下拉列表框中选中【无轮廓】选项，如图2.1–24所示。

图2.1–24

❺　返回Word文档，即可看到绘制的文本框已经设置为无填充颜色、无轮廓的状态。

❻　输入文本框内容。设置好文本框格式后，接下来就可以在文本框中输入求职者的姓名。输入求职者姓名，然后将其选中，切换到【开始】选项卡，在【字体】组中的【字体】下拉列表框中选择一种合适的字体，此处我们选中“微软雅黑”选项，即可将求职者姓名的字体设置为微软雅黑，如图2.1-25所示。

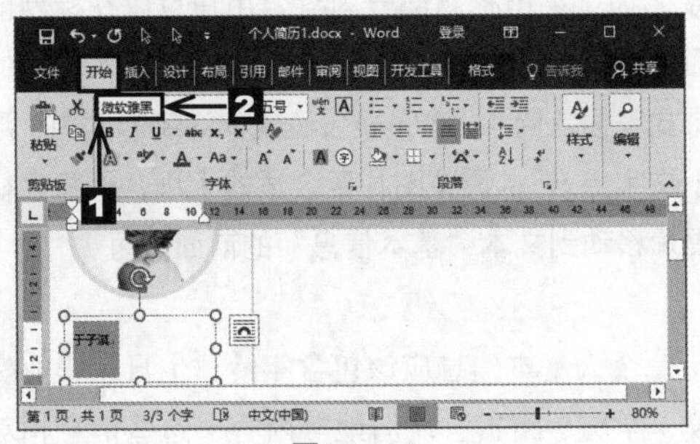

图2.1-25

❼　在【字号】下拉列表框中选中“小一”选项，单击【字体颜色】按钮右侧的下三角按钮，在弹出的下拉列表框中选中【主题颜色】→“黑色，文字1，淡色25%”选项，如图2.1-26所示。

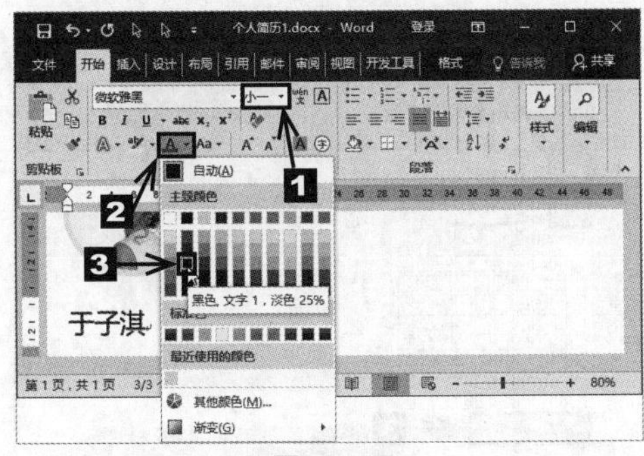

图2.1-26

❽　按照同样的方法，在姓名下方插入一个无轮廓、无填充颜色，并输入求职意向的文本框，此处将字体设置为“华文细黑”，字号设置为“小四”。至此，个人简历中个人简要信息的第一部分就设置完成，如图2.1-27所示。

图2.1-27

2.1.3　插入表格与直线

个人的基本信息包括年龄、生日、毕业院校等。这些信息是招聘人员筛选简历时主要关注的信息，所以填写个人基本信息尤为重要。

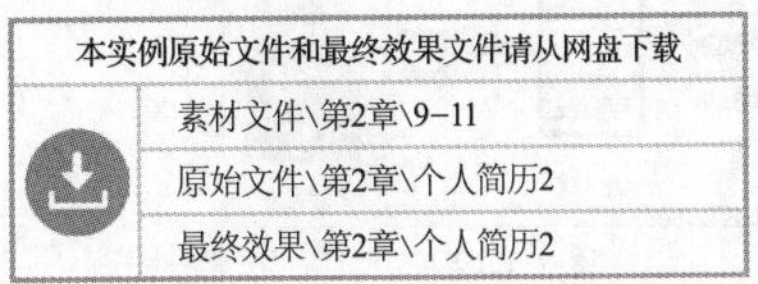

1. 插入表格

插入个人基本信息的具体操作步骤如下。

❶　按照前面介绍的方法插入一个无填充颜色、无轮廓的文本框，并在文本框内输入“基本信息”。选中文本，按照前面的方法设置其字体格式，字体设置为“方正兰亭粗黑简体”，字号设置为“小四”，然后单击【字体颜色】按钮右侧的下三角按钮，在弹出的下拉列表框中单击【其他颜色】选项，如图2.1-28所示。

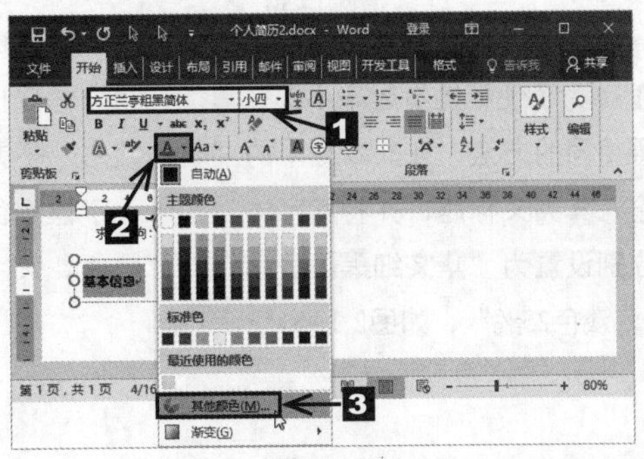

图2.1-28

❷ 弹出【颜色】对话框，切换到【自定义】选项卡，在【颜色模式】下拉列表框中选中【RGB】选项，然后通过调整【红色】【绿色】和【蓝色】微调框来设置合适的颜色，此处调节【红色】【绿色】和【蓝色】微调框使其数值分别设置为“235”“107”和“133”，如图2.1-29所示。

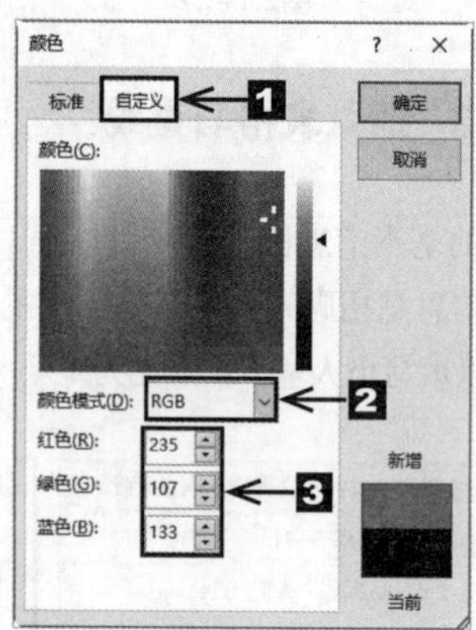

图2.1-29

❸ 设置完毕，单击 确定 按钮，返回Word文档，即可看到文本的设置效果，然后适当调整文本框的大小和位置即可，如图2.1-30所示。

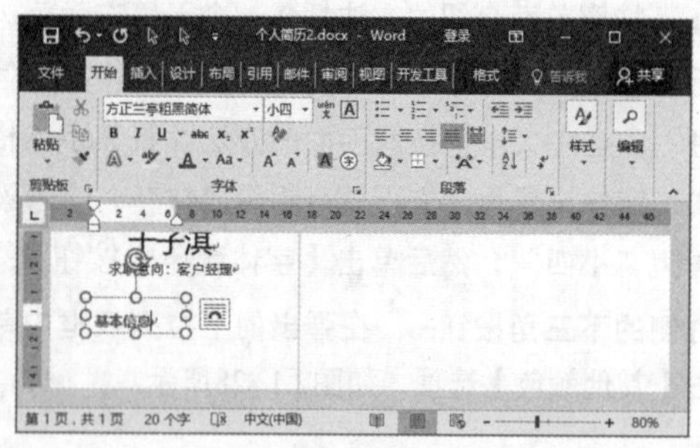

图2.1-30

❹ 为了使标题看起来不那么单调，用户可以按照相同的方法，在文本框中的“基本信息”下方输入其英文标题，并将其字体、字号、字体颜色分别设置为“华文细黑”“小五”“黑色，文字1，淡色25%”，如图2.1-31所示。

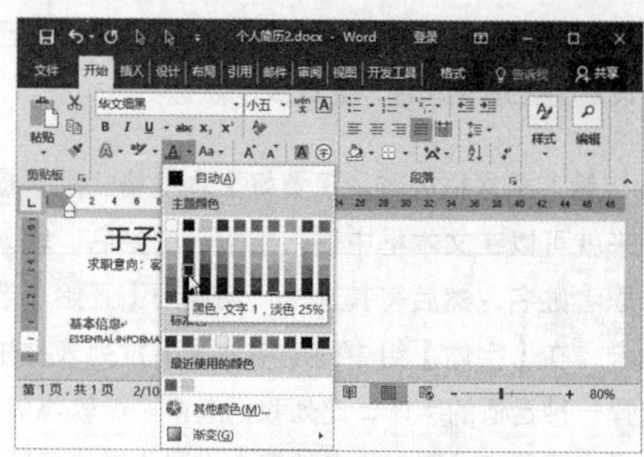

图2.1-31

❺ 为了突出标题部分内容，用户可以在标题前面添加一个小图标，按照前面介绍的插入图片的方式来插入照片“09.png”，设置其环绕方式为“浮于文字上方”，调整图片至合适的大小，再将素材图片移动到文本“基本信息”的前面即可。

个人基本信息应该包含年龄、生日、毕业院校、学历、籍贯、现居地等内容，这些信息相对来说格式比较整齐，用户可以采用表格的形式来展现，具体的操作步骤如下。

❶ 切换到【插入】选项卡，在【表格】组中单击【表格】按钮，在弹出的下拉列表框中单击【插入表格】选项，如图2.1-32所示。

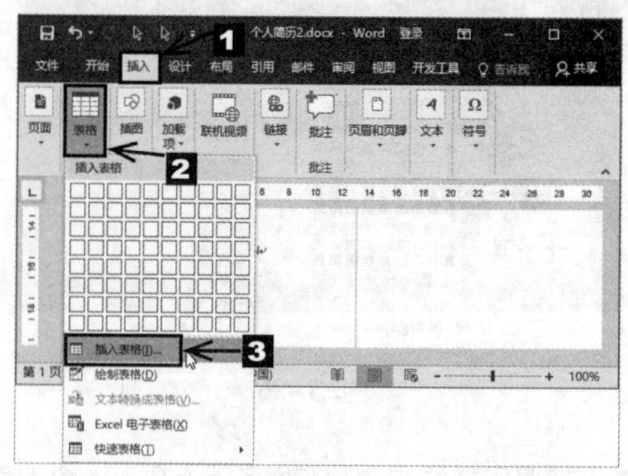

图2.1-32

❷ 弹出【插入表格】对话框，在【表格尺寸】组中的【列数】微调框中输入“2”，在【行数】微调框中输入“6”，然后在【“自动调整”操作】组中选中【根据内容调整表格】单选按钮，设置完毕，单击 确定 按钮即可，如图2.1-33所示。

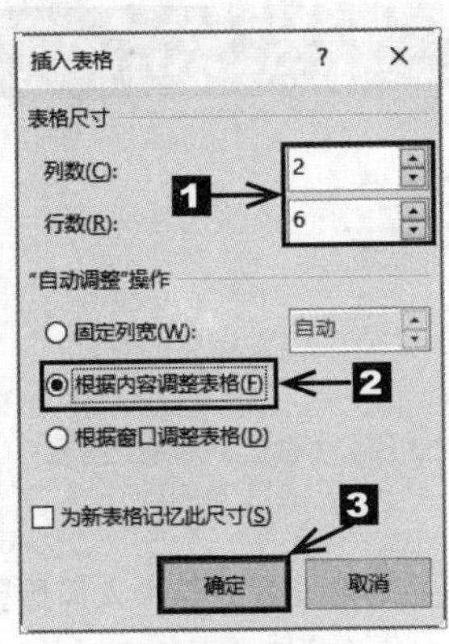

图2.1-33

❸ 单击表格左上角的【表格】按钮，选中整个表格，按住鼠标左键不放，拖动鼠标将表格拖曳到“基本信息”的下方，如图2.1-34所示。

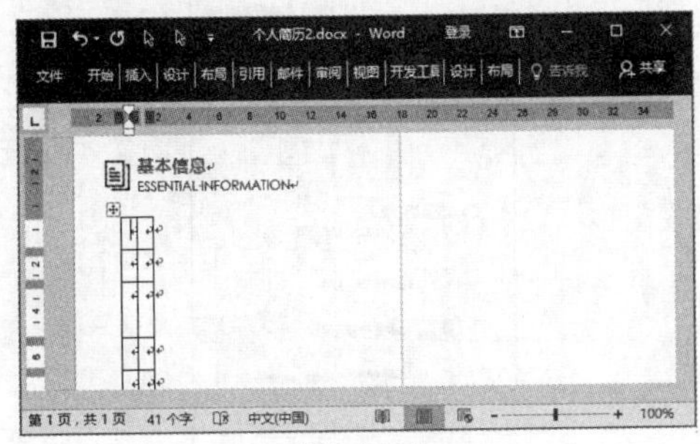

图2.1-34

❹ 拖动鼠标，将鼠标指针移动到表格第一列上方，当鼠标指针变为“⬇”形状，单击选中表格的第1列，切换到【开始】选项卡，在【字体】组中的【字体】下拉列表框中选中“黑体”选项，在【字号】下拉列表框中选中“小四”选项，然后单击【加粗】按钮 B ，将表格第1列的字体设置为“黑体、小四、加粗”，如图2.1-35所示。

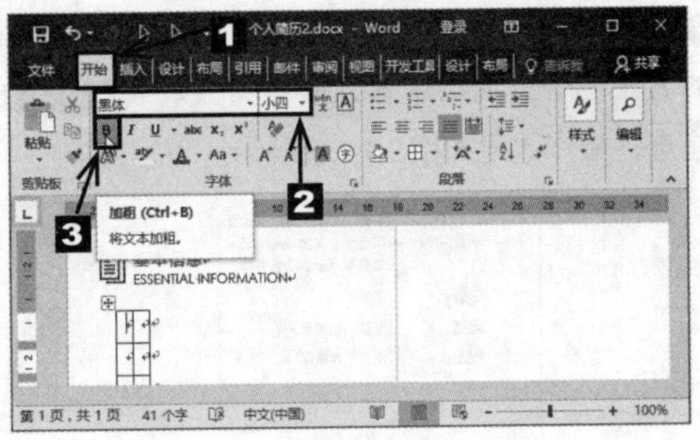

图2.1-35

❺ 接着选中表格的第2列，在【字体】下拉列表框中选中“黑体”选项，在【字号】下拉列表框中选中“五号”选项，将表格第2列的字体设置为“黑体、五号”，如图2.1-36所示。

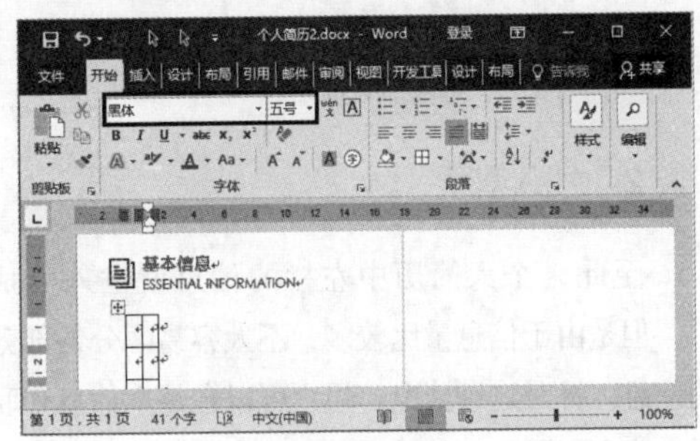

图2.1-36

❻ 设置完毕后，在表格中输入个人基本信息的具体内容，然后适当地调整表格的行高，选中整个表格，切换到【设计】选项卡，在【边框】组中单击【边框】按钮，在弹出的下拉列表框中选中【无框线】选项，如图2.1-37所示，即可将边框线删除。

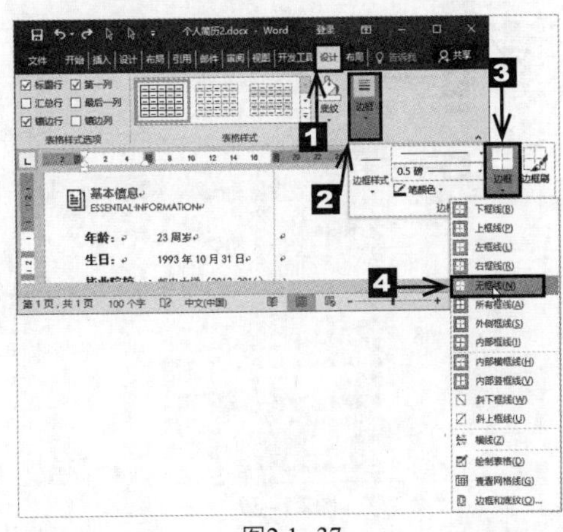

图2.1-37

❼ 用户可以按照相同的方法，使用插入文本框的方法在个人简历中输入联系方式和特长爱好的信息，最终效果如图2.1-38所示。

图2.1-38

2. 插入直线

至此，个人简历中左栏的信息就输入完成了，但是由于信息量比较多，不太容易区分各部分的信息。针对这种情况，用户可以在基本信息和联系方式之间插入一条横线，帮助读者分割内容。

❶ 切换到【插入】选项卡，在【插图】组中单击【形状】按钮，在弹出的下拉列表框中选中【线条】→【直线】选项，如图2.1-39所示。

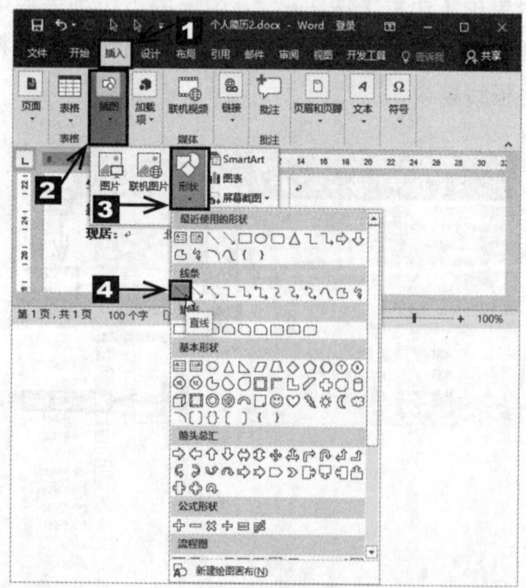

图2.1-39

❷ 此时鼠标指针变成"十"形状，将鼠标指针移动到基本信息和联系方式之间，按住【Shift】键的同时，按住鼠标左键不放，并向右拖动鼠标即可绘制一条直线。绘制完毕，释放鼠标左键即可，结果如图2.1-40所示。

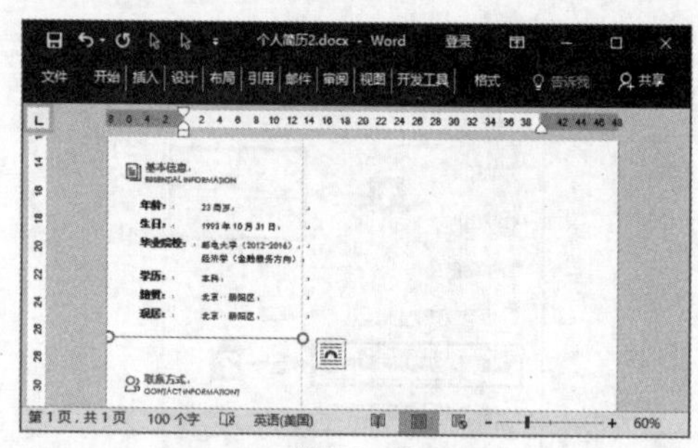

图2.1-40

❸ 将直线的颜色设置为与个人简历整体颜色一致的浅灰色，并将其线条宽度设置为1磅。

❹ 通过复制、粘贴的方式，复制一条相同样式的直线，并将其移动到联系方式和特长爱好之间，结果如图2.1-41所示。

图2.1-41

2.1.4 插入形状与项目符号

Word 2016中提供了多种形状，用户可以在编辑Word文档时，适当地插入一些形状，以丰富自己的内容，这样能让文章整体看起来图文并茂。如果用户觉得系统提供的默认形状比较单一，还可以将多个形状组合为一个新的形状。

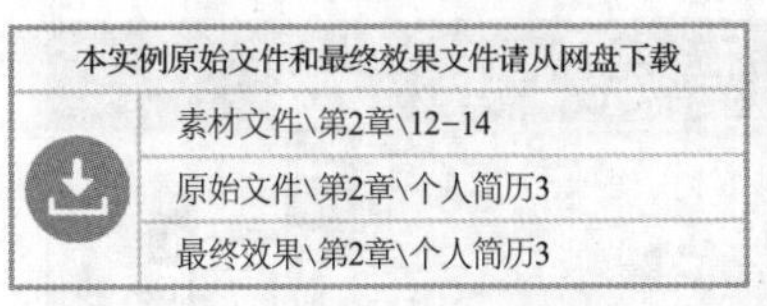

1. 插入形状（椭圆）

在填写个人技能时，应聘者大多是通过文字来描述自己的职业技能的，大篇幅的文字会使企业HR产生视觉疲劳。为了能突出自己的职业技能，用户可以增加一些小的颜色块，以吸引企业HR。具体的操作步骤如下。

❶ 打开本实例的原始文件，首先插入小标题"软件功能"以及对应的小图标。然后就可以通过绘制的形式来展现软件技能。切换到【插入】选项卡，在【插图】组中，单击【形状】按钮，在弹出的下拉列表框中选中【基本形状】→【椭圆】 选项，如图2.1-42所示。

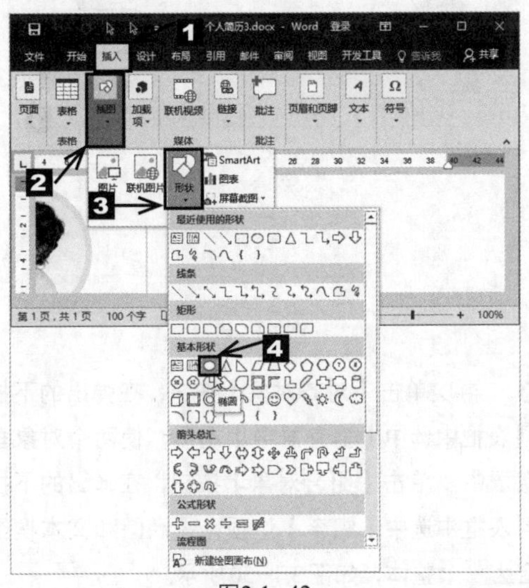

图2.1-42

❷ 此时鼠标指针变成"十"形状，按住【Shift】键的同时，按住鼠标左键并拖动鼠标，即可绘制一个椭圆。选中椭圆。切换到【格式】选项卡，在【形状样式】组中单击【形状填充】按钮右侧的下三角按钮，在弹出的下拉列表框中单击【其他填充颜色】选项，如图2.1-43所示。

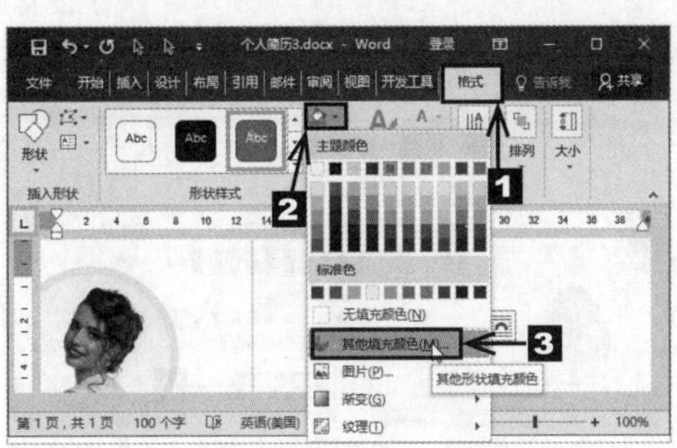

图2.1-43

❸ 弹出【颜色】对话框，切换到【自定义】选项卡，分别在【红色】【绿色】和【蓝色】微调框中输入合适的数值，此处分别输入"235" "107" "133"，如图2.1-44所示。

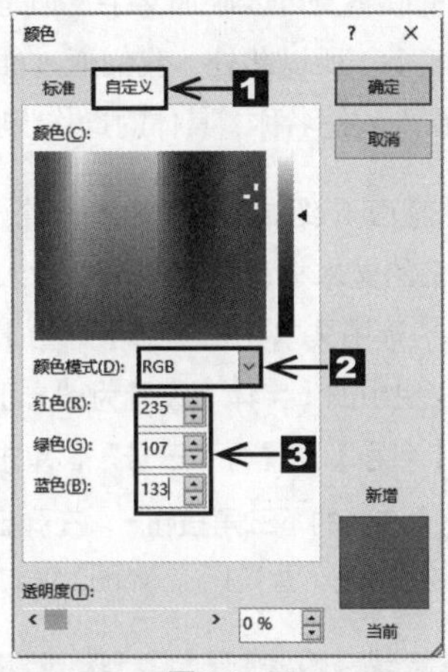

图2.1-44

❹ 单击 确定 按钮，返回文档，即可看到绘制的椭圆已经被填充为设置的颜色，如图2.1-45所示。

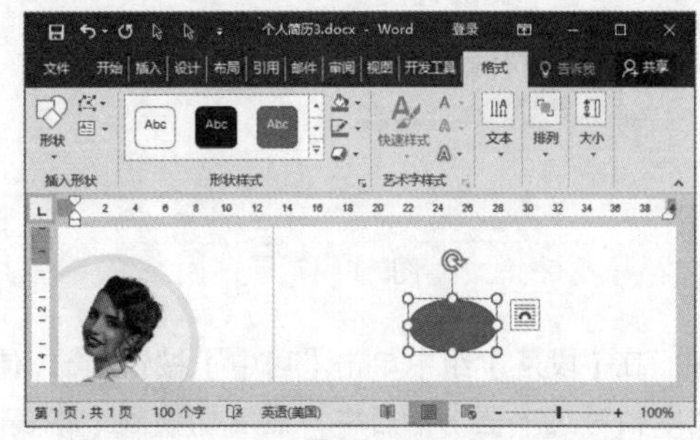

图2.1-45

❺ 在【形状样式】组中单击【形状轮廓】按钮右侧的下三角按钮，在弹出的下拉列表框中选中【无轮廓】选项，如图2.1-46所示，即可将椭圆的轮廓删除。

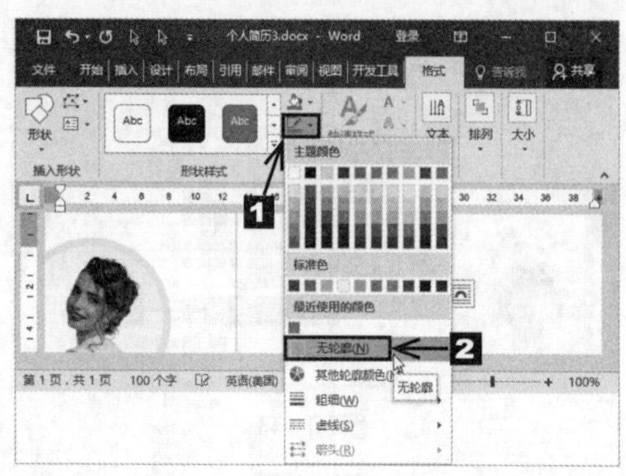
图2.1-46

❻ 至此椭圆就绘制完成，接下来就可以在椭圆中输入具体的软件名称。

虽然椭圆本身可以添加文字，但是文字的字号会相对较小，所以此处，我们通过插入文本框的方式来输入软件名称。具体的操作步骤如下。

❶ 按照前面介绍的方法插入一个无填充颜色、无轮廓的文本框，在文本框中输入软件名称"Word"，选中文本并切换到【开始】选项卡，将【字体】组中的【字体】设置为"方正兰亭粗黑简体"，【字号】设置为"三号"，单击【字体颜色】按钮右侧的下三角按钮，在弹出的下拉列表框中选中"白色，背景1"，如图2.1-47所示。

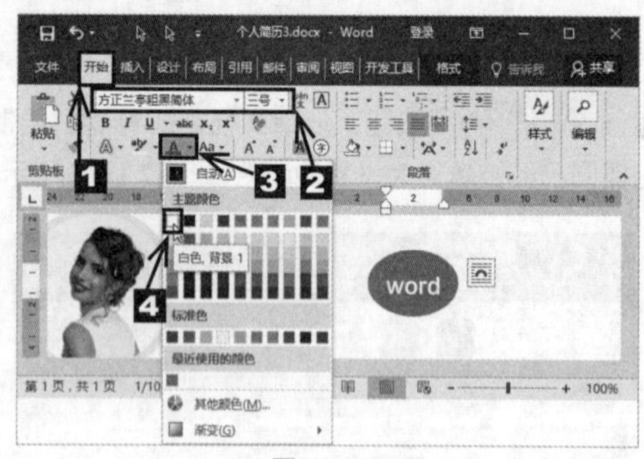
图2.1-47

❷ 在【段落】组中单击【居中】按钮，使文本相对文本框水平居中。然后切换到【格式】选项卡，在【文本】组中单击【对齐文本】选项，在弹出的下拉列表框中选中【中部对齐】选项，使文本相对文本框垂直居中，如图2.1-48所示。

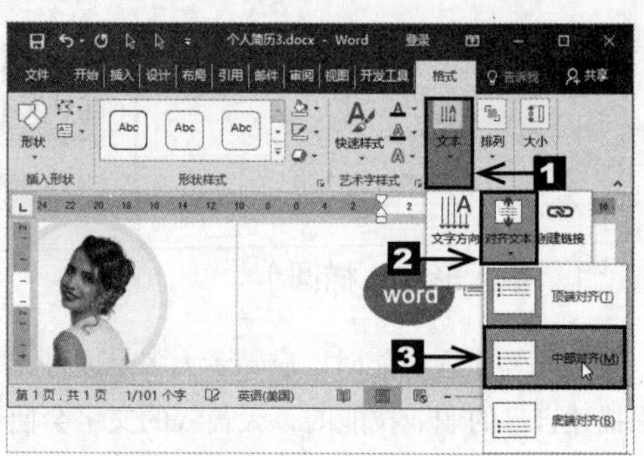
图2.1-48

❸ 选中文本框和椭圆，切换到【格式】选项卡，在【排列】组中单击【对齐对象】按钮，在弹出的下拉列表框中选中【水平居中】选项，使两个对象水平居中，如图2.1-49所示。

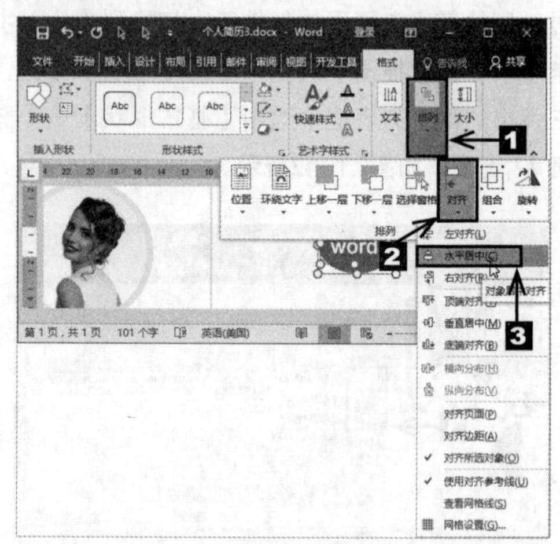
图2.1-49

❹ 再次单击【对齐对象】按钮，在弹出的下拉列表框中选中【垂直居中】选项，使两个对象垂直居中。单击【组合对象】按钮，在弹出的下拉列表框中选中【组合】选项，将椭圆和文本框组合为一个整体，如图2.1-50所示。

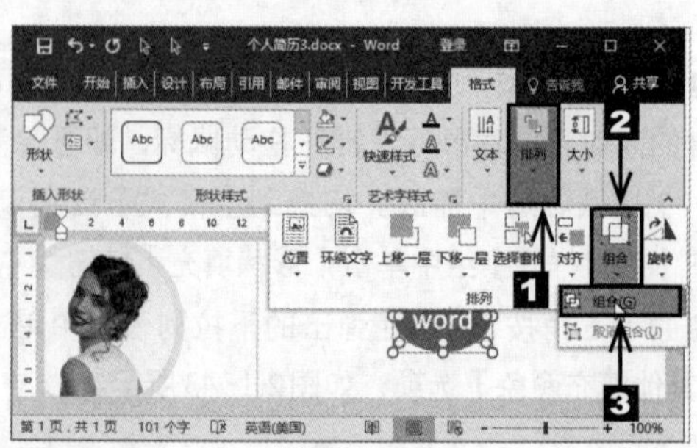
图2.1-50

❺ 按照相同的方法将椭圆和文本框组合成一个整体的形式来展现其他的个人软件技能。然后模仿星座的样子，通过插入不同长度的直线，将各个注明软件技能的椭圆连接起来，在直线连接处，使用小圆点作为结点，最终效果如图2.1-51所示。

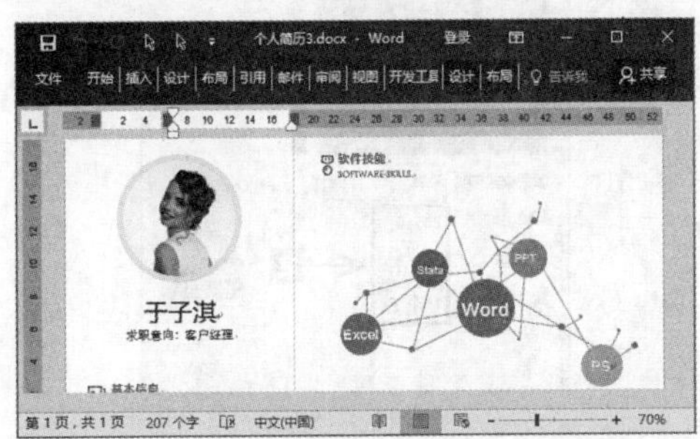

图2.1-51

❻ 星座图表绘制完成后，还需要配上文字来对图表加以解释说明。在图表的下方绘制一个横排文本框，将文本框设置为无填充颜色、无轮廓，在文本框中输入对应的文字信息，并设置文字的字体、字号及字体颜色，最终效果如图2.1-52所示。

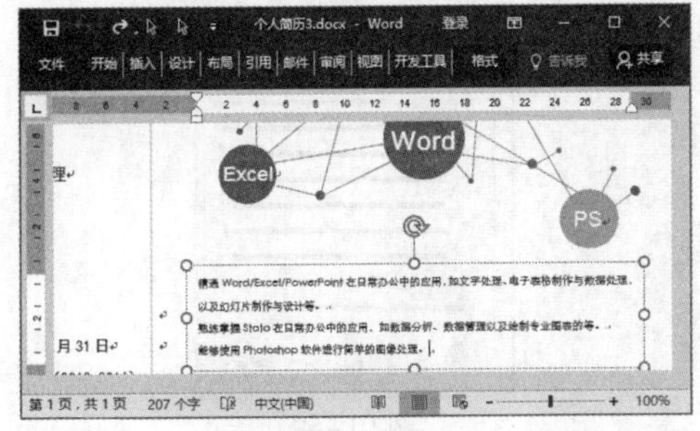

图2.1-52

2. 插入项目符号

合理地使用项目符号，可以使文档的层次结构更清晰、更有条理。下面我们为软件技能的文字部分添加项目符号，具体的操作步骤如下。

❶ 选中软件技能的文本内容，切换到【开始】选项卡，在【段落】组中，单击【项目符号】按钮右侧的下三角按钮，在弹出的项目符号库中选择一种合适的项目符号，例如选中【圆形】选项，如图2.1-53所示。

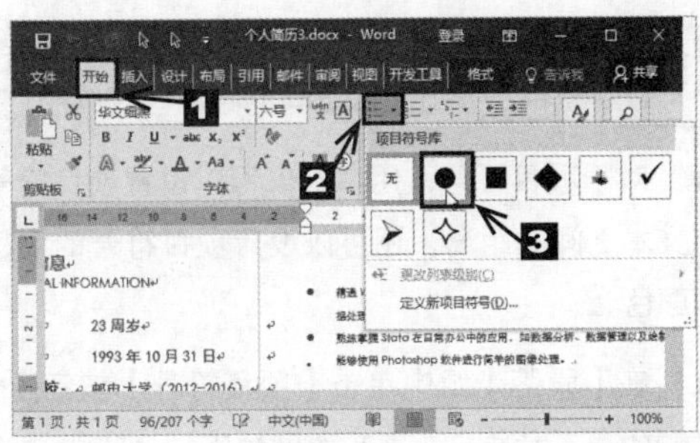

图2.1-53

❷ 默认插入的项目符号与文字之间的间距较大，用户可以适当调小间距。在选中文本的基础上单击鼠标右键，在弹出的快捷菜单中单击【调整列表缩进】命令，如图2.1-54所示。

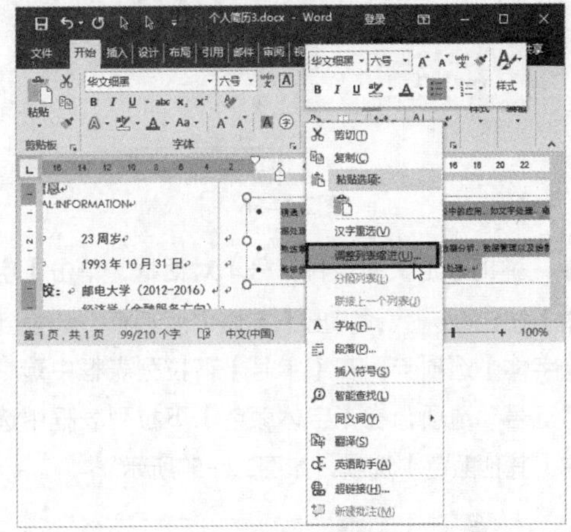

图2.1-54

❸ 弹出【调整列表缩进量】对话框，【文本缩进】微调框中的数值默认为“0.74厘米”，此处将【文本缩进】微调框中的数值调整为“0.4厘米”，如图2.1-55所示。

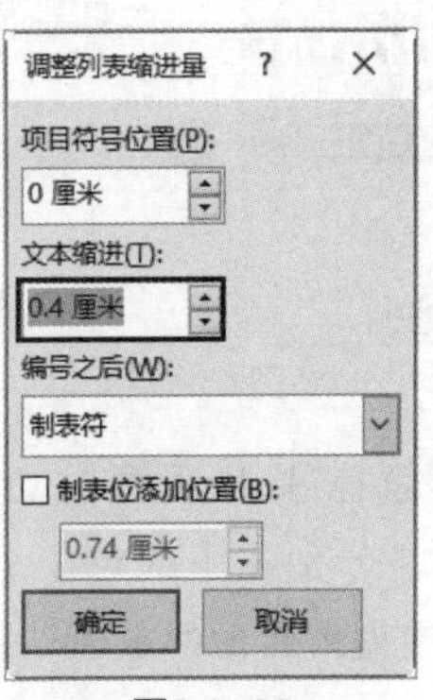

图2.1-55

❹ 设置完毕，单击 确定 按钮，返回Word文档，即可看到项目符号与文本之间的距离已经缩小。

❺ 对于项目符号，用户不仅可以设置项目符号与文本之间的距离，还可以设置项目符号的大小和颜色。

❻ 在【段落】组中单击【项目符号】按钮 右侧的下三角按钮，在弹出的下拉列表框中单击【定义新项目符号】选项，如图2.1-56所示。

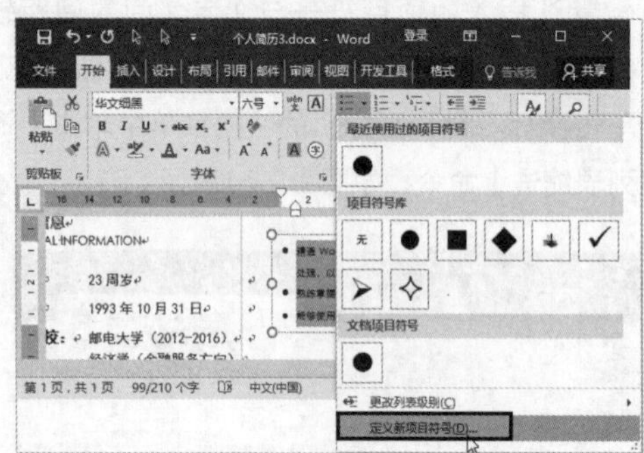

图2.1-56

❼ 弹出【定义新项目符号】对话框，单击【字体】按钮 字体(F)... ，弹出【字体】对话框，切换到【字体】选项卡，在【字号】下拉列表框中选中“五号”选项，在【字体颜色】下拉列表框中选中【其他颜色】选项，如图2.1-57所示。

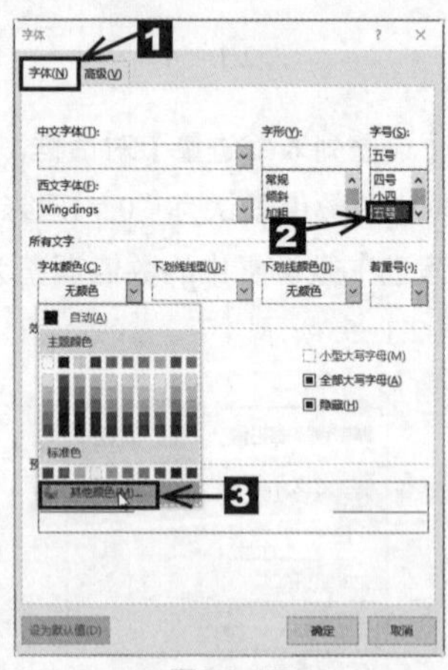

图2.1-57

❽ 弹出【颜色】对话框，切换到【自定义】选项卡，分别在【红色】【绿色】【蓝色】微调框中输入合适的数值，此处分别输入“235” “107” “133”，然后单击【确定】按钮，如图2.1-58所示。

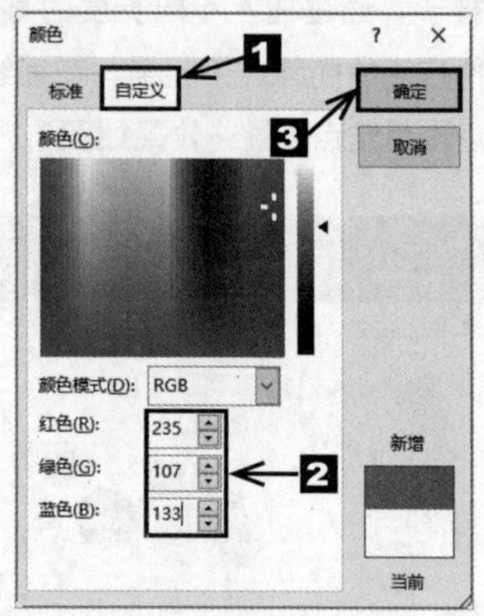

图2.1-58

❾ 返回【定义新项目符号】对话框，在【预览】文本框中可以预览到项目符号的效果，单击 确定 按钮，返回Word文档，如图2.1-59所示。

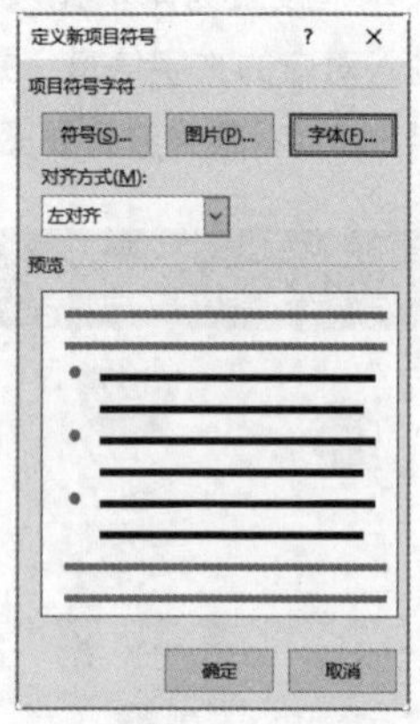

图2.1-59

3. 插入形状（矩形）

简历中实践部分必须使用文字表达。如果只使用文字，会给人一种单一的感觉。为了凸显这部分内容，用户可以给实践部分增加色彩，因为颜色可以让简历更有层次感。由于本例假定的求职者是女生，因此我们选择的色彩是偏女性的粉色系，这既能达到活跃气氛、醒目的效果，也可以与左边的照片相呼应。如果求职者是男生，可以将色彩调成体现阳刚之气的系列，如蓝色。具体步骤如下。

❶ 切换到【插入】选项卡，在【插图】组中单击【形状】按钮，在弹出的下拉列表框中选中【矩形】→【矩形】选项，如图2.1-60所示。

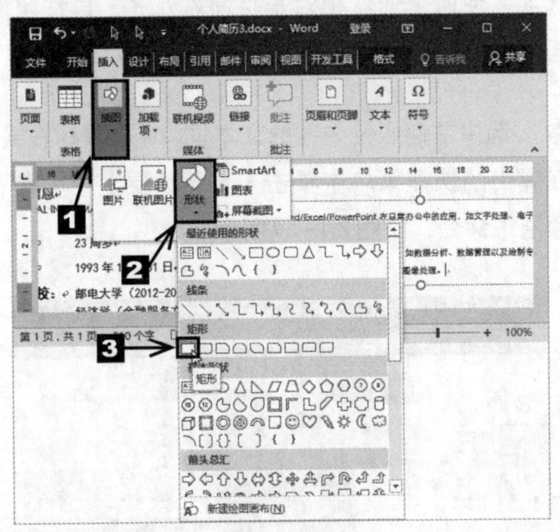

图2.1-60

❷ 此时鼠标指针变成“十”形状，按住鼠标左键的同时拖动鼠标，即可在Word文档中绘制一个矩形，并适当调整矩形的大小，如图2.1-61所示。

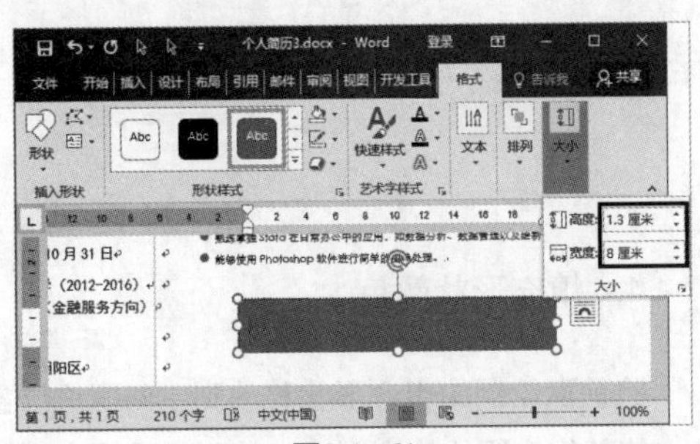

图2.1-61

❸ 按照前面介绍的方法将形状设置为无轮廓，其填充颜色【红色】【绿色】【蓝色】分别设置为“235”“107”“133”。

❹ 接下来绘制一个圆，以便输入此部分的小标题“实习实践”。用插入形状的方式，插入一个圆，并对圆进行设置。

❺ 选中圆，将其填充颜色设置为【白色，背景1】，自定义轮廓颜色【红色】【绿色】【蓝色】分别设置为“251”“217”“229”，轮廓的粗细设置为“6磅”。

❻ 选中绘制的圆和矩形，切换到【格式】选项卡，在【排列】组中单击【对齐】按钮，在弹出的下拉列表框中选中【水平居中】选项，使圆和矩形水平居中，然后通过方向键适当调整圆和矩形的垂直位置，如图2.1-62所示。

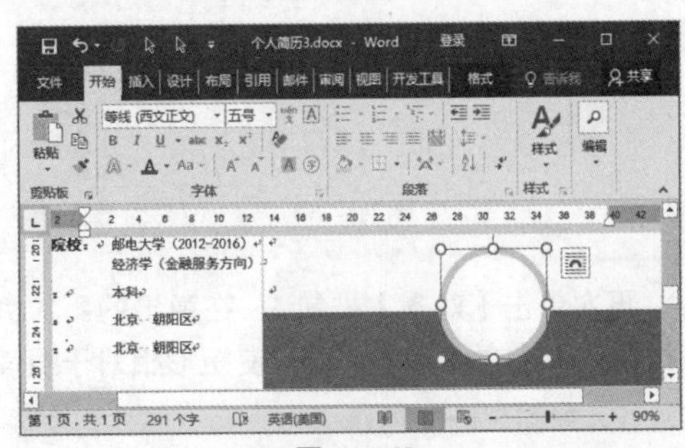

图2.1-62

❼ 调整好圆和矩形的位置后，选中圆和矩形，单击鼠标右键，在弹出的快捷菜单中单击【组合】→【组合】命令，将它们组合为一个整体，如图2.1-63所示。

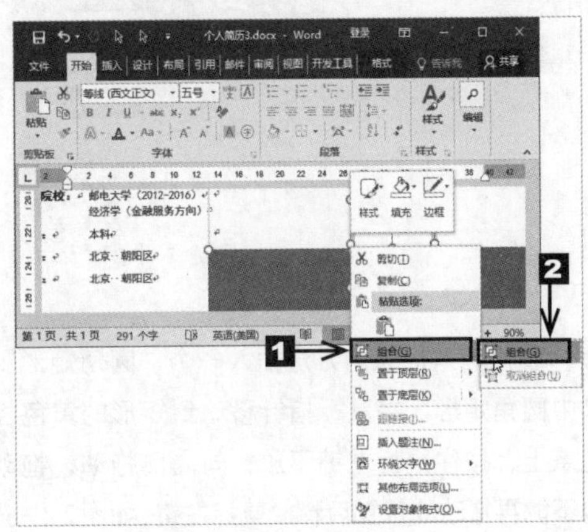

图2.1-63

❽ 切换到【格式】选项卡，在【排列】组中单击【对齐】按钮，在弹出的下拉列表框中单击【对齐页面】选项，使“对齐页面”前面出现一个“√”，如图2.1-64所示。

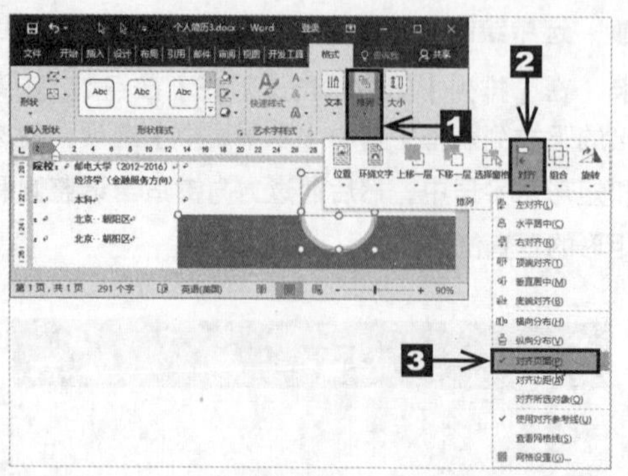

图2.1–64

❾ 再次单击【对齐】按钮，在弹出的下拉列表框中选中【右对齐】选项，使矩形相对于页面右对齐，如图2.1–65所示。

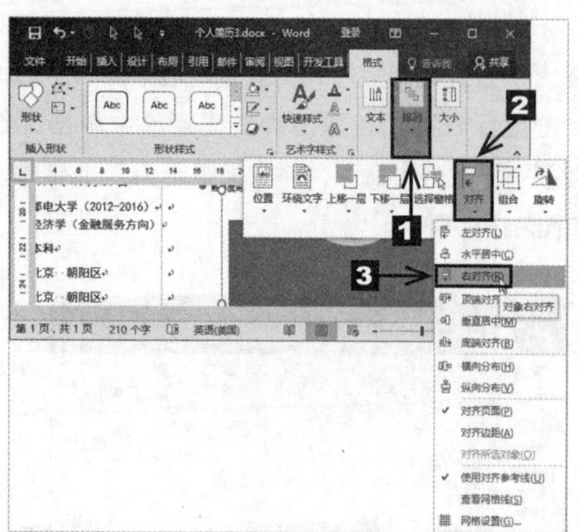

图2.1–65

❿ 使用插入形状的方法插入一个“圆角矩形”，选中圆角矩形，将鼠标指针移动到矩形的黄色控制点上，按住鼠标左键不放，向内侧拖动，拖动到不能再拖动的位置后释放鼠标左键，如图2.1–66所示。

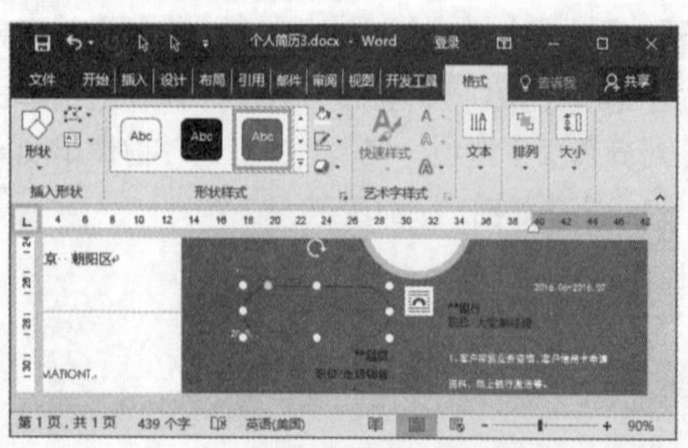

图2.1–66

⓫ 按照相同的方法，再绘制一个矩形，并将其高度设置为圆角矩形高度的一半，然后同时选中矩形和圆角矩形，在【对齐】按钮中单击【右对齐】选项，使两个形状相对于页面右对齐，再按照前面介绍的方法将两个形状组合为一个整体。

⓬ 选中左侧职位内容的文本框，单击鼠标右键，在弹出的快捷菜单中单击【置于顶层】→【置于顶层】命令，如图2.1–67所示。

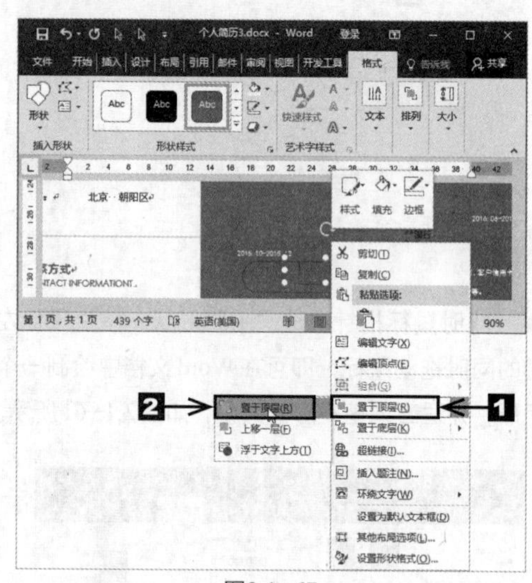

图2.1–67

4. 填充形状颜色

将前面绘制的组合形状移动到左侧职位位置处，使其作为职位的底图。默认形状的填充颜色和边框都是蓝色的，与粉色底图不搭配，所以用户还需要设置组合形状的填充颜色和轮廓颜色。

❶ 选中组合形状，将其填充颜色设置为“白色，背景1”，轮廓设置为无轮廓，设置完毕后，通过复制、粘贴的方式，再复制一个相同的组合形状并将其选中，在【排列】组中单击【旋转】按钮，在弹出的下拉列表框中选中【水平翻转】选项，如图2.1–68所示。

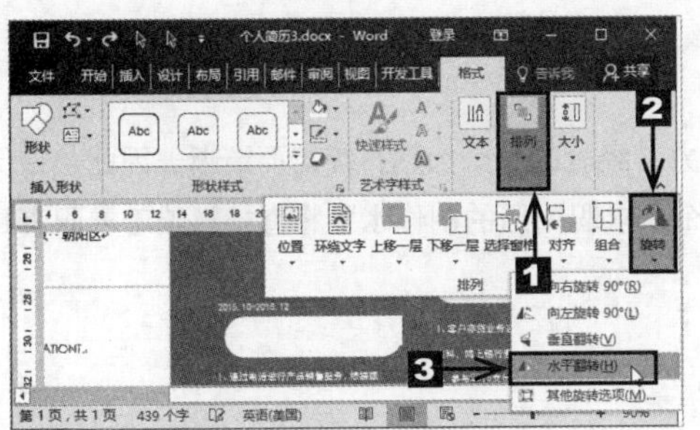

图2.1-68

❷ 将右侧职位内容的文本框设置为“置于顶层”，然后将复制翻转后的组合形状移动到右侧职位内容的文本框中，如图2.1-69所示。

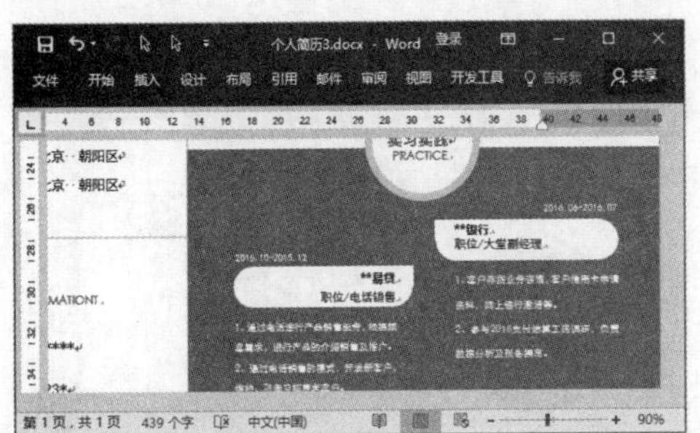

图2.1-69

❸ 最后绘制一条竖直直线，将左右两部分实践内容分隔开。用户可以按照相同的方法，绘制一个文本框并输入自我评价的内容，如图2.1-70所示。

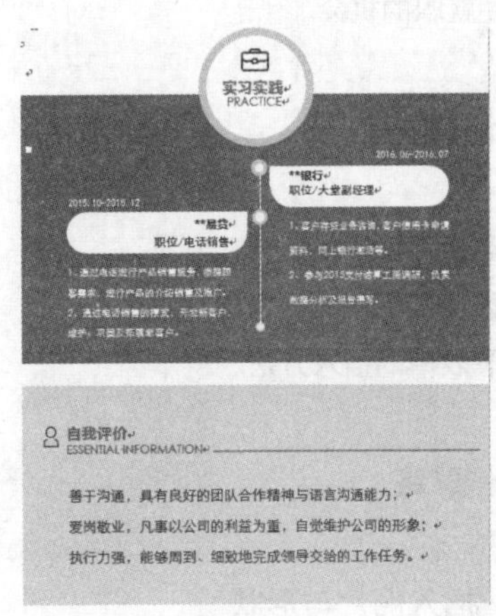

图2.1-70

2.2 课堂实训——制作简历

根据2.1节学习的内容，用户可以根据自己的需求制作一份简历，最终效果如图2.2-1所示。

图2.2-1

专业背景

简历是个人在工作、学习、课外活动中所表现的能力、经验的一个大纲，简洁而清晰。因此，简历并不仅是个人的描述，而是多方面能力和经验的总结，个人求职简历的制作水平将直接影响着求职者是否能抓住就职的机会。

实训目的

◎ 熟悉图片与形状的插入方法

◎ 熟悉文本框的插入方法

◎ 熟悉表格的插入方法

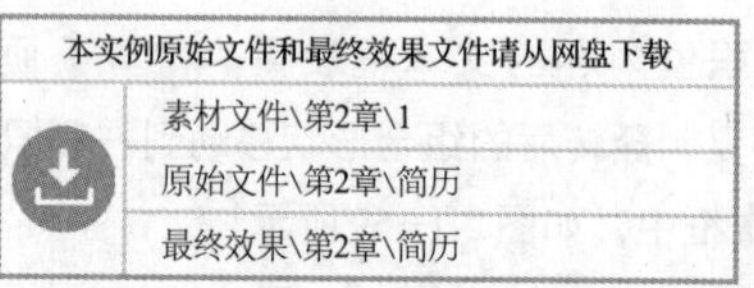

本实例原始文件和最终效果文件请从网盘下载

素材文件\第2章\1

原始文件\第2章\简历

最终效果\第2章\简历

扫码看视频

操作思路

1. 插入图片与形状

在【插入】选项卡中通过【插图】组中【图片】与【形状】按钮来插入简历的图片与形状，完成后的效果如图2.2-2所示。

图2.2-2

2. 插入文本框

在【插入】选项卡中通过【文本】组中【文本框】按钮插入一个文本框来填写信息，并设置信息的字体格式，完成后的效果如图2.2-3所示。

图2.2-3

3. 插入表格

在【插入】选项卡中通过【表格】组中【表格】按钮来插入简历的表格，并对表格进行设置，完成后的效果如图2.2-4所示。

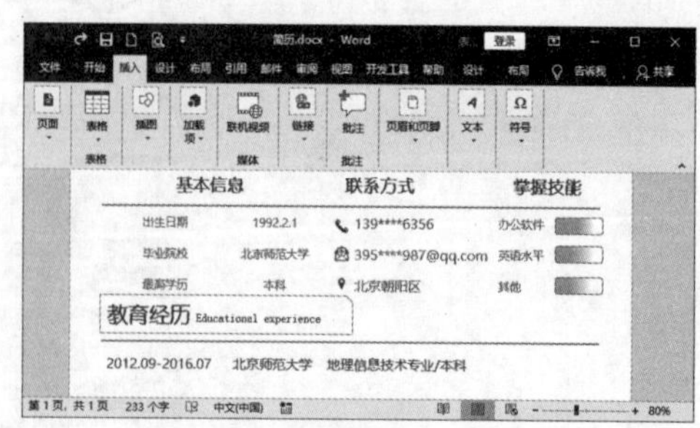

图2.2-4

2.3　设置文档页面——公司培训方案

公司培训是通过提升员工的能力来实现员工与企业的同步成长，使员工的技能由单一技能向多重技能发展，以适应不断变化的客户需求与组织发展的需要，公司利用培训来强化员工对组织的认同，提高员工的忠诚度。

2.3.1　设计页面

制作公司培训方案前，首先要对页面进行设计，然后对页面背景颜色进行调整。

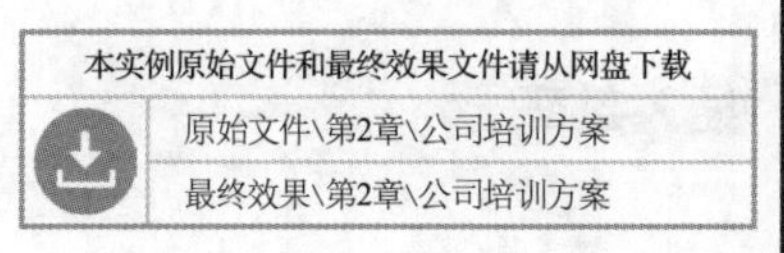

本实例原始文件和最终效果文件请从网盘下载

原始文件\第2章\公司培训方案

最终效果\第2章\公司培训方案

扫码看视频

1. 设置布局

设计培训方案的布局，要确定纸张大小、纸张方向、页边距等要素。设置页面布局的具体操作步骤如下。

❶ 打开本实例的原始文件，切换到【布局】选项卡，单击【页面设置】组右下角的【对话框启动器】按钮，如图2.3-1所示。

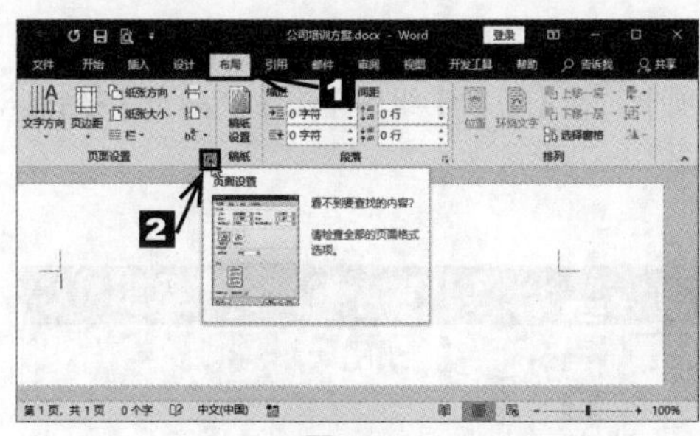

图2.3-1

❷ 弹出【页面设置】对话框，切换到【页边距】选项卡，在【页边距】组中设置文档的页边距，然后在【纸张方向】组中选中【纵向】选项，如图2.3-2所示。

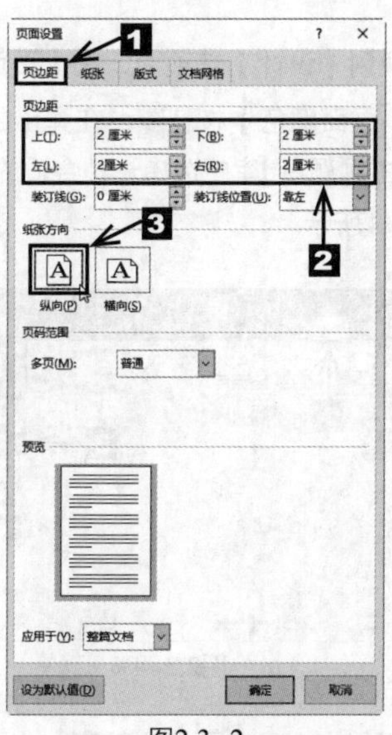

图2.3-2

❸ 切换到【纸张】选项卡，在【纸张大小】下拉列表框中选中【A4】选项，设置完毕单击 确定 按钮即可，如图2.3-3所示。

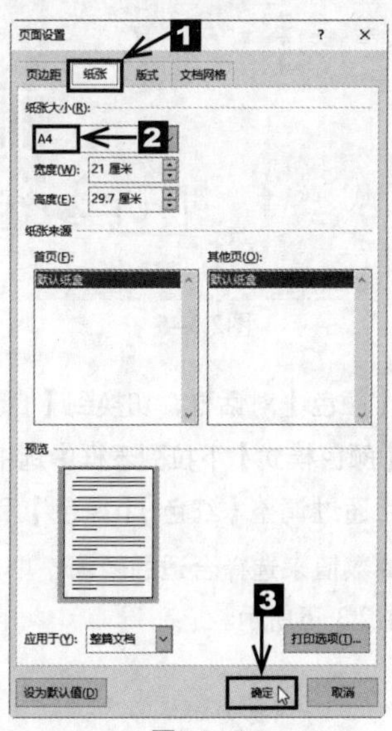

图2.3-3

2. 设置背景颜色

Word文档默认使用的页面背景颜色一般为白色，但是白色页面会显得比较单调。此时用户应该综合考虑页面的背景颜色与整体的搭配效果。

❶ 切换到【设计】选项卡，在【页面背景】组中单击【页面颜色】按钮，在弹出的下拉列表框中的【主题颜色】库中选择一种合适的灰色即可，如图2.3-4所示。

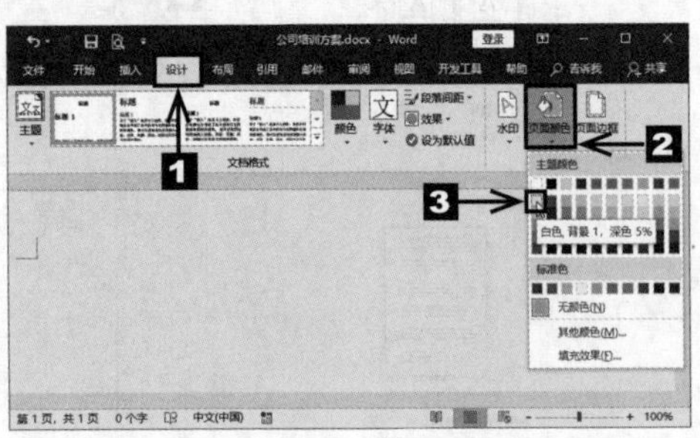

图2.3-4

❷ 如果用户对颜色要求比较高，也可以在弹出的下拉列表中单击【其他颜色】选项，如图2.3-5所示。

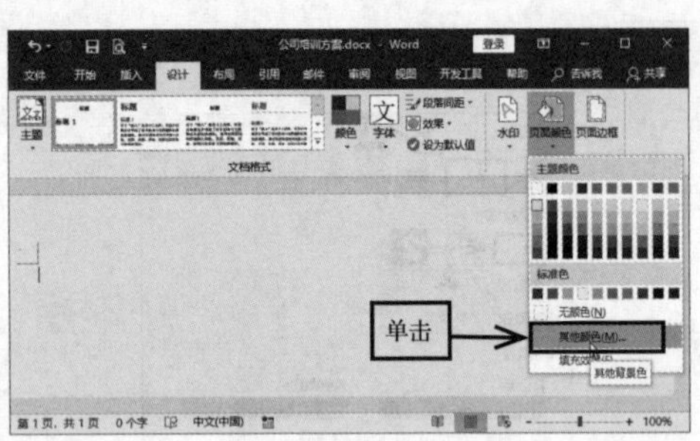

图2.3-5

❸ 弹出【颜色】对话框，切换到【自定义】选项卡，在【颜色模式】下拉列表框中选中【RGB】选项，然后通过调整【红色】【绿色】和【蓝色】微调框中的数值来选择合适的颜色，单击 确定 按钮，如图2.3-6所示。

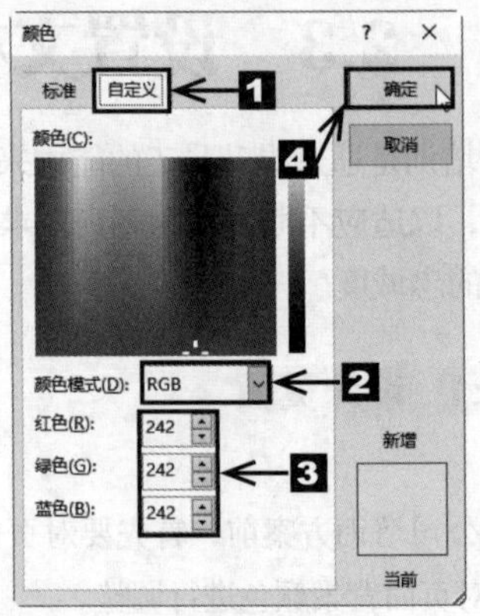

图2.3-6

2.3.2 插入封面

在Word文档中，通过插入图片和文本框，用户可以快速地为文档设计封面。

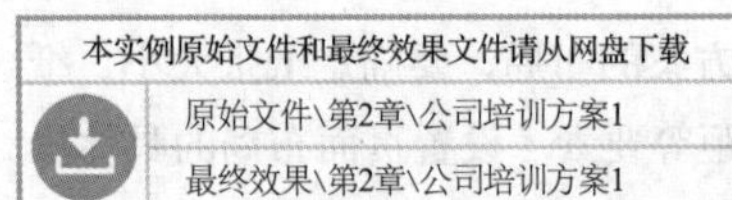

本实例原始文件和最终效果文件请从网盘下载
原始文件\第2章\公司培训方案1
最终效果\第2章\公司培训方案1

扫码看视频

1. 插入图片

在封面上插入图片的操作步骤如下。

❶ 将光标定位在文本最前方，切换到【插入】选项卡，在【页面】组中单击【空白页】按钮，如图2.3-7所示。

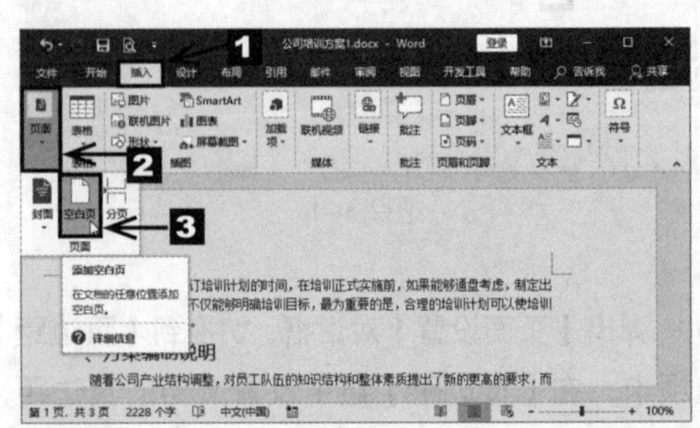

图2.3-7

❷ 这样就在文档的开头插入了一个空白页，将光标定位在空白页中，切换到【插入】选项卡，在【插图】组中单击【图片】按钮，如图2.3-8所示。

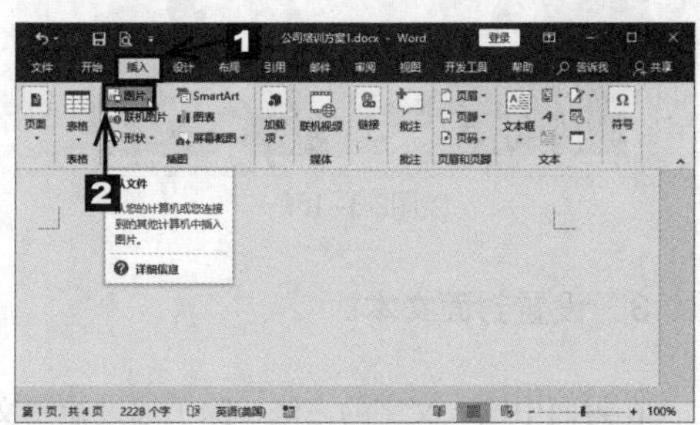

图2.3-8

❸ 弹出【插入图片】对话框，选择要插入的图片的保存位置，然后从中选中要插入的素材文件“图片1.png”，单击 插入(S) 按钮，如图2.3-9所示。

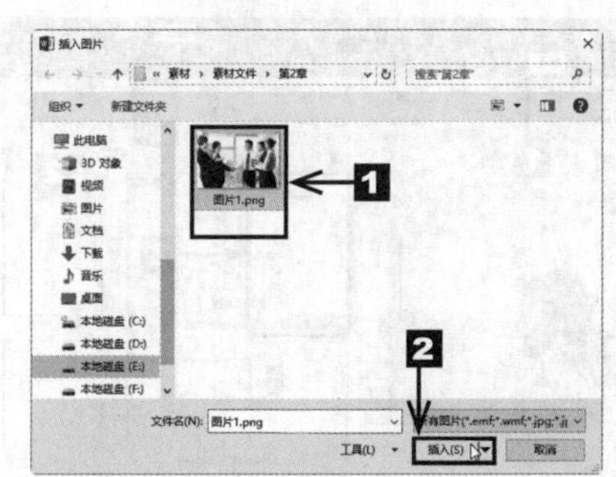

图2.3-9

❹ 返回Word文档，即可看到选中的素材图片已经插入Word文档中，如图2.3-10所示。

图2.3-10

❺ 选中图片，切换到【格式】选项卡，在【大小】组中的【宽度】微调框中输入“21厘米”，如图2.3-11所示。

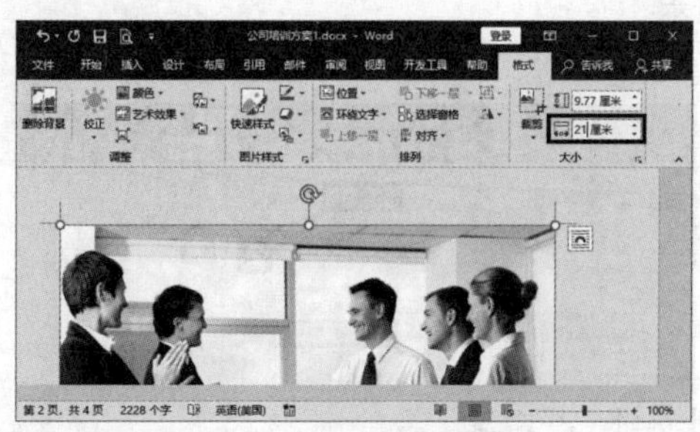

图2.3-11

❻ 此时会看到图片的宽度调整为21厘米，高度也会等比例增大，这是因为系统默认图片是锁定纵横比的，如图2.3-12所示。

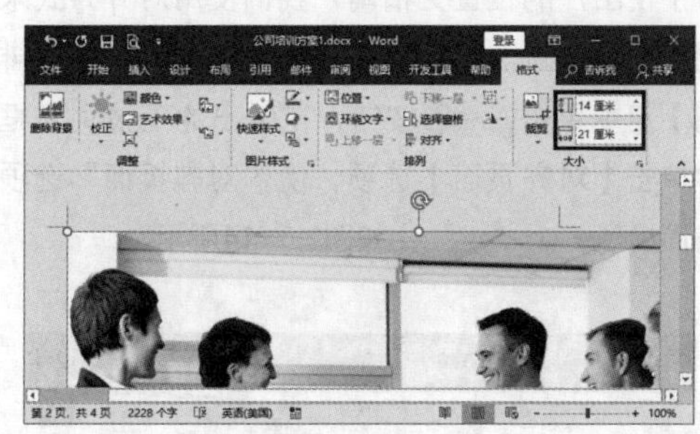

图2.3-12

2. 设置图片环绕方式

由于在Word中默认插入的图片的环绕方式是嵌入式的，嵌入式图片与文字处于同一层，图片好比一个特大字符，被放置在两个字符之间。为了美观和方便排版，用户需要先调整图片的环绕方式，此处我们将其环绕方式设置为衬于文字下方。

设置图片环绕方式和调整图片位置的具体操作步骤如下。

❶ 选中图片，切换到【格式】选项卡，在【排列】组中单击【环绕文字】按钮，在弹出的下拉列表框中选中【衬于文字下方】选项，如图2.3-13所示。

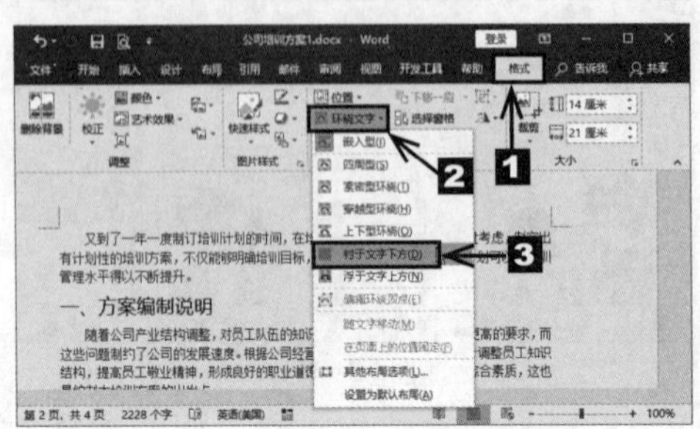

图2.3-13

❷ 设置好环绕方式后就可以设置图片的位置。为了使图片的位置更精确，我们使用对齐方式来调整图片位置。切换到【格式】选项卡，在【排列】组中单击对齐按钮，在弹出的下拉列表框中单击【对齐页面】选项，使“对齐页面”选项前面出现一个“√”，如图2.3-14所示。

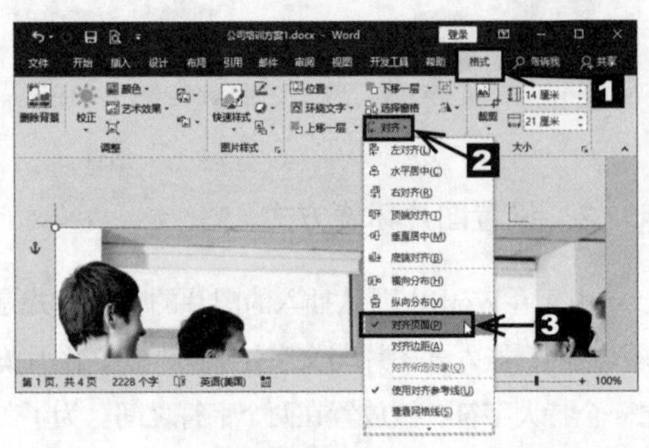

图2.3-14

❸ 再次单击对齐按钮，在弹出的下拉列表框中单击【左对齐】选项。

❹ 单击对齐按钮，在弹出的下拉列表框中单击【顶端对齐】选项。

❺ 设置完毕，返回文档中即可看到设置后的效果，如图2.3-15所示。

图2.3-15

3. 设置封面文本

在封面中输入文字的方法，除了通过绘制文本框，用户还可以使用内置的文本框来输入文字。

❶ 切换到【插入】选项卡，然后在【文本】组中单击【文本框】按钮，在弹出的【内置】列表框中选中【简单文本框】选项，如图2.3-16所示。

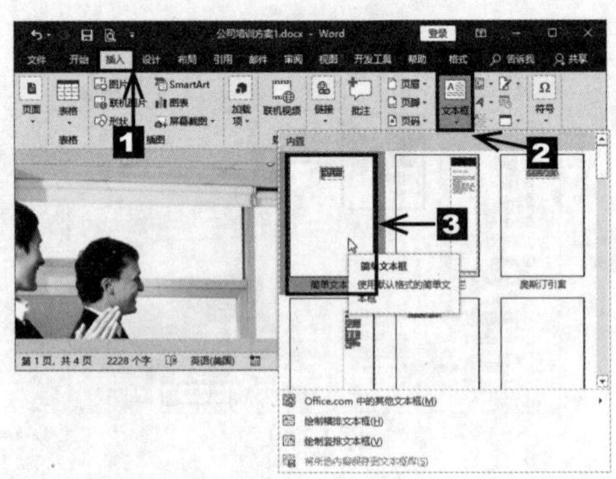

图2.3-16

❷ 在文本框中输入“公司培训方案”，然后选中文本，将【字体】设置为“华文细黑”，【字号】设置为“小初”，单击【加粗】按钮，如图2.3-17所示。

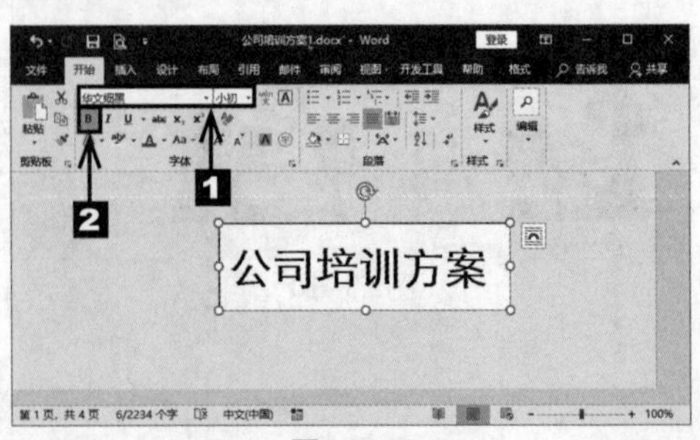

图2.3-17

❸ 在【字体】组中单击【字体颜色】按钮，在弹出的下拉列表框中单击【其他颜色】选项，如图2.3-18所示。

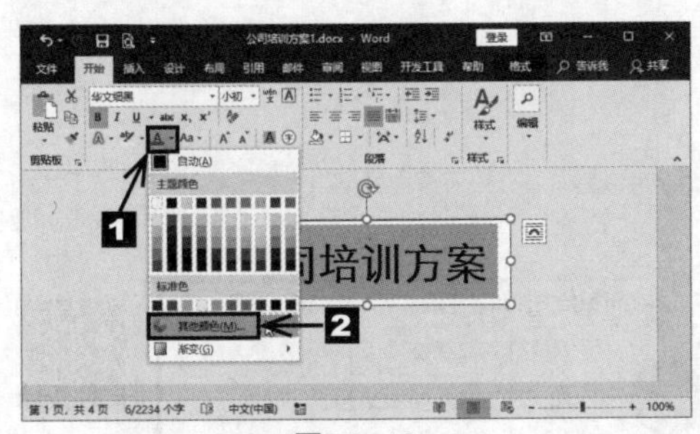

图2.3-18

❹ 弹出【颜色】对话框，切换到【自定义】选项卡，在【颜色模式】下拉列表框中选中【RGB】选项，然后通过调整【红色】【绿色】【蓝色】微调框中的数值来选择合适的颜色，此处【红色】【绿色】和【蓝色】微调框中的数值分别设置为“0”“154”和“228”，单击 确定 按钮即可，如图2.3-19所示。

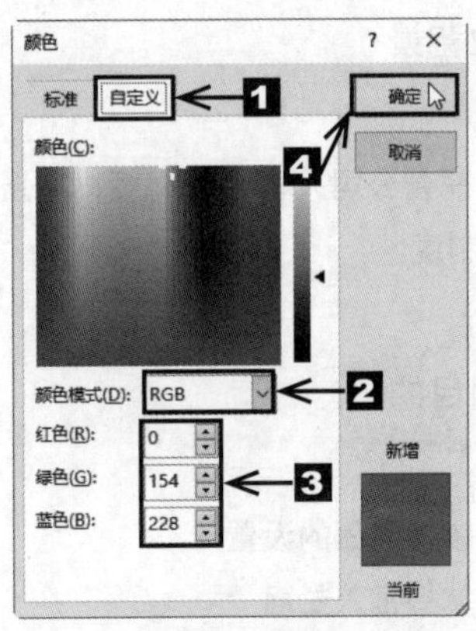

图2.3-19

❺ 选中文本框，将其设置为无填充颜色、无轮廓；用同样的方法输入“撰写人：李丽”，字体为“微软雅黑”，字号为“三号”，【红色】【绿色】【蓝色】微调框中的数值分别设置为“0”“154”和“228”，如图2.3-20所示。

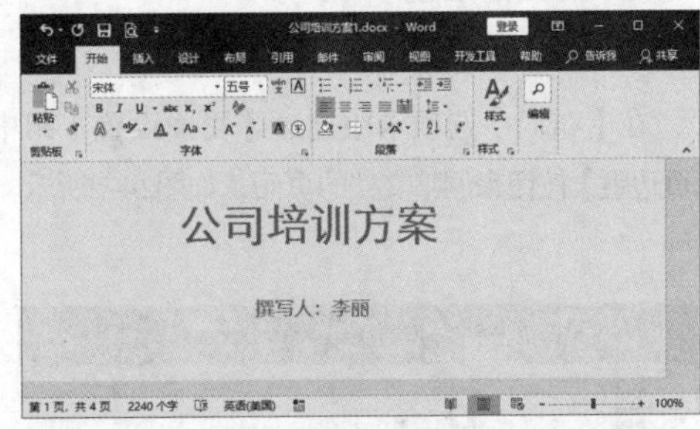

图2.3-20

2.4 课堂实训——设置企业人事管理制度的页面

根据2.3节学习的内容，对企业人事管理制度文档进行页面设置并插入封面，最终效果如图2.4-1所示。

图2.4-1

专业背景

为了完善公司人事管理制度，加强公司人事管理，促进公司队伍建设，需要制定并实施相应的企业人事管理制度。

实训目的

◎ 熟练掌握页面的设置

◎ 熟练掌握插入封面

本实例原始文件和最终效果文件请从网盘下载
素材文件\第2章\2
原始文件\第2章\企业人事管理制度
最终效果\第2章\企业人事管理制度

扫码看视频

操作思路

1. 页面的设置

在【布局】选项卡中通过【页面设置】组中【页边距】按钮来调整文档的页面，如图2.4-2所示。

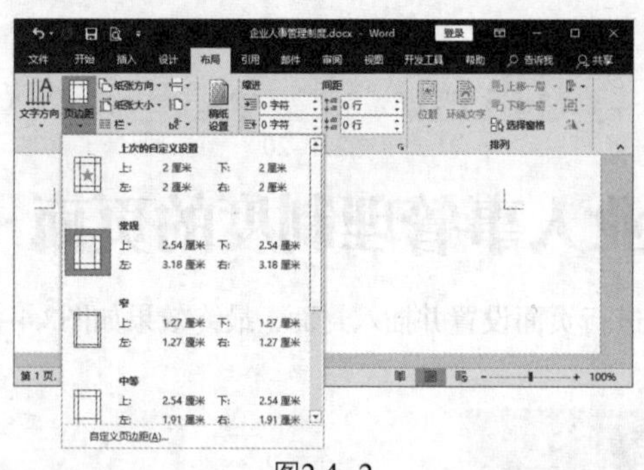

图2.4-2

2. 插入封面图片

在【插入】选项卡中通过【插图】组中【图片】按钮来插入封面的图片，完成后的效果如图2.4-3所示。

图2.4-3

3. 插入封面文本

在【插入】选项卡中通过【插图】组中【文本框】按钮来插入文本框并输入封面的文本内容，完成后的效果如图2.4-4所示。

图2.4-4

2.5　常见疑难问题解析

问：如何实现表格跨页时标题行自动重复？

答：选中表格的标题行，切换到【布局】选项卡，在【数据】组中单击【重复标题行】按钮，因为重复标题行的功能只对跨页表格有效，所以将光标定位到表格的最后一行的任意一个单元格中，按几次【Enter】键，使表格自动跨页，此时在下一页中会自动出现刚才选中的重复标题行。

问：如何防止表格变形？

答：将光标定位到表格中，切换到【布局】选项卡，在【对齐方式】组中单击【单元格边距】按钮，弹出【表格选项】对话框，撤选【自动重调尺寸以适应内容】复选框，单击【确定】按钮即可。

2.6　课后习题

（1）编辑制作邀请函，注意图形与图片的插入方法。最终效果如图2.6-1所示。

扫码看视频

（2）插入表格后，输入表格内容，并对表格进行美化设置。最终效果如图2.6-2所示。

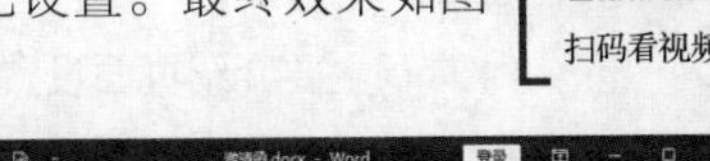

图2.6-1

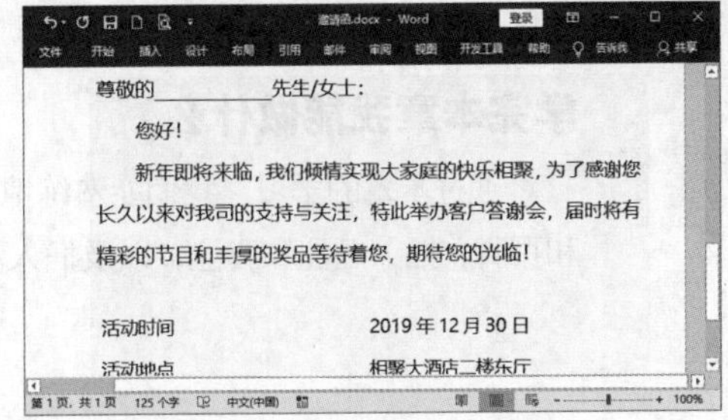

图2.6-2

第 3 章 Word高级排版

本章内容简介

本章主要介绍页面设置、使用样式、插入目录、插入页眉和页脚、插入流程图以及美化流程图等内容。

学完本章我能做什么

通过本章的学习，我们能熟练地对文档进行页面设置，并在文档中使用样式，插入页眉和页脚，插入题注和脚注，以及插入流程图。

学习目标

- ▶ 学会页面设置
- ▶ 学会使用样式
- ▶ 学会插入目录、页眉和页脚
- ▶ 学会插入题注和脚注
- ▶ 学会插入并美化流程图

3.1　设置文档的页面布局——商业计划书

商业计划书是一份全方位描述企业发展的文件。一份完整的商业计划书是企业梳理战略、规划发展、总结经验、挖掘机会的案头文件。

3.1.1　页面设置

为了真实反映文档的实际页面效果，在进行编辑操作之前，必须先对页面进行设置。

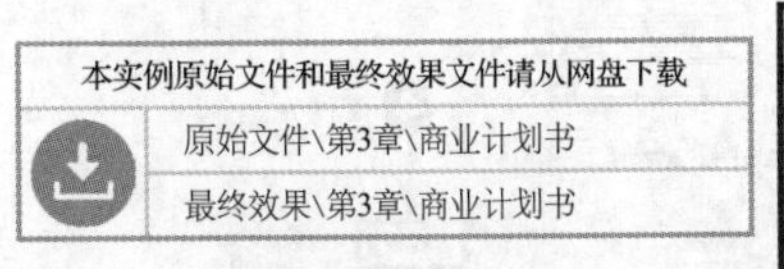

本实例原始文件和最终效果文件请从网盘下载

原始文件\第3章\商业计划书

最终效果\第3章\商业计划书

扫码看视频

1. 纸张大小

页边距通常是指文本内容与页面边缘之间的距离。用户设置页边距，可以使Word 2016文档的正文部分与页面边缘保持一个合适的距离。在设置页边距前，需要先设置纸张的大小，这里将纸张大小设置为A4。日常办公中常用的文档大小一般都是A4。

设置纸张大小和页边距的具体步骤如下。

❶ 打开本实例的原始文件，切换到【布局】选项卡，单击【页面设置】组中的【纸张大小】按钮，在弹出的下拉列表框中选中【A4】选项，如图3.1-1所示。

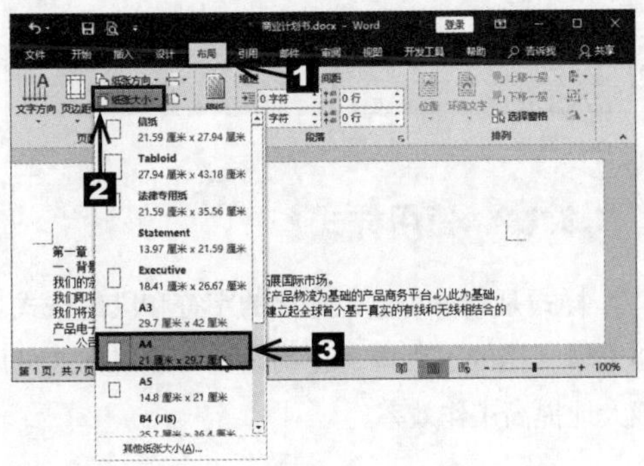

图3.1-1

❷ 用户还可以自定义纸张大小。单击【页面设置】组中的【纸张大小】按钮，在弹出的下拉列表框中单击【其他页面大小】选项，如图3.1-2所示。

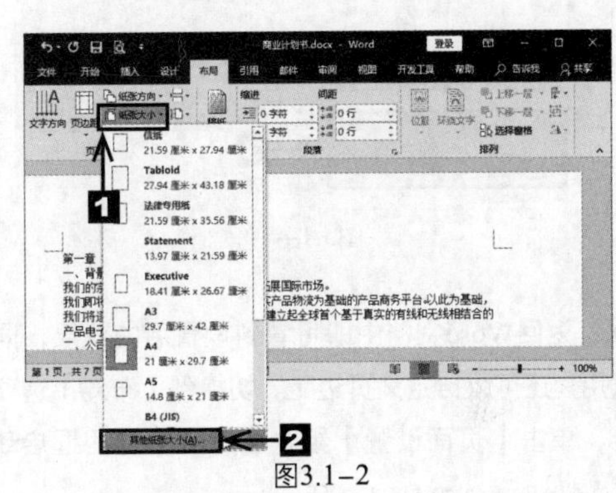

图3.1-2

❸ 弹出【页面设置】对话框，切换到【纸张】选项卡，在【纸张大小】下拉列表框中选中【自定义大小】选项，然后在【宽度】和【高度】微调框中设置其大小。设置完毕单击【确定】按钮即可，如图3.1-3所示。

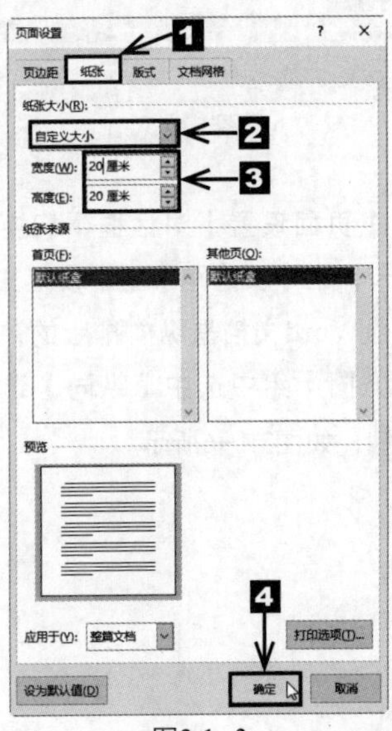

图3.1-3

❹ 切换到【布局】选项卡，单击【页面设置】组中的【页边距】按钮，在弹出的下拉列表框中选中【中等】选项，如图3.1–4所示。

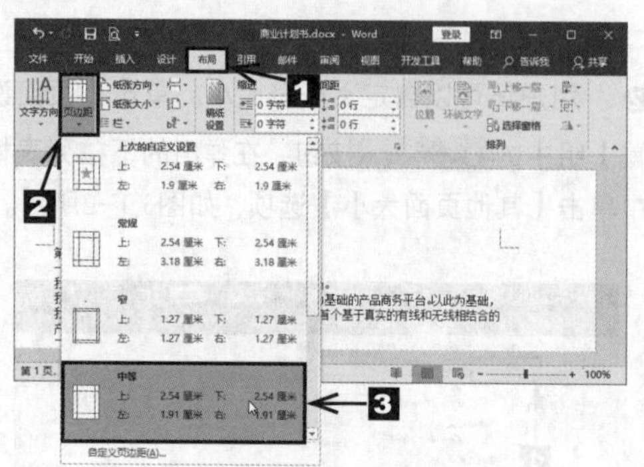

图3.1–4

❺ 返回Word文档中即可看到设置后的效果，同时用户还可以自定义页边距。切换到【布局】选项卡，单击【页面设置】组右下角的【对话框启动器】按钮，如图3.1–5所示。

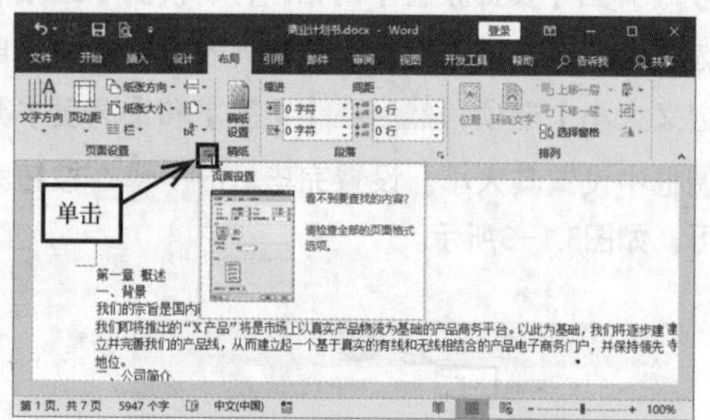

图3.1–5

❻ 弹出【页面设置】对话框，切换到【页边距】选项卡，在【页边距】组中设置文档的页边距，大多数Word文档是纵向排版的，这里我们在【纸张方向】组中选中【纵向】选项，单击 确定 按钮，如图3.1–6所示。

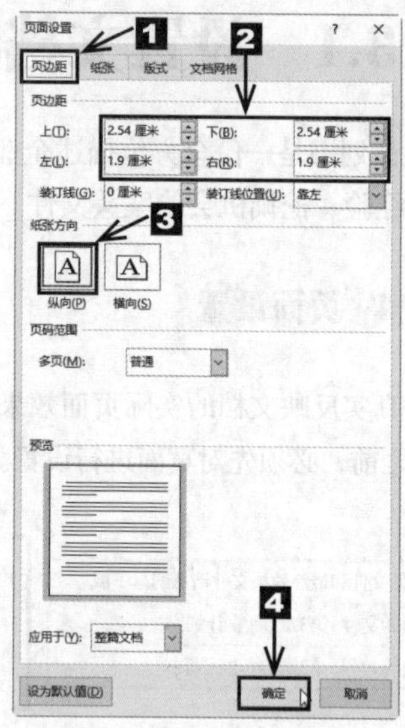

图3.1–6

2. 纸张方向

除了设置纸张大小和页边距以外，用户还可以在Word 2016文档中非常方便地设置纸张方向。设置纸张方向的具体步骤如下。

切换到【布局】选项卡，单击【页面设置】组中的 纸张方向 按钮，在弹出的下拉列表框中选择纸张方向，例如单击【纵向】选项，如图3.1–7所示。

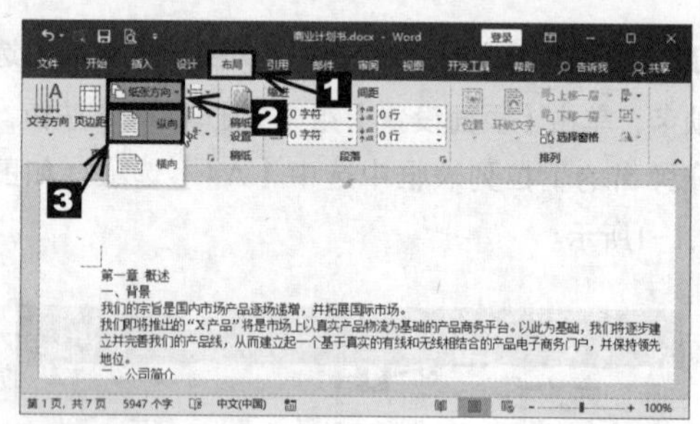

图3.1–7

3.1.2 使用样式

样式是指一组已经命名的字符和段落格式。在编辑文档的过程中，正确设置和使用样式可以极大地提高工作效率。

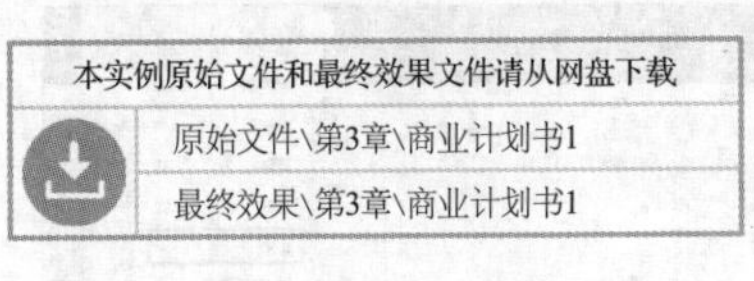

1. 套用系统内置样式

Word 2016自带了一个样式库，用户既可以套用内置样式设置文档格式，也可以根据需要更改样式。

使用【样式】库

Word 2016提供了一个【样式】库，用户可以使用里面的样式设置文档格式。

❶ 打开本实例的原始文件，选中要使用样式的一级标题文本“第一部分 概述”，切换到【开始】选项卡，单击【样式】组中【样式】按钮，在弹出的下拉列表框中选中【标题1】选项，如图3.1-8所示。

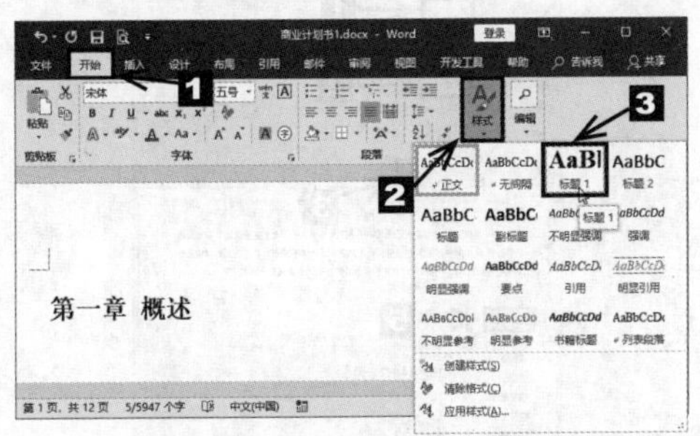

图3.1-8

❷ 使用同样的方法，选中要使用样式的二级标题文本“一、背景”，在弹出的【样式】下拉列表框中选中【标题2】选项，如图3.1-9所示。

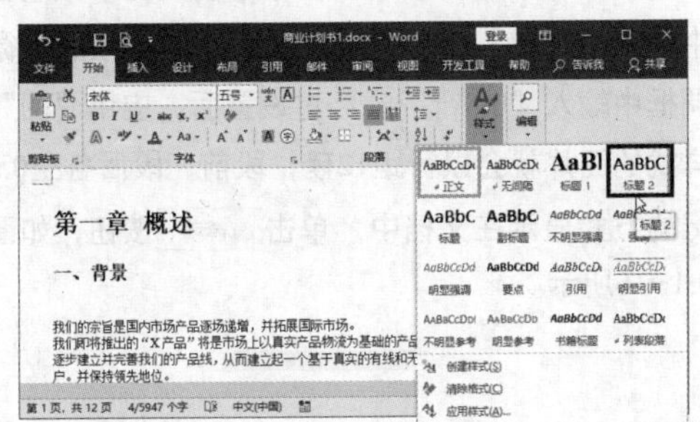

图3.1-9

使用【样式】对话框

除了利用【样式】下拉列表框之外，用户还可以利用【样式】对话框应用内置样式。具体的操作步骤如下。

❶ 选中要使用样式的三级标题文本，切换到【开始】选项卡，单击【样式】组右下角的【对话框启动器】按钮，如图3.1-10所示。

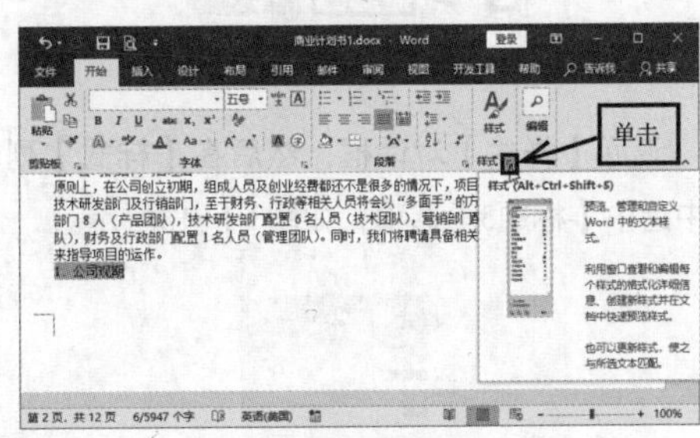

图3.1-10

❷ 弹出【样式】对话框，然后单击右下角的【选项...】选项，如图3.1-11所示。

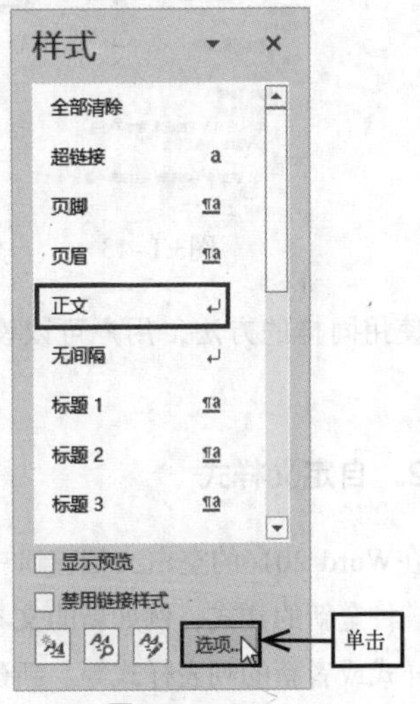

图3.1-11

❸ 弹出【样式窗格选项】对话框，在【选择要显示的样式】下拉列表框中选中【所有样式】选项，单击 确定 按钮，如图3.1-12所示。

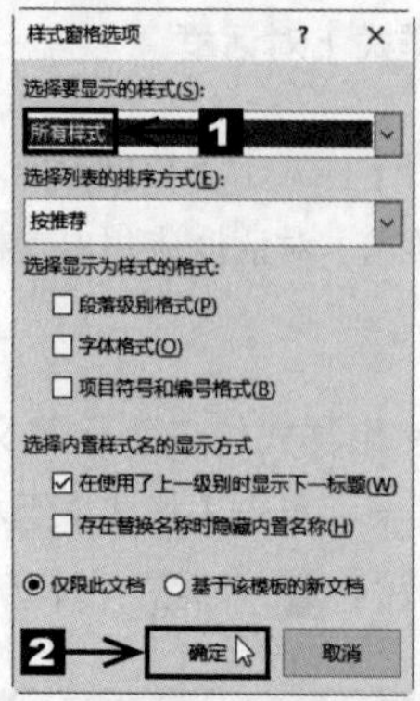

图3.1-12

❹ 返回【样式】对话框，然后在【样式】列表框中选中【标题3】选项，如图3.1-13所示。

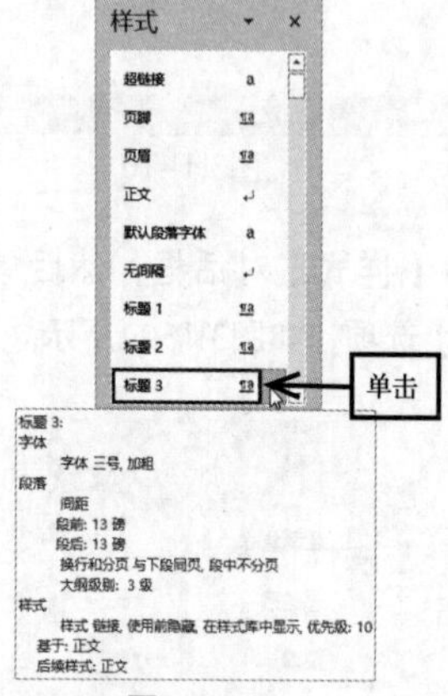

图3.1-13

❺ 使用同样的方法，用户可以设置其他标题格式。

2. 自定义样式

在Word 2016的空白文档窗口中，用户可以新建一种全新的样式，例如新的文本样式、新的表格样式或者新的列表样式等。新建样式的具体步骤如下。

❶ 选中要应用新建样式的图片，然后在【样式】对话框中单击【新建样式】按钮，如图3.1-14所示。

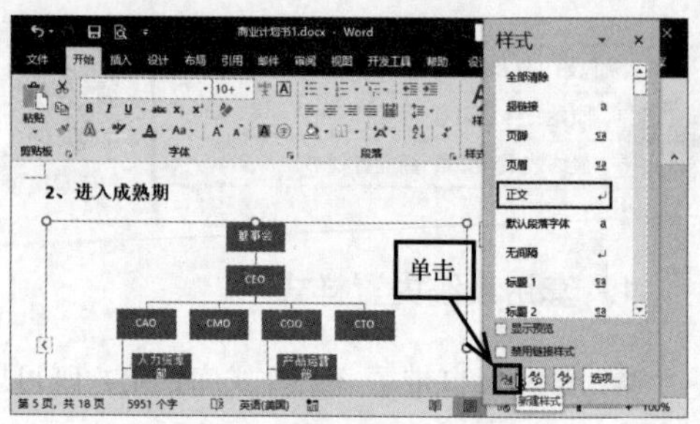

图3.1-14

❷ 弹出【根据格式化创建新样式】对话框，在【名称】文本框中输入新样式的名称“图”，在【后续段落样式】下拉列表框中选中【图】选项，在【格式】组合框中单击【居中】按钮，经过这些设置后，应用“图”样式的图片就会居中显示在文档中，单击格式(O)按钮，在弹出的下拉列表框中选中【段落】选项，如图3.1-15所示。

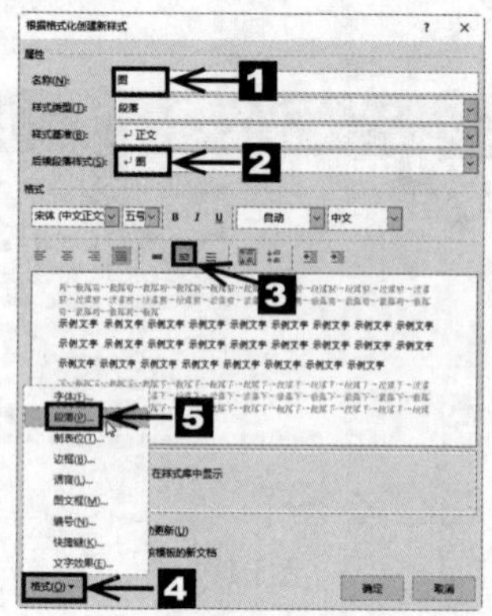

图3.1-15

❸ 弹出【段落】对话框，在【行距】下拉列表框中选中【最小值】选项，在【设置值】微调框中输入“12磅”，分别在【段前】和【段后】微调框中输入“0.5行”。经过设置后，应用“图”样式的图片就会以行距12磅，段前、段后各空0.5行的方式显示在文档中，单击确定按钮，如图3.1-16所示。

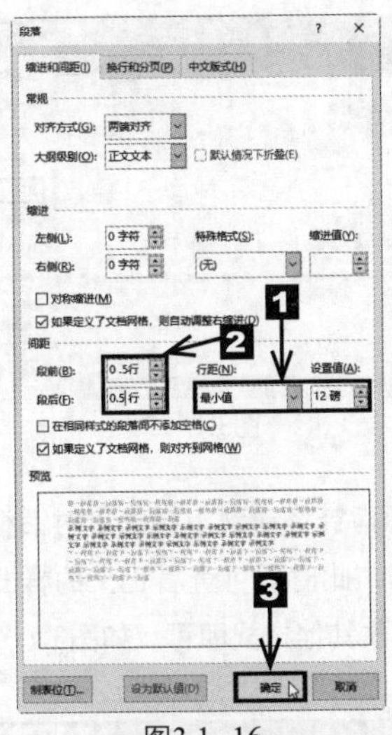

图3.1-16

❹ 返回【根据格式化创建新样式】对话框。系统默认选中【添加到样式库】复选按钮，所有样式都显示在样式面板中，单击 确定 按钮，返回Word文档中，此时新建样式“图”显示在【样式】对话框中，选中的图片自动应用了该样式，如图3.1-17所示。

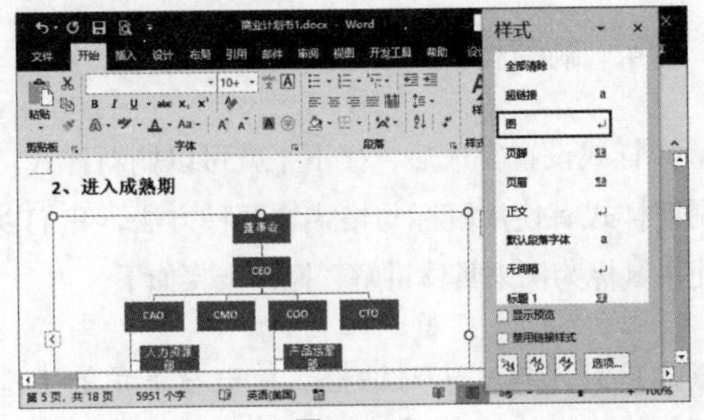

图3.1-17

3. 修改样式

无论是Word 2016的内置样式，还是用户的自定义样式，用户都可以随时对其进行修改。在Word 2016中修改正文的字体、段落样式的具体步骤如下。

❶ 将光标定位到正文文本中，在【样式】对话框中的【样式】列表框中选中【正文】选项，单击鼠标右键，在弹出的快捷菜单中单击【修改】命令，如图3.1-18所示。

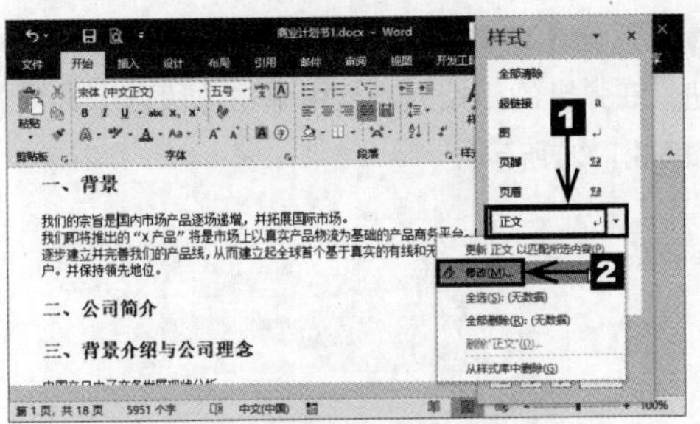

图3.1-18

❷ 弹出【修改样式】对话框，即可查看正文的样式，单击 格式(O) 按钮，在弹出的下拉列表框中单击【字体】选项，如图3.1-19所示。

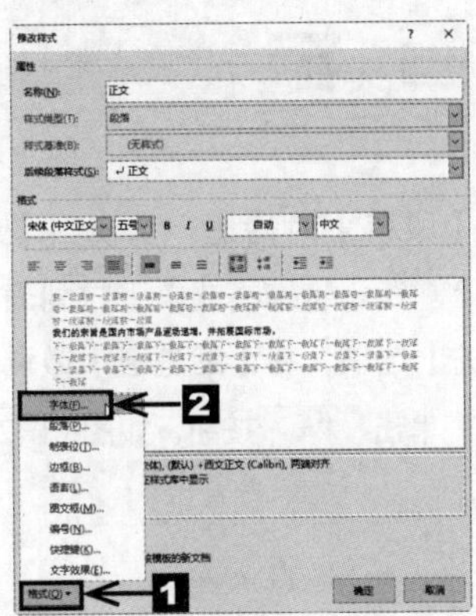

图3.1-19

❸ 弹出【字体】对话框，系统自动切换到【字体】选项卡，在【中文字体】下拉列表框中选中“华文中宋”选项，其他设置保持不变，单击 确定 按钮，如图3.1-20所示。

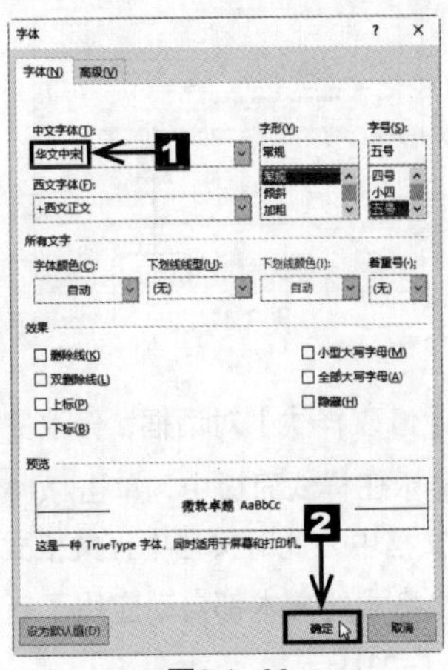

图3.1-20

❹ 返回【修改样式】对话框，单击 格式(O)▾ 按钮，在弹出的下拉列表框中单击【段落】选项，如图3.1-21所示。

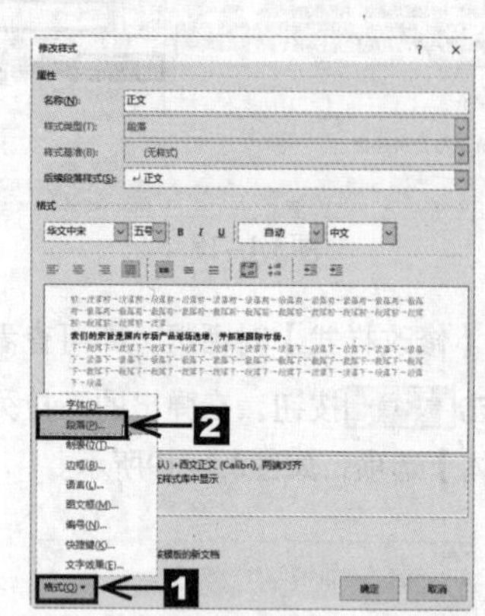

图3.1-21

❺ 弹出【段落】对话框，切换到【缩进和间距】选项卡，在【特殊格式】下拉列表框中选中【首行缩进】选项，在【缩进值】微调框中输入“2字符”，单击 确定 按钮，如图3.1-22所示。

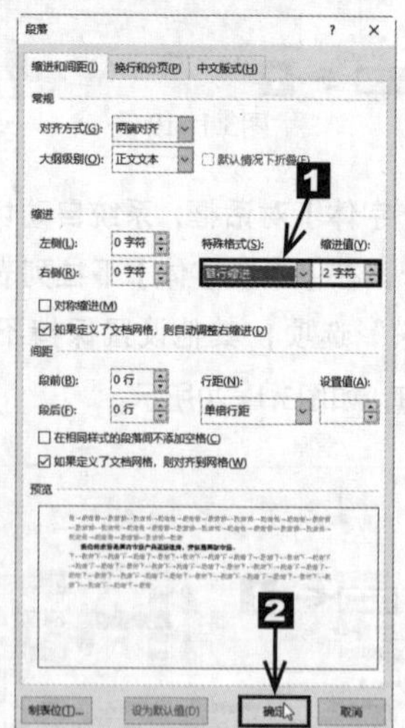

图3.1-22

❻ 返回【修改样式】对话框，修改完成后的所有样式都显示在样式面板中，单击 确定 按钮，返回Word文档中，此时文档中正文格式的文本以及基于正文格式的文本都自动应用了新的正文样式，如图3.1-23所示。

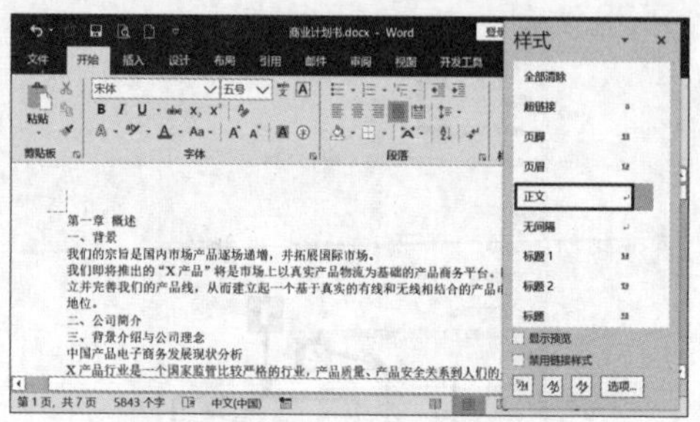

图3.1-23

❼ 将鼠标指针移动到【样式】对话框中的【正文】选项上，此时即可查看正文的样式，使用同样的方法修改其他样式即可，如图3.1-24所示。

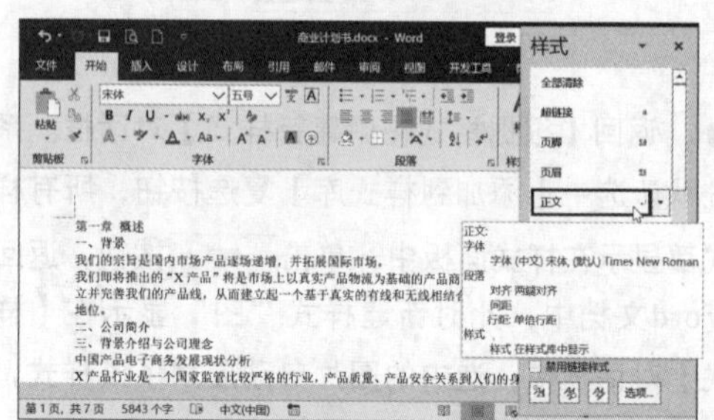

图3.1-24

4. 刷新样式

样式设置完成后，接下来就可以刷新样式。刷新样式有使用鼠标与格式刷两种方法，我们以使用鼠标为例来具体讲解，操作步骤如下。

❶ 打开【样式】对话框，单击右下角的【选项】选项，如图3.1-25所示。

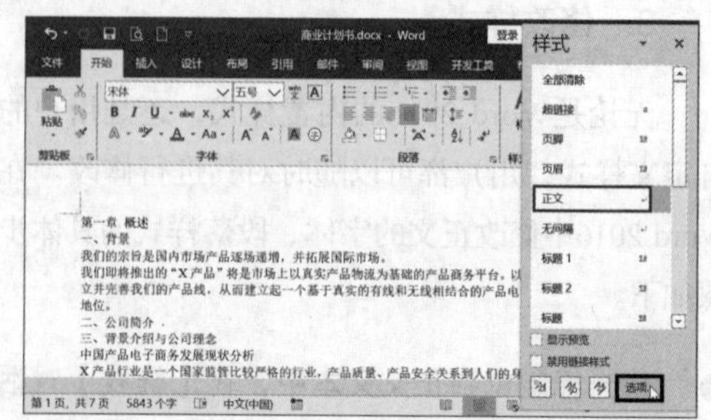

图3.1-25

❷ 弹出【样式窗格选项】对话框，在【选择要显示的样式】下拉列表框中选中【当前文档中的样式】选项，单击 确定 按钮，如图3.1-26所示。

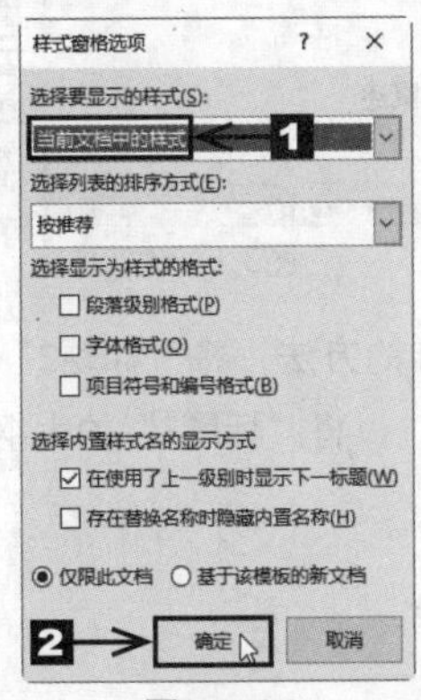

图3.1-26

❸ 返回【样式】对话框，此时【样式】对话框中只显示当前文档中用到的样式，便于用户刷新格式，如图3.1-27所示。

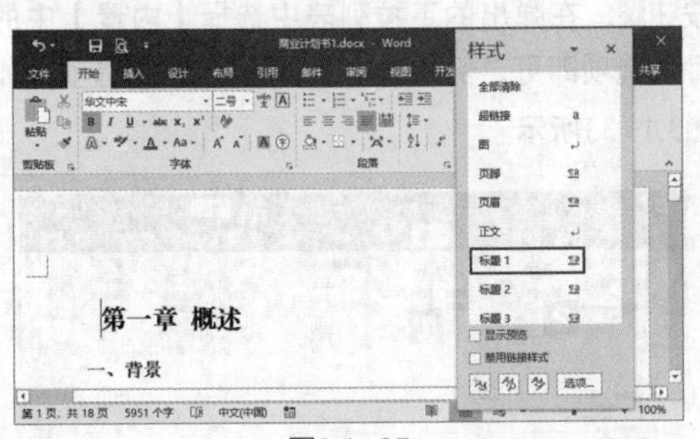

图3.1-27

❹ 按住【Ctrl】键不放，选中所有要刷新的一级标题的文本，在【样式】对话框中选中【标题1】选项，此时所有选中的一级标题的文本都应用了该样式，如图3.1-28所示。

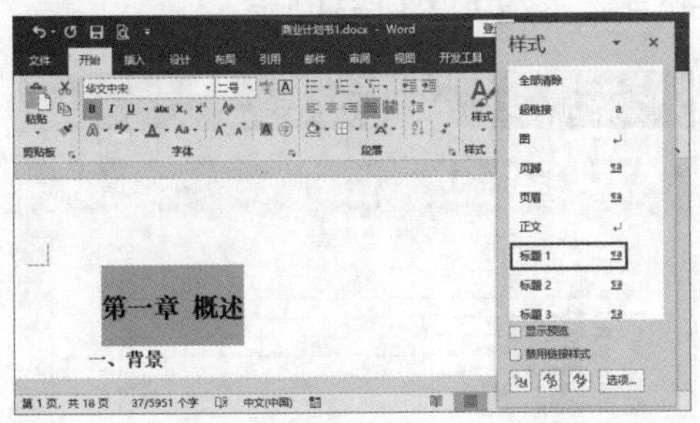

图3.1-28

3.1.3 插入并编辑目录

商业计划书文档创建完成后，为了便于阅读，用户可以为文档添加一个目录。使用目录可以使文档的结构更加清晰，便于读者对整个文档进行定位。

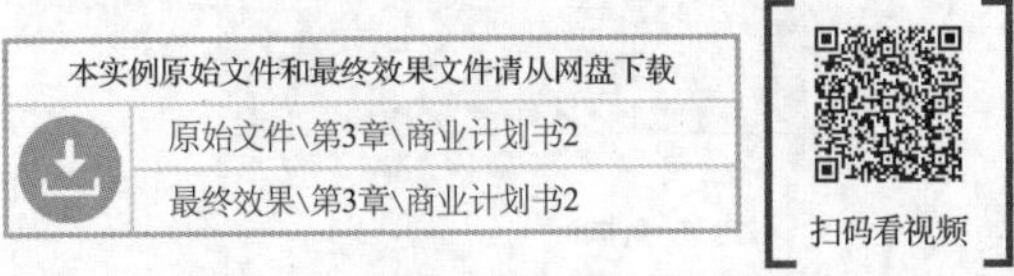

扫码看视频

1. 插入目录

生成目录之前，先要根据文本的标题样式设置大纲级别，大纲级别设置完毕即可在文档中插入目录。

设置大纲级别

Word 2016是使用层次结构来组织文档的，大纲级别就是段落所处层次的级别编号。Word 2016提供的内置标题样式中的大纲级别都是默认设置的，可以直接生成目录。用户也可以自定义大纲级别，例如将标题1、标题2和标题3分别设置成1级、2级和3级。设置大纲级别的具体步骤如下。

❶ 打开本实例的原始文件，将光标定位在一级标题的文本上，切换到【开始】选项卡，单击【样式】组右下角的【对话框启动器】按钮，弹出【样式】对话框，在【样式】列表框中选中【标题1】选项，然后单击鼠标右键，在弹出的快捷菜单中单击【修改】命令，如图3.1-29所示。

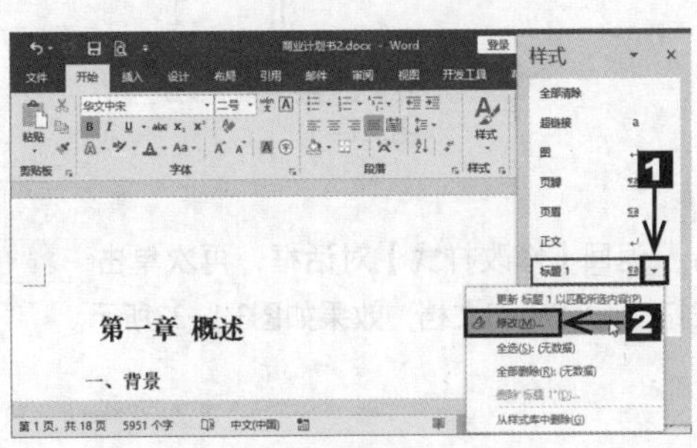

图3.1-29

❷ 弹出【修改样式】对话框，单击 格式(O) ▾ 按钮，在弹出的下拉列表框中单击【段落】选项，如图3.1-30所示。

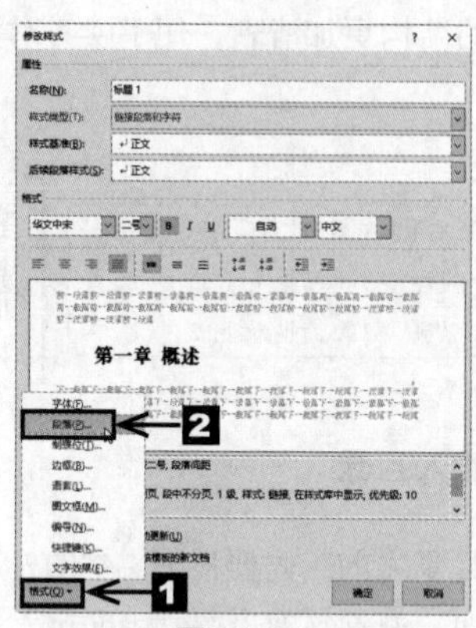

图3.1-30

❸ 弹出【段落】对话框，切换到【缩进和间距】选项卡，在【常规】组中的【大纲级别】下拉列表框中选中【1级】选项，单击 确定 按钮，如图3.1-31所示。

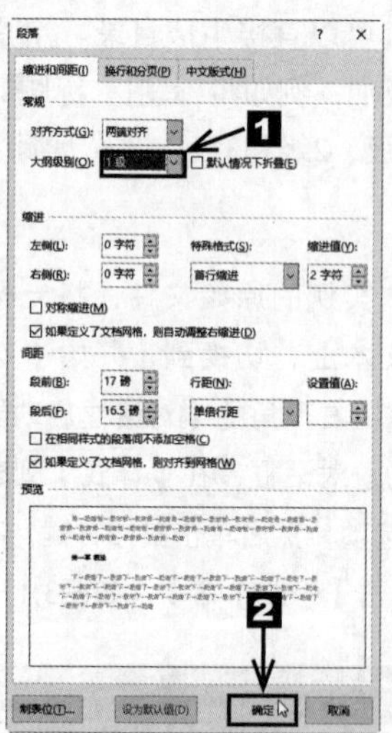

图3.1-31

❹ 返回【修改样式】对话框，再次单击 确定 按钮，返回Word文档，效果如图3.1-32所示。

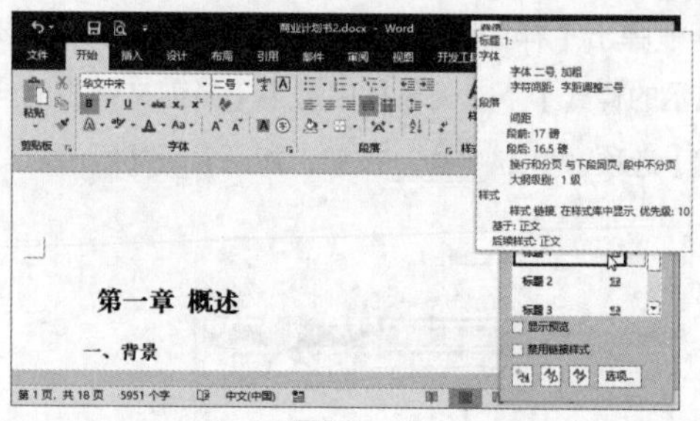

图3.1-32

❺ 使用同样的方法，将“标题2”的大纲级别设置为“2级”，将“标题3”的大纲级别设置为“3级”。

生成目录

大纲级别设置完毕，接下来就可以生成目录。自动生成目录的具体步骤如下。

❶ 将光标定位到文档第一行的行首，切换到【引用】选项卡，单击【目录】组中的【目录】按钮，在弹出的下拉列表中选择【内置】中的目录选项即可，例如选中【自动目录1】选项，如图3.1-33所示。

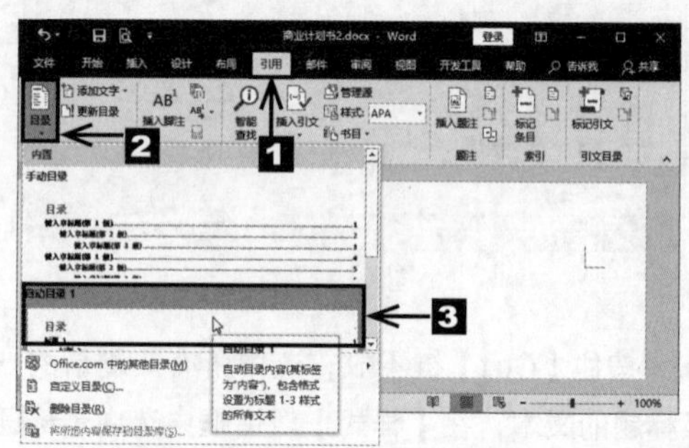

图3.1-33

❷ 返回Word文档，在光标所在位置自动生成了一个目录，效果如图3.1-34所示。

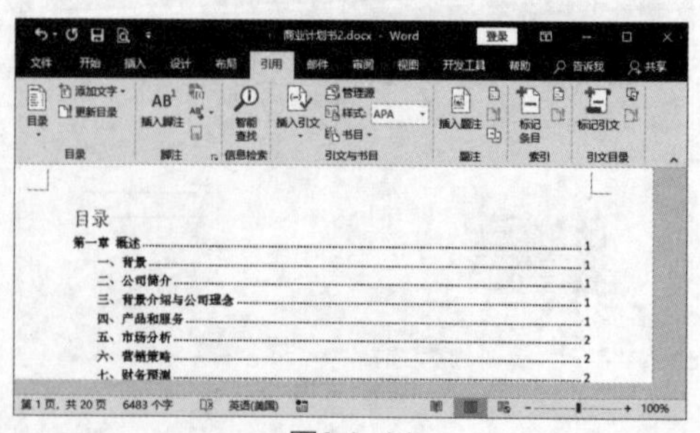

图3.1-34

2. 修改目录

如果用户对插入的目录不是很满意，还可以修改目录或自定义个性化的目录。修改目录的具体步骤如下。

❶ 切换到【引用】选项卡，单击【目录】组中的【目录】按钮，在弹出的下拉列表框中单击【自定义目录】选项，如图3.1-35所示。

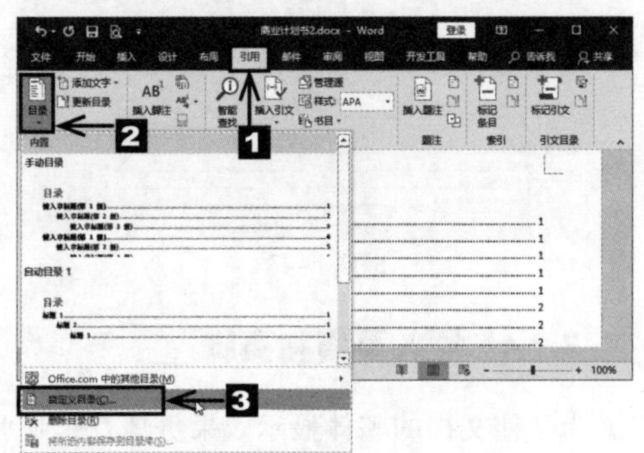

图3.1-35

❷ 弹出【目录】对话框，系统自动切换到【目录】选项卡，在【常规】组中的【格式】下拉列表框中选中【来自模板】选项，单击 修改(M)... 按钮，如图3.1-36所示。

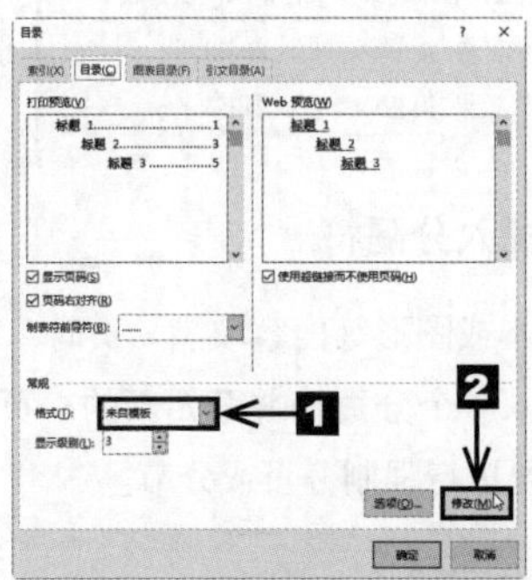

图3.1-36

❸ 弹出【样式】对话框，在【样式】列表框中选中【目录1】选项，单击 修改(M)... 按钮，如图3.1-37所示。

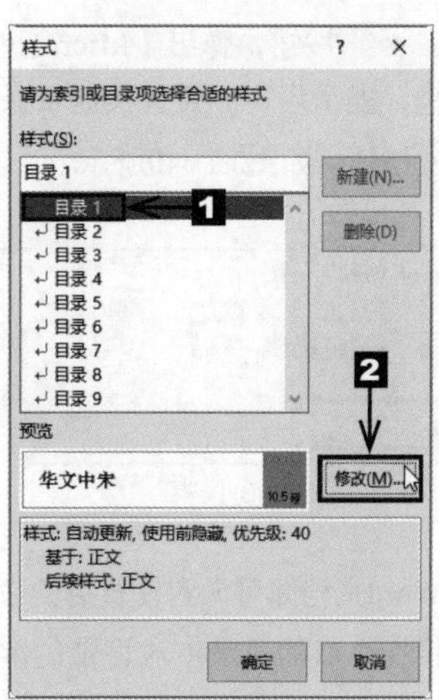

图3.1-37

❹ 弹出【修改样式】对话框，在【格式】组中的【字体颜色】下拉列表框中选中“紫色”选项，然后单击【加粗】按钮，单击 确定 按钮，如图3.1-38所示。

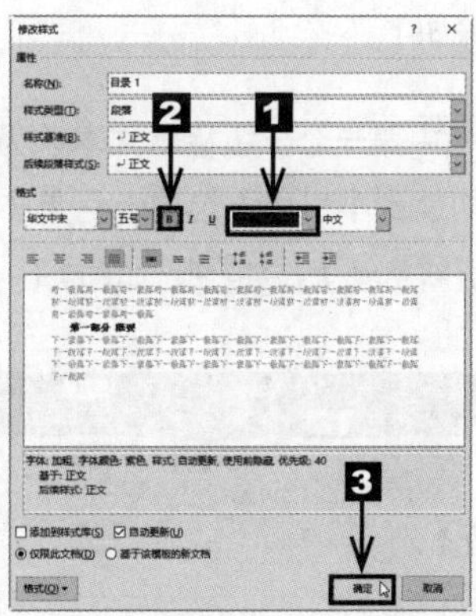

图3.1-38

❺ 返回【样式】对话框，在【预览】组中即可看到“目录1”的设置效果，单击 确定 按钮，返回【目录】对话框，如图3.1-39所示。

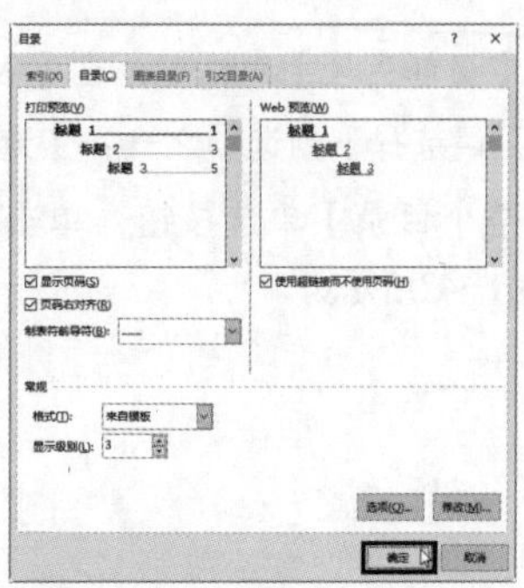

图3.1-39

❻ 单击 确定 按钮，弹出【Microsoft Word】提示对话框，提示用户“要替换此目录吗？”，单击 是(Y) 按钮，如图3.1-40所示。

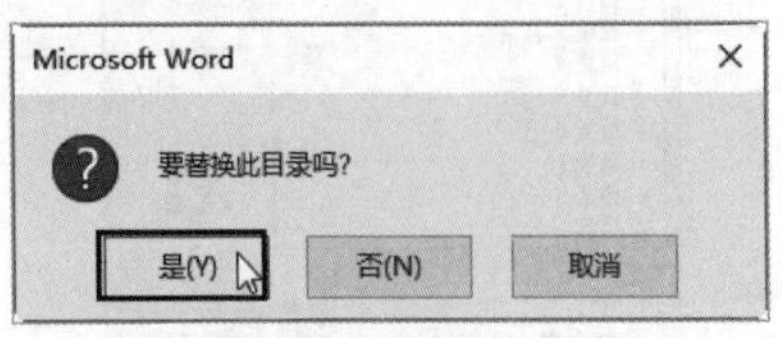

图3.1-40

❼ 返回Word文档即可看到设置后的效果。用户还可以直接在生成的目录中对目录的字体格式和段落格式进行设置。

3. 更新目录

在编辑或修改文档的过程中，如果文档内容或格式发生了变化，则需要更新目录。更新目录的具体步骤如下。

❶ 将文档中第一个一级标题文本改为“第一章 概要”，切换到【引用】选项卡，单击【目录】组中的【更新目录】按钮，如图3.1-41所示。

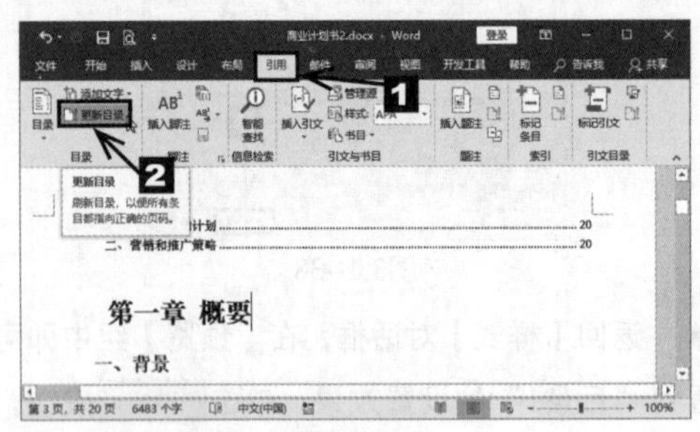

图3.1-41

❷ 弹出【更新目录】对话框，在【Word 正在更新目录，请选择下列选项之一：】选项组中选中【更新整个目录】单选按钮，单击 确定 按钮，如图3.1-42所示。

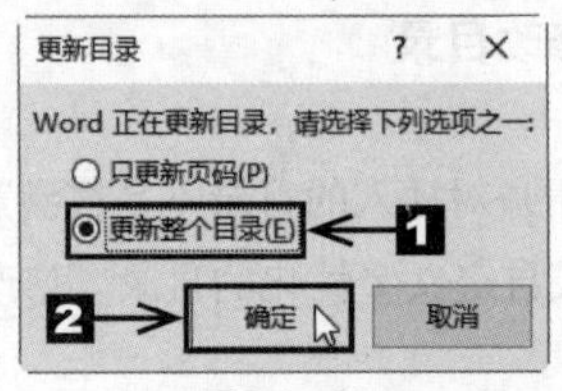

图3.1-42

❸ 返回 Word 文档，效果如图3.1-43所示。

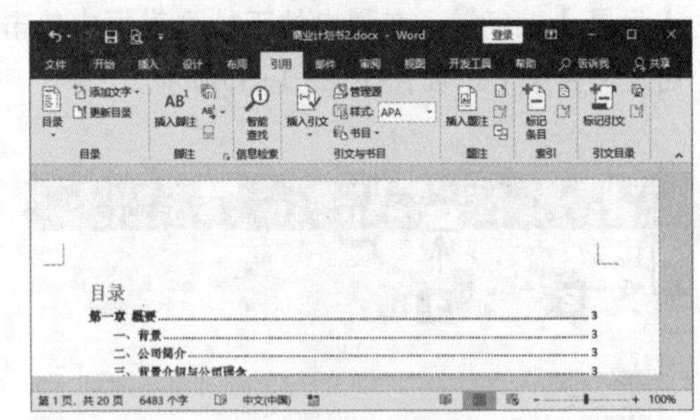

图3.1-43

3.1.4 插入页眉和页脚

为了使文档的整体显示效果更具有专业水准，文档创建完成后，通常需要为文档添加页眉、页脚、页码等修饰性元素。Word 2016文档的页眉和页脚不仅支持文本内容，还可以在其中插入图片，例如在页眉或页脚中插入公司的LOGO、单位的徽标、个人的标识等图片。

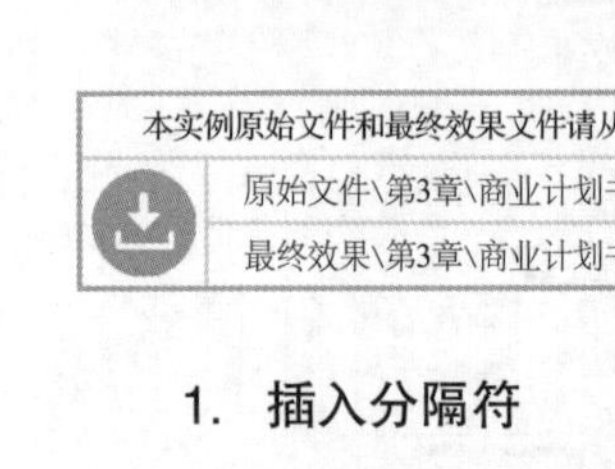
本实例原始文件和最终效果文件请从网盘下载

原始文件\第3章\商业计划书3

最终效果\第3章\商业计划书3

扫码看视频

1. 插入分隔符

当文本或图形等内容填满一页时，Word文档会自动插入一个分页符并开始新的一页。用户可以根据需要进行强制分页或分节。

插入分节符

分节符是指为表示节的结尾而插入的标记。分节符起着分隔其前面文本格式的作用，如果删除了某个分节符，它前面的文字会合并到后面的节中，并且采用后者的格式设置。在Word文档中插入分节符的具体步骤如下。

❶ 打开本实例的原始文件，将文档拖动到第3页，将光标定位在一级标题“第一章 概要”的行首。切换到【布局】选项卡，单击【页面设置】组中的【插入分页符和分节符】按钮，在弹出的下拉列表框中选中【分节符】列表框中的【下一页】选项，如图3.1-44所示。

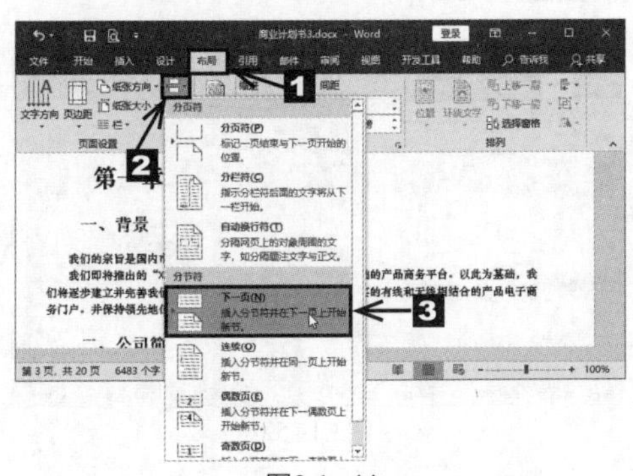

图3.1-44

❷ 此时在文档中即插入了一个分节符，光标之后的文本自动切换到了下一页。如果看不到分节符，可以切换到【开始】选项卡，然后在【段落】组中单击【显示/隐藏编辑标记】按钮即可，如图3.1-45所示。

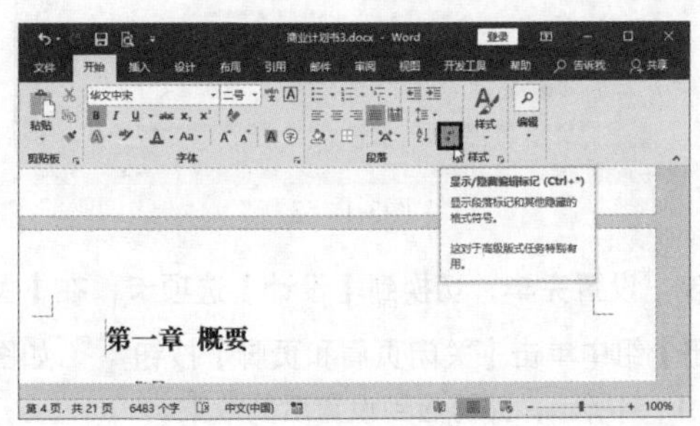

图3.1-45

插入分页符

分页符是一种符号，显示在上一页结束以及下一页开始的位置。在Word文档中插入分页符的具体步骤如下。

❶ 将文档拖动到第6页，将光标定位在一级标题“第二章 公司概述”的行首。切换到【布局】选项卡，单击【页面设置】组中的【插入分页符和分节符】按钮，在弹出的下拉列表中选中【分页符】列表框中的【分页符】选项，如图3.1-46所示。

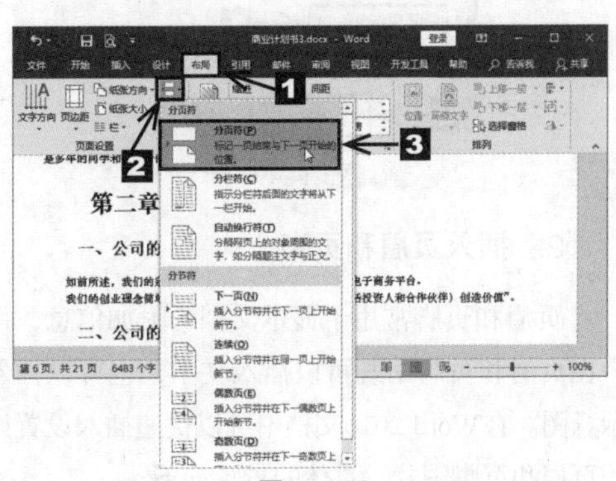

图3.1-46

❷ 此时在文档中即插入了一个分页符，光标之后的文本自动切换到了下一页。使用同样的方法，在所有的一级标题前分页即可，如图3.1-47所示。

图3.1-47

❸ 将光标移动到首页，选中文档目录，然后单击鼠标右键，在弹出的快捷菜单中单击【更新域】命令，如图3.1-48所示。

图3.1-48

❹ 弹出【更新目录】对话框，在【Word正在更新目录，请选择下列选项之一：】选项组中选中【只更新页码】单选按钮，单击 确定 按钮即可更新目录页码，如图3.1–49所示。

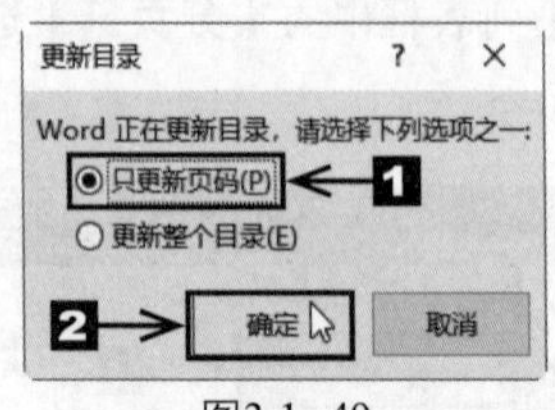

图3.1–49

2. 插入页眉和页脚

页眉和页脚常用于显示文档的附加信息，用户在页眉和页脚中既可以插入文本，也可以插入示意图。在Word 2016文档中可以快速插入设置好的页眉和页脚图片，具体的步骤如下。

❶ 在文档第2节中第1页的页眉或页脚处双击鼠标，此时页眉和页脚处于编辑状态，同时激活页眉和页脚工具栏，如图3.1–50所示。

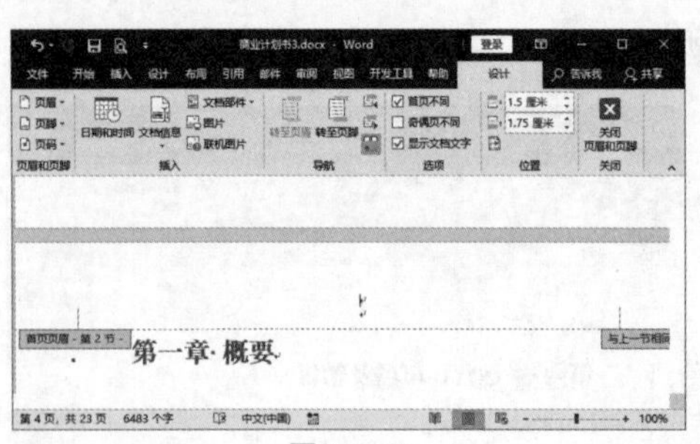

图3.1–50

❷ 切换到【设计】选项卡，在【选项】组中选中【奇偶页不同】复选框，然后在【导航】组中单击【链接到前一条页眉】按钮，将其撤选，如图3.1–51所示。

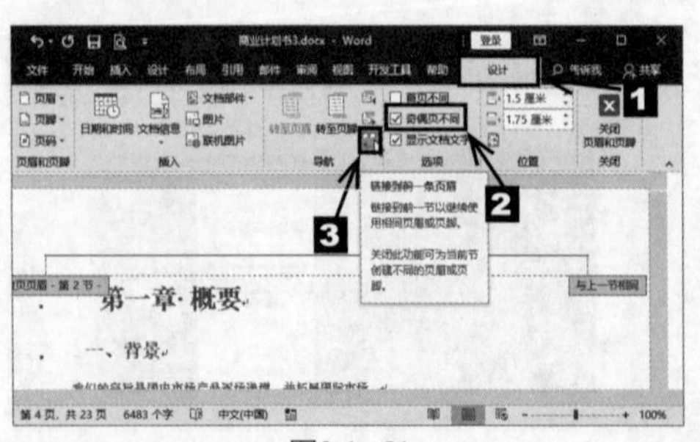

图3.1–51

❸ 在页眉中插入一个无填充颜色、无轮廓的文本框，并输入文字（例如，LOGO），切换到【开始】选项卡，将其字体设置为“微软雅黑”，字号为“小二”，单击【字体颜色】按钮，在弹出的下拉列表框中选中“蓝色，个性色5，深色25%”选项，并将文本框移动到合适的位置，如图3.1–52所示。

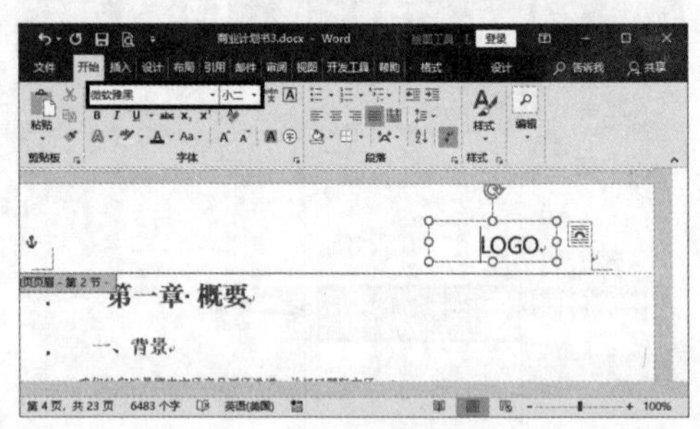

图3.1–52

❹ 使用同样的方法为第2节中的奇数页插入页眉和页脚，在【选项】组中撤选【链接到前一条页眉】按钮，如图3.1–53所示。

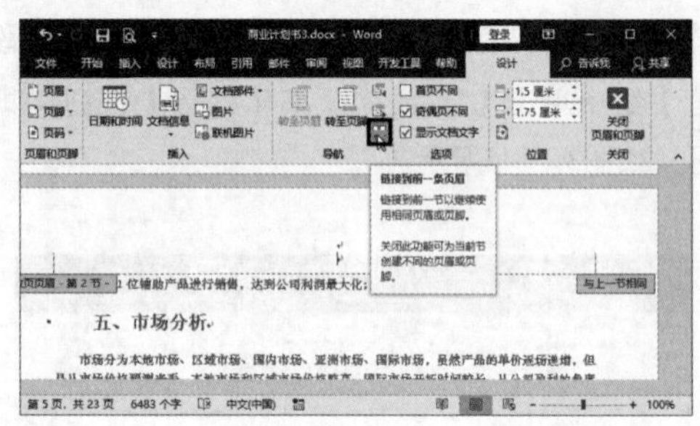

图3.1–53

❺ 设置完毕，切换到【设计】选项卡，在【关闭】组中单击【关闭页眉和页脚】按钮，如图3.1–54所示，即可看到设置后的效果。

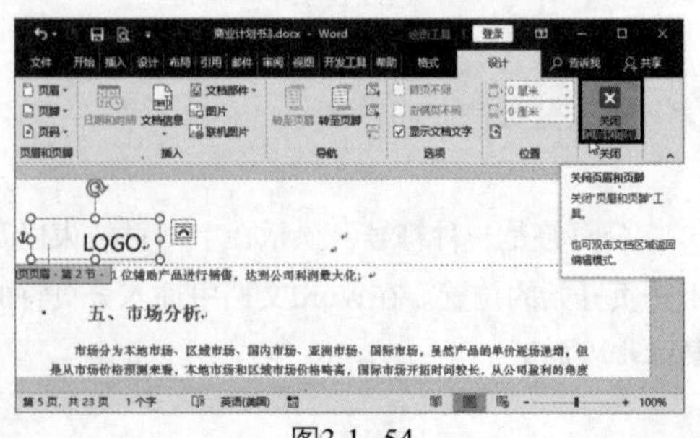

图3.1–54

3. 插入页码

为了使Word文档便于浏览和打印，用户可以在页脚处插入并编辑页码。

从首页开始插入页码

默认情况下，Word 2016文档都是从首页开始插入页码的。接下来为目录部分设置罗马数字样式的页码，具体的操作步骤如下。

❶ 切换到【插入】选项卡，单击【页眉和页脚】组中的 页码 按钮，在弹出的下拉列表中单击【设置页码格式】选项，如图3.1-55所示。

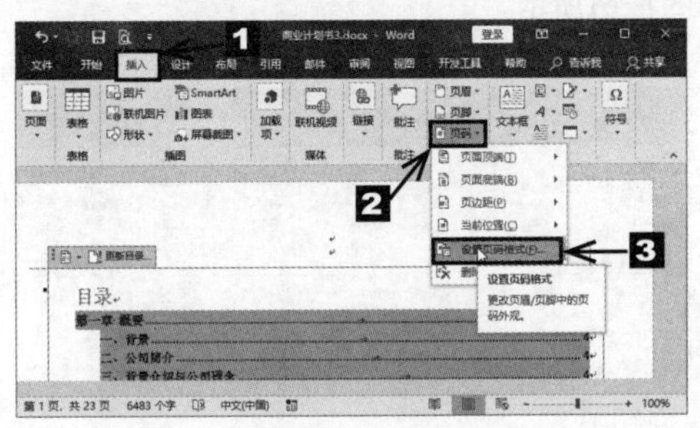

图3.1-55

❷ 弹出【页码格式】对话框，在【编号格式】下拉列表框中选中【Ⅰ,Ⅱ,Ⅲ,...】选项，然后单击 确定 按钮即可，如图3.1-56所示。

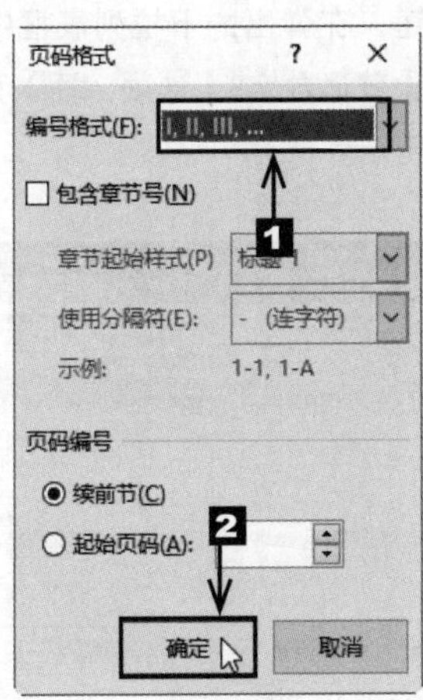

图3.1-56

❸ 因为设置页眉页脚时选中了【奇偶页不同】选项，所以此处的奇偶页页码也要分别进行设置。将光标定位在第1节中的奇数页页脚中，单击【页眉和页脚】组中的 页码 按钮，在弹出的下拉列表中单击【页面底端】→【普通数字2】选项，如图3.1-57所示。

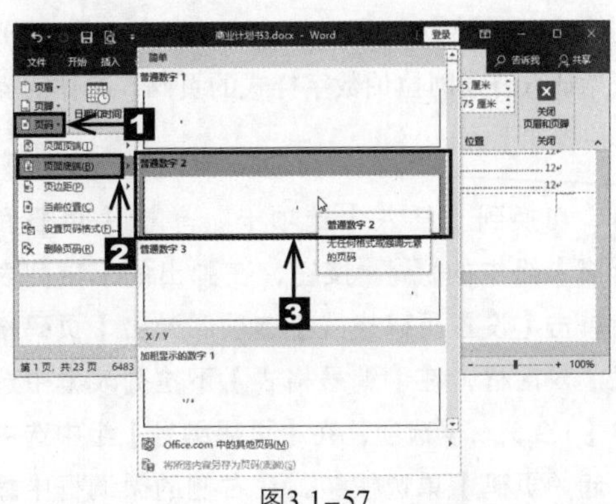

图3.1-57

❹ 此时页眉、页脚处于编辑状态，并在第1节中的奇数页底部插入了罗马数字样式的页码。

❺ 将光标定位在第1节中的偶数页页脚中，切换到【插入】选项卡，单击【页眉和页脚】组中的 页码 按钮，在弹出的下拉列表框中选中【页面底端】→【普通数字2】选项，如图3.1-58所示。

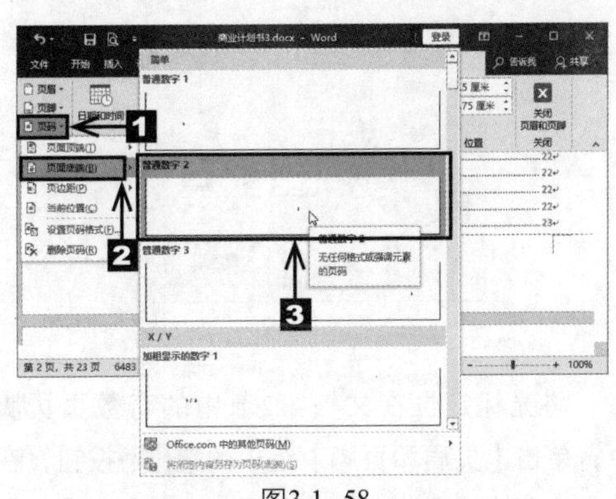

图3.1-58

❻ 此时在第1节中的偶数页底部插入了罗马数字样式的页码。设置完毕，在【关闭】组中单击【关闭页眉和页脚】按钮 即可。

❼ 另外，用户还可以根据自己的需求对插入的页码进行字体格式设置。

从第N页开始插入页码

在Word 2016文档中除了可以从首页开始插入页码以外，还可以使用“分节符”功能从指定的第N页开始插入页码。接下来从正文（第4页）开始插入普通阿拉伯数字样式的页码，具体的操作步骤如下。

❶ 切换到【插入】选项卡，单击【页眉和页脚】组中的 页码 按钮，在弹出的下拉列表中单击【设置页码格式】选项。弹出【页码格式】对话框，在【编号格式】下拉列表框中选中【1,2,3,…】选项，在【页码编号】组中选中【起始页码】单选按钮，在右侧的微调框中输入“4”，然后单击 确定 按钮，如图3.1-59所示。

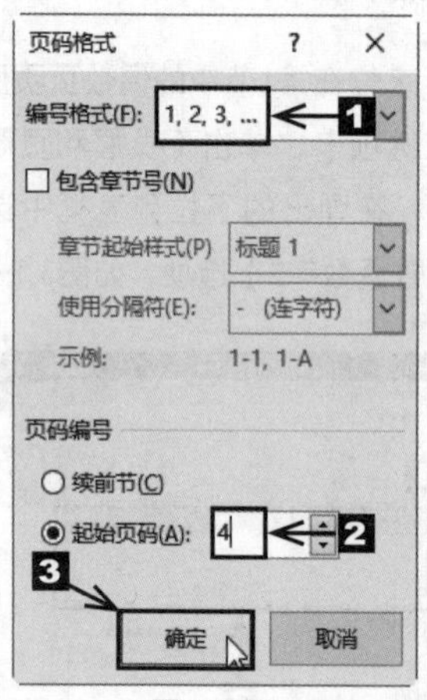

图3.1-59

❷ 将光标定位在文档第2节中的奇数页页脚中，单击【页眉和页脚】组中的 页码 按钮，在弹出的下拉列表框中选中【页面底端】→【普通数字1】选项，如图3.1-60所示。

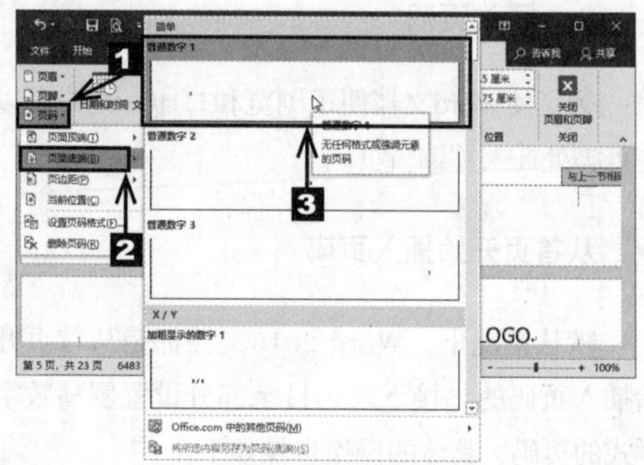

图3.1-60

❸ 此时页眉页脚处于编辑状态，并在第2节中的奇数页底部插入了阿拉伯数字样式的页码，如图3.1-61所示。

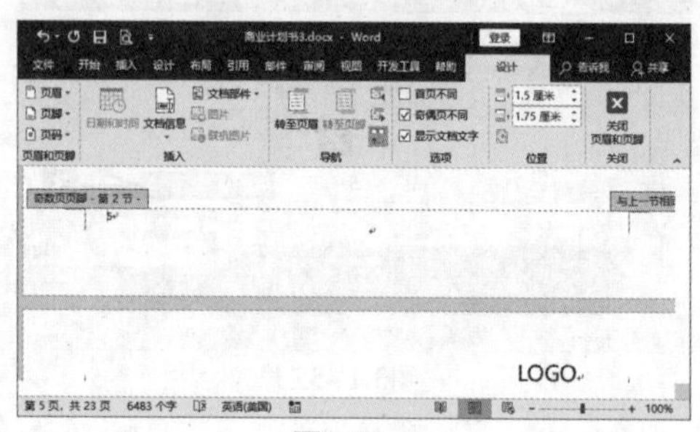

图3.1-61

❹ 将光标定位在第2节中的偶数页页脚中，切换到【设计】选项卡，在【页眉和页脚】组中单击 页码 按钮，在弹出的下拉列表框中选中【页面底端】→【普通数字3】选项，插入页码的效果如图3.1-62所示。

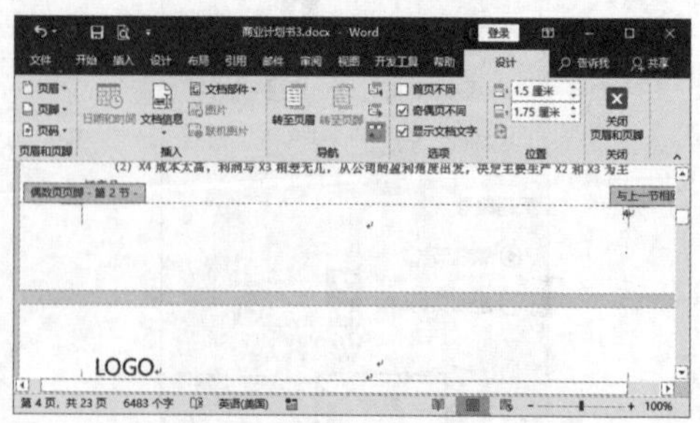

图3.1-62

❺ 设置完毕，在【关闭】组中单击【关闭页眉和页脚】按钮，即可查看第2节中的页眉和页脚以及页码的最终效果。

3.1.5 插入题注和脚注

在编辑文档的过程中，为了使读者便于阅读和理解文档内容，经常在文档中插入题注和脚注，用于对文档的对象进行解释说明。

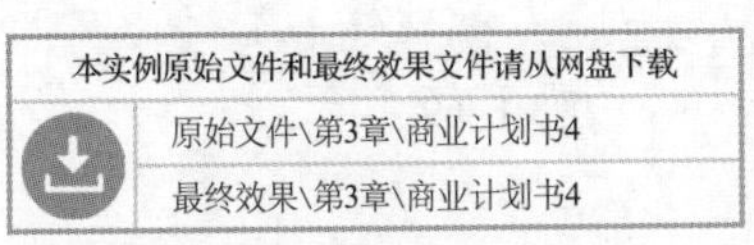

1. 插入题注

题注是指出现在图片下方的一段简短描述。题注是用简短的话语叙述关于该图片的一些重要的信息，例如图片与正文的相关之处。

在插入的图形中添加题注，不仅可以满足排版的需要，而且便于读者阅读。插入题注的具体步骤如下。

❶ 打开本实例的原始文件，选中准备插入题注的图片，切换到【引用】选项卡，单击【题注】组中的【插入题注】按钮，如图3.1-63所示。

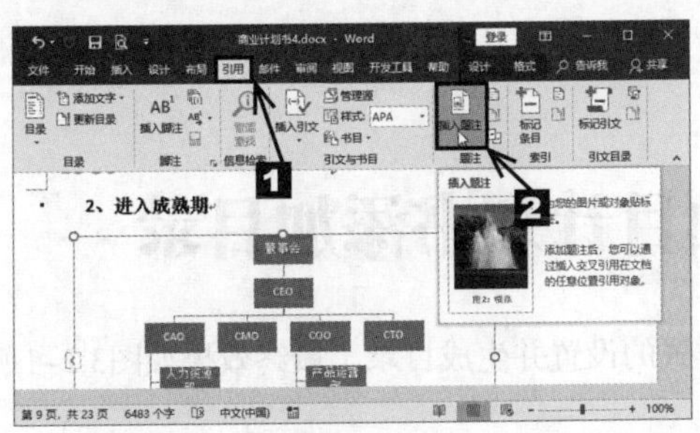

图3.1-63

❷ 弹出【题注】对话框，在【题注】文本框中自动显示“图表 1”，在【标签】下拉列表框中选中【图表】选项，在【位置】下拉列表框中选中【所选项目下方】选项，单击新建标签(N)...按钮，如图3.1-64所示。

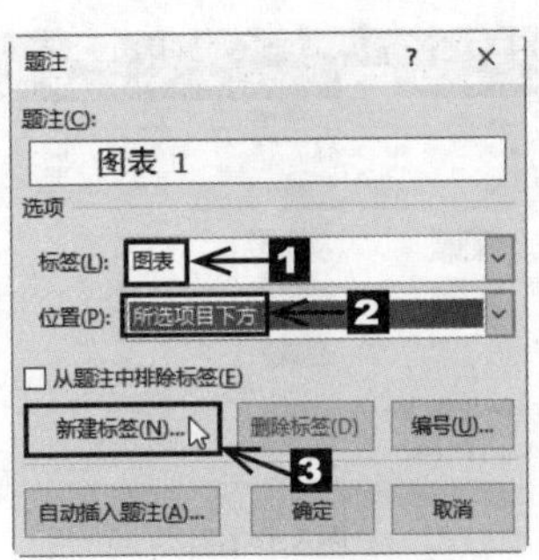

图3.1-64

❸ 弹出【新建标签】对话框，在【标签】文本框中输入“图”，单击确定按钮，如图3.1-65所示。

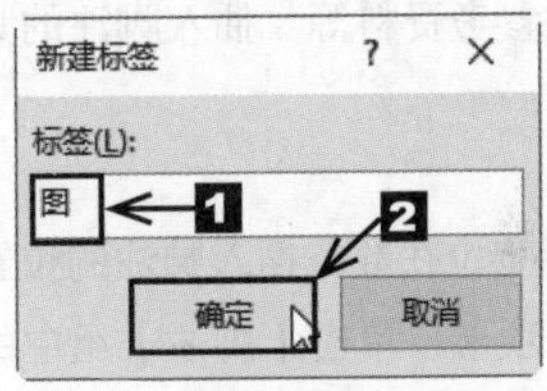

图3.1-65

❹ 返回【题注】对话框，此时在【题注】文本框中自动显示“图 1”，在【标签】下拉列表框中自动选中【图】选项，在【位置】下拉列表框中自动选中【所选项目下方】选项，然后单击确定按钮，如图3.1-66所示。

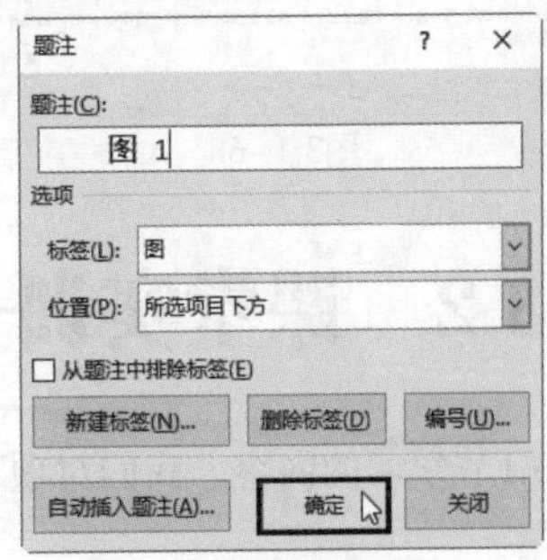

图3.1-66

❺ 返回 Word 文档，此时，在选中图片的下方显示题注“图 1”，如图3.1-67所示。

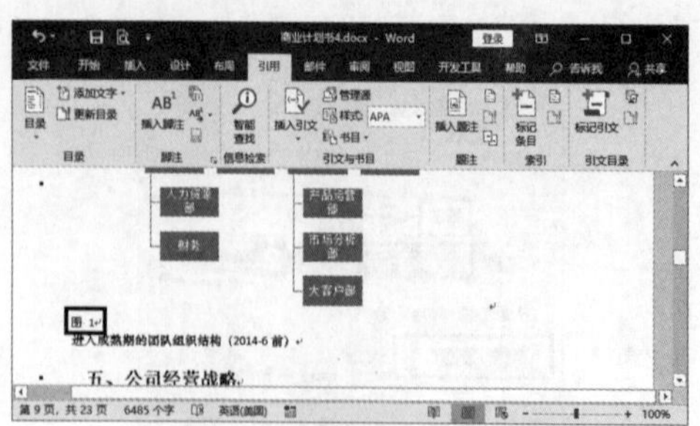

图3.1-67

2. 插入脚注

除了插入题注以外，用户还可以在文档中插入脚注和尾注，来对文档中某个内容进行解释、说明或提供参考资料等。插入脚注的具体操作步骤如下。

❶ 将光标定位在准备插入脚注的位置，切换到【引用】选项卡，单击【脚注】组中的【插入脚注】按钮，如图3.1-68所示。

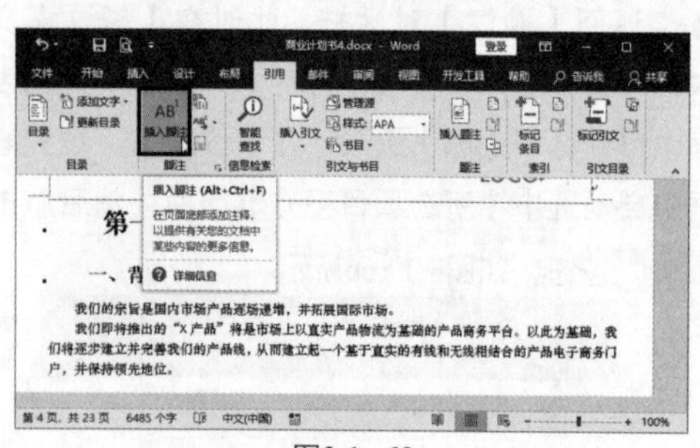

图3.1-68

❷ 此时，在文档的底部出现一个脚注分隔符，在分隔符下方输入脚注内容即可，如图3.1-69所示。

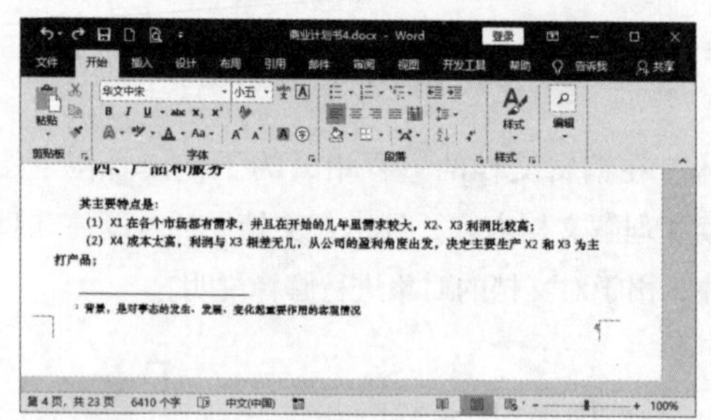

图3.1-69

❸ 将光标移动到插入脚注的标识上，可以查看脚注内容，如图3.1-70所示。

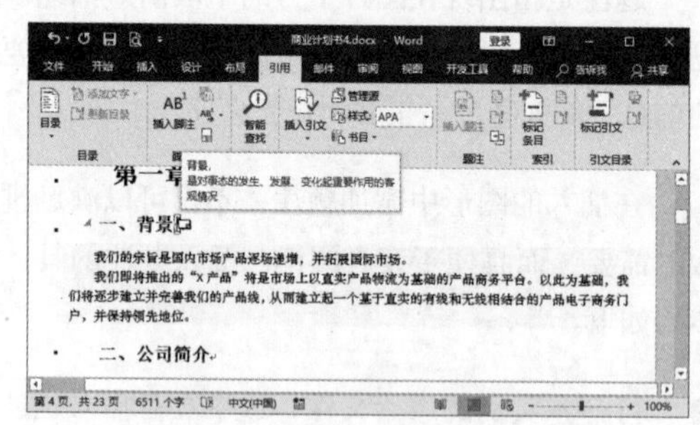

图3.1-70

3.2 课堂实训——为项目计划书添加目录

根据3.1节学习的内容，我们对项目计划书进行样式的设置并生成目录，最终效果如图3.2-1所示。

专业背景

编写项目计划书的目的是为了寻找合作伙伴，其篇幅要适量。计划书的目录可以让合作伙伴对计划书有一个大体的了解。一般而言，如果项目规模庞大，业务简单，计划书的内容可以少一些。其内容重点关注产品，并含有丰富的资料说明，可以展示优秀团队、良好的财务情况等。

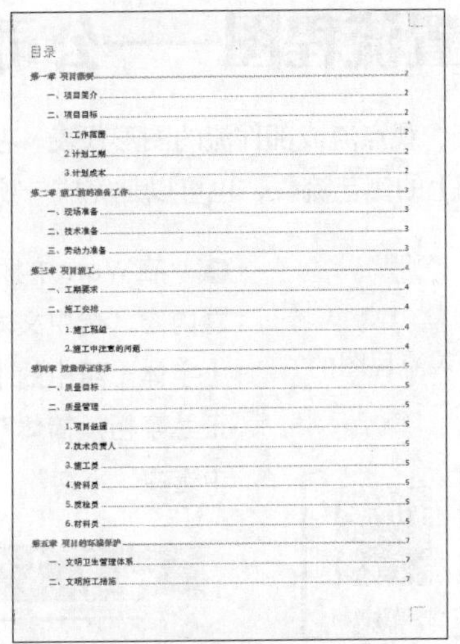

图3.2–1

实训目的

◎　熟练掌握样式的使用方法

◎　熟练掌握目录的生成方法

操作思路

1. 使用样式

在【开始】选项卡中通过【样式】组中【样式】按钮来调整文档的不同标题的样式，完成后的效果如图3.2–2所示。

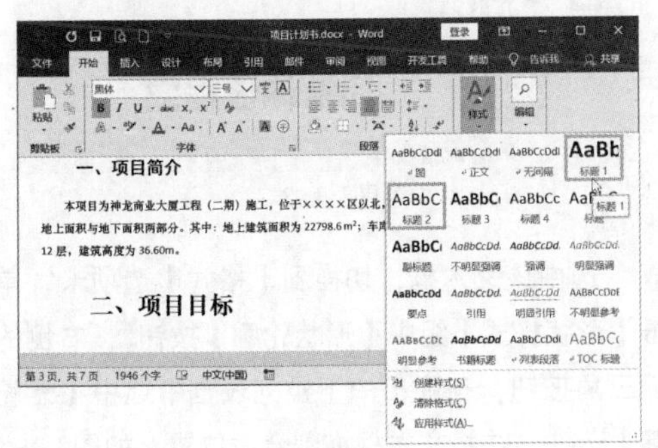

图3.2–2

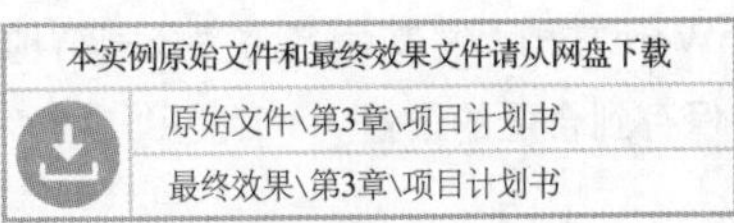

2. 生成目录

在【引用】选项卡中通过【目录】组中【目录】按钮来自动生成目录，完成后的效果如图3.2–3所示。

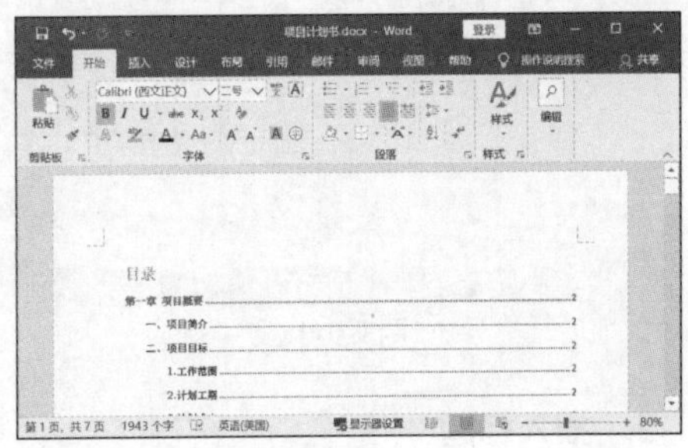

图3.2–3

3.3 插入并设置流程图——公司结构流程图

流程图是流经一个系统的信息流、观点流或部件流的图形代表。在企业中，流程图主要用来说明某一过程。这种过程既可以是生产线上的工艺流程，也可以是完成一项任务必需的管理过程。

3.3.1 插入标题

在制作流程图之前，首先需要插入流程图的标题。

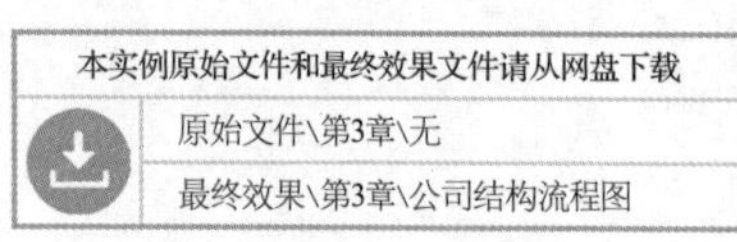
本实例原始文件和最终效果文件请从网盘下载
原始文件\第3章\无
最终效果\第3章\公司结构流程图

扫码看视频

1. 设置纸张

在制作组织流程图之前，我们首先要设置纸张的方向，具体的操作步骤如下。

❶ 新建一个Word文档，将其命名为“公司结构流程图”，并保存到合适的位置。

❷ 打开文件，切换到【布局】选项卡，在【页面设置】组中单击纸张方向按钮右侧的下拉按钮，在弹出的下拉列表框中选中【横向】选项，返回文档中即可看到纸张方向变为横向，如图3.3-1所示。

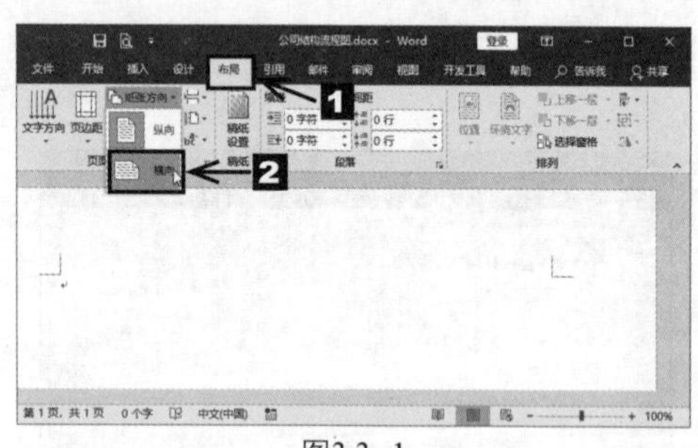
图3.3-1

2. 插入标题

设置完纸张方向，可以输入标题内容，并设置其字体格式，具体步骤如下。

❶ 在Word中插入一个横排文本框，并输入标题内容，选中文本，切换到【开始】选项卡，在【字体】组中的【字体】下拉列表框中选中“方正兰亭粗黑简体”选项，在“字号”下拉列表框中选中“小初”，如图3.3-2所示。

图3.3-2

❷ 系统默认的字体颜色通常为黑色，用户可以对其颜色进行调整。选中文字，单击【字体】组中的【字体颜色】按钮右侧的下三角按钮，在弹出的下拉列表框中选中“黑色，文字1，淡色35%”选项，如图3.3-3所示。

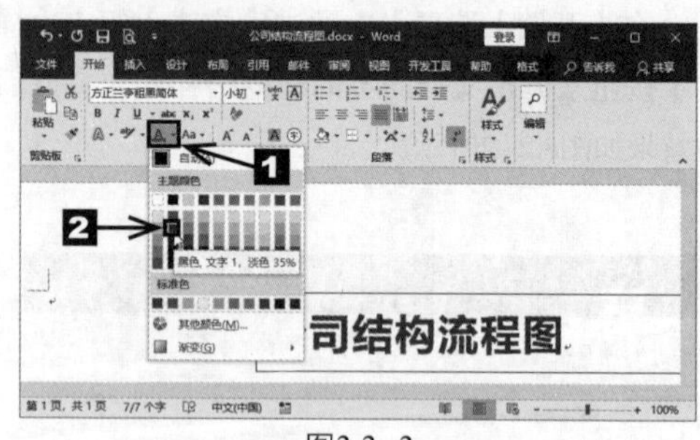
图3.3-3

❸ 选中该文本框，切换到【格式】选项卡，单击【形状样式】组中【形状轮廓】按钮右侧的下三角按钮，在弹出的下拉列表框中选中【无轮廓】选项，并将文本框拖到合适位置，如图3.3-4所示。

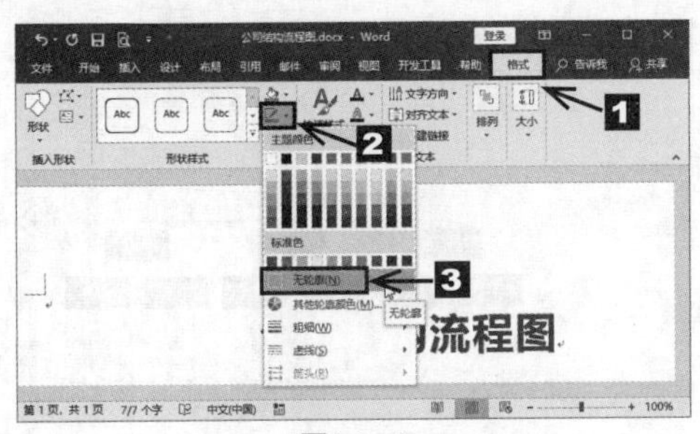

图3.3-4

3.3.2 绘制 SmartArt 图形

如果要展示整个公司的组织结构图，常规做法是通过添加形状与文字来完成，这种做法步骤烦琐，涉及形状的对齐、分布以及连接线的布局等操作。为了快捷和方便，用户可以使用Word自带的SmartArt图形。

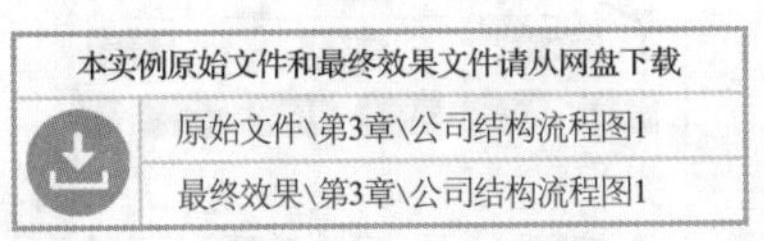

本实例原始文件和最终效果文件请从网盘下载

原始文件\第3章\公司结构流程图1

最终效果\第3章\公司结构流程图1

扫码看视频

1. 插入SmartArt图形

插入SmartArt图形的操作步骤如下。

❶ 打开本实例的原始文件，切换到【插入】选项卡，单击【插图】组中的SmartArt按钮，如图3.3-5所示。

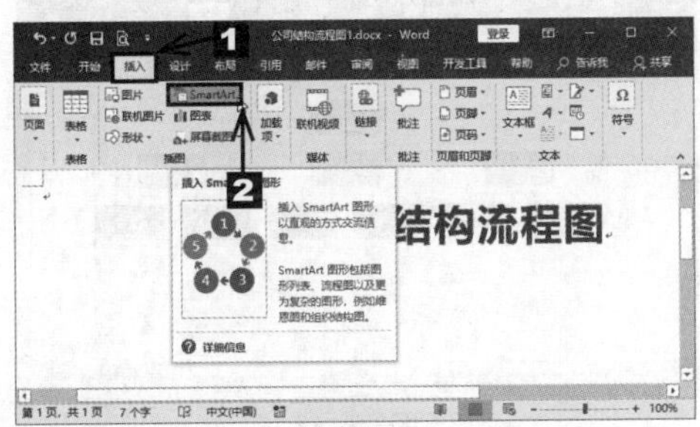

图3.3-5

❷ 弹出【选择SmartArt图形】对话框，切换到【层次结构】选项卡，在中间的列表框中选中【组织结构图】选项，单击确定按钮，如图3.3-6所示。

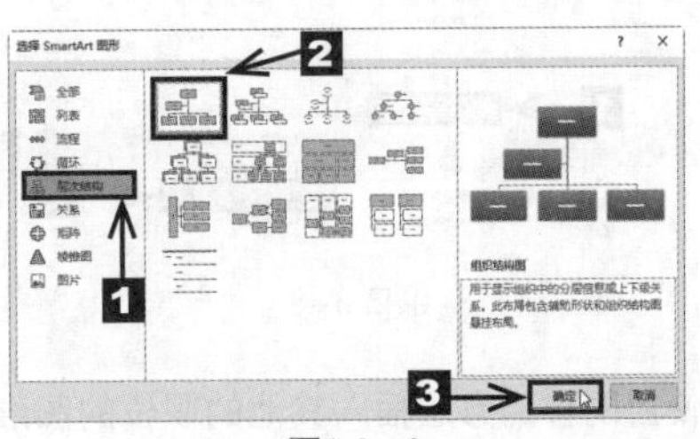

图3.3-6

❸ 返回Word中即可看到插入的SmartArt图形。

❹ 切换到【格式】选项卡，在【排列】组中单击【环绕文字】按钮，在弹出的下拉列表框中选中【衬于文字下方】选项，如图3.3-7所示。

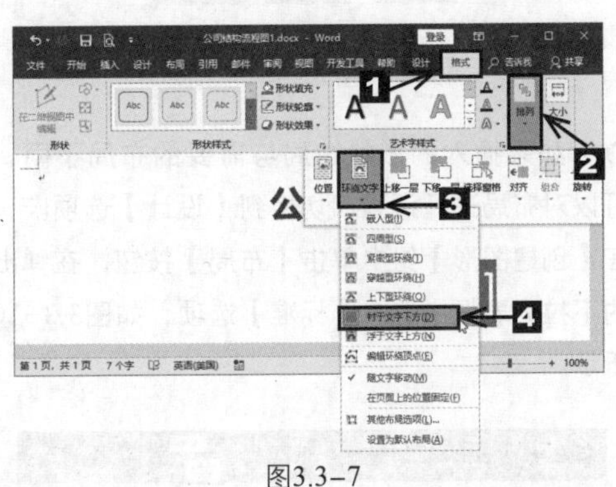

图3.3-7

❺ 因插入的SmartArt图形与公司要添加的组织结构图有差异，所以我们可以对插入的图形进行删减与调整，选中多余或位置不合适的图形，按【Delete】键删除。

❻ 如果还要添加职位，可以通过右键来实现形状的添加，选中需要添加的形状，单击鼠标右键，在弹出的快捷菜单中单击【添加形状】→【在下方添加形状】命令，如图3.3-8所示。

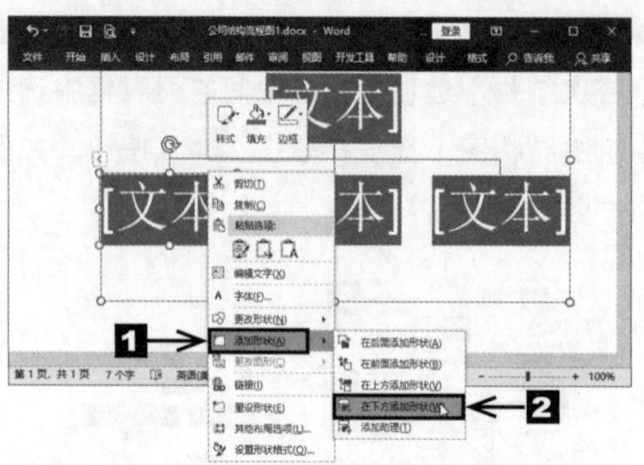

图3.3-8

❼ 使用同样的方法插入其他的职位的图形，如图3.3-9所示。

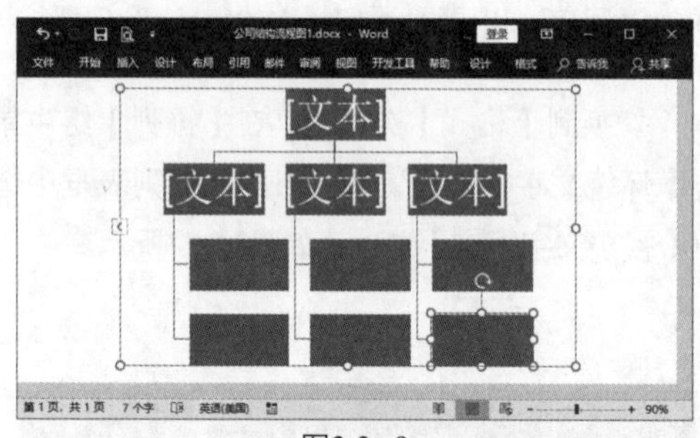

图3.3-9

❽ 如果插入的形状布局与需要的布局不同，可以对布局进行调整，切换到【设计】选项卡，在【创建图形】组中单击【布局】按钮，在弹出的下拉列表框中选中【标准】选项，如图3.3-10所示。

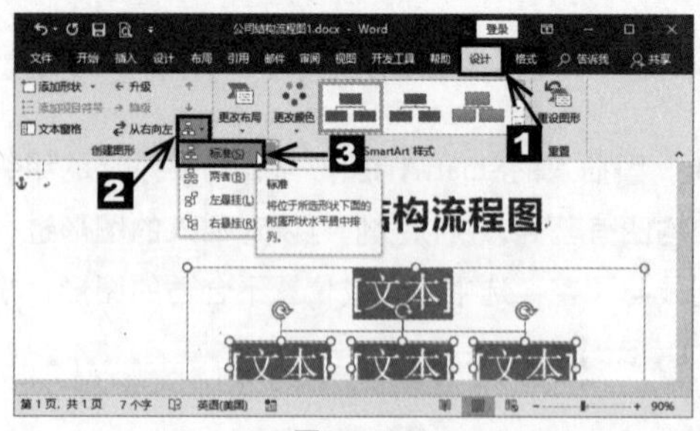

图3.3-10

❾ 在结构图框内单击鼠标，输入文本内容即可，效果如图3.3-11所示。

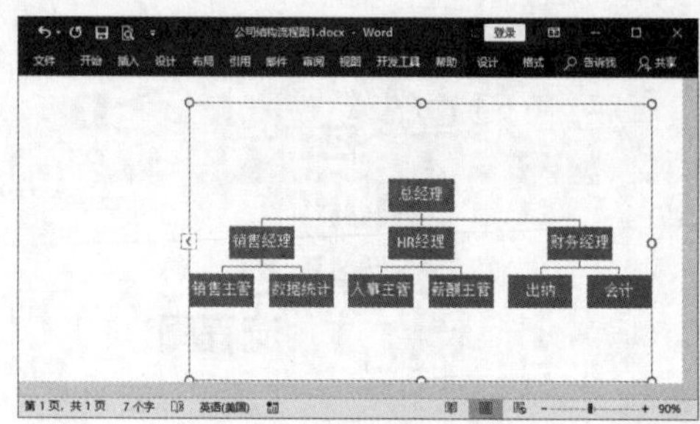

图3.3-11

❿ 在图形中一个一个地输入文本会比较麻烦，用户可以单击左侧的【展开】按钮<，弹出【在此处键入文字】对话框，然后输入文字即可，如图3.3-12所示。

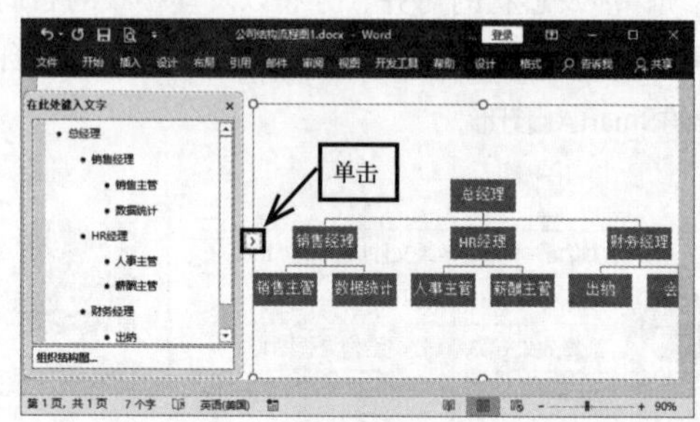

图3.3-12

⓫ 返回文档中，用户可以看到在SmartArt图形四周有8个控制点，将鼠标指针放在控制点上，鼠标指针呈"⟺"形状，按住鼠标左键不放，此时鼠标指针呈"十"形状，拖动鼠标即可调整图形的大小，如图3.3-13所示。

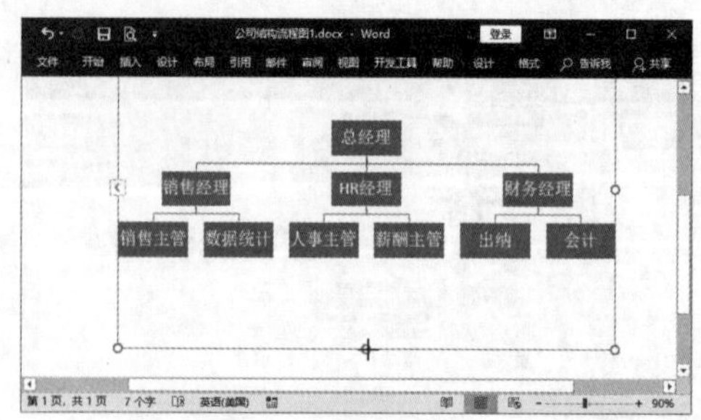

图3.3-13

2. 美化SmartArt图形

如果用户对插入的SmartArt图形不满意，可以对图形进行设置更改，具体步骤如下。

❶ 选中SmartArt图形，切换到【设计】选项卡，在【SmartArt样式】组中选择一个合适的样式，这里我们选中【中等效果】选项，如图3.3-14所示。

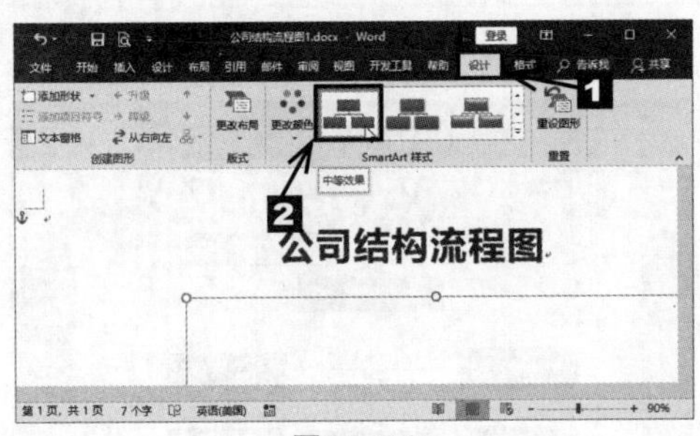

图3.3-14

❷ 如果要为SmartArt图形添加颜色，用户可以在【SmartArt样式】组中单击【更改颜色】按钮，在弹出的下拉列表框中选择合适的选项，这里我们选中【彩色填充-个性色1】选项，如图3.3-15所示。

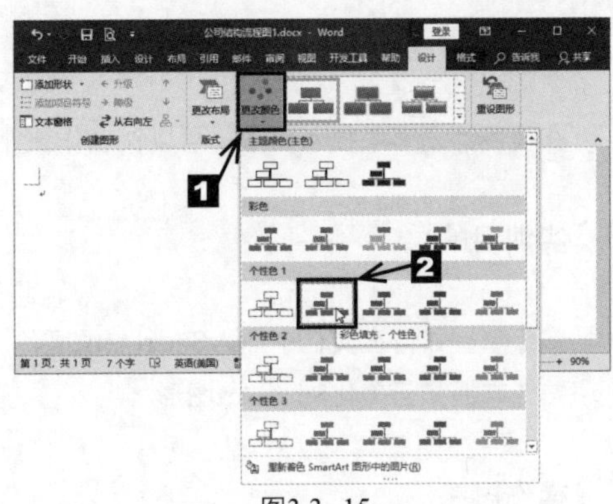

图3.3-15

❸ 设置完毕即可看到组织结构图的最终效果，如图3.3-16所示。

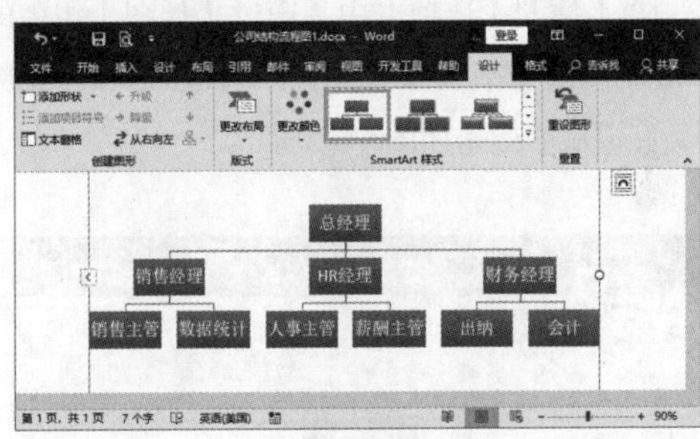

图3.3-16

3.4 课堂实训——设置项目计划书的图形

根据3.3节学习的内容，在项目计划书的适当位置添加SmartArt图形，并对其进行美化，最终效果如图3.4-1所示。

图3.4-1

专业背景

在项目计划书中插入图形，可以让合作伙伴对于项目的流程有一个更加形象的了解。

实训目的

◎ 熟练掌握如何在文档中插入SmartArt图形
◎ 熟练掌握如何美化SmartArt图形

操作思路

1. 插入SmartArt图形

在【插入】选项卡中，通过【插图】组中的【SmartArt】按钮在文档中插入合适的SmartArt图形，完成后的效果如图3.4–2所示。

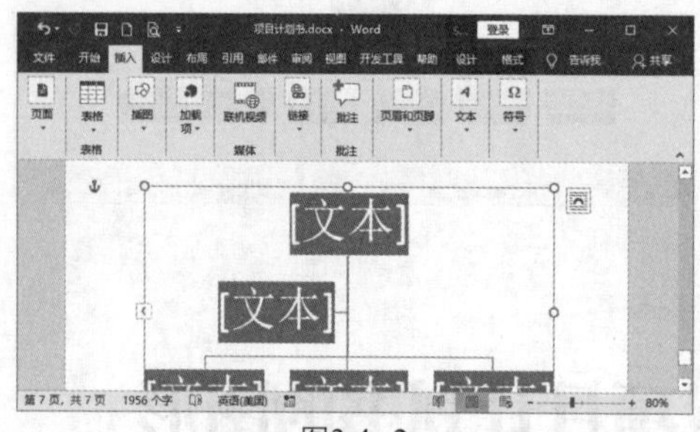

图3.4–2

2. 调整SmartArt图形

在插入的图形中调整形状的位置，并在结构图框中输入相关的内容，完成后的效果如图3.4–3所示。

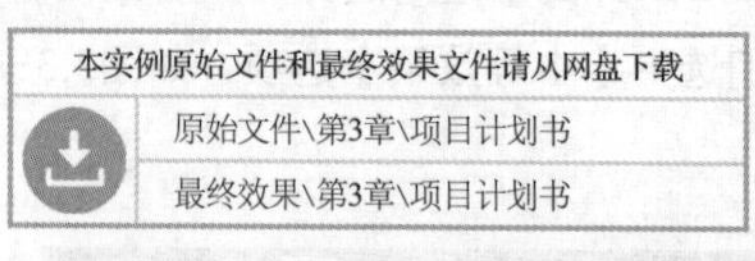

本实例原始文件和最终效果文件请从网盘下载
原始文件\第3章\项目计划书
最终效果\第3章\项目计划书

扫码看视频

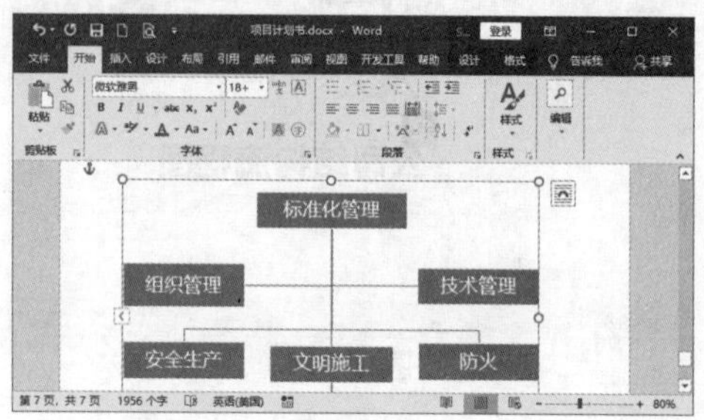

图3.4–3

3. 美化SmartArt图形

在【设计】选项卡中，通过【SmartArt样式】组中的【更改颜色】按钮来选择SmartArt图形的颜色和样式，完成后的效果如图3.4–4所示。

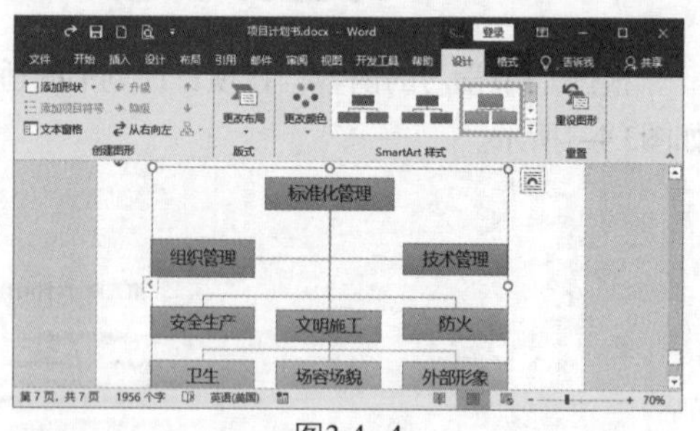

图3.4–4

3.5 常见疑难问题解析

问：如何删除页眉中的横线？

答：在Word 文档中的页眉或页脚处双击鼠标，使页眉进入可编辑状态，选中整个页眉中的文本，切换到【开始】选项卡，单击【段落】组中的【边框】按钮右侧的下三角按钮，在弹出的下拉列表框中选中【无框线】选项即可。

问：如何隐藏两页之间的空白页？

答： 在文档中单击【文件】按钮，在弹出的界面中单击【选项】选项，弹出【Word选项】对话框，切换到【显示】选项卡，在【页面显示选项】组中撤选【在页面视图中显示页面间空白】复选框，然后单击【确定】按钮即可。

3.6　课后习题

（1）在制作和编辑公司请假制度时，输入制度内容后，对各个标题进行样式设置。最终效果如图3.6-1所示。

（2）设置样式后，通过设置的样式生成目录，并对目录进行美化设置。最终效果如图3.6-2所示。

扫码看视频

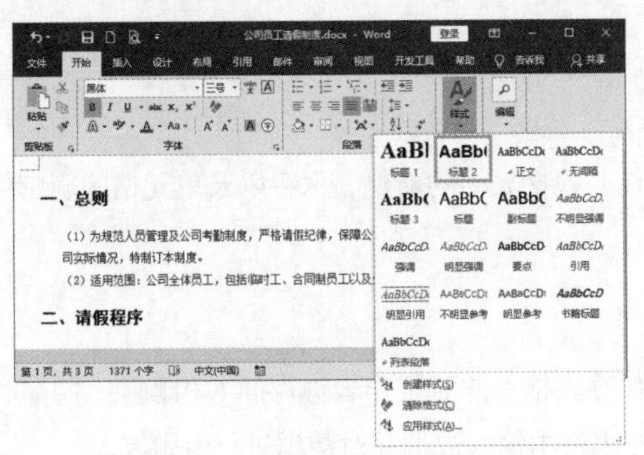

图3.6-1

图3.6-2

第 4 章
工作簿与工作表的基本操作

本章内容简介

本章主要介绍工作簿与工作表的基本操作，包括表格的新建、保存以及单元格的简单编辑。

学完本章我能做什么

通过本章的学习，我们能熟练地新建并保存表格，并对工作表进行插入和删除、隐藏和显示、移动或复制、重命名等操作，还可以在表格中输入数据并对数据进行编辑等。

学习目标

- ▶ 学会工作簿的基本操作
- ▶ 学会工作表的基本操作
- ▶ 学会输入并编辑数据
- ▶ 掌握单元格的基本操作
- ▶ 掌握行和列的基本操作
- ▶ 学会拆分和冻结窗格

4.1　基本操作——来访人员登记表

为了加强公司的安全管理、规范外来人员的来访管理、保护公司及员工的生命财产安全，特此制作“来访人员登记表”。下面我们通过制作“来访人员登记表”来具体学习工作簿的基本操作。

4.1.1　工作簿的基本操作

工作簿是指用来存储并处理工作数据的文件，它是Excel工作区中一个或多个工作表的集合。通过学习工作簿的基本操作，用户可以熟练掌握如何新建和保存工作簿以及模板的使用方法。

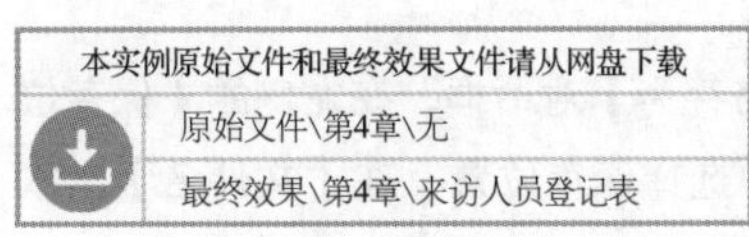

1. 新建工作簿

对于新建工作簿，用户既可以新建一个空白工作簿，也可以创建一个基于模板的工作簿。下面我们来具体学习怎样新建工作簿。

新建工作簿

❶ 通常情况下，每次启动Excel 2016后，在Excel开始界面，单击【空白工作簿】选项，即可创建一个名为“工作簿1”的空白工作簿。如图4.1–1所示。

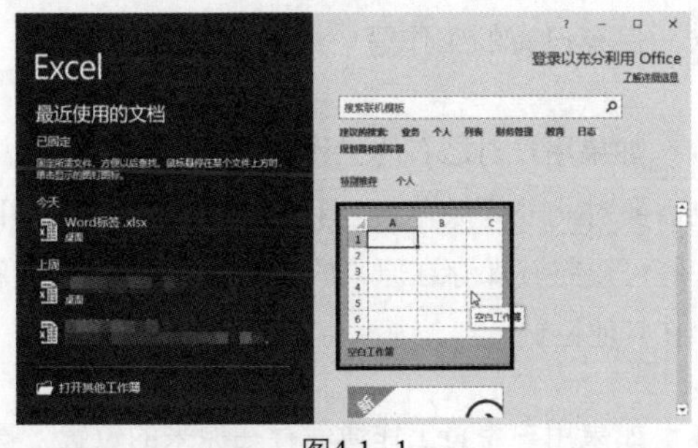

图4.1–1

❷ 单击【文件】按钮，在弹出的界面中单击【新建】选项，系统会打开【新建】界面，在列表框中选中【空白工作簿】选项，也可以新建一个空白工作簿，如图4.1–2所示。

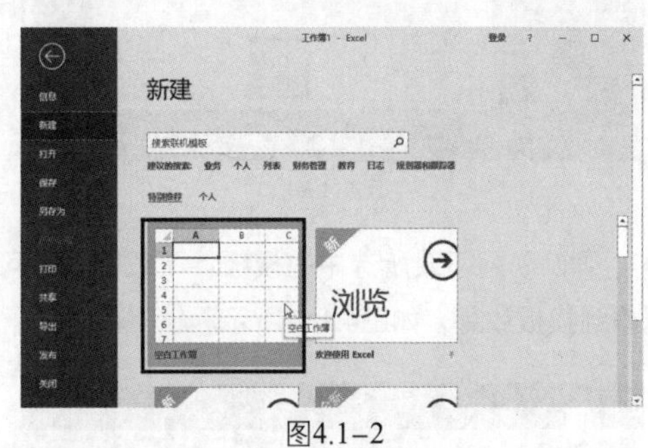

图4.1–2

创建基于模板的工作簿

Excel 2016 为用户提供了多种类型的工作簿模板样式，可满足用户大多数设置和设计工作的要求。单击【文件】按钮中的【新建】选项，即可看到预算、日历、清单和发票等模板。

用户可以根据需要选择模板样式并创建基于所选模板的工作簿。创建基于模板的工作簿的具体步骤如下。

❶ 单击【文件】按钮，在弹出的界面中选择【新建】选项，系统会打开【新建】界面，然后在列表框中选择一个合适的模板，例如选中【突出显示续订的库存清单】选项，如图4.1–3所示。

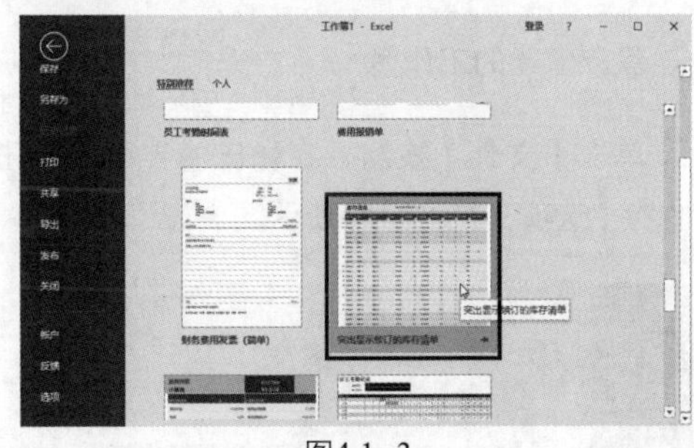
图4.1–3

❷ 随即系统弹出界面来介绍此模板，单击【创建】按钮，如图4.1–4所示。

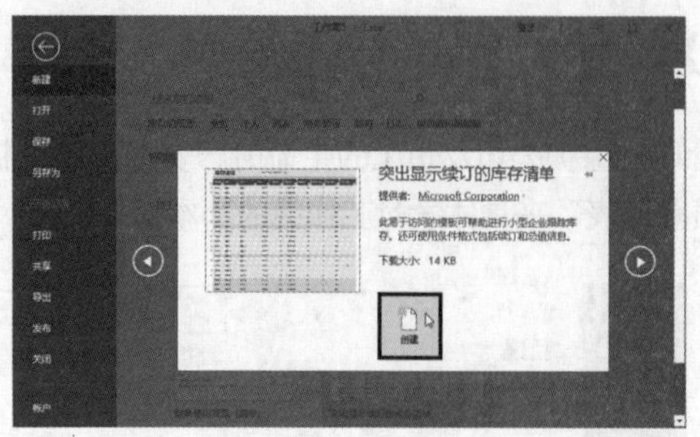

图4.1-4

❸ 可以联网下载所选中的模板，下载完毕后可以看到模板效果，如图4.1-5所示。

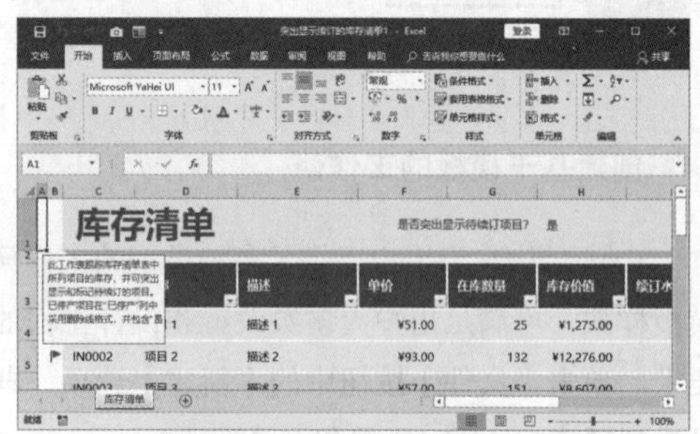

图4.1-5

2. 保存工作簿

创建工作簿后，在sheet1工作表的第1行输入表头信息，在A列输入序号。序号的输入方法可以参考后面的数据填充的内容。输入内容后用户可以将工作簿保存起来，以供日后查阅。保存工作簿可以分为保存新建的工作簿、保存已有的工作簿和自动保存工作簿3种情况。

保存新建的工作簿

❶ 单击【文件】按钮，在弹出的界面中单击【保存】选项，如图4.1-6所示。

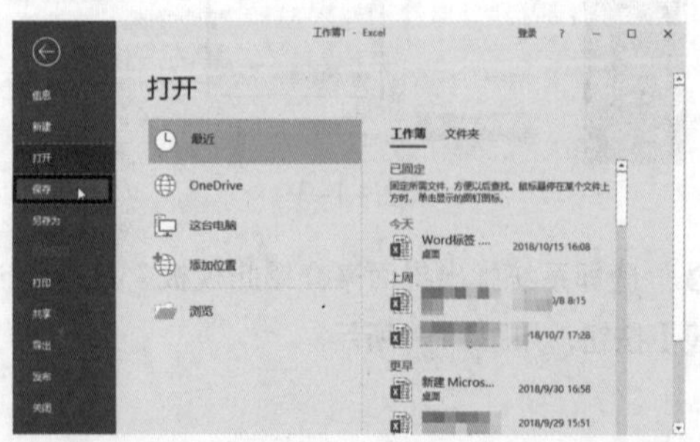

图4.1-6

❷ 此时若为第一次保存工作簿，系统会打开【另存为】界面，在此界面中单击【浏览】选项，如图4.1-7所示。

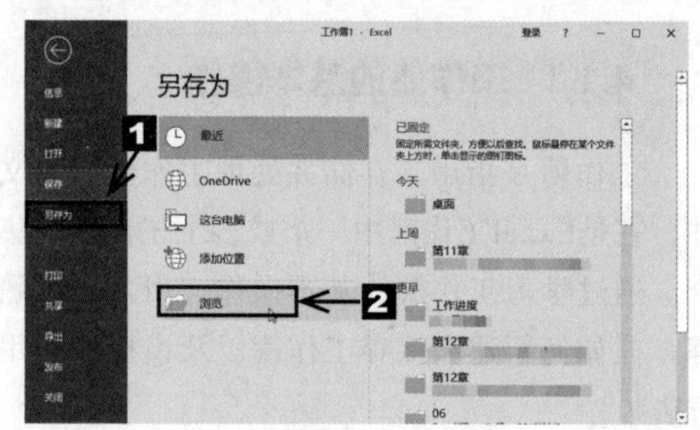

图4.1-7

❸ 弹出【另存为】对话框，在左侧的【保存位置】列表框中选择保存位置，在【文件名】文本框中输入文件名“来访人员登记表.xlsx”，单击【保存】按钮，如图4.1-8所示。

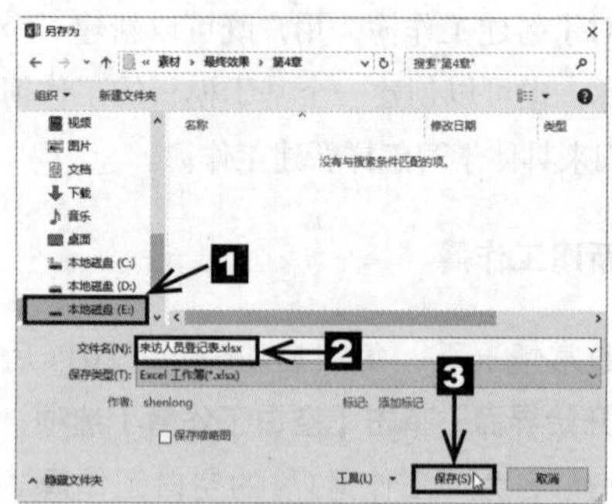

图4.1-8

保存已有的工作簿

如果用户对已有的工作簿进行了编辑操作，也需要对此进行保存。对于已存在的工作簿，用户既可以将其保存在原来的位置，也可以将其保存在其他位置。

❶ 如果用户想将工作簿保存在原来的位置，直接单击快速访问工具栏中的【保存】按钮即可，如图4.1-9所示。

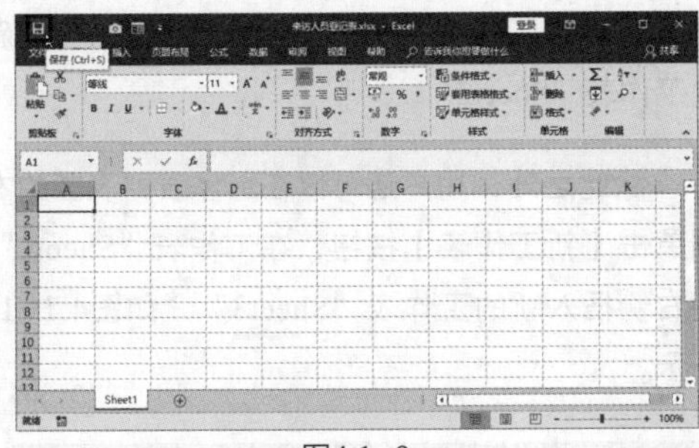

图4.1-9

❷ 如果用户想将其保存在其他位置并保存为其他名称，单击【文件】按钮，在弹出的界面中单击【另存为】选项，弹出【另存为】界面，在此界面中单击【浏览】选项，如图4.1-10所示。

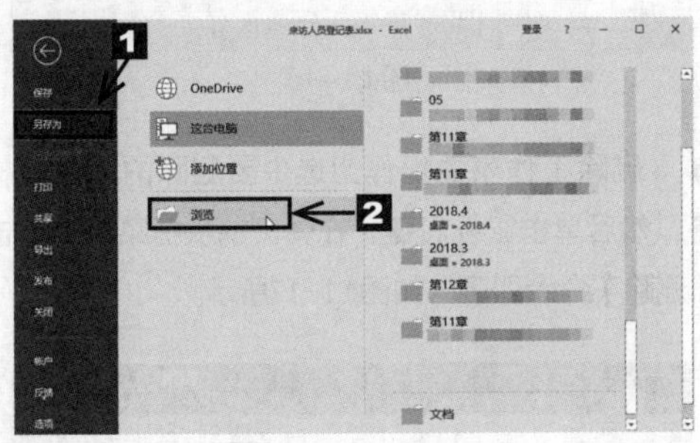

图4.1-10

❸ 弹出【另存为】对话框，从中设置工作簿的新的保存位置和保存名称。例如，将工作簿的名称更改为“新来访人员登记表.xlsx”，单击【保存】按钮，如图4.1-11所示。

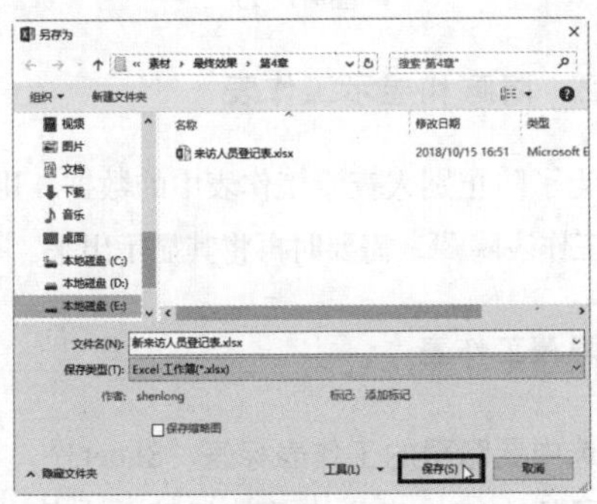

图4.1-11

自动保存工作簿

使用Excel 2016提供的自动保存功能，可以在断电或死机的情况下最大限度地减小损失。设置自动保存的具体步骤如下。

❶ 单击【文件】按钮，在弹出的界面中单击【选项】选项，如图4.1-12所示。

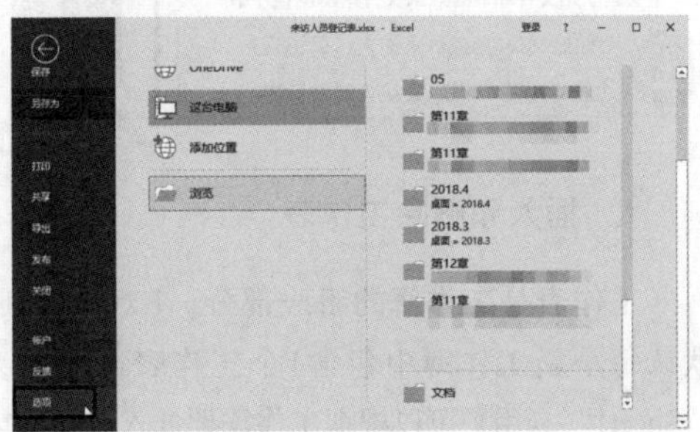

图4.1-12

❷ 弹出【Excel 选项】对话框，切换到【保存】选项卡，在【保存工作簿】组中的【将文件保存为此格式】下拉列表框中选中【Excel工作簿】选项，然后选中【保存自动恢复信息时间间隔】复选框，并在其右侧的微调框中将时间间隔设置为“5分钟”。设置完毕，单击【确定】按钮即可，如图4.1-13所示，以后系统就会每隔5分钟自动将该工作簿保存一次。

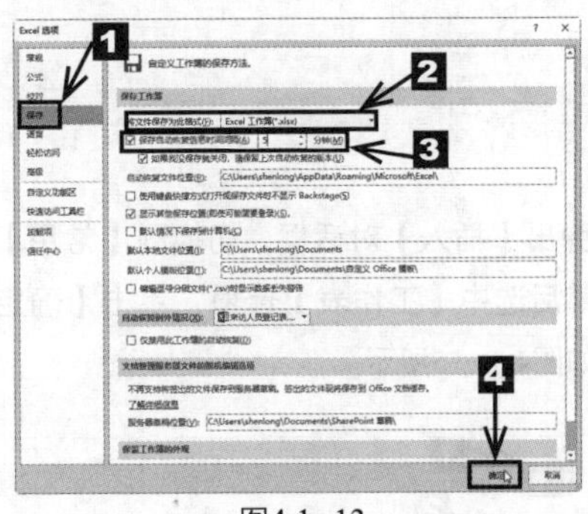

图4.1-13

4.1.2 工作表的基本操作

工作表是Excel完成工作的基本单位，用户可以对其进行插入或删除、隐藏或显示、移动或复制、重命名、设置工作表标签颜色以及保护工作表等基本操作。下面通过设置“来访人员登记表”来具体学习工作表的基本操作。

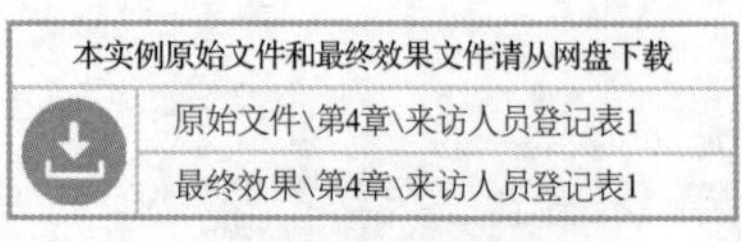

本实例原始文件和最终效果文件请从网盘下载

原始文件\第4章\来访人员登记表1

最终效果\第4章\来访人员登记表1

扫码看视频

1. 插入和删除工作表

工作表是工作簿的组成部分，Excel 2016默认每个新工作簿中包含1个工作表，命名为“Sheet1”。用户可以根据工作需要插入或删除工作表。

❶ 打开本实例的原始文件，在工作表标签“Sheet1”上单击鼠标右键，在弹出的快捷菜单中单击【插入】命令，如图4.1-14所示。

图4.1-14

❷ 弹出【插入】对话框，切换到【常用】选项卡，然后选中【工作表】选项，单击【确定】按钮，如图4.1-15所示。

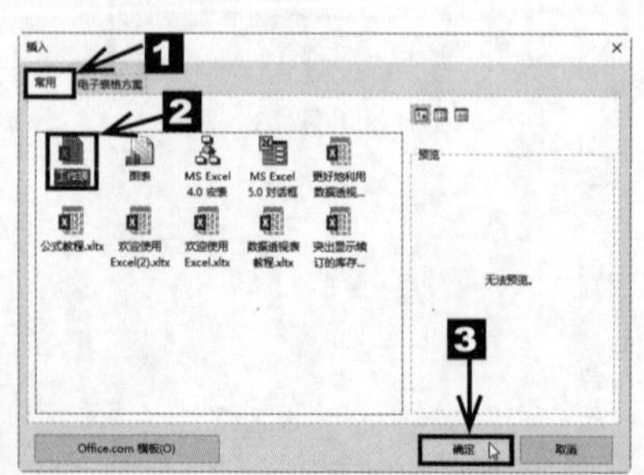

图4.1-15

❸ 可以在工作表“Sheet1”的左侧插入一个新的工作表“Sheet2”。

❹ 除此之外，用户还可以在工作表列表区的右侧单击【新工作表】按钮，在工作表“Sheet2”的右侧插入新的工作表“Sheet3”，如图4.1-16所示。

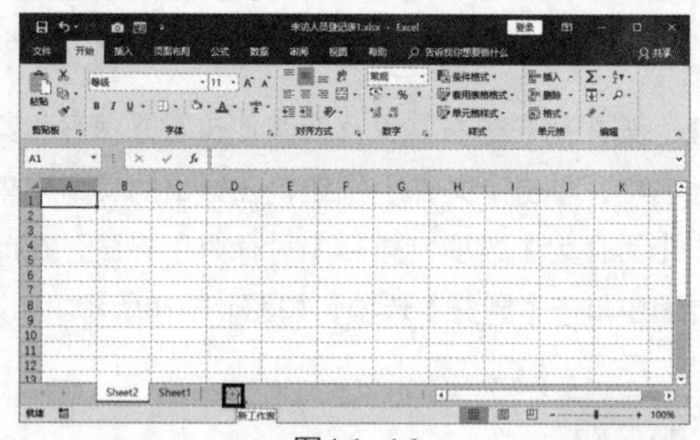

图4.1-16

❺ 删除工作表的操作为选中要删除的工作表标签，然后单击鼠标右键，在弹出的快捷菜单中单击【删除】命令即可，如图4.1-17所示。

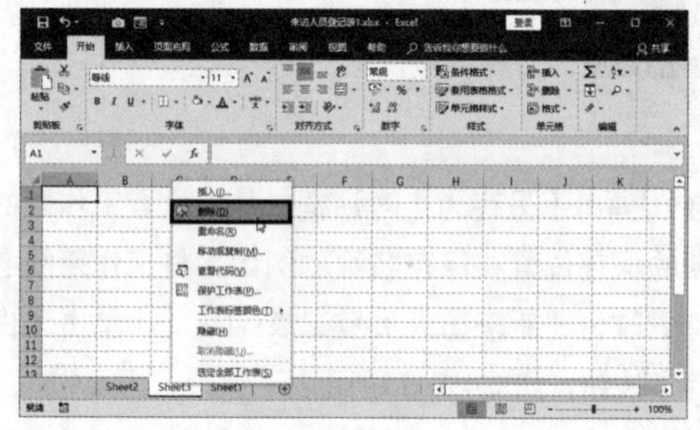

图4.1-17

2. 隐藏和显示工作表

为了防止别人查看工作表中的数据，用户可以将工作表隐藏，需要时再将其显示出来。

隐藏工作表

❶ 选中要隐藏的工作表标签“Sheet3”，然后单击鼠标右键，在弹出的快捷菜单中单击【隐藏】命令，如图4.1-18所示。

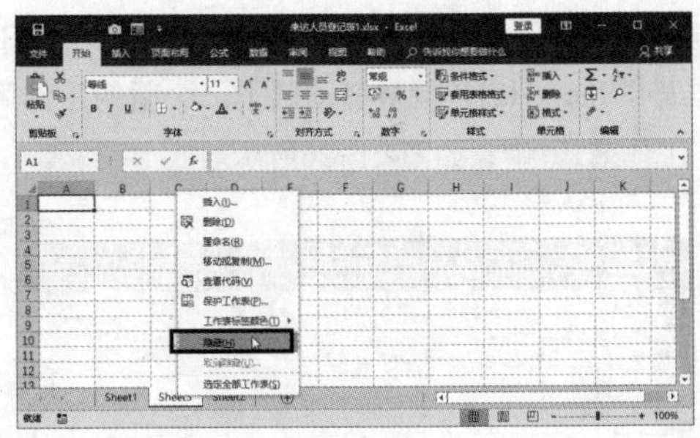

图4.1-18

❷ 此时工作表“Sheet3”就被隐藏起来了。

显示工作表

当用户想查看某个隐藏的工作表时，首先需要将它显示出来，具体的操作步骤如下。

❶ 在任意一个工作表标签上单击鼠标右键，在弹出的快捷菜单中单击【取消隐藏】命令，如图4.1-19所示。

图4.1-19

❷ 弹出【取消隐藏】对话框，在【取消隐藏工作表】列表框中选择要显示的工作表“Sheet3”，单击【确定】按钮，如图4.1-20所示。

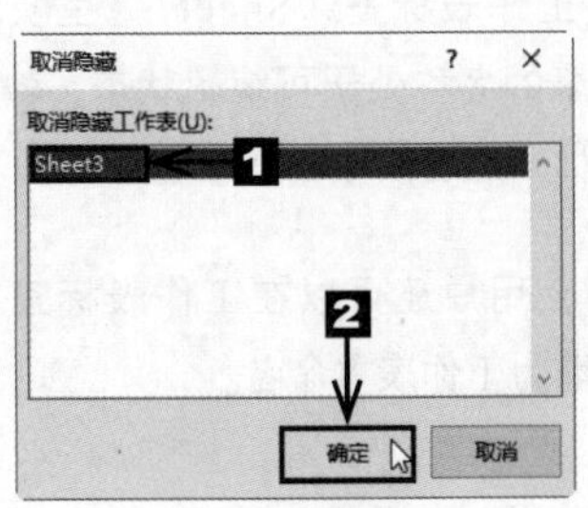

图4.1-20

❸ 可以将隐藏的工作表“Sheet3”显示出来。

3. 移动或复制工作表

移动或复制工作表是日常办公中常用的操作。用户既可以在同一工作簿中移动或复制工作表，也可以在不同工作簿中移动或复制工作表。

同一工作簿

❶ 打开本实例的原始文件，在工作表标签“Sheet1”上单击鼠标右键，在弹出的快捷菜单中单击【移动或复制】命令，如图4.1-21所示。

图4.1-21

❷ 弹出【移动或复制工作表】对话框，在【将选定工作表移至工作簿】下拉列表框中默认选中当前工作簿【来访人员登记表1.xlsx】选项，在【下列选定工作表之前】列表框中选中【Sheet2】选项，然后选中【建立副本】复选框，单击【确定】按钮，如图4.1-22所示。

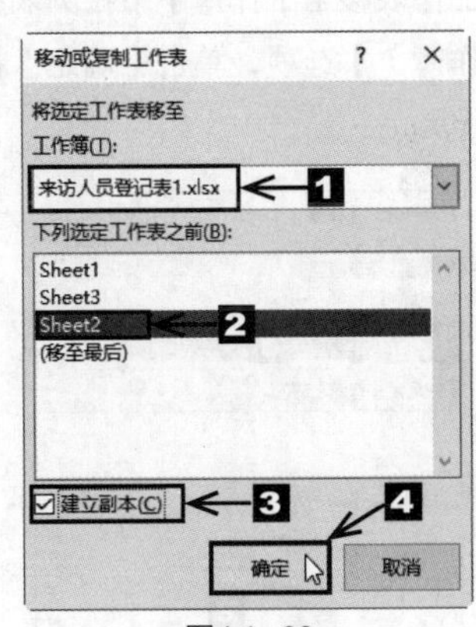

图4.1-22

❸ 此时工作表“Sheet1”的副本“Sheet1(2)”就被复制到了工作表“Sheet2”之前，如图4.1–23所示。

图4.1–23

不同工作簿

❶ 在工作表标签“Sheet1（2）”上单击鼠标右键，从弹出的快捷菜单中单击【移动或复制】命令，如图4.1–24所示。

图4.1–24

❷ 弹出【移动或复制工作表】对话框，在【将选定工作表移至工作簿】下拉列表框中选中【（新工作簿）】选项，单击【确定】按钮，如图4.1–25所示。

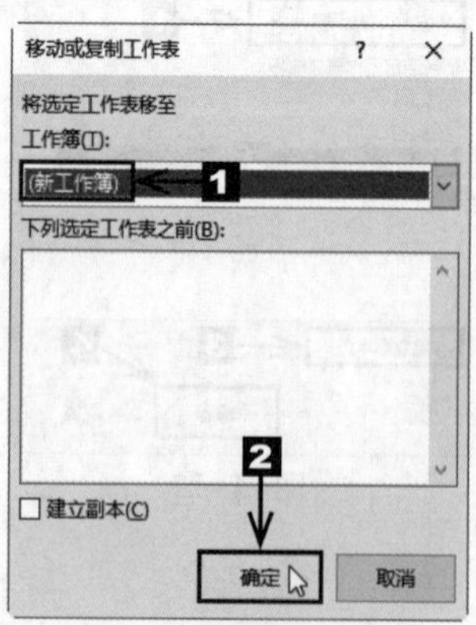

图4.1–25

❸ 此时，工作簿“来访人员登记表01”中的工作表“Sheet1(2)”就被移动到了一个新的工作簿“工作簿1”中，如图4.1–26所示。

图4.1–26

4. 重命名工作表

默认情况下，工作簿中的工作表名称为Sheet1、Sheet2等。在日常办公中，用户可以根据实际需要为工作表重新命名。具体操作步骤如下。

❶ 在工作表标签“Sheet1”上单击鼠标右键，在弹出的快捷菜单中单击【重命名】命令，如图4.1–27所示。

图4.1–27

❷ 此时工作表标签“Sheet1”呈灰色底纹显示，工作表的名称处于可编辑状态，输入合适的工作表名称，然后按【Enter】键即可。

❸ 另外，用户还可以在工作表标签上双击鼠标，快速地为工作表重命名。

5. 设置工作表标签颜色

当一个工作簿中有多个工作表时，为了增强工作表标签的视觉效果，同时也为了快速浏览工作表，用户可以将工作表标签设置成不同的颜色。具体的操作步骤如下。

❶ 在工作表标签“来访人员登记”上单击鼠标右键，在弹出的快捷菜单中单击【工作表标签颜色】命令，在弹出的级联菜单中选择自己喜欢的颜色，例如选中“绿色”选项，如图4.1-28所示。

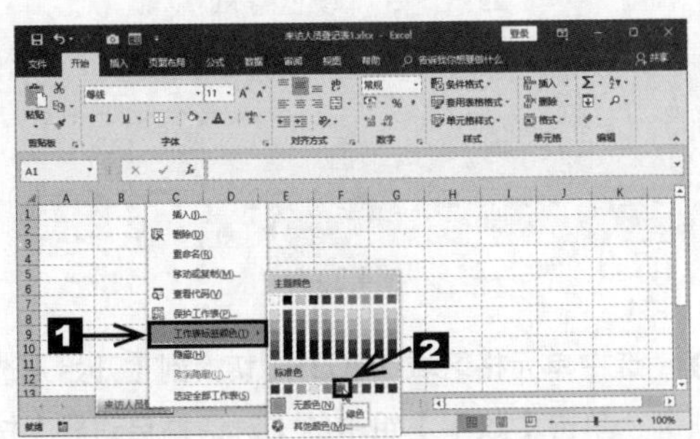

图4.1-28

❷ 如果用户对【工作表标签颜色】级联菜单中的颜色不满意，还可以进行自定义操作。在【工作表标签颜色】级联菜单中单击【其他颜色】命令，如图4.1-29所示。

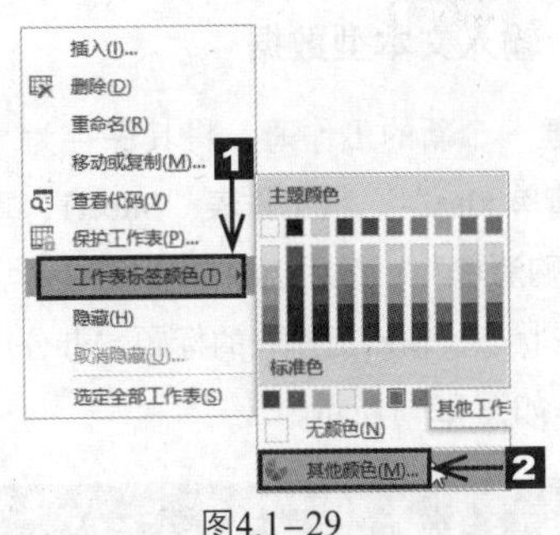

图4.1-29

❸ 弹出【颜色】对话框，切换到【自定义】选项卡，在颜色面板中选择自己喜欢的颜色或设置颜色，设置完毕，单击 确定 按钮即可，如图4.1-30所示。

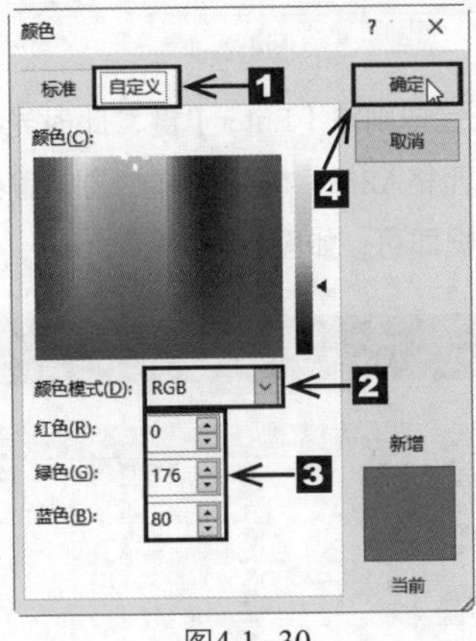

图4.1-30

4.2 编辑工作表——办公用品采购清单

采购部门需要对每次的采购工作进行记录，这样不仅便于统计采购的数量和总金额，还可以对比各供货商的供货单价，从而决定下一次采购的供货对象。下面通过“办公用品采购清单”来进行详细的分析。

4.2.1 输入数据

创建工作表后的第一步就是向工作表中输入各种数据。工作表中常用的数据类型包括文本型数据、常规数据、货币型数据、日期型数据等。我们通过“办公用品采购清单”来具体学习向工作表中输入数据的操作。

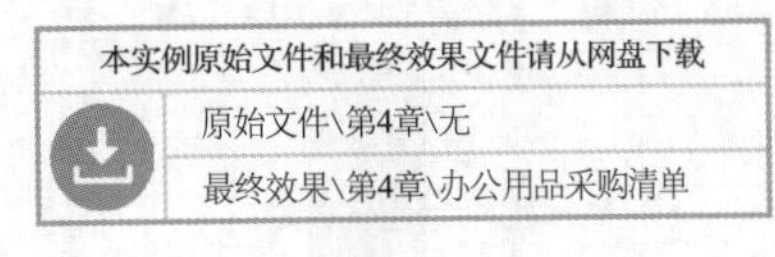

1. 输入文本型数据

❶ 创建一个新的工作簿，将其保存为“办公用品采购清单.xlsx”，将工作表“Sheet1”重命名为“1月采购清单”，然后选中单元格A1，切换到中文输入法状态，输入工作表的标题“办公用品采购清单”，如图4.2–1所示。

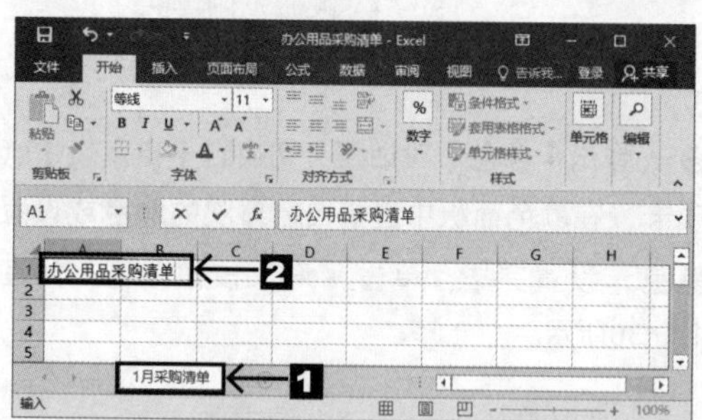

图4.2–1

❷ 输入完毕则按【Enter】键，此时光标会自动定位到单元格A2中，使用同样的方法输入其他的文本型数据即可，如图4.2–2所示。

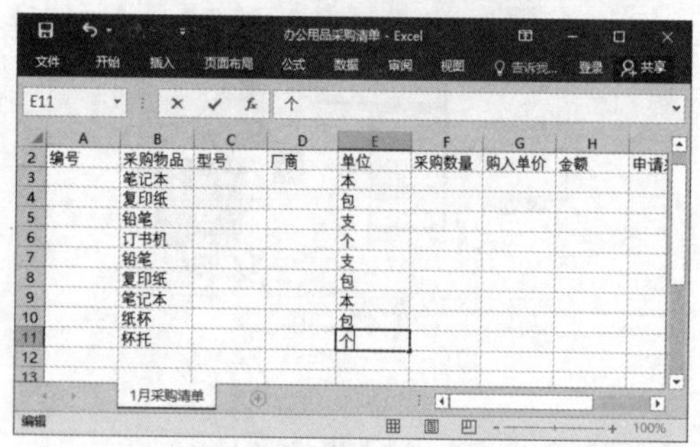

图4.2–2

2. 输入常规数据

Excel 2016默认状态下的单元格格式为常规格式，此时输入的数字没有特定格式。

打开本实例的原始文件，在“采购数量”栏中输入相应的数字，效果如图4.2–3所示。

图4.2–3

3. 输入货币型数据

货币型数据用于表示常见的货币格式。如果我们想输入货币型数据，首先要输入常规数字，然后设置单元格格式。

输入货币型数据的具体步骤如下。

❶ 打开本实例的原始文件，在“购入单价”栏中输入相应的常规数字，如图4.2–4所示。

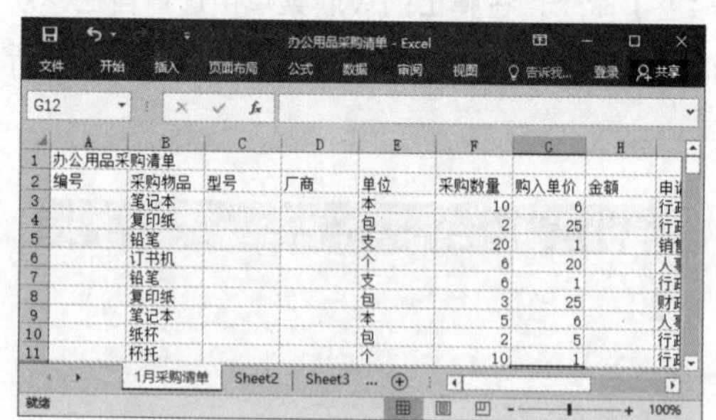

图4.2–4

❷ 选中单元格区域G3:G25，切换到【开始】选项卡，单击【数字】组中的【对话框启动器】按钮，如图4.2–5所示。

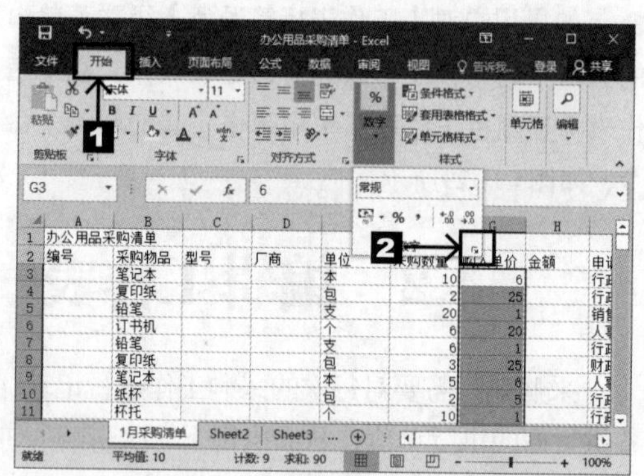

图4.2–5

❸ 弹出【设置单元格格式】对话框，切换到【数字】选项卡，在【分类】列表框中选中【货币】选项。默认情况下，列表框右侧的【小数位数】为“2”，货币符号为“¥”，【负数】为“-1,234.10”，通常情况下我们保持默认设置。设置完毕，单击【确定】按钮，如图4.2–6所示。

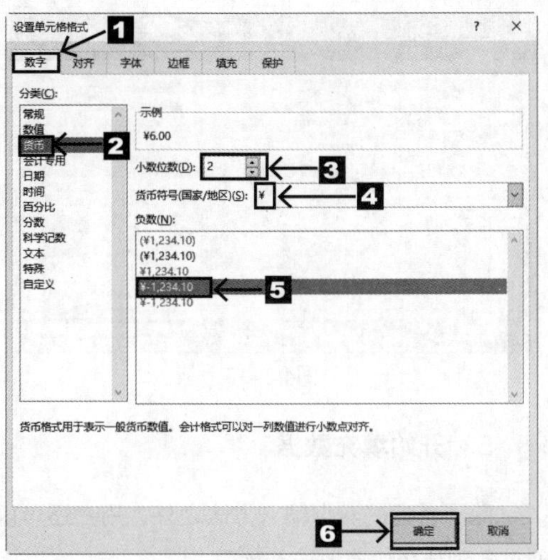
图4.2-6

❹　设置完毕，单击【确定】按钮后返回到工作表中的效果如图4.2-7所示。

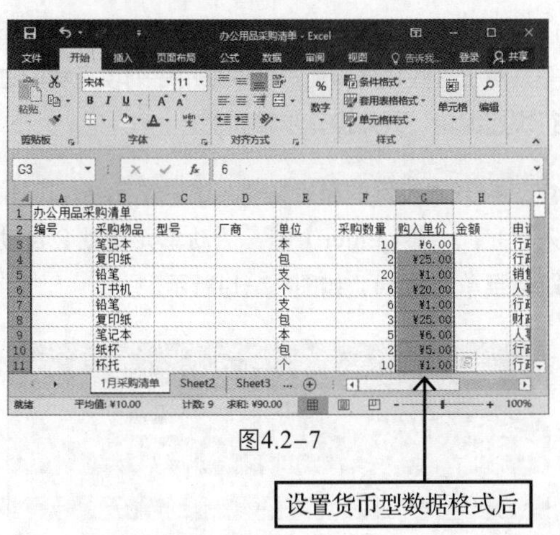

图4.2-7

4. 输入日期型数据

日期型数据是工作表中经常使用的一种数据类型。

❶　打开本实例的原始文件，选中单元格J3，输入“2019-1-2”，中间用“-”隔开，如图4.2-8所示。

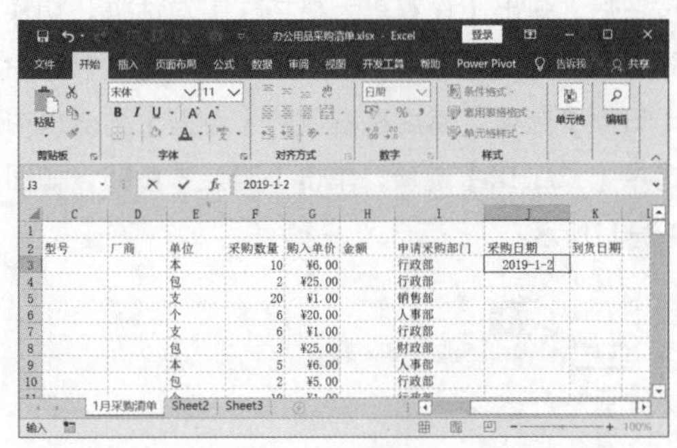
图4.2-8

❷　按【Enter】键，日期变成“2019/1/2”，如图4.2-9所示。

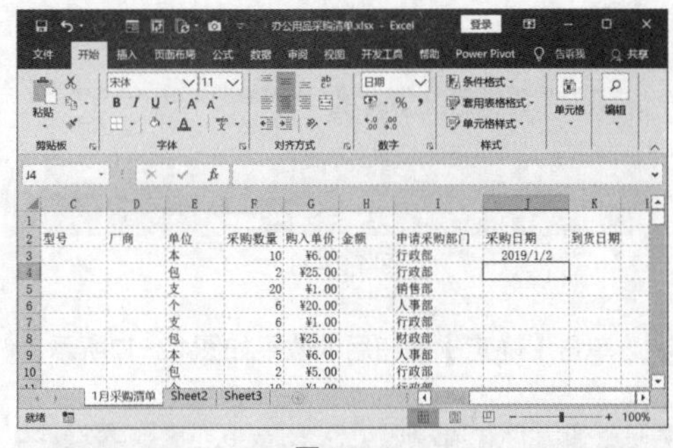
图4.2-9

❸　使用同样的方法，输入其他日期即可，如图4.2-10所示。

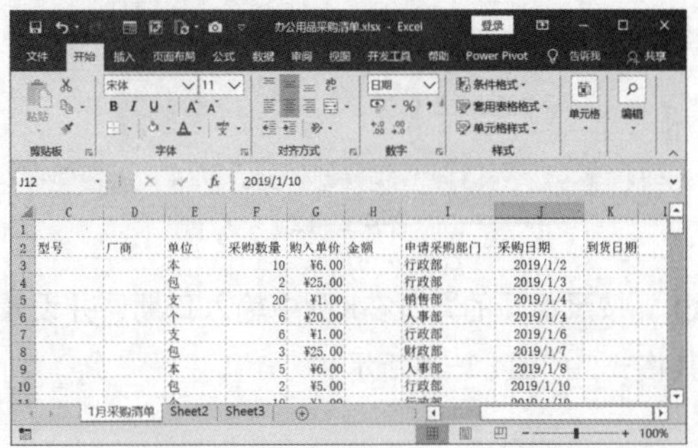
图4.2-10

❹ 如果用户对日期格式不满意，可以进行自定义设置。选中单元格区域J3:J25，切换到【开始】选项卡，单击【数字】组中的【对话框启动器】按钮后，弹出【设置单元格格式】对话框，切换到【数字】选项卡，在【分类】列表框中选中【日期】选项，然后在右侧的【类型】列表框中选中【12/3/14】选项，单击【确定】按钮，如图4.2-11所示。

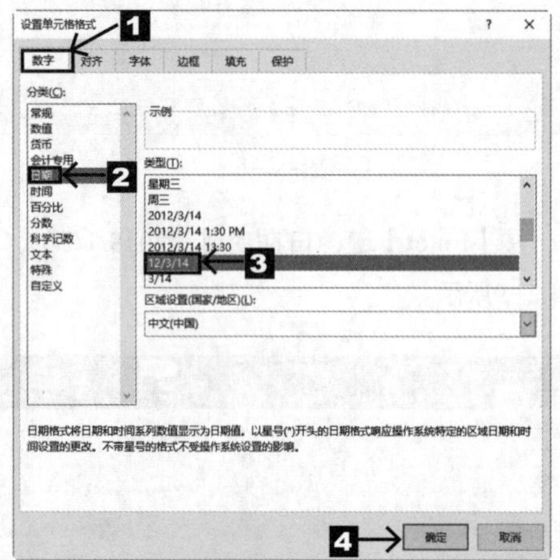

图4.2-11

❺ 单击【确定】按钮后的效果如图4.2-12所示。

图4.2-12

❻ 按照相同的方法在K列中输入日期，并设置其格式，如图4.2-13所示。

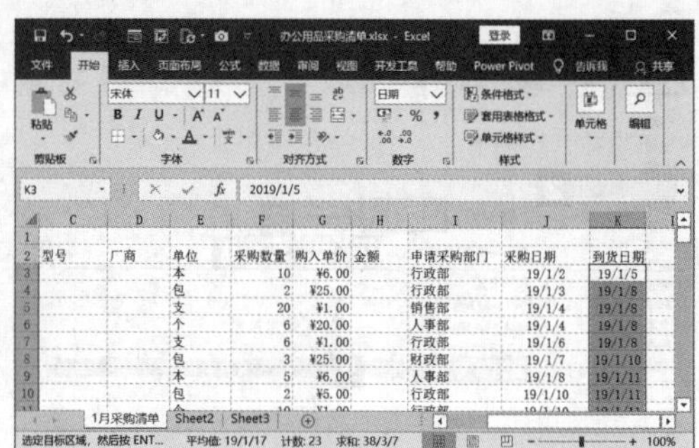

图4.2-13

5. 开始填充数据

除了普通的数据输入方法之外，用户还可以通过各种技巧快速地输入数据。

填充序列

在Excel表格中填写数据时，经常会遇到一些内容相同或者在结构有规律的数据，例如1、2、3等。对于这些数据，用户可以采用序列填充功能进行快速编辑。具体操作步骤如下。

❶ 打开本实例的原始文件，选中单元格A3，输入“1”，按【Enter】键，活动单元格就会自动跳转至单元格A4，如图4.2-14所示。

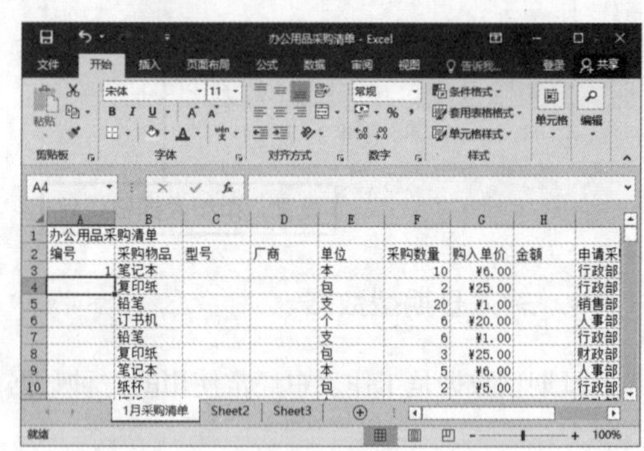

图4.2-14

❷ 选中单元格A3，将鼠标指针移动至单元格A3的右下角，此时鼠标指针变为“十”形状，然后按住左键不放向下拖动鼠标，此时在鼠标指针的右下角会有一个“1”跟随其向下移动，如图4.2-15所示。

图4.2-15

❸ 将鼠标拖至合适的位置后释放，鼠标指针所经过的单元格均填充了“1”，同时在最后一个单元格A25的右下角会出现一个【自动填充选项】按钮，如图4.2-16所示。

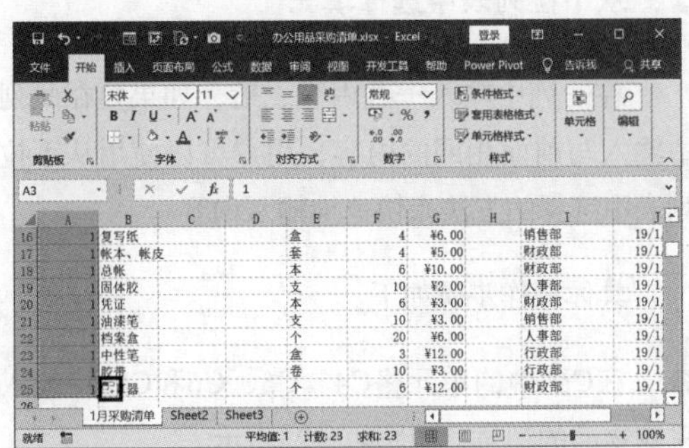

图4.2-16

❹ 将鼠标指针移至【自动填充选项】按钮上，该按钮会变成“”形状，然后单击此按钮，在弹出的下拉列表框中选中【填充序列】选项，如图4.2-17所示。

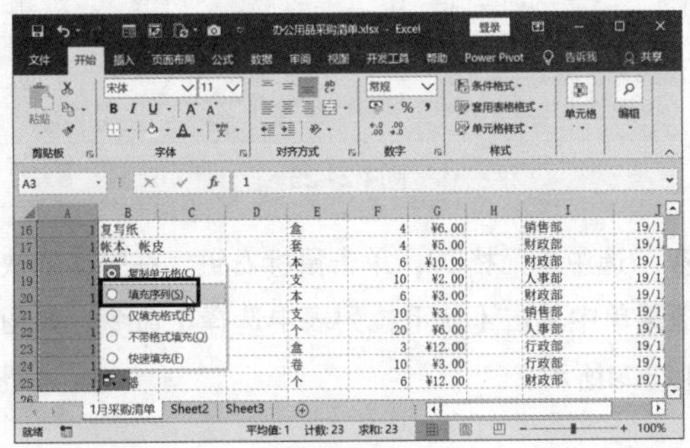

图4.2-17

❺ 此时前面鼠标所经过的单元格区域中的数据就会自动地按照序列递增方式显示，如图4.2-18所示。

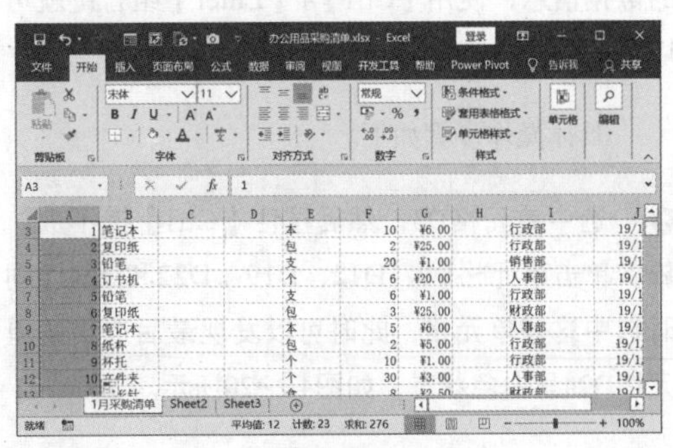

图4.2-18

按序列形式填充数据时，系统默认的步长值是“1”，即相邻的两个单元格之间的数字递增或者递减的值为1。用户可以根据实际需要改变默认的步长值。

切换到【开始】选项卡，单击【编辑】组中的【填充】按钮，然后在弹出的下拉列表中单击【序列】选项，弹出【序列】对话框，用户可以在【序列产生在】和【类型】组中分别选择合适的选项，在【步长值】文本框中输入合适的步长值，如图4.2-19所示。

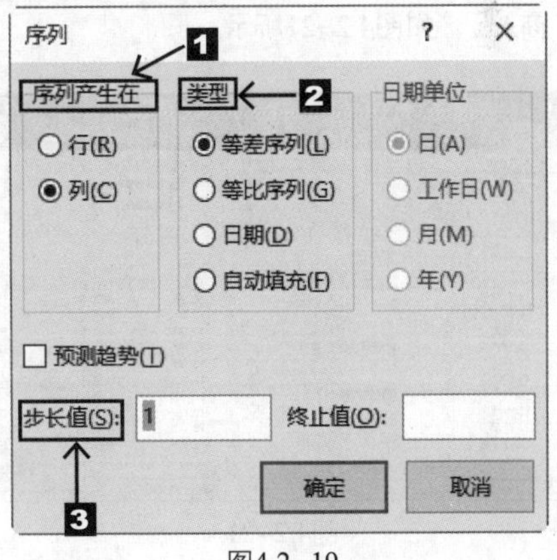

图4.2-19

快捷键填充

用户可以在多个不连续的单元格中输入相同的数据信息，使用【Ctrl】+【Enter】组合键就可以完成数据的填充。

具体操作步骤如下。

❶ 选中单元格D3，然后按住【Ctrl】键不放，依次单击单元格D9、D12、D19、D22和D24，同时选中这些单元格，此时可以发现最后选中的单元格D24呈白色状态，如图4.2-20所示。

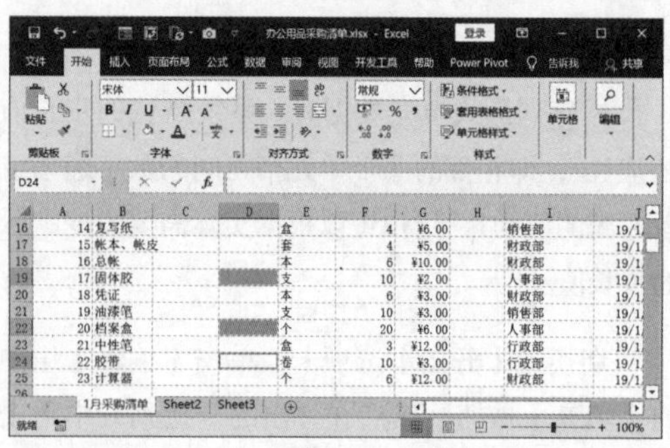

图4.2-20

❷ 在单元格D24中输入“厂商A”，然后按住【Ctrl】键不放，再按【Enter】键，在单元格D9、D12、D19、D22和D24中就会自动地填充上“厂商A”，如图4.2-21所示。

图4.2-21

❸ 按照相同的方法在D列中多个不连续的单元格中分别输入厂商的名称，如图4.2-22所示。

图4.2-22

从下拉列表中选择填充

在一列中输入一些内容之后，如果要在此列中输入与前面相同的内容，用户可以使用从下拉列表中选择的方法来快速地输入内容。

具体操作步骤如下。

❶ 在C列中的单元格C4、C5、C6和C15中输入采购物品的型号，如图4.2-23所示。

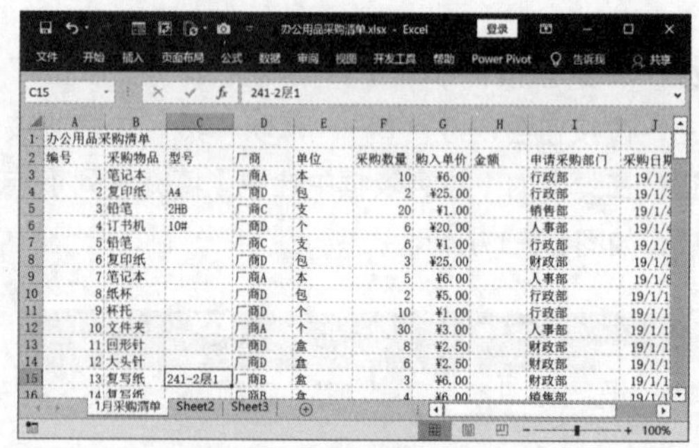

图4.2-23

❷ 选中单元格C7，单击鼠标右键，在弹出的快捷菜单中单击【从下拉列表中选择】命令，如图4.2-24所示。

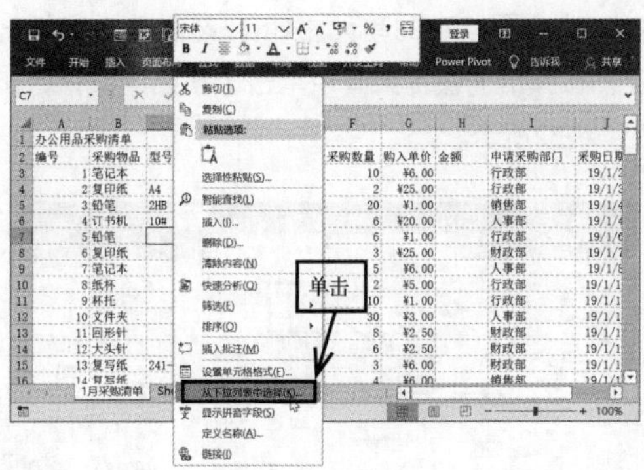

图4.2–24

❸ 此时在单元格C7的下方出现一个下拉列表，在此列表中显示出了用户在C列中输入的所有数据信息，如图4.2–25所示。

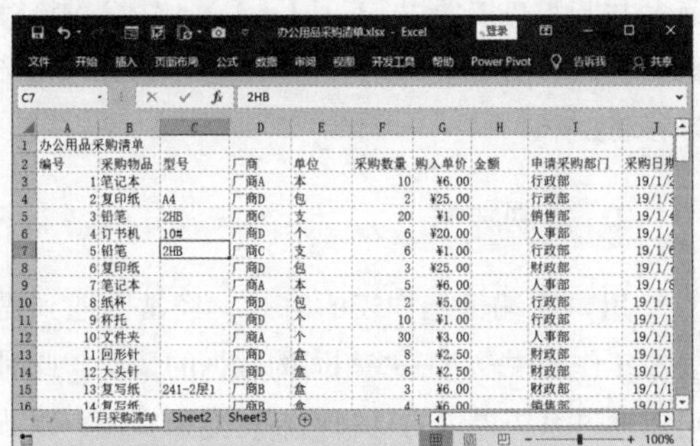

图4.2–25

❹ 在下拉列表中选择一个合适的选项，例如选中【2HB】选项，此时即可将其显示在单元格C7中，如图4.2–26所示。

图4.2–26

❺ 按照相同的方法，在C列中为需要输入采购物品型号的单元格填充上合适的型号，如图4.2–27所示。

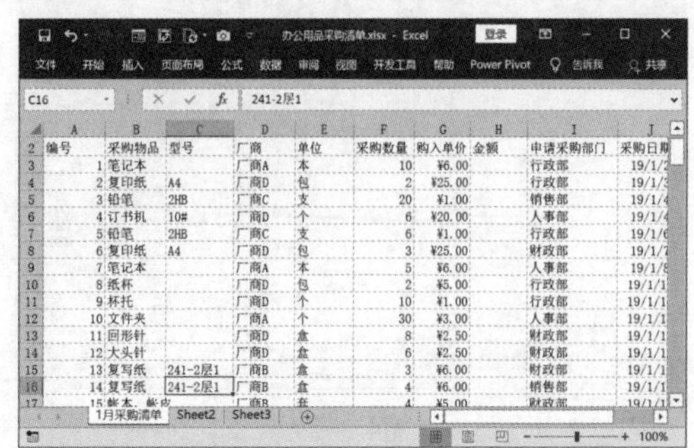

图4.2–27

4.2.2 编辑数据

编辑数据的操作主要包括移动数据、复制数据、修改和删除数据、查找数据以及替换数据。

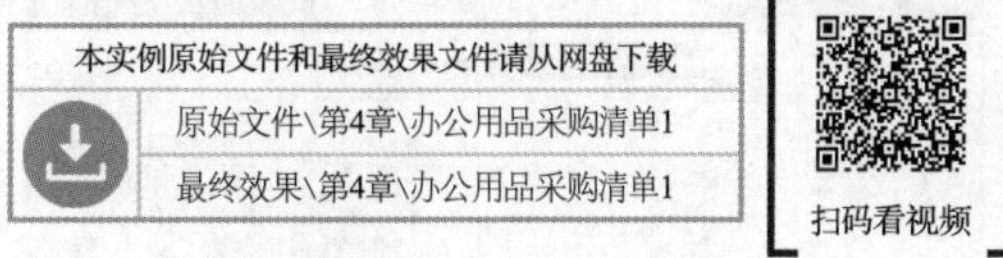
本实例原始文件和最终效果文件请从网盘下载

原始文件\第4章\办公用品采购清单1

最终效果\第4章\办公用品采购清单1

扫码看视频

1. 移动数据

移动数据是指用户根据实际情况，使用鼠标将单元格中的数据内容移动到其他单元格中。这是一种比较灵活的操作方法。

在表格中进行数据移动的具体步骤如下。

❶ 打开本实例的原始文件，选中单元格C6，将鼠标指针移动到单元格边框，此时鼠标指针变成“✥”形状，如图4.2–28所示。

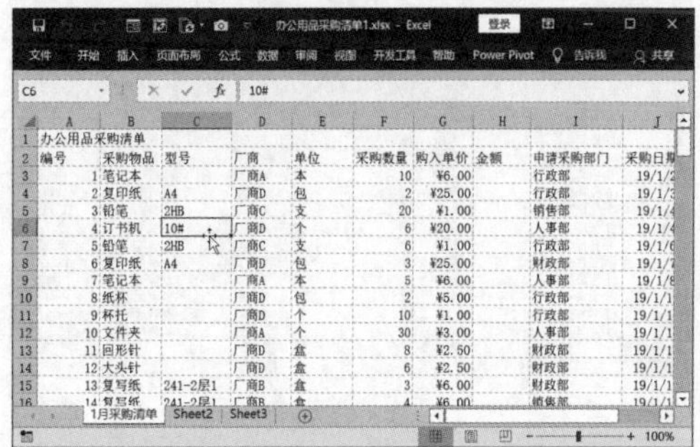

图4.2–28

❷ 按住鼠标左键不放，将鼠标指针移动到单元格C9中释放即可，如图4.2-29所示。

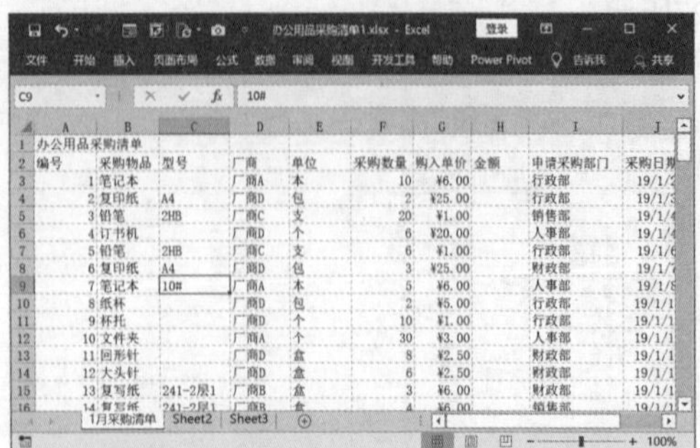

图4.2-29

❸ 用户也可以使用剪切和粘贴的方法进行数据的移动，选中单元格C9，单击鼠标右键，在弹出的快捷菜单中单击【剪切】命令，如图4.2-30所示。

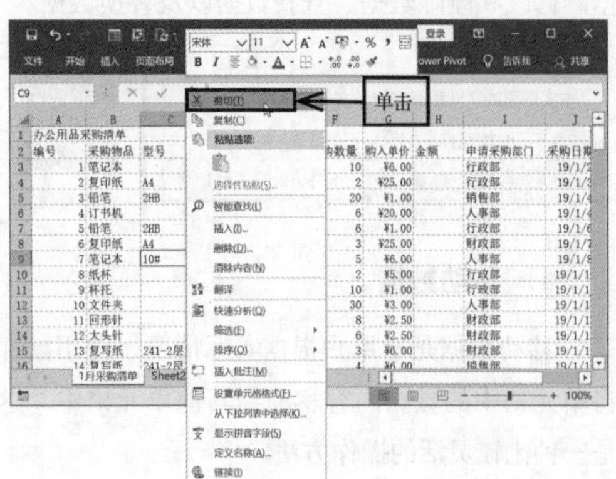

图4.2-30

❹ 此时单元格C9周围出现一个闪烁的虚线框，如图4.2-31所示。

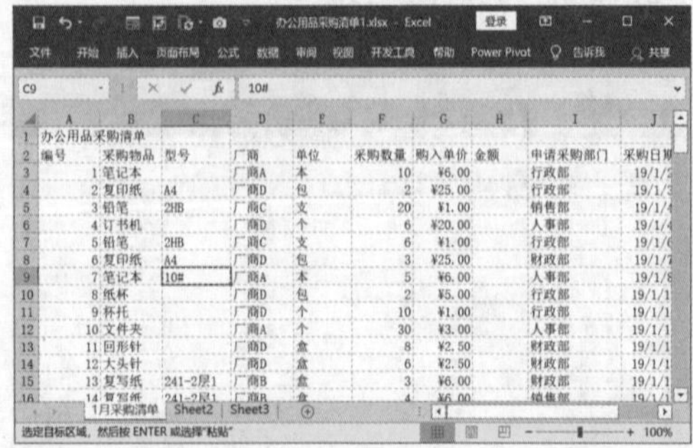

图4.2-31

❺ 选中要移动的单元格C6，然后单击鼠标右键，在弹出的快捷菜单中单击【粘贴】命令，如图4.2-32所示。

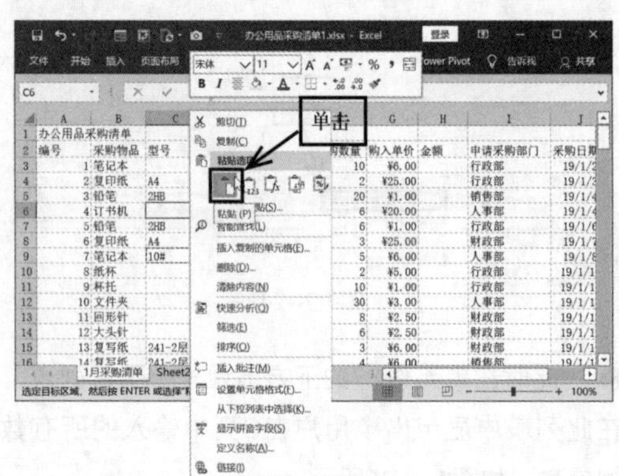

图4.2-32

❻ 此时即可将单元格C9中的数据移动到单元格C6中，如图4.2-33所示。

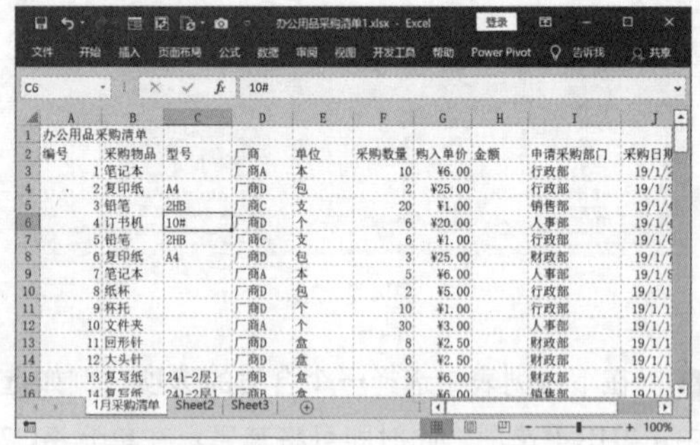

图4.2-33

❼ 用户还可以使用【Ctrl】+【X】组合键进行剪切，然后使用【Ctrl】+【V】组合键进行粘贴来移动数据。

2. 复制数据

用户在编辑工作表的时候，经常会遇到需要在工作表中输入一些相同的数据的情况，此时可以通过系统提供的复制粘贴功能来实现，以节约输入数据的时间。复制粘贴数据的方法有很多种，下面对其进行介绍。

具体步骤如下。

❶　打开本实例的原始文件，在单元格C3中输入“笔记本”的型号“sl-5048”，切换到【开始】选项卡，然后单击【剪贴板】组中的【复制】按钮，如图4.2-34所示。

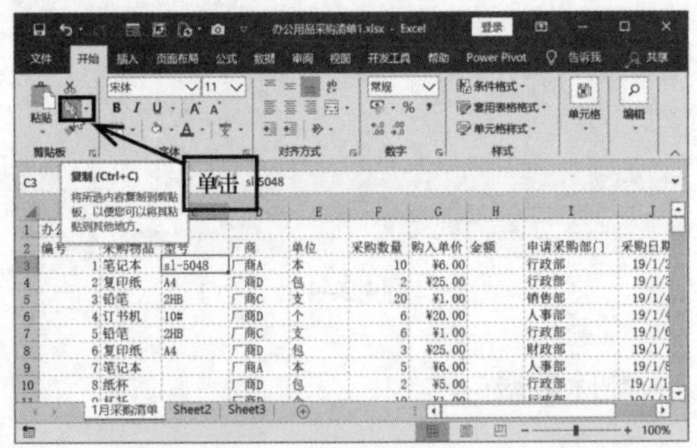

图4.2-34

❷　此时单元格C3的四周会出现闪烁的虚线框，表示用户要复制此单元格中的内容，如图4.2-35所示。

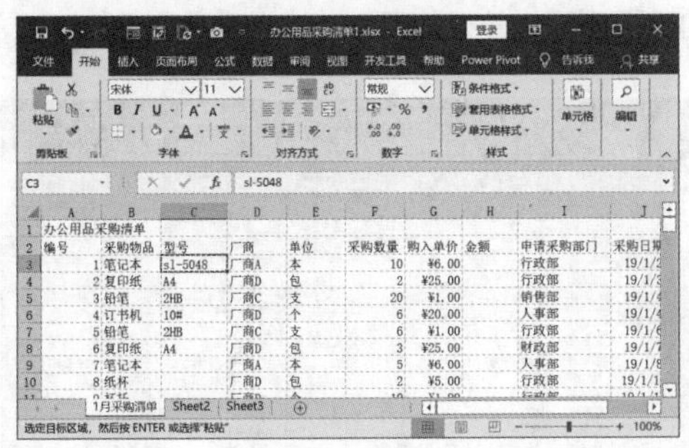

图4.2-35

❸　选中要粘贴复制内容的单元格C9，然后单击【剪贴板】组中的【粘贴】按钮，如图4.2-36所示。

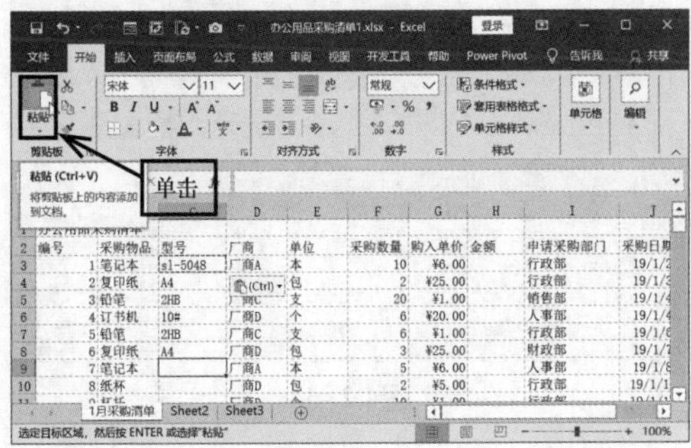

图4.2-36

❹　此时即可将单元格C3中的数据粘贴到单元格C9中，如图4.2-37所示。

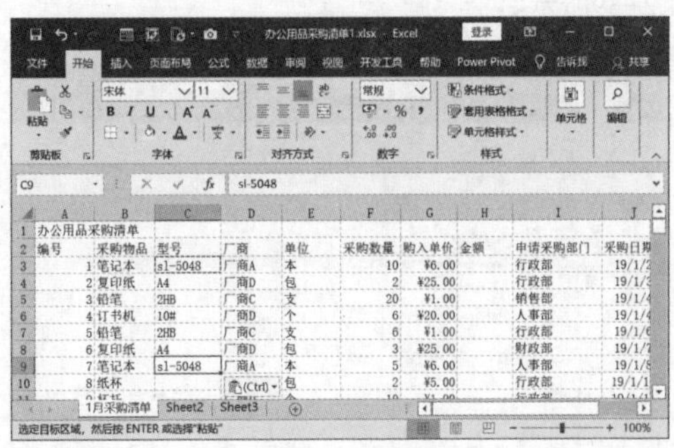

图4.2-37

除此之外，用户可以使用快捷菜单进行复制和粘贴数据，也可以使用【Ctrl】+【C】组合键和【Ctrl】+【V】组合键快速地复制和粘贴数据。

3. 修改和删除数据

数据输入之后并不是不可以改变的，用户可以根据需求修改或者删除单元格中的内容。

修改数据

修改数据的具体操作步骤如下。

❶　打开本实例的原始文件，选中要修改的数据所在的单元格I4，此时该单元格的四周出现绿色的粗线边框，如图4.2-38所示。

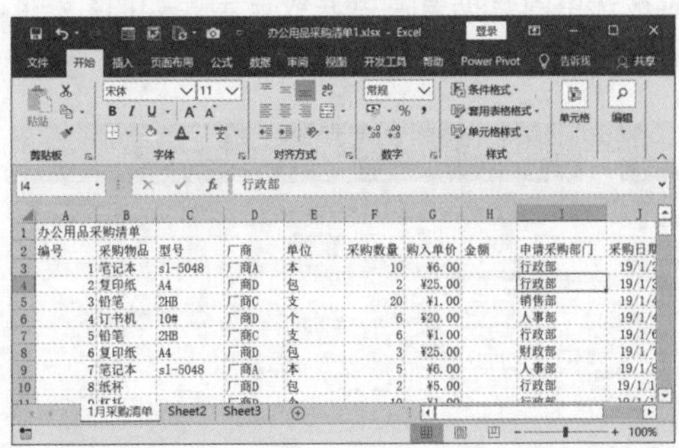

图4.2-38

❷ 输入新的内容，例如输入“研发部”，此时该单元格的内容被替换为新输入的内容，如图4.2–39所示。

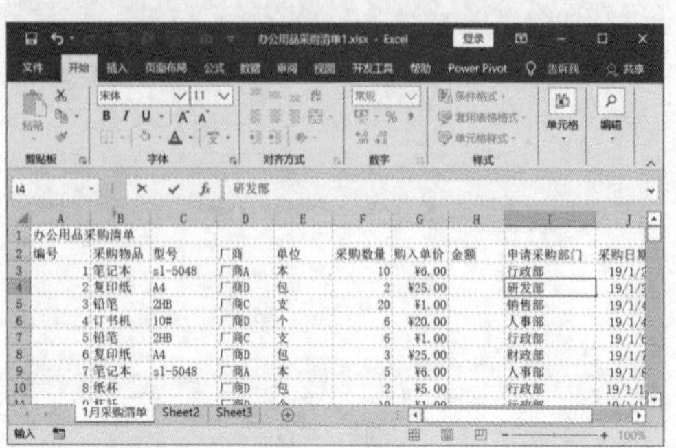

图4.2–39

❸ 在要修改数据所在的单元格K4中双击，此时光标定位到该单元格中，并不断闪烁，如图4.2–40所示。

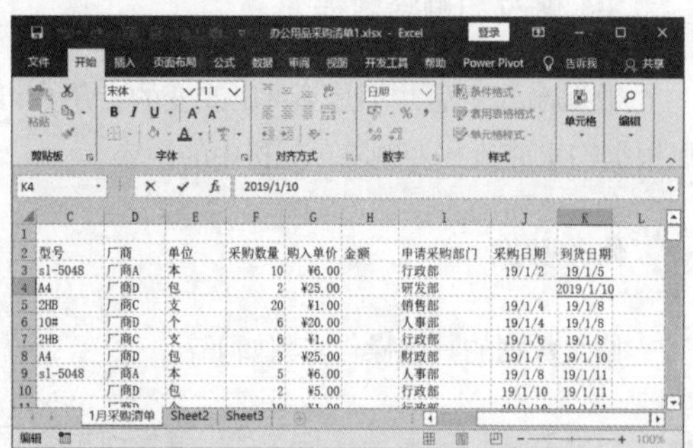

图4.2–40

❹ 选择该单元格中需要修改的部分数据，此时被选中的数据呈灰色底纹显示，如图4.2–41所示。

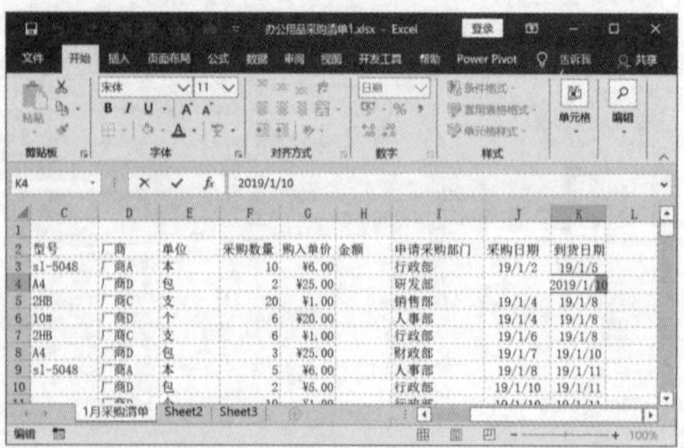

图4.2–41

❺ 输入新的数据，然后按【Enter】键即可完成数据的修改，如图4.2–42所示。

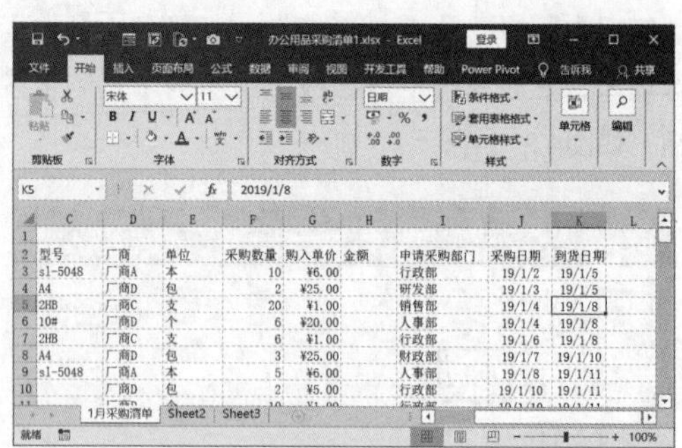

图4.2–42

删除数据

当用户不再需要单元格中的数据时，可以将其删除。

删除单元格中的数据最简单的方法就是在选中某个单元格后，直接按【Delete】键将单元格中的数据删除，效果如图4.2–43、图4.2–44所示。

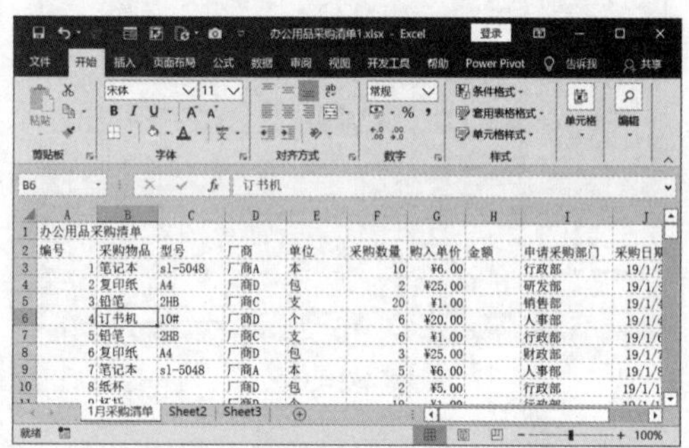

图4.2–43

图4.2–44

4. 查找数据

当工作表中的数据较多时，用户查找或修改数据会很不方便，此时就可以使用系统提供的查找和替换功能。

查找分为简单查找和复杂查找两种，下面分别进行介绍。

简单查找

简单查找数据的具体操作步骤如下。

❶ 打开本实例的原始文件，切换到【开始】选项卡，单击【编辑】组中的【查找和选择】按钮，在弹出的下拉列表框中选中【查找】选项，如图4.2-45所示。

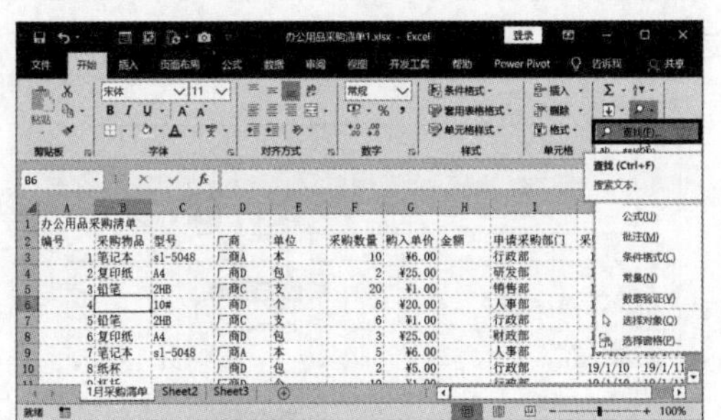

图4.2-45

❷ 弹出【查找和替换】对话框，切换到【查找】选项卡，在【查找内容】文本框中输入要查找的内容，例如“财政部”，如图4.2-46所示。

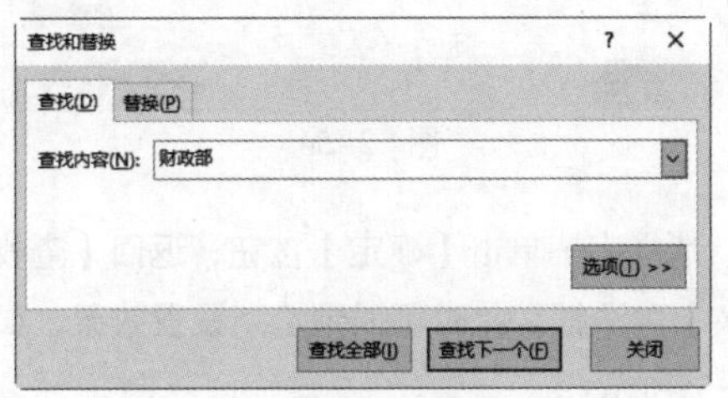

图4.2-46

❸ 单击【查找下一个】按钮，此时系统会自动选中符合条件的第一个单元格，再次单击【查找下一个】按钮，系统会不断地查找其他符合条件的单元格，如图4.2-47所示。

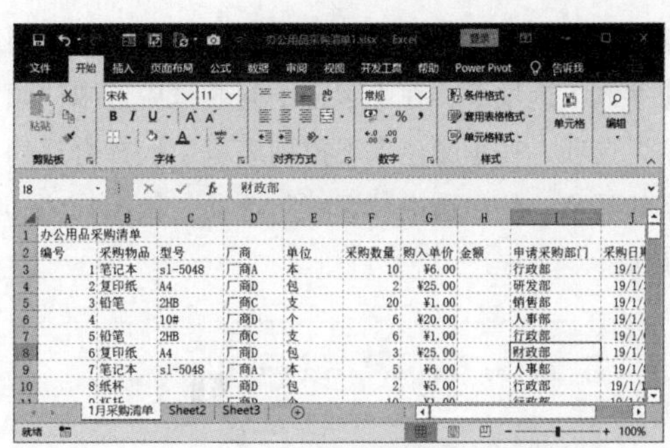

图4.2-47

❹ 单击【查找全部】按钮，此时在【查找和替换】对话框的下方就会显示出符合条件的全部单元格信息，查找完毕单击【关闭】按钮即可，如图4.2-48所示。

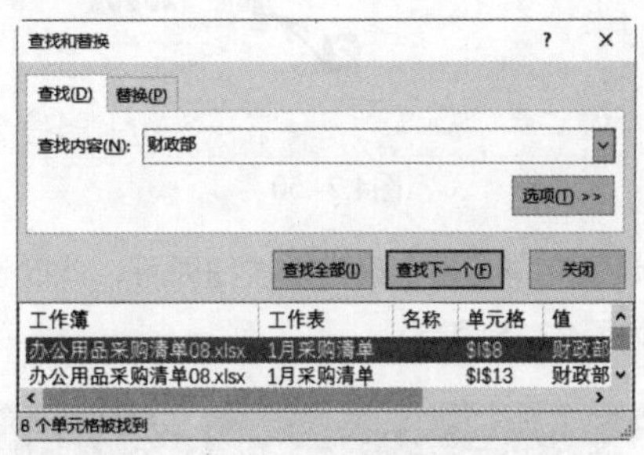

图4.2-48

复杂查找

复杂查找数据的具体操作步骤如下。

❶ 选中单元格I8，单击鼠标右键，然后在弹出的快捷菜单中单击【设置单元格格式】命令，如图4.2-49所示。

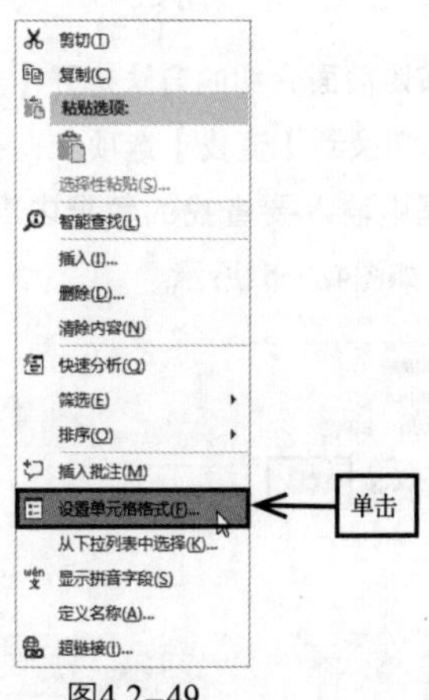

图4.2-49

❷ 弹出【设置单元格格式】对话框，切换到【字体】选项卡，在【字形】列表框中选中“倾斜”选项，在【颜色】下拉列表框中选择合适的字体颜色，例如选中“深红”选项，如图4.2-50所示。

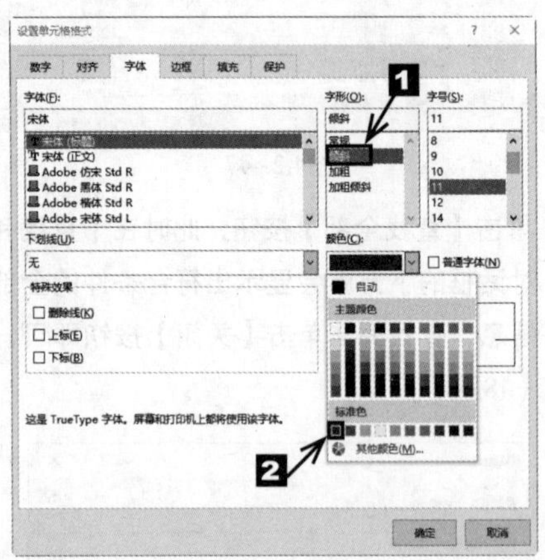

图4.2-50

❸ 设置完毕单击【确定】按钮即可，此时设置效果如图4.2-51所示。

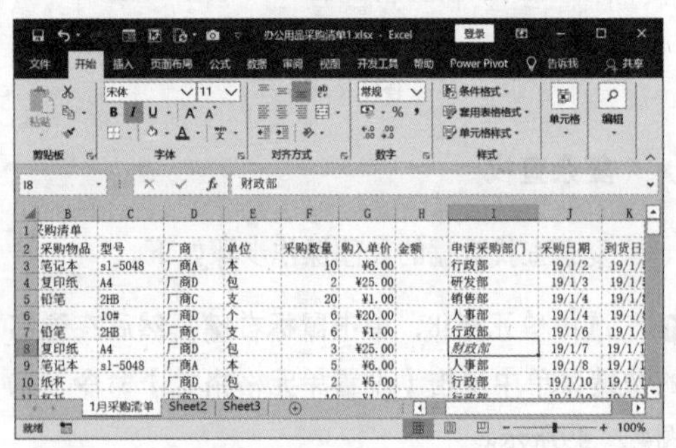

图4.2-51

❹ 按照前面介绍的方法打开【查找和替换】对话框，切换到【查找】选项卡，在【查找内容】文本框中输入要查找的数据内容，例如“财政部”，如图4.2-52所示。

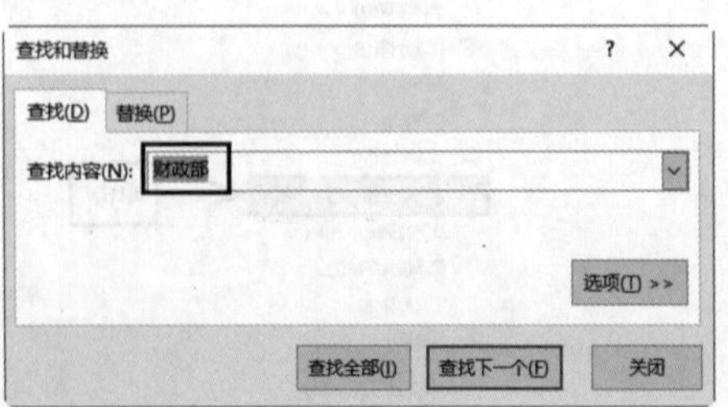

图4.2-52

❺ 单击【选项】按钮，在展开的【查找和替换】对话框中单击【格式】按钮的下三角按钮，然后在弹出的下拉列表框中选中【格式】选项，如图4.2-53所示。

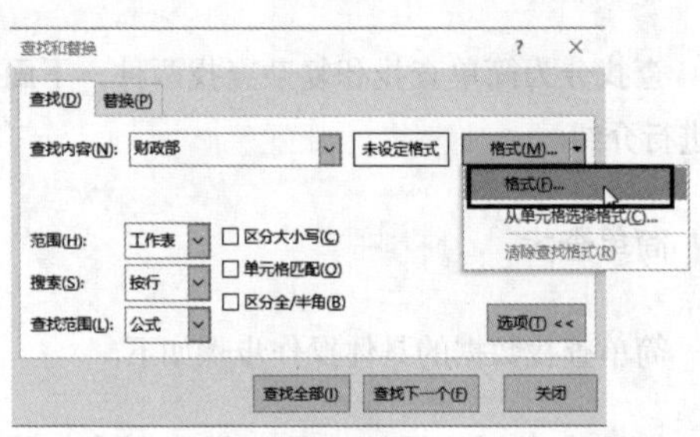

图4.2-53

❻ 弹出【查找格式】对话框，切换到【字体】选项卡中，在【字形】列表框中选中“倾斜”选项，然后在【颜色】下拉列表框中选中“深红”选项，如图4.2-54所示。

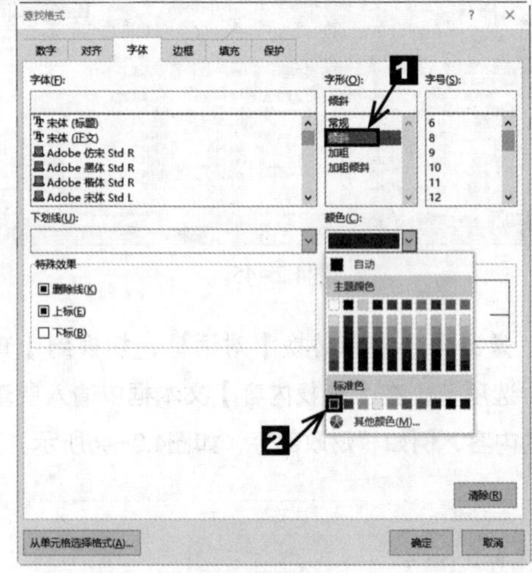

图4.2-54

❼ 选择完毕单击【确定】按钮，返回【查找和替换】对话框，此时可以预览到设置效果，如图4.2-55所示。

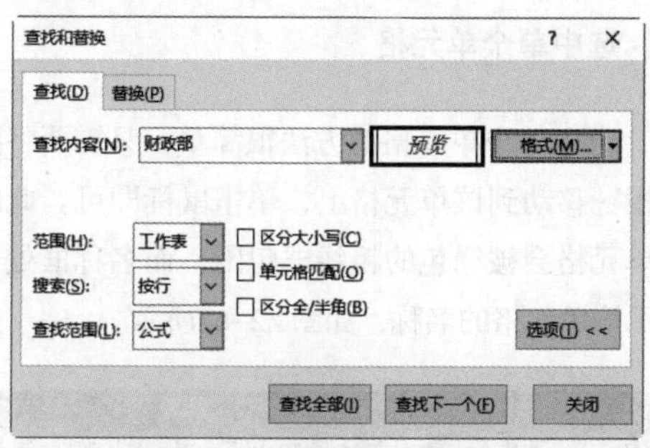

图4.2-55

❽ 单击 查找全部(I) 按钮，此时在【查找和替换】对话框的下方就会显示出符合条件的全部单元格信息，查找完毕单击 关闭 按钮即可，如图4.2-56所示。

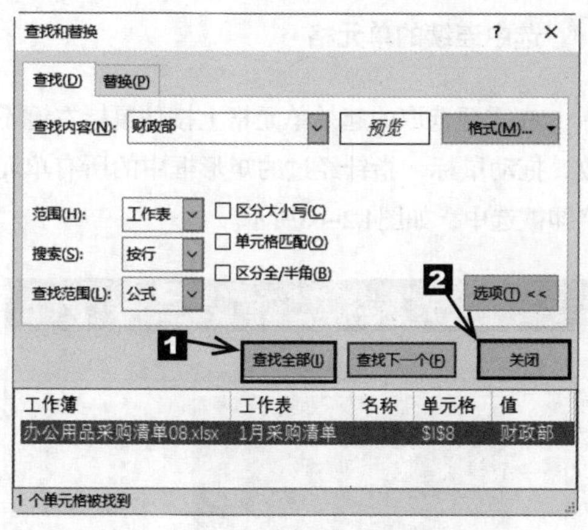

图4.2-56

5. 替换数据

用户可以使用Excel的替换功能快速地定位查找的内容并对其进行替换操作。

替换数据的具体步骤如下。

❶ 切换到【开始】选项卡，单击【编辑】组中的【查找和选择】按钮，在弹出的下拉列表框中选中【替换】选项，如图4.2-57所示。

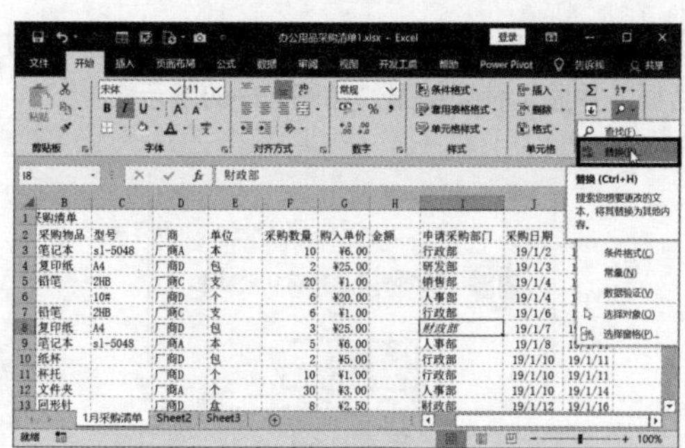

图4.2-57

❷ 弹出【查找和替换】对话框，切换到【替换】选项卡，在【查找内容】文本框中输入“财政部”，在【替换为】文本框中输入“财务部”，然后单击【查找内容】文本框右侧的 格式(M)... 按钮的下三角按钮，在弹出的下拉列表框中选中【清除查找格式】选项，如图4.2-58所示。

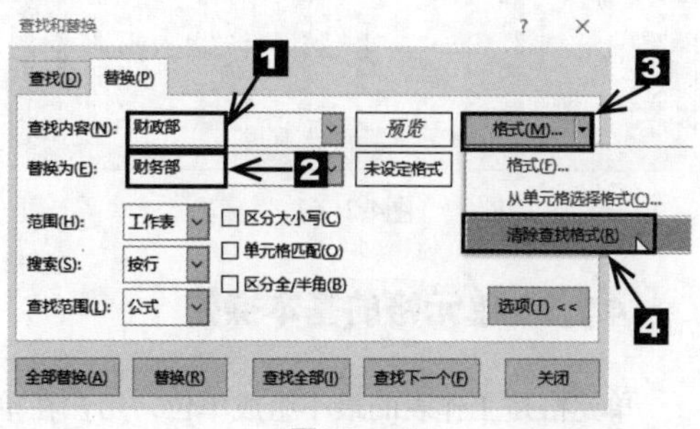

图4.2-58

❸ 单击 查找全部(I) 按钮，此时光标定位在要查找的内容上，并在对话框中显示具体的查找结果，如图4.2-59所示。

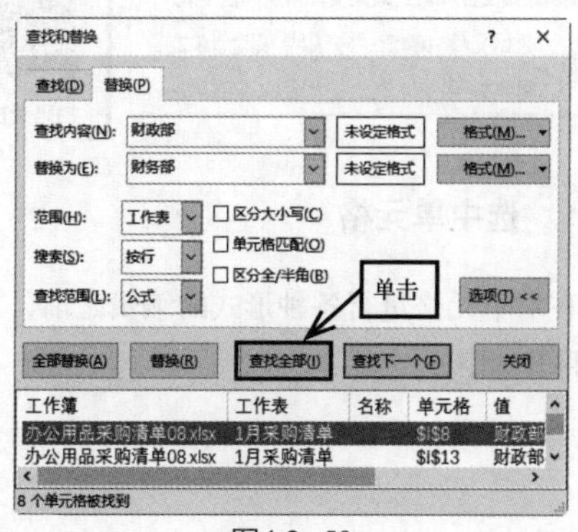

图4.2-59

❹ 单击 全部替换(A) 按钮，弹出【Microsoft Excel】对话框，并显示替换结果，如图4.2-60所示。

图4.2-60

❺ 单击【确定】按钮，返回【查找和替换】对话框，替换完毕，单击【关闭】按钮即可，效果如图4.2-61所示。

图4.2-61

4.2.3 单元格的基本操作

单元格是工作表的最小组成单位，用户在单元格中输入文本内容后，还可以根据实际需要进行选中单元格、插入单元格、删除单元格以及合并单元格等操作。

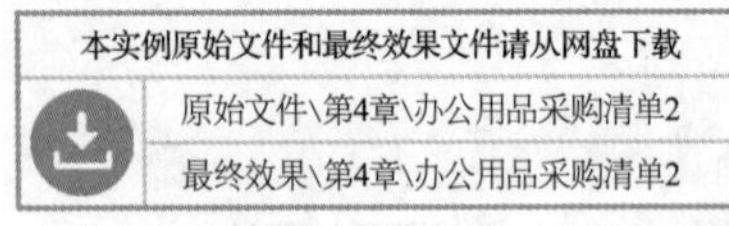

1. 选中单元格

在对单元格进行各种形式的编辑之前，首先需要将其选中。

选中单个单元格

选中单个单元格的方法很简单，只需要将鼠标指针移动到该单元格上，单击鼠标即可。此时该单元格会被绿色的粗线框包围，而名称框处会显示该单元格的名称，如图4.2-62所示。

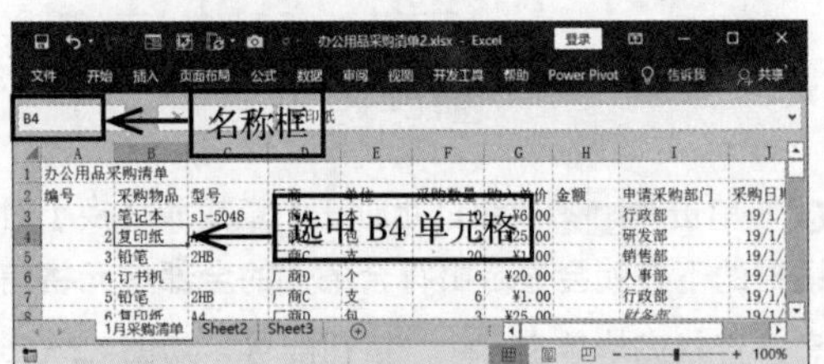

图4.2-62

选中连续的单元格

在需要选取的起始单元格上按住鼠标左键不放，拖动鼠标，指针经过的矩形框中的所有单元格即被选中，如图4.2-63所示。

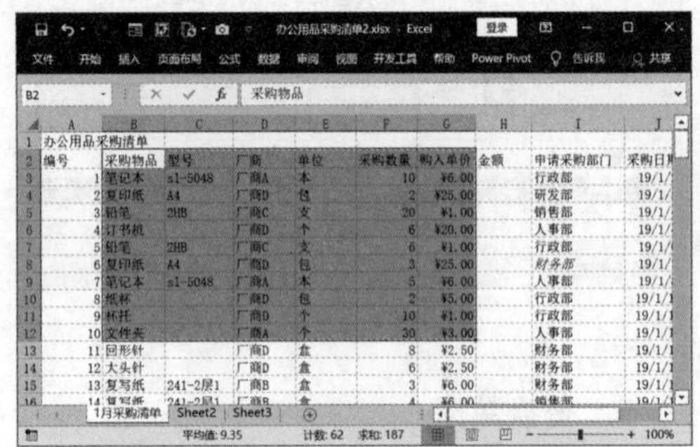

图4.2-63

此外，用户还可以先选中起始的单元格，按住【Shift】键不放，然后单击最后一个单元格，此时即可选中连续的单元格区域。

选中不连续的单元格区域

选中第一个要选择的单元格，按住【Ctrl】键不放的同时，依次选中要选择的单元格即可，如图4.2-64所示。

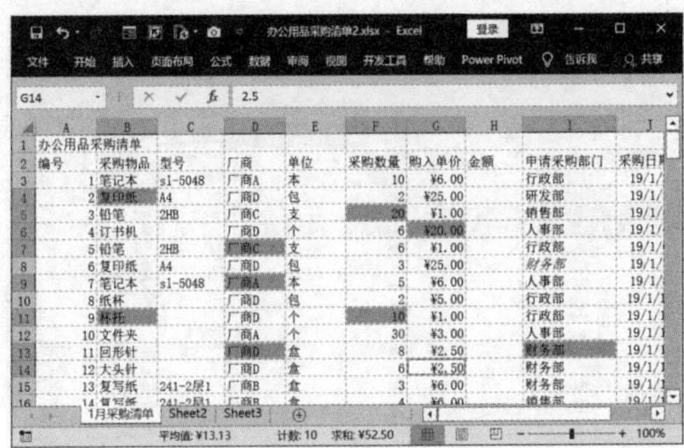

图4.2-64

选中整行或整列的单元格区域

选中整行或者整列单元格区域，只需要在要选中的行标题或者列标题上单击即可将其选中。

2. 插入单元格

在对工作表进行编辑的过程中，插入单元格是最常用到的操作之一。

插入单元格的具体步骤如下。

❶ 打开本小节的原始文件，选中单元格B3，单击鼠标右键，单击【插入】命令，如图4.2-65所示。

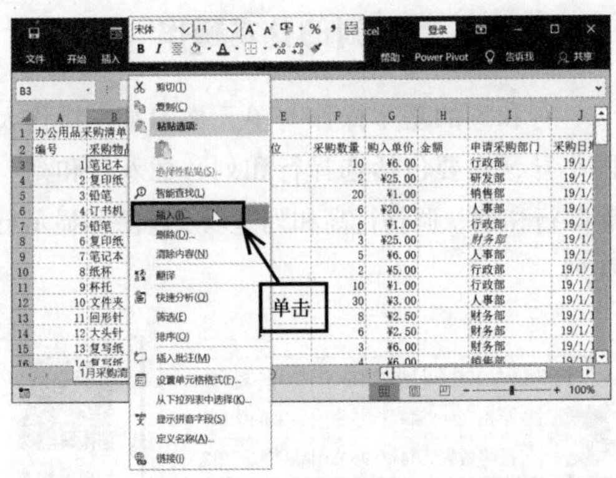

图4.2-65

❷ 弹出【插入】对话框，选中【活动单元格下移】单选按钮，如图4.2-66所示。

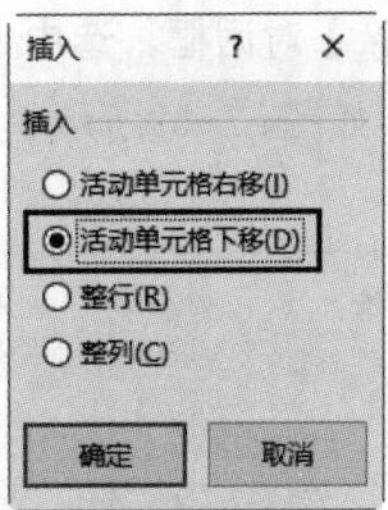

图4.2-66

❸ 选择完毕直接单击 确定 按钮，此时即可将选中的单元格下移，同时在其上方插入了一个空白单元格，如图4.2-67所示。

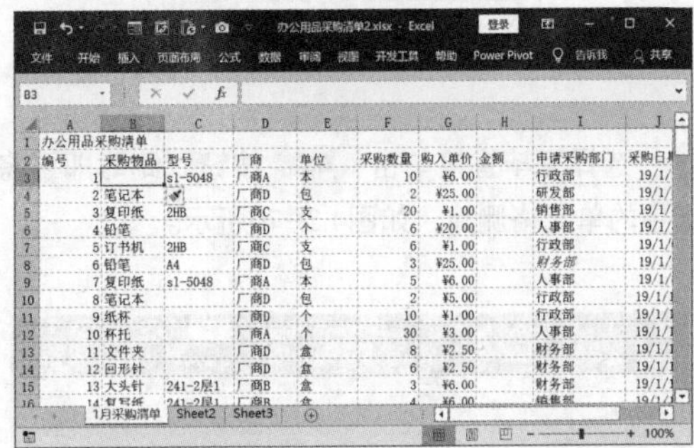

图4.2-67

3. 删除单元格

用户可以根据实际需求删除单元格。

删除单元格的具体步骤如下。

❶ 选中要删除的单元格B3，单击鼠标右键，在弹出的快捷菜单中单击【删除】命令，如图4.2-68所示。

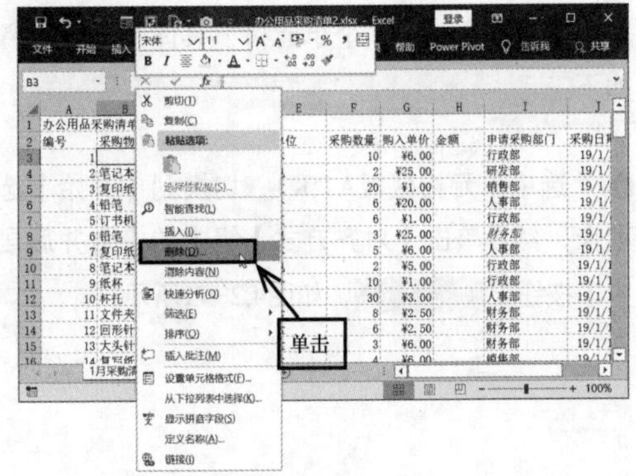

图4.2-68

❷ 弹出【删除】对话框，选中【下方单元格上移】单选按钮，如图4.2-69所示。

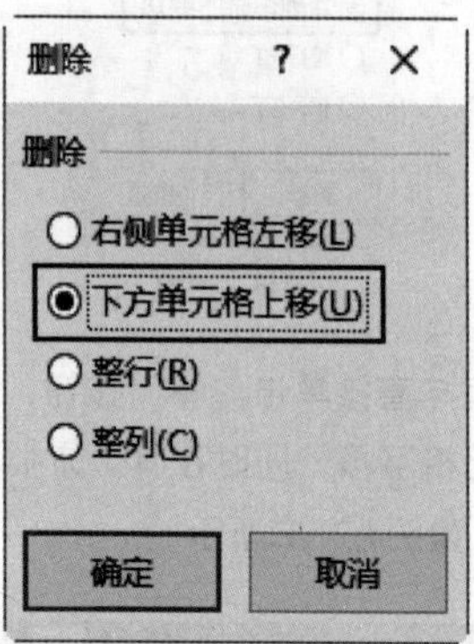

图4.2-69

❸ 选择完毕直接单击 确定 按钮，此时即可将选中的单元格删除，如图4.2-70所示。

图4.2-70

4. 合并单元格

在编辑工作表的过程中，用户有时候需要将多个单元格合并为一个单元格，具体的操作步骤如下。

❶ 选中单元格区域A1:K1，切换到【开始】选项卡，然后单击【对齐方式】组中的【合并后居中】按钮 合并后居中(C)，如图4.2-71所示。

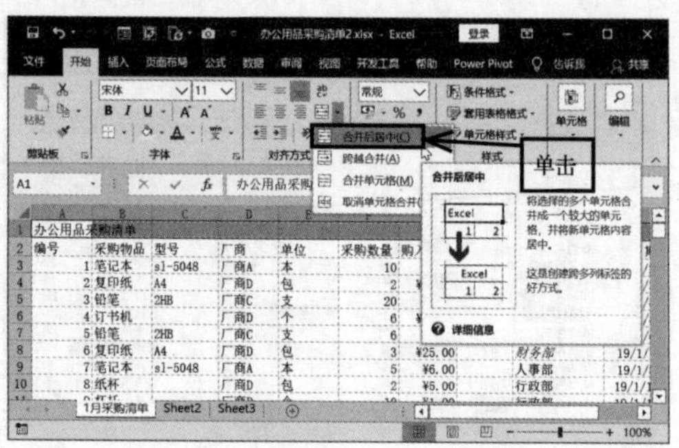

图4.2-71

❷ 此时即可将选中的单元格区域合并为一个单元格，同时单元格中的内容会居中显示，如图4.2-72所示。

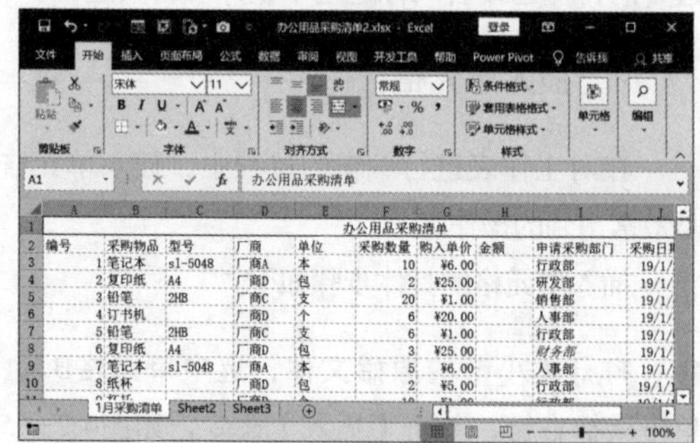

图4.2-72

4.2.4 行和列的基本操作

行和列的基本操作与单元格的基本操作大同小异，主要包括选择行和列、插入行和列、删除行和列、调整行高和列宽以及隐藏和显示行和列。

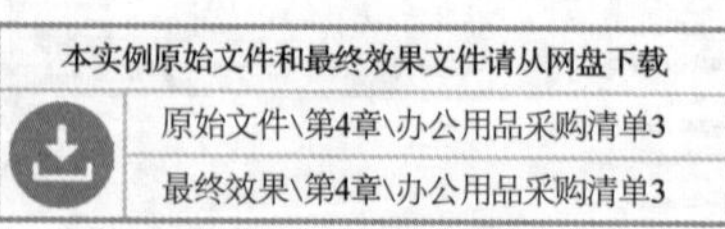

扫码看视频

1. 选中行和列

在对行和列进行各种形式的操作之前，首先需要将其选中。

选中一行或一列

在要选择的行标题或者列标题上单击鼠标即可选中一行或者一列，如图4.2-73、图4.2-74所示。

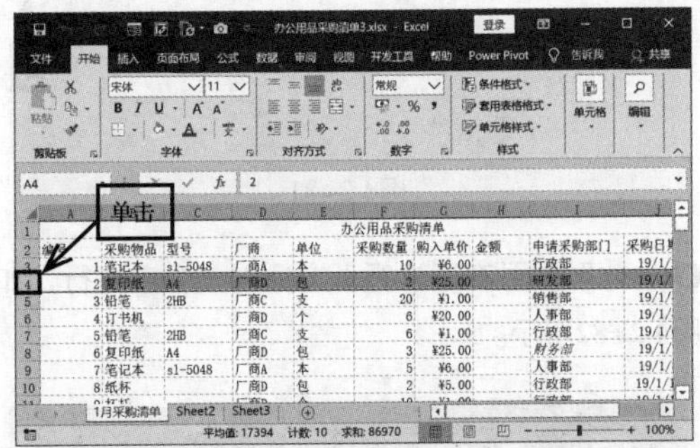

图4.2-73

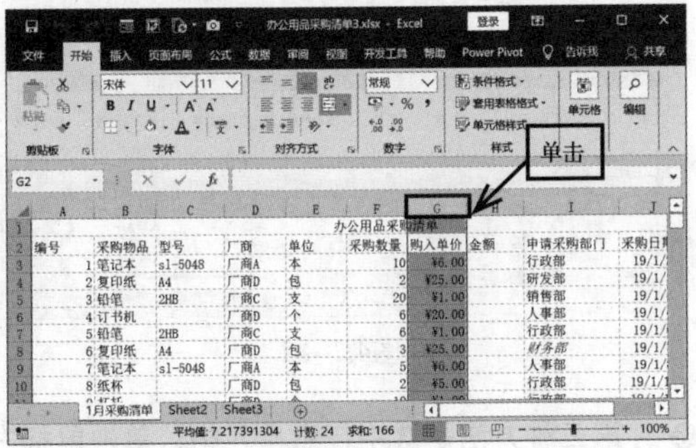

图4.2-74

选中不连续的多行或者多列

如果要选中不连续的多行或者多列，首先需要选中要选择的第一行或者第一列，然后按住【Ctrl】键不放，依次单击要选择的行的行标题或者列的列标题，即可选中不连续的多行或者多列，如图4.2-75、图4.2-76所示。

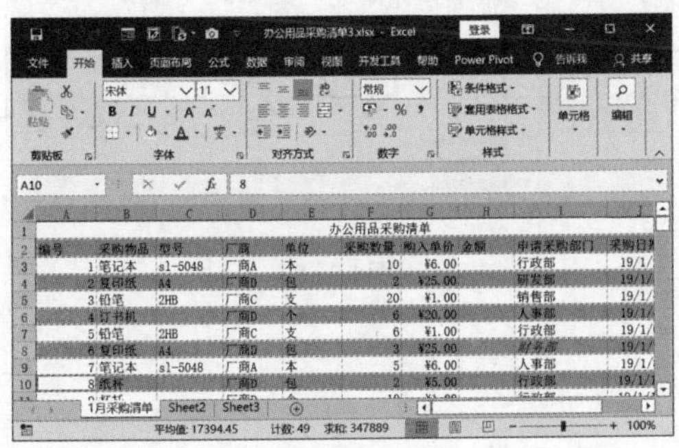

图4.2-75

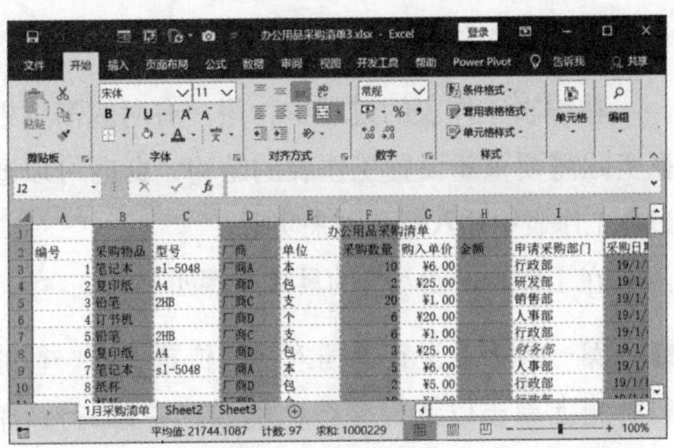

图4.2-76

选中连续的多行或者多列

首先选中要选择的第一行或者第一列，然后按住鼠标左键不放，拖动到要选择的最后一行或者一列再释放鼠标，此时即可选中连续的多行或者多列，如图4.2-77、图4.2-78所示。

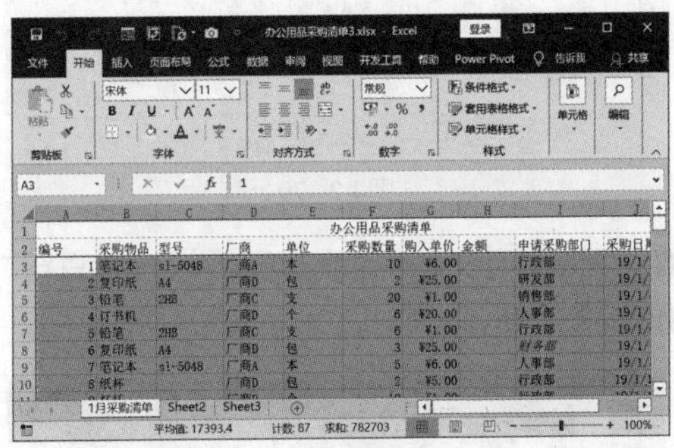

图4.2-77

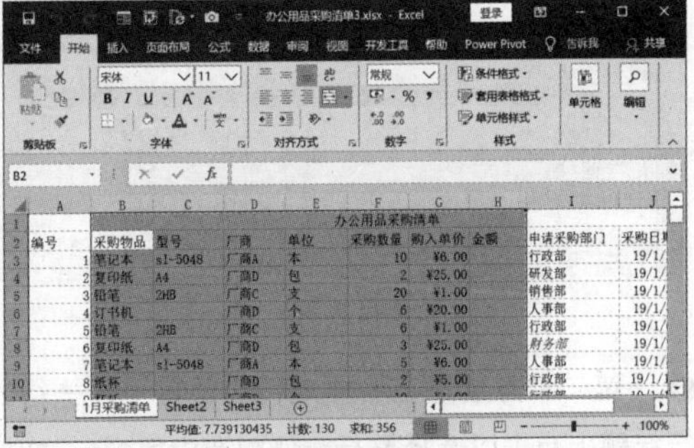

图4.2-78

2. 插入行和列

在编辑工作表的过程中，用户有时候需要根据实际需要重新设置工作表的结构，此时可以通过在工作表中插入行和列来实现。

在工作表中插入行的具体步骤如下。

❶ 第一种方法是在要插入行的位置下面一行的行标题上单击以选择整行，例如选中第3行，单击鼠标右键，然后在弹出的快捷菜单中单击【插入】命令，如图4.2-79所示。

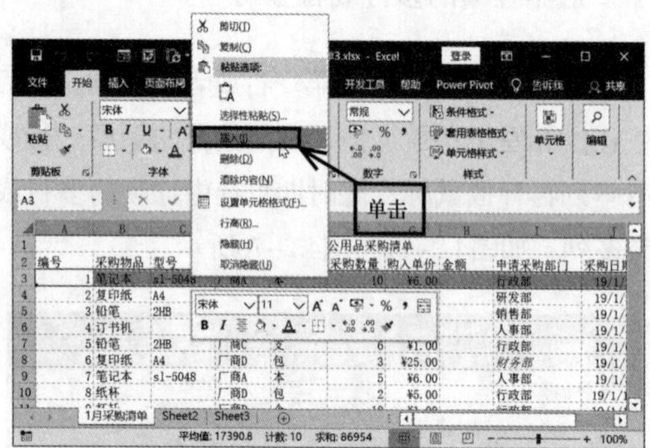

图4.2-79

❷ 此时即可在选中行的上方插入一个空白行，如图4.2-80所示。

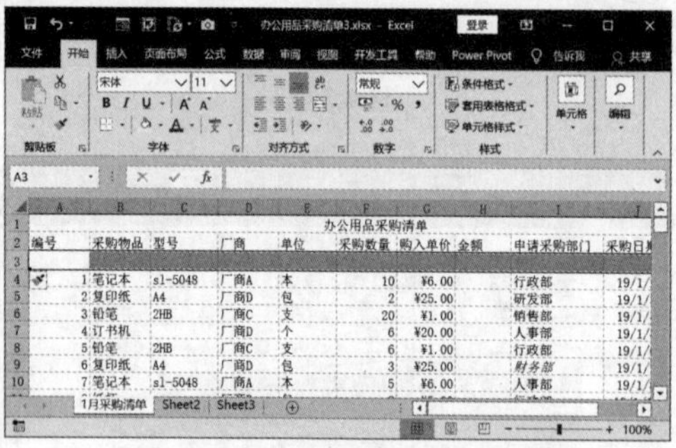

图4.2-80

❸ 第二种方法是在要插入行的位置下面一行的行标题上单击以选择整行，例如选中第6行，切换到【开始】选项卡，单击【单元格】按钮，在展开的【单元格】组中单击【插入】按钮的下半部分按钮，在弹出的下拉列表框中选中【插入工作表行】选项，如图4.2-81所示。

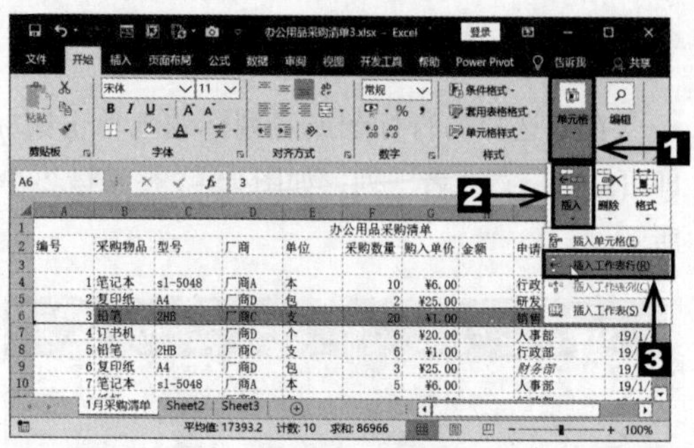

图4.2-81

❹ 此时即可在所选行上方插入一个空白行，如图4.2-82所示。

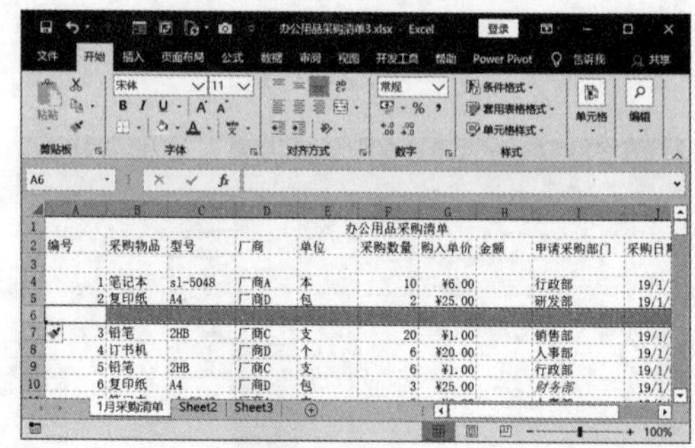

图4.2-82

❺ 第三种方法是选中任意单元格，单击鼠标右键，在弹出的快捷菜单中单击【插入】命令，如图4.2-83所示。

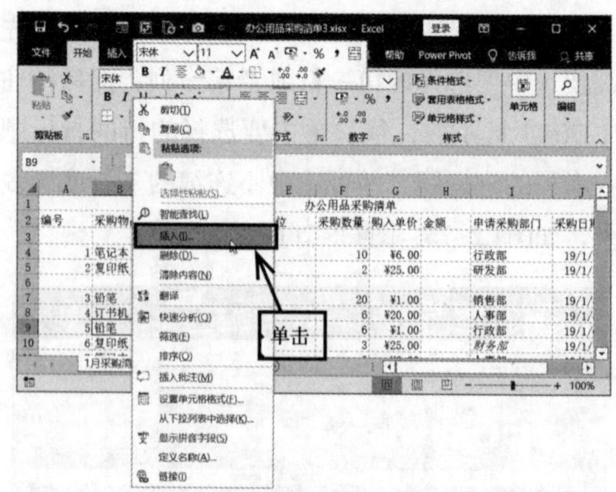

图4.2-83

❻ 弹出【插入】对话框，在【插入】组中选中【整行】单选按钮，如图4.2-84所示。

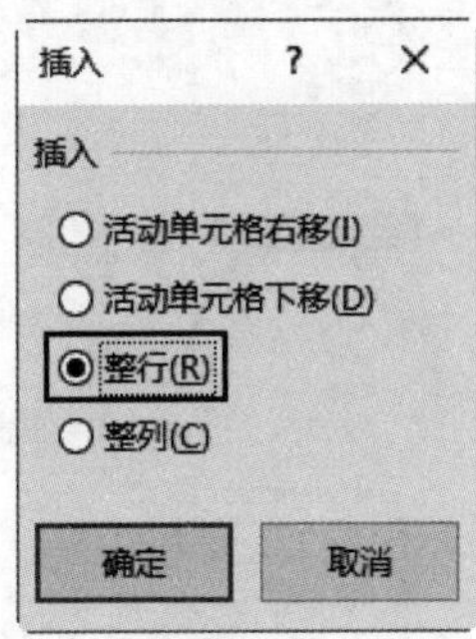

图4.2-84

❼ 选择完毕后单击【确定】按钮，此时即可在所选单元格所在行的上方插入一个空白行，如图4.2-85所示。

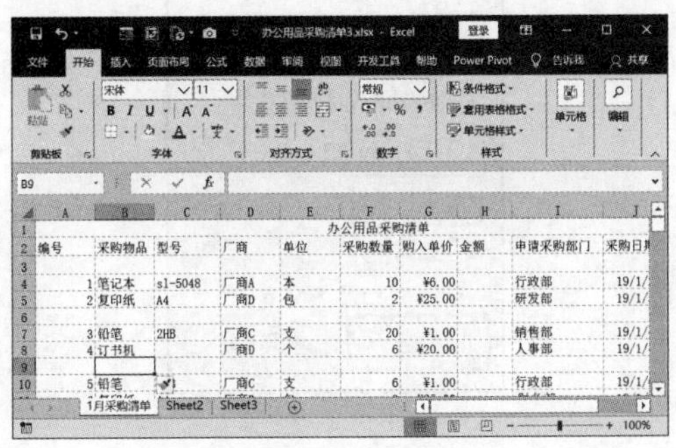

图4.2-85

❽ 用户还可以在工作表中插入多行，例如选中第10行~第12行，单击鼠标右键，然后在弹出的快捷菜单中单击【插入】命令，如图4.2-86所示。

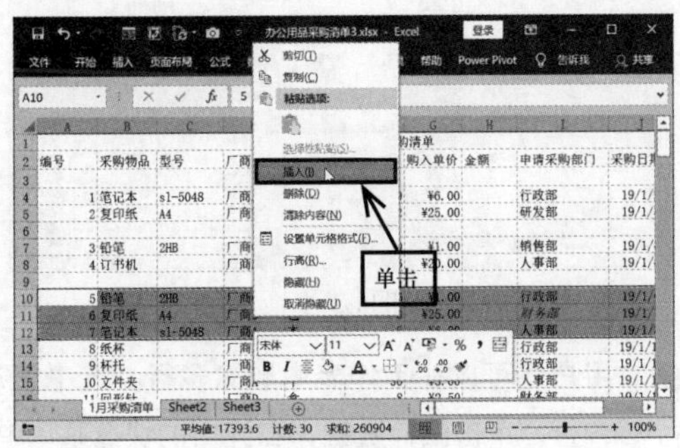

图4.2-86

❾ 此时即可在原来的第10行上方插入3个空白行，如图4.2-87所示。

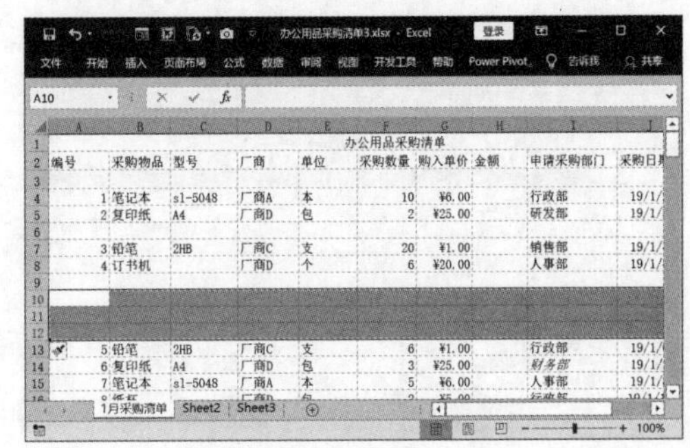

图4.2-87

在工作表中插入列的方法与插入行的方法类似，只需在要插入列的位置右侧的列标题上单击以选择整列，然后按照前面介绍的插入行的方法插入列，即可在所选中列的左侧插入空白列。

3. 删除行和列

在编辑工作表的过程中，用户有时候还需要将工作表中多余的行和列删除。删除行的方法和删除列的方法类似，下面以如何删除行为例进行介绍。

删除行的具体步骤如下。

❶ 第一种方法是选择要删除的行，例如选中第3行，单击鼠标右键，然后在弹出的快捷菜单中单击【删除】命令，如图4.2-88所示。

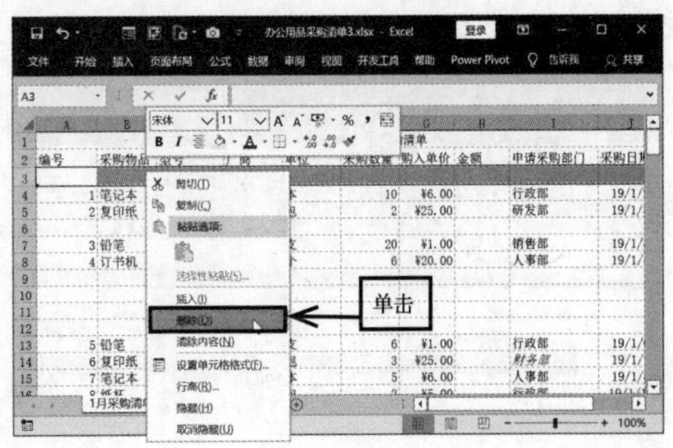

图4.2-88

❷ 此时即可将选中的空白行删除，如图4.2-89所示。

图4.2-89

❸ 第二种方法是选择要删除的行，例如选中第5行，切换到【开始】选项卡，单击【单元格】组中的【删除】按钮 删除 的下三角按钮，在弹出的下拉列表框中选中【删除工作表行】选项，如图4.2-90所示。

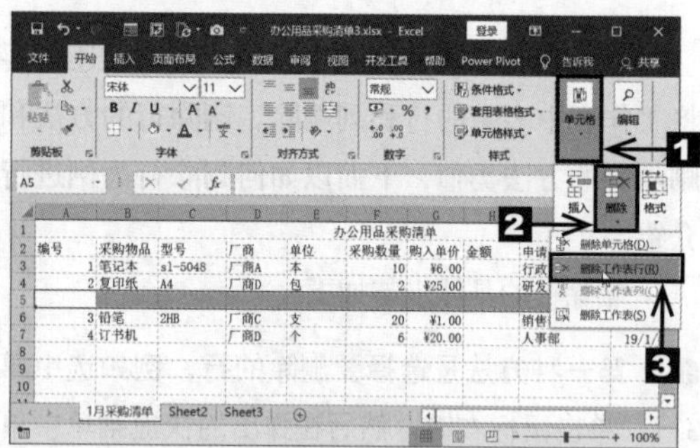

图4.2-90

❹ 此时即可将选中的行删除，如图4.2-91所示。

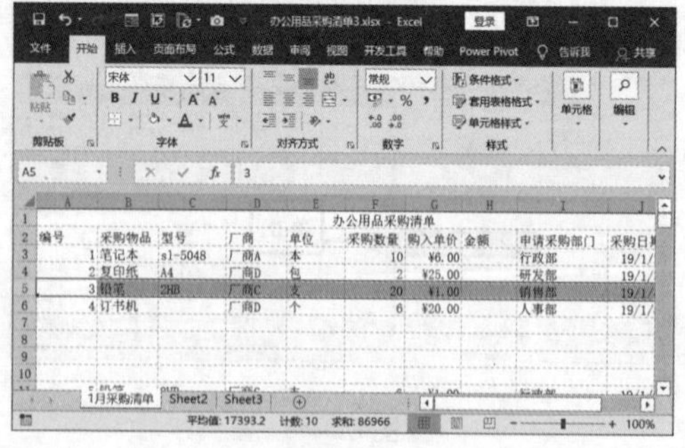

图4.2-91

❺ 第三种方法是在要删除的第7行中的任意单元格上单击鼠标右键，在弹出的快捷菜单中单击【删除】命令，如图4.2-92所示。

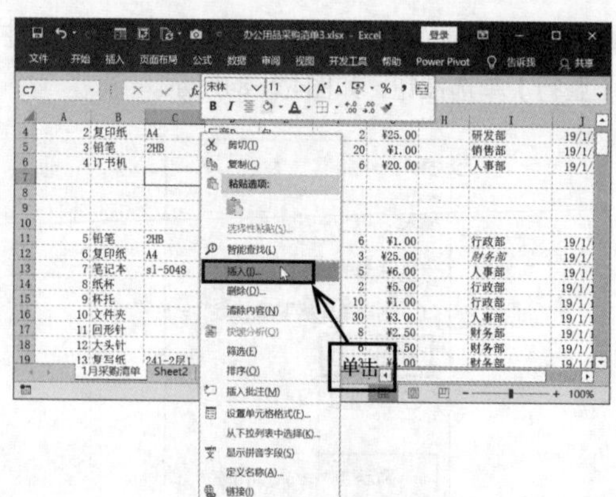

图4.2-92

❻ 弹出【删除】对话框，在【删除】组中选中【整行】单选按钮，如图4.2-93所示。

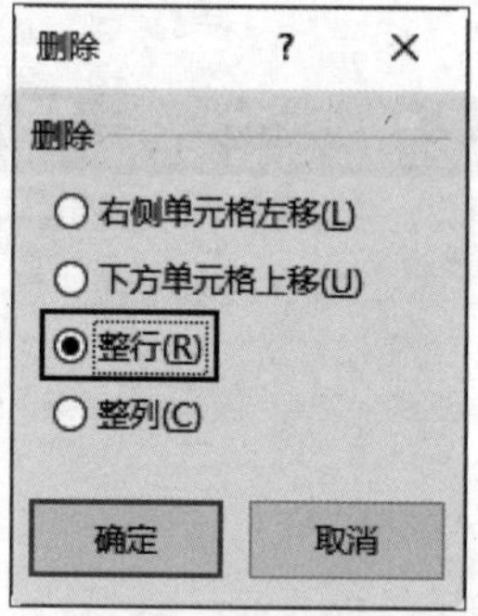

图4.2-93

❼ 选择完毕，单击【确定】按钮即可将选中的单元格所在的行删除，如图4.2-94所示。

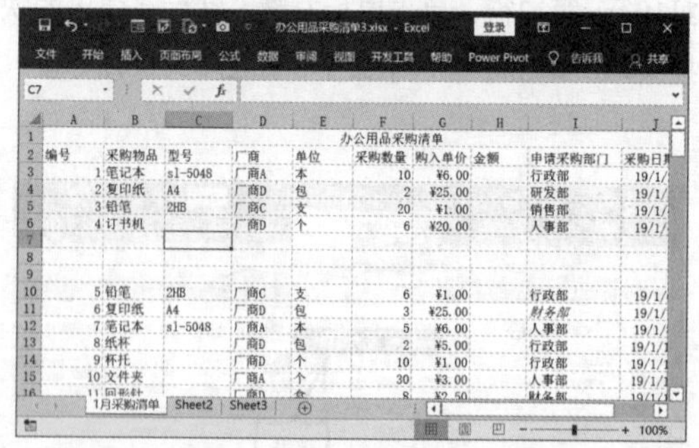

图4.2-94

❽ 用户还可以在工作表中删除多行。选中第7行~第9行，单击鼠标右键，在弹出的快捷菜单中单击【删除】命令，如图4.2-95所示。

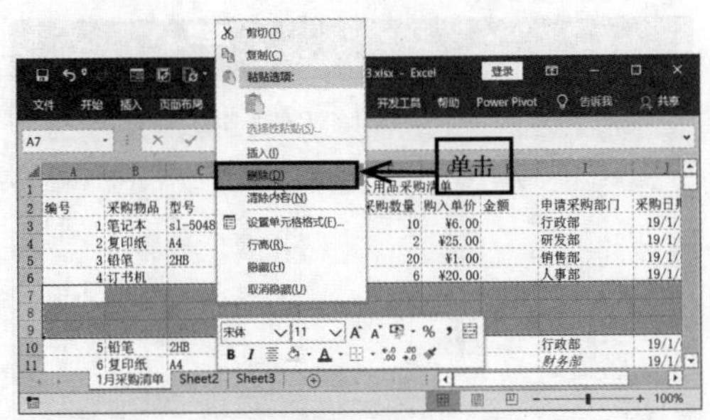

图4.2–95

❾ 此时即可将选中的多行删除，下方的行自动上移，如图4.2–96所示。

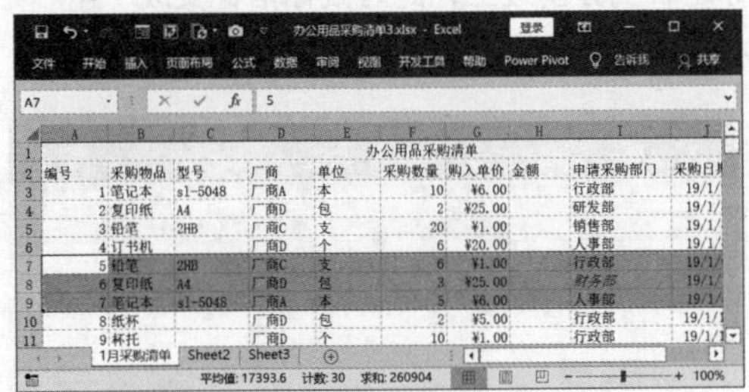

图4.2–96

4. 调整行高和列宽

在默认情况下，工作表中的行高和列宽是固定的，但是当单元格中的内容过长时，系统就无法将其完全显示出来，此时需要调整行高和列宽。

设置精确的行高和列宽

设置精确的行高和列宽的具体步骤如下。

❶ 选中第1行，切换到【开始】选项卡，单击【单元格】组中的【格式】按钮，在弹出的下拉列表中单击【行高】选项，如图4.2–97所示。

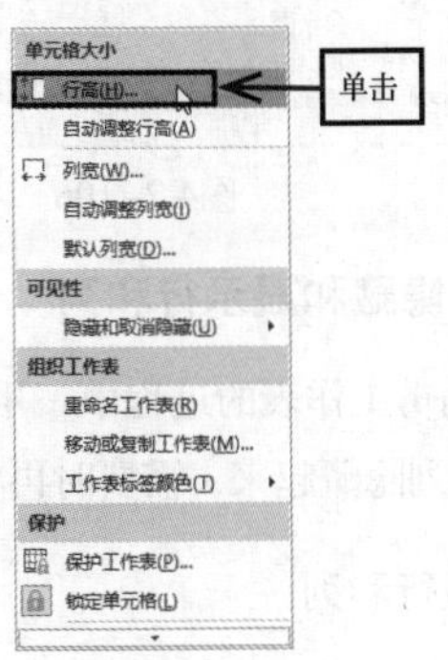

图4.2–97

❷ 弹出【行高】对话框，在【行高】文本框中输入合适的行高，例如输入“24”，如图4.2–98所示。

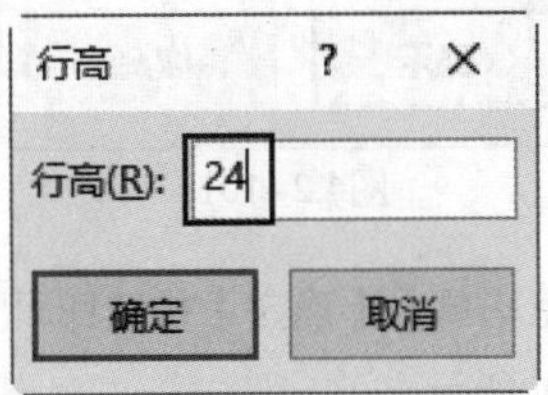

图4.2–98

❸ 输入完毕单击【确定】按钮即可，设置效果如图4.2–99所示。

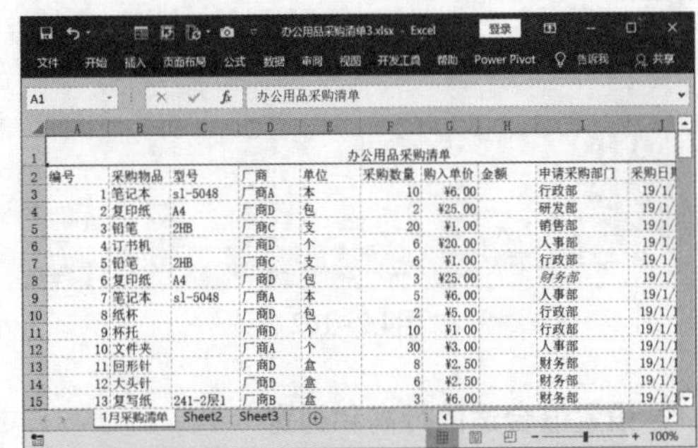

图4.2–99

❹ 选中要调整列宽的列，例如选中A列，单击鼠标右键，在弹出的快捷菜单中单击【列宽】命令，如图4.2–100所示。

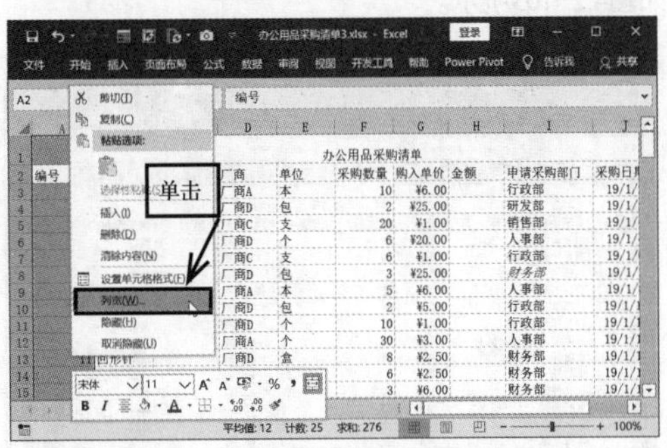

图4.2–100

❺ 弹出【列宽】对话框，在【列宽】文本框中输入合适的列宽，例如输入“8”，如图4.2–101所示。

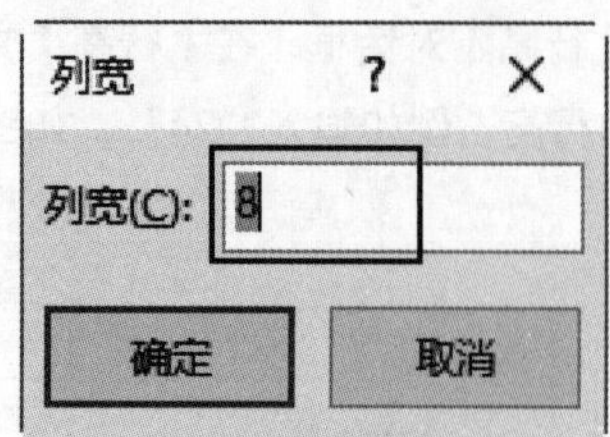

图4.2-101

❻ 输入完毕单击【确定】按钮即可，设置效果如图4.2-102所示。

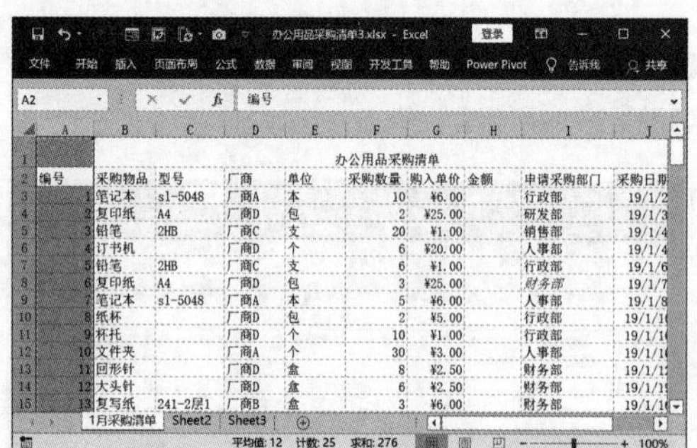

图4.2-102

设置最合适的行高和列宽

设置最合适的行高和列宽的具体步骤如下。

❶ 将鼠标指针移动到要调整行高那一行的行标题下方的分隔线上，此时鼠标指针变成"┿"形状，如图4.2-103所示。

图4.2-103

❷ 双击即可将该行（此处为第1行）的行高调整为最合适的行高，如图4.2-104所示。

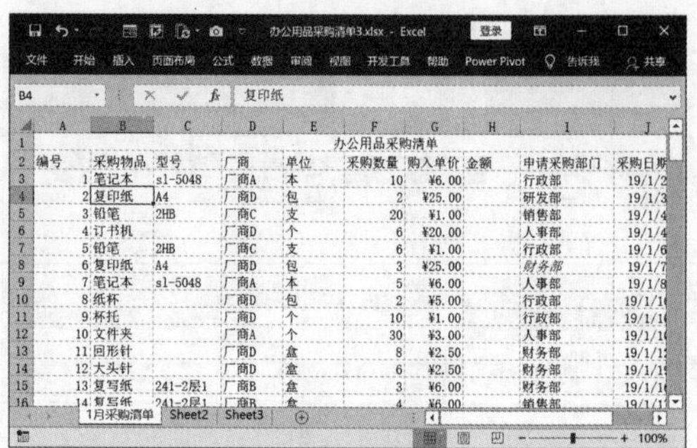

图4.2-104

❸ 将鼠标指针移动到要调整列宽那一列的列标题右侧分割线上，此时鼠标指针变成"┼"形状，如图4.2-105所示。

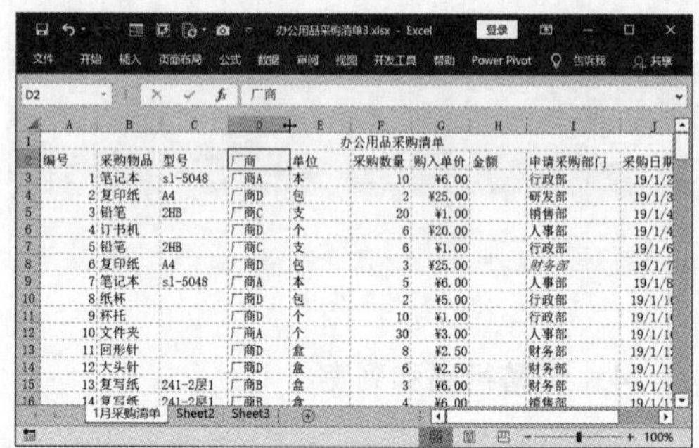

图4.2-105

❹ 双击即可将该列（D列）的列宽调整为最适合的列宽，如图4.2-106所示。

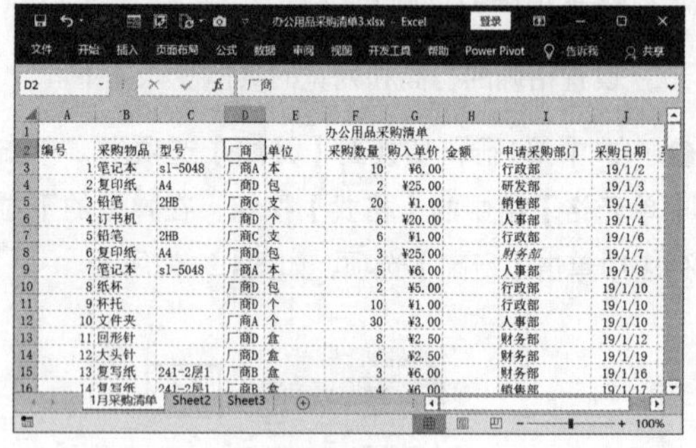

图4.2-106

5. 隐藏和显示行和列

在编辑工作表的过程中，用户有时候需要将一些行和列隐藏起来，需要时再将其显示出来。

隐藏行和列

隐藏行和列的具体步骤如下。

❶ 选中要隐藏的行，例如选中第2行，单击鼠标右键，在弹出的快捷菜单中单击【隐藏】命令，如图4.2-107所示。

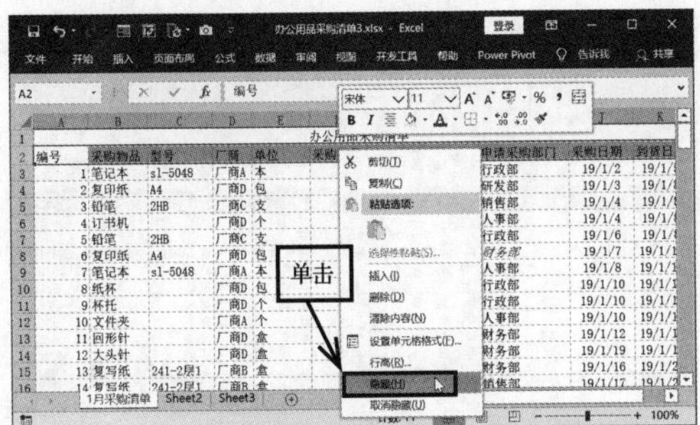

图4.2-107

❷ 此时即可将第2行隐藏，并且会在第1行和第3行之间形成一条粗线，效果如图4.2-108所示。

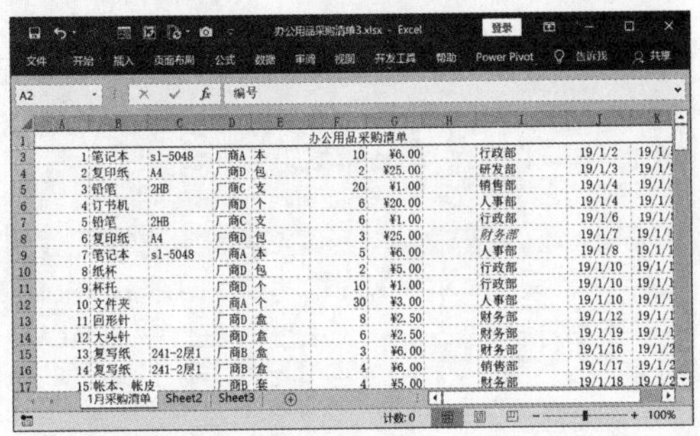

图4.2-108

❸ 选中要隐藏的列，例如选中D列，然后单击鼠标右键，在弹出的快捷菜单中单击【隐藏】命令，如图4.2-109所示。

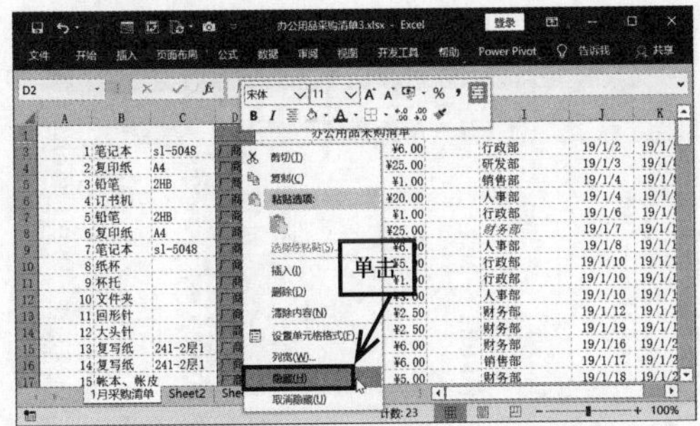

图4.2-109

显示隐藏的行和列

用户还可以将隐藏的行和列显示出来，具体的操作步骤如下。

❶ 选中第1行和第3行，然后单击鼠标右键，在弹出的快捷菜单中单击【取消隐藏】命令，如图4.2-110所示。

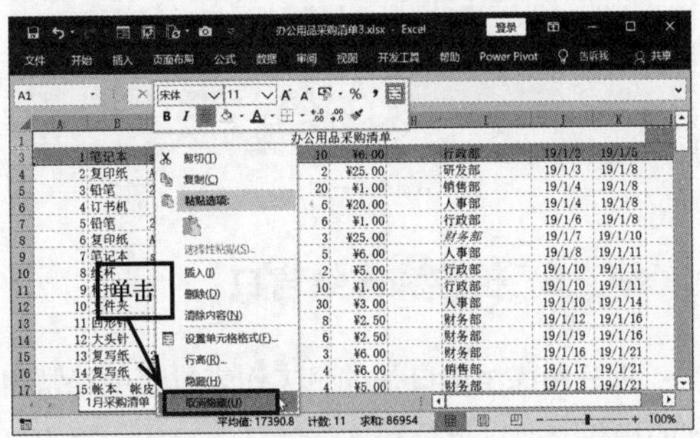

图4.2-110

❷ 此时即可将刚刚隐藏的第2行显示出来，如图4.2-111所示。

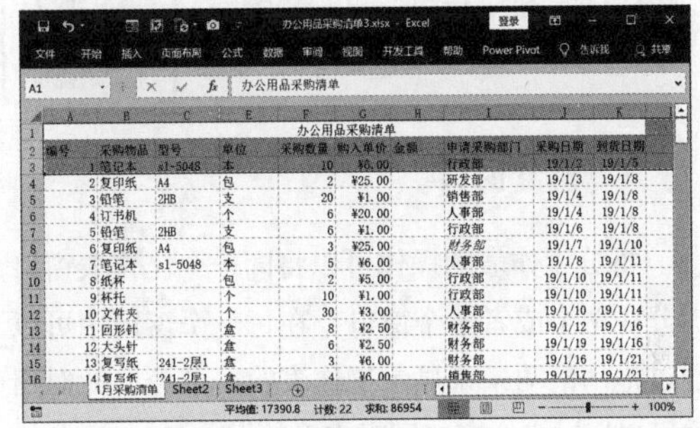

图4.2-111

❸ 选中C列和E列，单击鼠标右键，在弹出的快捷菜单中单击【取消隐藏】命令，如图4.2-112所示。

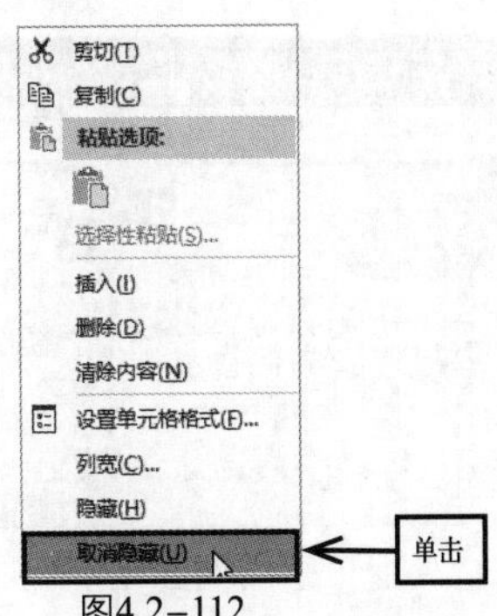

图4.2-112

❹ 此时即可将刚刚隐藏的D列显示出来，如图4.2-113所示。

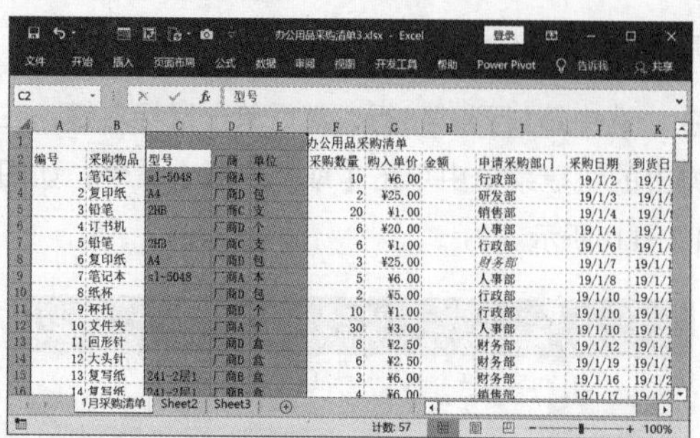

图4.2-113

4.2.5 拆分和冻结窗口

拆分和冻结窗口是编辑工作表过程中经常用到的操作。通过拆分和冻结窗口的操作，用户可以更加清晰和方便地查看数据信息。

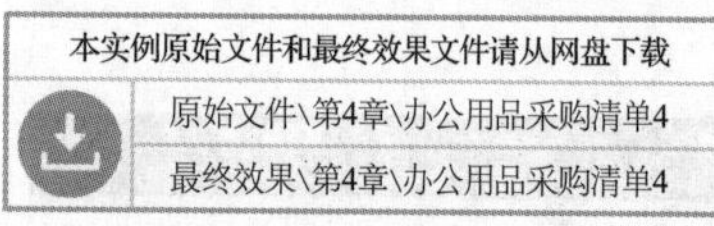

本实例原始文件和最终效果文件请从网盘下载

原始文件\第4章\办公用品采购清单4

最终效果\第4章\办公用品采购清单4

扫码看视频

1. 拆分窗口

拆分工作表的操作可以将同一个工作表窗口拆分成两个或者多个窗口，在每一个窗口中可以通过拖动滚动条来显示工作表的一部分，此时用户可以通过多个窗口同时查看数据信息。

❶ 打开本实例的原始文件，选中单元格C5，切换到【视图】选项卡，然后单击【窗口】组中的【拆分】按钮 拆分，如图4.2-114所示。

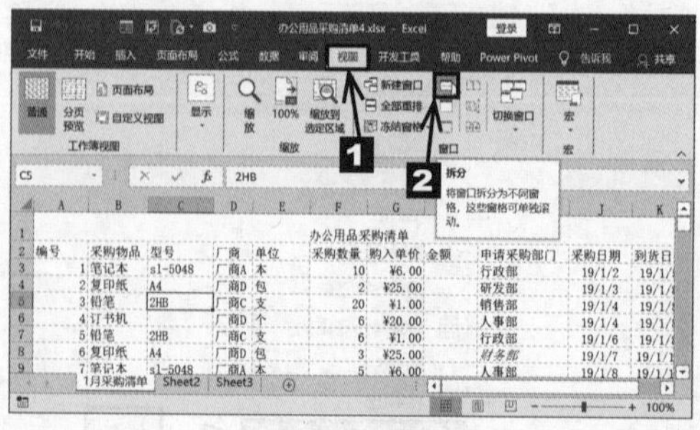

图4.2-114

❷ 此时系统就会自动地以单元格C5为分界点，将工作表分成4个窗口，同时垂直滚动条和水平滚动条也分别变成了两个，如图4.2-115所示。

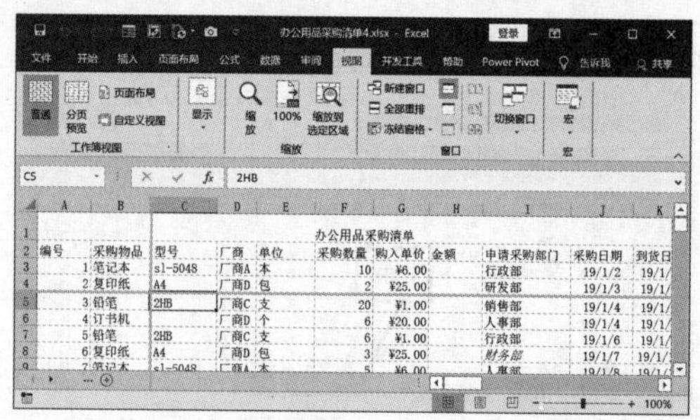

图4.2-115

❸ 按住鼠标左键不放，拖动上方的垂直滚动条，此时可以发现上方两个窗口的界面在垂直方向上发生了变动，如图4.2-116所示。

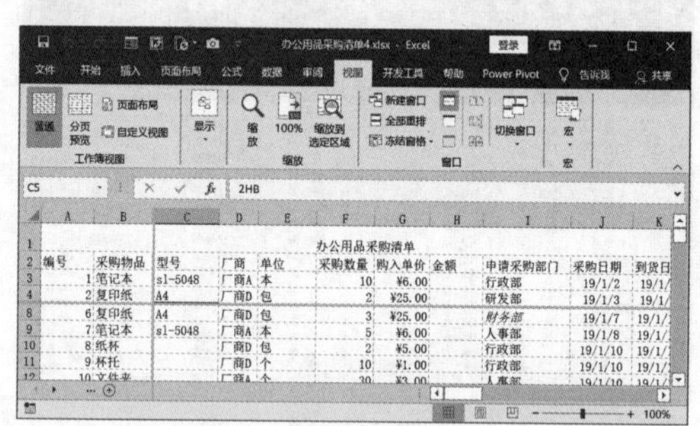

图4.2-116

❹ 拖动右边的水平滚动条，也可以发现右边两个窗口在水平方向上发生了变动，如图4.2-117所示。

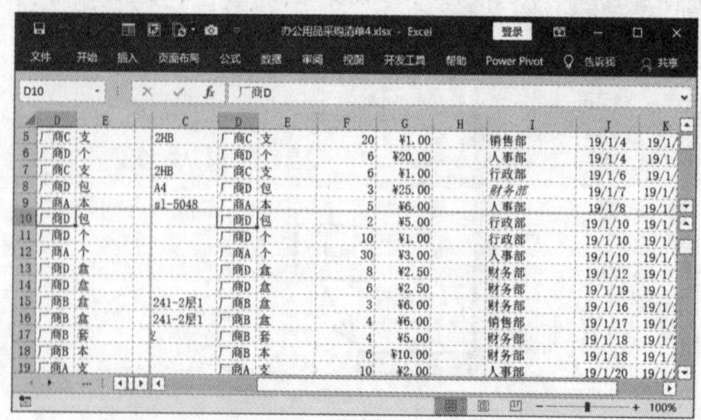

图4.2-117

❺ 用户还可以将4个窗口调整成两个窗口。将鼠标指针移动到窗口的边界线上，此时鼠标指针变成“‡”形状，按住鼠标左键不放向上拖动，此时随着鼠标指针的移动窗口会出现一条灰色粗线，如图4.2-118所示。

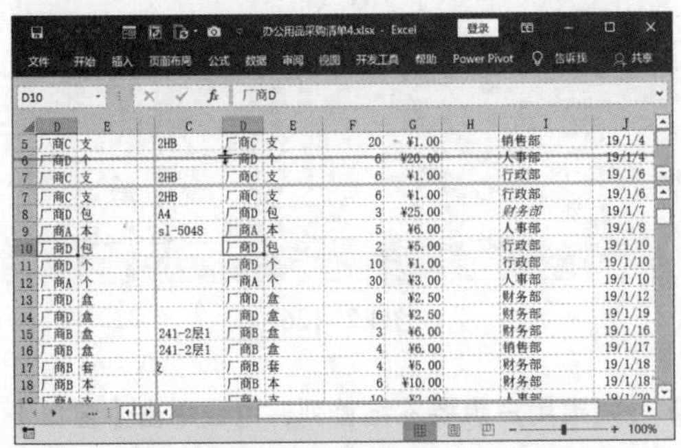

图4.2-118

❻ 将鼠标指针拖动到列标题上释放，此时即可发现界面中只有左右两个窗口。与此同时，垂直滚动条也变成一个，拖动此滚动条即可控制当前两个窗口在垂直方向上的变动，如图4.2-119所示。

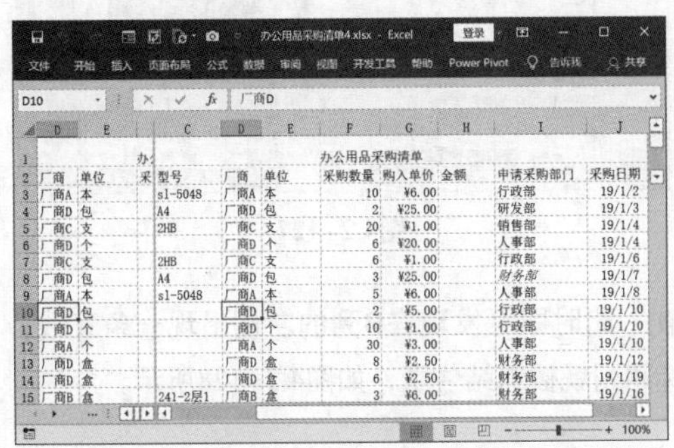

图4.2-119

❼ 如果用户想取消窗口的拆分，只需要切换到【视图】选项卡，然后再次单击【窗口】组中的【拆分】按钮 拆分 即可，如图4.2-120所示。

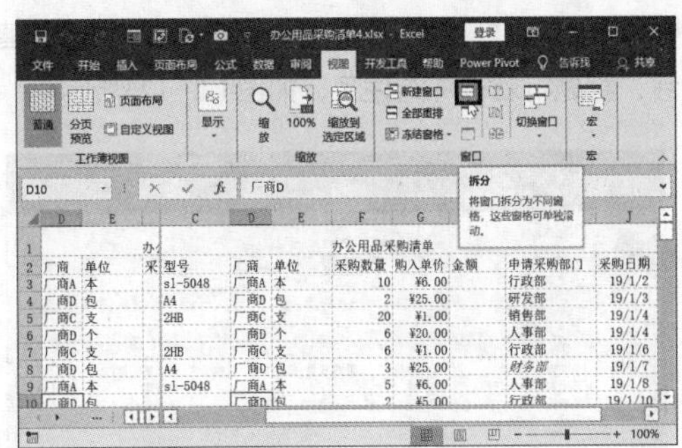

图4.2-120

2. 冻结窗口

当工作表中的数据很多时，为了方便查看，用户可以将工作表的行标题和列标题冻结起来。

冻结窗口的具体步骤如下。

❶ 打开本实例的原始文件，按照前面介绍的方法删除标题所在的第1行，如图4.2-121所示。

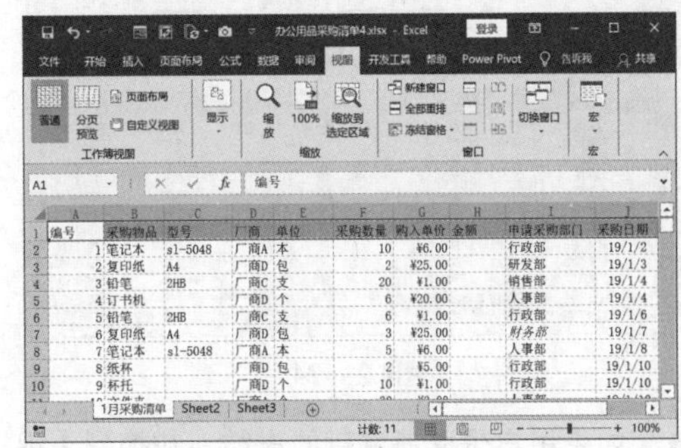

图4.2-121

❷ 选中工作表中任意单元格，切换到【视图】选项卡，单击【窗口】组中的 冻结窗格 按钮，在弹出的下拉列表框中选中【冻结首行】选项，如图4.2-122所示。

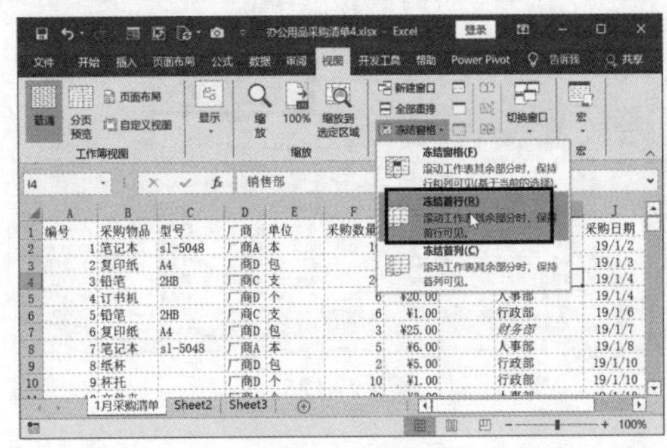

图4.2-122

❸ 此时即可发现在第2行上方出现了一条直线，标题行就被冻结住了，如图4.2-123所示。

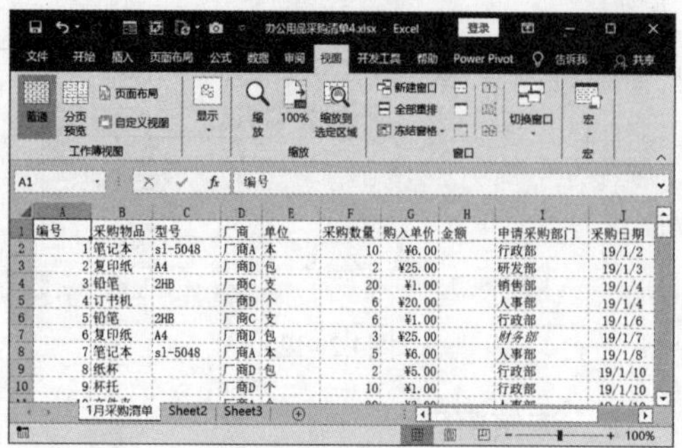

图4.2-123

❹ 拖动垂直滚动条，此时变动的是直线下方的数据信息，直线上方的标题行不随之变化，如图4.2-124所示。

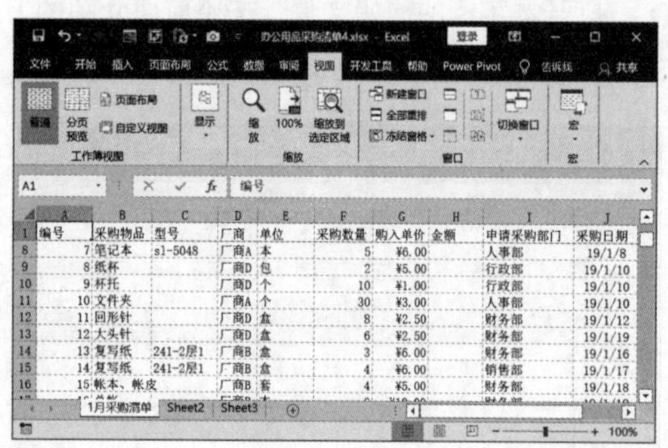

图4.2-124

❺ 如果用户想取消窗口的冻结，切换到【视图】选项卡，单击【窗口】组中的冻结窗格按钮，在弹出的下拉列表框中选中【取消冻结窗格】选项即可，如图4.2-125所示。

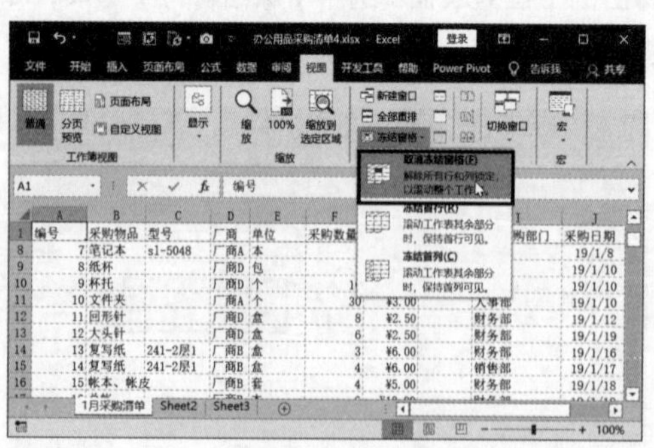

图4.2-125

❻ 此时即可取消首行的冻结，效果如图4.2-126所示。

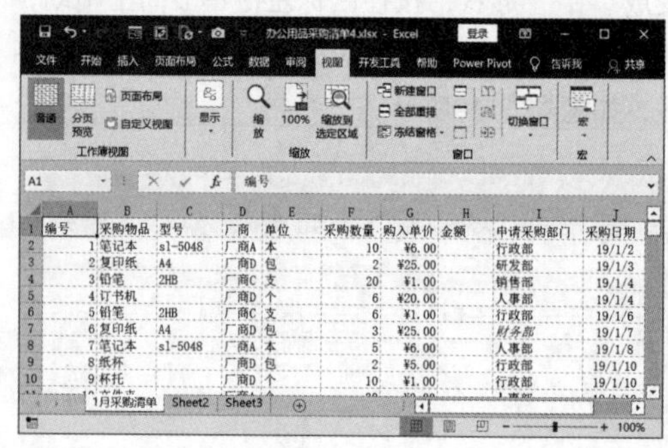

图4.2-126

❼ 如果用户想要冻结首列，可以单击【窗口】组中的按钮冻结窗格，在弹出的下拉列表框中选中【冻结首列】选项即可，如图4.2-127所示。

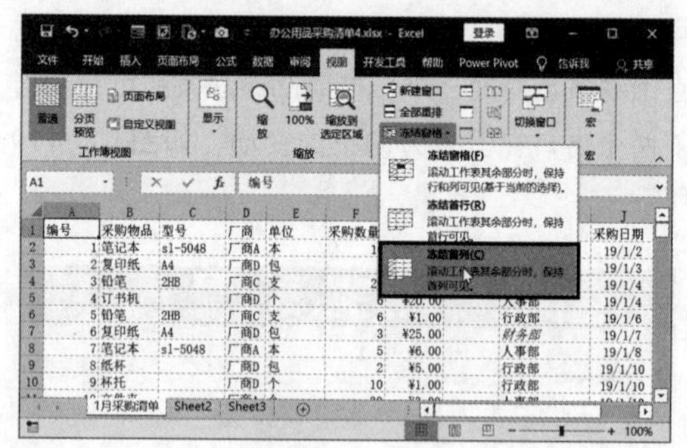

图4.2-127

❽ 此时即可发现在B列的左侧出现一条直线，标题列就被冻结住了，如图4.2-128所示。

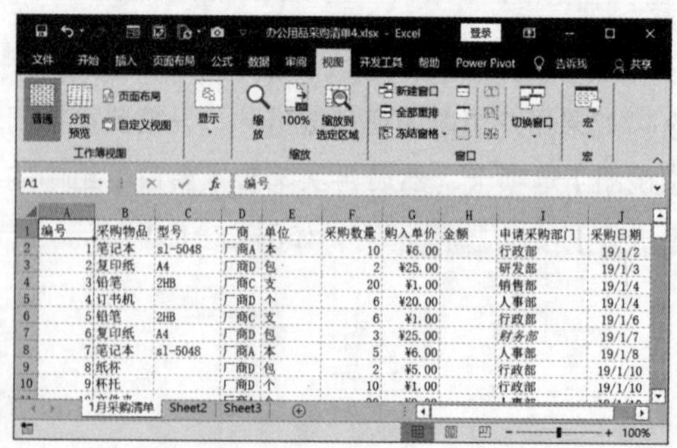

图4.2-128

❾ 拖动水平滚动条，此时变动的是直线右侧的数据信息，直线左侧的标题列不随之变化，如图4.2-129所示。

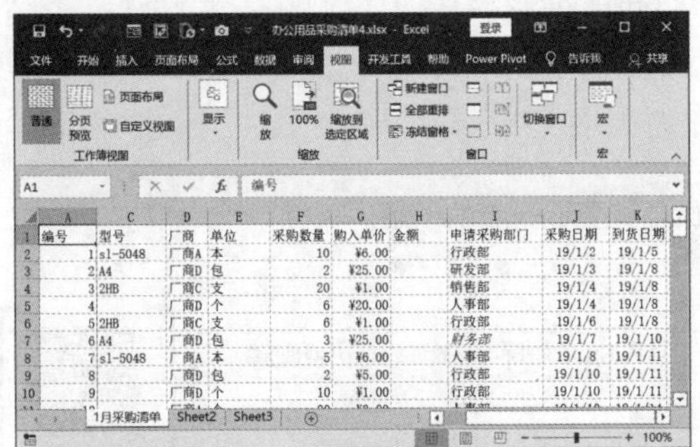

图4.2-129

❿ 按照前面介绍的方法先取消窗口的冻结，再用另一种方法同时冻结首行和首列。选中单元格B2，切换到【视图】选项卡，单击【窗口】组中的冻结窗格按钮，在弹出的下拉列表框中选中【冻结拆分窗格】选项即可，如图4.2-130所示。

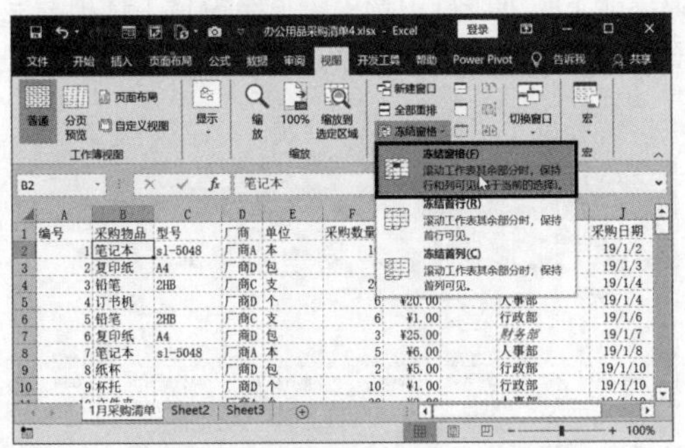

图4.2-130

⓫ 此时即可发现在第2行上方出现了一条直线，标题行就被冻结住了；在B列的左侧出现了一条直线，标题列就被冻结住了，如图4.2-131所示。

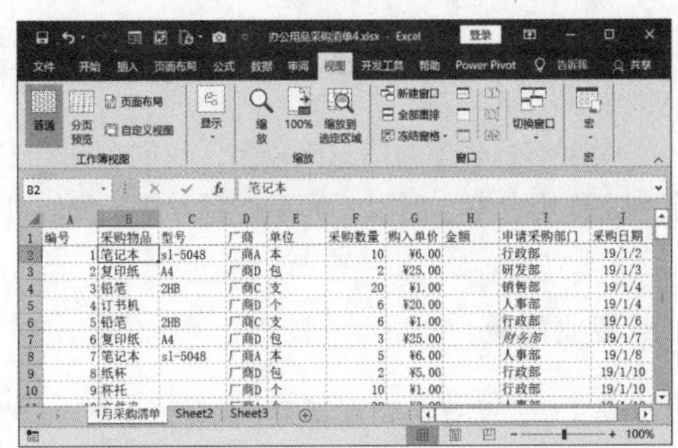

图4.2-131

⓬ 拖动垂直滚动条，此时变动的是直线下方的数据信息，直线上方的标题行不随之变化，如图4.2-132所示。

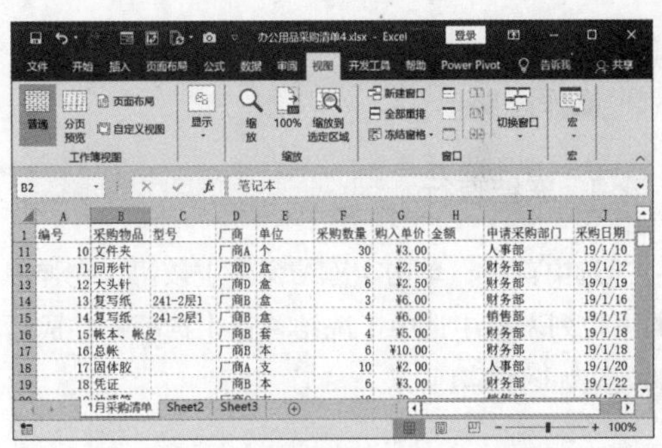

图4.2-132

⓭ 拖动水平滚动条，此时变动的是直线右侧的数据信息，直线左侧的标题列不随之变化，如图4.2-133所示。

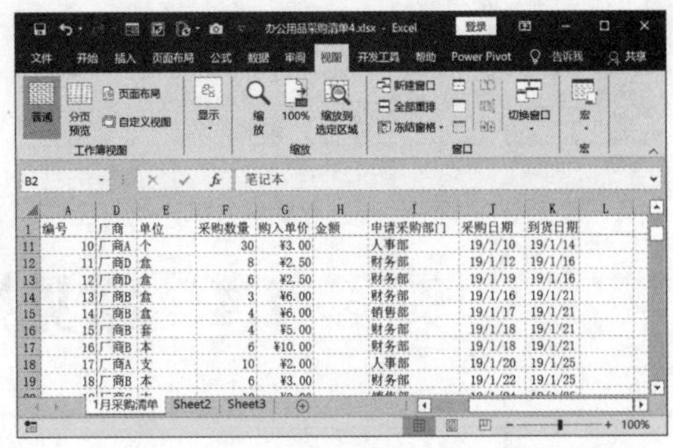

图4.2-133

4.3 课堂实训——冻结窗格

员工信息表中的信息比较多，我们在查看工作表的时候，无论查看哪条信息，都需要行标题和姓名列来作为参考。所以，为了查看方便，我们可以将首行和首列冻结。

专业背景

员工信息表是公司查看员工的背景信息，让公司对员工有更近一步的了解。

实训目的

◎ 熟练掌握Excel的冻结窗格功能

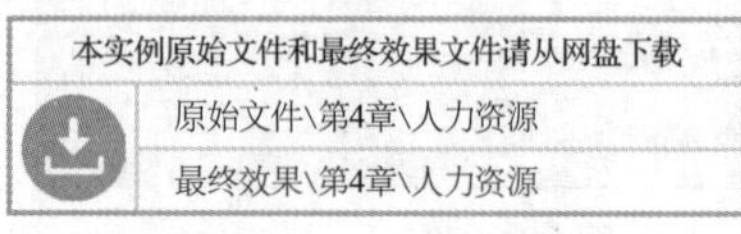

操作思路

1. 冻结首行

选中首行，单击【冻结窗格】按钮，在弹出的下拉列表框中选中【冻结首行】选项，完成后的效果如图4.3-1所示。

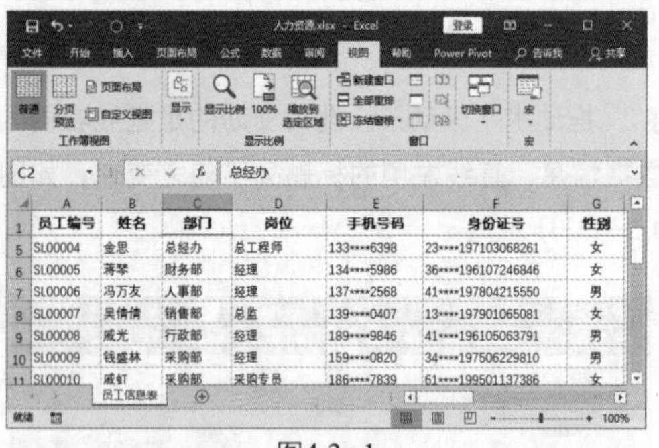

图4.3-1

2. 冻结窗格

选中单元格C2，单击【冻结窗格】按钮，在弹出的下拉列表框中选中【冻结窗格】选项，完成后的效果如图4.3-2所示。

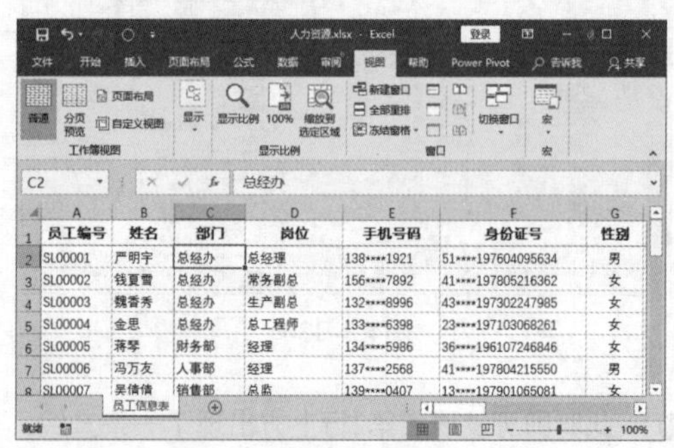

图4.3-2

4.4 常见疑难问题解析

问：如何在Excel中快速输入对号与错号？

答：对号“√”和错号“×”是日常工作中经常用到的符号，使用插入符号的方法来插入比较麻烦，用户可以使用快捷键插入。按住【Alt】键不放，同时使用数字小键盘输入“41420”，然后松开【Alt】键，即可在Excel表格中插入对号“√”；同样，按住【Alt】键不放，输入“41409”

即可插入错号“×”。

问：如何隐藏表格中的网格线？

答：打开要隐藏网格线的文档，切换到【视图】选项卡，在【显示】组中撤选【网格线】复选框即可隐藏网格线；需要显示网格线时，再次选中【网格线】复选框即可。

4.5　课后习题

（1）制作和编辑销售数据明细表，注意单元格中的数字格式。最终效果如图4.5-1所示。

（2）冻结销售数据明细表的首行和第3列。最终效果如图4.5-2所示。

图4.5-1

图4.5-2

第5章 规范与美化工作表

本章内容简介

除了对工作簿和工作表进行基本操作之外，用户还可以对工作表进行各种美化操作。美化工作表的操作主要包括设置单元格格式、设置工作表背景、设置样式、使用主题以及使用批注。接下来，本章以美化销售统计表为例，介绍如何美化工作表。

学完本章我能做什么

通过本章的学习，我们能熟练美化工作表，并且可以为单元格添加批注。

学习目标

- 学会设置单元格格式
- 学会设置工作表背景
- 学会设置工作表样式
- 学会使用工作表主题
- 学会使用批注

5.1　设置单元格格式——销售统计表

设置单元格格式的基本操作主要包括设置字体格式、设置数字格式、设置对齐方式以及添加边框和底纹。

5.1.1　设置字体格式

为了使工作表看起来美观，用户还可以设置工作表中数据的字体格式。

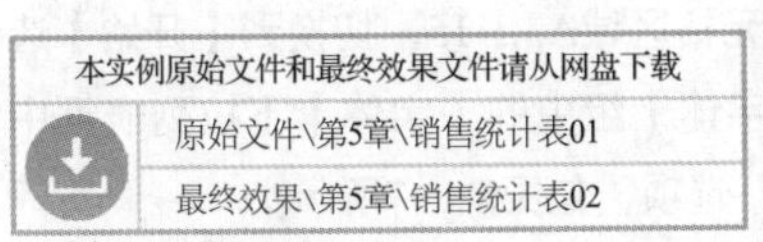

扫码看视频

设置字体格式的具体步骤如下。

❶ 打开本实例的原始文件，选中标题单元格A1，切换到【开始】选项卡，单击【字体】组右下角的【对话框启动器】按钮，如图5.1-1所示。

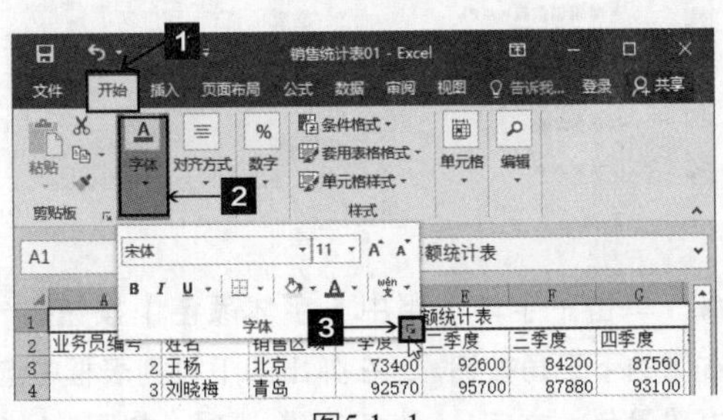
图5.1-1

❷ 弹出【设置单元格格式】对话框，切换到【字体】选项卡，在【字体】列表框中选中“微软雅黑”选项，在【字号】列表框中选中“20”选项，在【颜色】下拉列表框中选择合适的字体颜色，例如选中“蓝色”选项，设置完毕单击【确定】按钮，如图5.1-2所示。

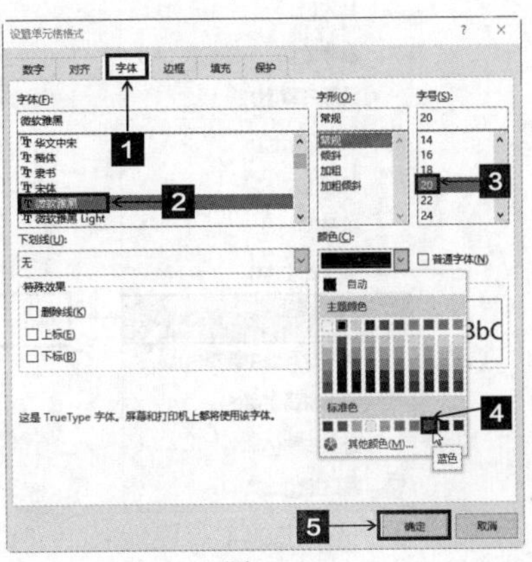
图5.1-2

❸ 设置完毕单击【确定】按钮后的设置效果如图5.1-3所示。

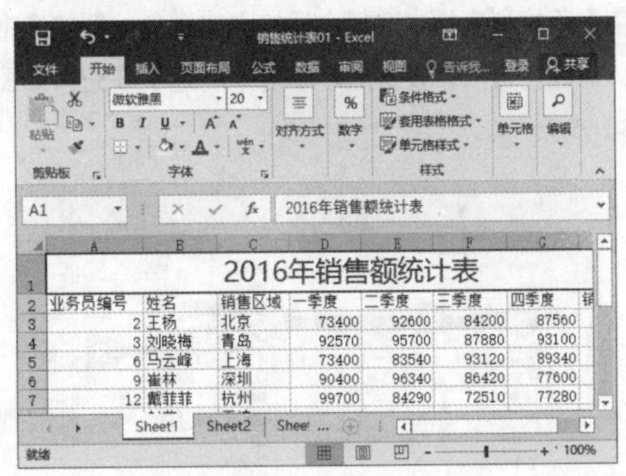

图5.1-3

❹ 选中单元格区域A2:H2，单击鼠标右键，在弹出的快捷菜单中单击【设置单元格格式】命令，如图5.1-4所示。

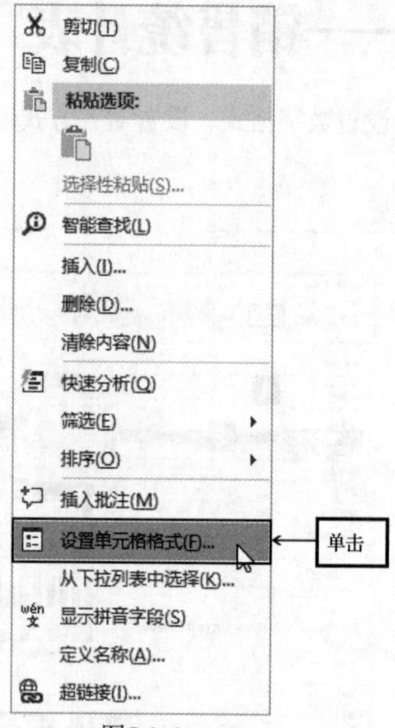

图5.1-4

❺ 弹出【设置单元格格式】对话框，切换到【字体】选项卡，在【字体】列表框中选中“楷体”选项，在【字号】列表框中选中“14”选项，在【颜色】下拉列表框中选择合适的字体颜色，例如选中“深红”选项，设置完毕单击【确定】按钮，如图5.1–5所示。

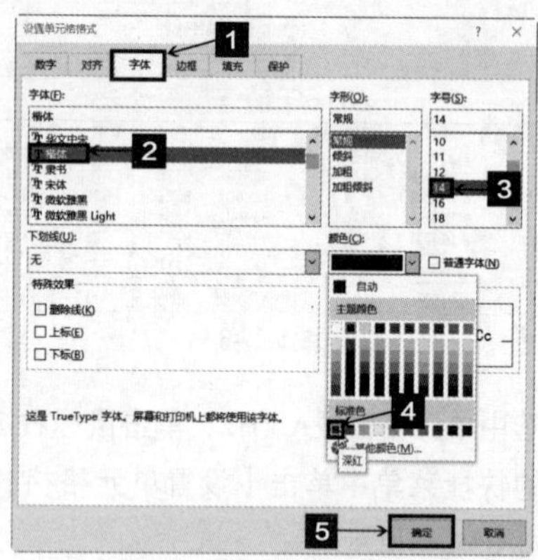

图5.1–5

❻ 单击【确定】按钮后的效果如图5.1–6所示。

图5.1-6

❼ 选中单元格区域A3:H15，切换到【开始】选项卡，在【字体】组中的【字体】下拉列表框中单击“黑体”选项，如图5.1–7所示。

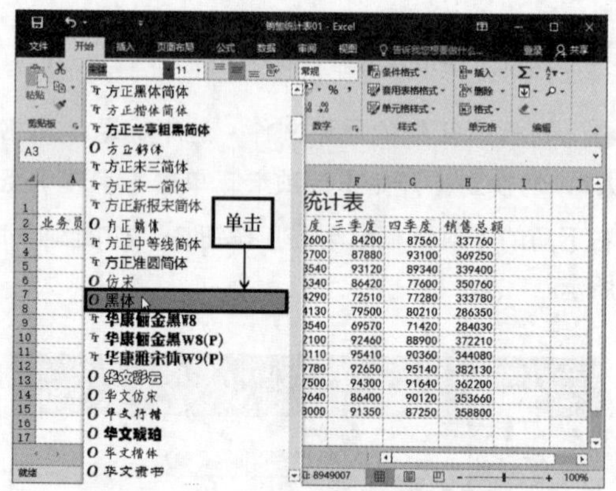

图5.1-7

❽ 单击【字体】组中【字体颜色】按钮右侧的下三角按钮，在弹出的下拉列表框中选中“黑色，文字1，淡色5%”选项，如图5.1–8所示。

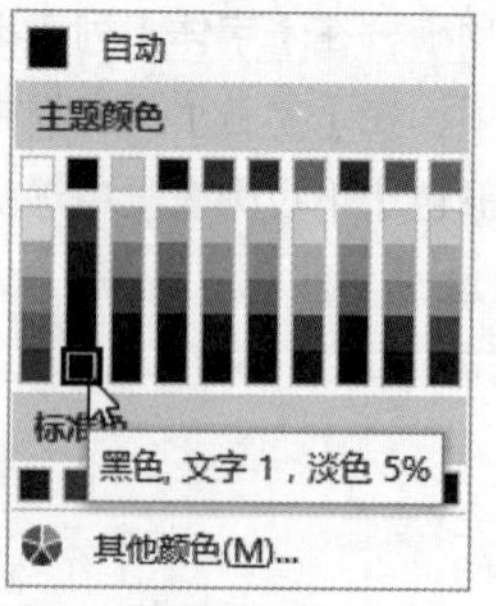

图5.1–8

❾ 设置效果如图5.1–9所示。

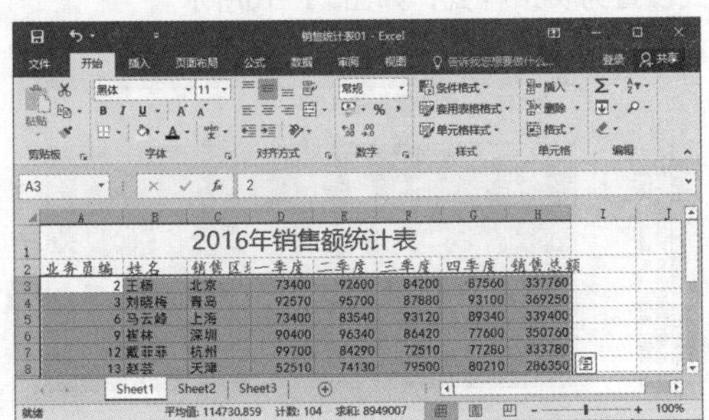

图5.1–9

❿ 将鼠标指针移动到C列和D列之间的列标题分隔线上，此时鼠标指针变成“✛”形状，在该分隔线上双击，此时即可将C列的列宽自动调为最适合的列宽，效果如图5.1–10所示。

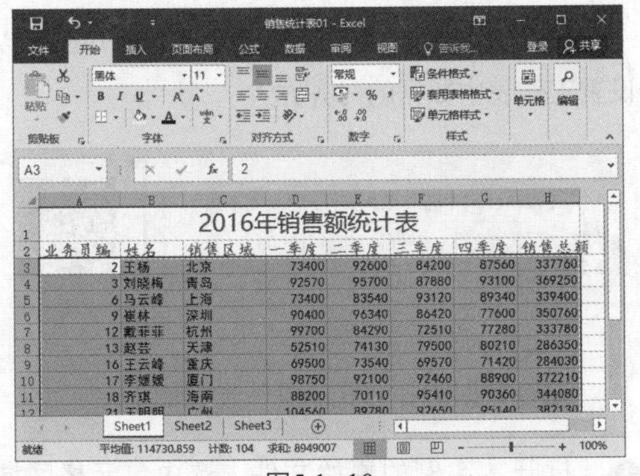

图5.1–10

⓫ 按照同样的方法调整其他列的列宽，效果如图5.1–11所示。

图5.1–11

5.1.2 设置数字格式

为了使表格文本看起来更加清晰、整齐，用户除了可以设置字体格式，还可以设置数据的数字格式。Excel 2016提供了各种数字格式，用户可以根据自己的实际需要进行选择。

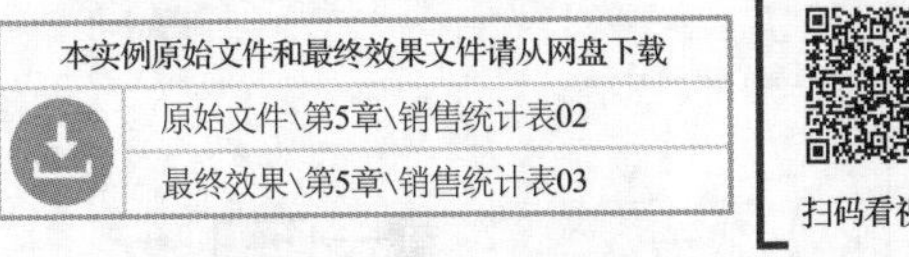

扫码看视频

设置数字格式的具体步骤如下。

❶ 打开本实例的原始文件，选择要设置数字格式的单元格区域A3:A15，切换到【开始】选项卡，单击【数字】组右侧的【对话框启动器】按钮，效果如图5.1–12所示。

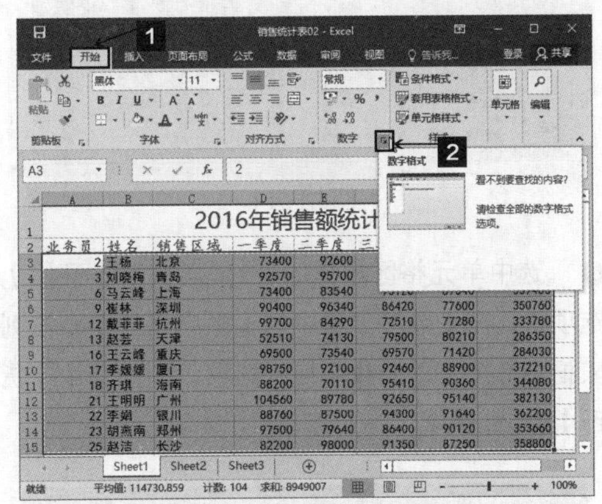

图5.1–12

❷ 弹出【设置单元格格式】对话框，切换到【数字】选项卡，在左侧的【分类】列表框中选择要设置的数字格式，例如选中【自定义】选项，在右侧的【类型】列表框中输入“000”，设置完毕单击【确定】按钮，效果如图5.1–13所示。

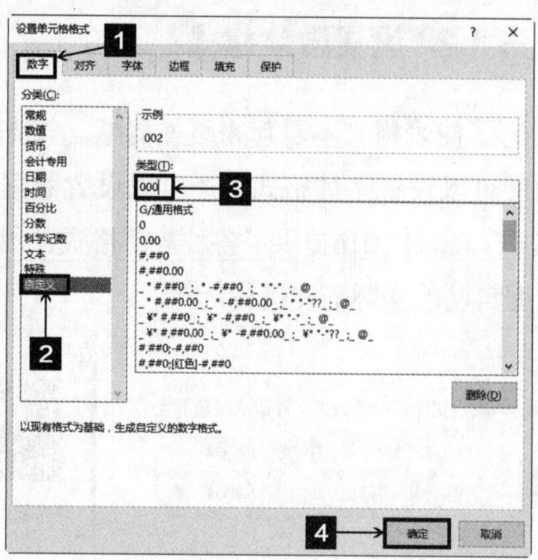

图5.1–13

❸ 设置完毕单击【确定】按钮后的效果如图5.1–14所示。

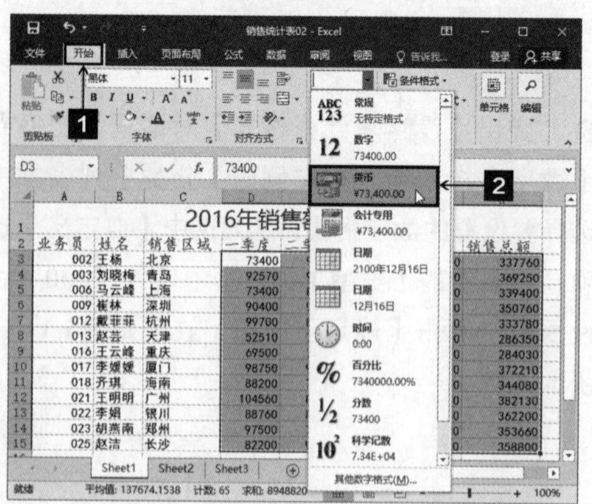

图5.1–14

❹ 选中单元格区域D3:H15，切换到【开始】选项卡，在【数字】组中的【数字格式】下拉列表框中选择合适的数字格式选项，例如选中【货币】选项，如图5.1–15所示。

图5.1–15

❺ 此时即可将该单元格区域中的数据的数字格式设置为货币样式，如图5.1–16所示。

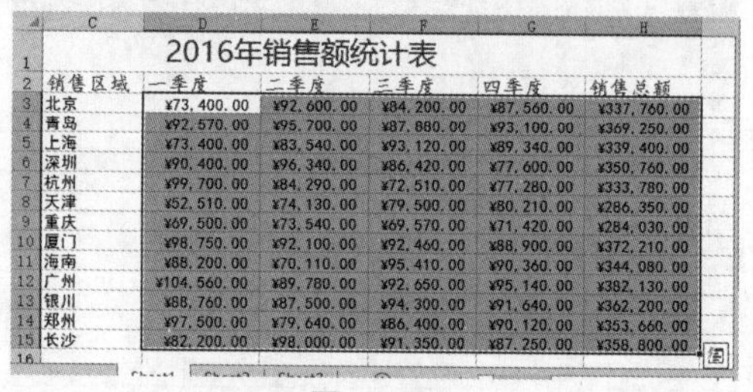

图5.1–16

❻ 用户也可以单击鼠标右键，在弹出的快捷菜单中单击【设置单元格格式】命令来设置单元格中的数字格式。

5.1.3 设置对齐方式

除了设置数据的数字格式之外，用户还可以设置工作表中数据的对齐方式。

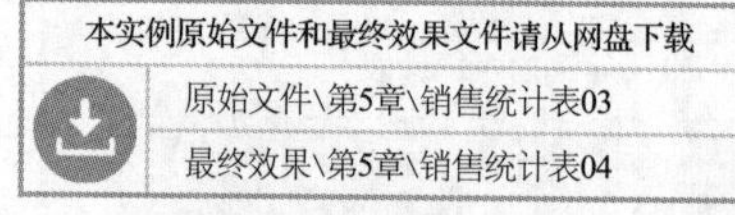

设置数据对齐方式的具体步骤如下。

❶ 打开本实例的原始文件，选中单元格区域A2:H2，切换到【开始】选项卡，单击【对齐方式】组中的【居中】按钮，效果如图5.1–17所示。

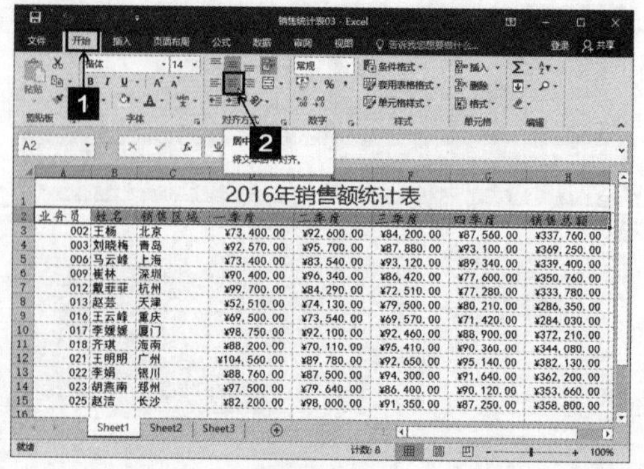

图5.1–17

❷　此时该单元格区域中的数据居中显示，效果如图5.1-18所示。

图5.1-18

❸　选中单元格区域A3:H15，单击鼠标右键，在弹出的快捷菜单中单击【设置单元格格式】命令，如图5.1-19所示。

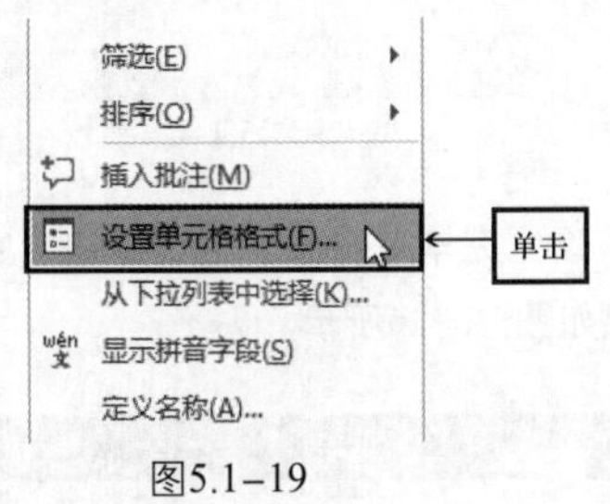

图5.1-19

❹　弹出【设置单元格格式】对话框，切换到【对齐】选项卡，分别在【水平对齐】和【垂直对齐】下拉列表框中选中【居中】选项，设置完毕后单击【确定】按钮，如图5.1-20所示。

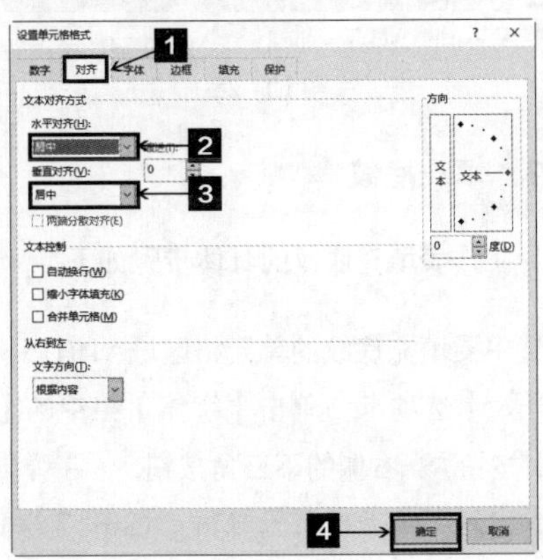

图5.1-20

❺　单击【确定】按钮返回工作表中后的效果如图5.1-21所示。

图5.1-21

5.1.4　添加边框和底纹

在编辑工作表的过程中，用户可以为其添加漂亮的边框和底纹。

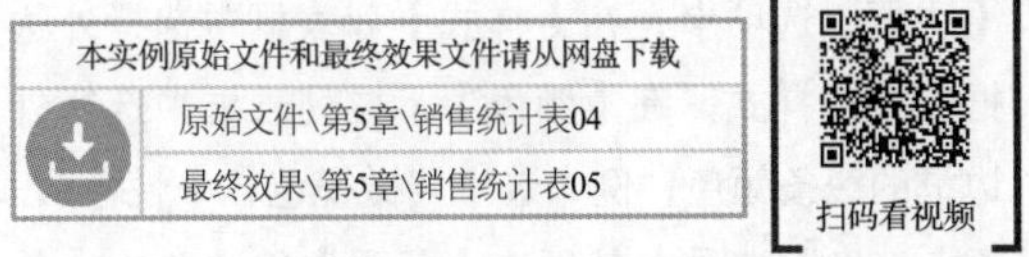

1. 添加内外边框

为工作表添加内外边框的具体步骤如下。

❶　打开本实例的原始文件，选中要添加内外边框的单元格区域A1:H15，切换到【开始】选项卡，单击【字体】组中的【绘制边框线】按钮右侧的下三角按钮，在弹出的下拉列表框中单击【其他边框】选项，如图5.1-22所示。

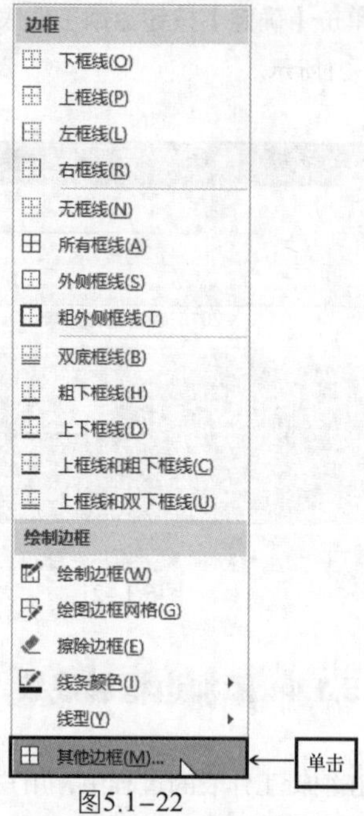

图5.1-22

❷ 弹出【设置单元格格式】对话框，切换到【边框】选项卡，在【样式】列表框中选择外边框的线条样式，在【颜色】下拉列表框中选择外边框的线条颜色，例如选中“橄榄色，个性色3，深色50%”选项，然后在【预置】组中单击【外边框】按钮，此时在下方的预览框中即可预览到外边框的设置效果，如图5.1-23所示。

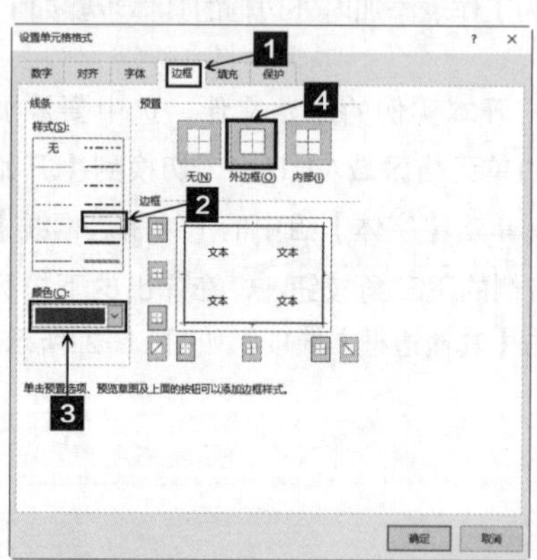

图5.1-23

❸ 在【样式】列表框中选择内部边框的线条样式，在【颜色】下拉列表框中选择内部边框的线条颜色，例如选中“水绿色，个性色5，深色50%”选项，然后在【预置】组中单击【内部】按钮，此时在下方的预览框中即可预览到内部边框的设置效果，如图5.1-24所示。

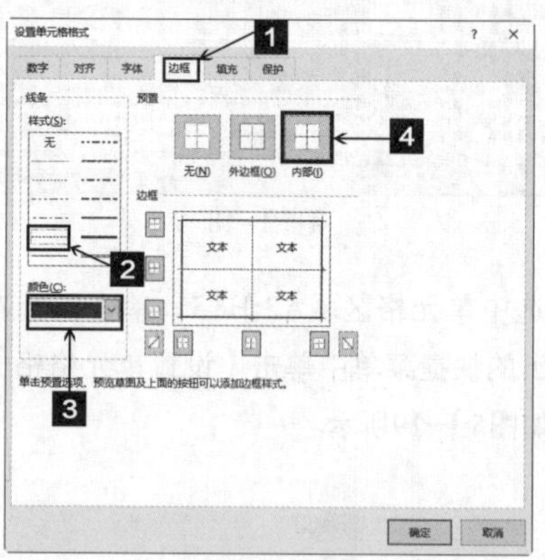

图5.1-24

❹ 设置完毕单击【确定】按钮返回工作表中，效果如图5.1-25所示。

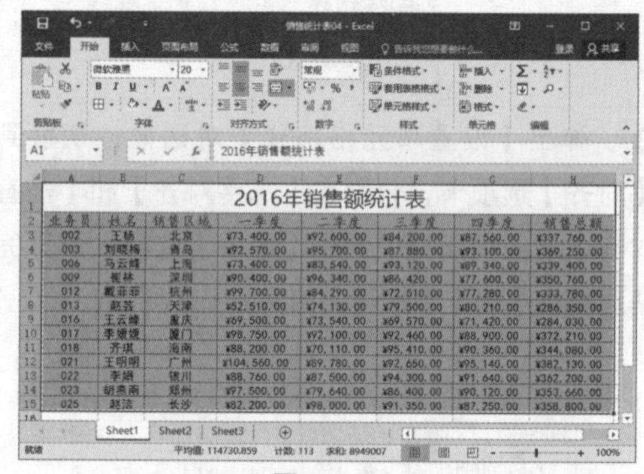

图5.1-25

2. 填充底纹

为工作表填充底纹的具体步骤如下。

❶ 选中要填充底纹的单元格区域A1:H15，切换到【开始】选项卡，单击【字体】组中的【填充颜色】按钮右侧的下三角按钮，在弹出的下拉列表中列出了各种背景颜色，选中“水绿色，个性色5，淡色80%”选项，如图5.1-26所示。

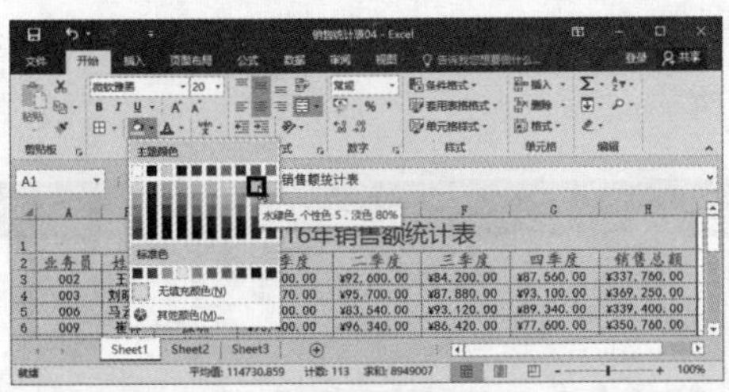
图5.1–26

❷ 设置后的效果如图5.1–27所示。

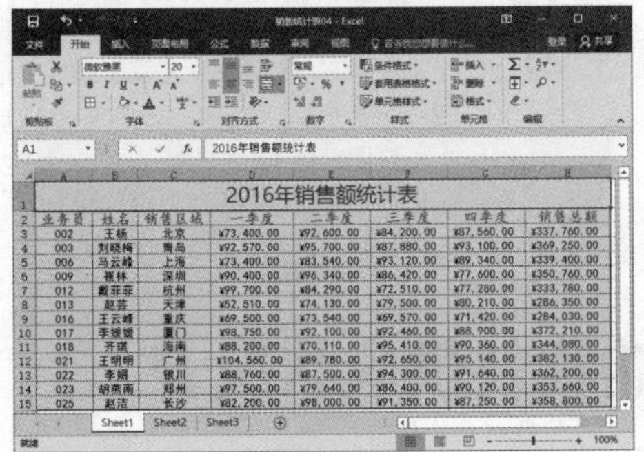

图5.1–27

❸ 选中要填充底纹的单元格区域A2:H2，按照前面介绍的方法打开【设置单元格格式】对话框，切换到【填充】选项卡，在左侧的【背景色】面板中选择填充颜色，例如选中“浅蓝”选项，在【图案颜色】下拉列表框中选中“黄色”选项，然后在【图案样式】下拉列表框中选中“6.25%，灰色”选项，如图5.1–28所示。

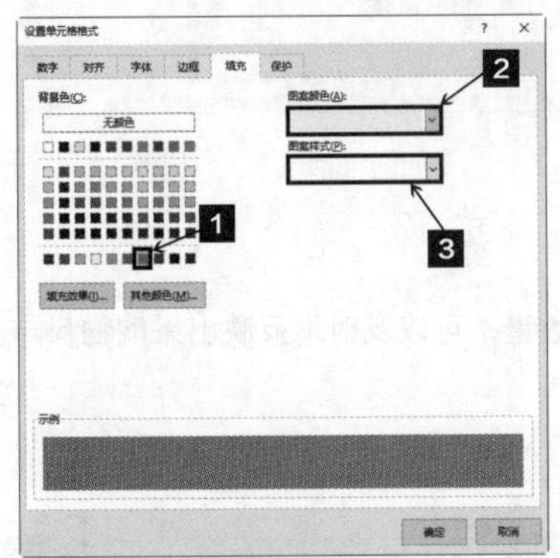

图5.1–28

❹ 设置完毕单击【确定】按钮，设置效果如图5.1–29所示。

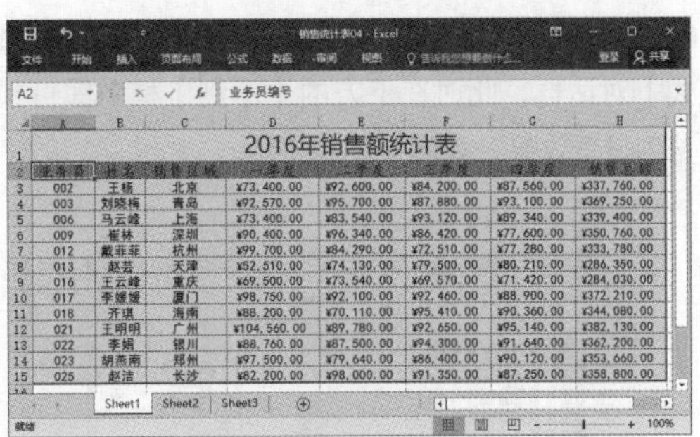

图5.1–29

❺ 选中要填充底纹的单元格A1，按照前面介绍的方法打开【设置单元格格式】对话框，切换到【填充】选项卡，然后单击【填充效果】按钮，如图5.1–30所示。

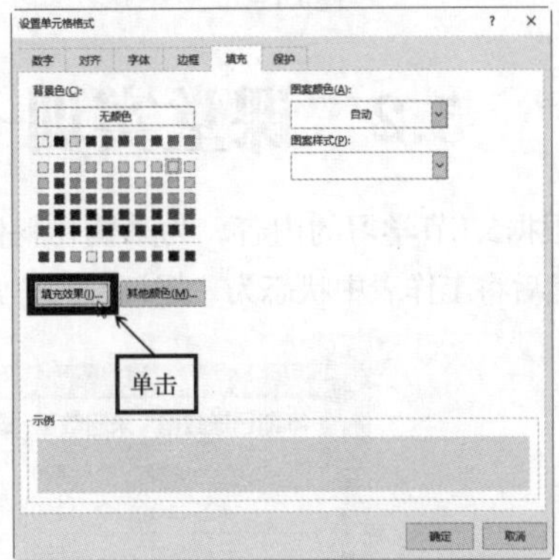

图5.1–30

❻ 弹出【填充效果】对话框，在【颜色2】下拉列表框中选中“浅绿”选项，在【底纹样式】组中选中【中心辐射】单选按钮，此时在右侧的【示例】框中即可预览到设置效果，如图5.1–31所示。

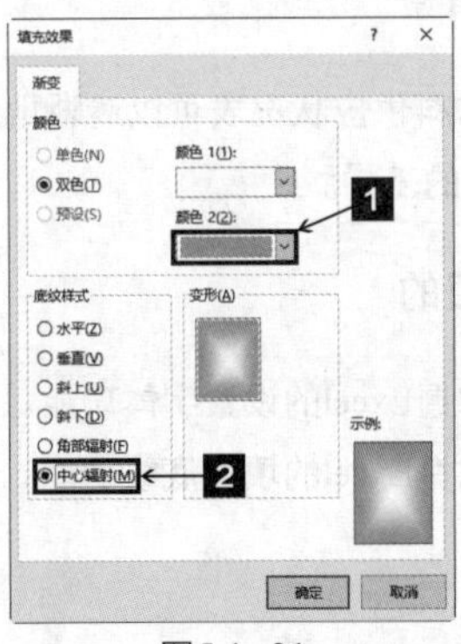

图5.1–31

❼ 单击【确定】按钮，返回【设置单元格格式】对话框，此时在下方的【示例】框中即可预览到设置效果，如图5.1–32所示。

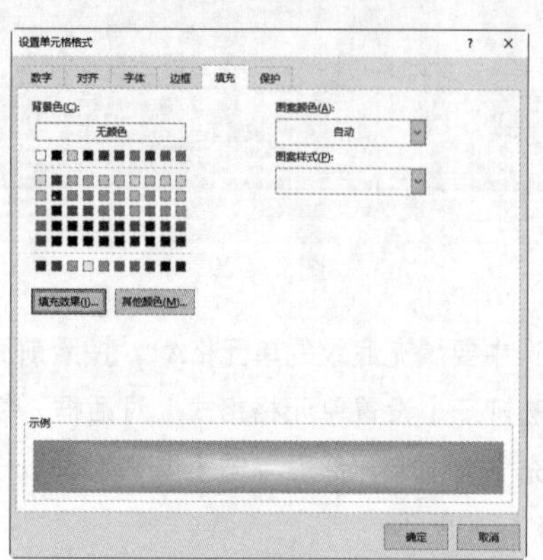

图5.1–32

❽ 单击【确定】按钮即可完成设置，如图5.1–33所示。

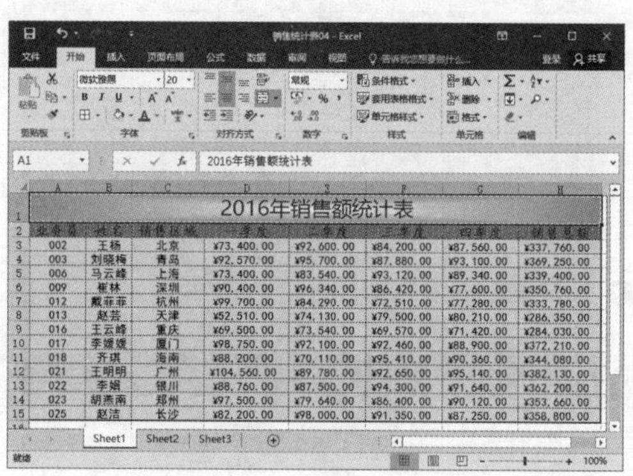

图5.1–33

5.2 课堂实训——采购物料供应状况表

根据5.1节学习的内容，为采购物料供应状况表中的标题栏字体设置加粗显示，并适当调整字号，然后将工作表中状态为“超订”的单元格添加红色底纹。设置后最终效果如图5.2–1所示。

	L	M	N	O	P	Q	R	S
1	本期已送数量	未回数量	退回数量	采购数量	仓库库存	状态	存放区	备注
2	300	800	0	1000	800	正常	A-1区	
3	0	1100	0	1000	200	正常	A-1区	
4	500	600	0	1000	1000	正常	A-1区	
5	590	510	0	1000	1090	超订	A-2区	
6	50	10	0	50	250	超订	A-3区	
7	40	0	0	40	240	超订	A-3区	
8	30	0	0	30	230	超订	A-3区	
9	100	1000	0	1000	1100	正常	A-4区	

图5.2–1

专业背景

采购物料供应状况表可以清晰地反映物料的采购、库存数量，可以及时地反映出采购物料与实际需求物料之间的差异。

实训目的

◎ 熟练掌握Excel的设置字体功能

◎ 熟练掌握Excel的填充底纹功能

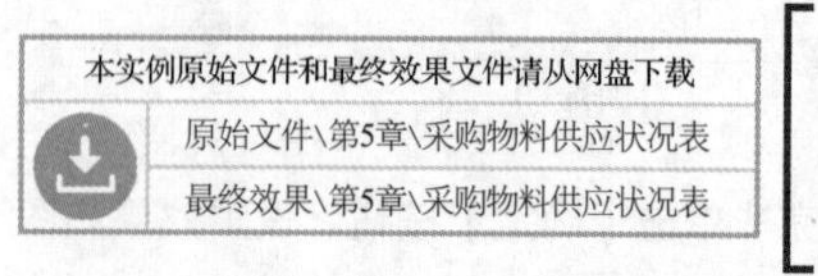
本实例原始文件和最终效果文件请从网盘下载

原始文件\第5章\采购物料供应状况表

最终效果\第5章\采购物料供应状况表

扫码看视频

操作思路

1. 设置字体

在【开始】选项卡的【字体】组中将标题字号调整为14号，并加粗显示，完成后的效果如图5.2-2所示。

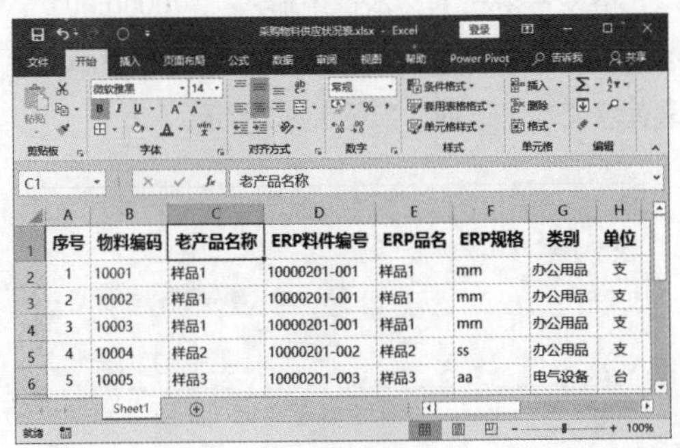

图5.2-2

2. 填充底纹

要求通过【字体】组中的【填充效果】按钮为“超订”状态的单元格填充颜色，完成后的效果如图5.2-3所示。

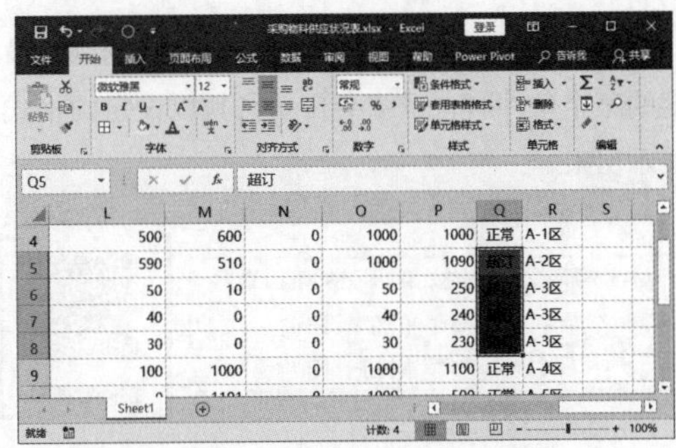

图5.2-3

5.3　设置工作表背景

除了设置单元格格式之外，用户还可以为工作表设置漂亮的背景图片。用户可以将自己喜欢的图片设置为工作表的背景。

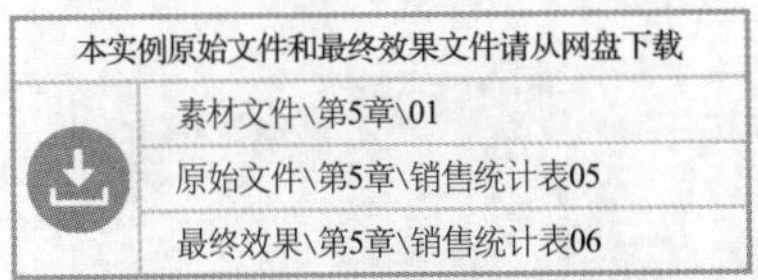

设置工作表背景的具体步骤如下。

❶ 打开本实例的原始文件，切换到【页面布局】选项卡，然后单击【页面设置】组中的【背景】按钮，如图5.3-1所示。

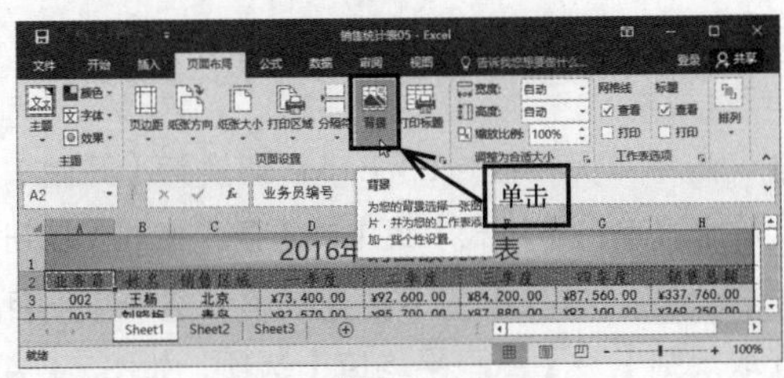

图5.3-1

❷ 弹出【插入图片】对话框，单击【浏览】按钮，弹出【工作表背景】对话框，选中要设置为工作表背景的图片文件“01.jpg”，如图5.3-2所示。

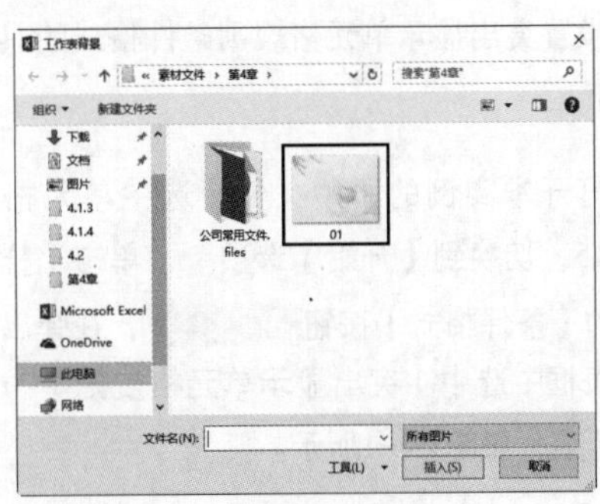

图5.3-2

❸ 选择完毕单击【插入】按钮即可，设置效果如图5.3-3所示。

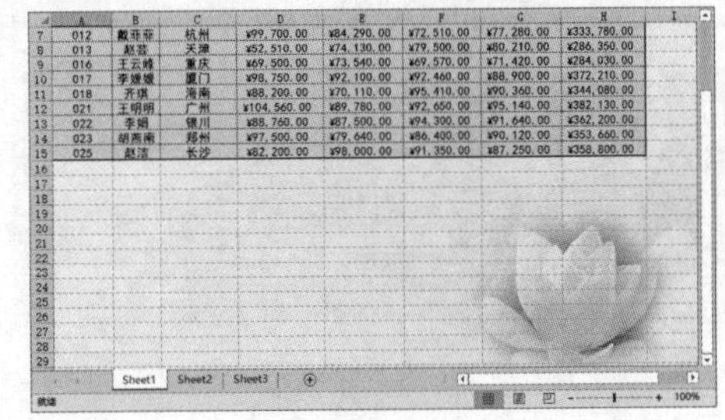

图5.3-3

5.4 设置样式

除了设置单元格格式和工作表背景之外，用户还可以设置工作表的样式，主要包括条件格式、套用表格格式以及设置单元格样式等。

5.4.1 条件格式

所谓条件格式是指当单元格中的数据满足设定的某个条件时，系统会自动将其以设定的格式显示出来。

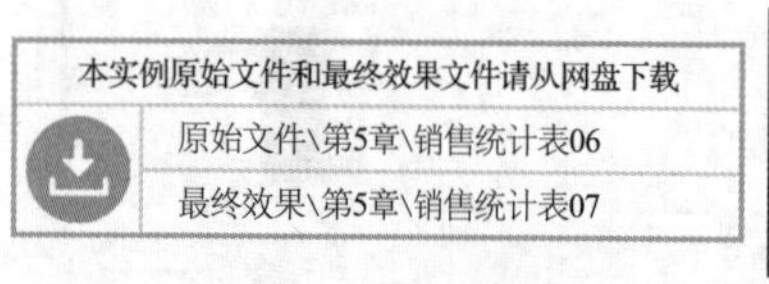

条件格式分为突出显示单元格规则、项目选取规则、数据条、色阶和图标集，下面我们分别对它们进行介绍。

1. 突出显示单元格规则

设置突出显示单元格规则条件格式的具体步骤如下。

❶ 打开本实例的原始文件，选中单元格区域D3:D15，切换到【开始】选项卡，单击【样式】组中的【条件格式】按钮 条件格式 ，在弹出的下拉列表框中选中【突出显示单元格规则】→【小于】选项，如图5.4-1所示。

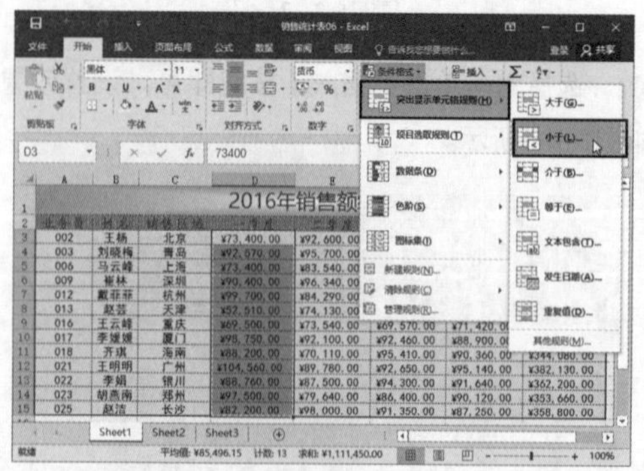

图5.4-1

❷ 弹出【小于】对话框，在【为小于以下值的单元格设置格式】文本框中输入“¥70000.00”，然后在【设置为】下拉列表框中选中【黄填充色深黄色文本】选项，如图5.4-2所示。

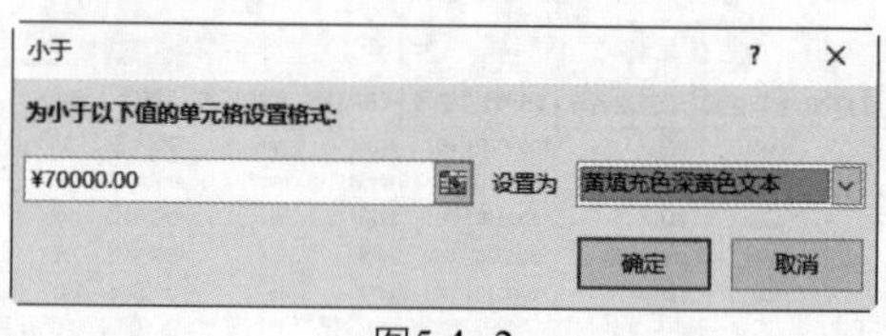

图5.4-2

❸ 选择完毕后单击【确定】按钮即可，设置效果如图5.4-3所示。

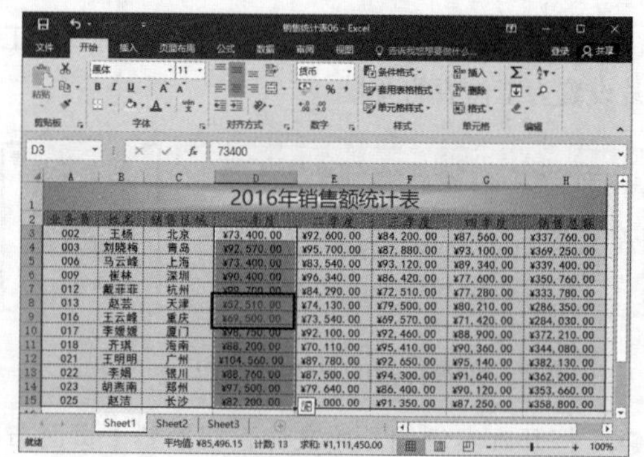

图5.4-3

2. 项目选取规则

设置项目选取规则条件格式的具体步骤如下。

❶ 选中单元格区域E3:E15，切换到【开始】选项卡，单击【样式】组中的【条件格式】按钮 条件格式 ，在弹出的下拉列表框中选中【项目选取规则】→【高于平均值】选项，如图5.4-4所示。

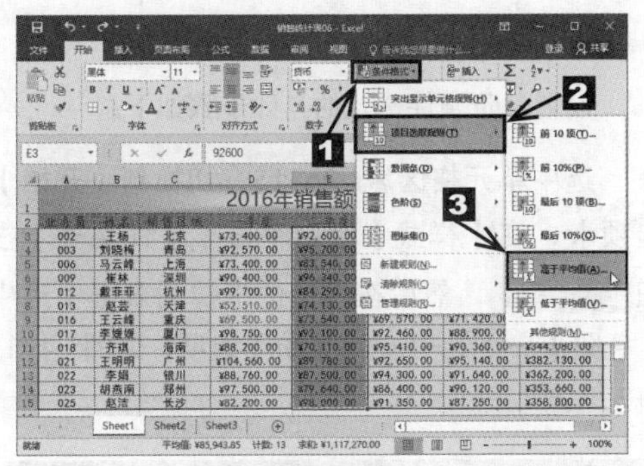
图5.4-4

❷ 弹出【高于平均值】对话框，在【针对选定选区，设置为】下拉列表框中选中【自定义格式】选项，如图5.4-5所示。

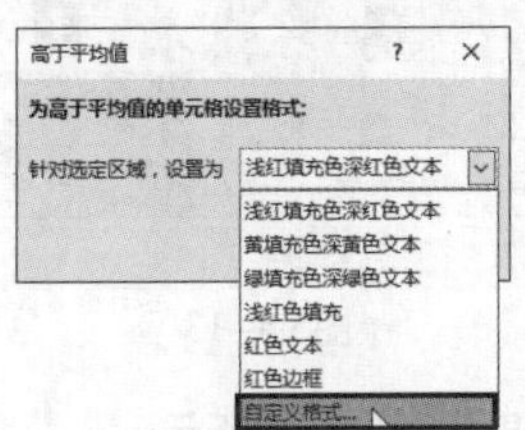

图5.4-5

❸ 弹出【设置单元格格式】对话框，切换到【填充】选项卡，如图5.4-6所示。

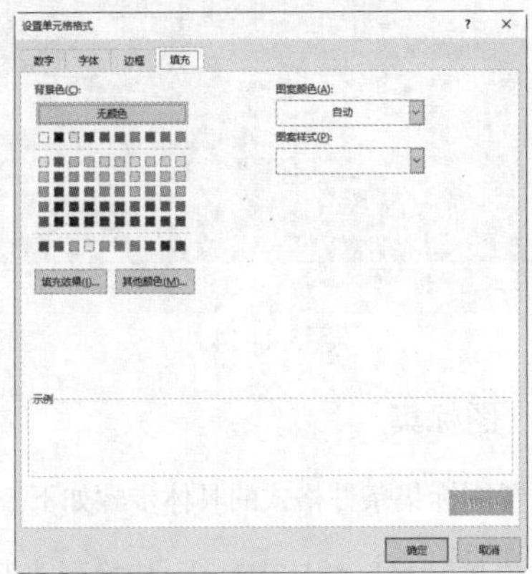
图5.4-6

❹ 单击【其他颜色】按钮，弹出【颜色】对话框，切换到【标准】选项卡，然后在下方的【颜色】面板中选择合适的填充颜色，如图5.4-7所示。

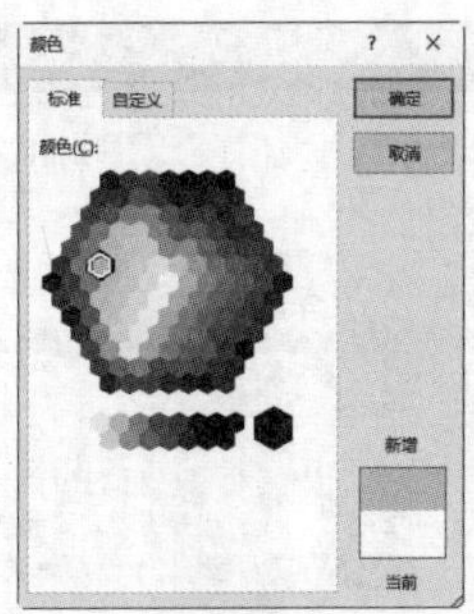
图5.4-7

❺ 选择完毕单击【确定】按钮，返回【设置单元格格式】对话框，此时在下方的【示例】框中即可预览填充效果，如图5.4-8所示。

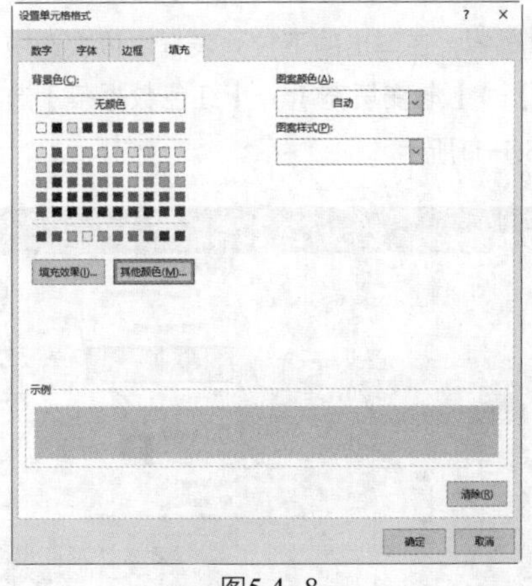
图5.4-8

❻ 单击【确定】按钮，返回【高于平均值】对话框，如图5.4-9所示。

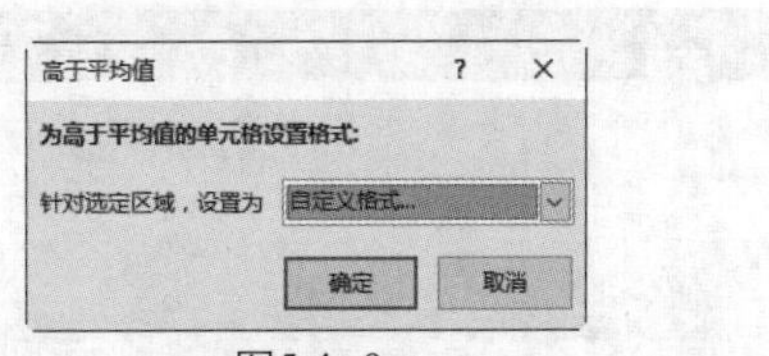

图5.4-9

❼ 单击【确定】按钮返回工作表中，设置效果如图5.4-10所示。

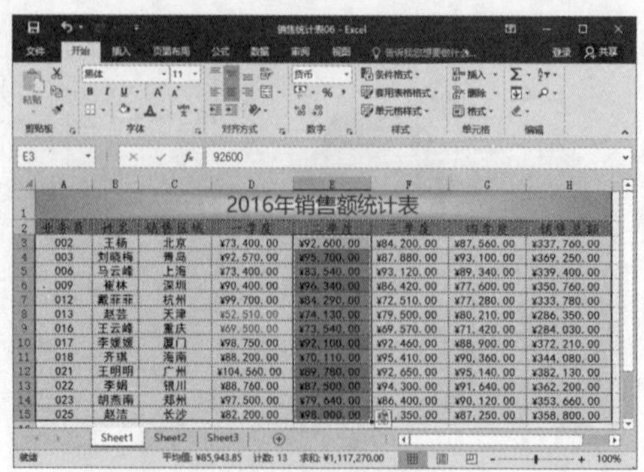

图5.4-10

3. 数据条

设置数据条条件格式的具体步骤如下。

❶ 选中单元格区域F3:F15，切换到【开始】选项卡，单击【样式】组中的【条件格式】按钮 条件格式 ，在弹出的下拉列表框中依次选中【数据条】→【渐变填充】→【红色数据条】选项，如图5.4-11所示。

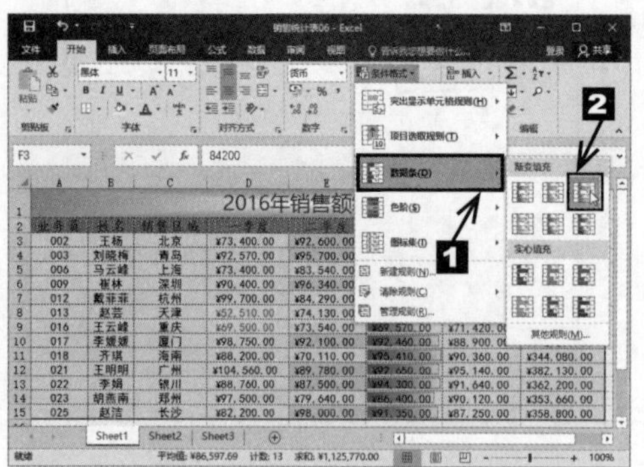

图5.4-11

❷ 设置效果如图5.4-12所示。

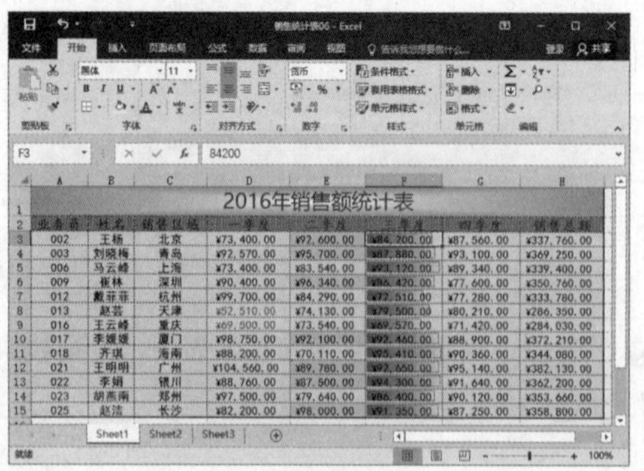

图5.4-12

4. 色阶

设置色阶条件格式的具体步骤如下。

❶ 选中单元格区域G3:G15，切换到【开始】选项卡，在【样式】组中单击【条件格式】按钮 条件格式 ，然后在弹出的下拉列表框中选中【色阶】→【红-白-绿色阶】选项，如图5.4-13所示。

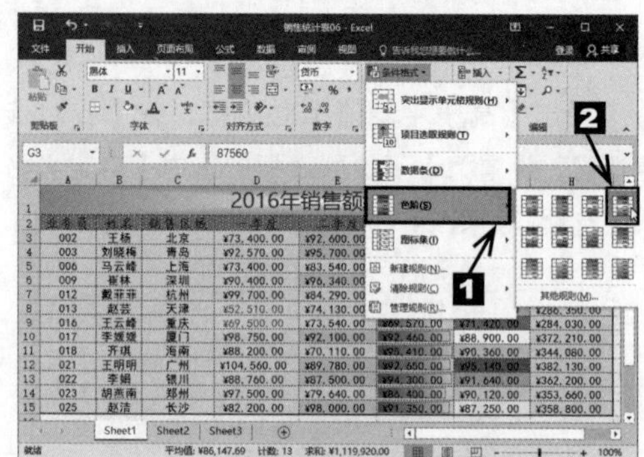

图5.4-13

❷ 设置效果如图5.4-14所示。

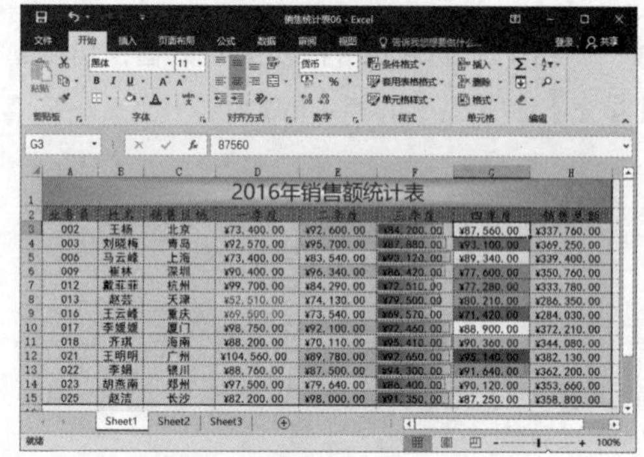

图5.4-14

5. 图标集

设置图标集条件格式的具体步骤如下。

❶ 选中单元格区域H3:H15，切换到【开始】选项卡，在【样式】组中单击【条件格式】按钮 条件格式 ，在弹出的下拉列表框中选中【图标集】→【形状】→【三色交通灯（无边框）】选项，如图5.4-15所示。

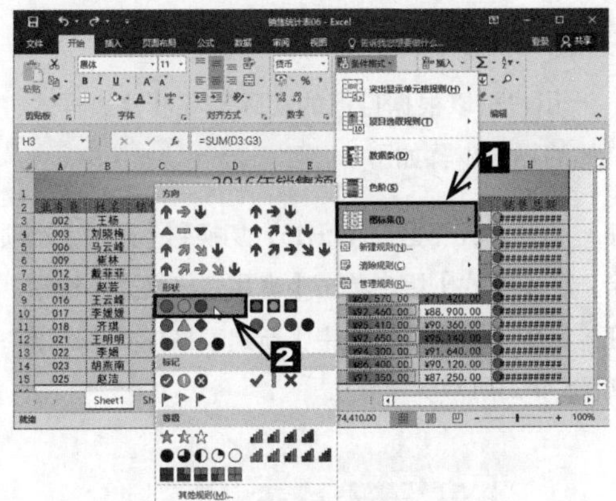

图5.4-15

❷　设置效果如图5.4-16所示。

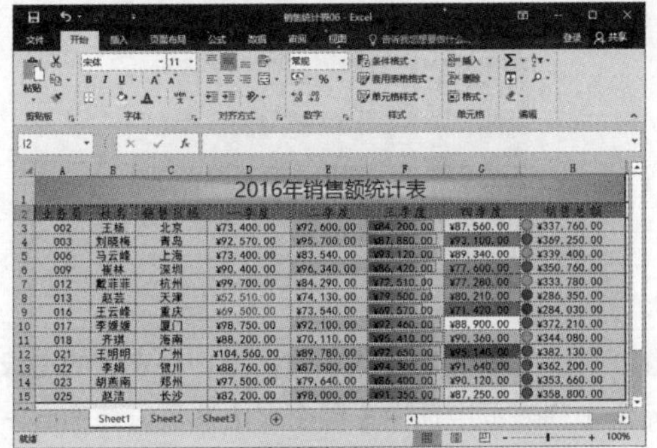

图5.4-16

5.4.2　套用表格格式

系统自带了一些表格格式，用户可以从中选择合适的表格格式进行套用，此外还可以新建表格格式。

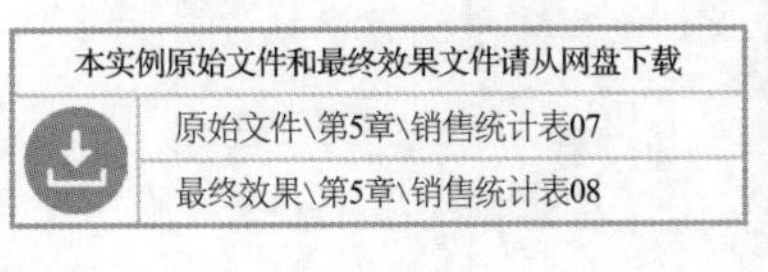

本实例原始文件和最终效果文件请从网盘下载

原始文件\第5章\销售统计表07

最终效果\第5章\销售统计表08

1. 选择系统自带的表格格式

选择系统自带表格格式的具体操作步骤如下。

❶　打开本实例的原始文件，选中单元格区域A1:H15，单击鼠标右键，在弹出的快捷菜单中单击【设置单元格格式】命令，如图5.4-17所示。

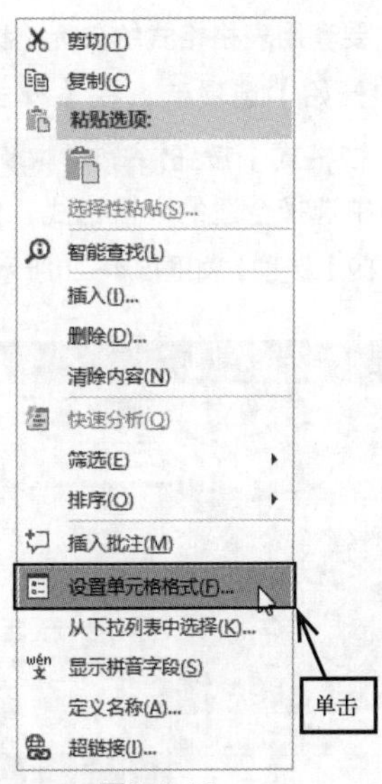

图5.4-17

❷　弹出【设置单元格格式】对话框，切换到【填充】选项卡，然后选中【无颜色】按钮，如图5.4-18所示。

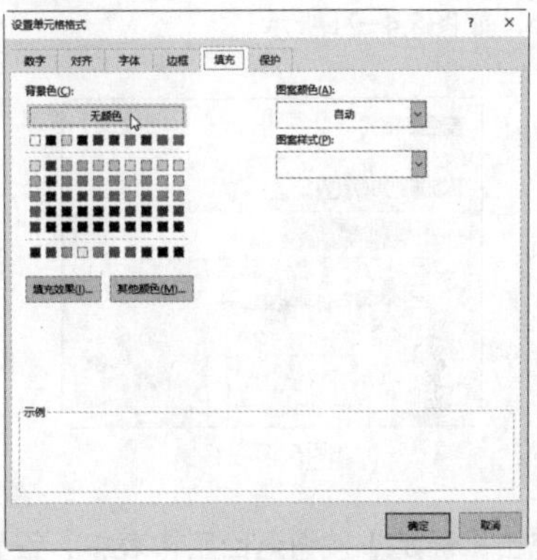

图5.4-18

❸　单击【确定】按钮返回工作表中，即可取消单元格区域A1:H15的底纹设置，如图5.4-19所示。

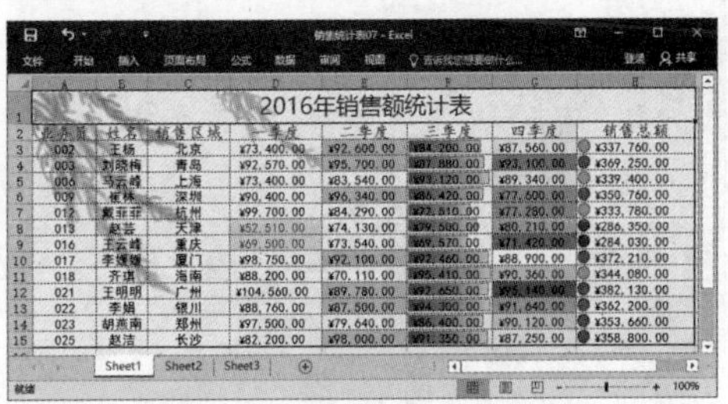

图5.4-19

❹ 选中要套用表格格式的单元格区域A2:H15。切换到【开始】选项卡，在【样式】组中单击【套用表格格式】按钮，在弹出的下拉列表中选择合适的表格格式，例如选中【表样式浅色19】选项，如图5.4-20所示。

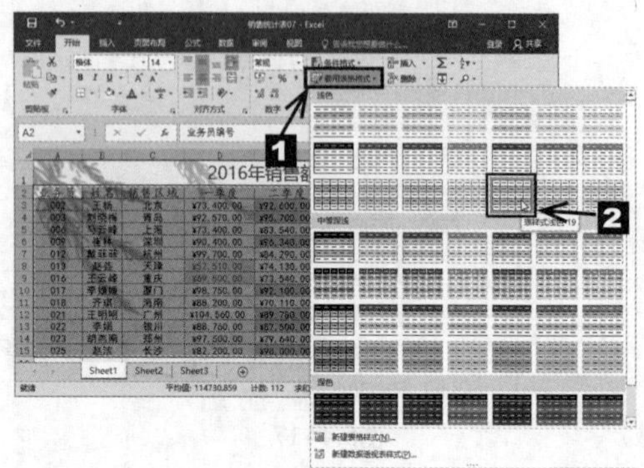

图5.4-20

❺ 弹出【套用表格式】对话框，在【表数据的来源】文本框中显示了用户选中的单元格区域A2:H15，如图5.4-21所示。

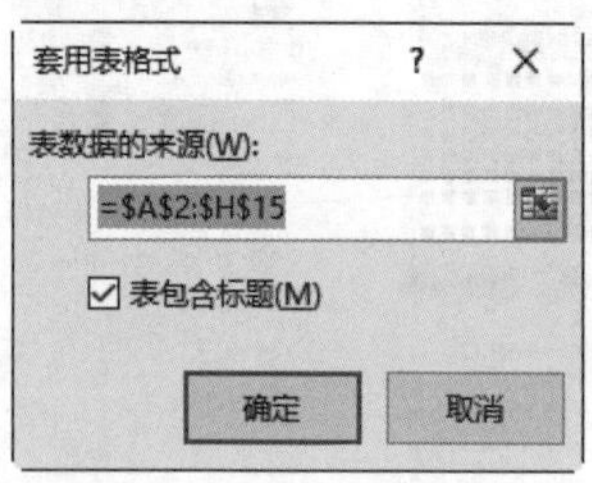

图5.4-21

❻ 单击【确定】按钮返回工作表中，设置效果如图5.4-22所示。

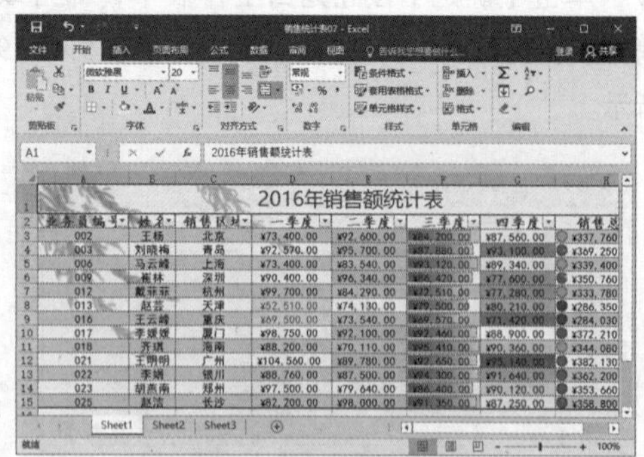

图5.4-22

2. 新建表样式

用户可以根据自己的实际需要新建表样式，具体的操作步骤如下。

❶ 选中单元格区域A2:H15，切换到【开始】选项卡，在【样式】组中单击【套用表格格式】按钮，在弹出的下拉列表中选中【新建表格样式】选项，如图5.4-23所示。

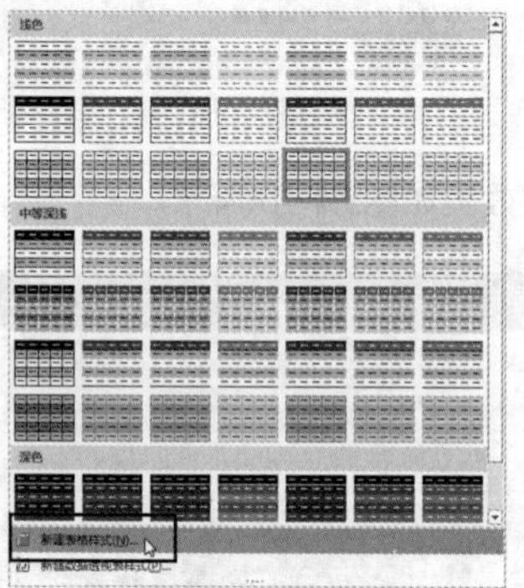

图5.4-23

❷ 弹出【新建表样式】对话框，在左侧的【表元素】列表框中选中【整个表】选项，如图5.4-24所示。

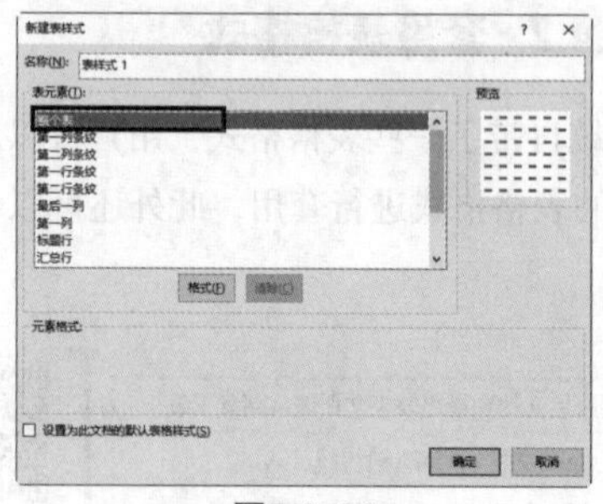

图5.4-24

❸ 单击【格式】按钮，弹出【设置单元格格式】对话框，切换到【字体】选项卡，在【字形】列表框中选中“加粗”选项，在【颜色】下拉列表框中选择合适的字体颜色，例如选中“紫色，个性色4，深色50%”选项，如图5.4-25所示。

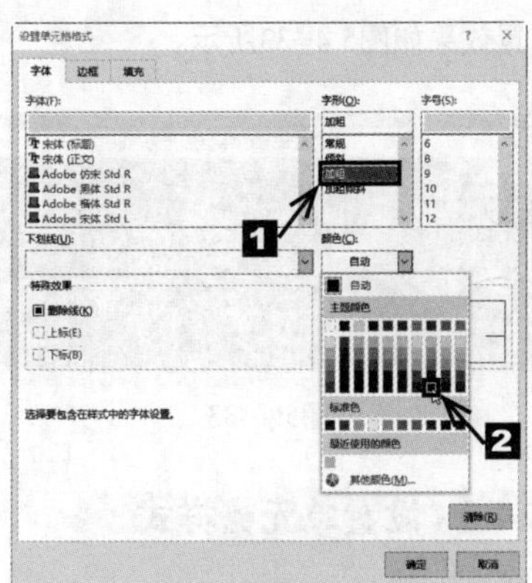

图5.4–25

❹　切换到【边框】选项卡，在【样式】列表框中选择外边框的样式，在【颜色】下拉列表框中选中“黄色”选项，然后在右侧的【预置】组中单击【外边框】按钮⊞，此时在下方的预览框中即可预览到外边框的设置效果，如图5.4–26所示。

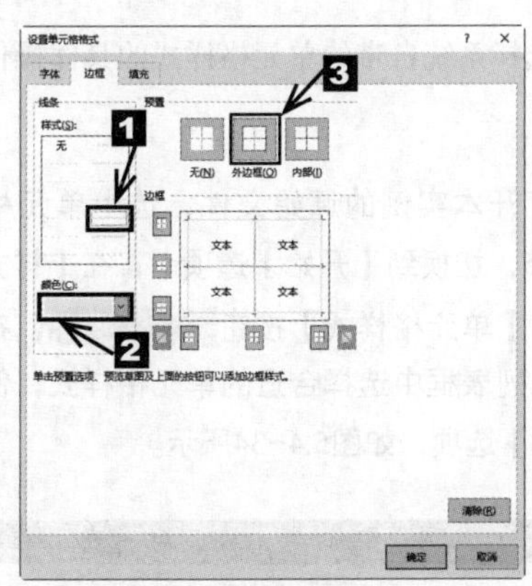

图5.4–26

❺　在【样式】列表框中选择内边框的样式，选择内部边框的线条颜色，如选中“黄色”选项，然后在右侧的【预置】组中单击【内部】按钮⊞，此时在下方的预览框中即可预览到内部边框的设置效果，如图5.4–27所示。

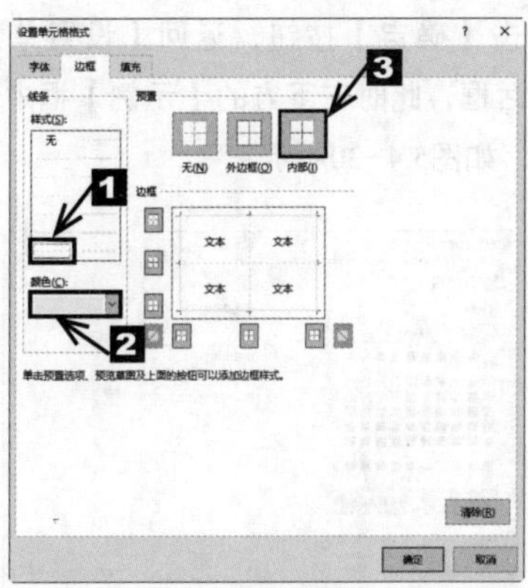

图5.4–27

❻　切换到【填充】选项卡，单击【填充效果】按钮，如图5.4–28所示。

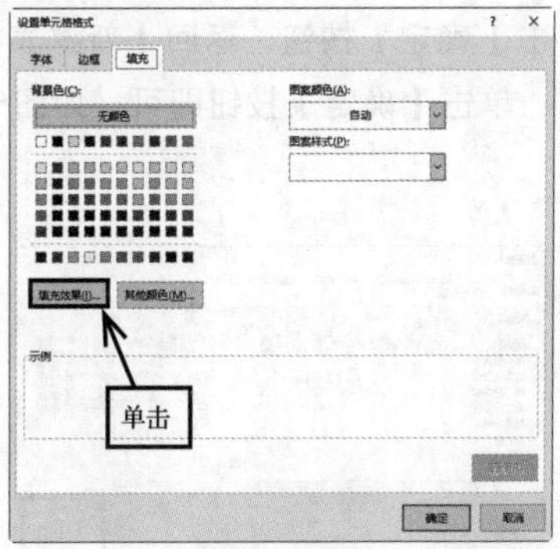

图5.4–28

❼　弹出【填充效果】对话框，在【颜色1】下拉列表中选中“橙色，个性色6，淡色60%”，在【颜色2】下拉列表框中选中“浅绿”选项，在【底纹样式】组中选中【中心辐射】单选按钮，如图5.4–29所示。

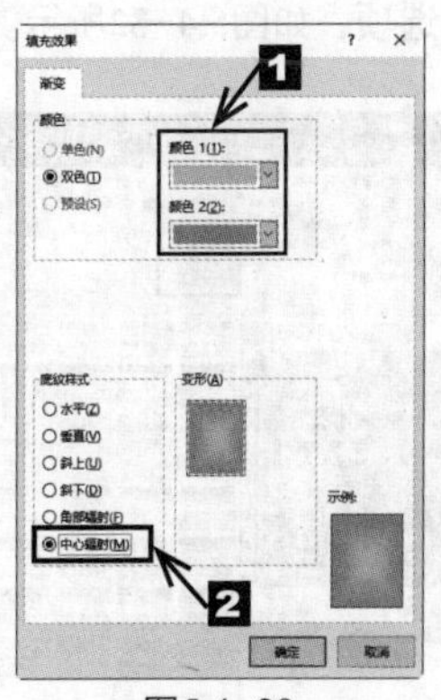

图5.4–29

❽ 单击【确定】按钮，返回【设置单元格格式】对话框，此时在下方的【示例】框中预览设置效果，如图5.4-30所示。

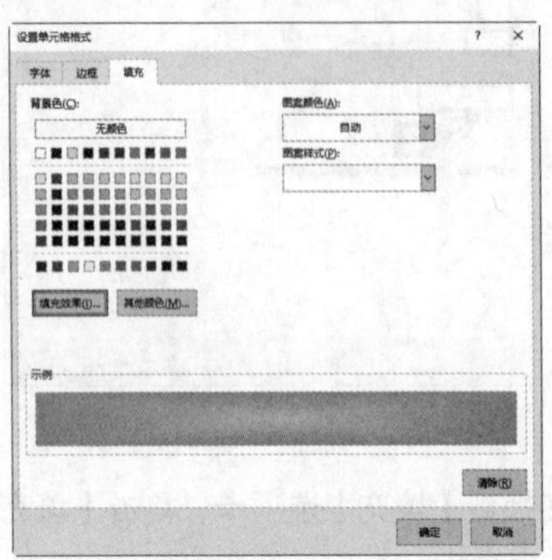

图5.4-30

❾ 单击【确定】按钮，返回【新建表样式】对话框，单击【确定】按钮即可，如图5.4-31所示。

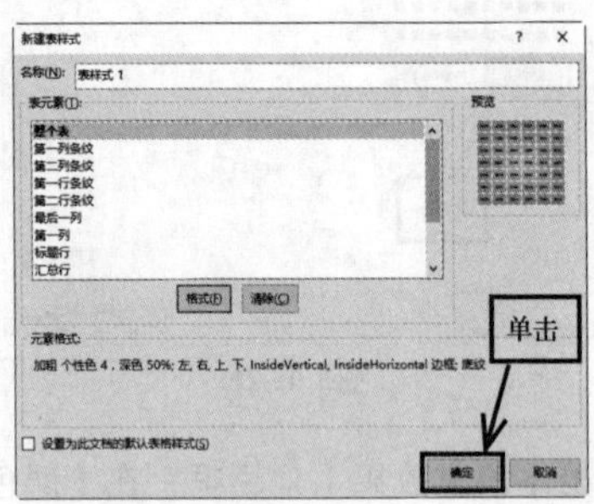

图5.4-31

❿ 选中单元格区域A2:H15，切换到【开始】选项卡，在【样式】组中单击【套用表格格式】按钮 套用表格格式，在弹出的下拉列表框中选中【表样式1】选项，如图5.4-32所示。

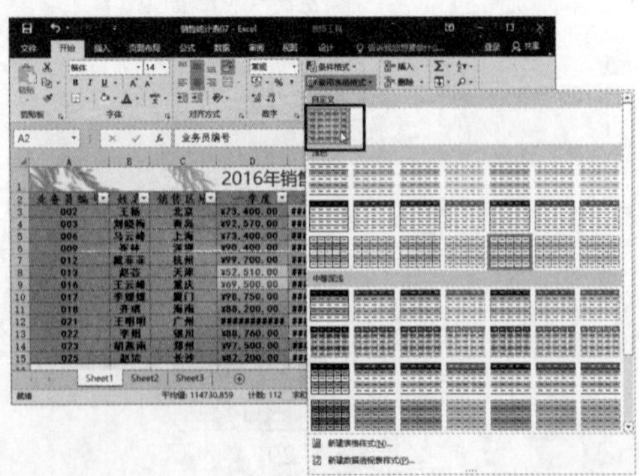

图5.4-32

⓫ 设置效果如图5.4-33所示。

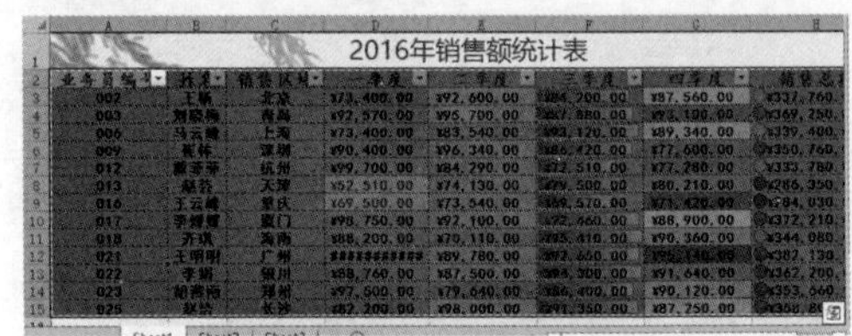

图5.4-33

5.4.3 设置单元格样式

Excel 2016自带了一些单元格样式，用户可以从中选择合适的单元格样式进行套用，也可以新建单元格样式。

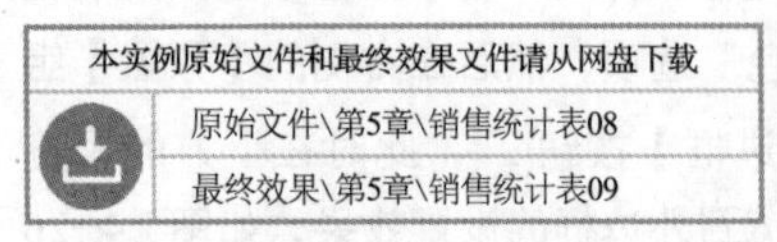

本实例原始文件和最终效果文件请从网盘下载
原始文件\第5章\销售统计表08
最终效果\第5章\销售统计表09

扫码看视频

1. 选择系统自带的单元格样式

选择系统自带的单元格样式的具体操作步骤如下。

❶ 打开本实例的原始文件，选中单元格区域A2:H15，切换到【开始】选项卡，在【样式】组中单击【单元格样式】按钮 单元格样式，在弹出的下拉列表框中选择合适的单元格样式，例如选中【好】选项，如图5.4-34所示。

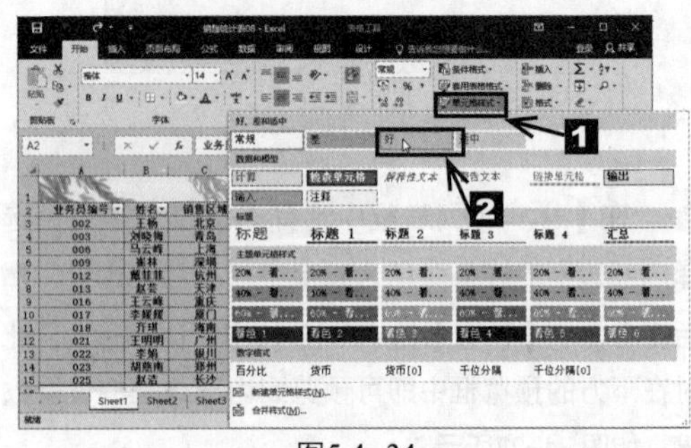

图5.4-34

❷ 设置效果如图5.4-35所示。

图5.4-35

2. 新建单元格样式

用户可以根据自己的实际需要新建单元格样式，具体的操作步骤如下。

❶ 切换到【开始】选项卡，在【样式】组中单击【单元格样式】按钮 单元格样式，在弹出的下拉列表框中单击【新建单元格样式】选项，如图5.4-36所示。

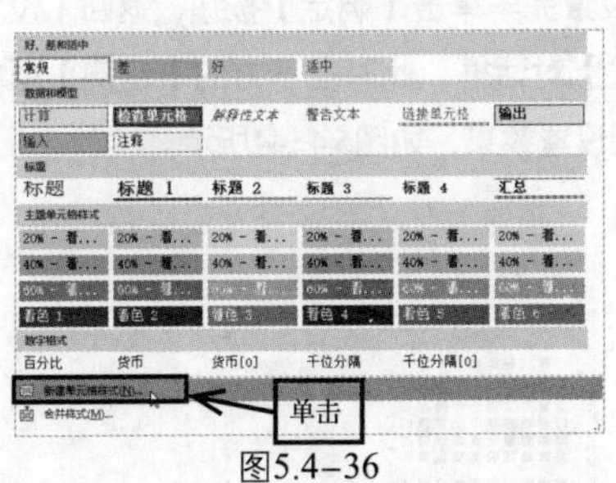

图5.4-36

❷ 弹出【样式】对话框，然后在【样式名】文本框中输入“自定义单元格样式”，如图5.4-37所示。

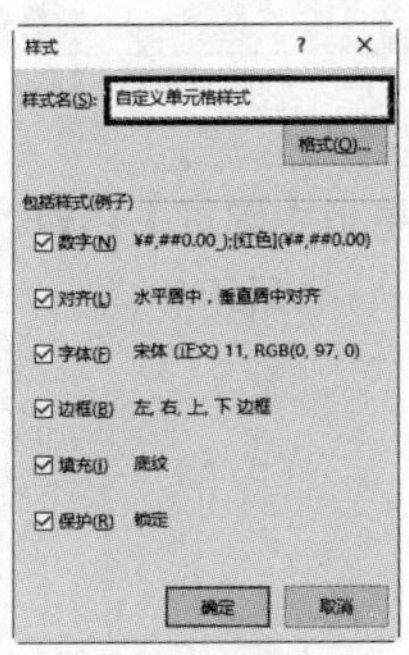

图5.4-37

❸ 单击【格式】按钮，弹出【设置单元格格式】对话框，切换到【数字】选项卡，在左侧的【分类】列表框中选中【自定义】选项，然后在右侧的【类型】列表框中输入“0000”，如图5.4-38所示。

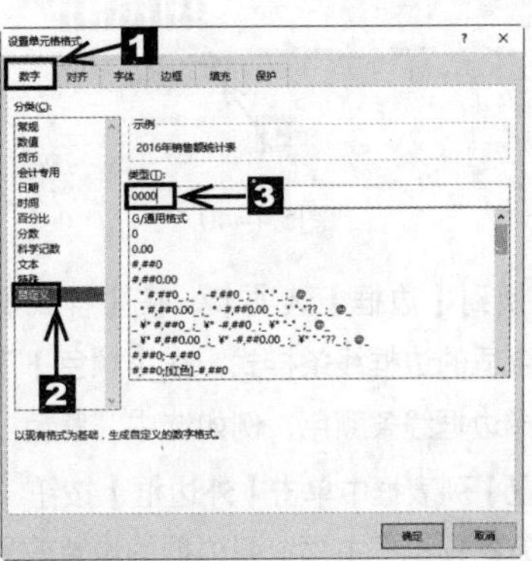

图5.4-38

❹ 切换到【对齐】选项卡，然后分别在【水平对齐】和【垂直对齐】下拉列表框中选中【居中】选项，如图5.4-39所示。

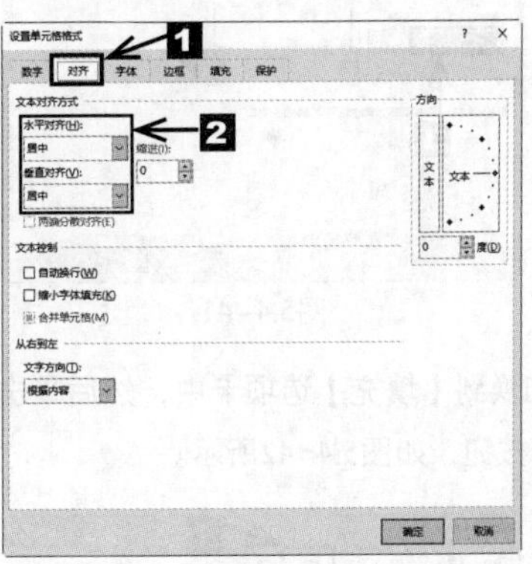

图5.4-39

❺ 切换到【字体】选项卡，在【字体】列表框中选中“华文楷体”选项，在【颜色】下拉列表框中选中“深红”选项，如图5.4-40所示。

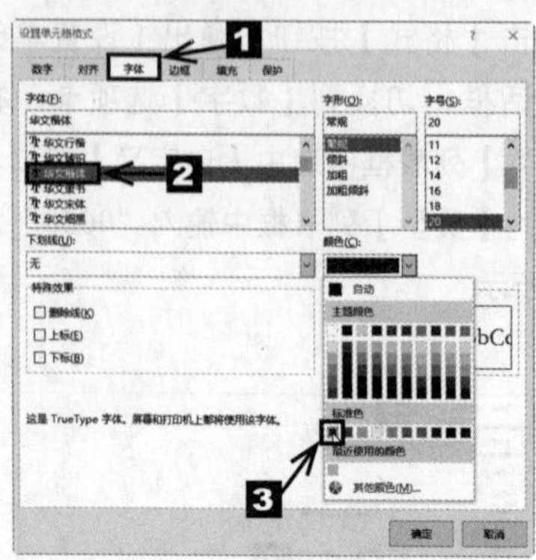

图5.4-40

❻ 切换到【边框】选项卡，在【样式】列表框中选择合适的边框线条样式，在【颜色】下拉列表框中选择边框线条颜色，例如选中“紫色”选项，在【预置】列表框中单击【外边框】按钮，此时可在下方的预览框中预览到边框的设置效果，如图5.4-41所示。

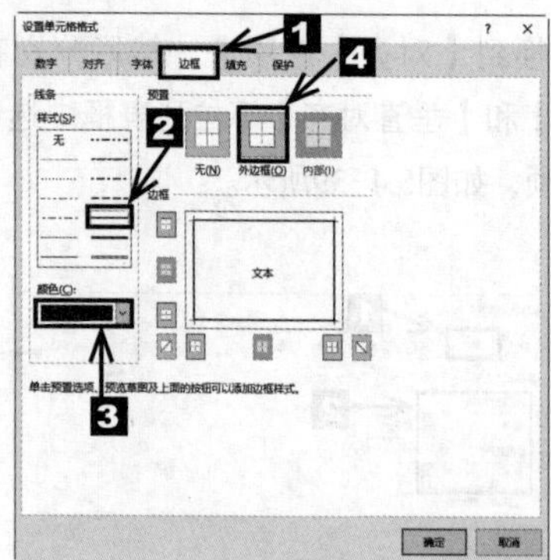

图5.4-41

❼ 切换到【填充】选项卡中，然后单击【填充效果】按钮，如图5.4-42所示。

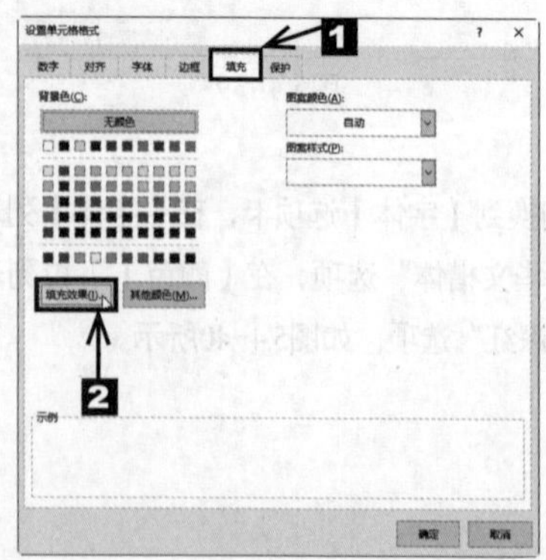

图5.4-42

❽ 弹出【填充效果】对话框，在【颜色1】下拉列表中选中“橙色，个性色6，淡色80%”选项，在【颜色2】下拉列表框中选中“浅绿”选项，在【底纹样式】组中选中【中心辐射】单选按钮，如图5.4-43所示。

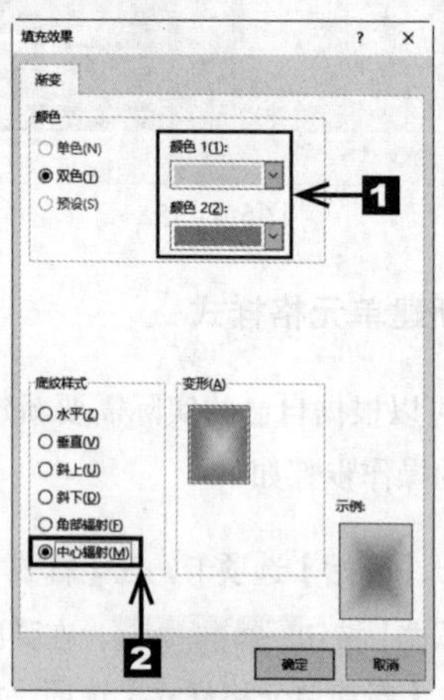

图5.4-43

❾ 设置完毕单击【确定】按钮，返回【设置单元格格式】对话框，此时在下方的【示例】框中即可预览到设置效果，如图5.4-44所示。

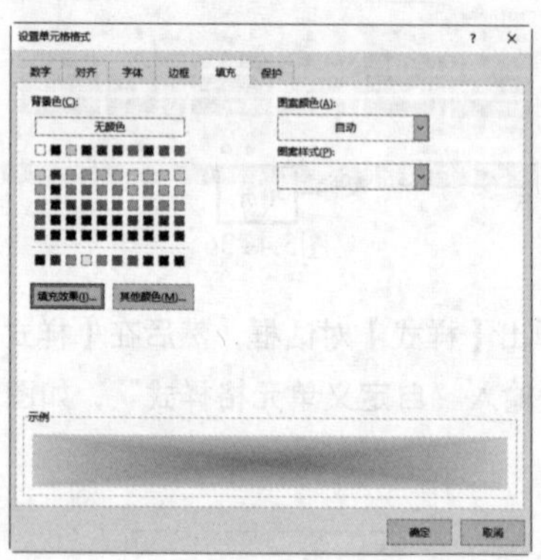

图5.4-44

❿ 设置完毕单击【确定】按钮，返回【样式】对话框，如图5.4-45所示。

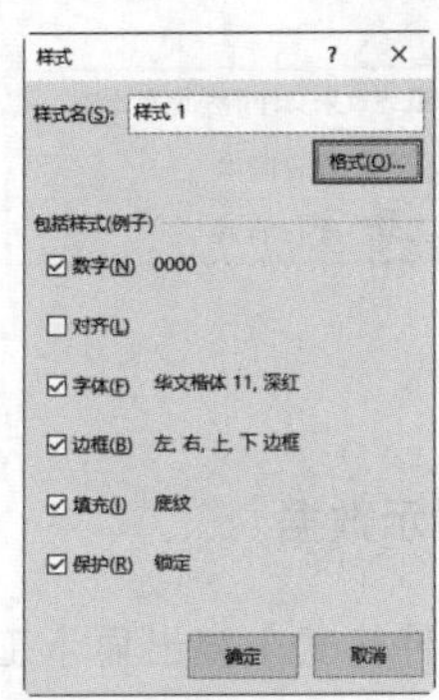

图5.4–45

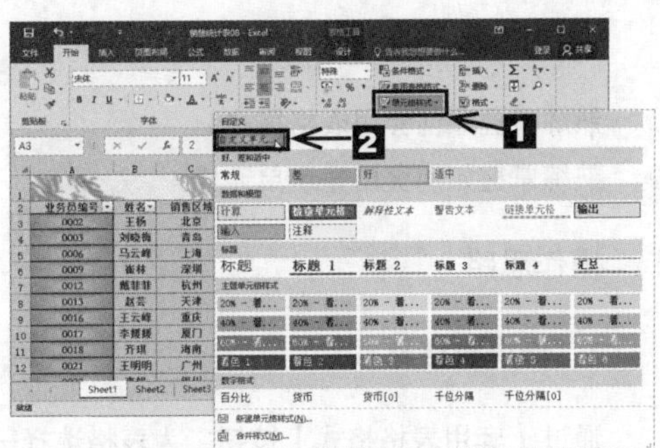

图5.4–46

⑪　单击【确定】按钮即返回到工作表中，选中单元格区域A3:A15，切换到【开始】选项卡，在【样式】组中单击【单元格样式】按钮，然后在弹出的下拉列表框中可以看到刚刚新建的单元格样式【自定义单元格样式】选项，将鼠标指针移动到该选项上，此时即可预览到该单元格样式的设置效果，如图5.4–46所示。

⑫　单击【自定义单元格样式】选项，即可将选中的单元格区域设置为该样式，设置效果如图5.4–47所示。

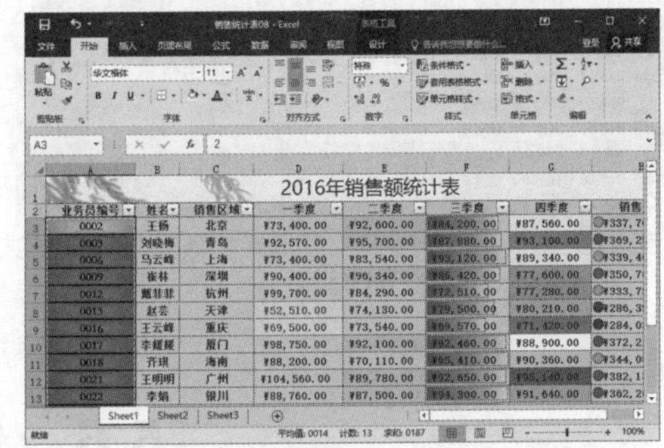

图5.4–47

5.5　课堂实训——库存清单

结合5.4节学习的内容，根据操作要求为库存清单套用表格格式，并突出显示库存价值小于100的单元格，最终效果如图5.5–1所示。

	A	B	C	D	E	F	G	H	I
1	库存 ID	名称	描述	单价	在库数量	库存价值	续订水平	续订时间(天)	续订数
2	IN0001	项目 1	描述 1	51	25	1275	29	13	50
3	IN0002	项目 2	描述 2	93	132	12276	231	4	50
4	IN0003	项目 3	描述 3	57	151	8607	114	11	150
5	IN0004	项目 4	描述 4	19	186	3534	158	6	50
6	IN0005	项目 5	描述 5	75	62	4650	39	12	50
7	IN0006	项目 6	描述 6	11	5	55	9	13	150
8	IN0007	项目 7	描述 7	56	58	3248	109	7	100
9	IN0008	项目 8	描述 8	38	101	3838	162	3	100
10	IN0009	项目 9	描述 9	59	122	7198	82	3	150

图5.5–1

专业背景

在库存清单中我们可以清楚地看到商品地库存数量及库存价值，便于我们管理仓库，减少库存积压。

实训目的

◎ 熟练掌握如何套用表格格式

◎ 熟练掌握如何突出显示单元格

本实例原始文件和最终效果文件请从网盘下载

原始文件\第5章\库存清单

最终效果\第5章\库存清单

扫码看视频

操作思路

1. 套用表格格式

通过【套用表格格式】按钮，为表格选择一个系统样式，完成后的效果如图5.5-2所示。

库存 ID	名称	描述	单价	在库数量	库存价值	续订水平	续订时间(天)	续订数
IN0001	项目 1	描述 1	51	25	1275	29	13	50
IN0002	项目 2	描述 2	93	132	12276	231	4	50
IN0003	项目 3	描述 3	57	151	8607	114	11	150
IN0004	项目 4	描述 4	19	186	3534	158	6	50
IN0005	项目 5	描述 5	75	62	4650	39	12	50
IN0006	项目 6	描述 6	11	5	55	9	13	150
IN0007	项目 7	描述 7	56	58	3248	109	7	100
IN0008	项目 8	描述 8	38	101	3838	162	3	100
IN0009	项目 9	描述 9	59	122	7198	82	3	150

图5.5-2

2. 突出显示数据

通过【条件格式】突出显示工作表中库存价值小于100的单元格，完成后的效果如图5.5-3所示。

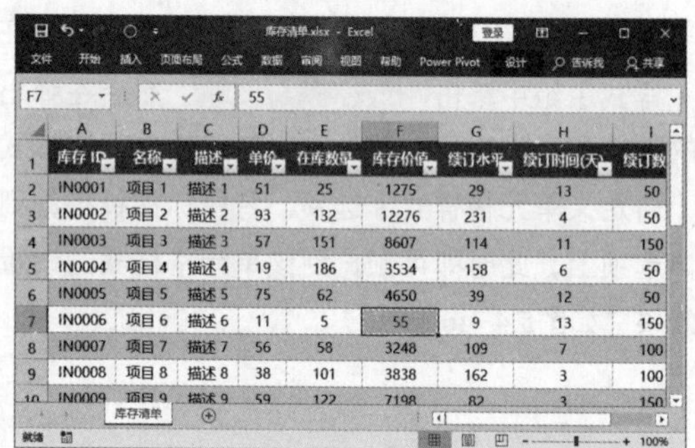

库存 ID	名称	描述	单价	在库数量	库存价值	续订水平	续订时间(天)	续订数
IN0001	项目 1	描述 1	51	25	1275	29	13	50
IN0002	项目 2	描述 2	93	132	12276	231	4	50
IN0003	项目 3	描述 3	57	151	8607	114	11	150
IN0004	项目 4	描述 4	19	186	3534	158	6	50
IN0005	项目 5	描述 5	75	62	4650	39	12	50
IN0006	项目 6	描述 6	11	5	55	9	13	150
IN0007	项目 7	描述 7	56	58	3248	109	7	100
IN0008	项目 8	描述 8	38	101	3838	162	3	100
IN0009	项目 9	描述 9	59	122	7198	82	3	150

图5.5-3

5.6 使用主题

除了表格格式和单元格格式之外，用户还可以为工作表设置主题。Excel自带了各种各样的主题，用户可以根据自己的喜好进行选择，也可以根据实际需要自定义主题样式。

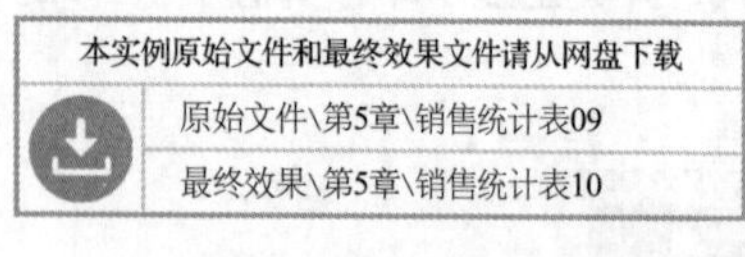

本实例原始文件和最终效果文件请从网盘下载

原始文件\第5章\销售统计表09

最终效果\第5章\销售统计表10

扫码看视频

1. 使用系统自带的主题

使用系统自带的主题的具体步骤如下。

❶ 打开本实例的原始文件，选中单元格区域A1:H15，切换到【页面布局】选项卡，单击【主题】组中的【主题】按钮，在弹出的下拉列表框中选择合适的主题，例如选中【包裹】选项，如图5.6-1所示。

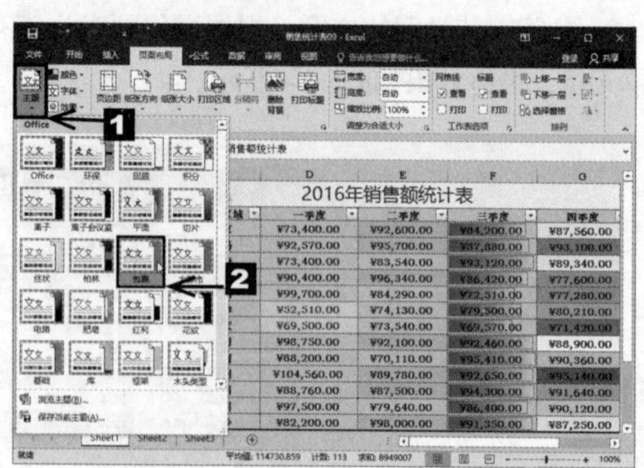

图5.6-1

❷ 设置效果如图5.6-2所示。

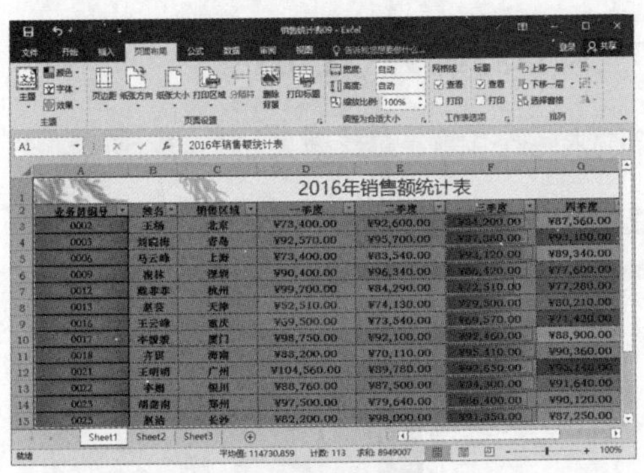

图5.6-2

2. 自定义主题样式

除了使用Excel 2016自带的各种主题之外，用户还可以根据自己的实际需要自定义主题，主要包括设置主题颜色、设置字体和设置效果。具体操作步骤如下。

❶ 选中单元格区域A1:H15，切换到【页面布局】选项卡，单击【主题】组中的【颜色】按钮 颜色，在弹出的下拉列表框中选择合适的主题颜色，例如选中【蓝色暖调】选项，如图5.6-3所示。

图5.6-3

❷ 单击【主题】组中的【字体】按钮 字体，在弹出的下拉列表框中选择合适的主题字体，例如选中【Office 2007-2010】选项，如图5.6-4所示。

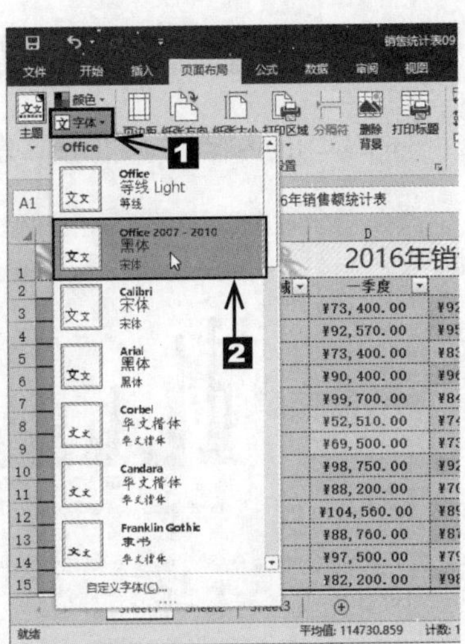

图5.6-4

❸ 单击【主题】组中的【效果】按钮 效果，在弹出的下拉列表框中选择合适的主题效果，例如选中【发光边缘】选项，如图5.6-5所示。

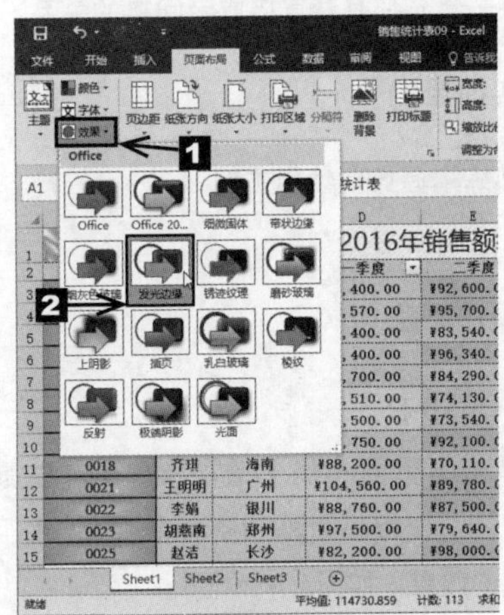

图5.6-5

❹ 设置效果如图5.6-6所示。

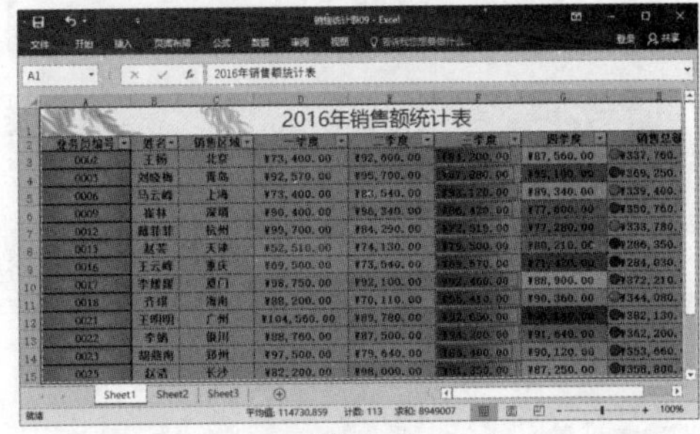

图5.6-6

5.7 课堂实训——支出预算分析

根据5.6节学习的内容，为支出预算分析工作表重新选择一个主题，最终效果如图5.7–1所示。

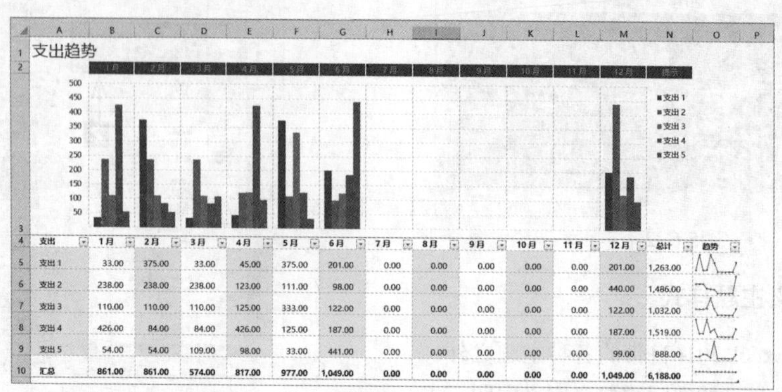

支出	1月	2月	3月	4月	5月	6月	7月	8月	9月	10月	11月	12月	总计	趋势
支出1	33.00	375.00	33.00	45.00	375.00	201.00	0.00	0.00	0.00	0.00	0.00	201.00	1,263.00	
支出2	238.00	238.00	238.00	123.00	111.00	98.00	0.00	0.00	0.00	0.00	0.00	440.00	1,486.00	
支出3	110.00	110.00	110.00	125.00	333.00	122.00	0.00	0.00	0.00	0.00	0.00	122.00	1,032.00	
支出4	426.00	84.00	84.00	426.00	125.00	187.00	0.00	0.00	0.00	0.00	0.00	187.00	1,519.00	
支出5	54.00	54.00	109.00	98.00	33.00	441.00	0.00	0.00	0.00	0.00	0.00	99.00	888.00	
汇总	861.00	861.00	574.00	817.00	977.00	1,049.00	0.00	0.00	0.00	0.00	0.00	1,049.00	6,188.00	

图5.7–1

专业背景

预算是对整个企业的运作做一个全盘的计划，预算管理是较为先进的现代企业管理方法，它同企业中的每一个人都有着直接或者间接的关系。

实训目的

◎ 熟练掌握如何使用主题

本实例原始文件和最终效果文件请从网盘下载

原始文件\第5章\支出预算分析

最终效果\第5章\支出预算分析

扫码看视频

操作思路

1. 预览主题

单击【页面布局】选项卡中的【主题】按钮，依次将鼠标指针移动到各主题上，即可预览各主题的效果，如图5.7–2所示。

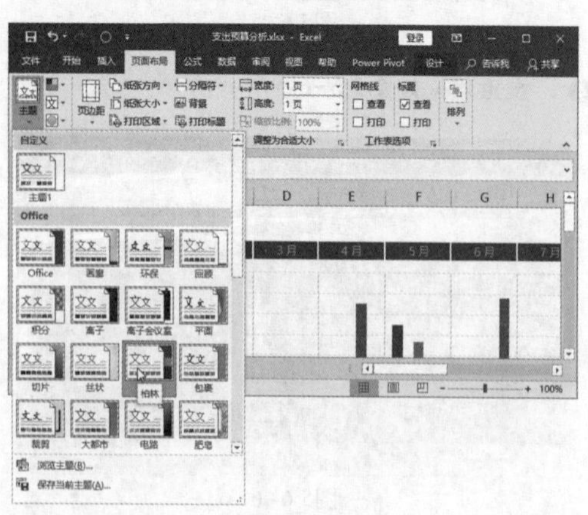

图5.7–2

2. 选择主题

在需要的主题上单击鼠标，即可应用该主题，完成后的效果如图5.7–3所示。

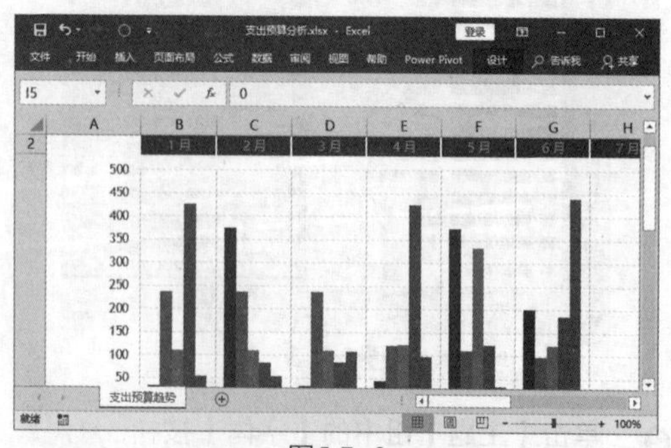

图5.7–3

5.8　使用批注

在工作表中，为了对单元格中的数据进行说明，用户可以为其添加批注，将一些需要注意或者解释的内容显示在批注中，这样可以更加轻松地了解单元格所要表达的信息。

5.8.1　插入批注

在工作表中对于一些特殊的数据，如果需要对它们进行强调说明，或者要特别地指出来，用户就可以使用Excel 2016的插入批注功能来实现。

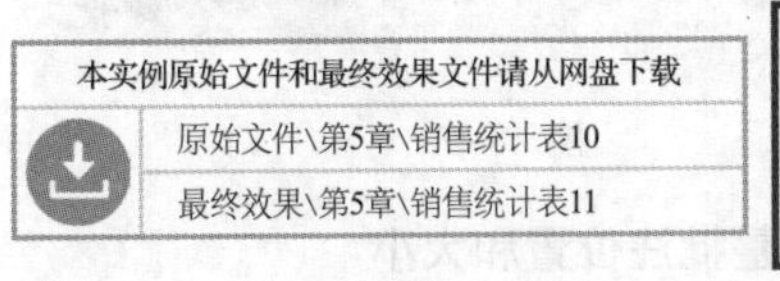

扫码看视频

在工作表中插入批注的具体步骤如下。

❶ 打开本实例的原始文件，选中要插入批注的单元格D8，切换到【审阅】选项卡，然后单击【批注】组中的【新建批注】按钮，如图5.8-1所示。

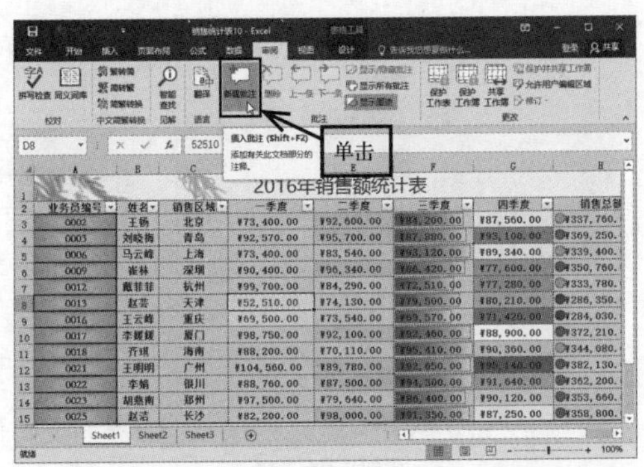

图5.8-1

❷ 此时在单元格D8的右侧会出现一个批注编辑框，如图5.8-2所示。

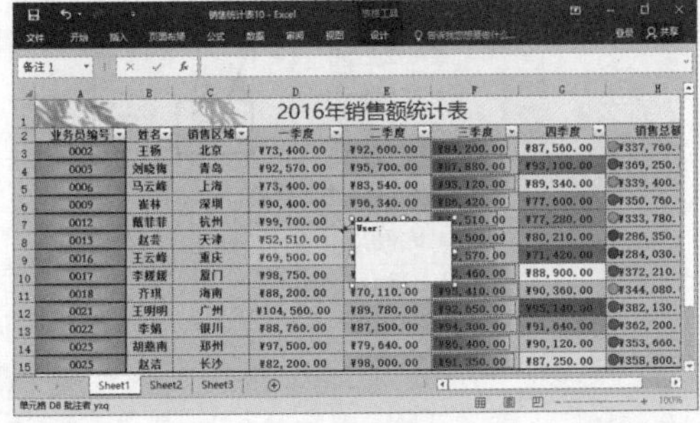

图5.8-2

❸ 根据实际需要在批注编辑框中输入具体的批注内容，如图5.8-3所示。

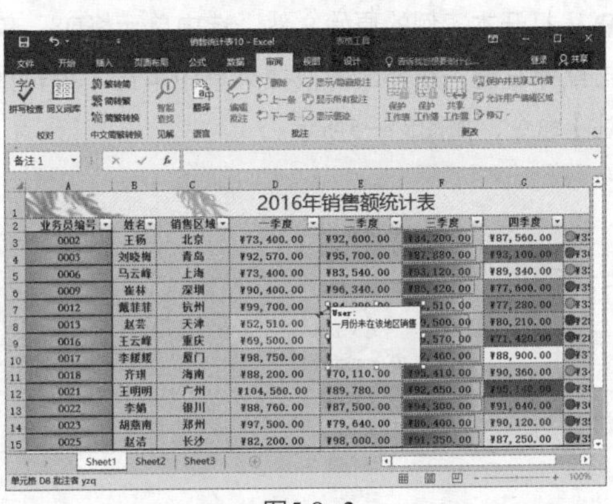

图5.8-3

❹ 输入完毕在工作表的其他位置单击，即可退出批注的编辑状态。此时批注处于隐藏状态，在单元格D8的右上角会出现一个红色的小三角，用于提醒用户此单元格中有批注，如图5.8-4所示。

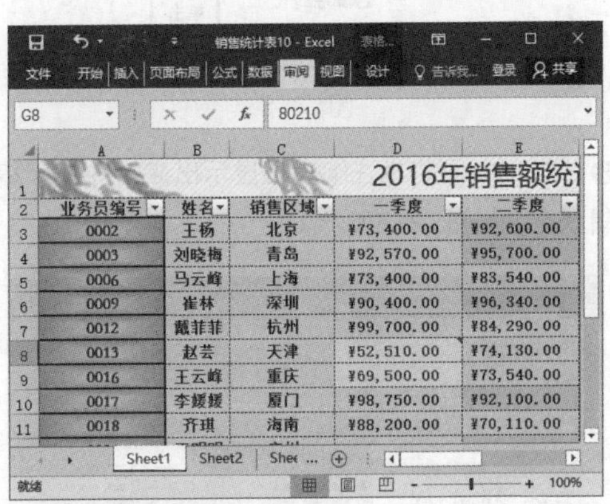

图5.8-4

5.8.2　编辑批注

在工作表中插入批注后，用户可以对批注的内容、位置、大小、格式等进行编辑操作。

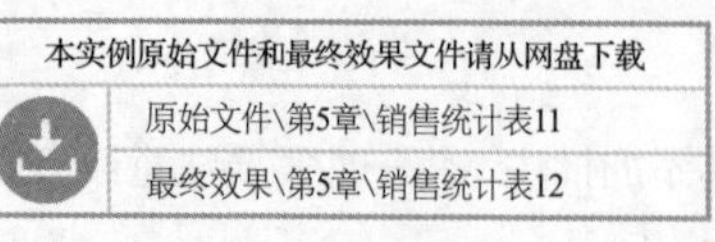

扫码看视频

1. 修改批注内容

修改批注内容的具体操作步骤如下。

❶ 打开本实例的原始文件，选中单元格D8，单击鼠标右键，在弹出的快捷菜单中单击【编辑批注】命令，如图5.8-5所示。

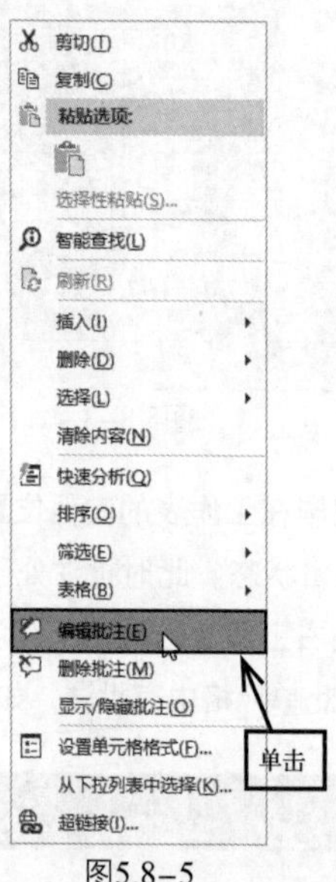

图5.8-5

❷ 此时即可将批注编辑框显示出来，并处于编辑状态，如图5.8-6所示。

图5.8-6

❸ 根据实际情况修改批注编辑框中的批注内容，如图5.8-7所示。

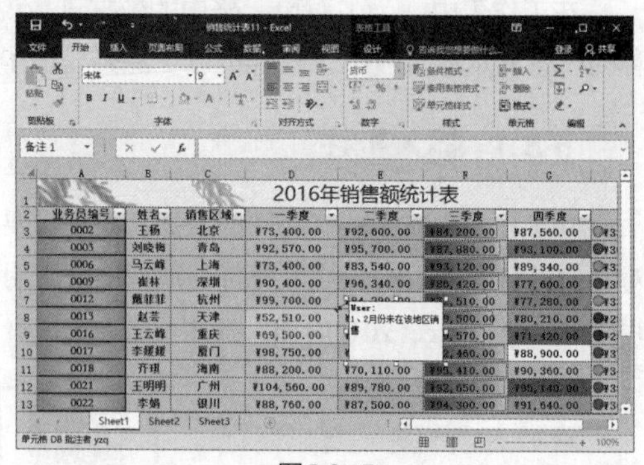

图5.8-7

2. 调整批注位置和大小

为了使批注编辑框中的文本更加醒目，用户可以调整批注的位置和大小。具体操作步骤如下。

❶ 打开本实例的原始文件，选中单元格D8，单击鼠标右键，在弹出的快捷菜单中单击【编辑批注】命令，如图5.8-8所示。

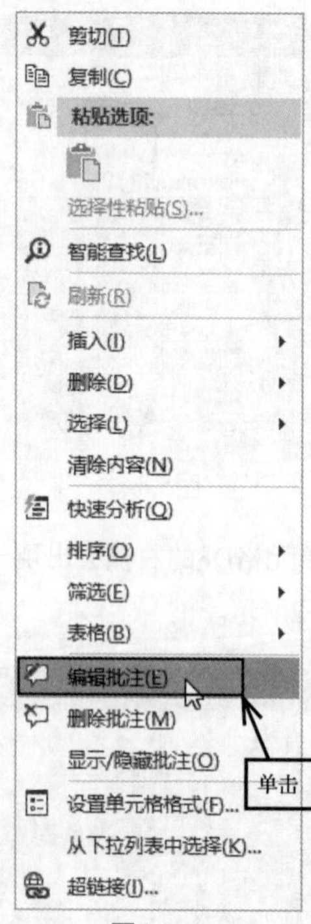

图5.8-8

❷ 此时即可将批注编辑框显示出来，将鼠标指针移动到批注边框上，鼠标指针呈✣形状，按住鼠标左键不放，将鼠标指针拖到合适的位置后释放，即可调整批注编辑框的位置，如图5.8-9所示。

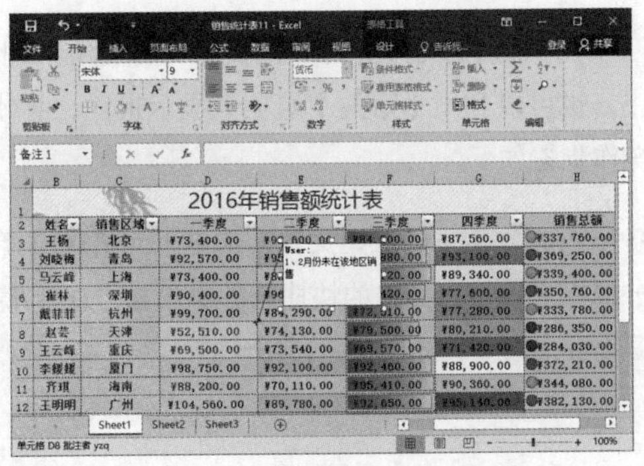

图5.8-9

❸ 将鼠标指针移动到批注边框的右下角，此时鼠标指针变成“⤡”形状，如图5.8-10所示。

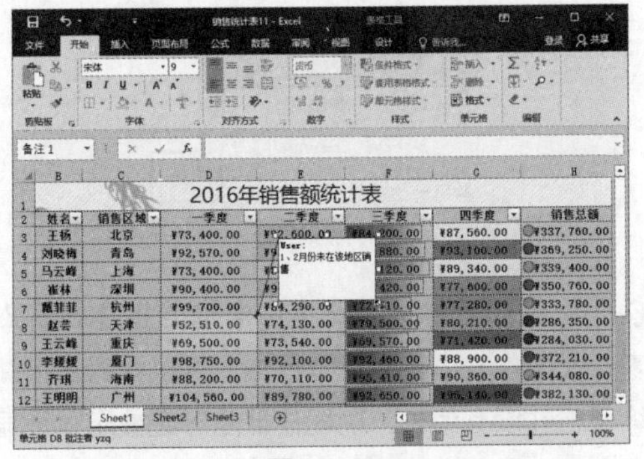

图5.8-10

❹ 按住鼠标左键不放，向右下角拖动到合适的位置释放，即可改变批注编辑框的大小，如图5.8-11所示。

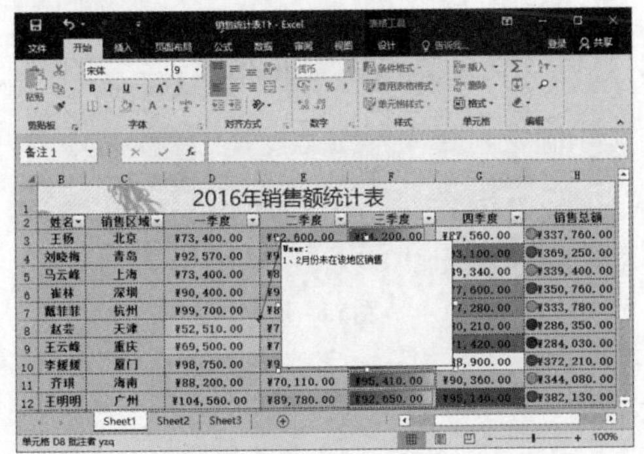

图5.8-11

3. 设置批注格式

❶ 选中批注编辑框，单击鼠标右键，在弹出的快捷菜单中单击【设置批注格式】命令，如图5.8-12所示。

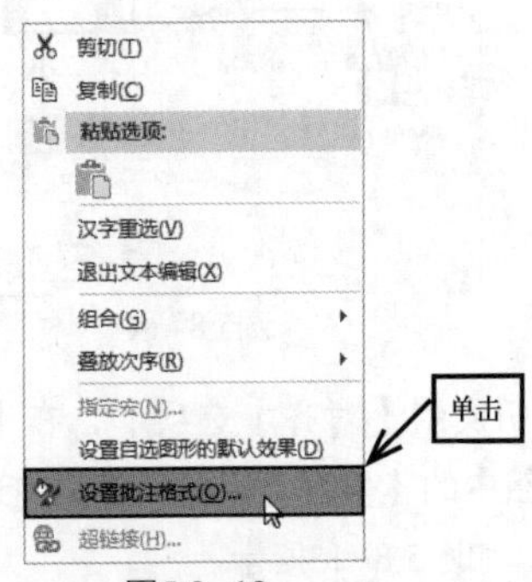

图5.8-12

❷ 弹出【设置批注格式】对话框，切换到【字体】选项卡，在【字体】列表框中选中“隶书”选项，在【字号】列表框中选中“12”选项，在【颜色】下拉列表框中选中“蓝色”选项，如图5.8-13所示。

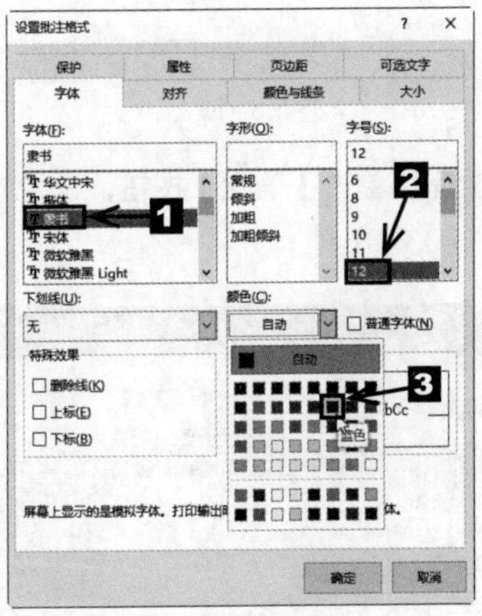

图5.8-13

❸ 切换到【颜色与线条】选项卡，在【填充】组中的【颜色】下拉列表框中选中“浅青绿”选项，在【线条】组中的【颜色】下拉列表框中选中“深绿”选项，然后在右侧的【粗细】微调框中输入“1磅”，如图5.8-14所示。

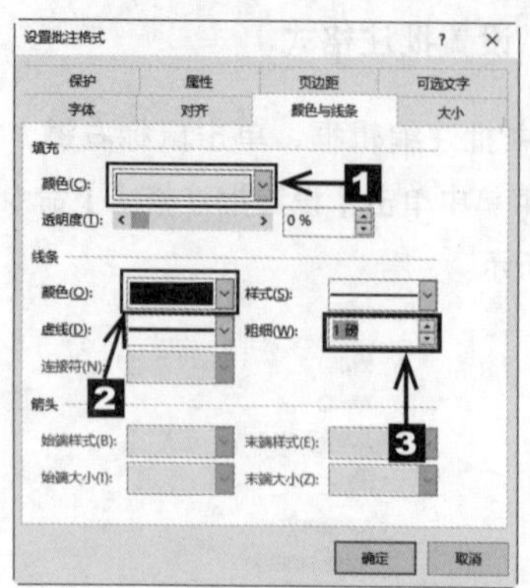

图5.8-14

❹ 切换到【对齐】选项卡，在【文本对齐方式】组中的【垂直】下拉列表框中选中【居中】选项，如图5.8-15所示。

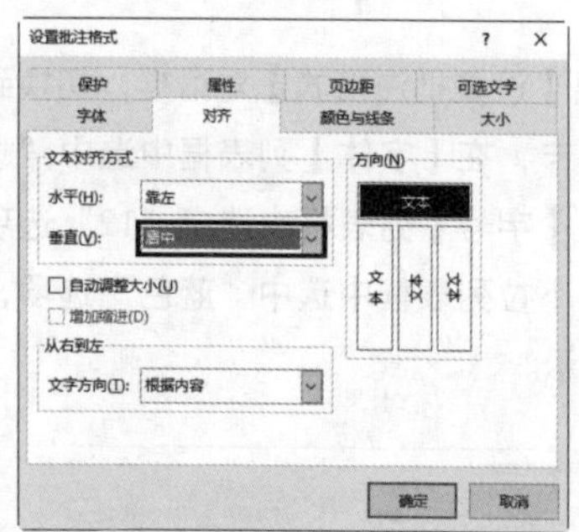

图5.8-15

❺ 设置完毕单击【确定】按钮，设置效果如图5.8-16所示。

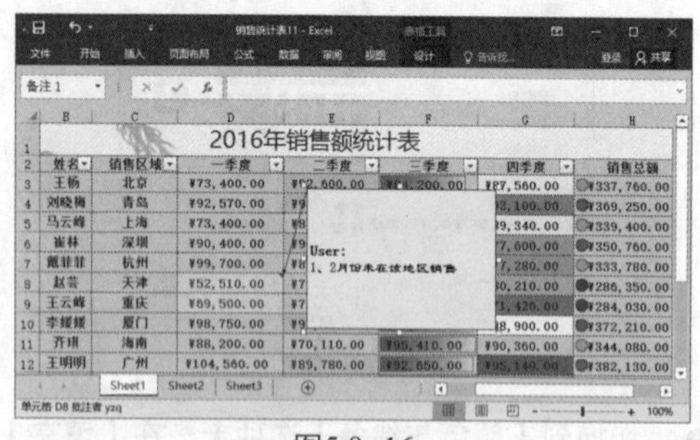

图5.8-16

5.8.3 显示和隐藏批注

默认情况下，用户在工作表中添加的批注是处于隐藏状态的。用户可以根据实际情况将批注永久地显示出来，如果不想查看批注，还可以将其永久地隐藏起来。

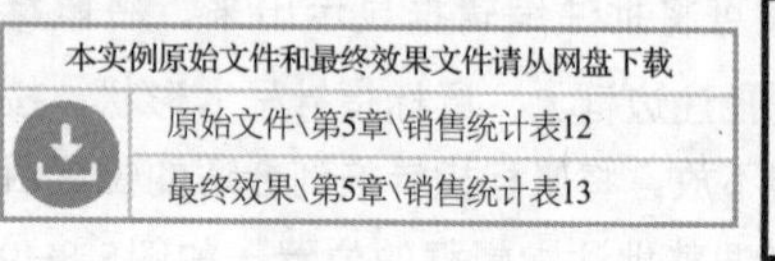

1. 显示批注

用户既可以利用右键快捷菜单永远显示批注，也可以利用【审阅】选项卡显示批注，具体操作步骤如下。

❶ 打开本实例的原始文件，选中单元格D8，单击鼠标右键，在弹出的快捷菜单中单击【显示/隐藏批注】命令，如图5.8-17所示。

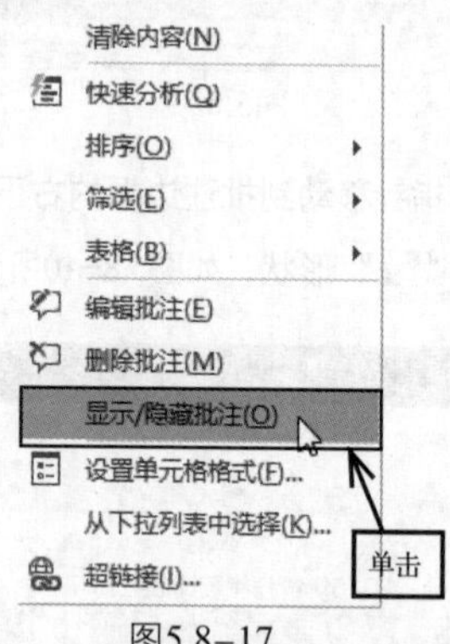

图5.8-17

❷ 此时即可将该单元格中添加的批注显示出来，在工作表中其他位置单击，可以看到该批注编辑框并没有消失，说明该批注已经被永久地显示出来了，如图5.8-18所示。

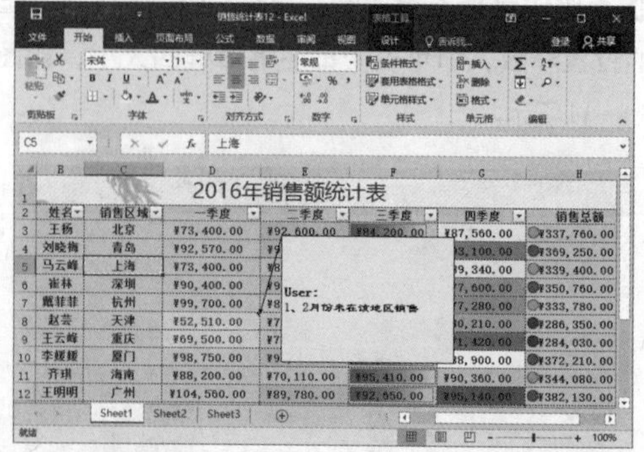

图5.8-18

❸ 或者利用【审阅】菜单显示批注。选中单元格D8，切换到【审阅】选项卡，然后单击【批注】组中的【显示/隐藏批注】按钮，将该单元格中添加的批注永久显示出来，如图5.8-19所示。

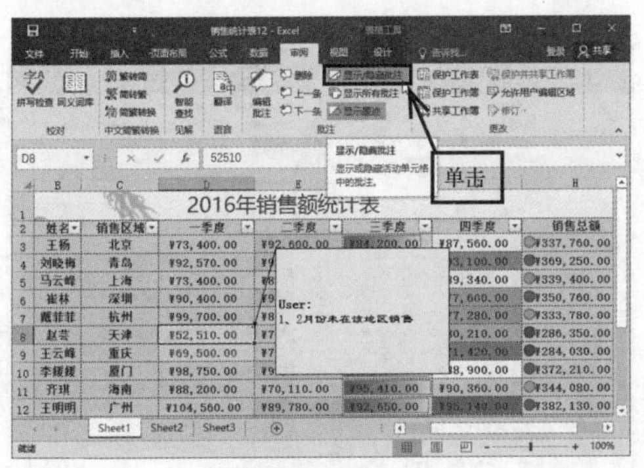

图5.8-19

2. 隐藏批注

此外，用户还可以将工作表中的批注隐藏起来，具体的操作步骤如下。

❶ 选中单元格D8，单击鼠标右键，在弹出的快捷菜单中单击【隐藏批注】命令，如图5.8-20所示。

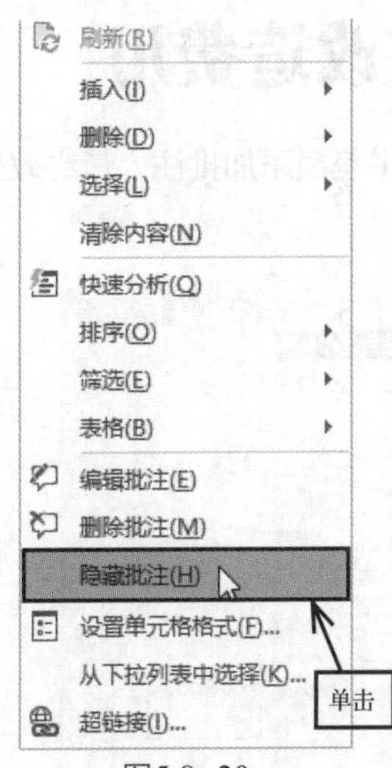

图5.8-20

❷ 此时即可将刚刚显示的批注隐藏起来，如图5.8-21所示。

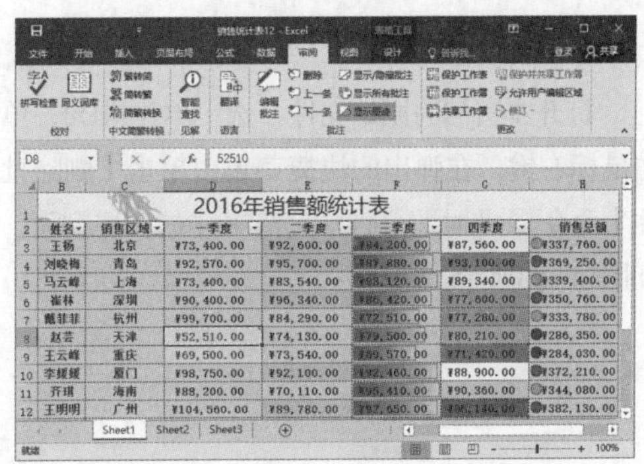

图5.8-21

❸ 或者利用【审阅】选项卡中的【批注】组工具隐藏刚刚显示的批注编辑框。选中单元格D8，切换到【审阅】选项卡，然后单击【批注】组中的【显示/隐藏批注】按钮，即可将显示出的批注隐藏起来，如图5.8-22所示。

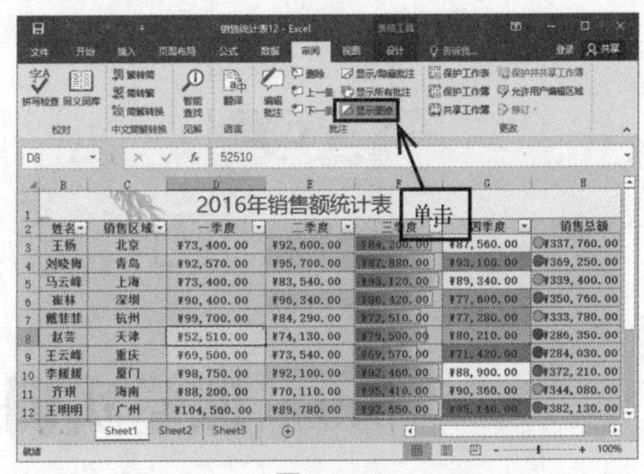

图5.8-22

5.8.4 删除批注

当用户不再使用工作表中的批注时，可以将其删除。

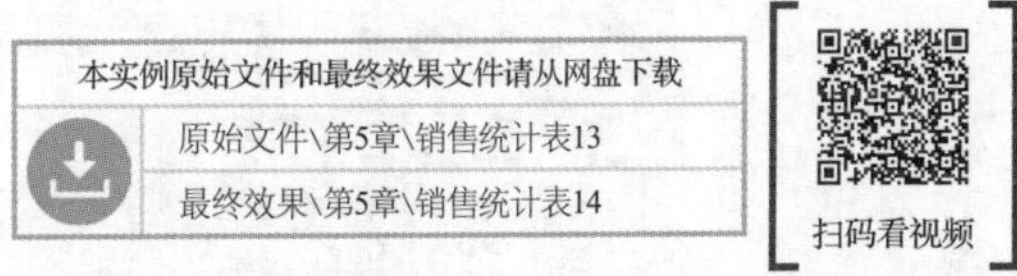

删除批注的方法有两种，分别是利用右键快捷菜单和【审阅】选项卡。

1. 利用右键快捷菜单

打开本实例的原始文件，选中单元格D8，单击鼠标右键，在弹出的快捷菜单中单击【删除批注】命令。此时即可将单元格D8中的批注删除，如图5.8–23所示。

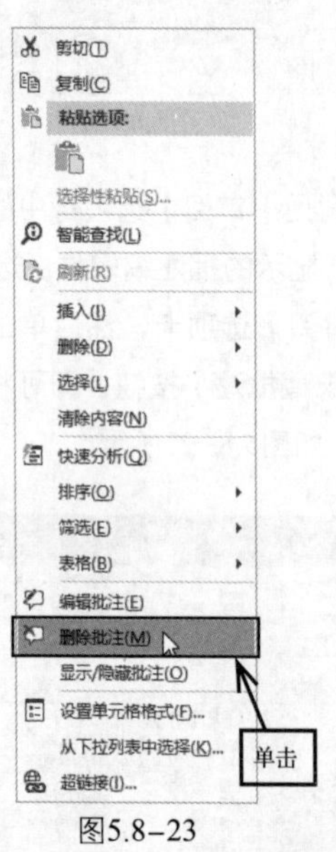

图5.8–23

2. 利用【审阅】选项卡

选中单元格D8，切换到【审阅】选项卡，然后单击【批注】组中的【删除批注】按钮 删除 即可，如图5.8–24所示。

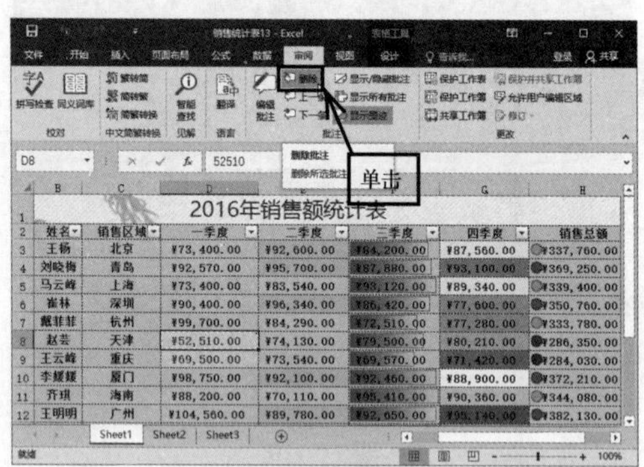

图5.8–24

5.9 课堂实训——浴室改造费用

根据5.8节学习的内容，为浴室改造费用工作表中的地板费用差额添加批注，最终效果如图5.9–1所示。

	A	B	C	D	E	F	G	H	I
1	区域	物品	数量	估计	实际	差额			
2	浴室/淋浴	浴缸，铸铁，5 英尺，标准	1	¥250.00	¥255.00	(¥5.00)			
3	浴室/淋浴	浴室门，铰链式，标准	1	¥200.00	¥215.00	(¥15.00)			
4	浴室/淋浴	喷头，标准	1	¥50.00	¥66.00	(¥16.00)			
5	浴室/淋浴	浴缸壁围绕物，标准	1	¥200.00	¥219.00	(¥19.00)			
6	橱柜	药柜，24 英寸，豪华	1	¥200.00	¥213.00	(¥13.00)			
7	橱柜	单元式梳妆台，30 英寸，标准	2	¥200.00	¥216.00	(¥16.00)			
8	台面	瓷砖，豪华（数量以英尺为单位）	5	¥112.50	¥185.00	(¥72.50)			
9	水龙头	水龙头，浴缸，标准	1	¥90.00	¥103.00	(¥13.00)			
10	水龙头	水龙头，淋浴，单把手，标准	1	¥115.00	¥122.00	(¥7.00)			
11	水龙头	水槽水龙头，标准	1	¥95.00	¥101.00	(¥6.00)	shenlong: 瓷砖缺货，更换了瓷砖类型		
12	地板	瓷砖，标准（数量以平方英尺为单位）	35	¥420.00	¥630.00	(¥210.00)			
13	硬件	毛巾杆，标准	2	¥30.00	¥64.00	(¥34.00)			
14	硬件	卫生纸架	1	¥10.00	¥18.00	(¥8.00)			
15	照明	嵌壁灯，标准	4	¥100.00	¥168.00	(¥68.00)			
16	水槽	盥洗台，标准	2	¥120.00	¥228.00	(¥8.00)			
17	其他		1	¥20.00	¥40.00	(¥20.00)			
18	小计			¥2,212.50	¥2,743.00	(¥530.50)			
19									

图5.9–1

专业背景

费用表可以清晰地展示各种费用的明细情况，以及预估费用和实际费用的差异，有利于分析费用计划的执行情况。

实训目的

◎　熟练掌握如何添加批注

◎　熟练掌握如何隐藏批注

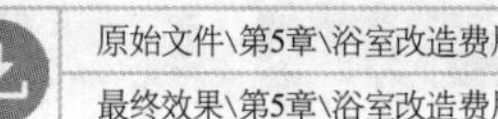

操作思路

1. 添加批注

选中需要添加批注的单元格，通过【审阅】选项卡中的【新建批注】按钮，为单元格添加批注，效果如图5.9-2所示。

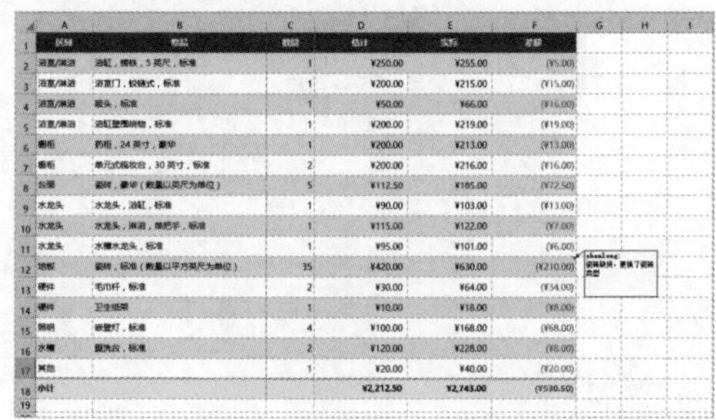

区域	物品	数量	估计	实际	差额
浴室/淋浴	浴缸，铸铁，5英尺，标准	1	¥250.00	¥255.00	(¥5.00)
浴室/淋浴	浴室门，铰链式，标准	1	¥200.00	¥215.00	(¥15.00)
浴室/淋浴	喷头，标准	1	¥50.00	¥66.00	(¥16.00)
浴室/淋浴	浴缸壁围绕物，标准	1	¥200.00	¥219.00	(¥19.00)
橱柜	药柜，24英寸，豪华	1	¥200.00	¥213.00	(¥13.00)
橱柜	单元式梳妆台，30英寸，标准	2	¥200.00	¥216.00	(¥16.00)
台面	瓷砖，豪华（数量以英尺为单位）	5	¥112.50	¥185.00	(¥72.50)
水龙头	水龙头，浴缸，标准	1	¥90.00	¥103.00	(¥13.00)
水龙头	水龙头，淋浴，单把手，标准	1	¥115.00	¥122.00	(¥7.00)
水龙头	水槽水龙头，标准	1	¥95.00	¥101.00	(¥6.00)
地板	瓷砖，标准（数量以平方英尺为单位）	35	¥420.00	¥630.00	(¥210.00)
硬件	毛巾杆，标准	2	¥30.00	¥64.00	(¥34.00)
硬件	卫生纸架	1	¥10.00	¥18.00	(¥8.00)
照明	嵌壁灯，标准	4	¥100.00	¥168.00	(¥68.00)
水槽	盥洗台，标准	2	¥120.00	¥228.00	(¥8.00)
其他		1	¥20.00	¥40.00	(¥20.00)
小计			¥2,212.50	¥2,743.00	(¥530.50)

图5.9-2

2. 隐藏批注

在有批注的单元格上单击鼠标右键，在弹出的快捷菜单中选中【隐藏批注】菜单项，完成后的效果如图5.9-3所示。

区域	物品	数量	估计	实际	差额
浴室/淋浴	浴缸，铸铁，5英尺，标准	1	¥250.00	¥255.00	(¥5.00)
浴室/淋浴	浴室门，铰链式，标准	1	¥200.00	¥215.00	(¥15.00)
浴室/淋浴	喷头，标准	1	¥50.00	¥66.00	(¥16.00)
浴室/淋浴	浴缸壁围绕物，标准	1	¥200.00	¥219.00	(¥19.00)
橱柜	药柜，24英寸，豪华	1	¥200.00	¥213.00	(¥13.00)
橱柜	单元式梳妆台，30英寸，标准	2	¥200.00	¥216.00	(¥16.00)
台面	瓷砖，豪华（数量以英尺为单位）	5	¥112.50	¥185.00	(¥72.50)
水龙头	水龙头，浴缸，标准	1	¥90.00	¥103.00	(¥13.00)
水龙头	水龙头，淋浴，单把手，标准	1	¥115.00	¥122.00	(¥7.00)
水龙头	水槽水龙头，标准	1	¥95.00	¥101.00	(¥6.00)
地板	瓷砖，标准（数量以平方英尺为单位）	35	¥420.00	¥630.00	(¥210.00)
硬件	毛巾杆，标准	2	¥30.00	¥64.00	(¥34.00)
硬件	卫生纸架	1	¥10.00	¥18.00	(¥8.00)
照明	嵌壁灯，标准	4	¥100.00	¥168.00	(¥68.00)
水槽	盥洗台，标准	2	¥120.00	¥228.00	(¥8.00)
其他		1	¥20.00	¥40.00	(¥20.00)
小计			¥2,212.50	¥2,743.00	(¥530.50)

图5.9-3

5.10　常见疑难问题解析

问：如何在工作表有数据的行中隔行插入空行？

答：首先在工作表左侧插入一列空列，然后在空列中输入奇数至工作表中有数据的最后一行，再继续输入偶数，最后对该列进行排序即可。

问：如何在批注中插入图片？

答：选中批注编辑框，然后单击鼠标右键，在弹出的快捷菜单中单击【设置批注格式】命令，在弹出的对话框中切换到【颜色与线条】选项卡，在【填充】下拉列表中选中【填充效果】选项，打开【填充效果】对话框，切换到【图片】选项卡，单击【选择图片】浏览，找到你要的图片并选中，单击【插入】按钮，返回【填充效果】对话框，单击【确定】按钮，返回【设置批注格式】对话框，再次单击【确定】按钮即可。

5.11 课后习题

（1）美化贷款分期偿还计划表。最终效果如图5.11-1所示。

（2）为期初余额和利息添加批注（贷款金额为5000，年利率为4%）。最终效果如图5.11-2所示。

	A	B	C	D	E	F
1	PMT NO	还款日期	期初余额	计划的还款	额外还款	还款总额
2	1	2018年10月17日	¥5,000.00	¥425.75	¥100.00	¥525.75
3	2	2018年11月17日	¥4,490.92	¥425.75	¥100.00	¥525.75
4	3	2018年12月17日	¥3,980.14	¥425.75	¥100.00	¥525.75
5	4	2019年1月17日	¥3,467.65	¥425.75	¥100.00	¥525.75
6	5	2019年2月17日	¥2,953.46	¥425.75	¥100.00	¥525.75
7	6	2019年3月17日	¥2,437.56	¥425.75	¥100.00	¥525.75
8	7	2019年4月17日	¥1,919.94	¥425.75	¥100.00	¥525.75
9	8	2019年5月17日	¥1,400.59	¥425.75	¥100.00	¥525.75
10	9	2019年6月17日	¥879.50	¥425.75	¥100.00	¥525.75
11	10	2019年7月17日	¥356.69	¥425.75	¥0.00	¥356.69

图5.11-1

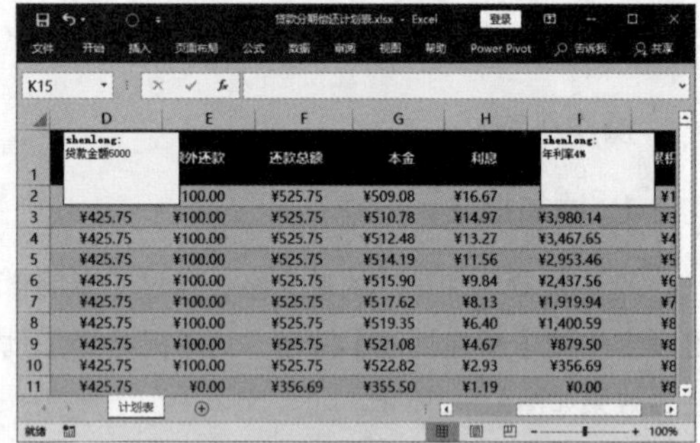

	D	E	F	G	H	I
1		外还款	还款总额	本金	利息	
2		100.00	¥525.75	¥509.08	¥16.67	
3	¥425.75	¥100.00	¥525.75	¥510.78	¥14.97	¥3,980.14
4	¥425.75	¥100.00	¥525.75	¥512.48	¥13.27	¥3,467.65
5	¥425.75	¥100.00	¥525.75	¥514.19	¥11.56	¥2,953.46
6	¥425.75	¥100.00	¥525.75	¥515.90	¥9.84	¥2,437.56
7	¥425.75	¥100.00	¥525.75	¥517.62	¥8.13	¥1,919.94
8	¥425.75	¥100.00	¥525.75	¥519.35	¥6.40	¥1,400.59
9	¥425.75	¥100.00	¥525.75	¥521.08	¥4.67	¥879.50
10	¥425.75	¥100.00	¥525.75	¥522.82	¥2.93	¥356.69
11	¥425.75	¥0.00	¥356.69	¥355.50	¥1.19	¥0.00

图5.11-2

第6章 排序、筛选与汇总数据

本章内容简介

Excel 提供了强大的数据分析功能，在 Excel 中，用户可以借助表格的排序、筛选与分类汇总等功能对数据进行处理，进而揭示数据的变化规律，以帮助用户发现问题和解决问题。

学完本章我能做什么

通过本章的学习，我们能学会数据的排序和筛选，并对数据进行分类汇总。

学习目标

- 学会数据的排序
- 学会数据的筛选
- 学会数据的分类汇总

6.1 数据的排序——库存商品信息表

数据的排序主要包括简单排序、复杂排序和自定义排序3种。库存商品明细表是为了更好地管理库存商品而制作的，在库存商品明细表中，我们可以通过简单的排序，了解各类商品的库存情况。

6.1.1 简单排序

简单排序就是设置单一条件进行排序。

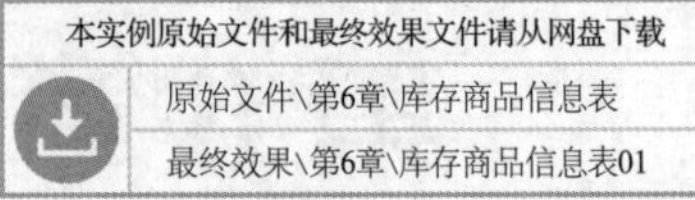

现在用户有一份库存商品明细表，但是由于在登记库存商品时，是按盘点的顺序进行登记的，所以顺序比较混乱，不容易看出库存商品存在的问题，如图6.1–1所示。

库存编号	名称	单位	单价	在库数量	库存价值
SL0004	黄酒	瓶	¥51.00	25	¥1,275.00
SL0015	红酒	瓶	¥93.00	132	¥12,276.00
SL0008	白酒	瓶	¥57.00	151	¥8,607.00
SL0010	香烟	盒	¥19.00	186	¥3,534.00
SL0012	白酒	瓶	¥75.00	62	¥4,650.00
SL0014	火腿	根	¥11.00	5	¥55.00
SL0021	白酒	瓶	¥56.00	58	¥3,248.00
SL0026	红酒	瓶	¥38.00	101	¥3,838.00
SL0033	白酒	瓶	¥59.00	122	¥7,198.00
SL0002	白酒	瓶	¥50.00	175	¥8,750.00
SL0017	白酒	瓶	¥59.00	176	¥10,384.00
SL0019	白酒	瓶	¥18.00	22	¥396.00
SL0023	香烟	盒	¥26.00	72	¥1,872.00
SL0029	白酒	瓶	¥42.00	62	¥2,604.00
SL0035	红酒	瓶	¥32.00	46	¥1,472.00
SL0006	白酒	瓶	¥90.00	96	¥8,640.00
SL0001	白酒	瓶	¥97.00	57	¥5,529.00
SL0025	饼干	袋	¥12.00	6	¥72.00
SL0013	白酒	瓶	¥82.00	143	¥11,726.00
SL0028	白酒	瓶	¥16.00	124	¥1,984.00
SL0031	白酒	瓶	¥19.00	112	¥2,128.00
SL0036	白酒	瓶	¥24.00	182	¥4,368.00
SL0016	白酒	瓶	¥29.00	106	¥3,074.00
SL0032	白酒	瓶	¥75.00	173	¥12,975.00
SL0003	香烟	盒	¥14.00	28	¥392.00
SL0022	香烟	盒	¥30.00	20	¥600.00
SL0034	白酒	瓶	¥40.00	30	¥1,200.00
SL0018	方便面	桶	¥5.00	10	¥50.00

图6.1–1

此时，用户可以根据需求对商品进行简单的排序。例如用户想判定哪些商品需要进货了，就可以根据库存数量的多少进行排序，具体操作步骤如下。

❶ 打开本实例的原始文件，选中单元格区域A1:F37，切换到【数据】选项卡，在【排序和筛选】组中单击【排序】按钮，如图6.1–2所示。

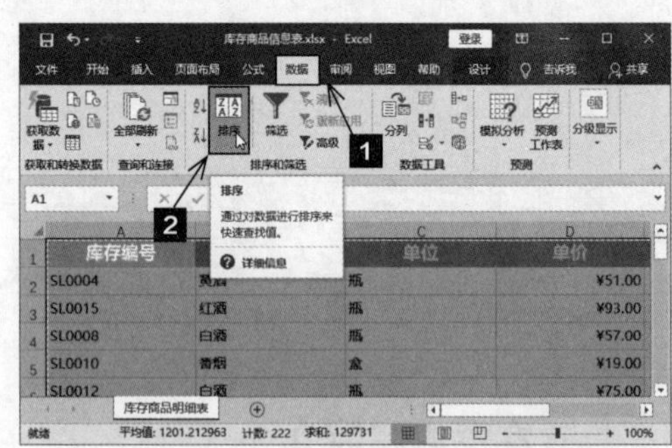

图6.1–2

❷ 弹出【排序】对话框，选中【数据包含标题】复选框，然后在【主要关键字】下拉列表框中选中【在库数量】选项，在【排序依据】下拉列表框中选中【单元格值】选项，在【次序】下拉列表框中选中【升序】选项，如图6.1–3 所示。

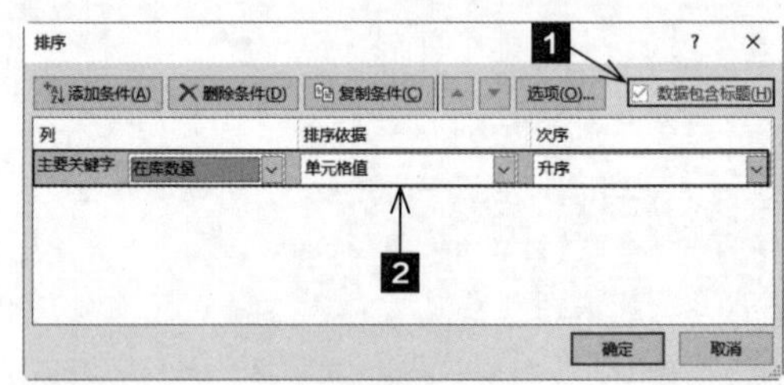

图6.1–3

❸ 单击【确定】按钮，返回Excel工作表，此时数据根据E列中“在库数量”进行升序排列，如图6.1–4所示。

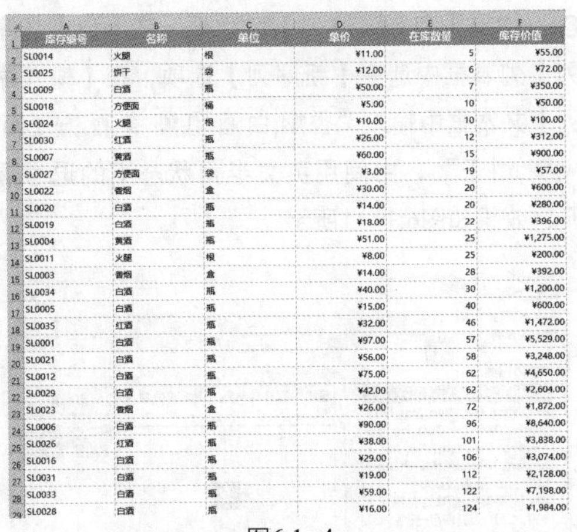

库存编号	名称	单位	单价	在库数量	库存价值
SL0014	火腿	根	¥11.00	5	¥55.00
SL0025	饼干	袋	¥12.00	6	¥72.00
SL0009	白酒	瓶	¥50.00	7	¥350.00
SL0018	方便面	桶	¥5.00	10	¥50.00
SL0024	火腿	根	¥10.00	10	¥100.00
SL0030	红酒	瓶	¥26.00	12	¥312.00
SL0007	黄酒	瓶	¥60.00	15	¥900.00
SL0027	方便面	袋	¥3.00	19	¥57.00
SL0022	香烟	盒	¥30.00	20	¥600.00
SL0020	白酒	瓶	¥14.00	20	¥280.00
SL0019	白酒	瓶	¥18.00	22	¥396.00
SL0004	黄酒	瓶	¥51.00	25	¥1,275.00
SL0011	火腿	根	¥8.00	25	¥200.00
SL0003	香烟	盒	¥14.00	28	¥392.00
SL0034	白酒	瓶	¥40.00	30	¥1,200.00
SL0005	白酒	瓶	¥15.00	40	¥600.00
SL0035	红酒	瓶	¥32.00	46	¥1,472.00
SL0001	白酒	瓶	¥97.00	57	¥5,529.00
SL0021	白酒	瓶	¥56.00	58	¥3,248.00
SL0012	白酒	瓶	¥75.00	62	¥4,650.00
SL0029	白酒	瓶	¥42.00	62	¥2,604.00
SL0023	香烟	盒	¥26.00	72	¥1,872.00
SL0006	白酒	瓶	¥90.00	96	¥8,640.00
SL0026	红酒	瓶	¥38.00	101	¥3,838.00
SL0016	白酒	瓶	¥29.00	106	¥3,074.00
SL0031	白酒	瓶	¥19.00	112	¥2,128.00
SL0033	白酒	瓶	¥59.00	122	¥7,198.00
SL0028	白酒	瓶	¥16.00	124	¥1,984.00

图6.1-4

6.1.2 复杂排序

当排序字段里出现相同的内容时，这些内容会保持着它们的原始次序。如果用户还要对这些相同内容按照一定条件进行排序，就要用到可设置多个关键字的复杂排序。

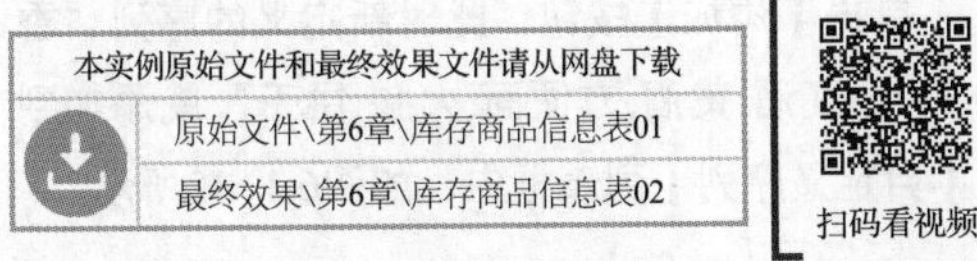

库存商品明细表按“在库数量”进行升序排列后，用户可以发现商品名称还是比较混乱的。如果用户希望商品名称有规律地排序，然后相同商品再按在库数量排序，就要用到可设置多个关键字的复杂排序。

❶ 打开本实例的原始文件，选中单元格区域A1:F37，切换到【数据】选项卡，在【排序和筛选】组中单击【排序】按钮，如图6.1-5所示。

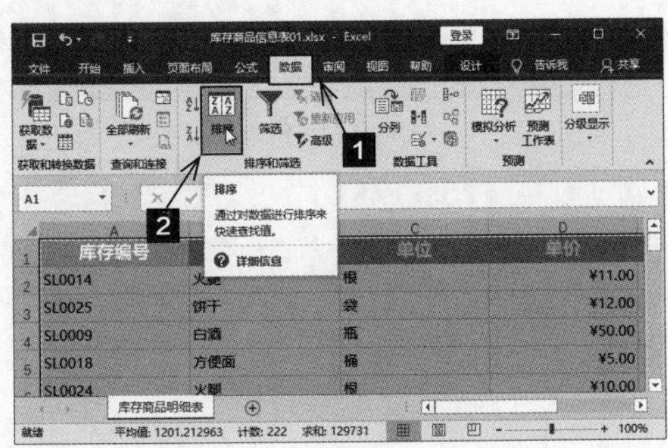

图6.1-5

❷ 弹出【排序】对话框，显示6.1.1小节中按照“在库数量”进行升序排列的排序条件，如图6.1-6所示。

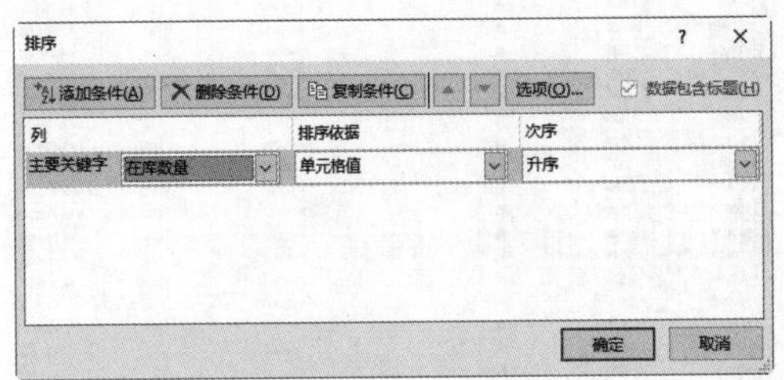

图6.1-6

❸ 单击【主要关键字】右侧的下三角按钮，在弹出的下拉列表中选中【名称】选项，将【主要关键字】更改为【名称】，单击【添加条件(A)】按钮，如图6.1-7所示。

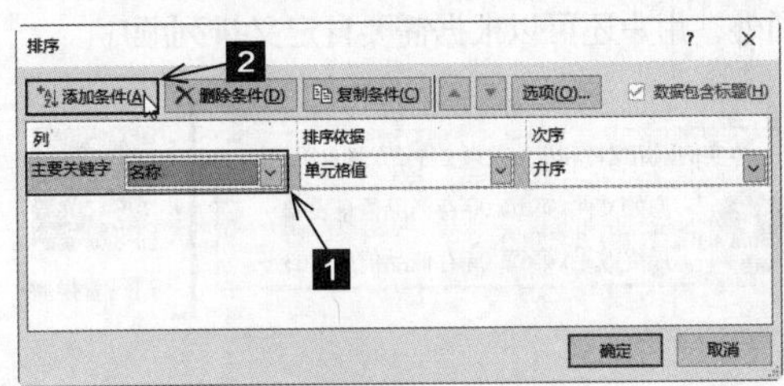

图6.1-7

❹ 此时即可添加一组新的排序条件，在【次要关键字】下拉列表框中选中【在库数量】选项，其余保持不变，如图6.1-8所示。

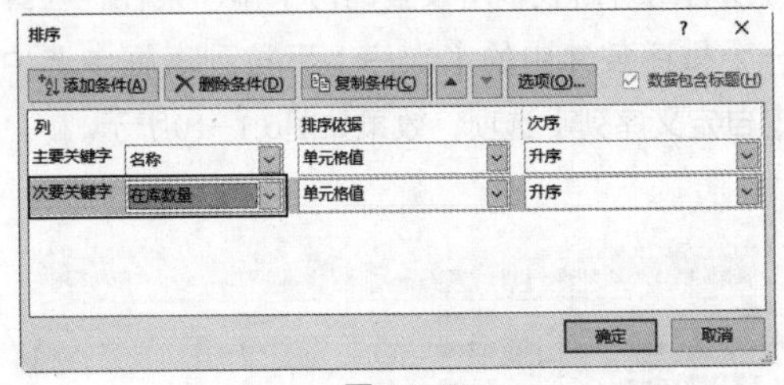

图6.1-8

❺ 设置完毕，单击【确定】按钮，返回工作表，此时表格数据在根据“名称”的汉语拼音首字母进行升序排列的基础上，再按照“在库数量”的数值进行升序排列，排序效果如图6.1-9所示。

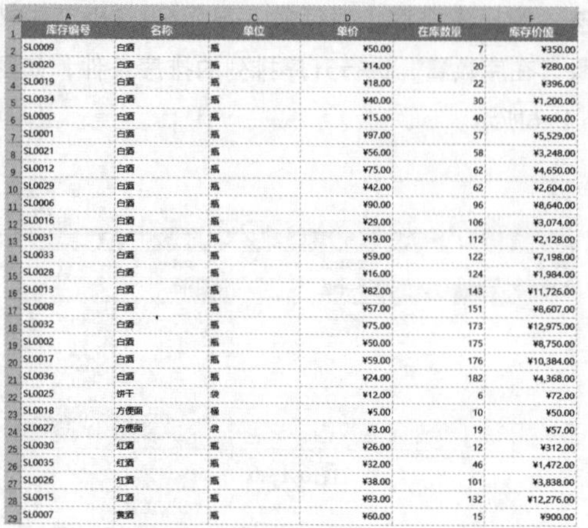

库存编号	名称	单位	单价	在库数量	库存价值
SL0009	白酒	瓶	¥50.00	7	¥350.00
SL0020	白酒	瓶	¥14.00	20	¥280.00
SL0019	白酒	瓶	¥18.00	22	¥396.00
SL0034	白酒	瓶	¥40.00	30	¥1,200.00
SL0005	白酒	瓶	¥15.00	40	¥600.00
SL0001	白酒	瓶	¥97.00	57	¥5,529.00
SL0021	白酒	瓶	¥56.00	58	¥3,248.00
SL0012	白酒	瓶	¥75.00	62	¥4,650.00
SL0029	白酒	瓶	¥42.00	62	¥2,604.00
SL0006	白酒	瓶	¥90.00	96	¥8,640.00
SL0016	白酒	瓶	¥29.00	106	¥3,074.00
SL0031	白酒	瓶	¥19.00	112	¥2,128.00
SL0033	白酒	瓶	¥59.00	122	¥7,198.00
SL0028	白酒	瓶	¥16.00	124	¥1,984.00
SL0013	白酒	瓶	¥82.00	143	¥11,726.00
SL0008	白酒	瓶	¥57.00	151	¥8,607.00
SL0032	白酒	瓶	¥75.00	173	¥12,975.00
SL0002	白酒	瓶	¥50.00	175	¥8,750.00
SL0017	白酒	瓶	¥59.00	176	¥10,384.00
SL0036	白酒	瓶	¥24.00	182	¥4,368.00
SL0025	饼干	袋	¥12.00	6	¥72.00
SL0018	方便面	桶	¥5.00	10	¥50.00
SL0027	方便面	袋	¥3.00	19	¥57.00
SL0030	红酒	瓶	¥26.00	12	¥312.00
SL0035	红酒	瓶	¥32.00	46	¥1,472.00
SL0026	红酒	瓶	¥38.00	101	¥3,838.00
SL0015	红酒	瓶	¥93.00	132	¥12,276.00
SL0007	黄酒	瓶	¥60.00	15	¥900.00

图6.1–9

6.1.3 自定义排序

数据排序方式除了按照升序、降序的方式排列外，用户还可以根据需要自定义排列顺序。

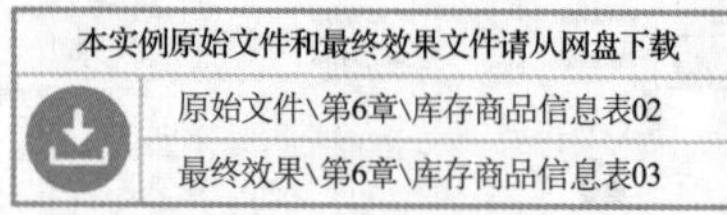

扫码看视频

对库存商品明细表中的数据，按照自定义“名称”顺序进行排序的具体步骤如下。

❶ 打开本实例的原始文件，选中单元格区域A1:F37，按照前面的方法打开【排序】对话框，可以看到前面我们所设置的两个排序条件，在第一个排序条件中的【次序】下拉列表框中选中【自定义序列】选项，效果如图6.1–10所示。

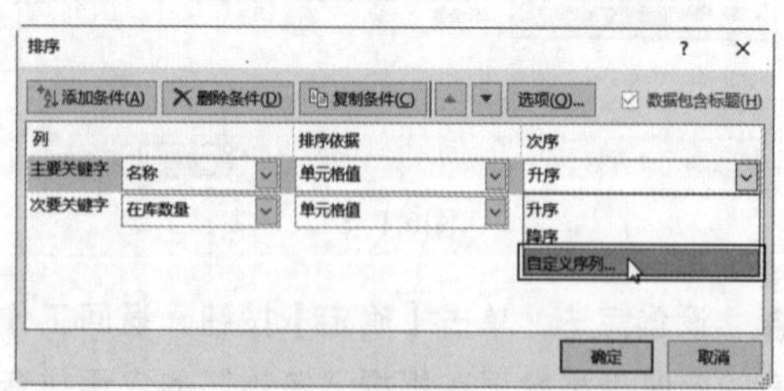

图6.1–10

❷ 弹出【自定义序列】对话框，在【自定义序列】列表框中选中【新序列】选项，在【输入序列】文本框中输入“香烟,白酒,红酒,黄酒,方便面,火腿,饼干”，中间用英文半角状态下的逗号隔开，效果如图6.1–11所示。

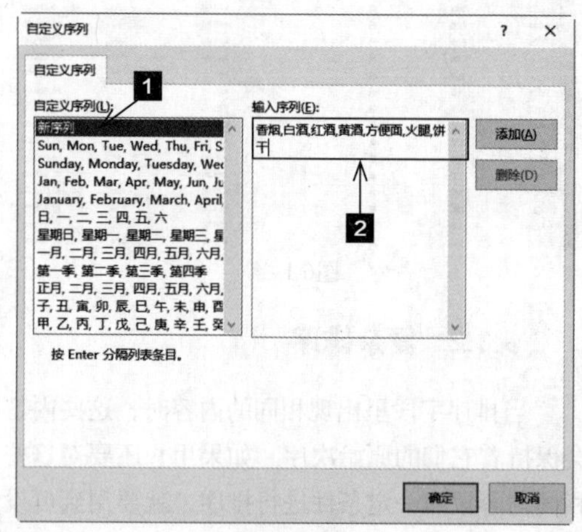

图6.1–11

❸ 单击【添加】按钮，此时新定义的序列“香烟,白酒,红酒,黄酒,方便面,火腿,饼干”就添加到了【自定义序列】列表框中，如图6.1–12所示。

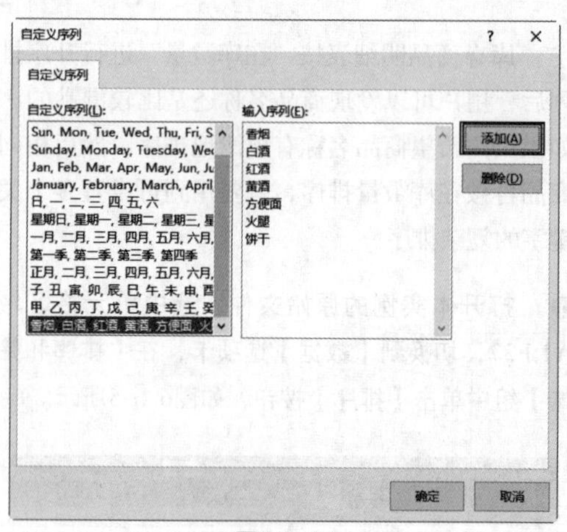

图6.1–12

❹ 单击【确定】按钮，返回【排序】对话框，此时，第一个排序条件中的【次序】下拉列表框自动显示【香烟,白酒,红酒,黄酒,方便面,火腿,饼干】选项，如图6.1-13所示。

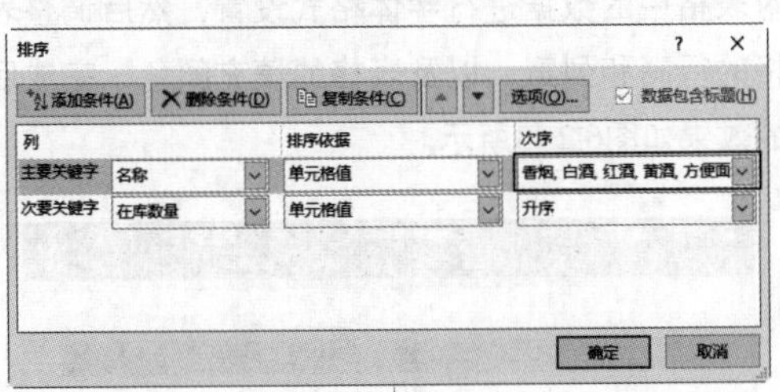

图6.1-13

❺ 单击【确定】按钮，返回Excel工作表，排序效果如图6.1-14所示。

库存编号	名称	单位	单价	在库数量	库存价值
SL0022	香烟	盒	¥30.00	20	¥600.00
SL0003	香烟	盒	¥14.00	28	¥392.00
SL0023	香烟	盒	¥26.00	72	¥1,872.00
SL0010	香烟	盒	¥19.00	186	¥3,534.00
SL0009	白酒	瓶	¥50.00	7	¥350.00
SL0020	白酒	瓶	¥14.00	20	¥280.00
SL0019	白酒	瓶	¥18.00	22	¥396.00
SL0034	白酒	瓶	¥40.00	30	¥1,200.00
SL0005	白酒	瓶	¥15.00	40	¥600.00
SL0001	白酒	瓶	¥97.00	57	¥5,529.00
SL0021	白酒	瓶	¥56.00	58	¥3,248.00
SL0012	白酒	瓶	¥75.00	62	¥4,650.00
SL0029	白酒	瓶	¥42.00	62	¥2,604.00
SL0006	白酒	瓶	¥90.00	96	¥8,640.00
SL0016	白酒	瓶	¥29.00	106	¥3,074.00
SL0031	白酒	瓶	¥19.00	112	¥2,128.00
SL0033	白酒	瓶	¥59.00	122	¥7,198.00
SL0028	白酒	瓶	¥16.00	124	¥1,984.00
SL0013	白酒	瓶	¥82.00	143	¥11,726.00
SL0008	白酒	瓶	¥57.00	151	¥8,607.00
SL0032	白酒	瓶	¥75.00	173	¥12,975.00
SL0002	白酒	瓶	¥50.00	175	¥8,750.00
SL0017	白酒	瓶	¥59.00	176	¥10,384.00
SL0036	白酒	瓶	¥24.00	182	¥4,368.00
SL0030	红酒	瓶	¥26.00	12	¥312.00

图6.1-14

6.2　课堂实训——食品类别表

根据6.1节学习的内容，把食品类别表中的各类食品按照“字符数量”来进行排序，效果如图6.2-1所示。

食品类别	名称	数目	字符数目
酒类	红酒	3	2
乳制品	奶酪	25	3
调味品	食盐	11	3
冷冻饮品	冰淇淋	30	4
焙烤食品	蛋糕	10	4
肉和肉制品	牛肉干	50	5
特殊营养食品	保健品	60	6
水产品及其制品	鱿鱼丝	65	7
粮食和粮食制品	大豆油	25	7
巧克力和巧克力制品	巧克力	80	9

图6.2-1

专业背景

食品分类系统用于界定食品添加剂的使用范围，只适用于使用该标准查询添加剂。该标准的食品分类系统共分16大类。

实训目的

◎ 熟练掌握Excel的排序功能

◎ 熟练美化Excel表格

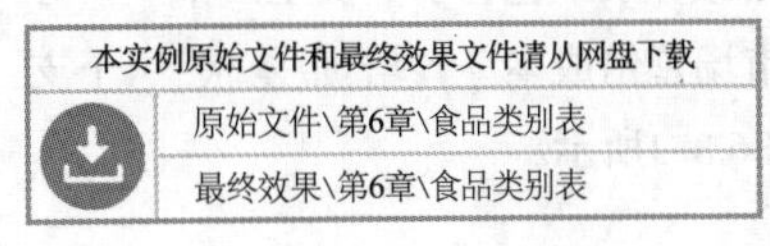

扫码看视频

操作思路

1. 按“字符数量”排序

选中“字符数量”单元格，在【数据】选项卡的【排序和筛选】组中单击【升序】按钮即可，完成后的效果如图6.2-2所示。

食品类别	名称	数量	字符数量
酒类	红酒	3	2
乳制品	奶酪	25	3
调味品	食盐	11	3
冷冻饮品	冰淇淋	30	4
焙烤食品	蛋糕	10	4
肉和肉制品	牛肉干	50	5
粮食和粮食制品	大豆油	25	7

图6.2-2

2. 美化表格

按“字符数量”进行排序后，去掉网格线，对表格中的数据进行字体格式设置，然后调整表格的行高和列宽，以及表格的填充颜色，完成后的效果如图6.2-3所示。

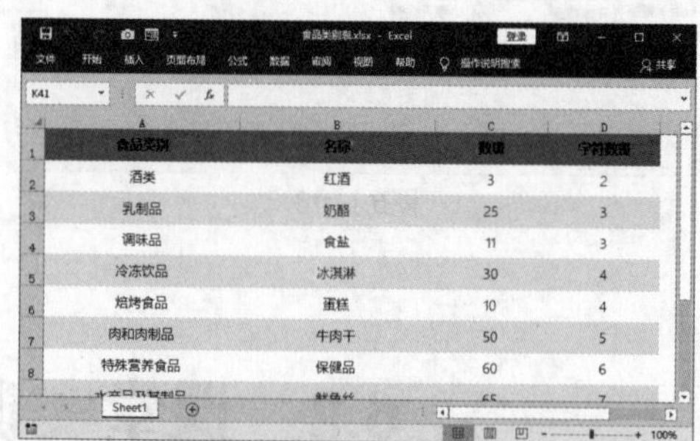

食品类别	名称	数量	字符数量
酒类	红酒	3	2
乳制品	奶酪	25	3
调味品	食盐	11	3
冷冻饮品	冰淇淋	30	4
焙烤食品	蛋糕	10	4
肉和肉制品	牛肉干	50	5
特殊营养食品	保健品	60	6

图6.2-3

6.3 数据的筛选——业务费用预算

Excel中提供了3种数据的筛选操作，即自动筛选、自定义筛选和高级筛选。

6.3.1 自动筛选

当Excel工作表中的数据比较多，我们又只想查看其中符合某些条件的数据时，可以使用工作表的筛选功能。

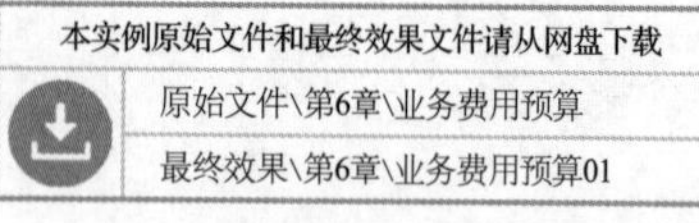

本实例原始文件和最终效果文件请从网盘下载

原始文件\第6章\业务费用预算

最终效果\第6章\业务费用预算01

扫码看视频

“自动筛选”一般用于简单的条件筛选，筛选时将不满足条件的数据暂时隐藏起来，只显示符合条件的数据。

1. 指定数据的筛选

业务费用预算表中包含了“员工成本”“办公成本”“市场营销成本”“培训/差旅”4个支出类别，如图6.3-1所示。

支出项目	支出类别	计划支出	实际支出	支出差额	差额百分比
工资	员工成本	¥1,067,000.00	¥519,000.00	(¥548,000.00)	51%
奖金	员工成本	¥288,090.00	¥140,130.00	(¥147,960.00)	51%
办公室租赁	办公成本	¥117,600.00	¥58,800.00	(¥58,800.00)	50%
燃气	办公成本	¥2,300.00	¥1,224.00	(¥1,076.00)	47%
电费	办公成本	¥3,600.00	¥1,729.00	(¥1,871.00)	52%
水费	办公成本	¥480.00	¥208.00	(¥272.00)	57%
电话	办公成本	¥3,000.00	¥1,434.00	(¥1,566.00)	52%
Internet 访问	办公成本	¥2,160.00	¥1,080.00	(¥1,080.00)	50%
办公用品	办公成本	¥2,400.00	¥1,275.00	(¥1,125.00)	47%
安全保障	办公成本	¥7,200.00	¥3,600.00	(¥3,600.00)	50%
网站托管	市场营销成本	¥6,000.00	¥3,000.00	(¥3,000.00)	50%
网站更新	市场营销成本	¥4,000.00	¥2,500.00	(¥1,500.00)	38%
宣传资料准备	市场营销成本	¥20,000.00	¥10,300.00	(¥9,700.00)	49%
宣传资料打印	市场营销成本	¥2,400.00	¥1,580.00	(¥820.00)	34%
市场营销活动	市场营销成本	¥33,000.00	¥14,700.00	(¥18,300.00)	55%
杂项支出	市场营销成本	¥2,400.00	¥1,079.00	(¥1,321.00)	55%
培训课程	培训/差旅	¥24,000.00	¥11,000.00	(¥13,000.00)	54%
与培训相关的差旅成本	培训/差旅	¥24,000.00	¥10,300.00	(¥13,700.00)	57%

图6.3-1

如果用户只想查看“市场营销成本”，就可以使用指定数据的筛选方法，具体操作步骤如下。

❶ 打开本实例的原始文件，选中单元格区域A1:F19，切换到【数据】选项卡，在【排序和筛选】组中单击【筛选】按钮，随即各标题字段的右侧出现一个下拉按钮，进入筛选状态，如图6.3-2所示。

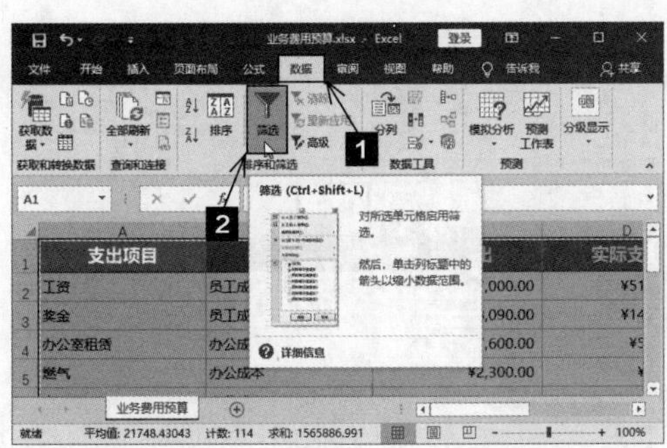

图6.3-2

❷ 单击标题字段【支出类别】右侧的下拉按钮，在弹出的筛选列表中撤选【全选】复选框，然后选中【市场营销成本】复选框，如图6.3-3所示。

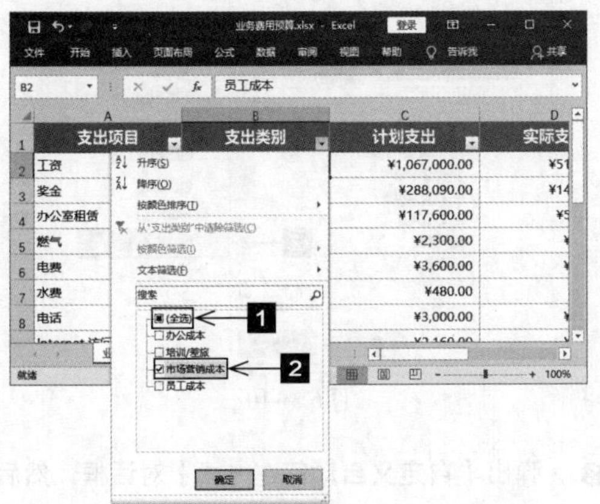

图6.3-3

❸ 单击【确定】按钮，返回Excel工作表，筛选效果如图6.3-4所示。

图6.3-4

2. 指定条件的筛选

除了可以直接筛选支出类别的数据外，还可以根据数据大小筛选出指定数据。具体操作步骤如下。

❶ 打开本实例的原始文件，选中数据区域中的任意一个单元格，切换到【数据】选项卡，在【排序和筛选】组中单击【筛选】按钮，撤销之前的筛选，再次单击【筛选】按钮，重新进入筛选状态，然后单击标题字段【实际支出】右侧的下拉按钮，如图6.3-5所示。

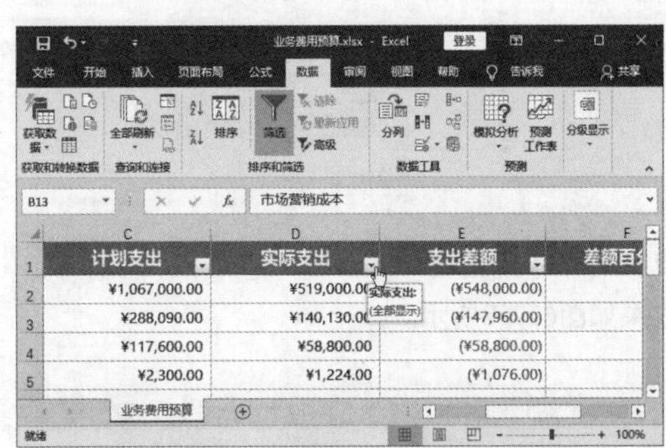

图6.3-5

提示：对于已经筛选过的数据，进行新的筛选时，需要先撤销之前的筛选。

❷ 在弹出的下拉列表框中选中【数字筛选】→【前10项】选项，如图6.3-6所示。

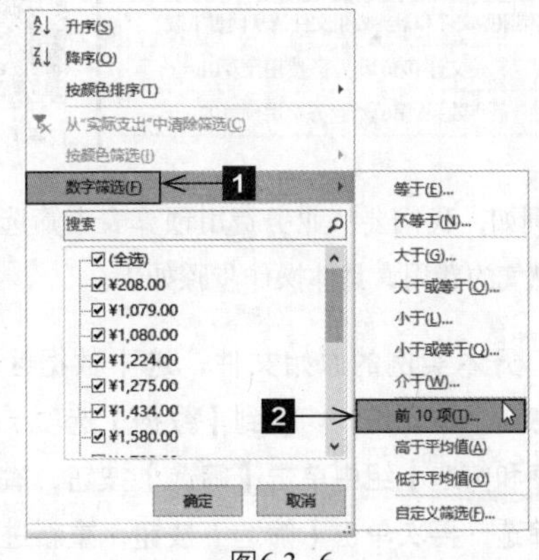
图6.3-6

❸ 弹出【自动筛选前10个】对话框，系统默认筛选最大的10个值，用户可以根据实际需求对这个条件进行修改，例如，此处我们可以将条件修改为“最大3项”，如图6.3-7所示。

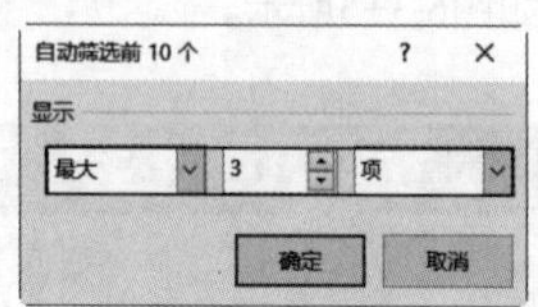

图6.3-7

❹ 单击【确定】按钮，返回Excel工作表，筛选效果如图6.3-8所示。

	B	C	D	E	F
1	支出类别	计划支出	实际支出	支出差额	差额百分比
2	员工成本	¥1,067,000.00	¥519,000.00	(¥548,000.00)	51%
3	员工成本	¥288,090.00	¥140,130.00	(¥147,960.00)	51%
4	办公成本	¥117,600.00	¥58,800.00	(¥58,800.00)	50%

图6.3-8

6.3.2 自定义筛选

前面讲解的都是单一条件的筛选方法，但是在实际工作中需要的数据要满足多个条件，此时，用户就可以使用自定义筛选功能。

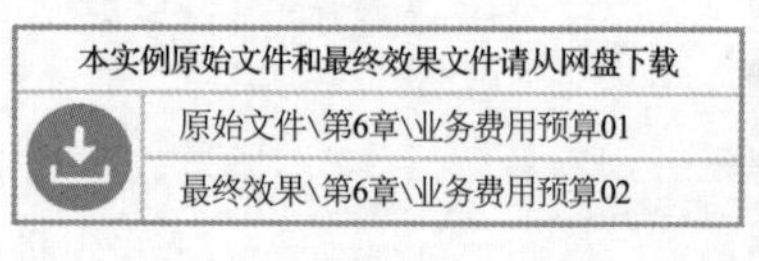

扫码看视频

例如，我们要从业务费用预算表中筛选出电费和燃气的费用，具体操作步骤如下。

❶ 打开本实例的原始文件，选中数据区域中的任意一个单元格，切换到【数据】选项卡，在【排序和筛选】组中单击【筛选】按钮，撤销之前的筛选，再次单击【筛选】按钮，重新进入筛选状态，然后单击标题字段【支出项目】右侧的下拉按钮，如图6.3-9所示。

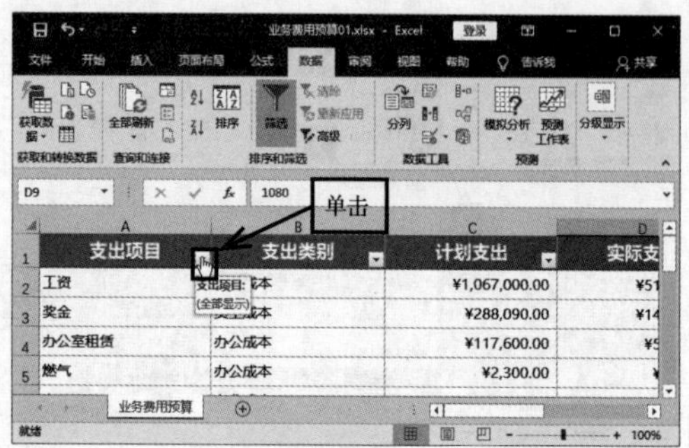

图6.3-9

❷ 在弹出的下拉列表框中选中【文本筛选】→【自定义筛选】选项，如图6.3-10所示。

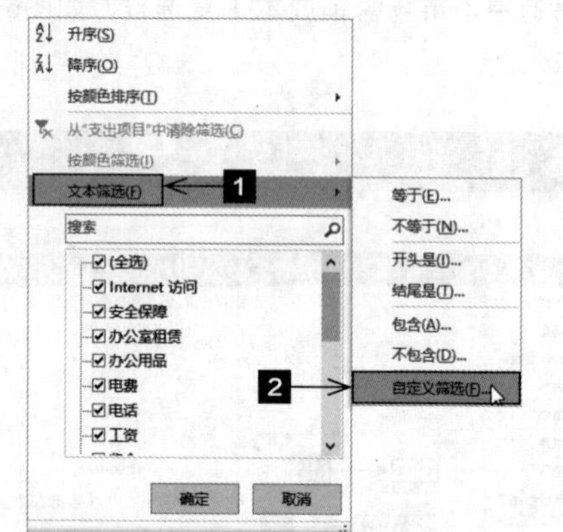

图6.3-10

❸ 弹出【自定义自动筛选方式】对话框，然后将显示条件设置为支出项目等于电费或燃气，如图6.3-11所示。

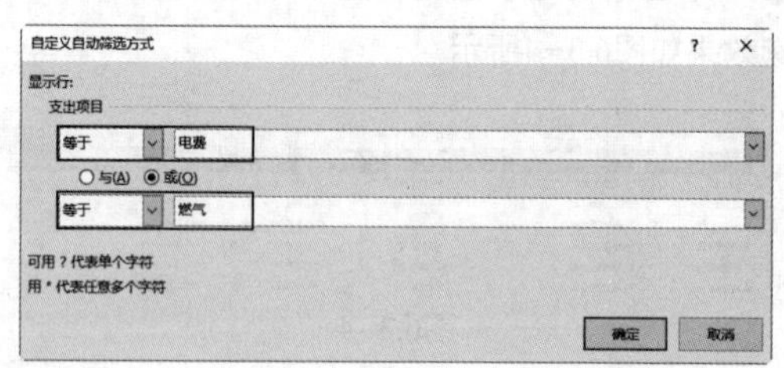

图6.3-11

❹ 单击【确定】按钮。返回Excel工作表，筛选效果如图6.3-12所示。

	支出项目	支出类别	计划支出	实际支出	支出差额	差额百分比
5	燃气	办公成本	¥2,300.00	¥1,224.00	(¥1,076.00)	47%
6	电费	办公成本	¥3,600.00	¥1,729.00	(¥1,871.00)	52%

图6.3-12

6.3.3 高级筛选

高级筛选一般用于条件较复杂的筛选，其筛选的结果既可以在原数据表格中显示，显示在原数据表中的不符合条件的记录会被隐藏起来；筛选结果也可以在新的位置显示，此时不符合条件的记录同时保留在数据表中而不会被隐藏起来，这样更加便于数据比对。

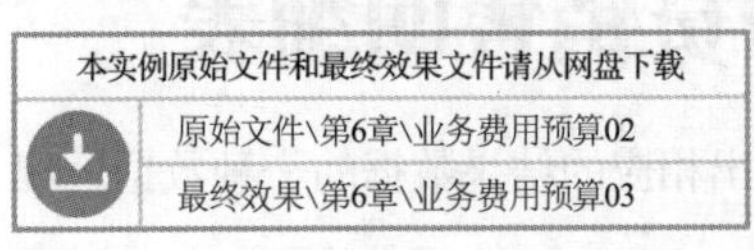
本实例原始文件和最终效果文件请从网盘下载
原始文件\第6章\业务费用预算02
最终效果\第6章\业务费用预算03

扫码看视频

对于复杂条件的筛选，如果使用系统自带的筛选条件，可能需要进行多次筛选。而如果使用高级筛选，就可以自定义筛选条件，从而避免多次筛选，具体操作步骤如下。

❶ 打开本实例的原始文件，切换到【数据】选项卡，单击【排序和筛选】组中的【筛选】按钮，撤销之前的筛选，然后在不包含数据的区域内输入筛选条件，例如在单元格D21中输入“实际支出”，在单元格D22中输入“>5000”，在单元格E21中输入“差额百分比”，在单元格E22中输入“>50%”，如图6.3-13所示。

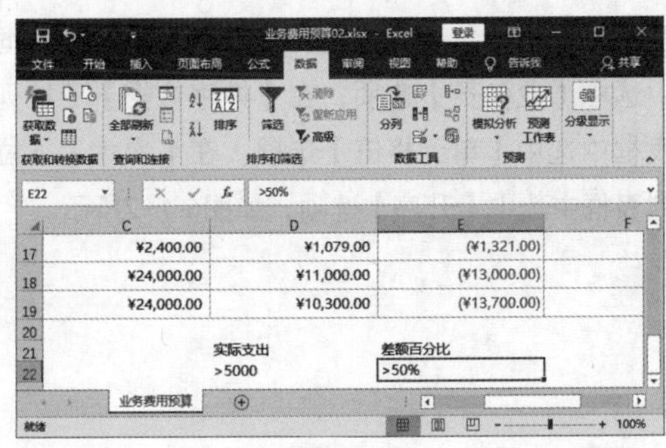
图6.3-13

❷ 将光标定位到数据区域的任意一个单元格中，单击【排序和筛选】组中的【高级】按钮，如图6.3-14所示。

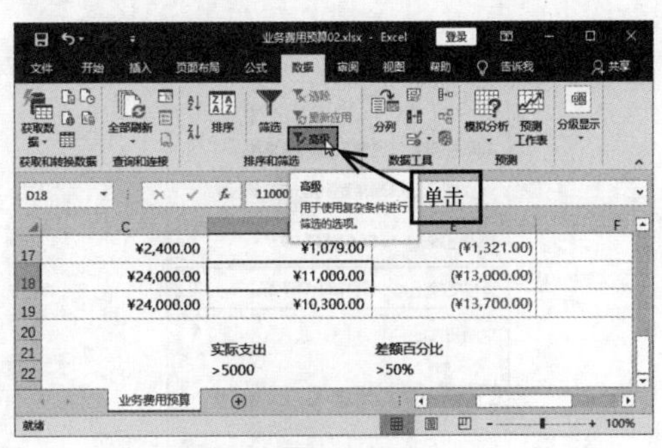

图6.3-14

❸ 弹出【高级筛选】对话框，在【方式】组中选中【在原有区域显示筛选结果】单选按钮，然后单击【条件区域】文本框右侧的【折叠】按钮，如图6.3-15所示。

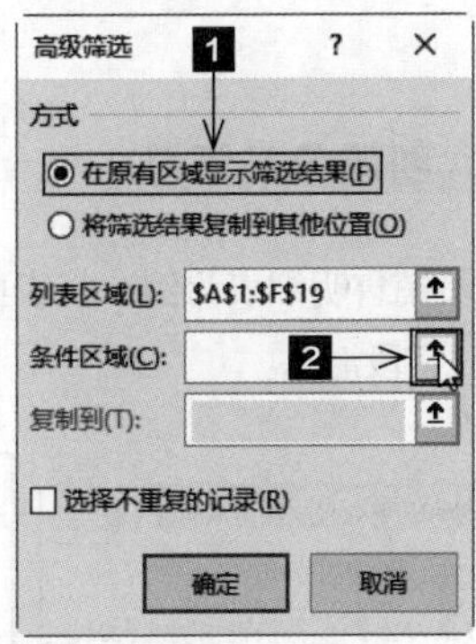

图6.3-15

❹ 弹出【高级筛选-条件区域】对话框，然后在工作表中选中条件区域D21:E22，设置效果如图6.3-16所示。

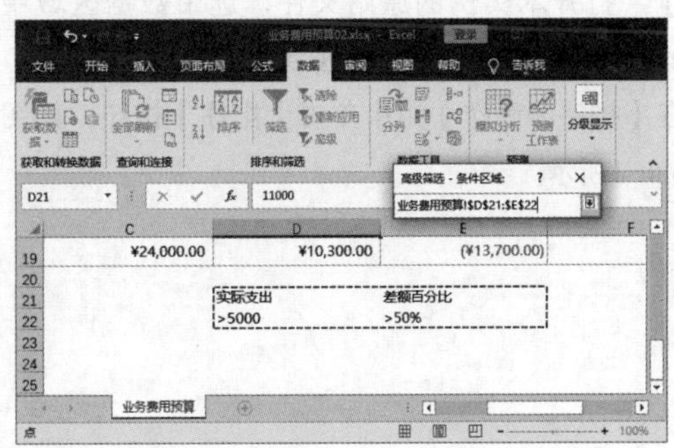
图6.3-16

❺ 选择完毕，单击【展开】按钮，返回【高级筛选】对话框，此时即可在【条件区域】文本框中显示出条件区域的范围，如图6.3-17所示。

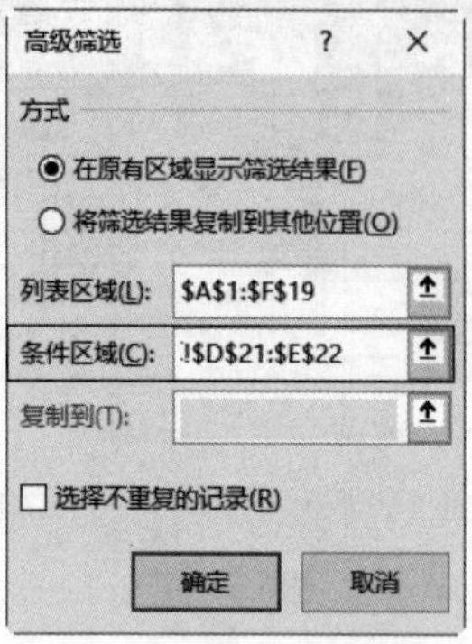

高级筛选 ? ×
方式
◉ 在原有区域显示筛选结果(F)
○ 将筛选结果复制到其他位置(O)
列表区域(L): $A$1:$F$19
条件区域(C): !$D$21:$E$22
复制到(T):
☐ 选择不重复的记录(R)
确定 取消

图6.3-17

❻ 单击【确定】按钮，返回Excel工作表，筛选效果如图6.3-18所示。

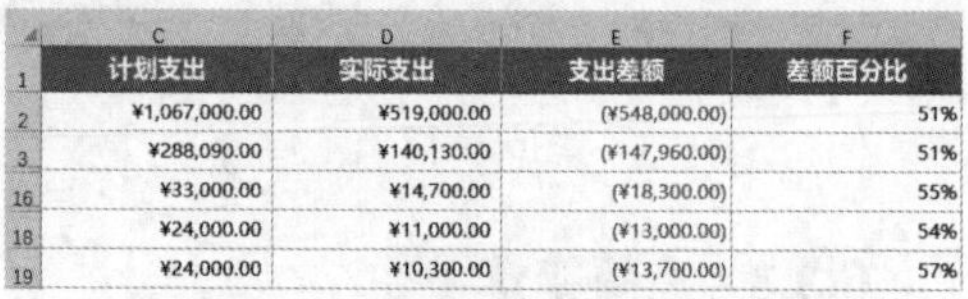

	C	D	E	F
1	计划支出	实际支出	支出差额	差额百分比
2	¥1,067,000.00	¥519,000.00	(¥548,000.00)	51%
3	¥288,090.00	¥140,130.00	(¥147,960.00)	51%
16	¥33,000.00	¥14,700.00	(¥18,300.00)	55%
18	¥24,000.00	¥11,000.00	(¥13,000.00)	54%
19	¥24,000.00	¥10,300.00	(¥13,700.00)	57%

图6.3-18

6.4 数据的分类汇总——业务员销售明细表

分类汇总是指按某一字段对数据进行分类，并对每一类统计出相应的结果数据的一种数据处理方式。

6.4.1 创建分类汇总

以业务员销售明细表为例，将表中的数据按照“业务员”字段汇总。

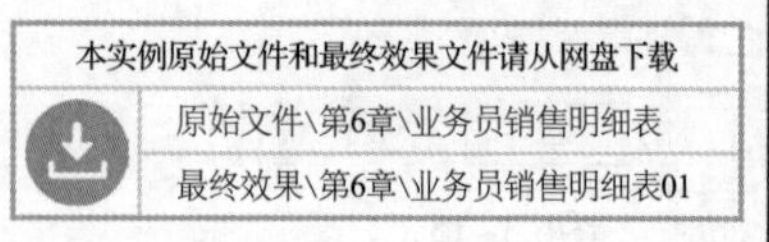

扫码看视频

创建分类汇总之前，首先要对工作表中的数据进行排序，其次数据必须为普通区域。

❶ 打开本实例的原始文件，选中数据区域中的任意一个单元格，切换到【数据】选项卡，在【排序和筛选】组中单击【排序】按钮，如图6.4-1所示。

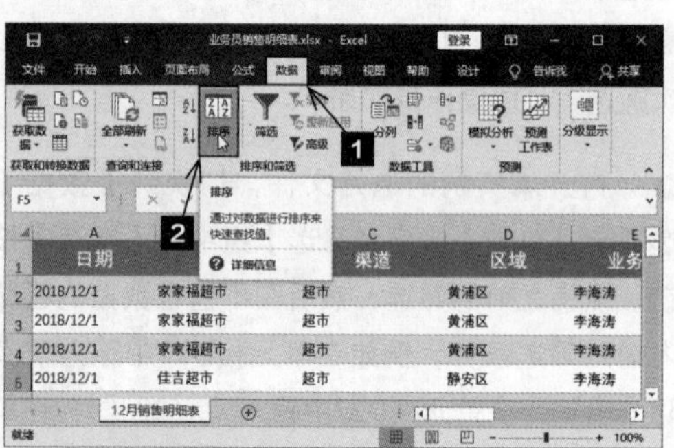

图6.4-1

❷ 弹出【排序】对话框，选中【数据包含标题】复选框，然后在【主要关键字】下拉列表框中选中【业务员】选项，在【排序依据】下拉列表框中选中【单元格值】选项，在【次序】下拉列表框中选中【升序】选项，如图6.4-2所示。

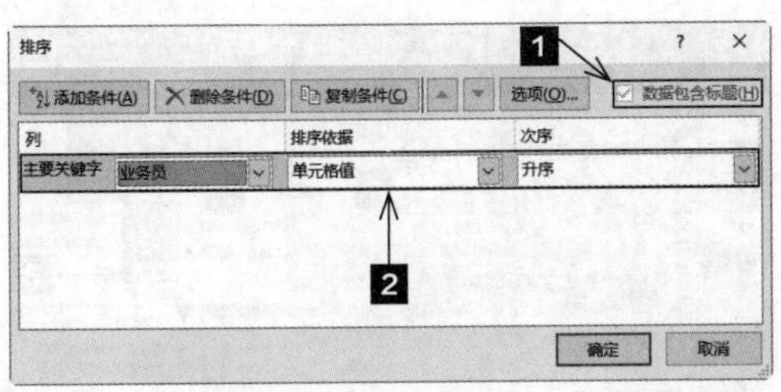

图6.4–2

❸　单击【确定】按钮，返回工作表，此时，用户可以看到数据已经按“业务员”字段排好序了，但是，此时【分级显示】组中的【分类汇总】按钮为灰色，这是因为数据区域为表格形式，如图6.4–3所示。

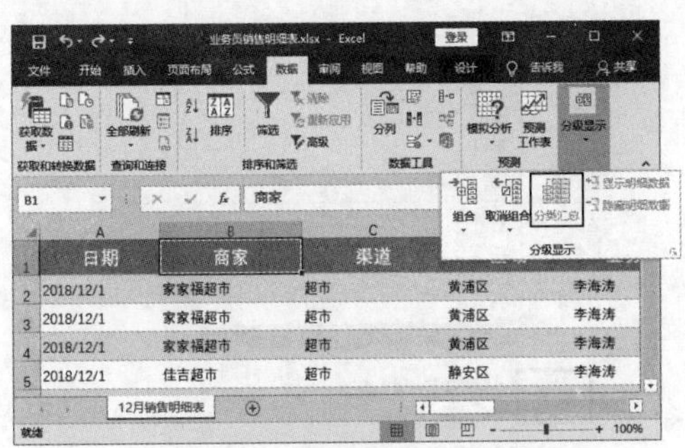
图6.4–3

❹　切换到【设计】选项卡，在【工具】组中单击【转换为区域】按钮，如图6.4–4所示。

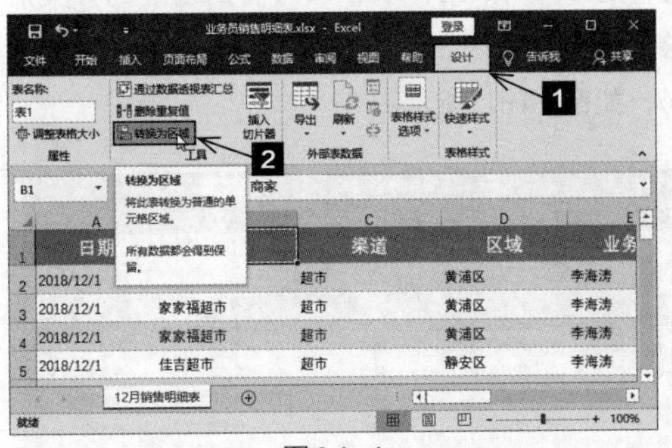
图6.4–4

❺　弹出【Microsoft Excel】提示框，询问用户“是否将表转换为普通区域？”，如图6.4–5所示。

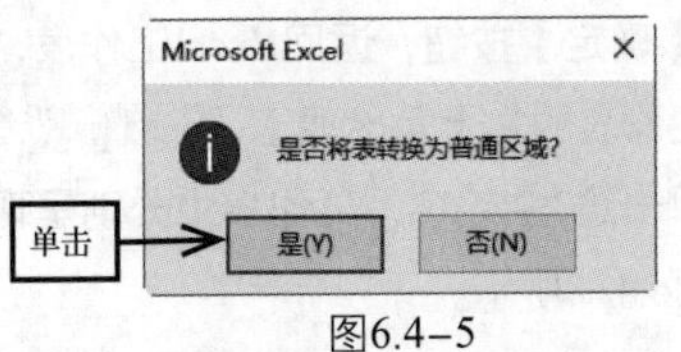

图6.4–5

❻　单击【是】按钮，即可将表转换为普通区域，此时用户就可以进行分类汇总。切换到【数据】选项卡，在【分级显示】组中单击【分类汇总】按钮，如图6.4–6所示。

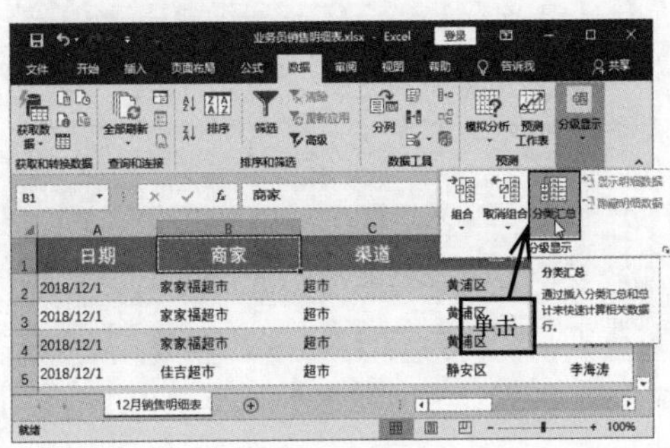
图6.4–6

❼　弹出【分类汇总】对话框，在【分类字段】下拉列表中选中【业务员】选项，在【汇总方式】下拉列表框中选中【求和】选项，在【选定汇总项】列表框中选中【金额（元）】复选框，选中【替换当前分类汇总】和【汇总结果显示在数据下方】复选框，如图6.4–7所示。

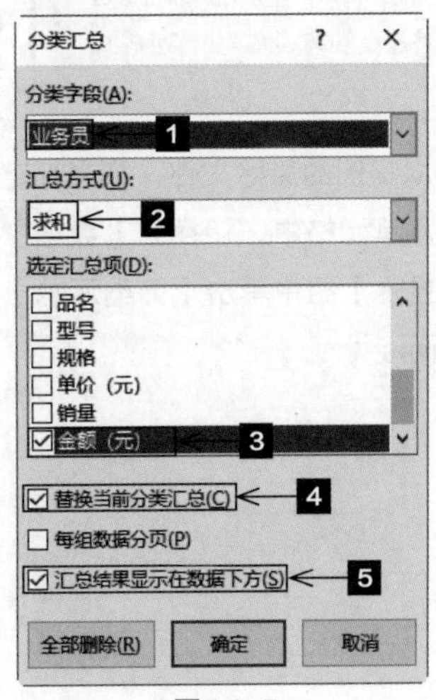

图6.4–7

❽ 单击【确定】按钮，返回Excel工作表，用户可以看到工作表的左上角出现了"1 2 3"3个数字，依次单击这3个数字，工作表中分别呈现的数据效果如图6.4-8所示。

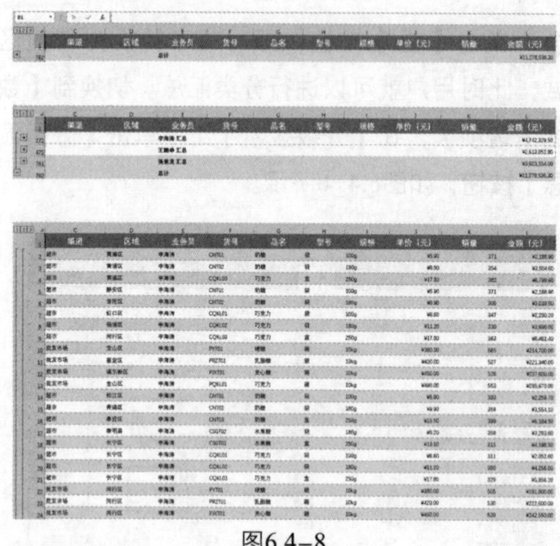

图6.4-8

6.4.2 删除分类汇总

如果用户不再需要将工作表中的数据以分类汇总的方式显示出来，则可将刚刚创建的分类汇总删除。

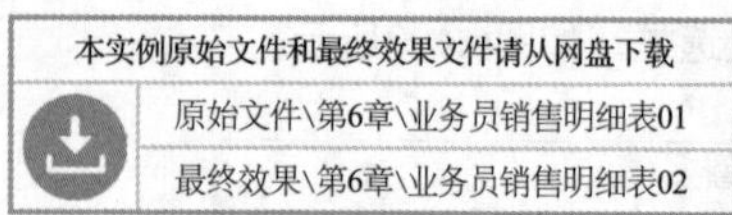

本实例原始文件和最终效果文件请从网盘下载
原始文件\第6章\业务员销售明细表01
最终效果\第6章\业务员销售明细表02

扫码看视频

❶ 打开本实例的原始文件，将光标定位到数据区域的任意单元格中，切换到【数据】选项卡，在【分级显示】组中单击【分类汇总】按钮，如图6.4-9所示。

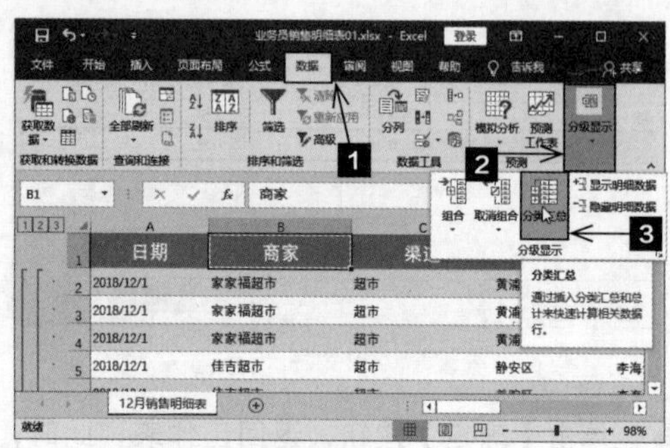

图6.4-9

❷ 弹出【分类汇总】对话框，单击【全部删除】按钮，如图6.4-10所示。

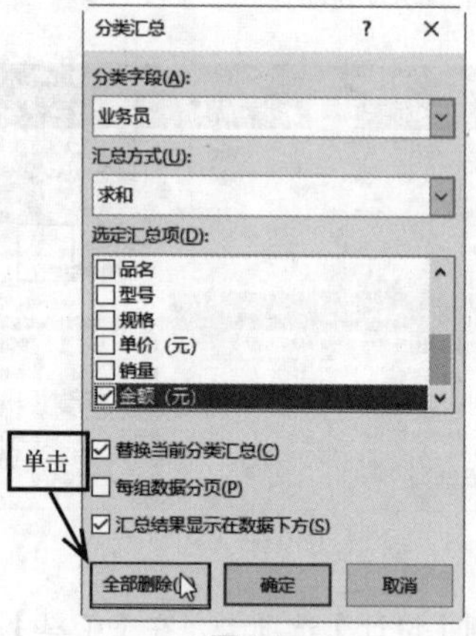

图6.4-10

❸ 返回Excel工作表，即可看到创建的分类汇总已经全部删除，工作表恢复到分类汇总前的状态，如图6.4-11所示。

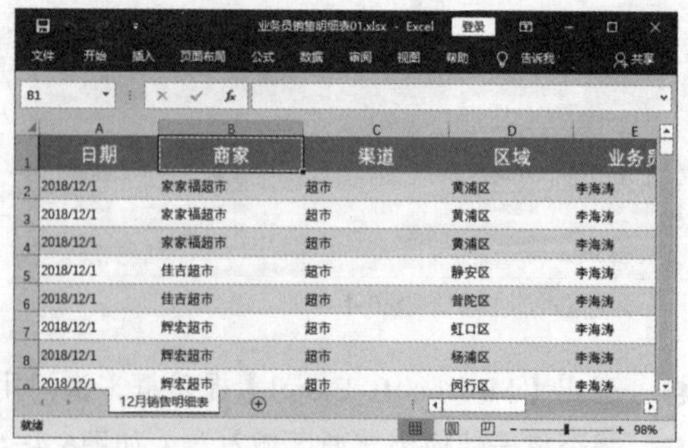

图6.4-11

6.5　课堂实训——销售月报明细表

根据6.4节学习的内容，为“销售月报明细表”进行数据的筛选和分类汇总，最终效果如图6.5-1所示。

图6.5-1

专业背景

明细表中可以清晰展示每个业务员对应的商家，以及各种糖类的销售数量和金额，有利于分析各个商家的销售情况。

实训目的

◎　熟练掌握如何筛选数据

◎　熟练掌握如何对数据进行分类汇总

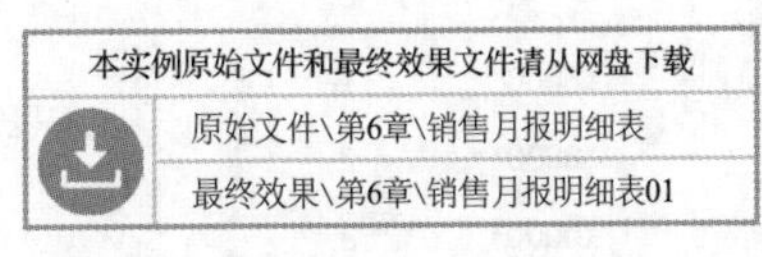

扫码看视频

操作思路

1. 筛选数据

切换到【数据】选项卡，在【排序和筛选】组中单击【筛选】按钮，我们就可以根据自己的需要进行数据的筛选，效果如图6.5-2所示。

图6.5-2

2. 分类汇总数据

将表格区域转换为普通区域，在【分级显示】组中单击【分类汇总】按钮并进行设置，完成后的效果如图6.5-3所示。

图6.5-3

6.6 常见疑难问题解析

问：如何快速合并多张明细表？

答：打开本实例的原始文件，单击【新工作表】按钮，插入工作表，并将其重命名为“按类别合并”。在该工作表中选中单元格A1，切换到【数据】选项卡，单击【数据工具】组中的【合并计算】按钮，弹出【合并计算】对话框，在【函数】下拉列表中默认设置【求和】选项，将光标定位在【引用位置】文本框中，选中工作表中需要合并的单元格区域，单击【添加】按钮，即可将引用位置添加到【所有引用位置】列表框中。按照相同方法将其他表格中的单元格区域添加到【所有引用位置】列表框中，在【标签位置】组中选中【首行】和【最左列】复选框，单击【确定】按钮。

6.7 课后习题

（1）由于总销量是按等级划分的，所以需要根据等级划分原则建立一个辅助基础数据（L1:M4）。效果如图6.7–1所示。

扫码看视频

（2）针对辅助列3进行降序排列，即可得到如下结果，前20个商家进入参加年会的商家名单。最终效果如图6.7–2所示。

K	L	M	N
	0	0	
	5000	1	
	8000	2	
	10000	3	

图6.7–1

	A	B	C	D	E	F	G	H	I	J	K
1	商家	夹心糖	奶糖	巧克力	乳脂糖	水果糖	硬糖	总计	辅助列1	辅助列2	辅助列3
2	华联超市	2125	2099	2073	2133	1990	988	11408	3	6	3.75
3	[illegible]	580	2128	2125	2127	2108	964	10032	3	6	3.75
4	[illegible]	1990	2142	1056	1701	1286	2196	10371	3	6	3.75
5	佳吉超市	995	2090	1792	2057	2133	1076	10143	3	6	3.75
6	[illegible]	1730	2171	2110	1076	2019	1068	10174	3	6	3.75
7	新世纪超市	1428	2106	1434	2031	2177	1990	11166	3	6	3.75
8	[illegible]	999	1047	2113	1031	2090	1112	8392	2	6	3
9	[illegible]	1059	2171	2085	970	2038	1084	9407	2	6	3
10	多宝利超市	2184	1031	2097	1799	1123	1011	9245	2	6	3
11	丰达超市	1005	2110	2068	1052	999	2056	9290	2	6	3
12	[illegible]	1068	2139	1021	1792	1812	1097	8929	2	6	3
13	和信超市	1014	1058	994	2184	1098	2056	8404	2	6	3
14	[illegible]	1135	964	2078	995	1703	2139	9014	2	6	3
15	[illegible]	1084	1037	2196	1056	1751	2078	9202	2	6	3
16	[illegible]	1975	1066	1076	1792	1135	1135	8179	2	6	3
17	[illegible]	1011	1058	2120	1014	1701	2125	9029	2	6	3
18	[illegible]	2099	1113	1066	1701	1057	2142	9178	2	6	3
19	[illegible]	1033	950	1104	2120	1428	1792	8427	2	6	3
20	[illegible]	2142	1068	2154	1050	2029	1097	9540	2	6	3
21	[illegible]	1080		1113	2133	1766	2125	8217	2	5	2.75
22	[illegible]	1135	971	2056	1990	2128		8280	2	5	2.75
23	[illegible]	1019	1050	1080	984	1067	1072	6272	1	6	2.25
24	[illegible]	1113	985	1100	1999	980	984	7161	1	6	2.25
25	[illegible]	1112	1036	1016	1100	1059	1799	7122	1	6	2.25
26	[illegible]	1084	1031	1112	1812	1019	1080	7138	1	6	2.25

图6.7–2

第7章
图表与数据透视表

本章内容简介

本章主要介绍如何使用图表来增强数据所展现的条理性和观赏性，如何使用数据透视表快速地汇总数据。

学完本章我能做什么

通过本章的学习，我们可以根据统计表中的数据独立地创建图表，根据明细表快速地创建汇总表。

学习目标

- 学会插入并美化折线图
- 学会插入并美化圆环图
- 学会插入并美化柱形图
- 学会使用数据透视表
- 学会使用数据透视图

7.1 创建图表——销售统计

企业中的很多数据是错综复杂、变化万千的，为了更好地展示数据之间的内在关系，我们可以通过创建不同的图表来实现。

Excel可以用于制作各种类型的图表，下面根据业务员的销售情况创建一个“销售统计图表”，可以从中方便快捷地查看业务员的销售业绩。

7.1.1 插入并美化折线图

折线图可以显示随时间（根据常用比例设置）变化的连续数据，因此非常适用于显示相等时间间隔下数据变化的趋势。

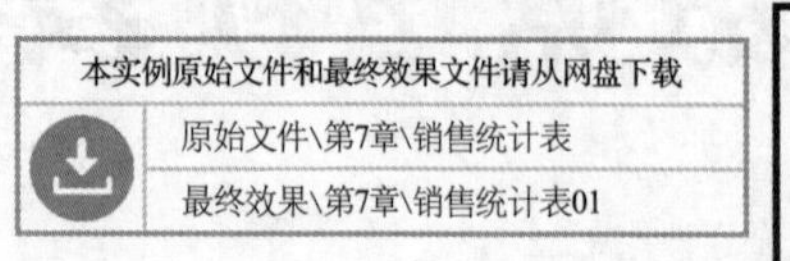

本实例原始文件和最终效果文件请从网盘下载

原始文件\第7章\销售统计表

最终效果\第7章\销售统计表01

扫码看视频

1. 插入折线图

在2018年下半年的销售统计表中，记录着每个业务员每个月的销售额，为了更好地查看各业务员每个月的销售趋势，我们可以根据统计表中的数据，在数据的下方插入一张折线图。具体操作步骤如下。

❶ 打开本实例的原始文件，选中单元格区域A1:E7，切换到【插入】选项卡，在【图表】组中单击【插入折线图或面积图】按钮，如图7.1-1所示。

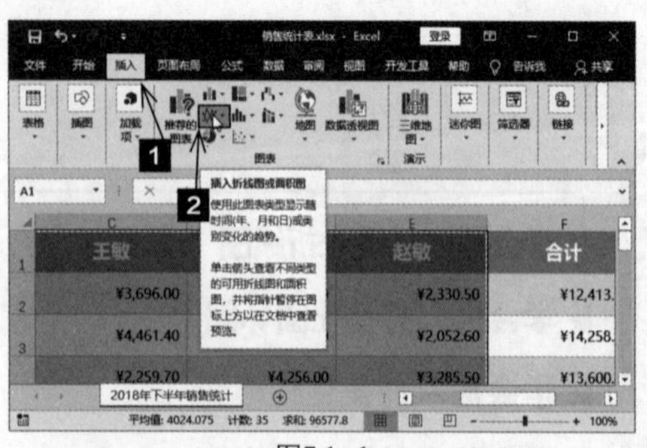

图7.1-1

❷ 在弹出的下拉列表中选择一种合适的折线图，此处选中【带数据标记的折线图】，如图7.1-2所示。

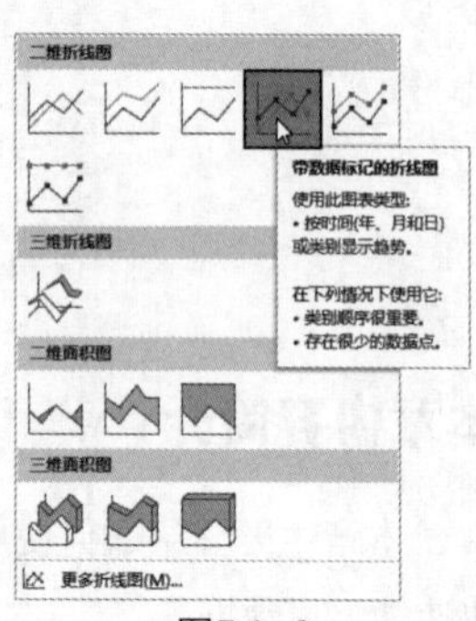

图7.1-2

❸ 可以看到在工作表中插入了一张折线图，如图7.1-3所示。

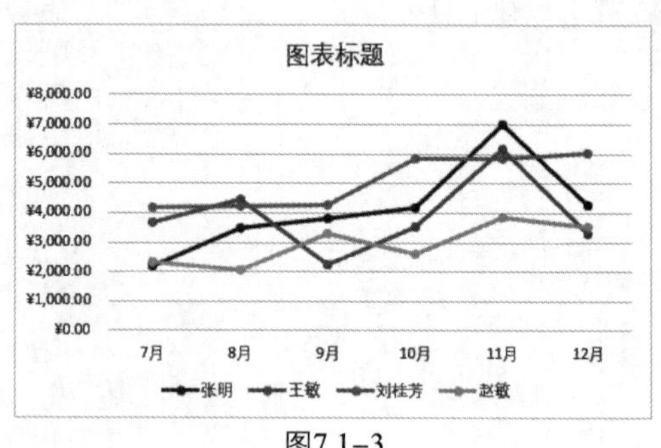

图7.1-3

2. 美化折线图

默认插入的折线图，虽然可以看清楚数据的走势，但是毫无美感可言。为了使图表看起来更加美观，用户可以对图表进行美化。

美化图表标题

图表标题是关于图表的说明性文本，用来解释图表。默认图表只有图表标题的字样，没有实际意义的标题，所以还需要根据图表表达的内容定义一个图表标题，具体操作步骤如下。

❶　因为插入的折线图要展现的是各业务员这几个月的销售趋势，所以可以将图表的标题命名为“各业务员销售趋势分析”，如图7.1–4所示。

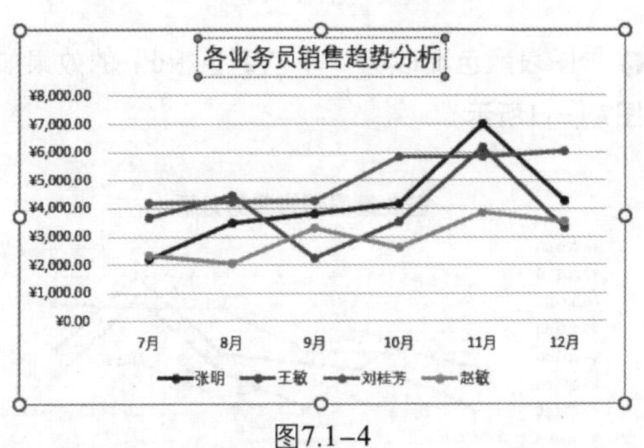

图7.1–4

❷　插入的图表标题与表格中输入的文本一样，它们默认的字体格式都是“等线”。为了使图表更加美观，我们可以对图表的字体、字号、字体颜色等进行设置。选中图表标题，切换到【开始】选项卡，单击【字体】组右下角的【对话框启动器】按钮，设置效果如图7.1–5所示。

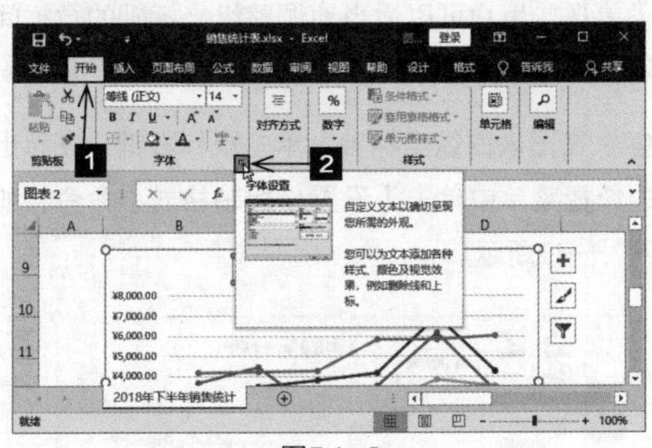

图7.1–5

❸　弹出【字体】对话框，切换到【字体】选项卡，在【中文字体】下拉列表框中选中“微软雅黑”，在【字体样式】下拉列表框中选中“加粗”选项，在【大小】下拉列表框中选中“14”，在【字体颜色】下拉列表框中选中“黑色，文字1，淡色35%”，如图7.1–6所示。

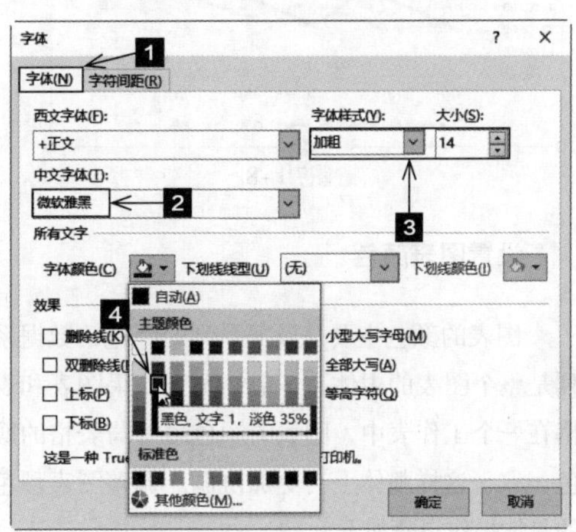

图7.1–6

❹　由于文字加粗后会显得比较拥挤，所以用户可以适当调整字符间距。切换到【字符间距】选项卡，在【间距】下拉列表框中选中【加宽】选项，在【度量值】微调框中输入“1”磅，如图7.1–7所示。

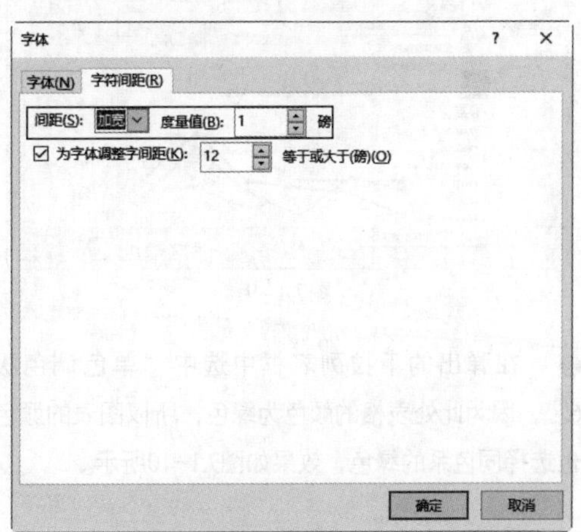

图7.1–7

❺ 设置完毕，单击【确定】按钮，返回工作表，图表标题的设置效果如图7.1-8所示。

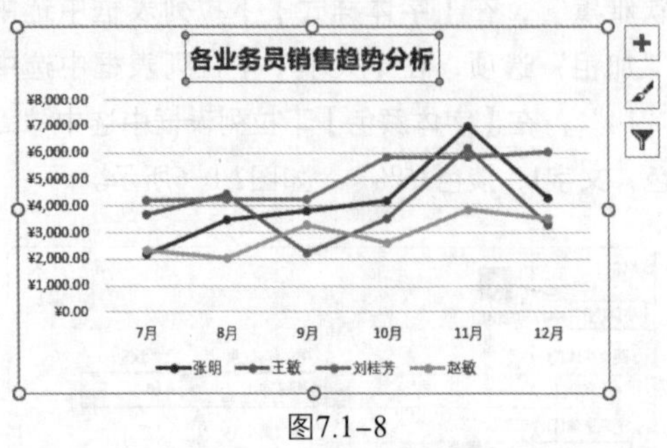

图7.1-8

设置图表颜色

图表的颜色主要是数据系列的颜色，数据系列是整个图表的主体。一般情况下如果图表和表格在一个工作表中，图表的颜色最好与表格的颜色一致，这样整体上会更加协调。调整图表颜色的具体操作步骤如下。

❶ 选中图表，切换到【设计】选项卡，在【图表样式】组中单击【更改颜色】按钮，如图7.1-9所示。

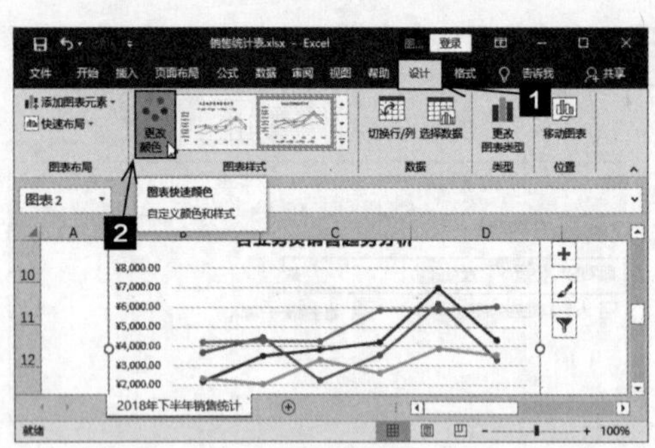

图7.1-9

❷ 在弹出的下拉列表框中选中“单色调色板6”，因为此处表格的颜色为绿色，所以图表的颜色也选择同色系的绿色，效果如图7.1-10所示。

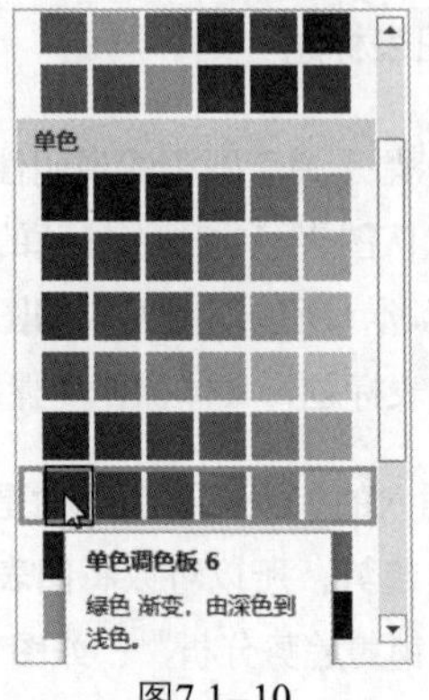

图7.1-10

❸ 图表颜色更改为“单色调色板6”的效果如图7.1-11所示。

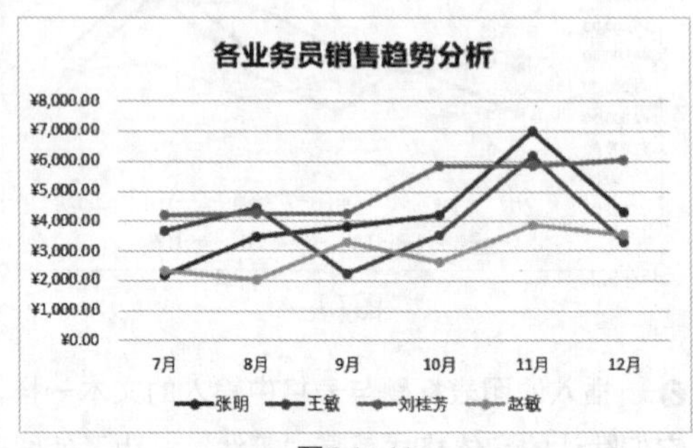

图7.1-11

设置图表的坐标轴格式

系统默认生成的图表，坐标轴上的数据间隔比较小，以至图表的横网格线比较密集。所以为了美观，用户可以适当地调整纵坐标轴的数据间隔。具体操作步骤如下。

❶ 在图表的纵坐标轴上单击鼠标右键，在弹出的快捷菜单中单击【设置坐标轴格式】命令，如图7.1-12所示。

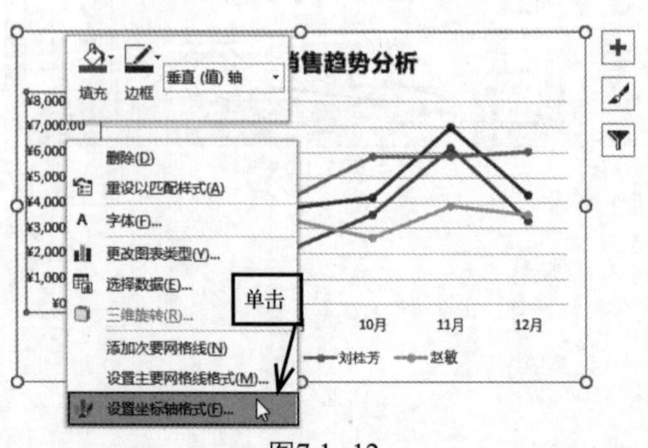

图7.1-12

❷ 打开【设置坐标轴格式】对话框，将【坐标轴选项】组中【单位】下面的【大】的数值由“1000”调整为“2000”，如图7.1-13所示。

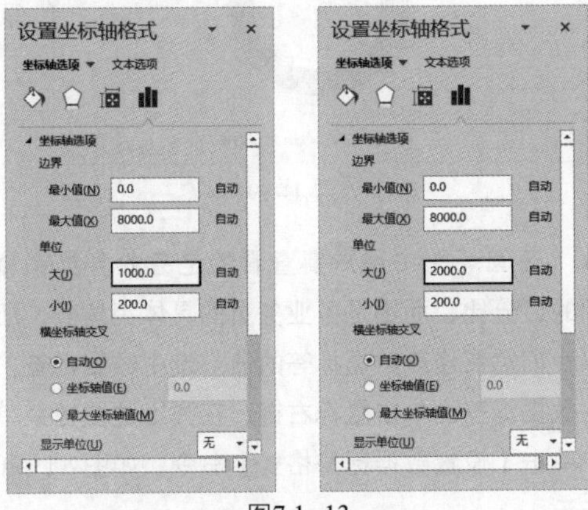

图7.1-13

❸ 设置完毕，效果如图7.1-14所示。

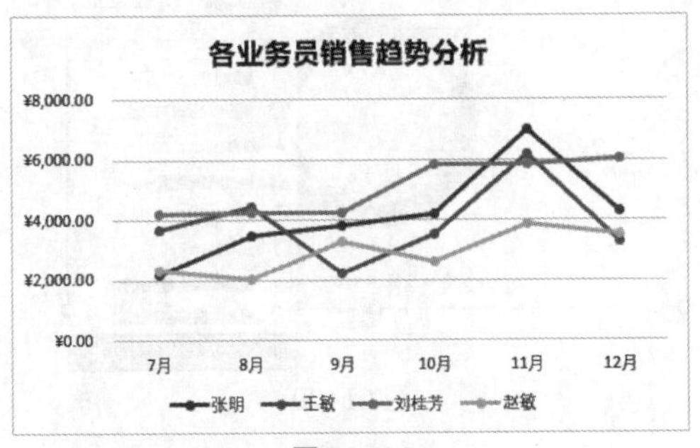

图7.1-14

7.1.2　插入并美化圆环图

圆环图只显示一个数据系列，一般用于显示各个部分所占比例的情况。

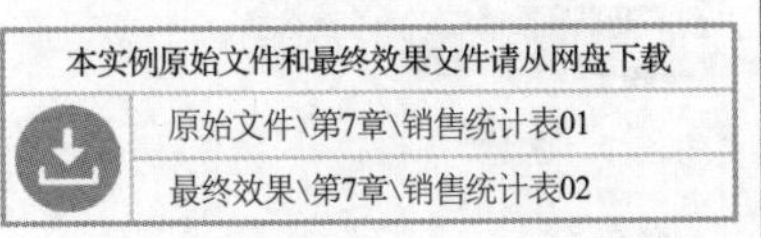

本实例原始文件和最终效果文件请从网盘下载

原始文件\第7章\销售统计表01

最终效果\第7章\销售统计表02

扫码看视频

1. 插入圆环图

在2018年下半年销售统计表中，用户除了可以分析业务员各月的销售额趋势外，还可以查看各业务员这半年整体的销售情况。根据销售统计表来绘制一张圆环图，可以清晰地看出各业务员的销售额的占比情况。

❶ 打开本实例的原始文件，选中单元格区域B1:E1，然后按住【Ctrl】键不放，选中单元格区域B8:E8，如图7.1-15所示。

月份	张明	王敏	刘桂芳	赵敏	合计
7月	¥2,188.90	¥3,696.00	¥4,198.50	¥2,330.50	¥12,413.90
8月	¥3,504.60	¥4,461.40	¥4,240.20	¥2,052.60	¥14,258.80
9月	¥3,799.60	¥2,259.70	¥4,256.00	¥3,285.50	¥13,600.80
10月	¥4,188.90	¥3,554.10	¥5,856.20	¥2,607.20	¥16,206.40
11月	¥7,019.50	¥6,184.50	¥5,846.50	¥3,875.20	¥22,925.70
12月	¥4,290.20	¥3,293.60	¥6,039.40	¥3,549.00	¥17,172.20
合计	¥24,991.70	¥23,449.30	¥30,436.80	¥17,700.00	¥96,577.80

图7.1-15

❷ 切换到【插入】选项卡，在【图表】组中单击【插入饼图或圆环图】按钮，在弹出的下拉列表框中选中【圆环图】选项，如图7.1-16所示。

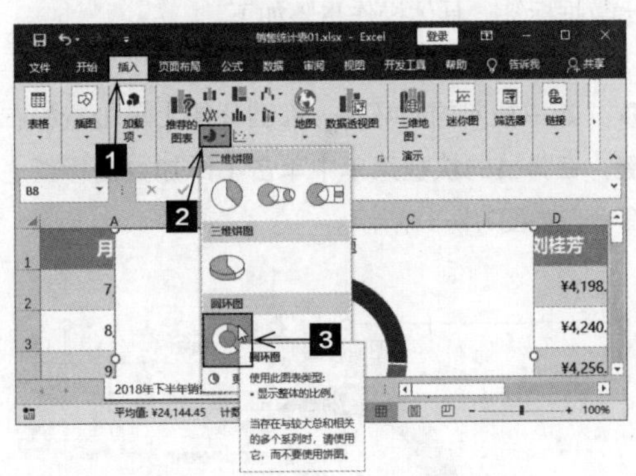

图7.1-16

❸ 按上述步骤即可在工作表中插入一张圆环图，然后将其移动到工作表的空白位置，效果如图7.1-17所示。

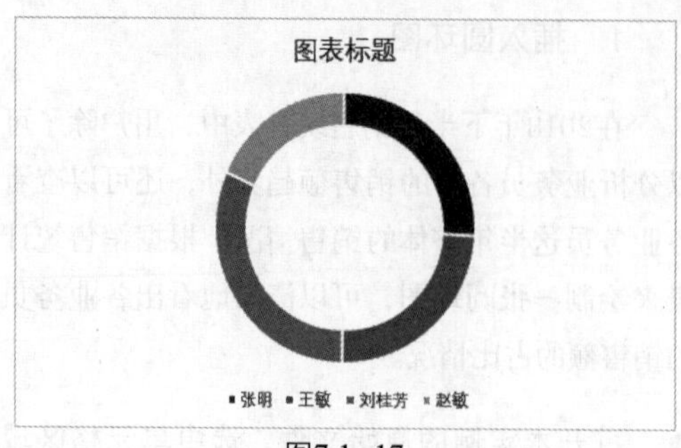

图7.1-17

2. 美化圆环图

默认插入的圆环图与折线图一样，没什么美感，所以用户也需要对其进行美化设置。

添加数据标签

默认插入的圆环图，对于占比差异比较大的组成部分，我们可以一眼就区分出来；但是对于差异不大的，我们就很难分辨出来了。为了更好地分辨出其差异，我们还需要给圆环图添加百分比数据标签，具体操作步骤如下。

❶ 选中插入的圆环图，在圆环图上单击鼠标右键，在弹出的快捷菜单中单击【添加数据标签】命令，如图7.1-18所示。

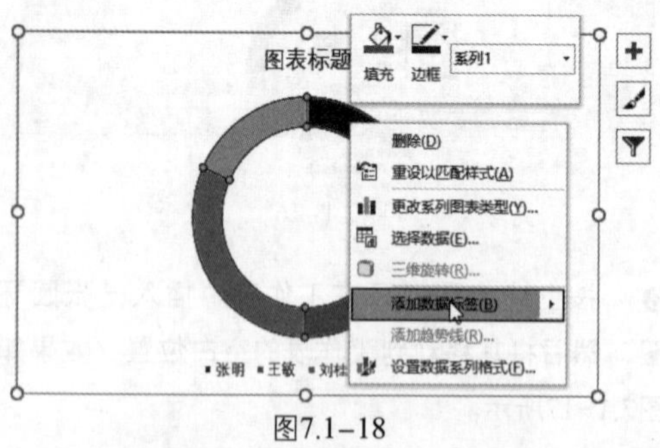

图7.1-18

❷ 可以看到在圆环的各部分添加了数据标签，默认添加的数据标签为各部分的值，如图7.1-19所示。

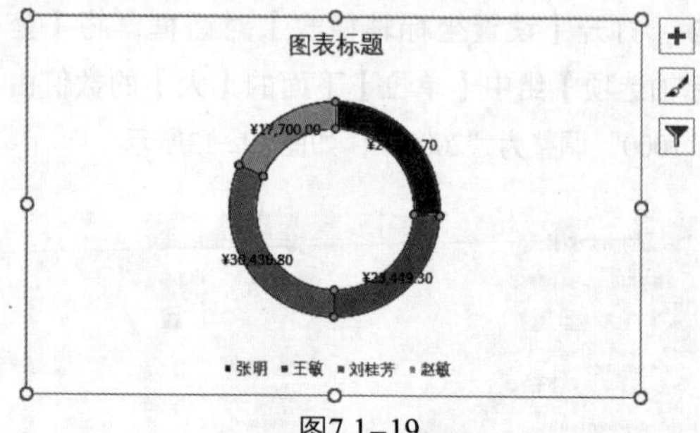

图7.1-19

❸ 在圆环图中用户要查看的是各业务员销售额的百分比，而不是各业务员的具体销售额，所以我们需要修改数据标签的值。选中数据标签，在数据标签上单击鼠标右键，在弹出的快捷菜单中单击【设置数据标签格式】命令，如图7.1-20所示。

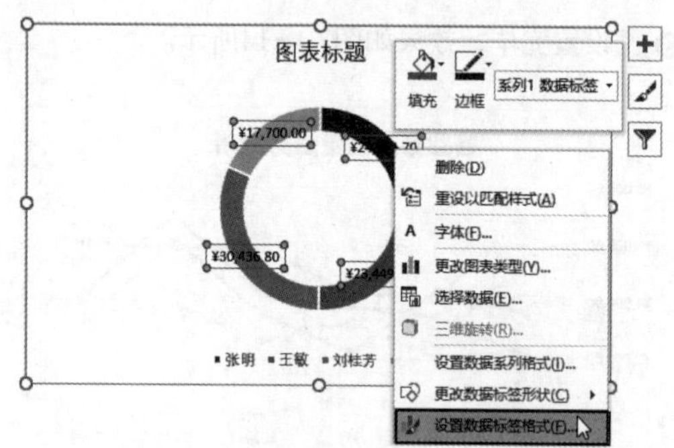

图7.1-20

❹ 弹出【设置数据标签格式】对话框，默认标签的设置是【值】和【显示引导线】，所以我们需要先撤选这两个数据标签前面的复选框，然后选中【类别名称】和【百分比】前面的复选框，如图7.1-21所示。

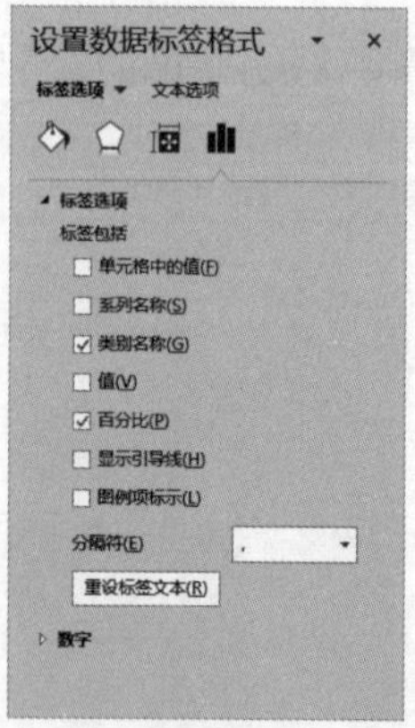

图7.1-21

❺ 此时，图表的数据标签就变成了类别名称和百分比，如图7.1-22所示。

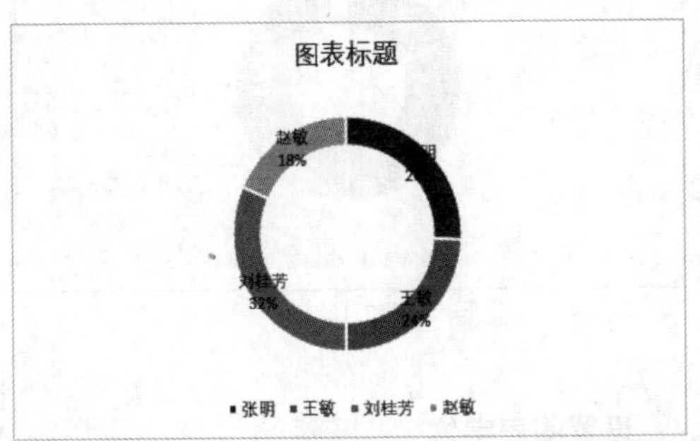

图7.1-22

添加数据系列

默认插入的圆环图，内径比较大，使圆环图的边显得比较纤细，给观众的视觉冲击力比较弱。为了增强圆环给人的视觉冲击效果，用户可以适当减小圆环图的内径。具体操作步骤如下。

❶ 选中圆环图的整个数据系列，单击鼠标右键，在弹出的快捷菜单中单击【设置数据系列格式】命令，如图7.1-23所示。

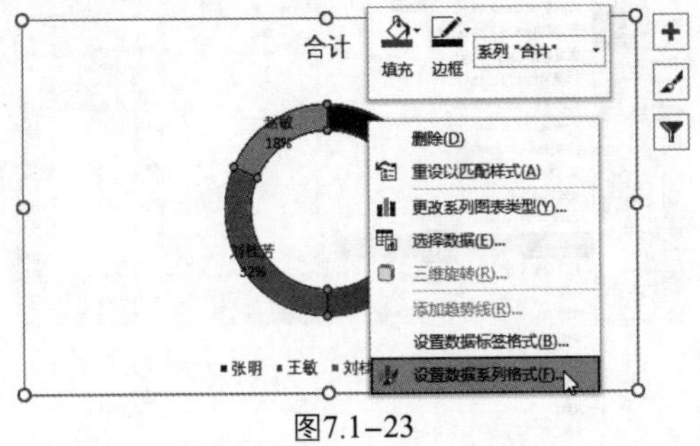

图7.1-23

❷ 弹出【设置数据系列格式】对话框，默认的【圆环图圆环大小】为“75%”，此处用户可以将其更改为“50%”，如图7.1-24所示。

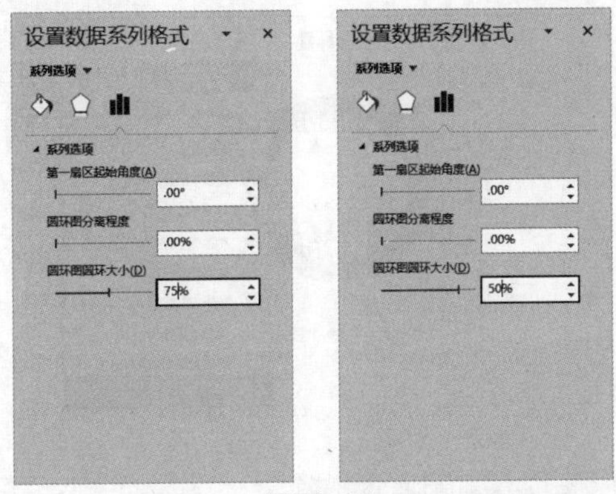

图7.1-24

❸ 设置完毕，圆环图的效果如图7.1-25所示。

图7.1-25

> 提示：由于工作表中表格和折线图的颜色为绿色系，为了使圆环图在颜色上与表格和折线图更协调，用户应该设置数据系列的颜色也为绿色系。

❹ 在圆环图上单击业务员【张明】所在部分的数据系列，然后在【设置数据系列格式】对话框中，单击【填充与线条】按钮，在【填充】组中，选中【纯色填充】单选按钮，单击【填充颜色】按钮，在弹出的下拉列表框中选中“绿色，个性色6，淡色60%”，如图7.1-26所示。

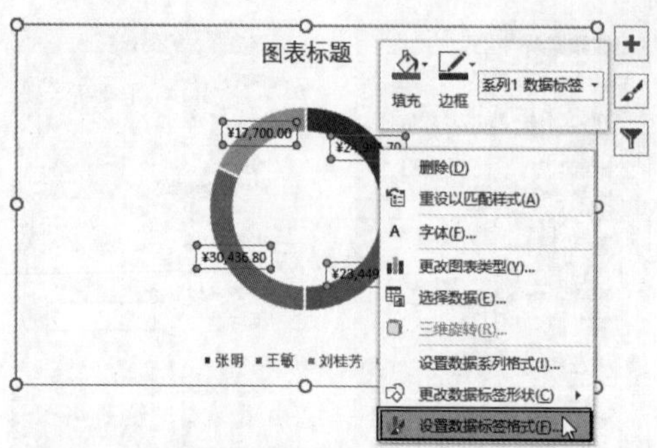

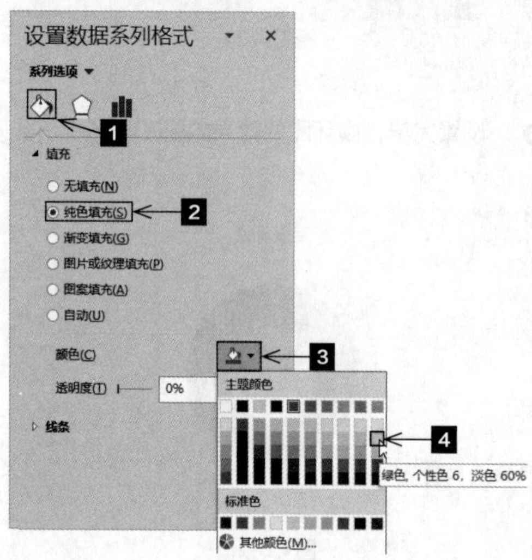

图7.1-26

❺ 设置完毕，效果如图7.1-27所示。

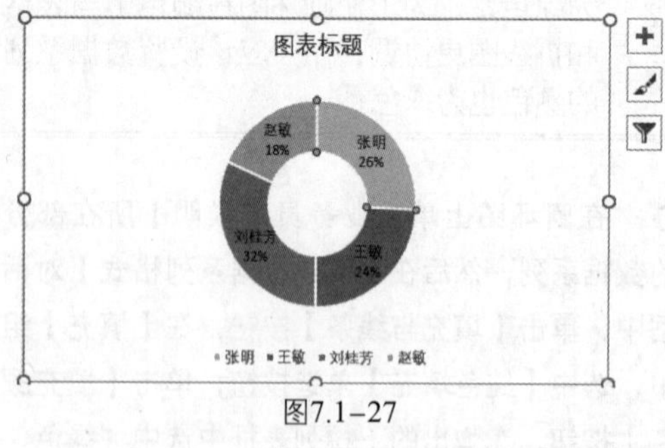

图7.1-27

❻ 用户可以按照相同的方法，依次选中其他部分数据系列，并设置其颜色，最终效果如图7.1-28所示。

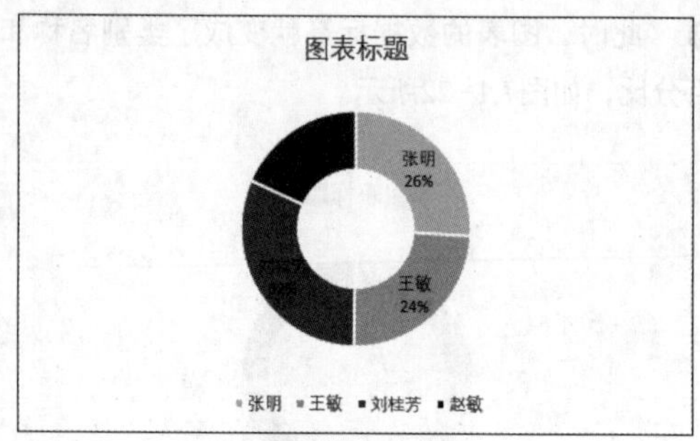

图7.1-28

设置图表字体

图表中的所有字体均默认为等线体，由于等线体比较纤细，无论做标题、图例还是数据标签，辨识度都不是很高，所以用户可以将其统一修改为微软雅黑。具体操作步骤如下。

❶ 选中整张圆环图，切换到【开始】选项卡，在【字体】组中的【字体】下拉列表框中选中“微软雅黑”选项，如图7.1-29所示。

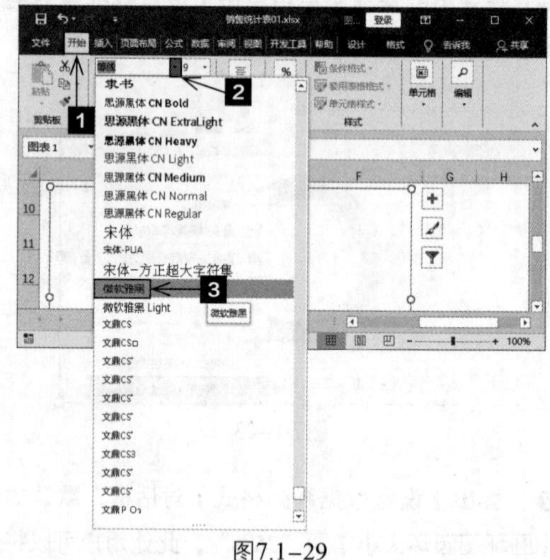

图7.1-29

❷ 设置效果如图7.1-30所示。

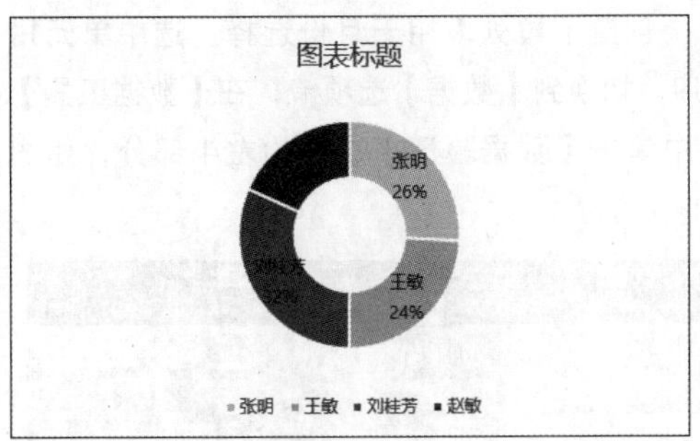

图7.1-30

❸ 设置完字体后，接下来设置字体颜色。设置数据系列的颜色后，由于有的数据系列的颜色比较深，数据标签的字体颜色为黑色时就不太容易看清楚了。所以用户可以把数据标签的字体颜色修改为白色。选中数据标签，切换到【开始】选项卡，在【字体】组中单击【字体颜色】按钮右侧的下三角按钮，在弹出的下拉列表框中选中“白色，背景1”选项，如图7.1-31所示。

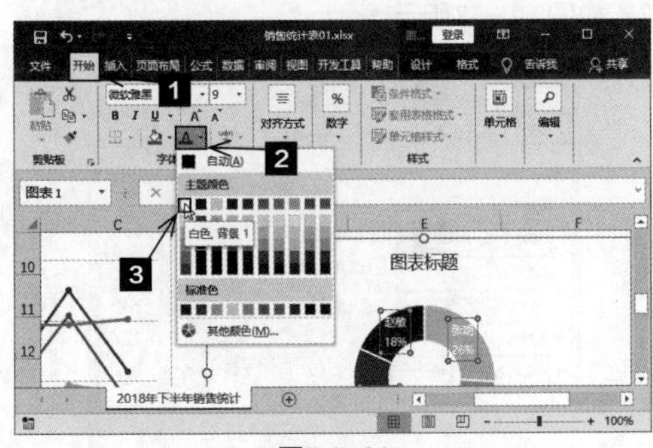

图7.1-31

❹ 设置完毕，效果如图7.1-32所示。

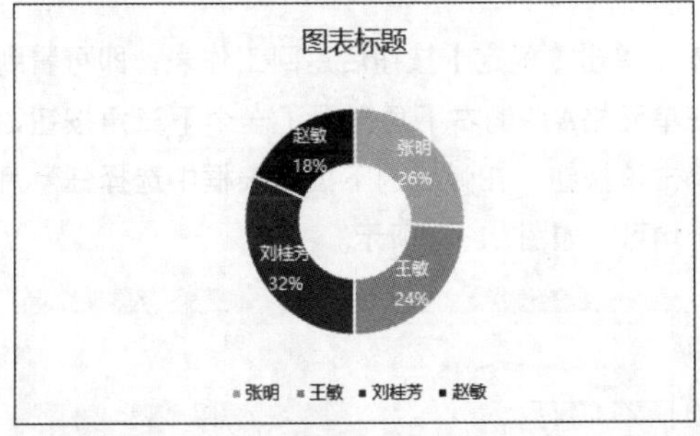

图7.1-32

❺ 由于数据标签中已经标明了数据类别名称，所以就不需要图例。选中图例，按【Delete】键删除即可，如图7.1-33所示。

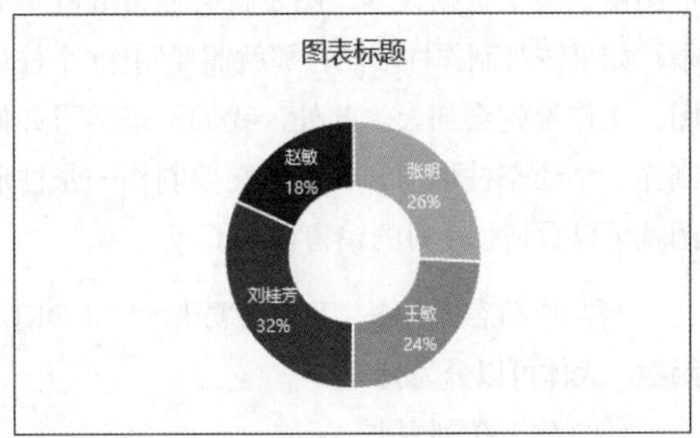

图7.1-33

❻ 最后修改图表名称为“各业务员销售额占比分析”，并对其进行相应设置，效果如图7.1-34所示。

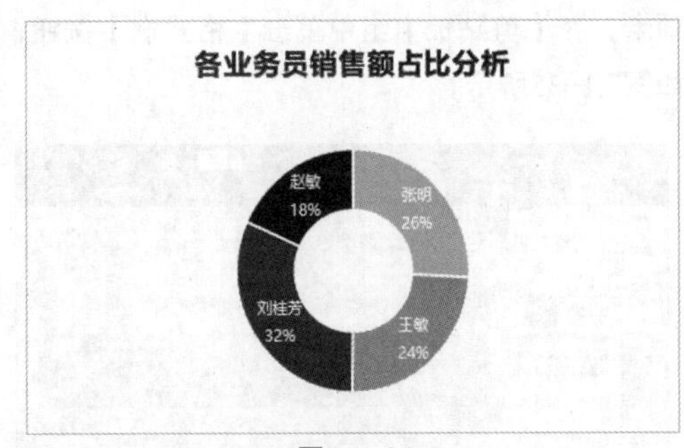

图7.1-34

7.1.3 插入柱形图

柱形图简明、醒目，是一种常用的统计图形。柱形图用于显示一段时间内数据的变化或显示各项数据之间的比较情况。

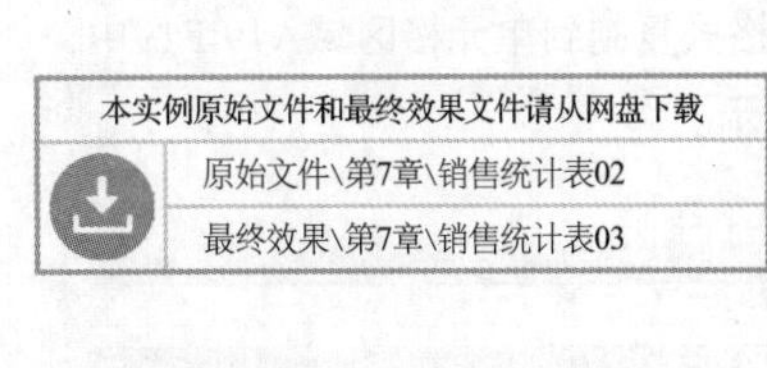

扫码看视频

对于企业来说，销售额是销售统计的主要指标，因此，我们还应根据各月的销售额制作一张柱形图。如果将各月份的销售额制作到一个柱形图中，由于数据众多，图表就会显得混乱不清晰；如果按月制作柱形图，那就需要制作6个柱形图，工作量就会加大。此处，我们就来学习如何制作一个动态柱形图，我们只需要制作一张柱形图就可以看到每个月的销售状况了。

要制作动态柱形图，我们需要借助VLOOKUP函数，大体可以分为3步。

①创建下拉列表框。

②数据查询。

③插入图表。

具体操作步骤如下。

❶ 选中单元格区域A1:F1，切换到【开始】选项卡，在【剪贴板】组中单击【格式刷】按钮，如图7.1–35所示。

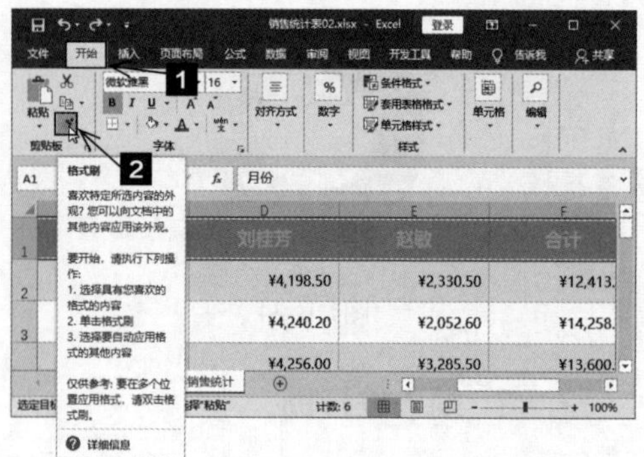

图7.1–35

❷ 随即鼠标指针旁边出现一个“🖌”形状格式刷工具，选中单元格区域A19:F19，即可将单元格区域A1:F1的格式复制到单元格区域A19:F19中，如图7.1–36所示。

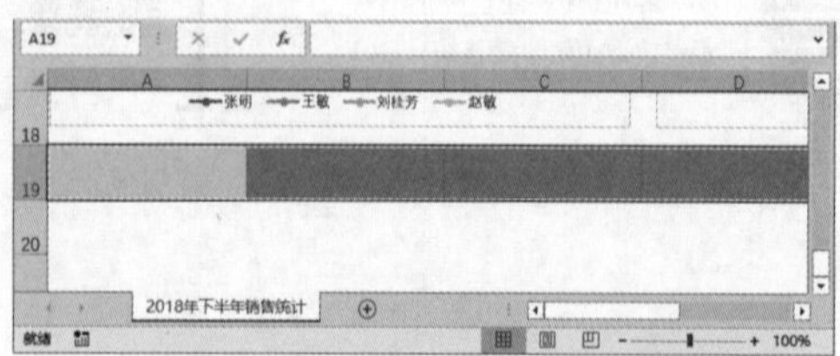

图7.1–36

❸ 创建下拉列表用于月份选择。选中单元格A19，切换到【数据】选项卡，在【数据工具】组中单击【数据验证】按钮的左半部分，如图7.1–37所示。

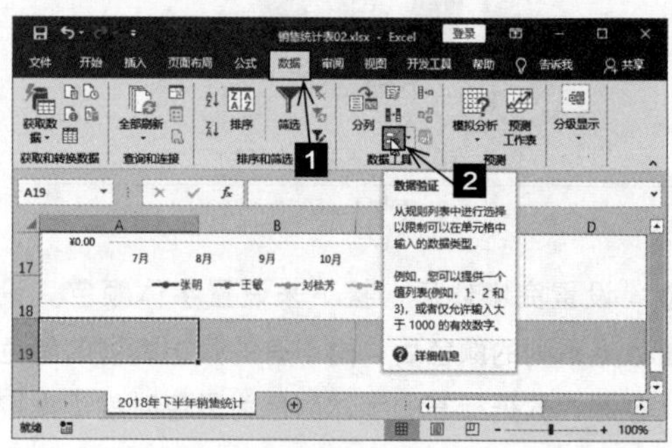

图7.1–37

❹ 弹出【数据验证】对话框，切换到【设置】选项卡，在【允许】下拉列表框中选中【序列】选项，然后将光标移动到【来源】文本框中，在工作表中选中数据区域A2:A7，单击【确定】按钮，如图7.1–38所示。

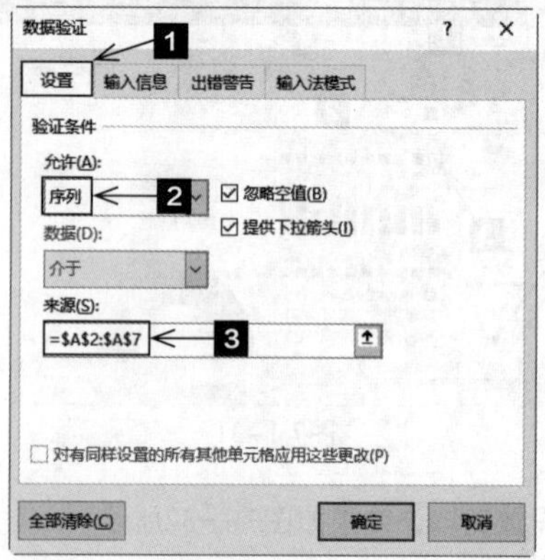

图7.1–38

❺ 单击【确定】按钮后返回工作表，即可看到在单元格A19的右下角出现了一个下三角按钮，单击该按钮，在弹出的下拉列表框中选择任意月份均可，如图7.1–39所示。

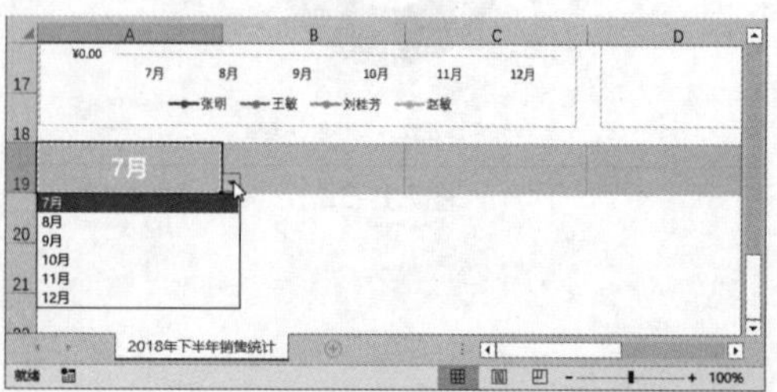

图7.1–39

❻ 接下来根据月份查询对应的销售额。选中单元格B19，切换到【公式】选项卡，在【函数库】组中，单击【查找与引用】按钮，在弹出的下拉列表框中选中【VLOOKUP】函数选项，如图7.1-40所示。

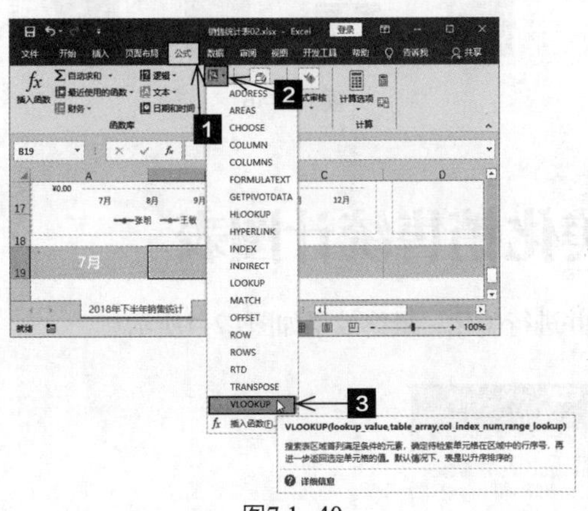

图7.1-40

❼ 弹出【函数参数】对话框，在第1个参数文本框中输入“A19”，在第2个参数文本框中输入“A2:E7”，在第3个参数文本框中输入“2”，在第4个参数文本框中输入“0”，单击【确定】按钮，如图7.1-41所示。

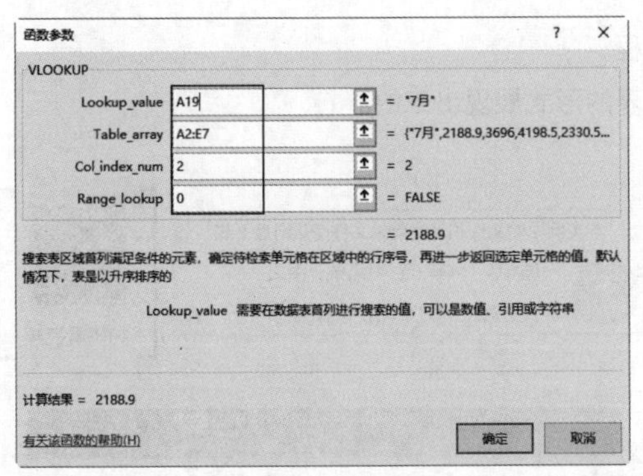

图7.1-41

❽ 单击【确定】按钮后返回工作表，即可看到对应的查找结果，如图7.1-42所示。

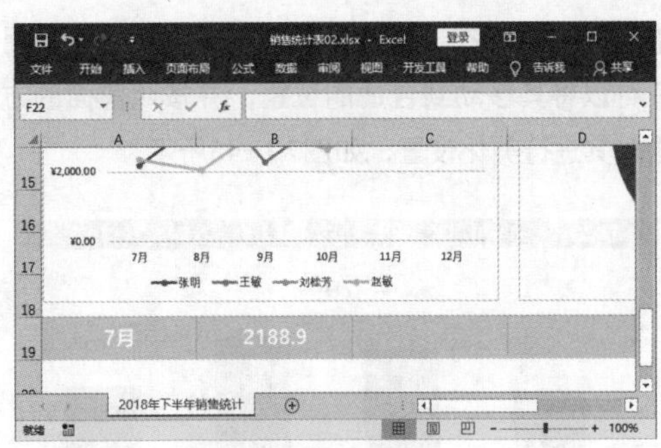

图7.1-42

❾ 按照相同的方法查找其他业务员对应月份的销售额即可，如图7.1-43所示。

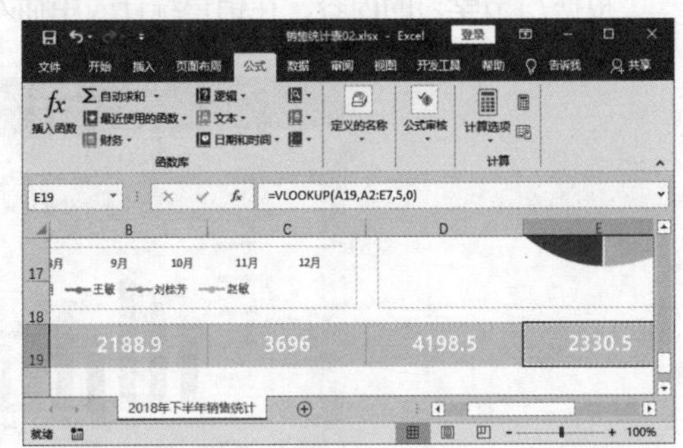

图7.1-43

❿ 接下来用户就可以插入图表了。选中单元格区域A1:E1和A19:E19，切换到【插入】选项卡，在【图表】组中单击【插入柱形图或条形图】按钮，在弹出的下拉列表框中选中【簇状柱形图】选项，如图7.1-44所示。

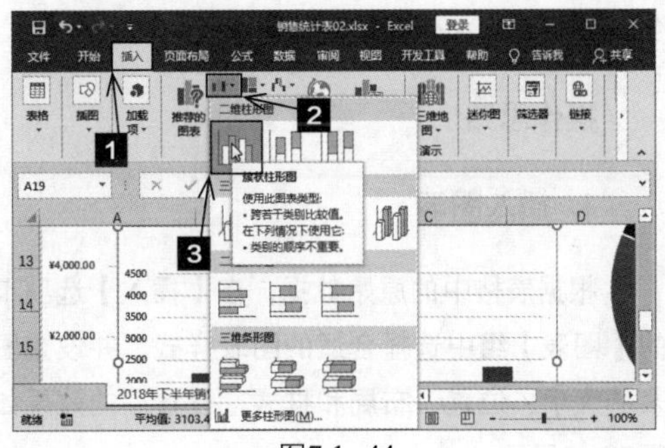

图7.1-44

⓫ 可以看到在工作表中插入了一张柱形图，用户可以将其移动到合适的位置，并按照前面的方法对其进行美化设置，如图7.1-45所示。

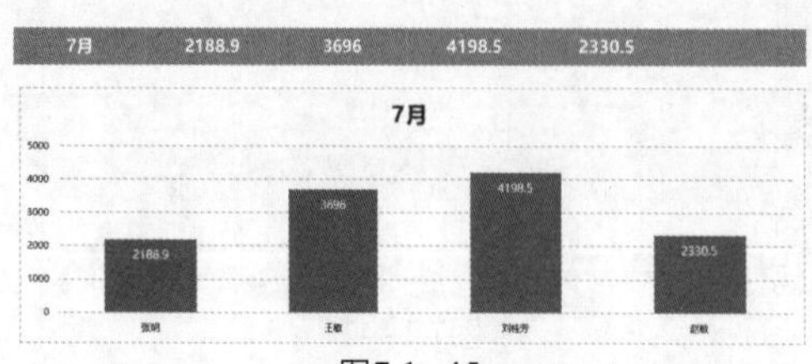

图7.1-45

⓬ 当用户更改单元格A19中的月份时，图表也会相应地更改，如图7.1-46所示。

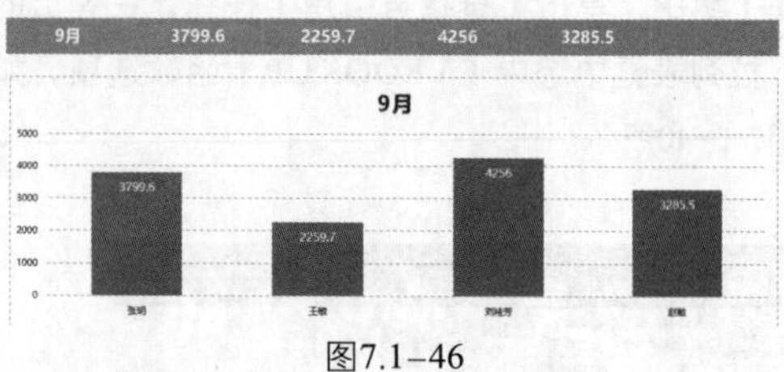

图7.1-46

7.2 课堂实训——美化销售统计图表

根据7.1节学习的内容，在销售统计表中插入图表并进行美化，最终效果如图7.2-1所示。

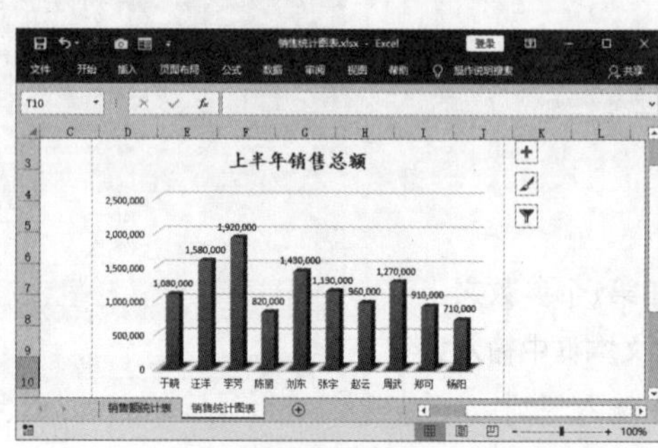

图7.2-1

专业背景

统计是对大量数据的收集、分析、解释和表述的过程。

销售统计图表是将公司的销售数据进行汇总后以图表的形式展现出来的。

实训目的

◎ 熟练掌握如何插入并美化图表

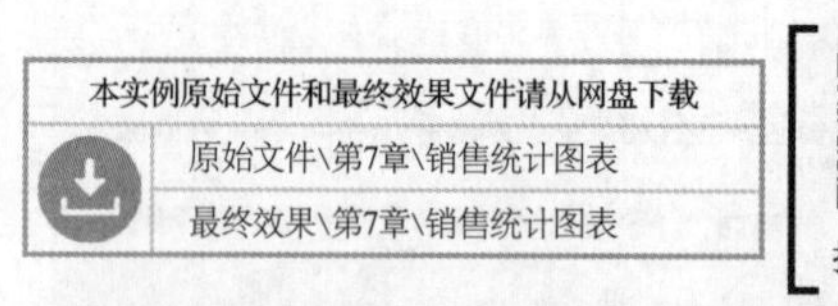

操作思路

1. 插入图表

根据表格中的原始数据，在【插入】选项卡的【图表】组中选择合适的图表样式，并设置图表的大小、位置、布局和样式，设置后的效果如图7.2-2所示。

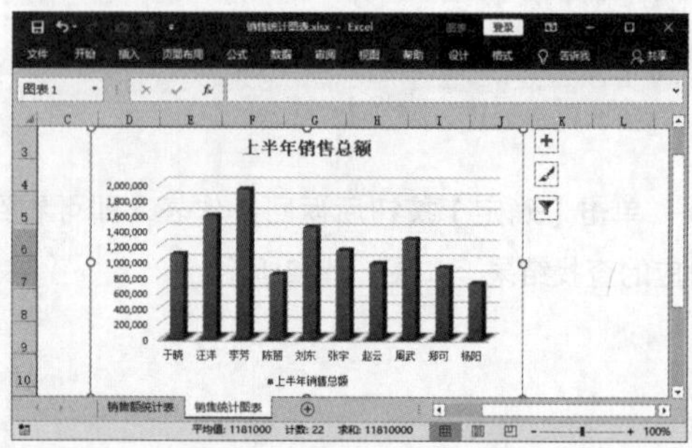

图7.2-2

2. 美化图表

插入图表后，通过设置图表标题和图例、设置图表区域格式和设置坐标轴格式来美化图表，完成后的效果如图7.2-3所示。

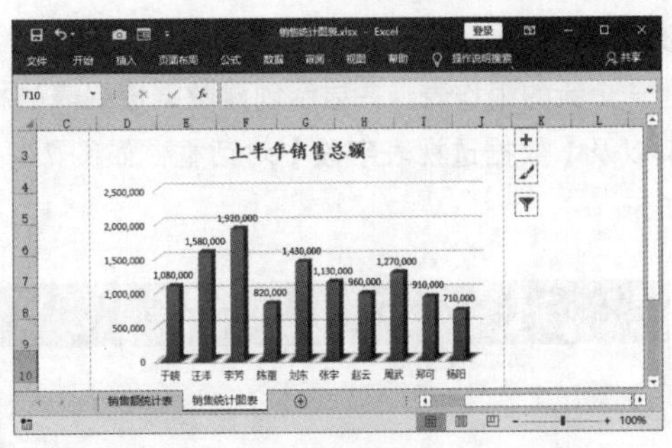

图7.2-3

7.3 创建数据透视表与透视图——销售月报

数据透视是一种可以快速汇总大量数据的交互式方法。使用数据透视表可以深入分析数值型数据，并且可以回答一些用户难以预计的数据问题。

7.3.1 插入数据透视表

数据透视表是Excel中一个高效的分析工具，可以用来对海量的明细数据进行快速的汇总计算，得到用户需要的分析报表。

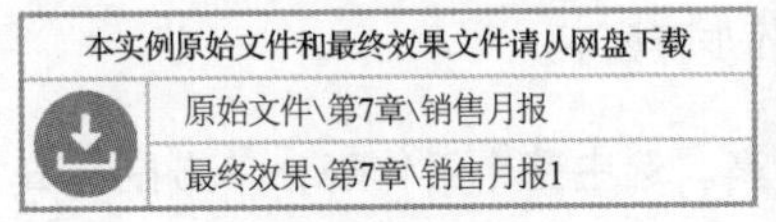

本实例原始文件和最终效果文件请从网盘下载

原始文件\第7章\销售月报

最终效果\第7章\销售月报1

扫码看视频

1. 创建数据透视表

使用数据透视表对数据进行汇总时，用户只需要选择数据区域，创建数据透视表，然后选择需要汇总的字段即可。下面我们以使用数据透视表对销售流水表中的数据进行汇总为例，介绍如何创建数据透视表。

❶ 打开本实例的原始文件，选中数据区域中的任意一个单元格，切换到【插入】选项卡，在【表格】组中单击【数据透视表】按钮，如图7.3-1所示。

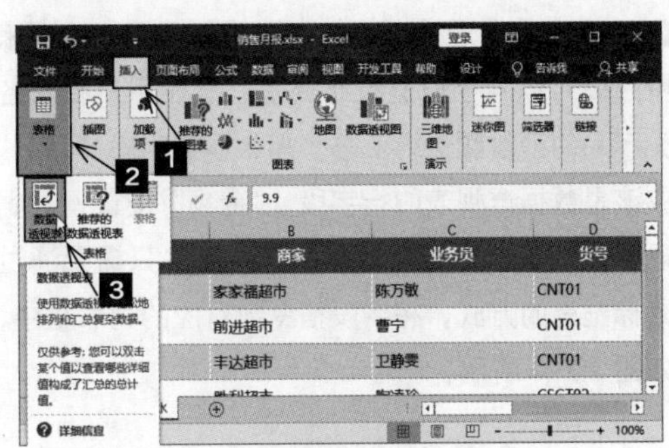

图7.3-1

❷ 弹出【创建数据透视表】对话框，系统默认的设置是选中单元格所在的数据区域或表、放置数据透视表的位置为新工作表，此处我们保持默认的设置，单击【确定】按钮，如图7.3-2所示。

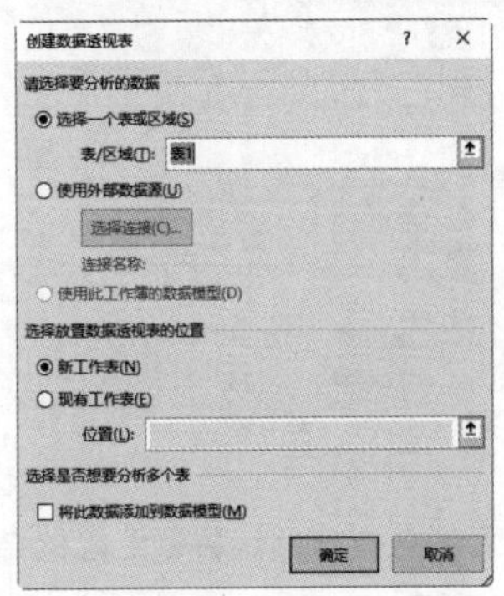

图7.3-2

❸ 单击【确定】按钮后可以在工作表的前面创建一个新的工作表，并显示创建数据透视表的框架以及【数据透视表字段】对话框，如图 7.3-3 所示。

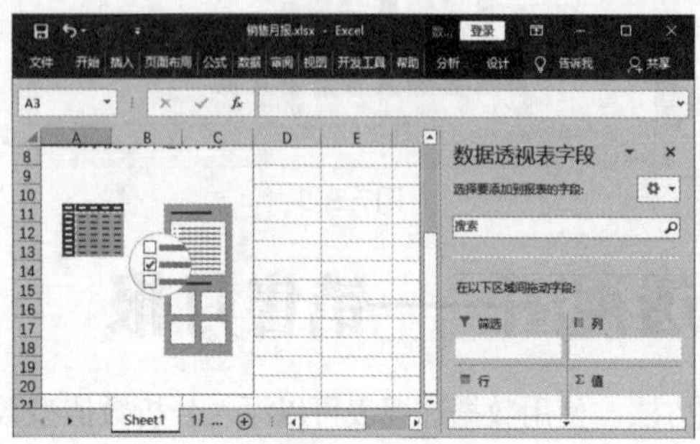

图7.3-3

❹ 完成数据透视表的基本结构创建后，接下来用户就可以对字段进行布局了。假设用户要对各类产品的销售额进行汇总，那么显然字段“品名”应该是数据透视表的行字段，“金额”应该是数据透视表的值，即汇总计算字段，用户只需要通过鼠标拖曳的方式，将字段拖曳到对应的列表框中，如图 7.3-4 所示。

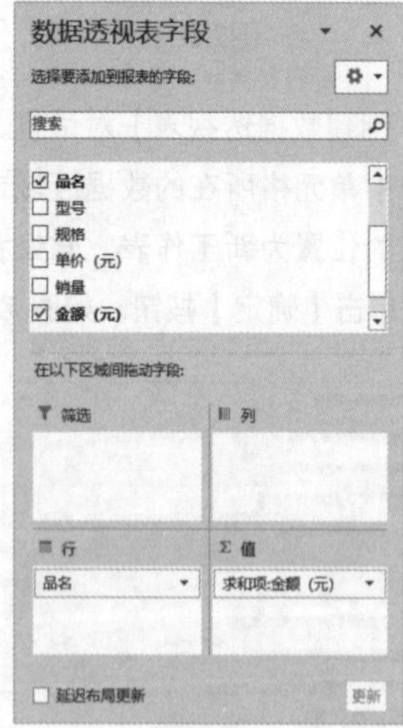

图7.3-4

❺ 可以看到各类产品销售额汇总的结果，效果如图 7.3-5 所示。

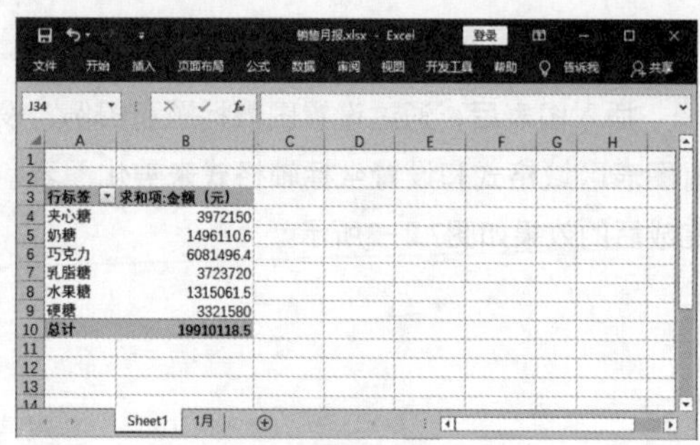

图7.3-5

2. 美化数据透视表

初始创建的数据透视表，无论是外观样式，还是内部结构，都是比较难看的，因此需要进一步的美化设计。

数据透视表的美化与普通表格美化的步骤大体一致，也包含行高、列宽、字体、单元格格式、边框、底纹的设置。

与普通表格一样，系统也为数据透视表提供了许多样式，此处我们直接自定义透视表的样式。具体操作步骤如下。

❶ 设置行高。选中整个工作表，单击鼠标右键，在弹出的快捷菜单中单击【行高】命令，如图7.3-6所示。

图7.3-6

❷　弹出【行高】对话框，在【行高】文本框中输入合适的行高值，此处设置行高值为“25”，单击【确定】按钮，如图7.3-7所示。

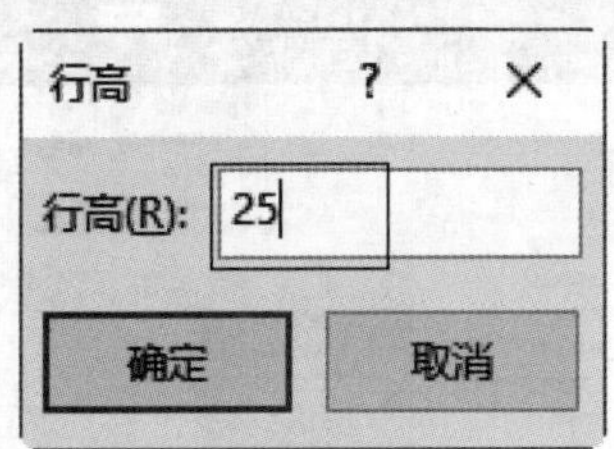

图7.3-7

❸　单击【确定】按钮后返回工作表，效果如图7.3-8所示。

图7.3-8

❹　用户可以按照相同的方法，设置数据透视表的列宽，如图7.3-9所示。

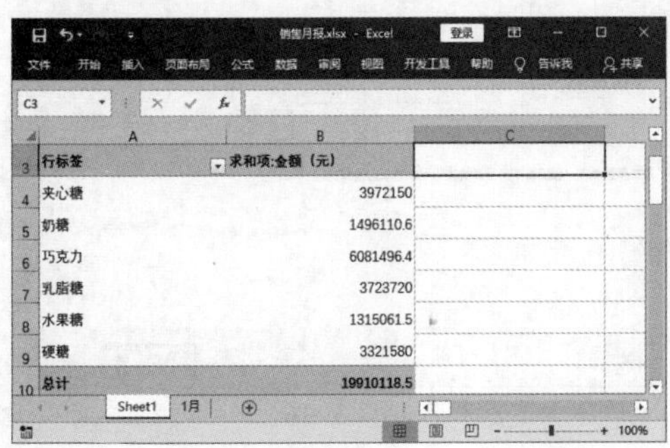

图7.3-9

❺　设置字体。选中数据透视表的所有数据区域，切换到【开始】选项卡，在【字体】组中的【字体】下拉列表框中选择一种合适的字体，例如选中“微软雅黑”，在【字号】下拉列表框中选择一个合适的字号，例如选中“12”，如图7.3-10所示。

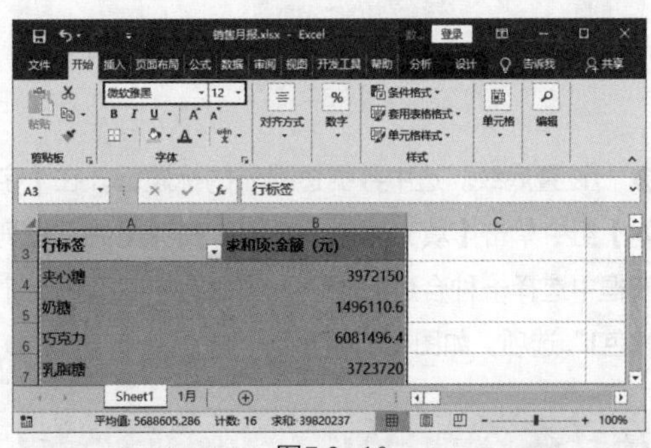

图7.3-10

❻　设置单元格格式。选中单元格区域B4:B10，在【数字】组中的【数字格式】下拉列表框中选中【货币】选项，如图7.3-11所示。

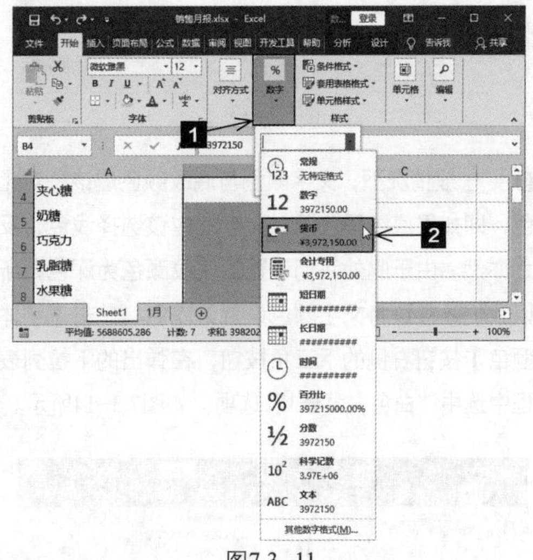

图7.3-11

❼　可以看到将数据透视表中的金额全部设置为货币形式并显示出来，如图7.3-12所示。

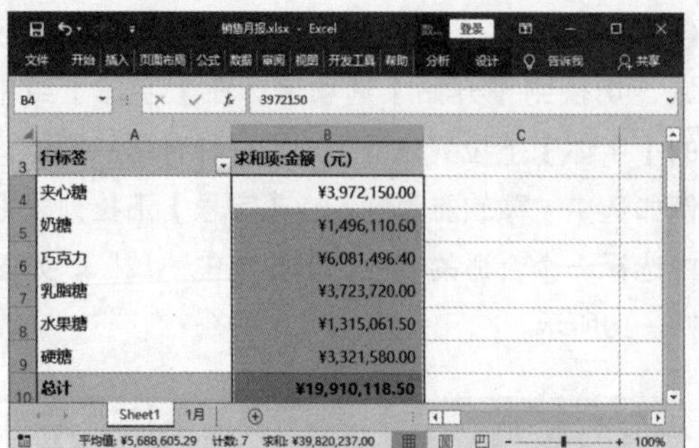

图7.3-12

❽　设置底纹。选中数据透视表的标题行，在【字体】组中单击【填充颜色】按钮，在弹出的下拉列表框中选择一种合适的颜色，例如选中“蓝色，个性色1”选项，如图7.3-13所示。

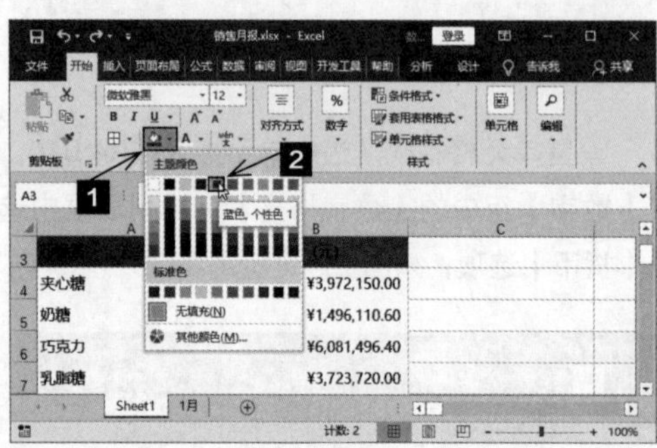

图7.3-13

❾　一般情况下，文字颜色与底纹颜色应该是对比色，即如果底纹颜色深，文字就应该选择浅色，反之亦然。由于此处我们设置的底纹颜色为深色，所以我们还应该将文字颜色设置为浅色。单击【字体颜色】按钮右侧的下三角按钮，在弹出的下拉列表框中选中“白色，背景1”选项，如图7.3-14所示。

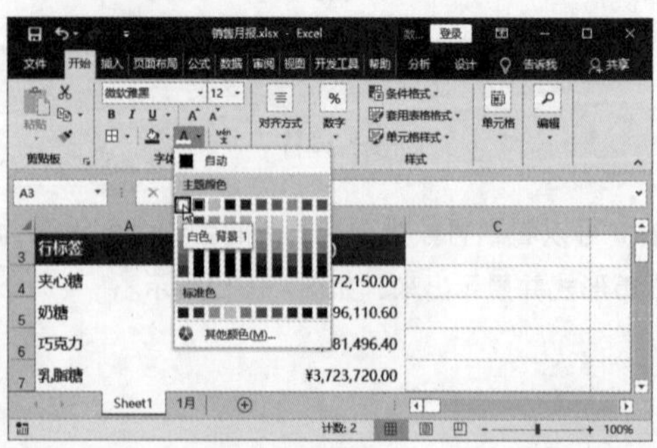

图7.3-14

❿　设置边框。选中整个数据透视表区域，单击【边框】按钮右侧的下三角按钮，在弹出的下拉列表框中选中【其他边框】选项，如图7.3-15所示。

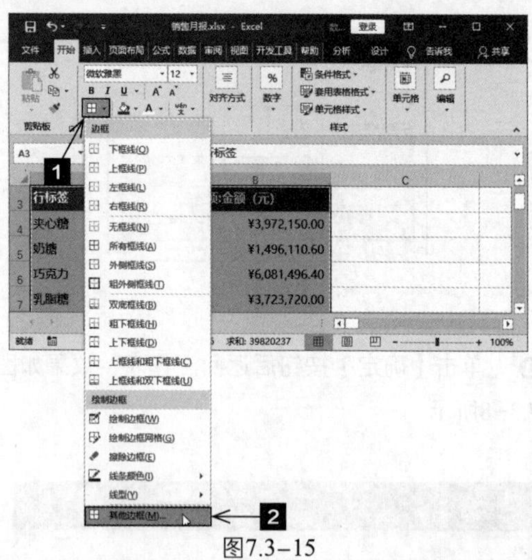

图7.3-15

⓫　弹出【设置单元格格式】对话框，在【颜色】下拉列表框中选中“蓝色，个性色1，淡色60%”选项，然后单击【外边框】和【内部】按钮，单击【确定】按钮，如图7.3-16所示。

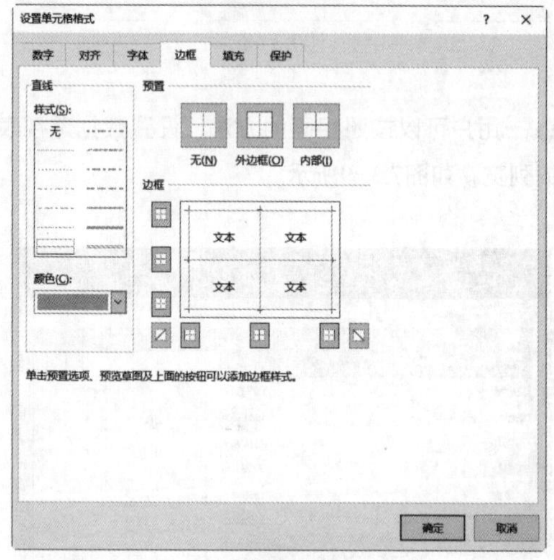

图7.3-16

⓬ 单击【确定】按钮后返回工作表即可查看设置效果，如图7.3-17所示。

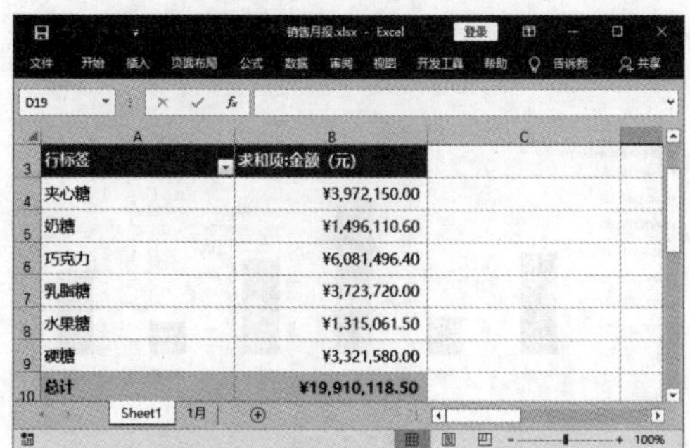

图7.3-17

⓭ 设置数据透视表布局。我们可以看到报表中列标题的位置上有“列标签”字样，这是因为默认数据透视表的布局结构为“压缩形式”，压缩形式的报表所有字段被压缩到一行或一列内，数据透视表就无法给定一个明确的行标题或列标题。通常情况下，我们将报表布局结构设置为表格形式。切换到【设计】选项卡，在【布局】组中单击【报表布局】按钮，在弹出的下拉列表框中选中【以表格形式显示】选项，如图7.3-18所示。

图7.3-18

⓮ 返回工作表，即可看到报表中的“列标签”字样已经显示为正确的列标题，如图7.3-19所示。

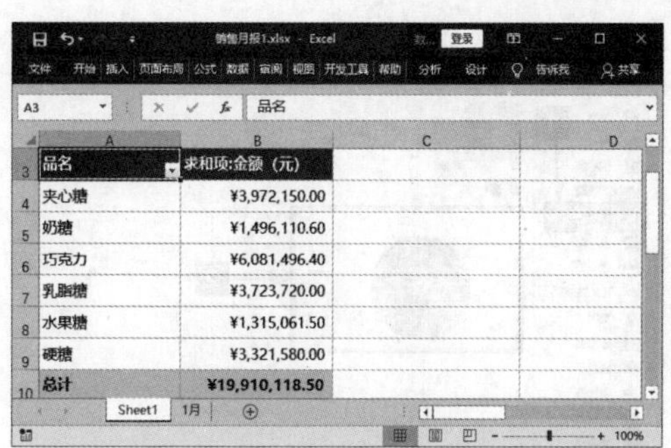

图7.3-19

7.3.2 插入数据透视图

创建完数据透视表之后，用户可以创建一个数据透视图来辅助自己分析和查看数据。

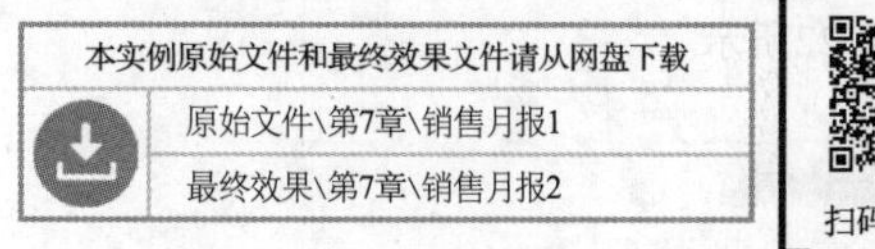

本实例原始文件和最终效果文件请从网盘下载

原始文件\第7章\销售月报1

最终效果\第7章\销售月报2

扫码看视频

数据透视图也是图表的一种，只是数据透视图必须与数据透视表同时存在。其创建方法与普通图表基本一致，具体操作步骤如下。

❶ 打开本实例的原始文件，切换到【分析】选项卡，在【工具】组中单击【数据透视图】按钮，如图7.3-20所示。

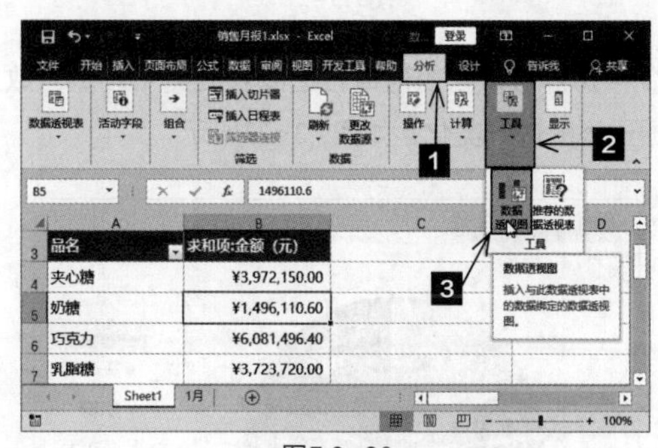

图7.3-20

❷ 弹出【插入图表】对话框，在【所有图表】列表框中选中【饼图】选项，如图7.3-21所示。

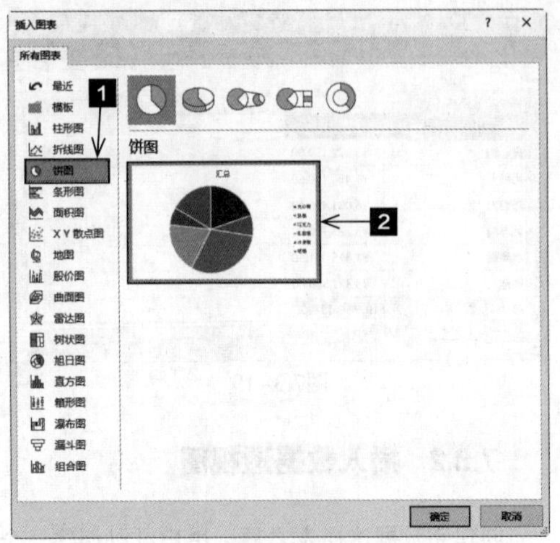

图7.3-21

❸ 可以看到在工作表中插入了一张饼图，效果如图7.3-22所示。

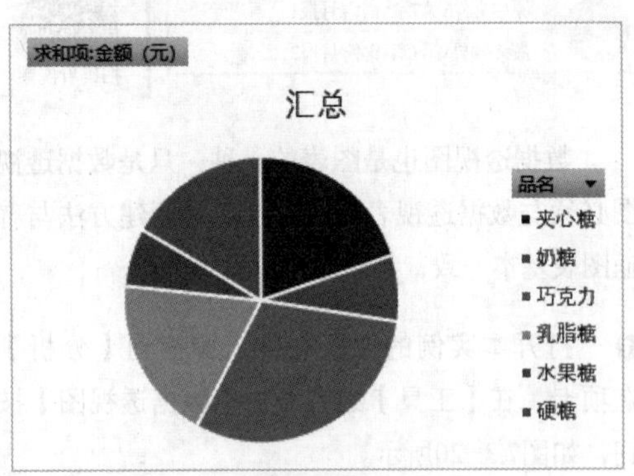

图7.3-22

❹ 用户可以按照前面普通图表的美化方法对数据透视图进行美化，如图7.3-23所示。

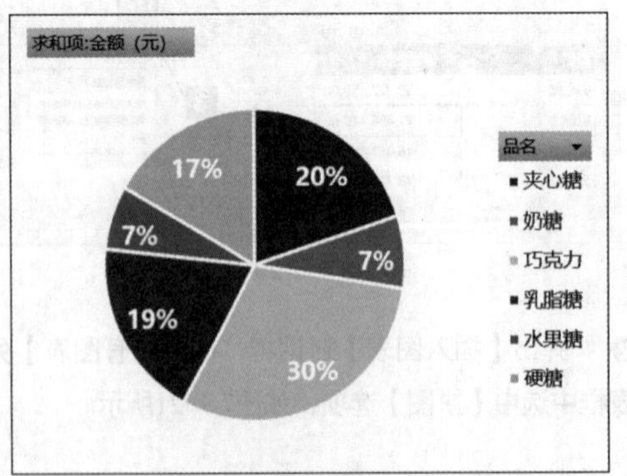

图7.3-23

❺ 用户可以通过饼图看出各个品类的产品的销售额占比，也可以按照相同的方法在工作表中根据数据透视表插入一张柱形图，以查看各个品类的产品的销售情况，如图7.3-24所示。

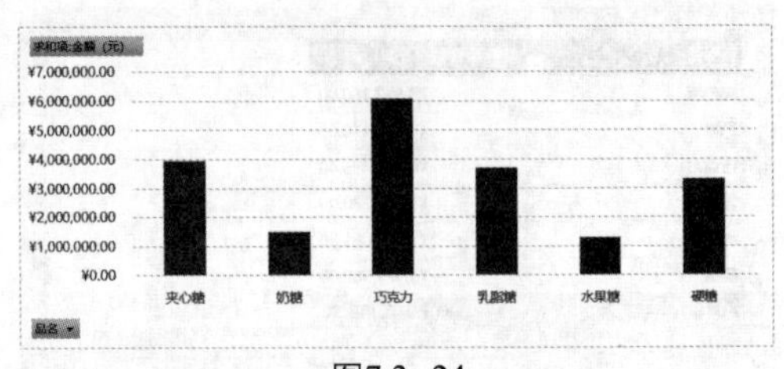

图7.3-24

❻ 当用户更改数据透视表中的数据时，数据透视图中的数据同步改变，效果如图7.3-25所示。

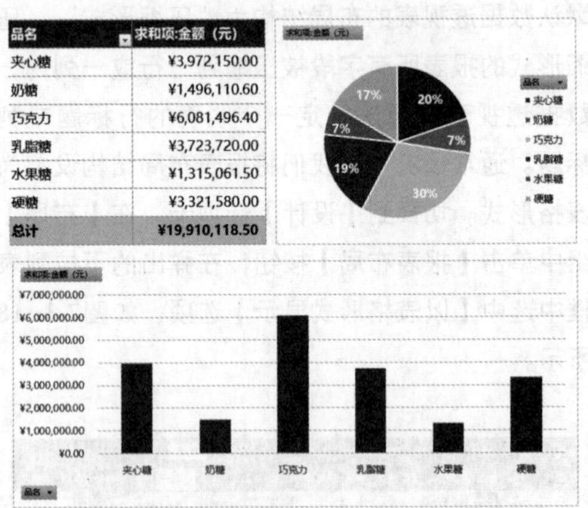

品名	求和项:金额（元）
夹心糖	¥3,972,150.00
奶糖	¥1,496,110.60
巧克力	¥6,081,496.40
乳脂糖	¥3,723,720.00
水果糖	¥1,315,061.50
硬糖	¥3,321,580.00
总计	¥19,910,118.50

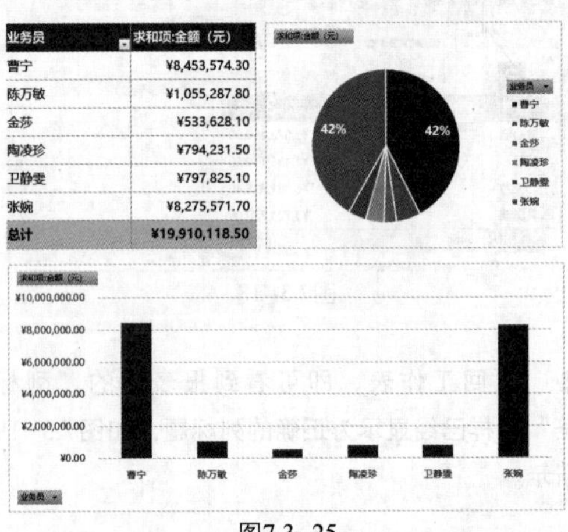

业务员	求和项:金额（元）
曹宁	¥8,453,574.30
陈万敏	¥1,055,287.80
金莎	¥533,628.10
陶凌珍	¥794,231.50
卫静雯	¥797,825.10
张婉	¥8,275,571.70
总计	¥19,910,118.50

图7.3-25

7.4　课堂实训——透视汇总差旅费用明细表

结合7.3节学习的内容，用户可以根据操作要求对公司员工的差旅费用进行透视汇总，效果如图7.4–1所示。

图7.4–1

专业背景

差旅费是指员工出差期间因办理公务而产生的交通费、住宿费和其他杂费等各项费用。差旅费是企业的一个重要的经常性支出项目。

实训目的

◎　熟练创建数据透视图

◎　熟练美化数据透视图

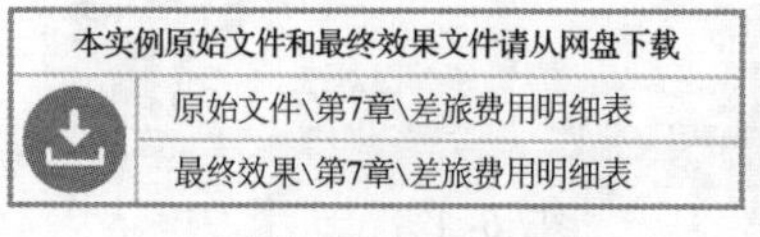

操作思路

1. 创建数据透视图

选中要透视的数据区域，切换到【插入】选项卡，在【图表】组中单击【数据透视图】按钮，在弹出的【创建数据透视图】对话框中，设置透视图的放置位置；然后在【数据透视字段】对话框中选中要添加的字段，即可生成数据透视表和数据透视图，效果如图7.4–2所示。

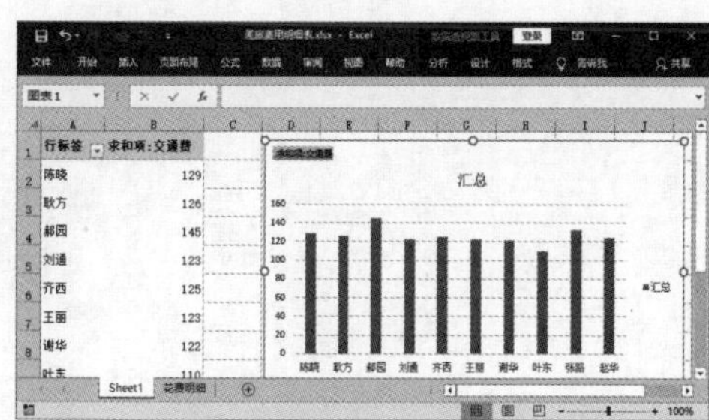

图7.4–2

2. 美化数据透视图

创建数据透视图后，用户可以对图表标题、图表区域、绘图区以及数据系列进行格式设置，完成后的效果如图7.4–3所示。

图7.4–3

7.5 常见疑难问题解析

问：如何快速设置空白数据？

答：打开本实例的原始文件，切换到数据透视表Sheet1中，选中数据透视表中的任意一个空白单元格，单击鼠标右键，在弹出的快捷菜单中单击【数据透视表选项】命令，弹出【数据透视表选项】对话框，切换到【布局和格式】选项卡，在【格式】组中选中【对于空单元格，显示】复选框，然后在右侧的文本框中输入“0”，单击【确定】按钮返回工作表中，即可看到数据透视表中的空白单元格被设置为“0”。

7.6 课后习题

扫码看视频

（1）首先根据原有的数据创建一个数据透视表，如图7.6-1所示。

（2）根据创建的数据透视表创建一张数据透视图并对数据透视图进行美化，最终效果如图7.6-2所示。

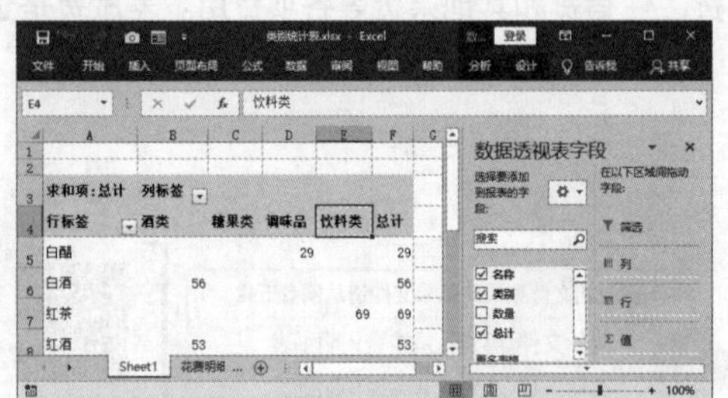

图7.6-1

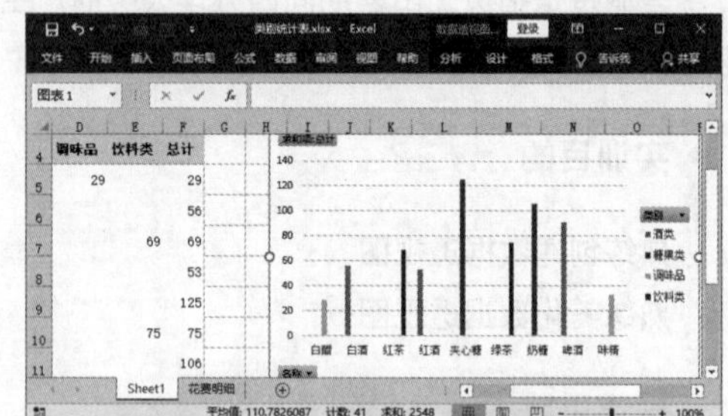

图7.6-2

第 8 章 公式与函数的应用

本章内容简介

本章主要结合具体案例介绍几类常用的函数的应用，从实际应用的角度出发，让读者根据问题的难易程度选用不同的公式与函数。

学完本章我能做什么

通过本章的学习，我们可以使用逻辑函数判断考勤表中的出勤情况，使用时间函数快速计算出回款统计表中的应回款日期，可以使用查找与引用函数实现业绩管理表中明细表与参数表之间的关联引用等。

学习目标

- 了解公式的基础知识
- 了解函数的基础知识
- 学会使用逻辑函数
- 学会使用文本函数
- 学会使用日期和时间函数
- 学会使用查找和引用函数
- 学会使用数学与三角函数
- 学会使用统计函数

8.1 认识公式与函数

公式与函数是Excel中进行数据输入、统计、分析必不可少的技能之一。要想学好公式与函数，理清问题的逻辑思路是关键。

8.1.1 公式的基础知识

Excel中的公式是以等号（=）开头、通过运算符将数据和函数等元素按一定顺序连接在一起的表达式。在Excel中，凡是在单元格先输入等号（=）再输入其他数据的，该单元格的内容都会被自动判定为公式。

下面我们以两个公式为例，介绍一下公式的组成与结构。

公式1：

=TEXT(MID(A2,7,8),"0000-00-00")。

这是一个从18位身份证号中提取出生日期的公式，效果如图8.1-1所示。

C2 =TEXT(MID(A2,7,8),"0000-00-00")

	A	B	C	D
1	身份证号	性别	生日	年龄
2	51****197604095634	男	1976-04-09	43
3	41****197805216362	女	1978-05-21	41
4	43****197302247985	女	1973-02-24	46
5	23****197103068261	女	1971-03-06	48
6	36****196107246846	女	1961-07-24	58
7	41****197804215550	男	1978-04-21	41

图8.1-1

公式2：

=(TODAY()-C2)/365。

这是一个根据出生日期计算年龄的公式，效果如图8.1-2所示。

D2 =(TODAY()-C2)/365

	A	B	C	D
1	身份证号	性别	生日	年龄
2	51****197604095634	男	1976-04-09	43
3	41****197805216362	女	1978-05-21	41
4	43****197302247985	女	1973-02-24	46
5	23****197103068261	女	1971-03-06	48
6	36****196107246846	女	1961-07-24	58
7	41****197804215550	男	1978-04-21	41

图8.1-2

公式由以下几个基本元素组成。

①等号（=）：公式必须以等号开头。如公式1、公式2。

②常量：常量包括常数和字符串。例如公式1中的“7”和“8”都是常数，"0000-00-00"是字符串；公式2中的“365”也是常数。

③单元格引用：单元格引用是指以单元格地址或名称来代表单元格的数据进行计算。例如公式1中的“A2”、公式2中的“C2”。

④函数：函数也是公式中的一个元素，对一些特殊、复杂的运算，使用函数会更简单。例如公式1中的“TEXT”和“MID”都是函数，公式2中的“TODAY”也是函数。

⑤括号：一般每个函数后面都会跟一个括号，用于设置参数，另外括号还可以用于控制公式中各元素运算的先后顺序。

⑥运算符：运算符是将多个参与计算的元素连接起来的运算符号；Excel公式中的运算符包含引用运算符、算数运算符、文本运算符和比较运算符。例如公式2中的“/”。

提示：在Excel的公式中开头的等号（=）可以用加号（+）代替。

1. 单元格引用

单元格引用就是标识工作表上的单元格或单元格区域。

单元格引用分为A1和R1C1两种引用样式。在A1引用样式中，用单元格的列标和行号表示其位置，如“B5”，表示B列第5行。在R1C1引用样式中，“R”表示row（行）、“C”表示column（列），“R3C4”表示第3行第4列，即D3单元格。

Excel单元格的引用样式包括相对引用、绝对引用和混合引用三种。

①相对引用。相对引用就是在公式中用列标和行号直接表示单元格，例如A5、B6等。当某个单元格的公式被复制到另一个单元格时，原单元格中的公式的地址在新的单元格中就会发生变化，但其引用的单元格地址之间相对位置间距不变。例如在单元格A10中输入公式“=SUM(A2:A9)”，当将单元格A10中的公式复制到C10后，公式就会变成“=SUM(C2:C9)”。

②绝对引用。绝对引用就是在表示单元格的列标和行号前面都加上“$”符号。其特点是在将单元格中的公式复制到新的单元格时，公式中引用的单元格地址始终保持不变。例如在单元格A10中输入公式“=SUM($A$2:$A$9)”，当将单元格A10中的公式复制到C10后，公式依然是“=SUM($A$2:$A$9)”。

③混合引用。混合引用包括绝对列和相对行，或者绝对行和相对列。绝对列和相对行是指列采用绝对引用，而行采用相对引用，例如$A1、$B1等；绝对行和相对列是指行采用绝对引用，而列采用相对引用，例如A$1、B$1等；在公式中如果采用混合引用，当公式所在的单元格位置改变时，绝对引用不变，相对引用将对应改变位置。例如在单元格A10中输入公式“=A$2”，那么当将单元格A10复制到B11时，公式就会变成“=B$2”。

提示：F4键是引用方式之间转换的快捷方式。连续按F4键，就会依照相对引用→绝对引用→绝对行相对列→绝对列相对行→相对引用……这样的顺序循环。

2. 运算符

运算符包括以下几种，如图8.1-3所示。

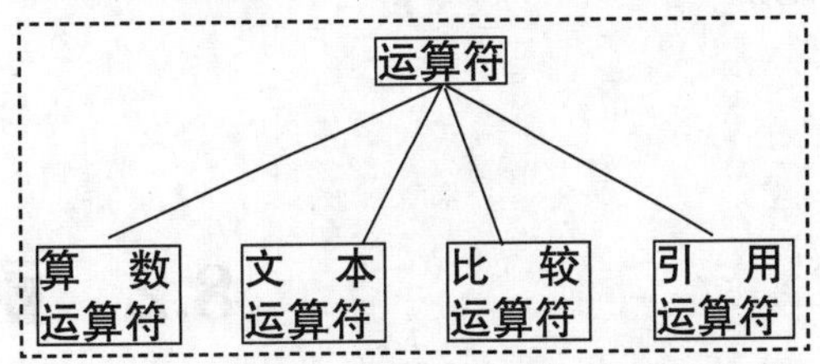

图8.1-3

①算数运算符用于完成基本的算术运算，按运算的先后顺序进行运算，算数运算符有负号（-）、百分号（%）、幂（^）、乘号（*）、除号（/）、加号（+）、减号（-）。

②文本运算符用于将两个或多个值连接或串起来产生一个连续的文本值，文本运算符主要是文本链接运算符&。例如，公式“=A1&B1&C1”就是将单元格A1、B1、C1的数据连接起来组成一个新的文本。

③比较运算符用于比较两个值，并返回逻辑值TRUE或FALSE。比较运算符有等于（=）、小于（<）、小于等于（<=）、大于（>）、大于等于（>=）、不等于（<>），比较运算符常与逻辑函数搭配使用。

④引用运算符指可以将单元格区域引用合并计算的运算符号。引用运算符有冒号（:）、逗号（,）、空格（ ）。

8.1.2 函数的基础知识

Excel提供了大量的内置函数，利用这些函数进行数据计算与分析，不仅可以大大提高工作效率，还可以提高数据的准确率。

1. 函数的基本构成

函数大部分由函数名称和函数参数两部分组成，即“=函数名(参数1,参数2,...,参数*n*)”，例如“=SUM(A1:A10)”就是对单元格区域A1:A10的数值求和。

还有小部分函数没有函数参数，即“=函数名()”，例如“=TODAY()”就是得到系统的当前日期。

2. 函数的种类

根据运算类别及应用行业的不同，Excel 2016中的函数可以分为财务、日期与时间、数学与三角函数、统计、查找与引用、数据库、文本、逻辑、信息、多维数据集、兼容性和Web等种类。

8.2 函数的应用

函数是公式的基本元素之一，也是公式中逻辑思路较为复杂的部分。因此本节重点介绍常用的函数。

8.2.1 逻辑函数

逻辑函数是一种用于进行真假值判断或复合检验的函数。逻辑函数是Excel函数中最常用的函数之一，常用的逻辑函数包括IF、AND、OR等。

1. IF函数

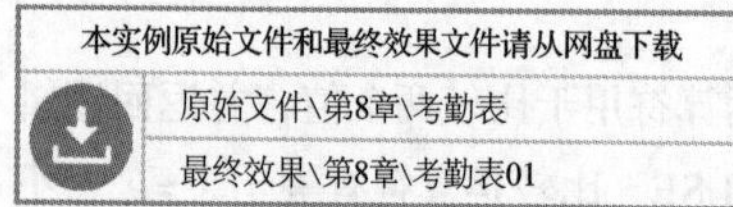

本实例原始文件和最终效果文件请从网盘下载

原始文件\第8章\考勤表

最终效果\第8章\考勤表01

扫码看视频

Excel 中的逻辑关系

Excel中常用的逻辑值是“TRUE”和“FALSE”，它们等同于我们日常语言中的“是”和“不是”。也就是“TRUE”是逻辑值真，表示“是”的意思；而“FALSE”是逻辑值假，表示“不是”的意思。

用于条件判断的IF函数

IF函数可以说是逻辑函数中的“王者”了，它的应用十分广泛。IF函数的基本用法是，根据指定的条件进行判断，得到满足条件的结果1或者不满足条件的结果2，如图8.2-1所示。其语法结构为如下。

IF(判断条件,满足条件的结果1,不满足条件的结果2)

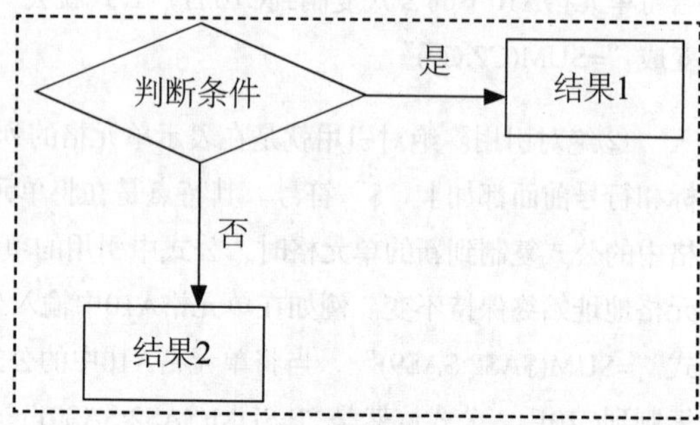

图8.2-1

下面通过一个具体案例来学习如何实际应用IF函数。

公司规定上班时间为8:00，下班时间为17:00，计算每个人迟到和早退的分钟数，如图8.2-2所示。

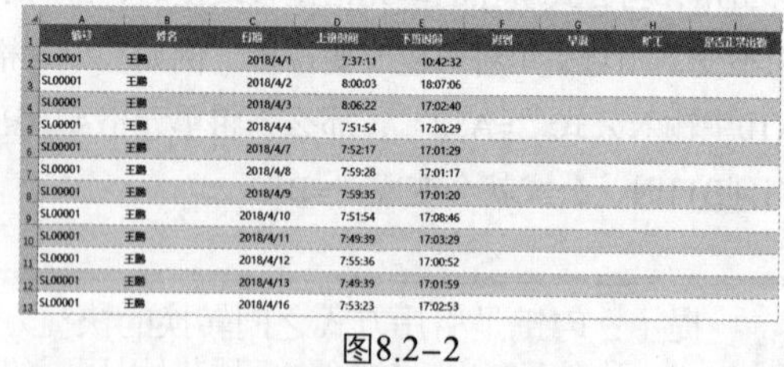

编号	姓名	日期	上班时间	下班时间	迟到	早退	旷工	是否正常出勤
SL00001	王鹏	2018/4/1	7:37:11	10:42:32				
SL00001	王鹏	2018/4/2	8:00:03	18:07:06				
SL00001	王鹏	2018/4/3	8:06:22	17:02:40				
SL00001	王鹏	2018/4/4	7:51:54	17:00:29				
SL00001	王鹏	2018/4/7	7:52:17	17:01:29				
SL00001	王鹏	2018/4/8	7:59:28	17:01:17				
SL00001	王鹏	2018/4/9	7:59:35	17:01:20				
SL00001	王鹏	2018/4/10	7:51:54	17:08:46				
SL00001	王鹏	2018/4/11	7:49:39	17:03:29				
SL00001	王鹏	2018/4/12	7:55:36	17:00:52				
SL00001	王鹏	2018/4/13	7:49:39	17:01:59				
SL00001	王鹏	2018/4/16	7:53:23	17:02:53				

图8.2-2

首先，我们来分析这个问题，并根据分析结果做一张逻辑关系图，如图8.2-3所示。

上班时间超过8:00即为迟到，下班时间早于17:00即为早退。

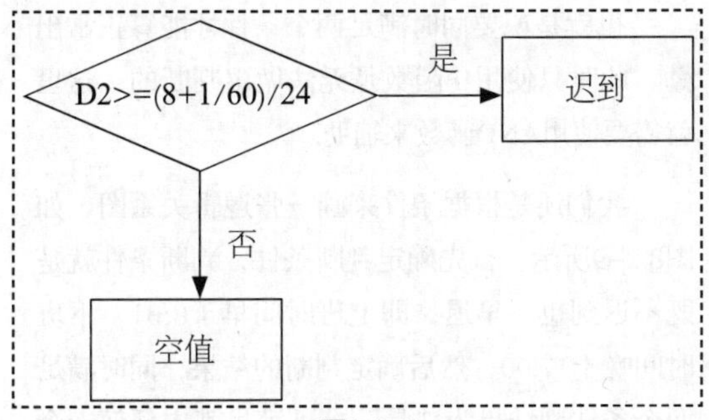

图8.2-3

提示：在公式函数中需要输入一个具体的时间时，不能按照时间的格式输入，例如“8:01:00”，因为在公式函数中，冒号是引用符号，而不是时间符号。因此在公式函数中输入具体时间时，需要先将其转换为数值。时间如何转换为数值呢？

在Excel中日期和时间的基本单位是“天”，“1”代表1天，而时间是1天的一部分，1天24小时，1小时就是1/24天，例如8:00就是8/24，8:01就是（8+1/60）/24，因此时间就转换成了数值。

❶　打开本实例的原始文件，选中单元格F2，切换到【公式】选项卡，在【函数库】组中，单击【逻辑】按钮，在弹出的下拉列表框中选中【IF】函数选项，如图8.2-4所示。

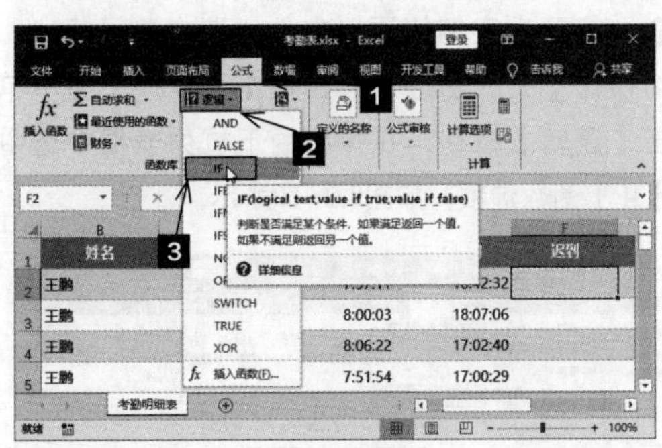
图8.2-4

❷　弹出【函数参数】对话框，按照我们的逻辑关系图，依次输入判断条件“D2>=(8+1/60)/24”，满足条件的结果1为“迟到”，不满足条件的结果2为“”，设置完毕，单击【确定】按钮，如图8.2-5所示。

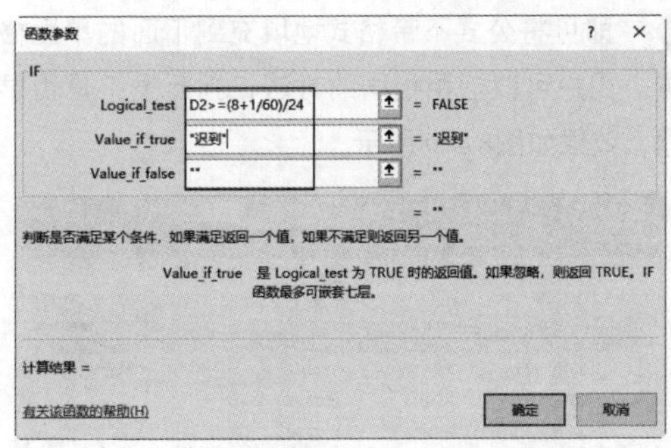
图8.2-5

❸　单击【确定】按钮后返回工作表，效果如图8.2-6所示。

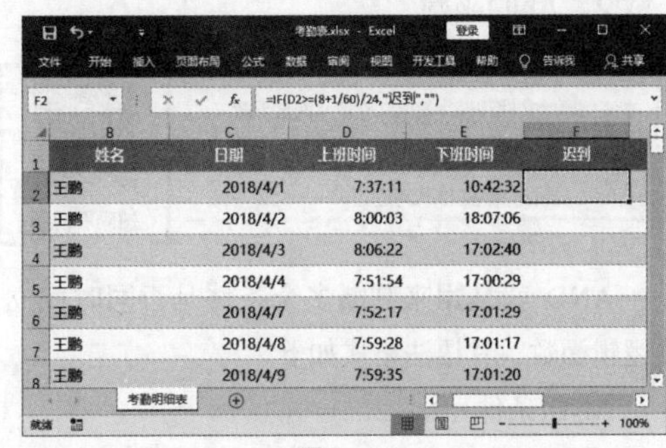
图8.2-6

❹　将鼠标指针移动到单元格F2的右下角，双击鼠标，即可将公式带格式地填充到下面的单元格中，同时弹出一个【自动填充选项】按钮，单击此按钮，在弹出的下拉列表框中选中【不带格式填充】单选按钮，如图8.2-7所示。

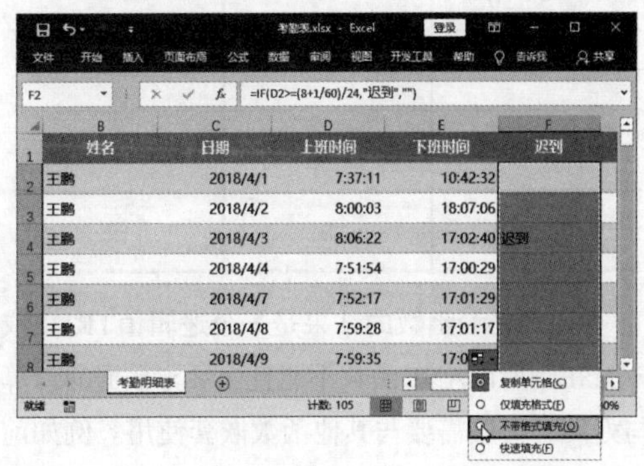
图8.2-7

❺ 即可将公式不带格式地填充到下面的单元格中。用户可以按照相同的方法，判断员工是否早退，效果如图8.2-8所示。

日期	上班时间	下班时间	迟到	早退
2018/4/1	7:37:11	10:42:32		早退
2018/4/2	8:00:03	18:07:06		
2018/4/3	8:06:22	17:02:40	迟到	
2018/4/4	7:51:54	17:00:29		
2018/4/7	7:52:17	17:01:29		
2018/4/8	7:59:28	17:01:17		
2018/4/9	7:59:35	17:01:20		

图8.2-8

2. AND函数

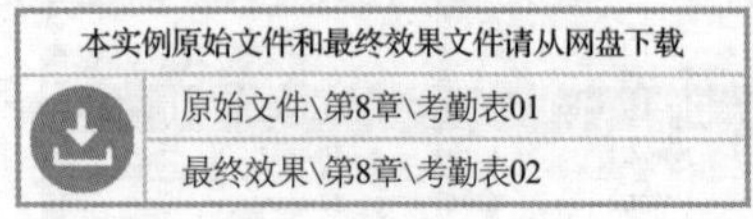

AND 就是用来判断多个条件是否同时成立的逻辑函数，其语法格式如下。

AND(条件1,条件2,...)

AND函数的特点是，在众多条件中，只有全部为真时，其逻辑值才为真；只要有一个为假，其逻辑值为假，如表8.2-1所示。

表8.2-1

条件1	条件2	逻辑值
真	真	真
真	假	假
假	真	假
假	假	假

由于AND函数的结果是一个逻辑值TRUE或FALSE，所以AND函数不能直接参与数据的计算与处理，一般需要与其他函数嵌套使用。例如前面介绍过的IF函数只是对一个条件的判断，在实际的数据处理中，经常需要同时对几个条件进行判断，例如要判断员工是否正常出勤，所谓正常出勤，就是既不迟到也不早退。

也就是说要同时满足两个条件才能算正常出勤，此时只使用IF函数是无法做出判断的，这里就需要使用AND函数来辅助。

我们还是根据条件来画一张逻辑关系图，如图8.2-9所示。首先确定判断条件，判断条件就是既不迟到也不早退，即上班时间早于8:01，下班时间晚于17:00；然后确定判断的结果，同时满足两个条件则结果为“是”，不满足其中任何一个条件则结果为“否”。

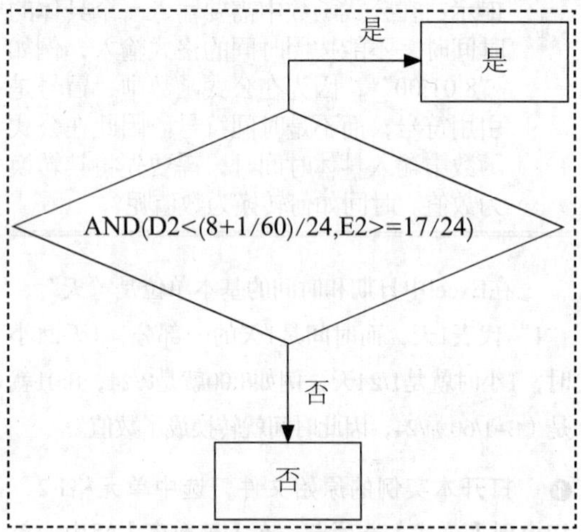

图8.2-9

使用AND函数的具体操作步骤如下。

❶ 打开本实例的原始文件，选中单元格I2，切换到【公式】选项卡，在【函数库】组中单击【逻辑】按钮，在弹出的下拉列表框中选中【IF】函数选项，如图8.2-10所示。

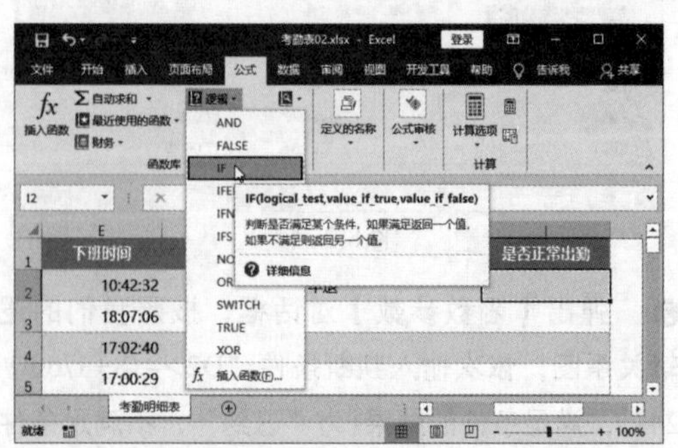

图8.2-10

❷ 弹出【函数参数】对话框，首先我们先把简单的参数设置好，满足条件的结果1为“是”，不满足条件的结果2为“否”，如图8.2-11所示。

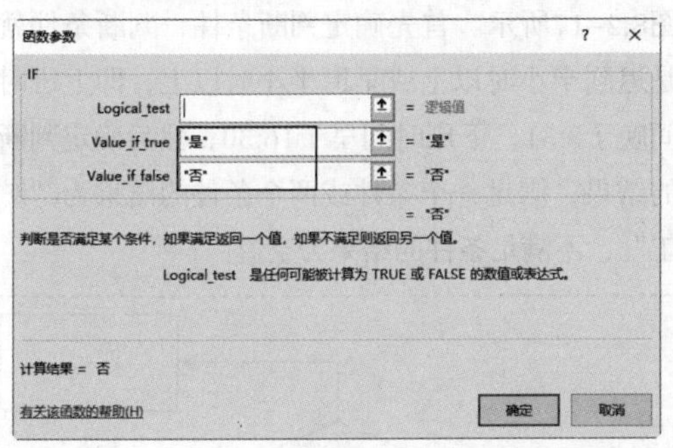

图8.2-11

❸ 将光标移动到第一个参数判断条件所在的文本框中，单击工作表中名称框右侧的下三角按钮，在弹出的下拉列表框中选中【其他函数】选项（如果下拉列表框中有AND函数，也可以直接选择AND函数），如图8.2-12所示。

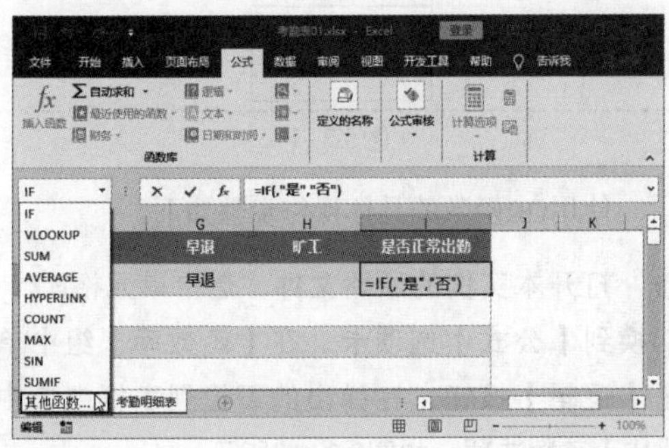

图8.2-12

❹ 弹出【插入函数】对话框，在【或选择类别】下拉列表框中选中【逻辑】选项，在【选择函数】列表框中选中【AND】函数，单击【确定】按钮，如图8.2-13所示。

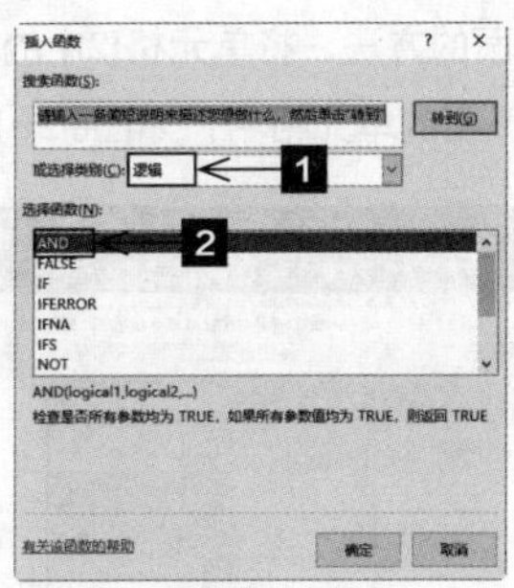

图8.2-13

❺ 单击【确定】按钮后弹出AND函数的【函数参数】对话框，依次在两个参数文本框中输入参数“D2<(8+1/60)/24”和“E2>=17/24”，单击【确定】按钮，如图8.2-14所示。

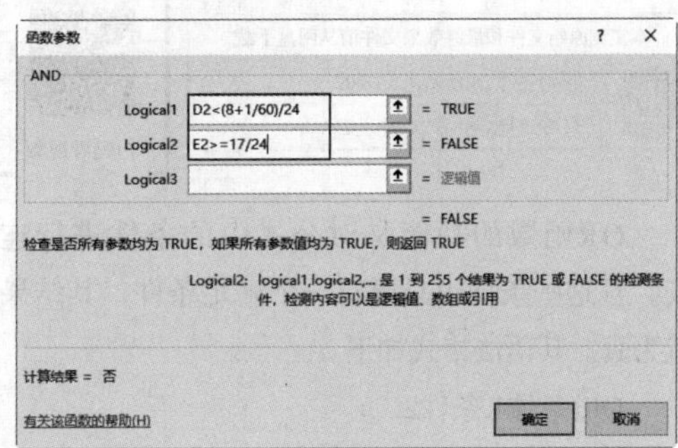

图8.2-14

❻ 单击【确定】按钮后返回工作表，效果如图8.2-15所示。

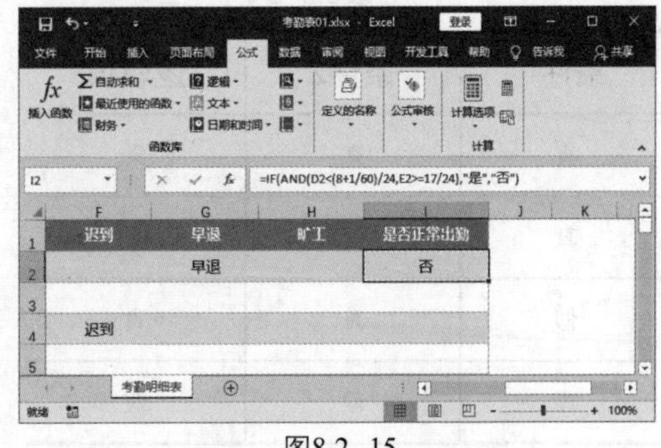

图8.2-15

❼ 按照前面的方法，将单元格I2中的公式不带格式地填充到下面的单元格中，如图8.2-16所示。

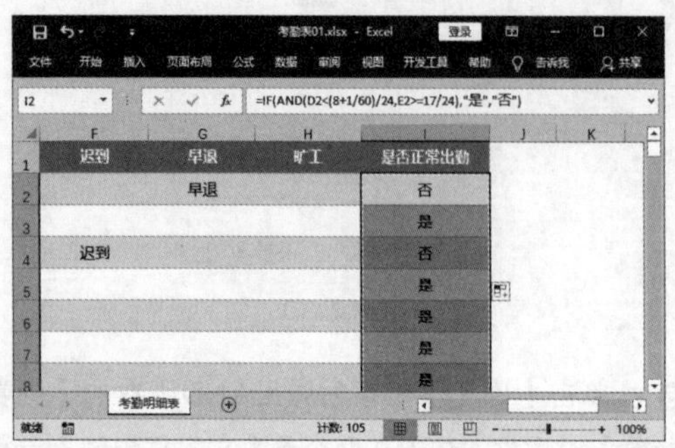

图8.2-16

3. OR函数

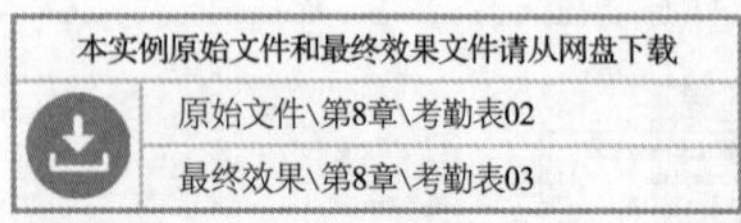

本实例原始文件和最终效果文件请从网盘下载

原始文件\第8章\考勤表02

最终效果\第8章\考勤表03

扫码看视频

OR函数的功能是对公式中的条件进行连接，且这些条件中只要有一个满足条件，其结果就为真。其语法格式如下。

OR(条件1,条件2,...)

OR函数的特点是，在众多条件中，只要有一个为真时，其逻辑值就为真；只有全部为假时，其逻辑值才为假，如表8.2-2所示。

表8.2-2

条件1	条件2	逻辑值
真	真	真
真	假	真
假	真	真
假	假	假

OR函数的结果与AND函数的结果一样，也是一个为TRUE或FALSE的逻辑值，因此OR函数不能直接参与数据计算与处理，一般需要与其他函数嵌套使用。例如要判断员工是否旷工，假设迟到或早退半小时以上的都算旷工，也就是说只要满足两个条件中的任何一个就算旷工。

我们还是根据条件做一个逻辑关系图，如图8.2-17所示。首先确定判断条件，判断条件就是迟到半小时以上或早退半小时以上，即上班时间晚于8:31，下班时间早于16:30；然后确定判断的结果，满足一个条件或两个条件的结果为“旷工”，不满足条件的结果为空值。

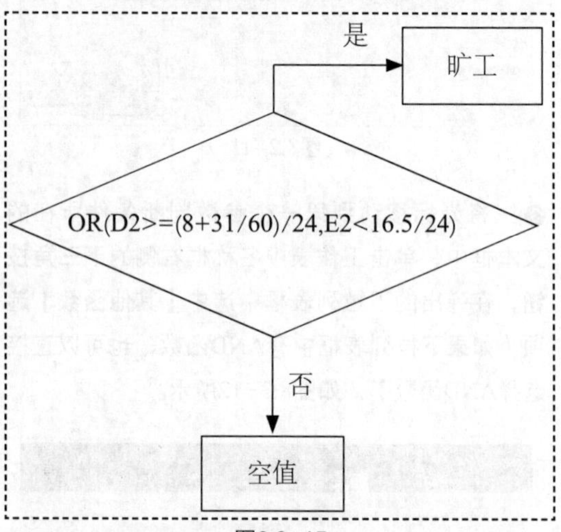

图8.2-17

使用OR函数的具体操作步骤如下。

❶ 打开本实例的原始文件，选中单元格H2，切换到【公式】选项卡，在【函数库】组中单击【逻辑】按钮，在弹出的下拉列表框中选中【IF】函数选项，如图8.2-18所示。

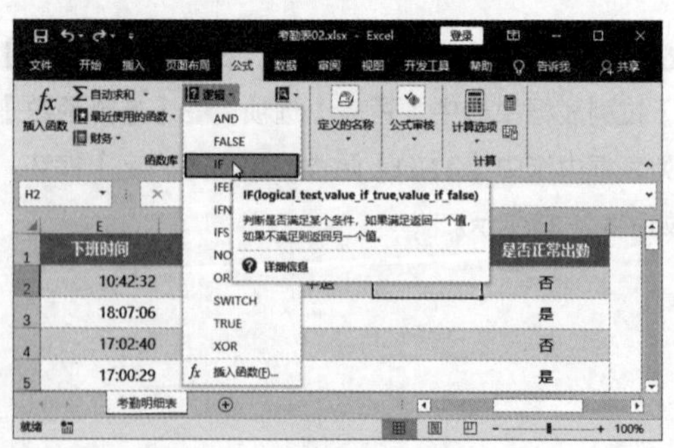

图8.2-18

❷ 弹出【函数参数】对话框，首先我们先把简单的参数设置好，满足条件的结果1为“旷工”，不满足条件的结果2为空值，如图8.2-19所示。

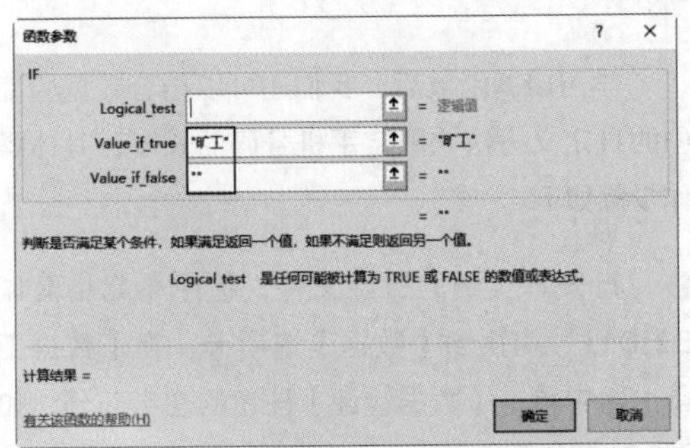

图8.2-19

❸ 将光标移动到第一个参数判断条件所在的文本框中，单击工作表中名称框右侧的下三角按钮，在弹出的下拉列表框中选中【其他函数】选项（如果下拉列表框中有OR函数，也可以直接选中OR函数），如图8.2-20所示。

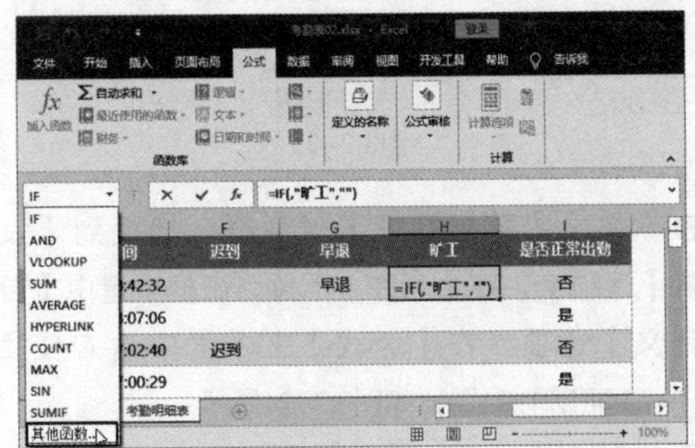

图8.2-20

❹ 弹出【插入函数】对话框，在【或选择类别】下拉列表框中选中【逻辑】选项，在【选择函数】列表框中选中【OR】函数，如图8.2-21所示。

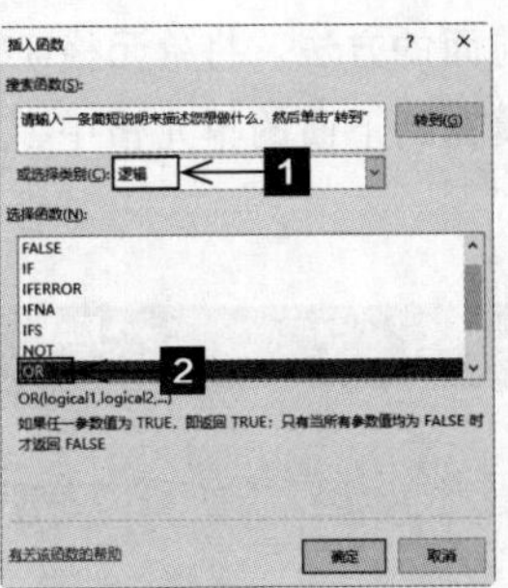

图8.2-21

❺ 单击【确定】按钮，弹出OR函数的【函数参数】对话框，依次在两个参数文本框中输入参数“D2>=(8+31/60)/24”和“E2<16.5/24”，单击【确定】按钮，如图8.2-22所示。

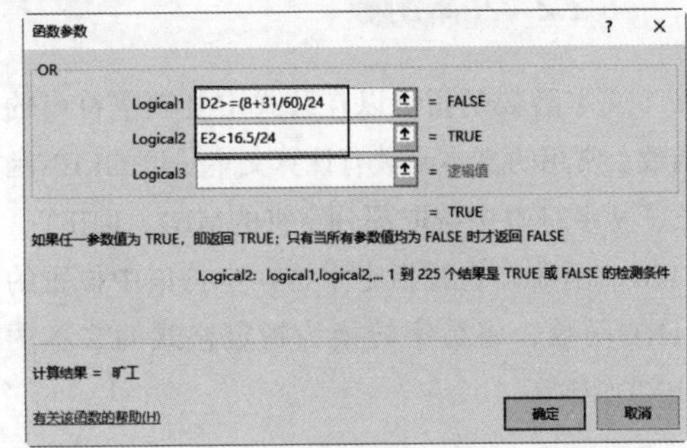

图8.2-22

❻ 单击【确定】按钮后返回工作表，效果如图8.2-23所示。

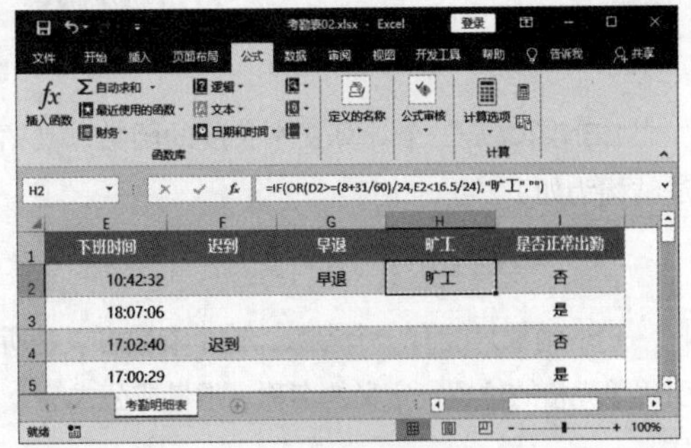

图8.2-23

❼ 按照前面的方法，将单元格H2中的公式不带格式地填充到下面的单元格中，如图8.2-24所示。

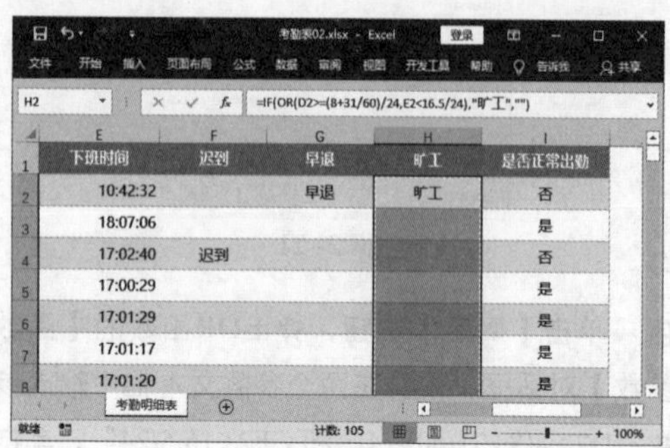

图8.2-24

8.2.2 文本函数

文本函数是指可以在公式中处理字符串的函数。常用的文本函数有计算文本长度的LEN函数，从字符串中截取部分字符的MID、LEFT、RIGHT函数，查找指定字符在字符串中位置的FIND函数，将数字转换为指定格式的文本的TEXT函数等。

1. LEN函数

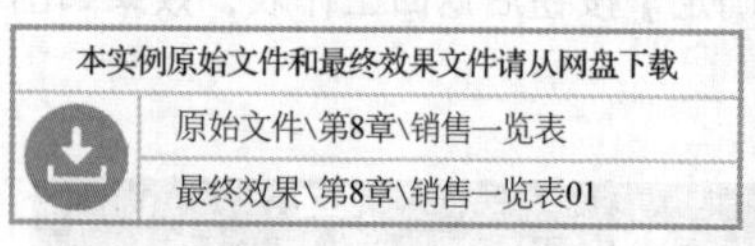

本实例原始文件和最终效果文件请从网盘下载

原始文件\第8章\销售一览表

最终效果\第8章\销售一览表01

扫码看视频

LEN函数是一个计算文本长度的函数。其语法结构为如下。

LEN(参数)

LEN函数只能有一个参数，这个参数可以是所引用单元格的位置、定义的名称、常量或公式等。

LEN函数在Excel中是一个很有用的函数，但是由于它计算的是字符长度，而字符长度对我们计算和分析数据没有什么实际意义。因此在实际工作中，我们更多时候让它与数据验证结合或者与其他函数嵌套使用。下面我们先以一个实例来具体地讲解LEN函数如何与数据验证相结合。

数据验证与LEN函数

学习LEN函数后，我们还可以结合数据验证中的自定义方法来限定手机号码的长度，具体操作步骤如下。

❶ 打开本实例的原始文件，选中单元格区域D2:D11，切换到【数据】选项卡，在【数据工具】组中单击【数据验证】按钮的左半部分，如图8.2-25所示。

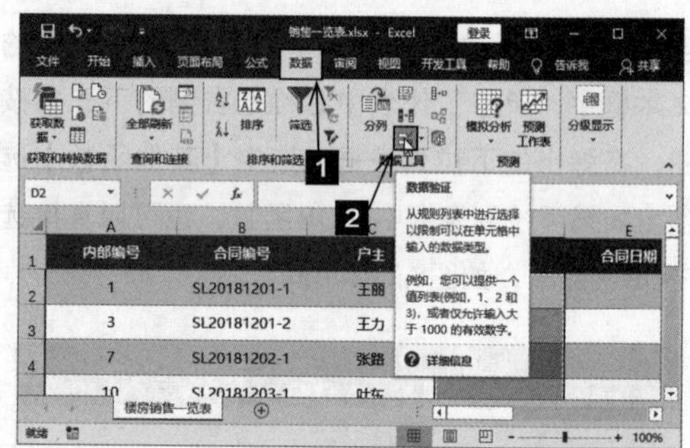

图8.2-25

❷ 弹出【数据验证】对话框，切换到【设置】选项卡，在【允许】下拉列表框中选中【自定义】选项，在【公式】文本框中输入公式“=LEN(D2)=11”，如图8.2-26所示。

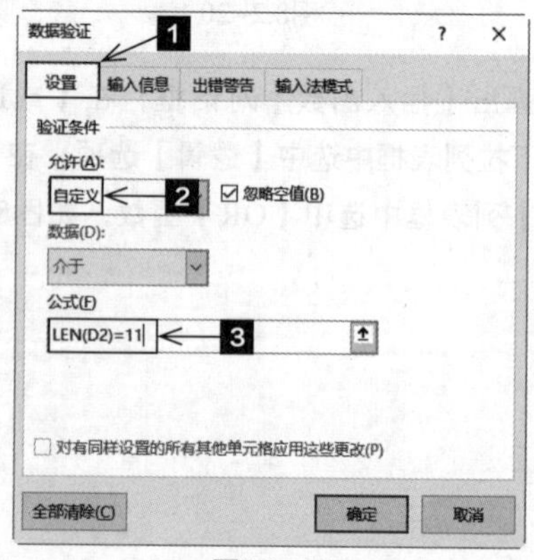

图8.2-26

❸ 切换到【出错警告】选项卡，在【错误信息】文本框中输入“请检查手机号码是否为11位！”，单击【确定】按钮，如图8.2-27所示。

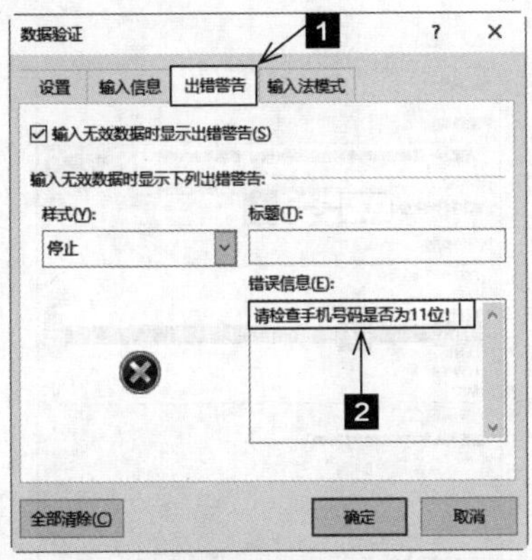

图8.2-27

❹ 单击【确定】按钮后返回工作表，当单元格D2:D11中输入的手机号码位数不是11位时，就会弹出如下提示框，就需要单击【重试】按钮，如图8.2-28所示。

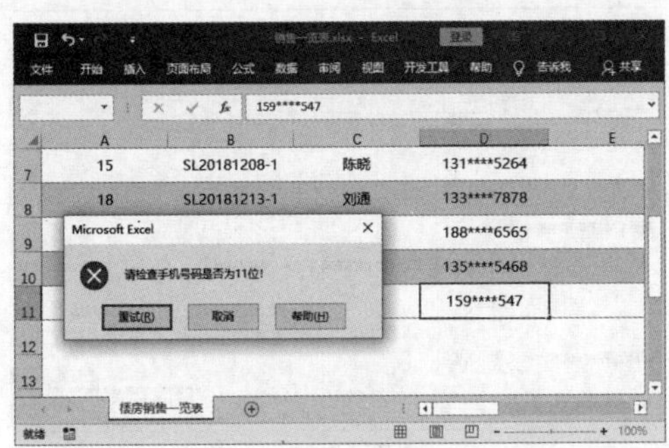

图8.2-28

❺ 单击【重试】按钮后即可重新输入手机号码，如图8.2-29所示。

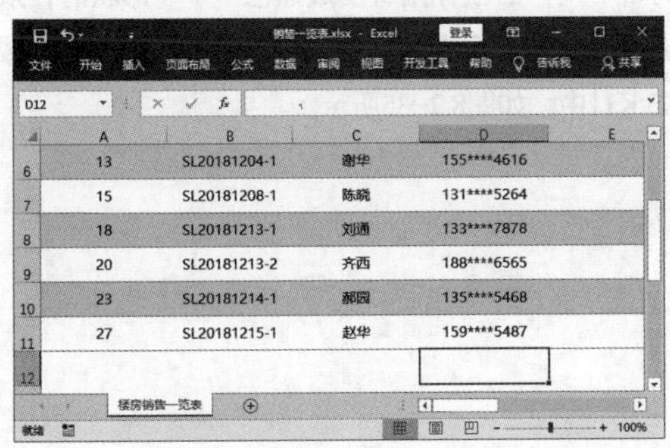

图8.2-29

IF函数与LEN函数的嵌套应用

目前销售一览表中的内部编号是纯数字编号，而且数字位数不同，为了使编号更加统一同时又能体现公司名称，我们可以重新定义内部编号规则：数字编号之前加上公司名称简写“sl”，数字编号都为3位数，不足3位的用“0”补齐，例如“sl001”。

在进行实际操作之前，首先我们来分析这个问题的条件和结果。

①编号为1位数的，需要在前面补齐两个“0”，然后在前面添加“sl”。

②编号为2位数的，需要在前面补齐一个“0”，然后在前面添加“sl”。

这是一个IF函数与LEN函数嵌套应用的典型问题。由于有两个可能的条件，所以需要使用1个IF函数与1个LEN函数嵌套的公式来解决。

在使用嵌套公式之前，需要理清逻辑思路。图8.2-30所示就是这个问题的逻辑流程图，通过这张流程图，两个函数的逻辑关系一目了然。

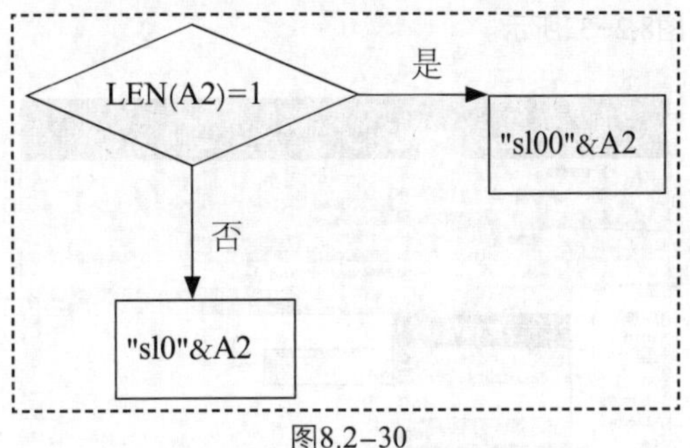

图8.2-30

接下来我们就可以根据这个逻辑关系来输入函数。由于我们要在原编号的基础上生成新编号，所以我们可以先将新编号生成在K列中，再复制粘贴到A列，具体操作步骤如下。

❶ 选中单元格K2，按照前面介绍的方法选中【IF】函数选项，弹出【函数参数】对话框。由于判断条件需要使用LEN函数，此处我们先输入符合条件的结果“"sl00"&A2”和不符合条件的结果“"sl0"&A2”，然后在第一个参数判断条件所在的文本框中输入“=1”，再将光标定位到“=1”的前面，如图8.2-31所示。

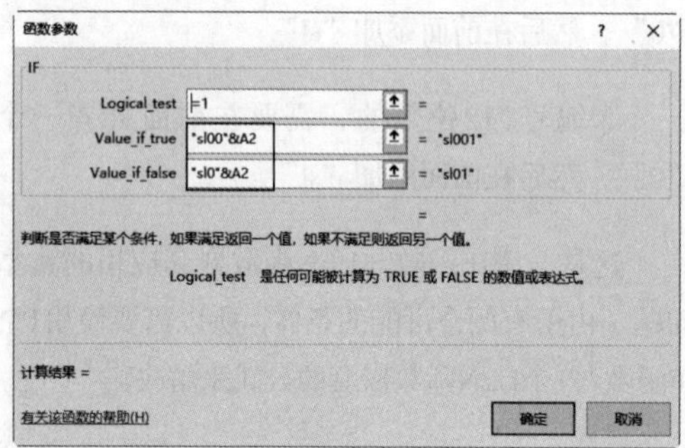

图8.2-31

❷ 单击工作表中名称框右侧的下三角按钮，在弹出的下拉列表框中选中【其他函数】选项，如图8.2-32所示。

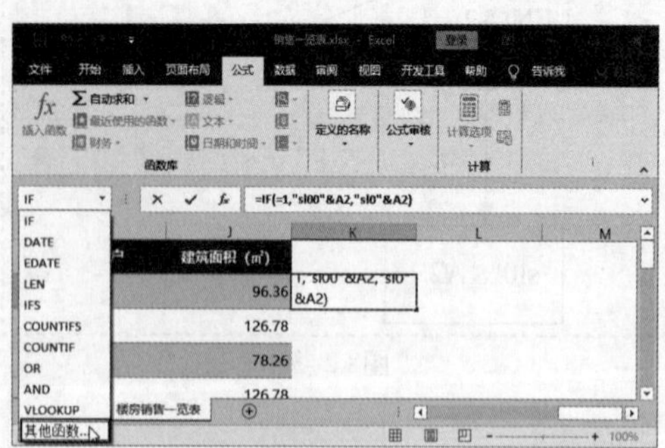

图8.2-32

❸ 弹出【插入函数】对话框，在【或选择类别】下拉列表框中选中【文本】选项，在【选择函数】列表框中选中【LEN】函数，如图8.2-33所示。

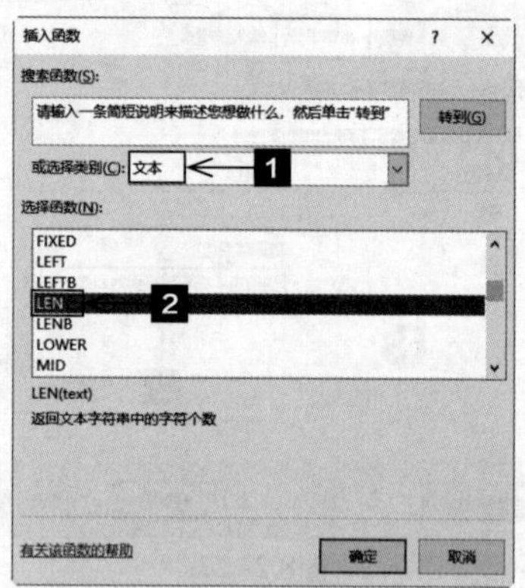

图8.2-33

❹ 单击【确定】按钮，弹出LEN函数的【函数参数】对话框，在参数文本框中输入“A2”，单击【确定】按钮，如图8.2-34所示。

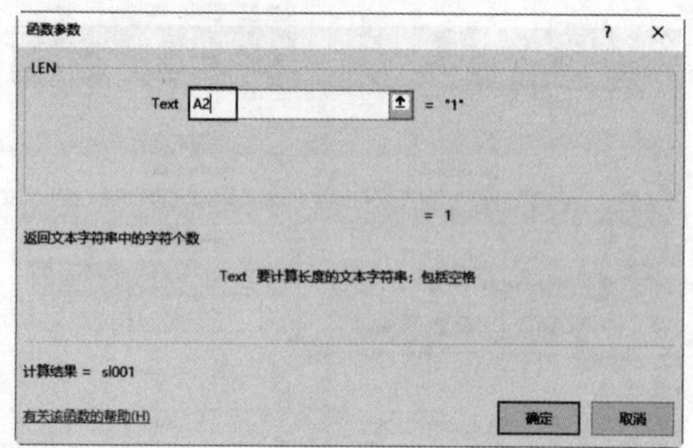

图8.2-34

❺ 单击【确定】按钮后返回工作表即可看到效果。选中单元格K2，将鼠标指针移动到单元格K2的右下角，当鼠标指针变成黑色“十”形状时，双击鼠标，将单元格K2中的公式填充到单元格区域K3:K11中，如图8.2-35所示。

图8.2-35

❻ 选中单元格区域K2:K11，按【Ctrl】+【C】组合键进行复制，然后选中单元格A2，单击鼠标右键，在弹出的快捷菜单中单击【粘贴选项】→【数值】命令，如图8.2-36所示。

图8.2-36

❼ 返回工作表，即可看到工作表中A列的员工编号已经按照新的编号规则显示，效果如图8.2-37所示。

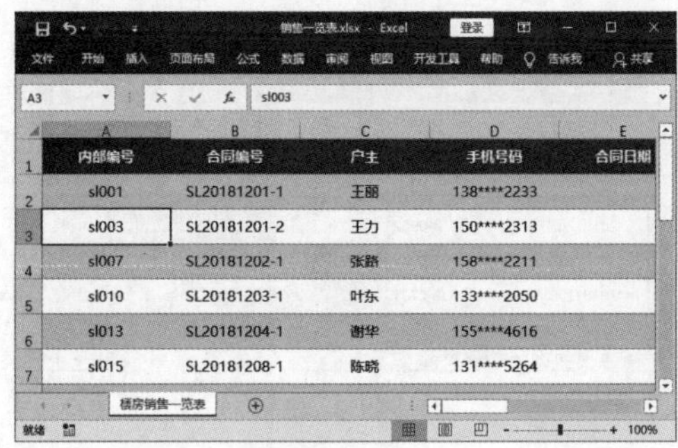

图8.2-37

2. MID函数

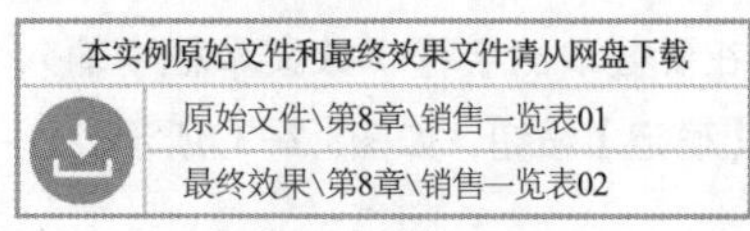

MID函数的主要功能是从一个文本字符串的指定位置开始，截取指定数目的字符。其语法结构为如下。

MID(字符串,截取字符的起始位置,要截取的字符个数)

在销售一览表中，合同编号的编制规则是“SL&合同日期&-编号”，所以在输入合同编号后，合同日期就无须重复输入了，通过MID函数从合同编号中提取即可。在提取之前，我们先来分析函数的各个参数：“字符串”就是“合同编号”；在合同编号中日期是从第3个字符开始的，所以“截取字符的起始位置”是“3”；日期包含了年、月、日，共8个字符，所以“要截取的字符个数”是“8”。分析清楚函数的各个参数后，就可以使用函数，具体操作步骤如下。

❶ 选中单元格E2，切换到【公式】选项卡，在【函数库】组中单击【文本】按钮，在弹出的下拉列表框中选中【MID】函数，如图8.2-38所示。

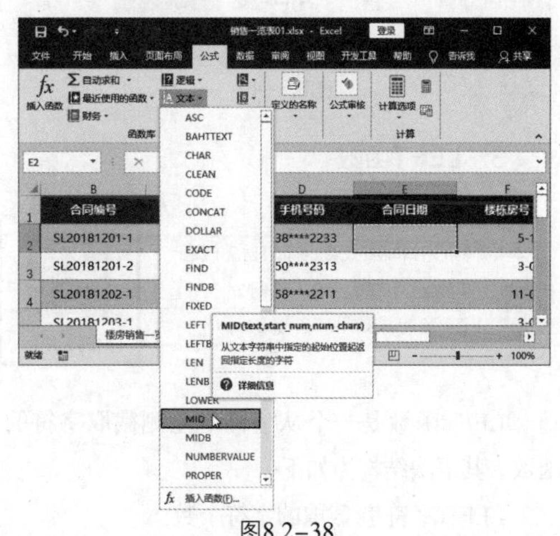

图8.2-38

❷ 弹出【函数参数】对话框，在字符串文本框中输入“B2”，在截取字符的起始位置文本框中输入“3”，在要截取的字符个数文本框中输入“8”，单击【确定】按钮，如图8.2-39所示。

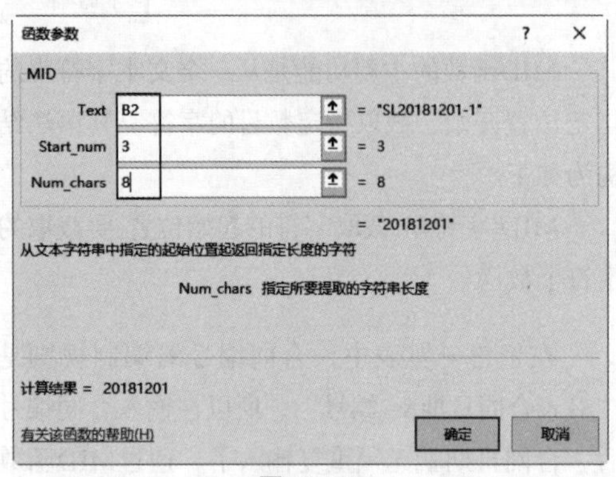

图8.2-39

❸ 单击【确定】按钮后返回工作表，即可看到合同日期已经从合同编号中提取出来，然后将单元格E2中的公式不带格式地填充到单元格区域E3:E11中，如图8.2-40所示。

图8.2-40

3. LEFT函数

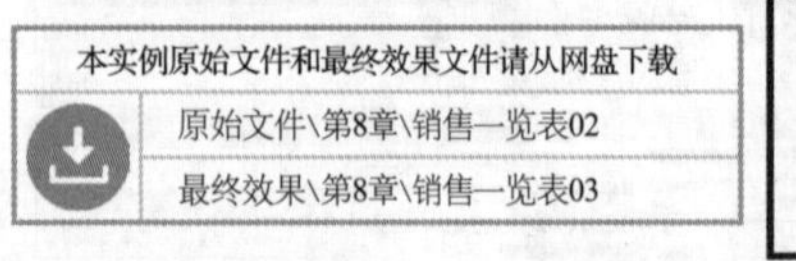

扫码看视频

LEFT函数是一个从字符串左侧截取字符的函数。其语法结构为如下。

LEFT(字符串,截取的字符个数)

在销售一览表中，“楼栋房号”信息中包含了楼号、楼层和房间号，为了避免阅读偏差，现在我们需要将这三条信息分开填写。楼号位于“楼栋房号”字符串的最左侧，所以我们可以使用LEFT函数把楼号提取出来。首先分析参数，显然“字符串”就是“楼栋房号”，“楼号”就是“楼栋房号”字符串中前1或2个字符，所以截取的字符个数为“1”或“2”。具体操作步骤如下。

❶ 选中单元格区域G2，按照前面介绍的方法选中【LEFT】函数选项，弹出【函数参数】对话框，在字符串文本框中输入“F2”，在截取的字符个数文本框中输入“1”，单击【确定】按钮，如图8.2-41所示。

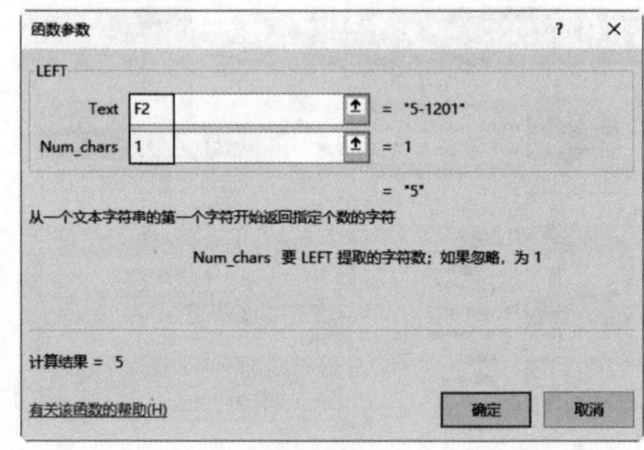

图8.2-41

❷ 单击【确定】按钮后返回工作表，即可看到楼号已经从楼栋房号中提取出来。选中单元格G2，按【Ctrl】+【C】组合键进行复制，然后选中单元格G3和单元格区域G5:G9，单击鼠标右键，在弹出的快捷菜单中单击【粘贴选项】→【公式】命令，即可将公式填充到选中的单元格及单元格区域中，如图8.2-42所示。

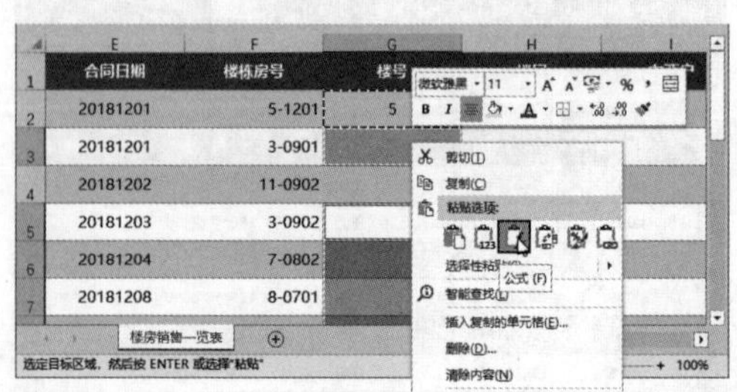

图8.2-42

❸ 按照相同的方法，在单元格G4中输入公式“=LEFT(F4,2)”，并将公式复制到单元格区域G10:G11中，如图8.2-43所示。

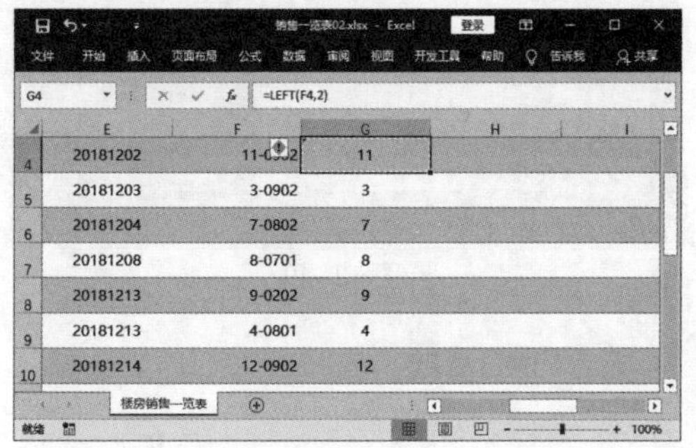

图8.2-43

楼号提取完成后，我们可以观察到工作表中的“楼栋房号”的文本长度是与“楼号”紧密相关的，“楼栋房号”的文本长度为6位时，楼号字符数为1，“楼栋房号”的文本长度为7为时，楼号字符数为2。由此，我们可以得到这样一个关系，如图8.2-44所示。

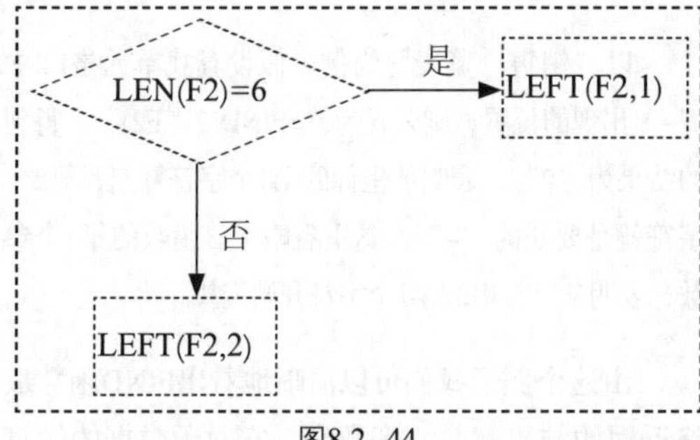

图8.2-44

有了这个关系，我们就可以通过IF函数、LEN函数和LEFT函数的嵌套使用来从“楼栋房号”中提取“楼号”。IF函数为主函数，LEN函数为IF函数的判断条件，两个LEFT函数为IF函数的两个结果。

❶ 选中单元格G2，在单击【逻辑】按钮后弹出的下拉列表中选中【IF】函数，弹出【函数参数】对话框，在3个参数文本框中依次输入“LEN(F2)=6”“LEFT(F2,1)”“LEFT(F2,2)”，如图8.2-45所示。

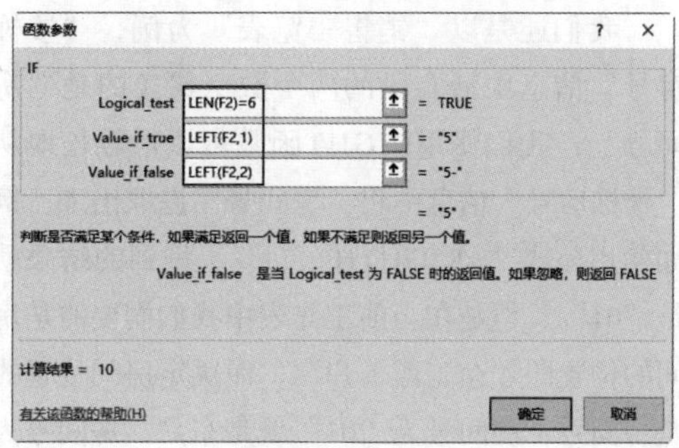

图8.2-45

❷ 单击【确定】按钮，返回工作表，即可看到楼号已经从楼栋房号中提取出来，然后将单元格G2中的公式不带格式地填充到下面的单元格中，如图8.2-46所示。

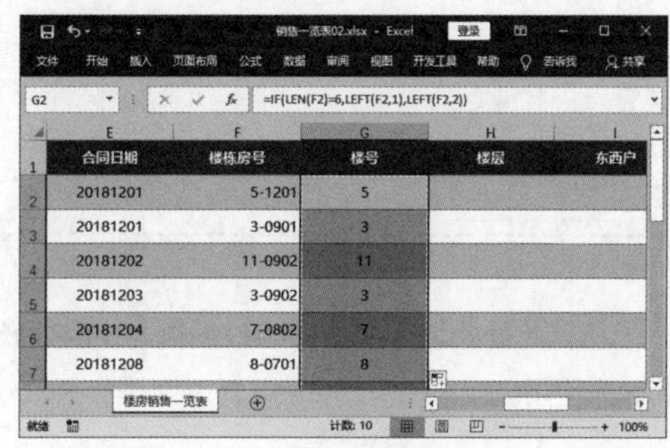

图8.2-46

通过3个函数的嵌套使用，用户只需要输入一次公式就可以从“楼栋房号”中准确地提取出所有楼号。这里需要用户注意的是，对于多个函数的嵌套，逻辑关系必须要清楚。

4. RIGHT函数

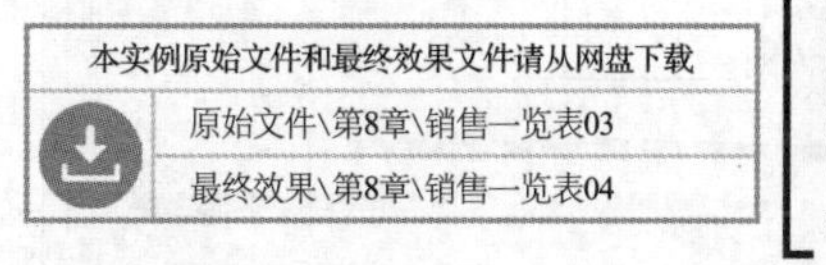

扫码看视频

RIGHT函数是一个从字符串右侧截取字符的函数。其语法结构为如下。

RIGHT(字符串,截取的字符个数)

RIGHT函数与LEFT函数大同小异，只是截取字符的方向不同而已。

我们还是以“销售一览表”为例，“楼栋房号”信息中最右侧的两个数字代表的是“房间号”，我们使用RIGHT函数可以很轻松地从“楼栋房号”信息中将“房间号”提取出来。例如使用公式“=RIGHT(F2,2)”，得到的结果就是“01”。但是在当前工作表中我们需要的是房间的位置即“东（西）户”，而决定房间位置的是房间号，房间号为“01”就是东户，房间号为“02”就是西户。我们根据分析做一个逻辑关系图，如图8.2-47所示。

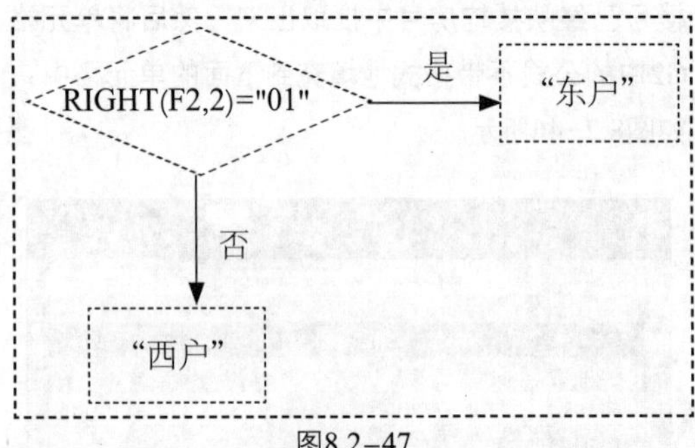

图8.2-47

所以此处我们需要将RIGHT函数与IF函数嵌套起来使用。

❶ 选中单元格I2，在单击【逻辑】按钮后弹出的下拉列表中选中【IF】函数，弹出【函数参数】对话框，在3个参数文本框中依次输入“RIGHT(F2,2)="01"”“东户”“西户”，单击【确定】按钮，如图8.2-48所示。

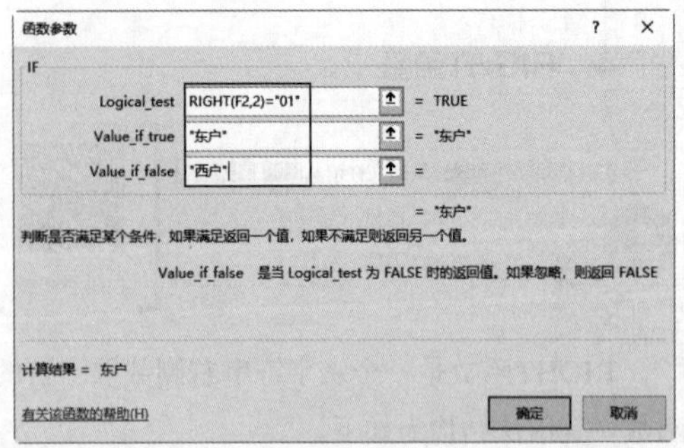

图8.2-48

❷ 单击【确定】按钮后返回工作表，即可看到结果，然后将单元格I2中的公式不带格式地填充到下面的单元格中，如图8.2-49所示。

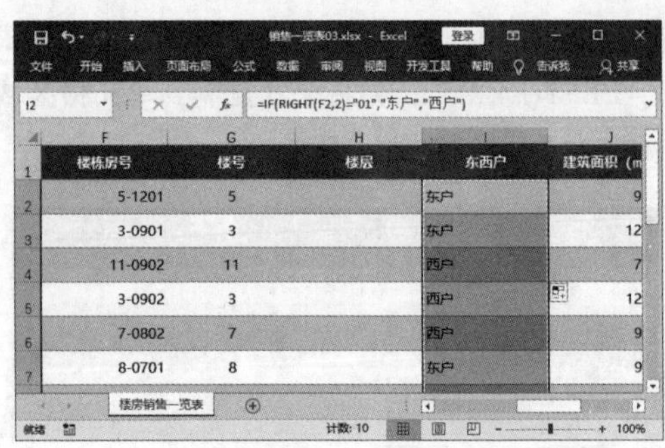

图8.2-49

5. FIND函数

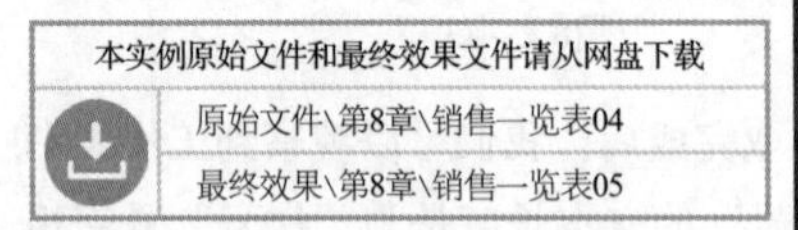

扫码看视频

FIND函数用于从一个字符串中查找指定字符的位置。其语法结构如下。

FIND(指定字符,字符串,开始查找的起始位置)

以“销售一览表”为例，假设查找单元格F2中“-”出现的位置，则公式为“=FIND("-",F2)”，得到的结果为“2”，表明从坐标的第1个字符算起，第2个字符就是要找的“-”。这里省略了该函数的第3个参数，表明从字符串的第1个字符开始查找。

由这个例子我们可以清晰地看出FIND函数最终返回的结果就是一个数字，它对于数据的运算处理没有什么意义。所以，一般情况下FIND函数需要与其他函数嵌套起来使用。

还是以“销售一览表”为例，前面我们介绍了如何从“楼栋房号”信息中提取楼号、房间号，那我们如何从中提取出楼层呢？一种方法是将IF函数、LEN函数和MID函数嵌套起来使用。我们做一张逻辑关系图，如图8.2-50所示。

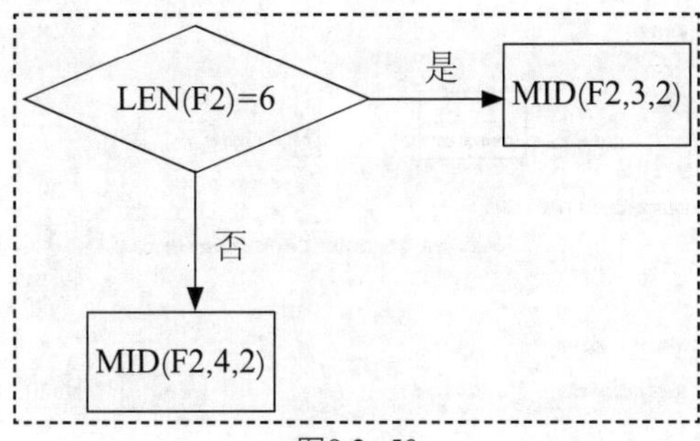

图8.2-50

公式为“=IF(LEN(F2)=6,MID(F2,3,2),MID(F2,4,2))”，意即当单元格F2中的字符长度为6时，就从F2中第3个字符开始，提取的2个字符就是楼层数；单元格F2中的字符长度不为6时，就从F2中第4个字符开始，提取的2个字符就是楼层数。计算过程中嵌套了3个函数，相对来说比较复杂。使用FIND函数就简单许多。因为楼层数就是“–”后面的两个字符，所以我们只需要嵌套使用MID函数和FIND函数即可。MID函数作为主函数，“F2”是其第一个参数字符串，FIND函数找到的“–”的位置“+1”就是MID函数中指定字符的开始位置，“2”就是要截取的字符数。具体操作步骤如下。

❶ 选中单元格H2，在【文本】函数中选中【MID】函数，弹出【函数参数】对话框，在字符串文本框中输入“F2”，在要截取的字符个数文本框中输入“2”，在截取的字符的起始位置文本框中输入“+1”，将光标定位到“+1”的前面，如图8.2-51所示。

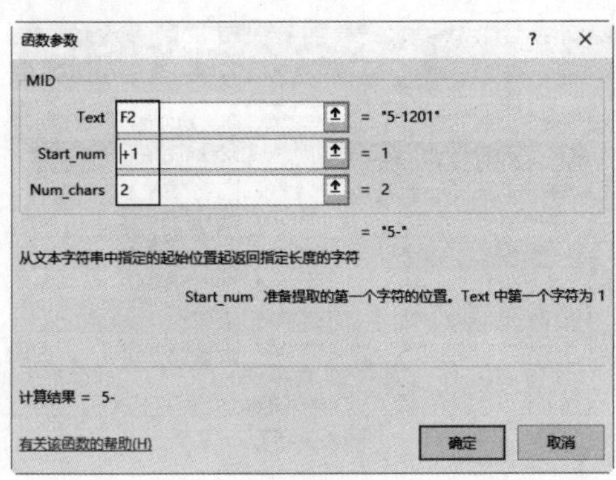

图8.2-51

❷ 单击工作表中名称框右侧的下三角按钮，在弹出的下拉列表框中选中【其他函数】选项，弹出【插入函数】对话框，在【或选择类别】下拉列表框中选中【文本】选项，在【选择函数】列表框中选中【FIND】函数，单击【确定】按钮，如图8.2-52所示。

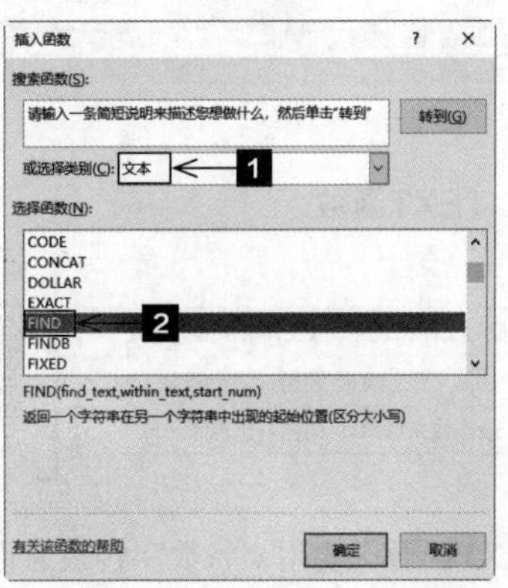

图8.2-52

❸ 单击【确定】按钮后弹出FIND函数的【函数参数】对话框，在指定字符文本框中输入“"–"”，在字符串文本框中输入“F2”，单击【确定】按钮，如图8.2-53所示。

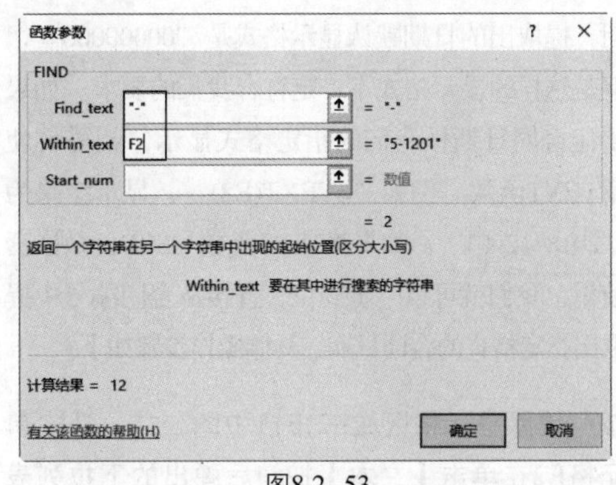

图8.2-53

❹ 单击【确定】按钮后返回工作表，即可看到计算结果。按照前面的方法，将单元格H2中的公式不带格式地填充到下面的单元格区域中，如图8.2-54所示。

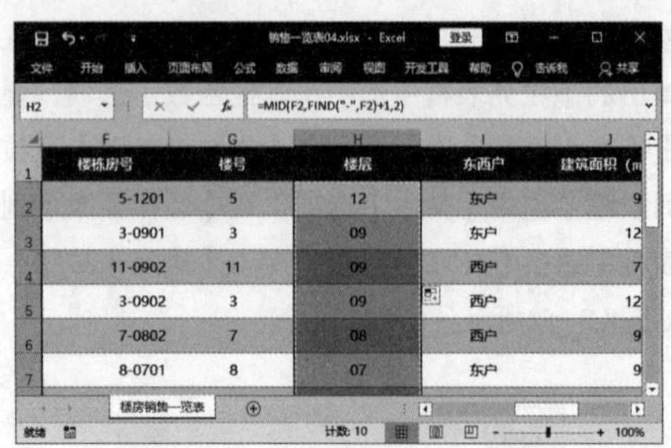

图8.2-54

6. TEXT函数

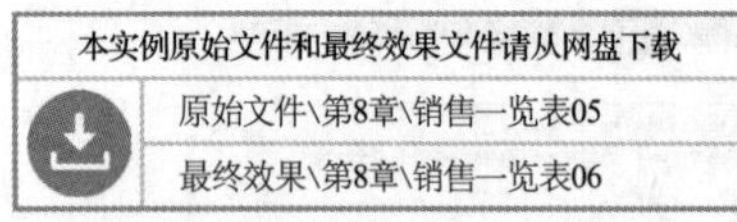

TEXT函数主要用来将数字转换为指定格式的文本。其语法结构如下。

TEXT(数字,格式代码)

TEXT函数，很多人称它是“万能”函数。其实，TEXT的宗旨就是将自定义格式体现在结果里。

前面我们介绍了如何从合同编号中提取合同日期，提取出的日期默认显示格式是“00000000”，但是这样的显示格式不一定符合我们的要求。如果要让合同日期按我们的指定格式显示，就需要使用TEXT函数。例如“=TEXT(E2)”，显示结果为“2018-12-01”。如果将TEXT函数与MID函数嵌套使用，我们就可以一步到位，直接从合同编号中提取出指定格式的合同日期。具体操作步骤如下。

❶ 清除单元格区域E2:E11中的公式，选中单元格E2在单击【文本】按钮后弹出的下拉列表中选中【TEXT】函数选项，弹出【函数参数】对话框，在格式代码文本框中输入“"0000-00-00"”，然后将光标定位到数字文本框中，如图8.2-55所示。

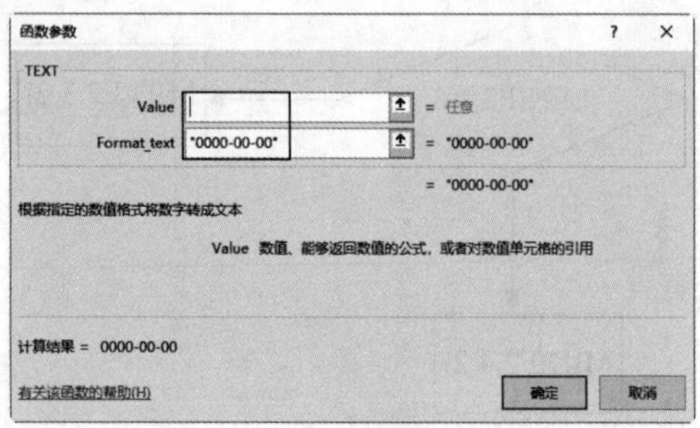

图8.2-55

❷ 单击工作表中名称框右侧的下三角按钮，在弹出的下拉列表框中选中【MID】函数选项，弹出【函数参数】对话框，在字符串文本框中输入“B2”，在截取字符的起始位置文本框中输入“3”，在要截取的字符个数文本框中输入“8”，单击【确定】按钮，如图8.2-56所示。

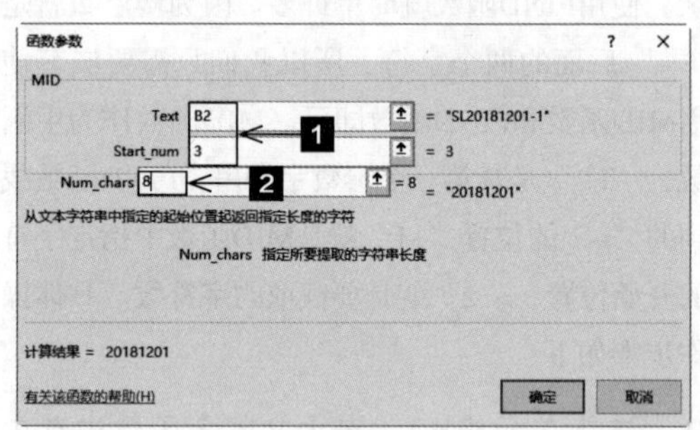

图8.2-56

❸ 单击【确定】按钮后返回工作表，即可看到合同日期已经从合同编号中提取出来，且按指定格式显示，然后将单元格E2中的公式不带格式地填充到单元格区域E3:E11中，如图8.2-57所示。

图8.2-57

8.2.3 日期和时间函数

日期与时间函数是处理日期型或日期时间型数据的函数。日期在工作表中是一项重要的数据，我们经常需要对日期进行计算。例如，计算合同的应回款日期、距离回款日还有多少天等。

1. EDATE函数

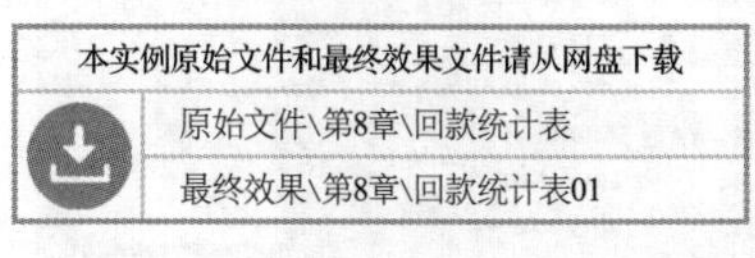

本实例原始文件和最终效果文件请从网盘下载

原始文件\第8章\回款统计表

最终效果\第8章\回款统计表01

扫码看视频

EDATE函数用来计算指定日期之前或之后几个月的日期。其语法格式如下。

EDATE(指定日期,以月份表示的期限)

如果回款统计表中给出了合同的签订日期和账期，且账期是月份，那么我们就可以使用EDATE函数计算出应回款日期，其参数分别是签订日期和账期。具体操作步骤如下。

❶ 选中单元格F2，单击【日期和时间】按钮后弹出的下拉列表中选中【EDATE】函数，弹出【函数参数】对话框，在指定日期参数文本框中输入“B2”，在以月份表示的期限参数文本框中输入“E2”，再单击【确定】按钮，如图8.2-58所示。

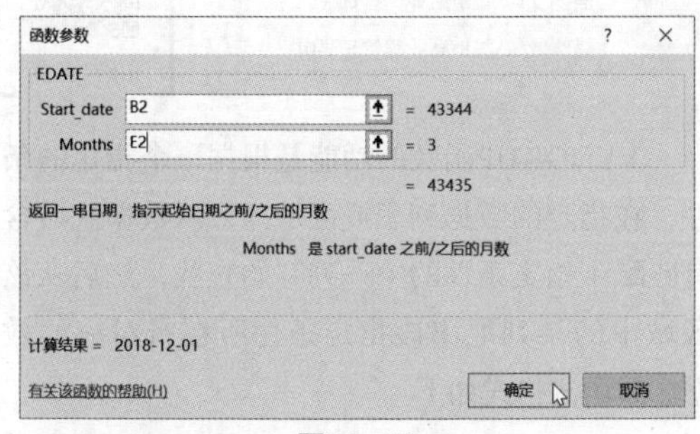

图8.2-58

❷ 单击【确定】按钮后返回工作表，即可看到应回款日期已经计算完成。将单元格F2中的公式复制到下面的单元格中，即可得到所有合同的应回款日期，如图8.2-59所示。

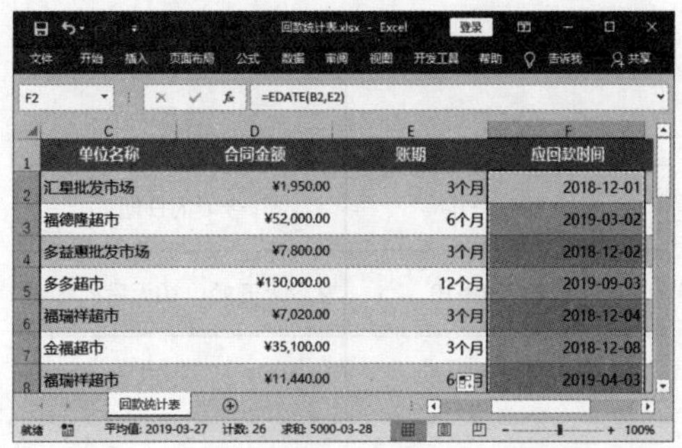

图8.2-59

> 提示：EDATE函数计算的结果是一个常规数字，所以在使用EDATE函数时，需要将单元格格式设置为日期格式。

EMONTH函数用来计算指定日期向前或向后几个月的月末日期。其语法格式如下。

EMONTH(指定日期,以月份表示的期限)

EMONTH函数与EDATE函数的两个参数是相同的，只是返回的结果有所不同，EMONTH函数返回的是月末日期。

例如：“=EDATE(B2,E2)”返回的日期为“2018-12-01”，而“=EMONTH(B2,E2)”返回的日期为“2018-12-31”。

2. TODAY函数

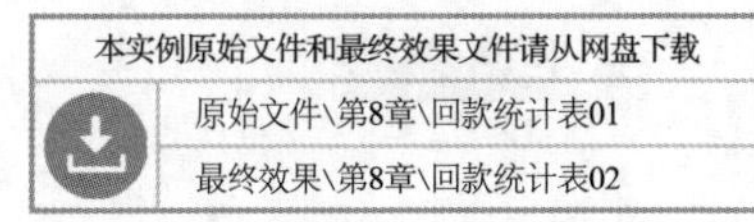

本实例原始文件和最终效果文件请从网盘下载

原始文件\第8章\回款统计表01

最终效果\第8章\回款统计表02

扫码看视频

TODAY函数的功能是以日期格式返回当天的日期。其语法格式如下。

TODAY()

具体语法可以参照下页的表8.2-3。

表8.2-3

公式	结果
=TODAY()	今天的日期
=TODAY()+10	从今天开始，10天后的日期
=TODAY()-10	从今天开始，10天前的日期

在回款统计表中，应回款日期减去今天的日期就是距离到期日的天数。具体操作步骤如下。

❶ 在单元格G2中输入公式“=F2-TODAY()”，输入完毕，按【Enter】键，如图8.2-60所示。

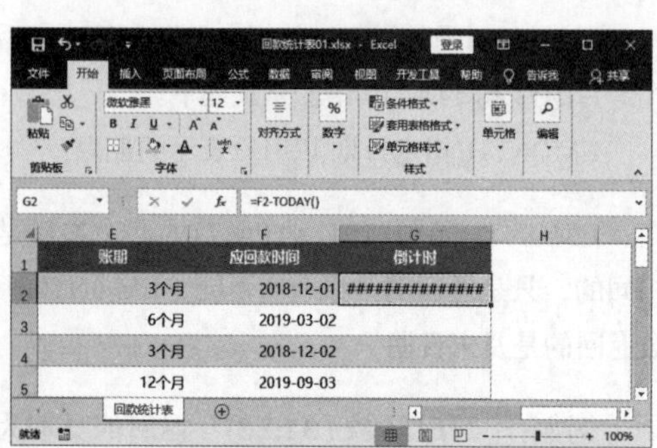

图8.2-60

❷ 选中单元格G2，切换到【开始】选项卡，在【数字】组中的【数字格式】下拉列表框中选中【常规】选项，如图8.2-61所示。

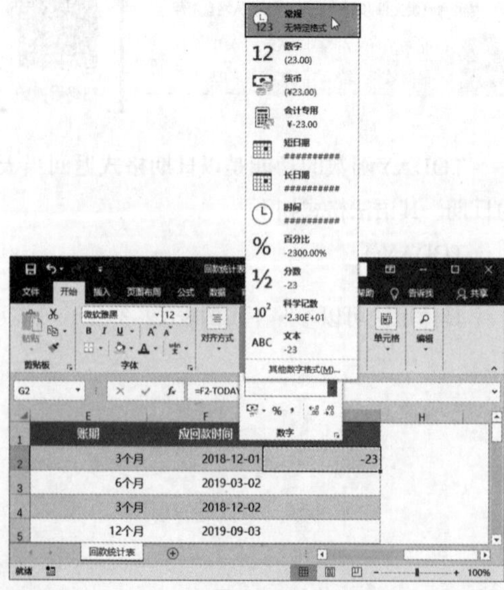

图8.2-61

❸ 即可正常显示倒计时天数，用户可以将单元格G2中的公式不带格式地填充到下面的单元格区域中，负数代表已经过了回款时间，如图8.2-62所示。

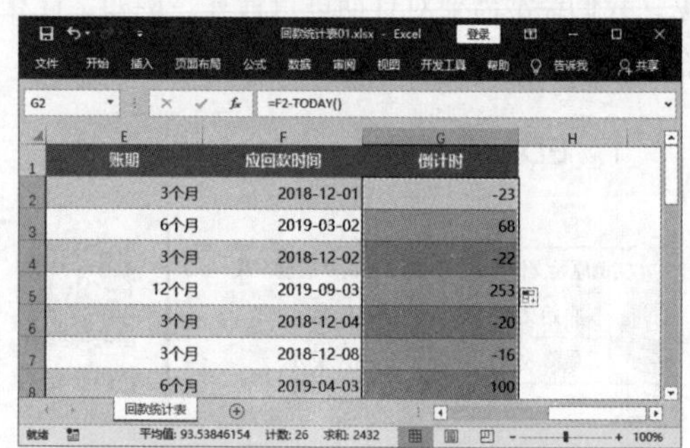

图8.2-62

提示：日期相加减默认得到的都是日期格式的数字，如果我们需要得到常规数字，就要设置单元格的数字格式。

8.2.4 查找与引用函数

查找与引用函数用于查找数据清单或表格中特定的数值，或者查找某一单元格的引用。常用的查找与引用函数包括VLOOKUP、HLOOKUP、MATCH、LOOKUP等函数。

1. VLOOKUP函数

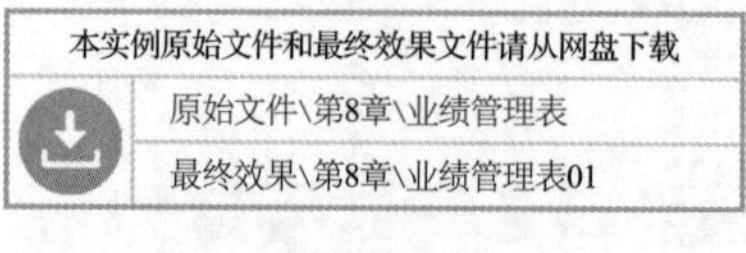

本实例原始文件和最终效果文件请从网盘下载

原始文件\第8章\业绩管理表

最终效果\第8章\业绩管理表01

扫码看视频

VLOOKUP函数的功能是根据一个指定的条件，在指定的数据列表或区域内，从数据区域含有匹配于指定条件的第一列开始查找，然后从该区域中的某列取出该指定条件所在行对应的数据。其语法格式如下。

VLOOKUP(匹配条件,查找列表或区域,取数的列号,匹配模式)

用户可以看到VLOOKUP函数有4个参数，相对于前面学习过的函数来说，它的参数显得比较复杂，所以用户需要先来了解这4个参数。

①匹配条件：就是指定的查找条件。

②查找列表或区域：是一个至少包含一行数据的列表或单元格区域，并且该区域的第1列必须含有匹配的条件，也就是说，哪一列有匹配值，就把那一列选为区域的第1列。

③取数的列号：是指定从区域的哪一列取数，这个列数是从匹配的那列开始向右计算的。

④匹配模式：是指进行精确定位单元格查找和模糊定位单元格查找。当参数为TRUE、1或者被省略时进行模糊定位单元格查找，也就是说，匹配条件不存在时，就匹配最接近条件的数据；当参数为FALSE或者0时，进行精确定位单元格查找，也就是说，条件值必须存在，而且要么是完全匹配的名称，要么是包含关键词的名称。

了解了VLOOKUP函数的基本原理，下面我们结合实例，具体介绍这个函数的基本用法。

如图8.2-63所示，图中分别是“员工业绩奖金评估表”和“员工业绩管理表”，现在要求把每个人3月份的销售额从员工业绩管理表中查询出来并保存到奖金评估表中。

员工业绩奖金评估表

员工编号	员工姓名	月度销售额	奖金比例	基本业绩奖金	累计销售额	累计业绩奖金
SL001	严明宇					
SL002	钱夏雪					
SL003	魏香秀					
SL004	金思					
SL005	蒋琴					
SL006	冯万友					
SL007	吴倩倩					
SL008	戚光					
SL009	钱盛林					
SL010	戚虹					
SL011	许欣淼					
SL012	钱半雪					

员工业绩管理表

员工编号	员工姓名	1月份	2月份	3月份	累计销售额
SL001	严明宇	¥19,500.00	¥52,000.00	¥15,600.00	¥87,100.00
SL002	钱夏雪	¥52,000.00	¥70,200.00	¥70,080.00	¥192,280.00
SL003	魏香秀	¥78,000.00	¥15,600.00	¥70,200.00	¥163,800.00
SL004	金思	¥130,000.00	¥100,020.00	¥144,300.00	¥374,320.00
SL005	蒋琴	¥70,200.00	¥93,060.00	¥92,880.00	¥256,140.00
SL006	冯万友	¥151,000.00	¥128,000.00	¥171,600.00	¥450,600.00
SL007	吴倩倩	¥11,440.00	¥14,400.00	¥13,520.00	¥39,360.00
SL008	戚光	¥93,600.00	¥95,600.00	¥80,240.00	¥269,440.00
SL009	钱盛林	¥78,000.00	¥60,280.00	¥71,850.00	¥210,130.00
SL010	戚虹	¥26,000.00	¥25,480.00	¥26,800.00	¥78,280.00
SL011	许欣淼	¥128,080.00	¥110,700.00	¥107,250.00	¥346,030.00
SL012	钱半雪	¥36,400.00	¥20,800.00	¥22,880.00	¥80,080.00

图8.2-63

这是一个比较典型的VLOOKUP函数的应用案例。下面我们分析如何用VLOOKUP函数来解决这个案例中的问题。

在这个例子中，要从“员工业绩管理表”中查找编号为“SL001”的员工“3月份”的销售额。VLOOKUP函数查找数据的逻辑关系如下。

①员工编号为“SL001”是匹配条件，因此VLOOKUP函数的第1个参数是员工业绩奖金评估表中指定的具体员工编号A2。

②搜索的方法是从“员工业绩管理表”的A列里，从上往下依次搜索哪个单元格匹配于“SL001”，如果匹配，就不再往下搜索，转而往右搜索，准备取数，因此VLOOKUP函数的第2个参数是从“员工业绩管理表”的A列开始、到E列结束的单元格区域A:E。

③要取“3月份”这列的数据，则从“员工编号”这列算起，往右数到第5列是要提取的3月份销售额，因此VLOOKUP函数的第3个参数是5。

④因为要在“员工业绩管理表”的A列里精确定位到有“SL001”编号的单元格，所以VLOOKUP函数的第4个参数是FALSE或者0。

具体操作步骤如下。

❶ 选中“员工业绩奖金评估表”中的单元格C2，切换到【公式】选项卡，在【函数库】组中，单击【查找与引用】按钮，在弹出的下拉列表框中选中【VLOOKUP】函数选项，如图8.2-64所示。

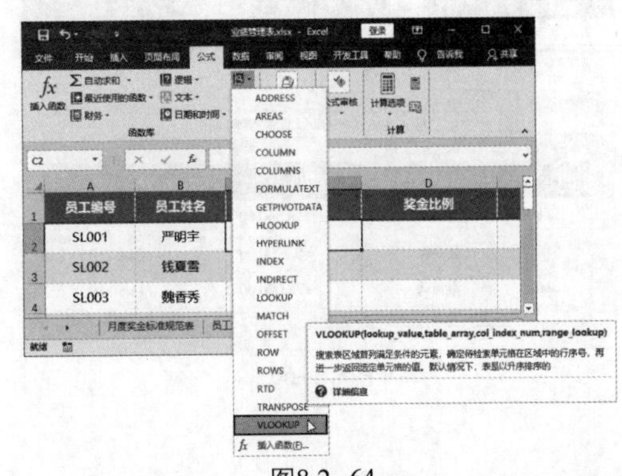

图8.2-64

❷ 弹出【函数参数】对话框，将光标定位到第1个参数文本框中，然后在“员工业绩奖金评估表”中单击选中单元格A2，如图8.2-65所示。

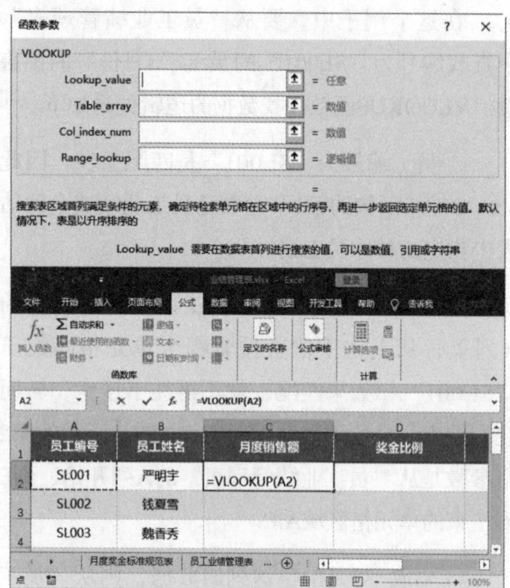

图8.2-65

❸ 第1个参数文本框在完成操作后显示“A2”，接下来将光标定位到第2个参数文本框中，切换到“员工业绩管理表”，选中表中的A列到E列的数据，如图8.2-66所示。

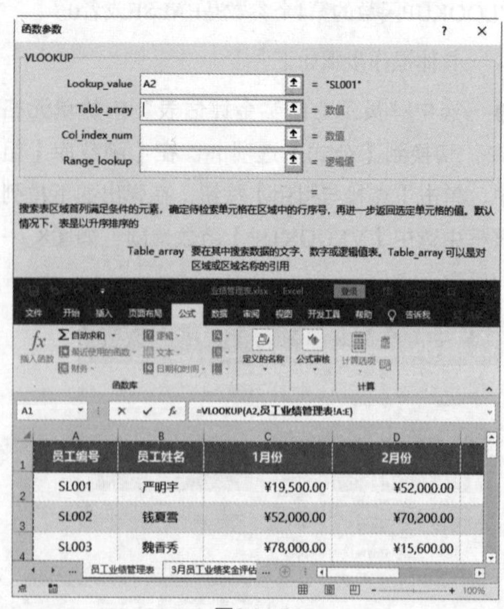

图8.2-66

❹ 第2个参数文本框同理显示了选中的区域，然后依次在第3个参数文本框和第4个参数文本框中输入“5”和“0”，单击【确定】按钮，如图8.2-67所示。

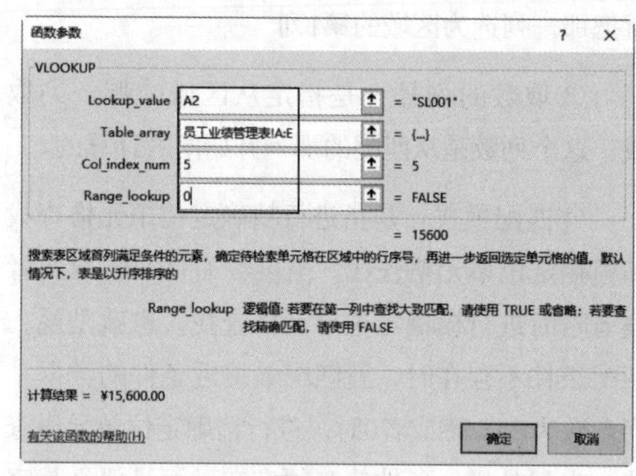

图8.2-67

❺ 单击【确定】按钮后返回工作表（“3月员工业绩奖金评估表”），即可看到单元格C2中的查找公式与查找结果，然后将单元格C2中的公式不带格式地填充到单元格区域C3:C13中，如图8.2-68所示。

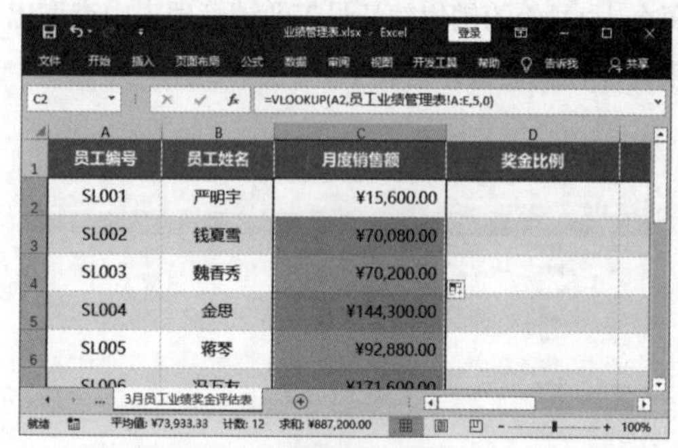

图8.2-68

2. HLOOKUP函数

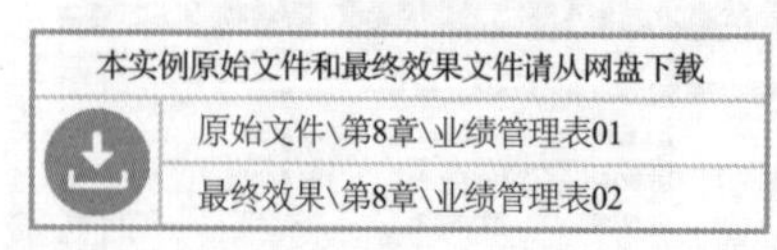

本实例原始文件和最终效果文件请从网盘下载

原始文件\第8章\业绩管理表01

最终效果\第8章\业绩管理表02

扫码看视频

HLOOKUP函数同我们之前所讲的VLOOKUP函数是兄弟函数，HLOOKUP函数可以实现按行查找数据的效果。其语法格式如下。

HLOOKUP(匹配条件,查找列表或区域,取数的行号,匹配模式)

HLOOKUP函数与VLOOKUP函数的参数几乎相同，只有第3个参数略有差异，VLOOKUP函数的第3个参数代表列号，而HLOOKUP函数的第3个参数代表行号，所以关于HLOOKUP函数中各参数的意义我们就不再赘述。

下面我们结合实例，具体介绍这个函数的基本用法。

如图8.2-69所示，图中分别是“月度奖金标准规范表”和“员工业绩奖金评估表”，现在要求把每个人对应的业绩奖金比例从月度奖金标准规范表中查询出来并保存到员工业绩奖金评估表中。

月度奖金标准规范表

销售额	20000以下	20000~49999	50000~99999	100000-149999	150000以上
参照销售额	0	¥20,000.00	¥50,000.00	¥100,000.00	¥150,000.00
业绩奖金比例	0%	4%	8%	12%	15%

员工业绩奖金评估表

员工编号	员工姓名	月度销售额	奖金比例	基本业绩奖金	累计销售额	累计业绩奖金
SL001	严明宇	¥15,600.00				
SL002	钱夏雪	¥70,080.00				
SL003	魏香秀	¥70,200.00				
SL004	金思	¥144,300.00				
SL005	蒋琴	¥92,880.00				
SL006	冯万友	¥171,600.00				
SL007	吴倩倩	¥13,520.00				
SL008	戚光	¥80,240.00				
SL009	钱盛林	¥71,850.00				
SL010	戚虹	¥26,800.00				
SL011	许欣淼	¥107,250.00				
SL012	钱半雪	¥22,880.00				

图8.2-69

下面我们来分析如何用HLOOKUP函数来解决这个案例中的问题。

在这个例子中，要从“月度奖金标准规范表”中查找销售额“￥15,600.00”所在区间的业绩奖金比例。HLOOKUP函数查找数据的逻辑关系如下。

①销售额“￥15,600.00”是匹配条件，因此HLOOKUP函数的第1个参数是员工业绩奖金评估表中指定的销售额C2。

②搜索的方法是从“月度奖金标准规范表”的第2行中，从左往右依次搜索匹配的销售额“￥15,600.00”位于哪个区间，因此HLOOKUP函数的第2个参数是从“月度奖金标准规范表”的第2行开始，到第3行结束的单元格区域2:3。

③要取“业绩奖金比例”这行的数据，则从“参照销售额”这行算起，往下数到第2行就是要提取的业绩奖金比例，因此HLOOKUP函数的第3个参数是“2”。

④因为要在“月度奖金标准规范表”的第2行中搜索的是匹配的销售额“￥15,600.00”位于哪个区间，并不是精确的数值，所以HLOOKUP函数的第4个参数是TRUE、1或者省略。

具体操作步骤如下。

❶ 选中“员工业绩奖金评估表”中的单元格D2，在【查找与引用】函数中选中【HLOOKUP】函数，弹出【函数参数】对话框，将光标定位到第1个参数文本框中，然后在“员工业绩奖金评估表”中单击选中单元格C2，如图8.2-70所示。

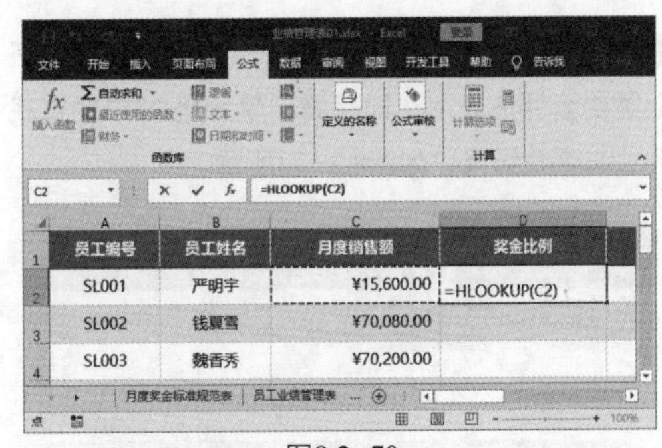

图8.2-70

❷ 将光标定位到第2个参数文本框中，切换到“月度奖金标准规范表”，选中表中的第2行到第3行的数据，如图8.2-71所示。

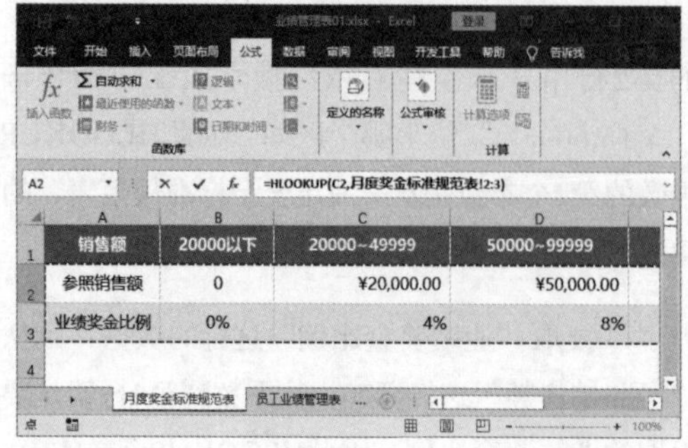

图8.2-71

❸ 在第3个参数文本框中输入“2”，第4个参数文本框则省略参数，单击【确定】按钮，如图8.2-72所示。

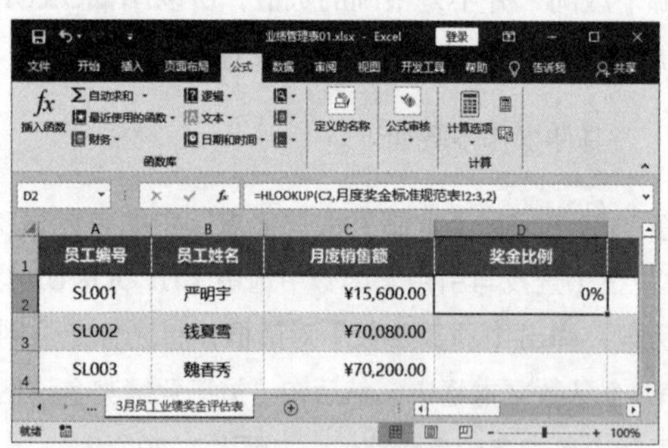

图8.2-72

❹ 单击【确定】按钮后返回工作表（3月员工业绩奖金评估表），即可看到单元格D2中的查找公式与查找结果，如图8.2-73所示。

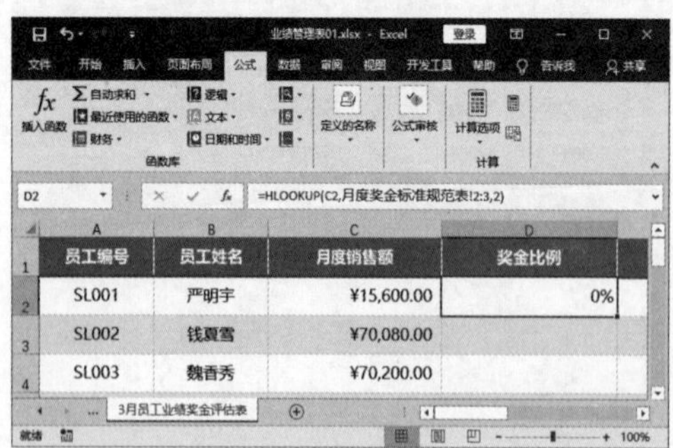

图8.2-73

❺ 由于在向下填充公式时，参数采用相对引用样式会改变行号，所以需要将参数更改为不能改变行号的绝对引用样式。双击单元格D2，使其进入编辑状态，选中公式中的参数“月度奖金标准规范表!2:3”，按【F4】键，即可使参数变为绝对引用样式的“月度奖金标准规范表!$2:$3”，如图8.2-74所示。

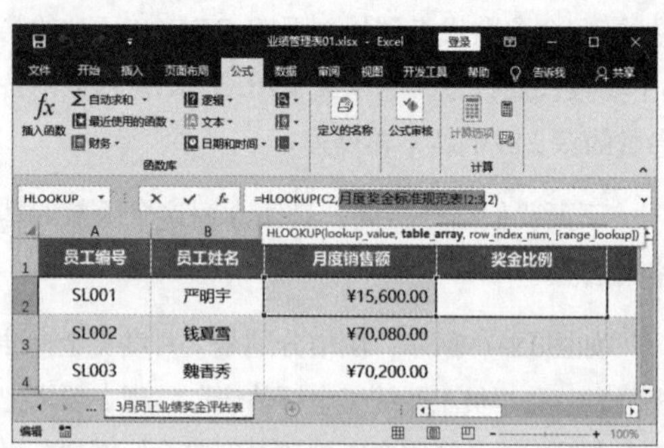

图8.2-74

❻ 按【Enter】键即可完成修改，然后将单元格D2中的公式不带格式地填充到下面的单元格区域中，如图8.2-75所示。

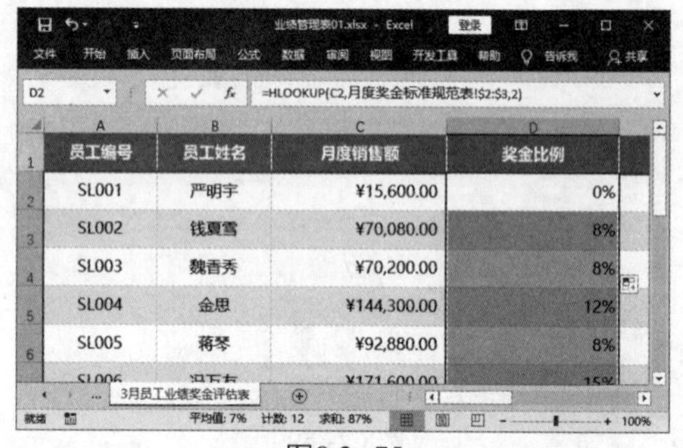

图8.2-75

3. MATCH函数

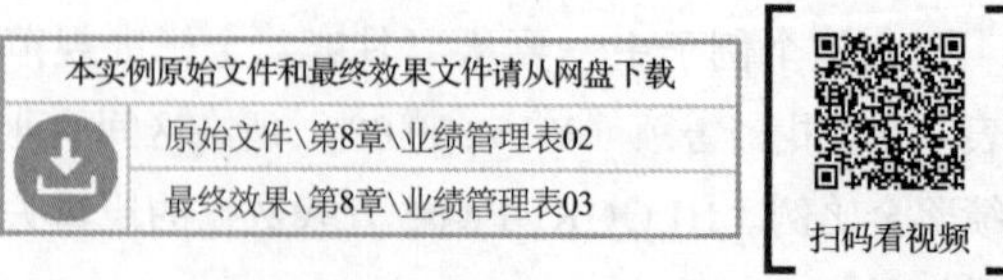

本实例原始文件和最终效果文件请从网盘下载

原始文件\第8章\业绩管理表02

最终效果\第8章\业绩管理表03

扫码看视频

MATCH函数的功能是从一个数组（一个一维数组，工作表上的一列数据区域或者一行数据区域）中把指定元素的位置找出来。其语法格式如下。

MATCH(查找值,查找区域,匹配模式)

关于MATCH函数，用户尤其需要注意的是第2个参数“查找区域”，这里的查找区域只能是一列、一行或者一个一维数组。第3个参数“匹配模式”是一个数字，可以是-1、0或者1：如果是1或者被省略，查找区域的数据必须做升序排列，如果是-1，查找区域的数据必须做降序排列，如果是0，则可以是任意排序。一般情况下，我们将第3个参数设置为0，进行精确匹配查找。

例如在工作表“员工业绩奖金评估表”中查找“蒋琴”的位置，应该输入公式“=MATCH("蒋琴",B:B,0)”，得到的结果是“6”，说明“蒋琴”位于B列的第6个单元格。

由于MATCH函数得到的结果是一个位置，其实际意义不大，所以它更多情况下是嵌入到其他函数中应用。例如它与VLOOKUP函数联合应用，可以自动输入VLOOKUP函数的第3个参数。下面我们以从“员工业绩管理表”中查找对应的“累计销售额”为例，介绍MATCH函数与VLOOKUP函数的联合应用。在这两个函数的联合应用中，MATCH函数实际上是作为VLOOKUP函数的第3个参数，因此MATCH函数得到的是“累计销售额”的位置。具体操作步骤如下。

❶ 选中工作表（“员工业绩奖金评估表”）中的单元格F2，在【查找与引用】函数中选中【VLOOKUP】函数，弹出【函数参数】对话框，依次输入VLOOKUP函数的第1、第2、第4个参数，然后将光标定位到第3个参数文本框，如图8.2-76所示。

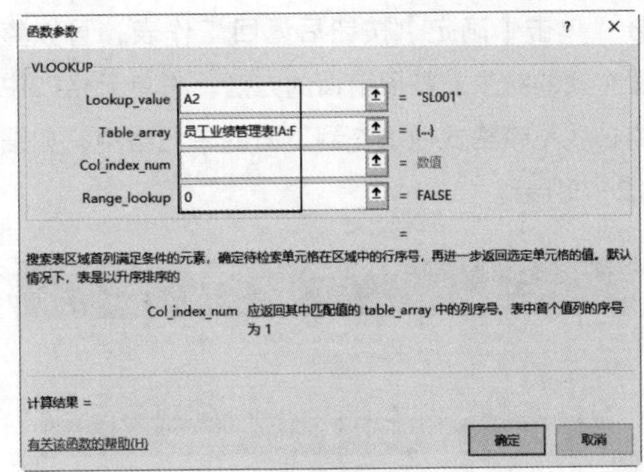

图8.2-76

❷ 单击工作表中名称框右侧的下三角按钮，在弹出的下拉列表中选中【其他函数】选项，弹出【插入函数】对话框，在【或选择类别】下拉列表框中选中【查找与引用】选项，在【选择函数】列表框中选中【MATCH】函数，单击【确定】按钮，如图8.2-77所示。

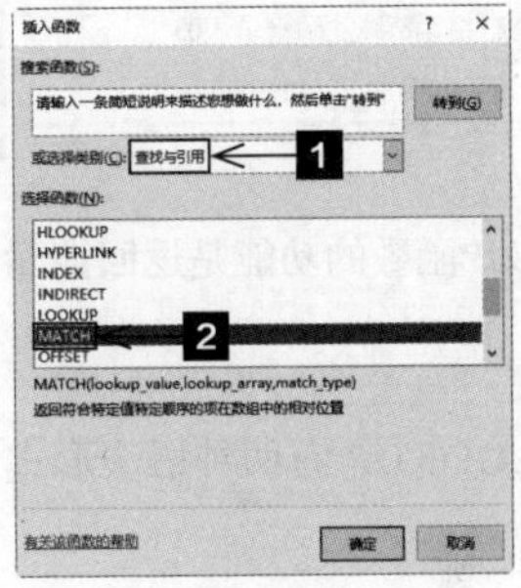

图8.2-77

❸ 单击【确定】按钮后弹出MATCH函数的【函数参数】对话框，在参数文本框中依次输入3个参数。这里需要注意的是，由于3个参数都是固定不变的，所以单元格引用需要使用绝对引用的样式，单击【确定】按钮，如图8.2-78所示。

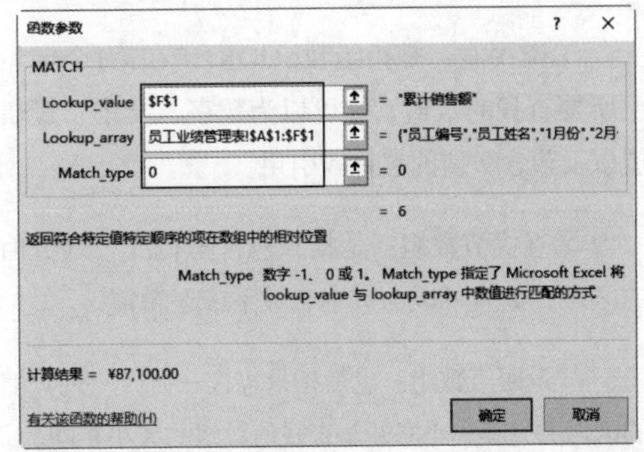

图8.2-78

❹ 单击【确定】按钮后返回工作表，可以查看查找的结果。按照前面的方法，将单元格F2中的公式不带格式地填充到下面的单元格中，如图8.2-79所示。

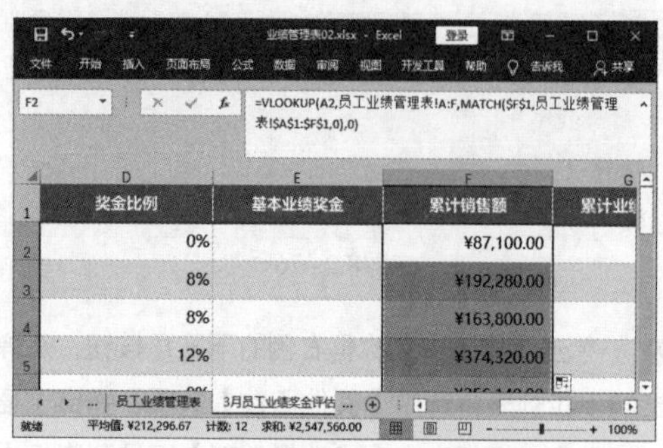

图8.2-79

4. LOOKUP函数

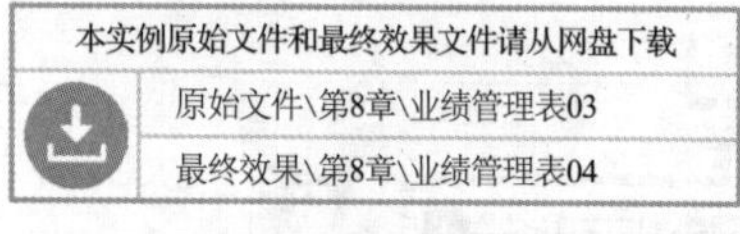

本实例原始文件和最终效果文件请从网盘下载

原始文件\第8章\业绩管理表03

最终效果\第8章\业绩管理表04

LOOKUP函数的功能是返回向量或数组中的数值。

函数 LOOKUP 有两种语法形式：向量和数组。

函数 LOOKUP 的向量形式是在单行区域（向量）或单列区域（向量）中查找数值，然后返回第2个单行区域（向量）或单列区域（向量）中相同位置的数值。

其语法格式如下。

LOOKUP(查找值,查找值数组,返回值数组)

①查找值：是指函数LOOKUP在第1个向量中所要查找的数值，它可以为数字、文本、逻辑值以及包含数值的名称或引用。

②查找值数组：是指只包含一行或一列数值的区域，数值可以为文本、数字或逻辑值。

③返回值数组：也是指只包含一行或一列数值的区域并且其大小必须与查找值数组的大小相同。

数组形式的LOOKUP函数其功能是在数组的第1行或第1列查找指定的数值，然后返回数组的最后一行或最后一列中相同位置的数值。

其语法格式如下。

LOOKUP(查找值,数组)

①查找值：是指包含文本、数字或逻辑值的单元格区域或数组。

②数组：是指包含文本、数字或逻辑值的任意单元格区域或数组，但无论是什么数组，查找值所在行或列的数据都应按升序排列。

LOOKUP函数的向量形式和数组形式之间的区别，其实就是参数设置上的区别。无论使用哪种形式，查找规则都相同：查找小于或等于第1个参数的最大值，再根据查找到的匹配值来确定返回结果。

LOOKUP函数的特点是查询快速、应用广泛、功能强大，它既可以像VLOOKUP函数那样进行横向查找、返回最后一列数据，也可以像HLOOKUP函数那样进行纵向查找、返回最后一行数据。

下面重点介绍LOOKUP如何进行纵向查找。

LOOKUP函数的向量形式和数组形式都可以进行纵向查找。我们以查找“员工业绩管理表”中“3月份”销售额为例，分别使用向量形式和数组形式的LOOKUP函数来进行查找。

向量形式的LOOKUP函数

❶ 选中“3月员工业绩奖金评估表”中的D列，在D列上单击鼠标右键，在弹出的快捷菜单中单击【插入】命令，即可在选中列的前面插入一个新列，如图8.2-80所示。

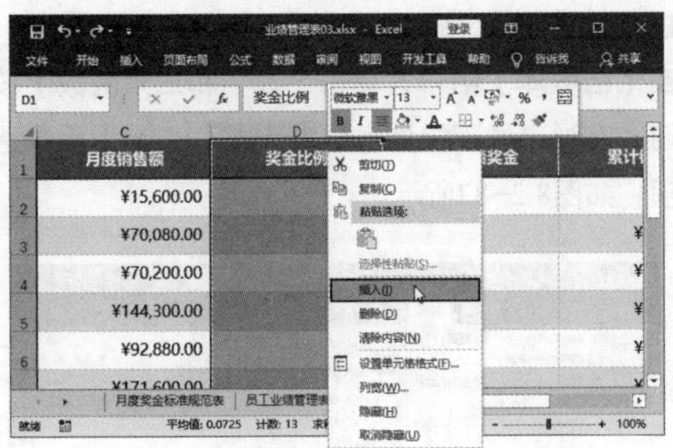
图8.2-80

❷ 在插入的新列的列标题位置输入“月度销售额”，选中单元格D2，在【查找与引用】函数中选中【LOOKUP】函数，弹出【选定参数】对话框，选中向量形式的参数，单击【确定】按钮，如图8.2-81所示。

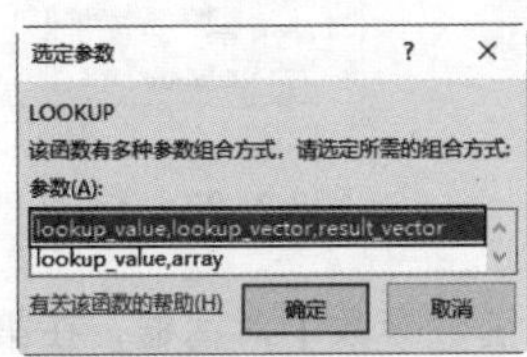
图8.2-81

❸ 弹出【函数参数】对话框，在LOOKUP函数的第1个参数文本框中输入“A2”，在第2个参数文本框中输入员工业绩管理表的A列的位置，在第3个参数文本框中输入员工业绩管理表的E列的位置，单击【确定】按钮，如图8.2-82所示。

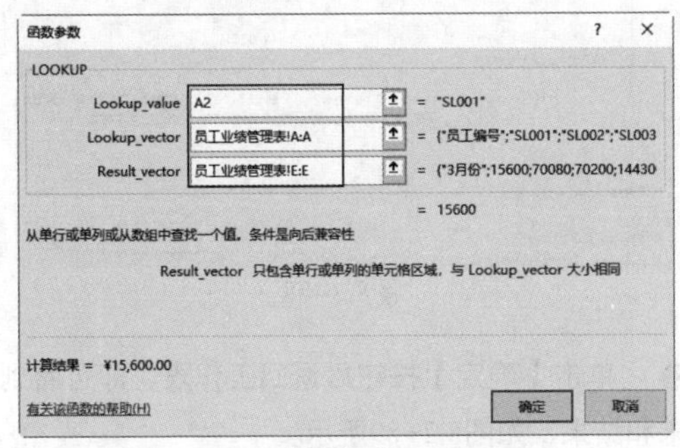
图8.2-82

❹ 单击【确定】按钮后返回工作表就可以查看效果。再按照前面的方法，将单元格D2中的公式不带格式地填充到下面的单元格中，就可以将D列的结果与C列的结果进行对比，如图8.2-83所示。

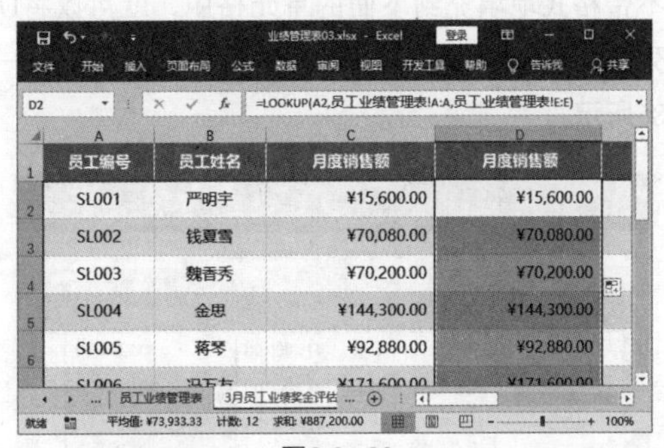
图8.2-83

数组形式的LOOKUP函数

❶ 在D列前面插入新的一列，输入列标题“月度销售额”，选中单元格D2，在【查找与引用】函数中选中【LOOKUP】函数，弹出【选定参数】对话框，选中数组形式的参数，单击【确定】按钮，如图8.2-84所示。

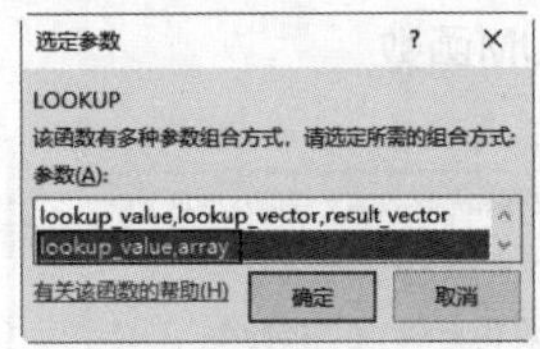
图8.2-84

❷ 弹出【函数参数】对话框，在LOOKUP函数的第1个参数文本框中输入“A2”，在第2个参数文本框中输入员工业绩管理表的A列到E列的位置，单击【确定】按钮，如图8.2-85所示。

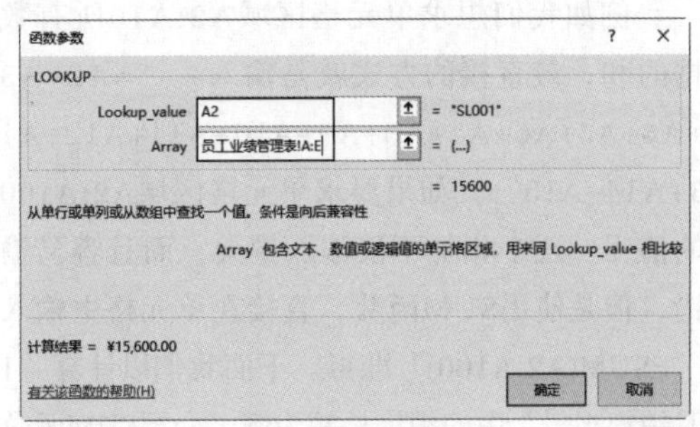
图8.2-85

❸ 单击【确定】按钮后返回工作表就可以查看效果，再按照前面的方法，将单元格D2中的公式不带格式地填充到下面的单元格中，就可以将D列的结果与C列和F列的结果进行对比，如图8.2-86所示。

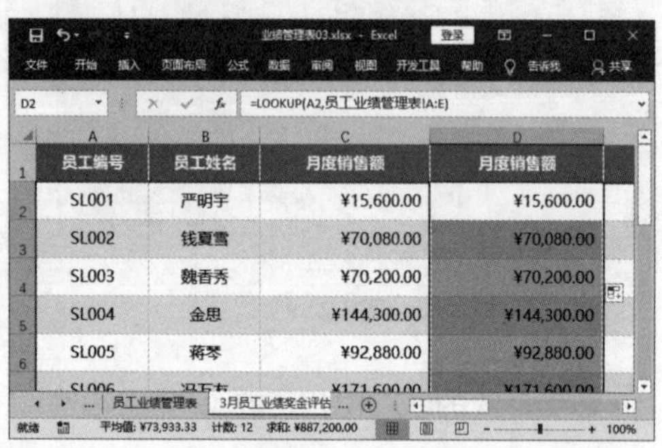

图8.2-86

8.2.5 数学和三角函数

通过数学和三角函数，可以处理简单的计算，例如对数字取整、计算单元格区域中的数值总和或复杂计算。

1. SUM函数

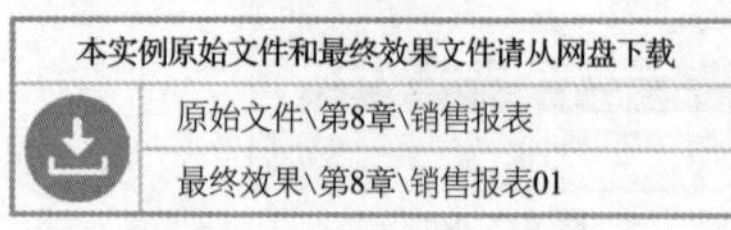

本实例原始文件和最终效果文件请从网盘下载

原始文件\第8章\销售报表

最终效果\第8章\销售报表01

扫码看视频

SUM函数是专门用来执行求和运算的，用户想对哪些单元格区域的数据求和，就将相应的单元格区域写在参数中。其语法格式如下。

SUM(需要求和的单元格区域)

例如我们想求单元格区域A2:A10所有数据的和，最直接的方式就是输入：“=A2+A3+A4+A5+A6+A7+A8+A9+A10+A11+A12+A13+A14+A15”。如果要求单元格区域A2:A100的值呢？逐个相加不仅输入量大，而且容易输错，但是使用SUM函数，直接在单元格中输入“=SUM(A2:A100)”即可。下面我们以计算“1月销售报表”中的销售总额为例，介绍SUM函数的实际应用。具体操作步骤如下。

❶ 选中单元格I1，切换到【公式】选项卡，在【函数库】组中，单击【数学和三角函数】按钮，在弹出的下拉列表框中选中【SUM】函数选项，如图8.2-87所示。

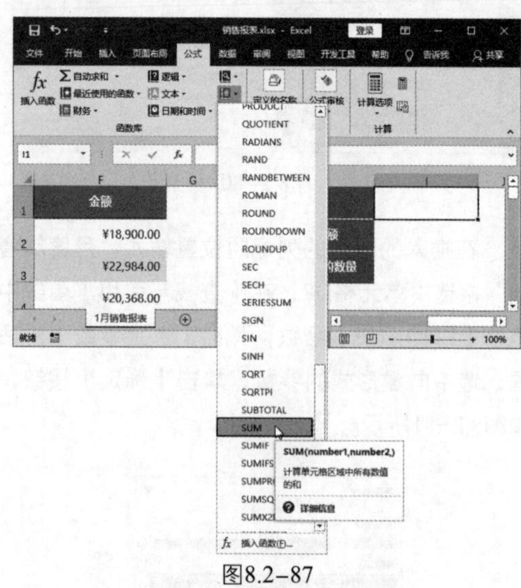

图8.2-87

❷ 弹出【函数参数】对话框，在第1个参数文本框中输入“F2:F86”，单击【确定】按钮，如图8.2-88所示。

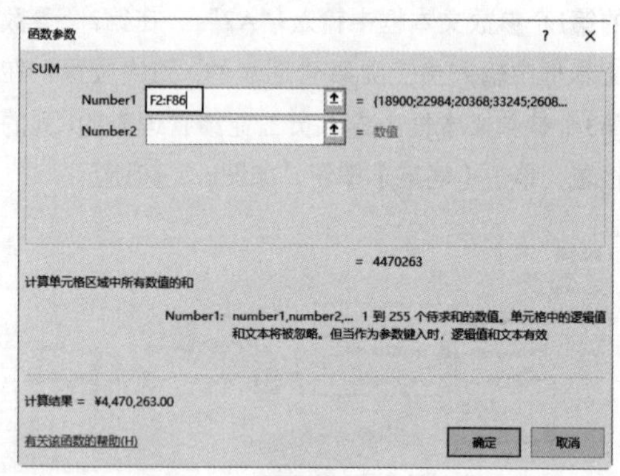

图8.2-88

❸ 单击【确定】按钮后返回工作表，即可看到求和结果，如图8.2-89所示。

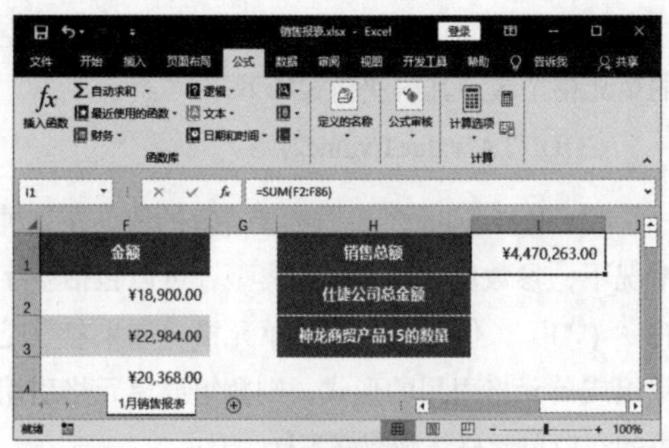

图8.2-89

2. SUMIF函数

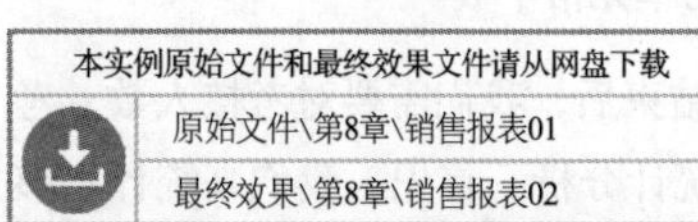

本实例原始文件和最终效果文件请从网盘下载

原始文件\第8章\销售报表01

最终效果\第8章\销售报表02

SUMIF函数的功能是对报表范围中符合指定条件的值求和。其语法格式如下。

SUMIF(条件区域,求和条件,求和区域)

例如想求“销售报表”中仕捷公司的销售总额，即求单元格区域C2:C86中客户名称为“仕捷公司”的每一单元格在F2:F86这一区域中对应的销售额的和。那么SUMIF函数的3个参数应为：条件区域=单元格区域C2:C86，求和条件="仕捷公司"，求和区域=单元格区域F2:F86。具体操作步骤如下。

❶ 选中单元格I2，单击【数学和三角函数】按钮，在弹出的下拉列表框中选中【SUMIF】函数，弹出【函数参数】对话框，在第1个参数文本框中输入“C2:C86”，第2个参数文本框中输入文本“"仕捷公司"”，第3个参数文本框中输入“F2:F86”，单击【确定】按钮，如图8.2-90所示。

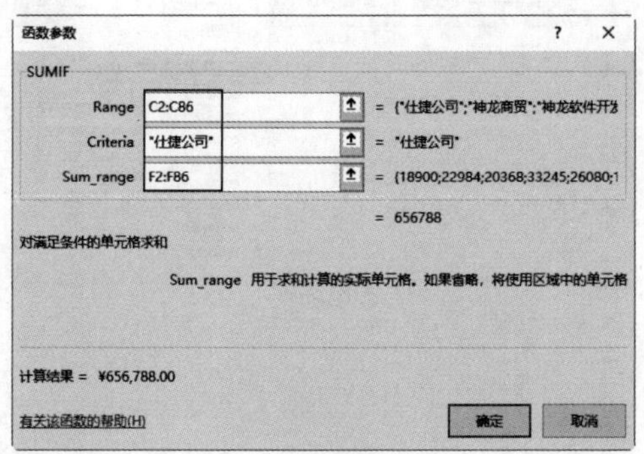

图8.2-90

❷ 单击【确定】按钮后返回工作表，即可看到求和结果，如图8.2-91所示。

图8.2-91

3. SUMIFS函数

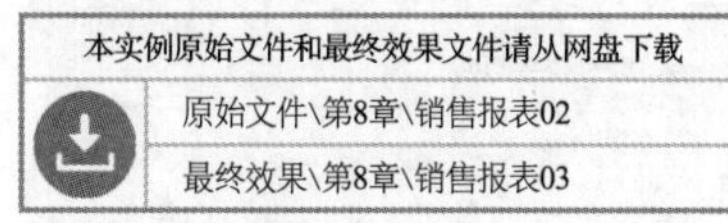

本实例原始文件和最终效果文件请从网盘下载

原始文件\第8章\销售报表02

最终效果\第8章\销售报表03

SUMIFS函数的功能是根据指定的多个条件，对指定区域内满足所有条件的单元格数据进行求和。其语法格式如下。

SUMIFS(实际求和区域,
条件判断区域1,条件值1,
条件判断区域2,条件值2,
条件判断区域3,条件值3,...)

例如我们想求“销售报表”中神龙商贸产品15的销售数量，即求单元格区域C2:C86中客户名称为“神龙商贸”且单元格区域B2:B86中产品名称为“产品15”的单元格所对应的E2:E86中的销售数量总和。那么SUMIFS函数对应的参数应为：实际求和区域=单元格区域E2:E86，条件判断区域1=单元格区域C2:C86，条件值1="神龙商贸"，条件判断区域2=单元格区域B2:B86，条件值2="产品15"。具体操作步骤如下。

❶ 选中单元格I3，在单击【数学和三角函数】按钮后弹出的下拉列表框中选中【SUMIFS】函数，弹出【函数参数】对话框，在第1个参数文本框中输入“E2:E86”，第2个参数文本框中输入“C2:C86”，第3个参数文本框中输入文本“"神龙商贸"”，第4个参数文本框中输入“B2:B86”，第5个参数文本框中输入文本“"产品 15"”，单击【确定】按钮，如图8.2-92所示。

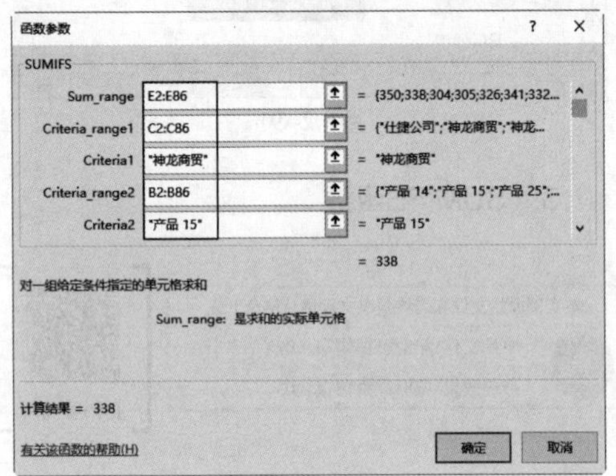

图8.2-92

❷ 单击【确定】按钮后返回工作表，即可看到求和结果，如图8.2-93所示。

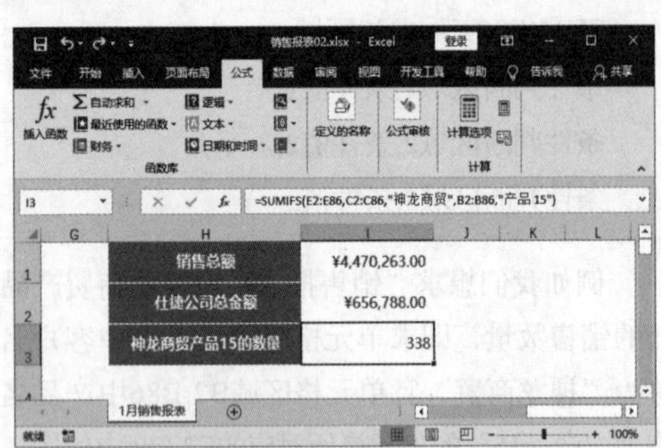

图8.2-93

8.2.6 统计函数

统计函数是指统计工作表的函数，用于对数据区域进行统计分析。

1. COUNTA函数

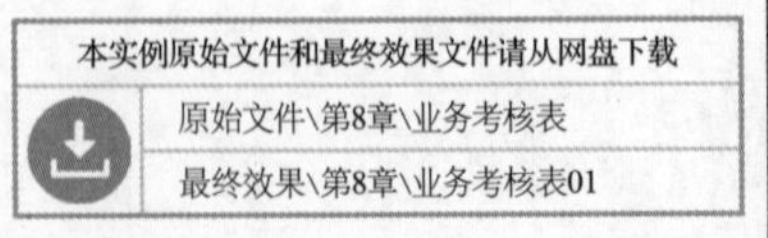

扫码看视频

COUNTA函数的功能是返回参数列表中非空的单元格个数。其语法格式如下。

COUNTA(value1,value2,...)

“value1, value2, ... ”为要计算的值。在这种情况下，参数值可以是任何类型，可以包括空字符“("")”，但不包括空白单元格。如果参数是数组或单元格引用的形式，则数组或单元格引用中的空白单元格将被忽略不计。

利用COUNTA函数可以计算单元格区域或数组中包含数据的单元格个数。

业务考核结束后，我们需要对考核人数、考核成绩等进行统计分析。首先，我们来统计考核人数。

因为COUNTA函数返回的是参数列表中非空的单元格个数，所以我们在选择参数时，应该选择包含所有应考核人员的数据区域，在下面的例子中即B2:B21。使用COUNTA函数统计考核人数的具体操作步骤如下。

❶ 选中单元格B23，切换到【公式】选项卡，在【函数库】组中单击【其他函数】按钮，在【统计】选项右侧弹出的下拉列表框中选中【COUNTA】函数选项，如图8.2-94所示。

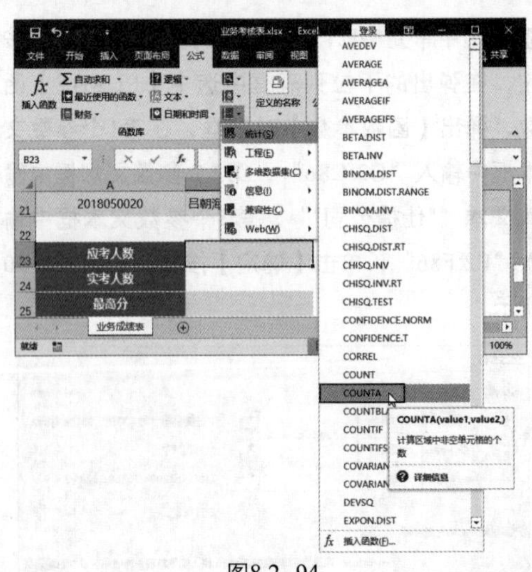

图8.2-94

❷ 弹出【函数参数】对话框，在第1个参数文本框中输入“B2:B21”，单击【确定】按钮，如图8.2-95所示。

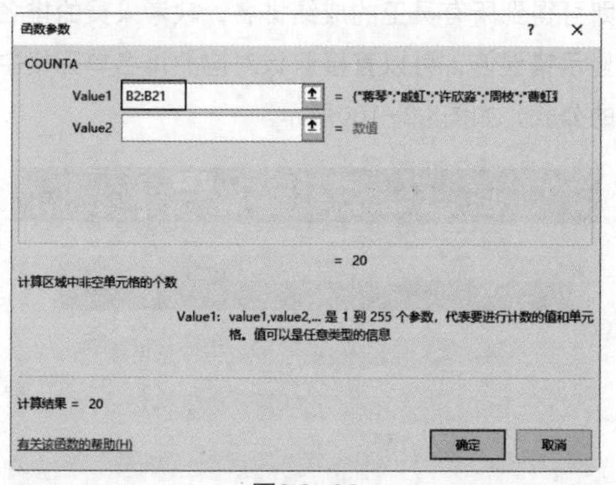

图8.2-95

❸ 单击【确定】按钮后返回工作表，即可得到应参加考核的人数，如图8.2-96所示。

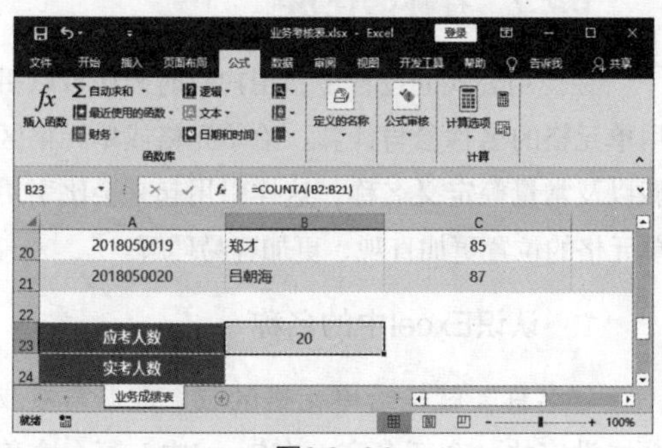

图8.2-96

2. COUNT函数

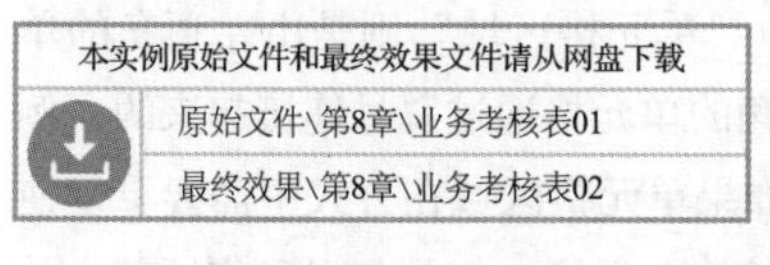

本实例原始文件和最终效果文件请从网盘下载

原始文件\第8章\业务考核表01

最终效果\第8章\业务考核表02

扫码看视频

COUNT函数的功能是计算参数列表中数字项的个数。其语法格式如下。

COUNT(value1,value2, ...)

“value1, value2, ...” 是包含或引用各种类型数据的参数，但COUNT在函数中只有数字类型的数据才被计数。

函数COUNT在计数时，将把数值型的数字计算进去，错误值、空值、逻辑值、文字则被忽略不计。

部分人员因为某些原因未能参加考核，所以考核结束后，我们不仅要统计应参加考核的人数，还应该统计实际参加考核的人数。

在业务成绩表中，实际参加考核的人有考核成绩，而未参加考核者的成绩单元格为空。所以统计实际参加考核的人数时，我们可以使用COUNT函数，其参数为成绩列的“C2:C21”，具体操作步骤如下。

❶ 选中单元格B24，单击【其他函数】按钮，在【统计】选项右侧的下拉列表框中选中【COUNT】函数，弹出【函数参数】对话框，在第1个参数文本框中输入“C2:C21”，单击【确定】按钮，如图8.2-97所示。

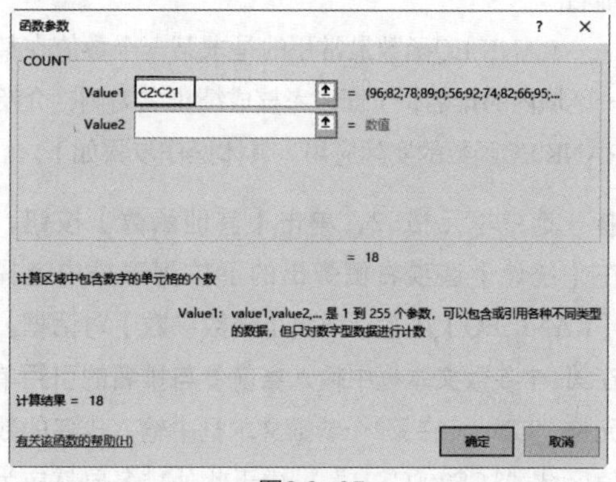

图8.2-97

❷ 单击【确定】按钮后返回工作表，即可得到实际参加考核的人数，如图8.2-98所示。

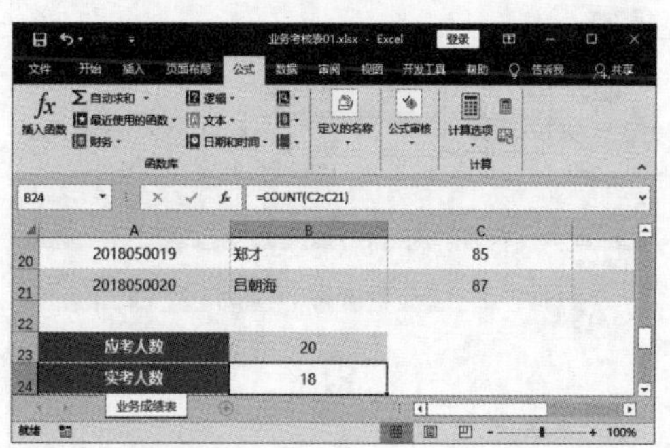

图8.2-98

3. RANK.EQ函数

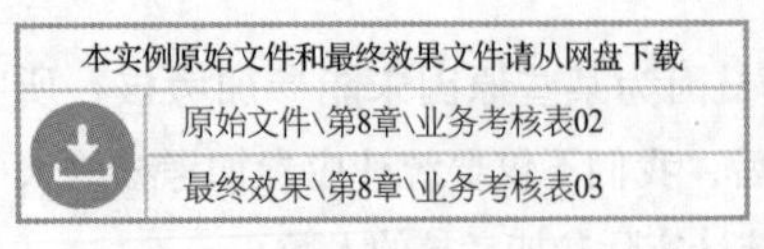

RANK.EQ函数是一个排名函数，用于返回一个数字在数字列表中的排位，如果多个值都具有相同的排位，则返回该组数值的最高排位。其语法格式如下。

RANK.EQ(number,ref,[order])

“number”参数表示参与排名的数值；“ref”参数表示排名的数值区域；“order”参数有“1”和“0”两种。“0”表示从大到小排名，“1”表示从小到大排名，当“order”参数为“0”时可以不用输入，得到的也是从大到小的排名。

RANK.EQ函数最常用的是求某一个数值在某一区域内的排名，下面以考核成绩排名为例，介绍RANK.EQ函数的实际应用。具体操作步骤如下。

❶ 选中单元格E2，单击【其他函数】按钮，在【统计】选项右侧弹出的下拉列表框中选择【RANK.EQ】函数，弹出【函数参数】对话框，在第1个参数文本框中输入当前参与排名的引用单元格“C2”，在第2个参数文本框中输入排名的数值区域“$C$2:$C$21”，由于此处排名显然应为降序，所以第3个参数可以省略，单击【确定】按钮，如图8.2-99所示。

图8.2-99

❷ 单击【确定】按钮后返回工作表，即可得到“蒋琴”在这次考核成绩中的排名，将单元格E2中的公式不带格式地填充到下面的的单元格中，即可得到所有员工的成绩排名，缺考人员的排名显示错误值，可以直接删除对应的排名单元格中的公式，如图8.2-100所示。

图8.2-100

8.2.7 名称的使用

在使用公式的过程中，用户有时候还可以引用单元格的名称参与计算。给单元格或单元格区域以及常量等定义名称，这样引用起来会比引用单元格的位置更加直观、更加容易理解。

1. 认识Excel中的名称

“名称”就是给单元格区域、数据常量或公式设定的一个新名字。在Excel中，每一个单元格和单元格区域系统都默认定义了一种叫法：“单元格”是由列标和行号组成的，例如单元格A2、B8；“单元格区域”则是由左顶角的单元格和右底角的单元格通过冒号连接起来的，例如A2:B8。如果单元格区域在公式中需要重复使用，就极易输错、混淆。但是如果我们给某个单元格区域定义一个简单易记且有指定意义的名称，就可以直接在公式中通过定义的名称来引用这些数据或公式，这样不仅方便输入，而且容易分辨。

例如，在一个销售明细表中，有单价、数量，计算金额时，一种方法是直接将对应的单元格相乘，如图8.2-101所示。

C2　=A2*B2

	A	B	C
1	单价	数量	金额
2	¥65.00	30	¥1,950.00
3	¥65.00	800	¥52,000.00
4	¥78.00	100	¥7,800.00
5	¥65.00	2000	¥130,000.00
6	¥58.50	120	¥7,020.00
7	¥65.00	540	¥35,100.00

图8.2-101

另一种方法就是我们给单元格区域所有的单价和数量单元格都定义新的名称："单价""数量"。定义完成后，我们只需要在对应的单元格中输入公式"=单价*数量"，即可自动引用名称所对应的数据并进行计算，如图8.2-102所示。

C2　=单价*数量

	A	B	C
1	单价	数量	金额
2	¥65.00	30	¥1,950.00
3	¥65.00	800	¥52,000.00
4	¥78.00	100	¥7,800.00
5	¥65.00	2000	¥130,000.00
6	¥58.50	120	¥7,020.00
7	¥65.00	540	¥35,100.00

图8.2-102

其实名称也是公式，它更为直观、简洁。

2. 定义名称

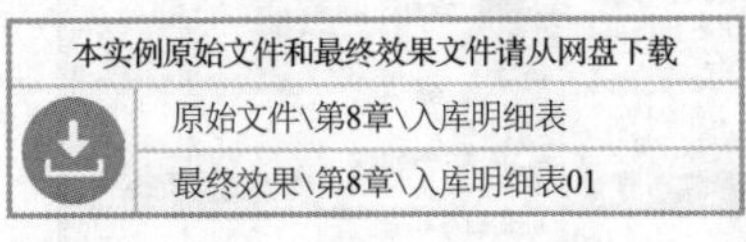

下面我们以给入库明细表中的成本单价和入库数量定义名称为例，重点介绍如何为数据区域定义名称，具体操作步骤如下。

❶ 选中单元格区域E2:E63，切换到【公式】选项卡，在【定义的名称】组中，单击【定义名称】按钮的左半部分，如图8.2-103所示。

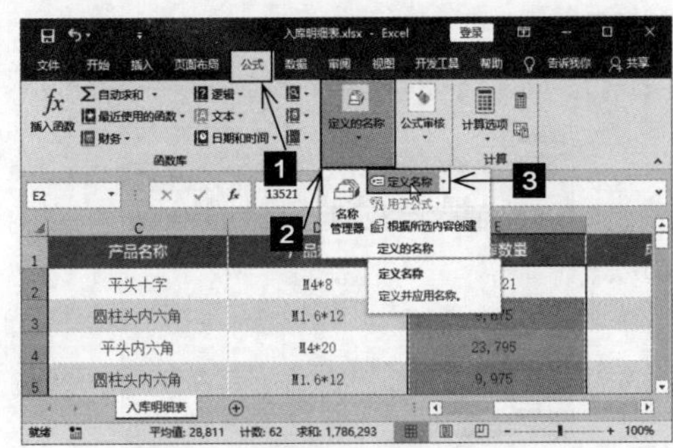

图8.2-103

❷ 弹出【新建名称】对话框，在【名称】文本框中输入"数量"，单击【确定】按钮，如图8.2-104所示。

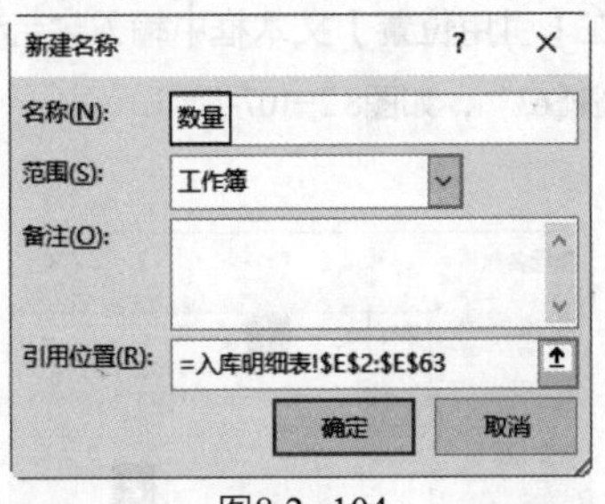

图8.2-104

❸ 单击【确定】按钮后返回工作表，在【定义的名称】组中单击【名称管理器】按钮，如图8.2-105所示。

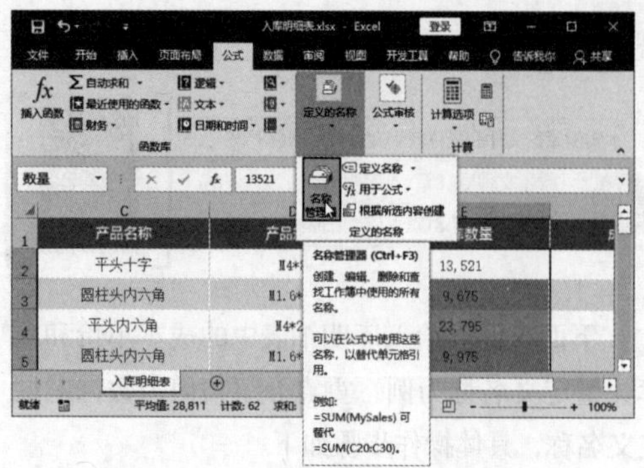

图8.2-105

❹ 弹出【名称管理器】对话框，即可看到我们定义的名称已经保存在名称管理器中，如图8.2-106所示。

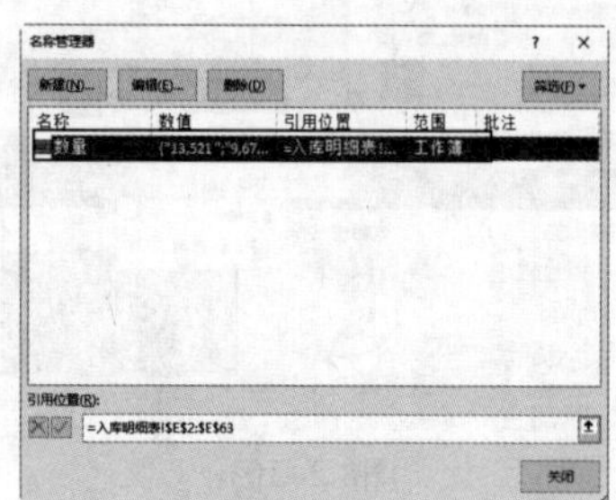

图8.2-106

❺ 在名称管理器中单击【新建】按钮，打开【新建名称】对话框，在【名称】文本框中输入“单价”，在【引用位置】文本框中输入“=入库明细表!$F$2:$F$63”，如图8.2-107所示。

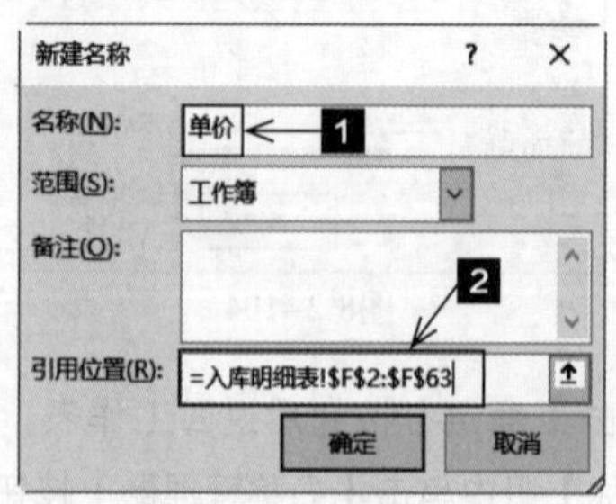

图8.2-107

❻ 单击【确定】按钮，返回【名称管理器】对话框，即可看到新定义的名称，单击【关闭】按钮，即可关闭【名称管理器】对话框，如图8.2-108所示。

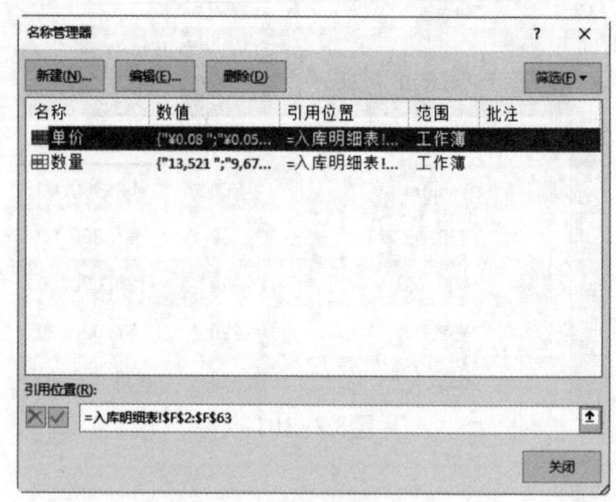

图8.2-108

提示：虽然名称是自由定义的，我们却不能随意定义。在定义名称时，我们应该从易于理解的目的出发，定义一个能说明数据本身特性的名字，这样，当我们看到定义的名称时，就能清楚地知道该名称对应的是什么数据。例如，在入库明细表中，我们看到“单价”就知道对应的是商品的单价；但是如果它被定义成“ABC”，我们看到这个名称时就不知道它对应的数据是什么了。

在Excel中如果要给一个数据区域中的各列或各行分别定义名称，我们可以选中这个数据区域，让Excel根据我们选择的内容来定义名称。这里需要注意的是，使用这种方法来定义的名称必须是所选数据区域的首行、最左列、末行或最右列。根据所选内容创建名称的具体步骤如下。

❶ 选中单元格区域B2:B25和E2:F63，切换到【公式】选项卡，在【定义的名称】组中，单击【根据所选内容创建】按钮，如图8.2-109所示。

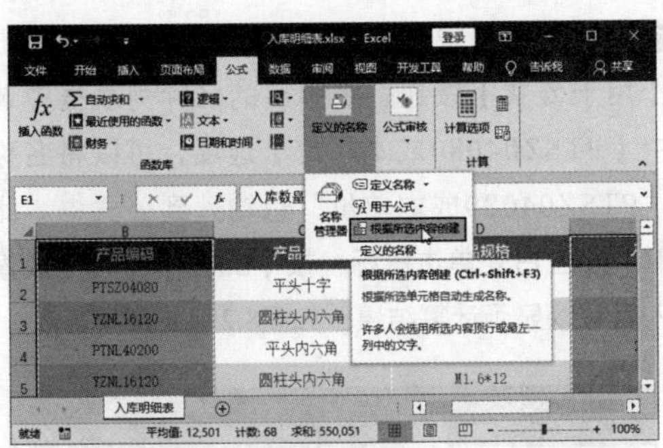

图8.2-109

❷　弹出【根据所选内容创建名称】对话框，由于我们所选的数据区域都是有列标题的，可以使用【首行】作为名称，所以在【根据下列内容中的值创建名称】列表中选中【首行】复选框，单击【确定】按钮，如图8.2-110所示。

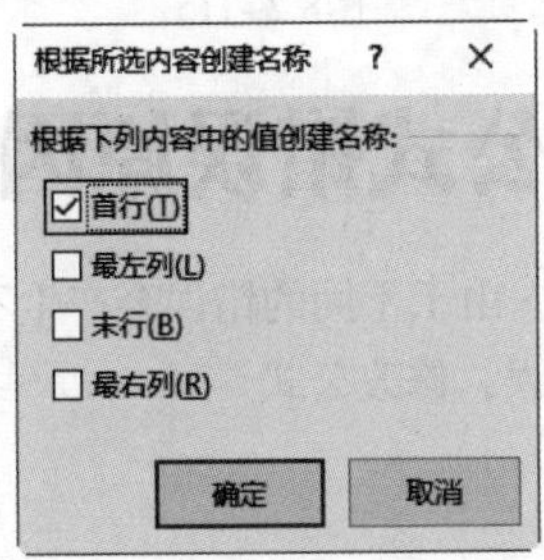

图8.2-110

❸　单击【确定】按钮后返回工作表，打开【名称管理器】对话框即可看到根据所选内容创建的3个名称，如图8.2-111所示。

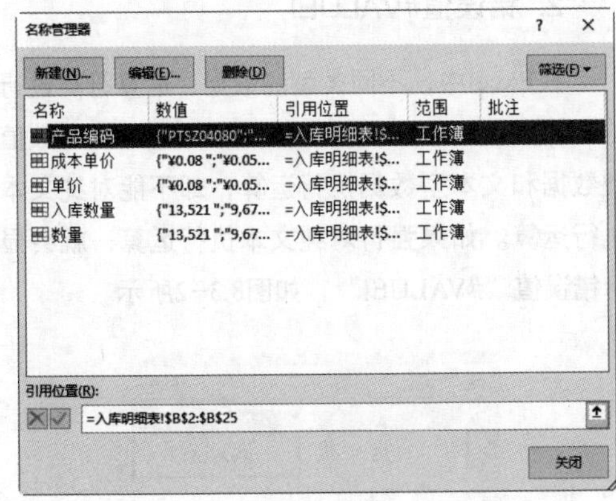

图8.2-111

3. 在公式中使用名称

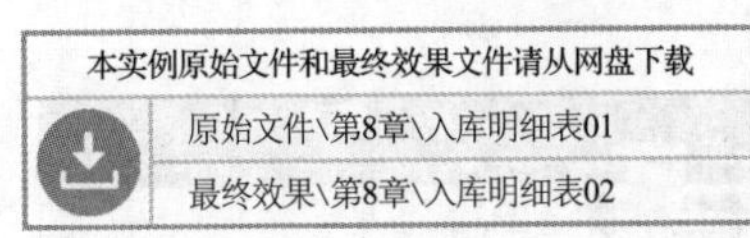

在没有定义名称时，如果我们要计算编号为“PTSZ04080”的产品在这一个月的入库总金额，需要先使用SUMIF函数来计算“PTSZ04080”的入库数量，然后乘以成本单价，如图8.2-112所示。

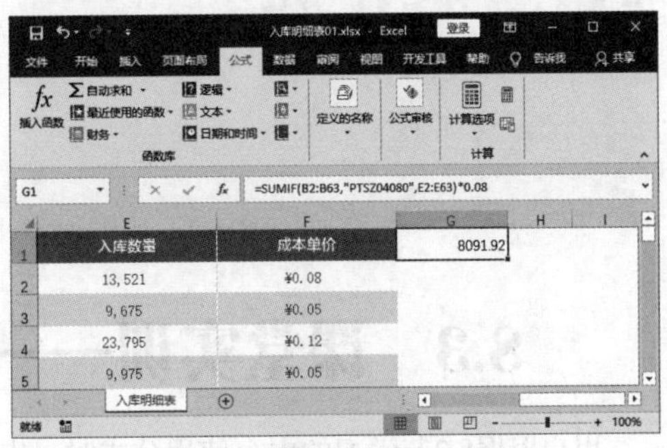

图8.2-112

使用定义的名称具体操作步骤如下。

❶　切换到【公式】选项卡，在【定义的名称】组中单击【用于公式】按钮，在弹出的名称列表框中选中【PTSZ04080入库总量】选项，如图8.2-113所示。

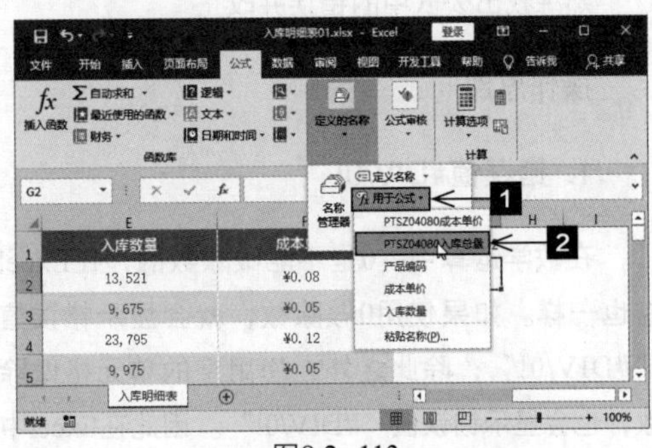

图8.2-113

❷ 可以看到名称“PTSZ04080入库总量”被输入到公式中，如图8.2-114所示。

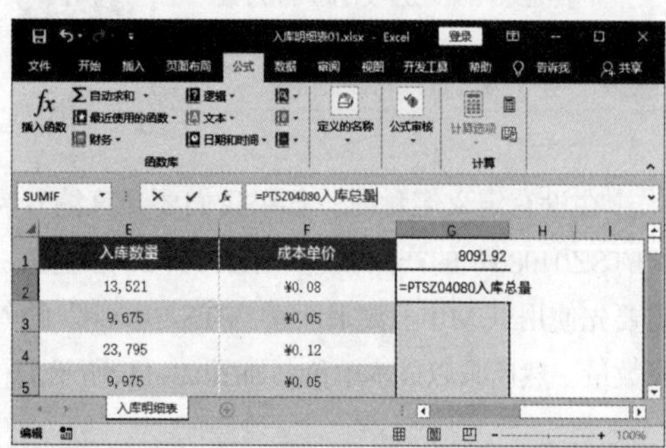

图8.2-114

❸ 通过键盘输入运算连接符“*”，再次单击【用于公式】按钮，在弹出的名称列表框中选中【PTSZ04080成本单价】选项，可以将名称“PTSZ04080成本单价”也输入到公式中。此时，在空白处单击鼠标，按【Enter】键，完成输入后可以显示计算结果，如图8.2-115所示。

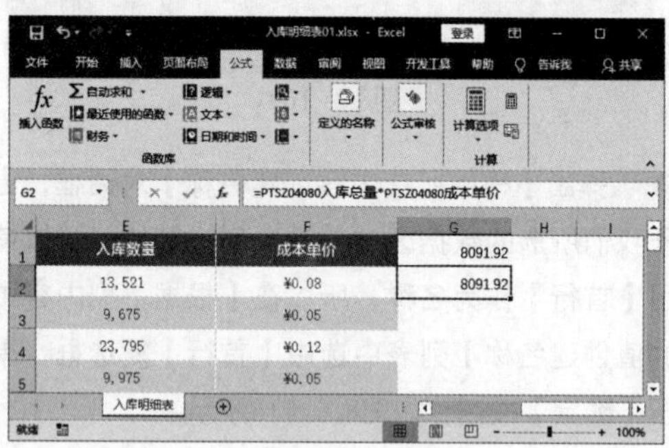

图8.2-115

8.3 课堂实训——6招找出公式错误原因

用户根据8.2节学习的内容使用公式时，出现错误在所难免。由于不同的错误会产生不同的错误值，所以我们要正确地认识这些错误值，才能对症下药，找出错误，修改公式。

专业背景

在运行Excel时为了避免出现错误，需要正确地认识这些错误。

实训目的

◎ 熟练找出公式中的错误并改正

操作思路

1. 错误值#DIV/0!

在数学运算中，0是不能做除数的，在Excel中也一样。如果使用0做除数，就会显示错误值“#DIV/0!”；除此之外，使用空的单元格做除数，也会显示错误值“#DIV/0!”。因此在Excel中使用公式时，如果看到错误值“#DIV/0!”，用户应首先检查除数是否为0或空值，如图8.3-1所示。

图8.3-1

2. 错误值#VALUE!

在Excel中，不同类型的数据、运算符能进行的运算类型也不同。例如算数运算符可以对数值型数据和文本型数据执行运算，却不能对纯文本执行运算。如果强行对纯文本执行运算，就会显示错误值“#VALUE!”，如图8.3-2所示。

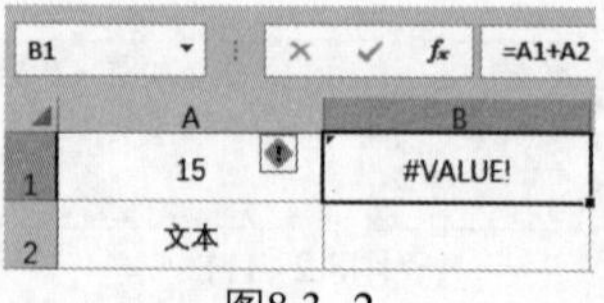

图8.3-2

3. 错误值#N/A

错误值“#N/A”一般出现在查找函数中。当Excel在数据区域中查找不到与查找条件相匹配的数值时，就会返回错误值“#N/A”。所以当结果呈现为错误值“#N/A”时，用户应首先查看查找值在不在当前数据区域内，如图8.3-3所示。

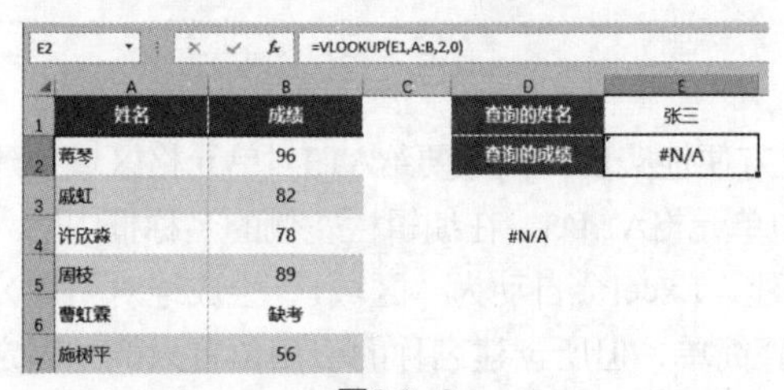

E2　=VLOOKUP(E1,A:B,2,0)

	A	B	C	D	E
1	姓名	成绩		查询的姓名	张三
2	蒋琴	96		查询的成绩	#N/A
3	戚虹	82			
4	许欣淼	78		#N/A	
5	周枝	89			
6	曹虹霖	缺考			
7	施树平	56			

图8.3-3

4. 错误值#NUM!

在公式中使用函数时，一般函数对参数都是有要求的，如果用户设置的参数是无效的数值，函数就会返回错误值“#NUM!”，如图8.3-4所示。

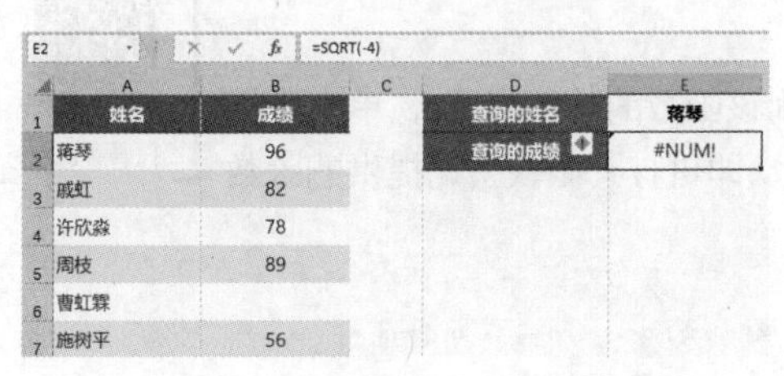

E2　=SQRT(-4)

	A	B	C	D	E
1	姓名	成绩		查询的姓名	蒋琴
2	蒋琴	96		查询的成绩	#NUM!
3	戚虹	82			
4	许欣淼	78			
5	周枝	89			
6	曹虹霖				
7	施树平	56			

图8.3-4

5. 错误值#REF!

在Excel中，返回错误值“#REF!”的原因一般是误删了公式中原来引用的单元格或单元格区域，如图8.3-5所示。

E2　=VLOOKUP(E1,A:B,2,0)

	A	B	C	D	E
1	姓名	成绩		查询的姓名	蒋琴
2	蒋琴	96		查询的成绩	96.00
3	戚虹	82			
4	许欣淼	78			
5	周枝	89			
6	曹虹霖	缺考			
7	施树平	56			

	A	B	C	D
1	姓名		查询的姓名	蒋琴
2	蒋琴		查询的成绩	#REF!
3	戚虹			
4	许欣淼			
5	周枝			
6	曹虹霖			
7	施树平			

图8.3-5

6. 错误值#NAME?

如果在公式中输入了Excel不认识的文本字符，公式就会返回错误值“#NAME?”。最常见的错误就是文本字符不加双引号或者是非文本字符加了双引号，如图8.3-6所示。

E2　=VLOOKUP(张三,A:B,2,0)

	A	B	C	D	E
1	姓名	成绩		查询的姓名	张三
2	蒋琴	96		查询的成绩	#NAME?
3	戚虹	82			
4	许欣淼	78			
5	周枝	89			
6	曹虹霖	缺考			
7	施树平	56			

图8.3-6

8.4　常见疑难问题解析

问：如何使用【F4】快捷键？

答：在Excel中，用户可以使用【F4】快捷键，在编辑栏中快速切换单元格的引用类型。例如，在单元格B4中输入公式“=B2+B3”，然后在编辑栏中选中“B2”，按【F4】键，即可使其变成绝对引用形式“$B$2”。如果连续按【F4】键，可以在相对引用、绝对引用、行绝对引用和列绝

对引用之间进行切换。

问：如何使用【F9】快捷键?

答：除了可以使用【公式求值】对话框来分步查看计算结果外，用户也可以使用【F9】键。例如，在编辑栏中选中表达式“B2”，然后按【F9】键，即可显示表达式“B2”的值为5。如果需要用计算结果替换原选中的表达式，可按【Enter】键（数组公式按【Ctrl】+【Shift】+【Enter】组合键），否则按【Esc】键取消计算结果的显示。

问：如何使用名称框创建名称?

答：如果要给某个单元格区域创建名称，可以更方便地实现。例如要给A1:D5单元格区域创建名称“区域1”，首先应打开本实例的原始文件，选中单元格A1:D5，在编辑栏左侧的名称框中输入要定义的名称“区域1”，按【Enter】键完成名称创建，Excel会自动为“区域1”生成绝对引用公式“=Sheet1!$A$1:$D$5”（使用此方法创建名称步骤简单，但所创建名称的引用位置只能是固定的单元格区域，不能是常量或动态区域）。

8.5 课后习题

（1）对于不熟悉的公式，或者用户不了解需要使用哪个公式时，用户可以切换到【公式】选项卡，在【函数库】组中单击【插入公式】按钮（如图8.5-1所示），可以在弹出的对话框中按类别查看函数。

扫码看视频

（2）对于搜索出的函数，用鼠标选中就可以看到该函数的功能介绍，单击【插入函数】对话框左下角的【有关该函数的帮助】链接，即可打开微软公司提供的函数帮助，如图8.5-2所示。

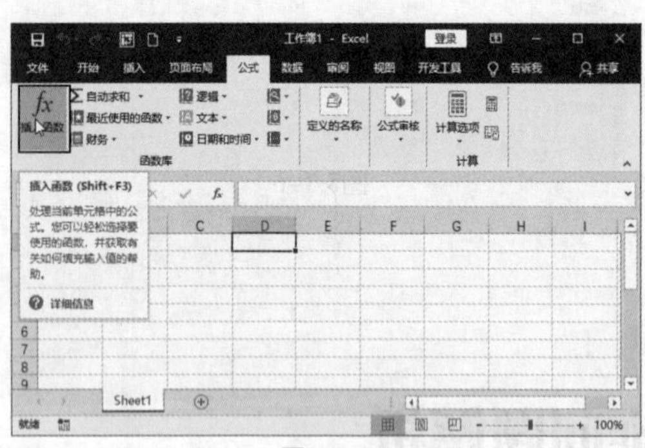

图8.5-1

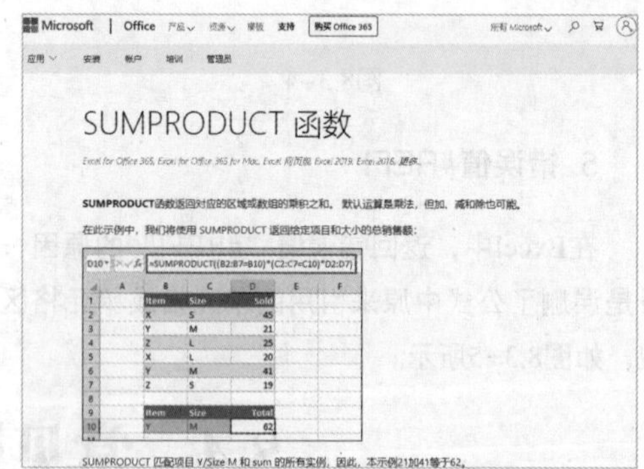

图8.5-2

第 9 章
数据分析与数据可视化

本章内容简介

本章通过实例对具体问题进行具体分析，讲解趋势分析、对比分析和结构分析的特点及应用。

学完本章我能做什么

通过本章的学习，我们可以根据销售流水，判断一段时间内销售额的波动和变化情况，对比各业务员的销售业绩、各产品的销售情况、不同月份销售额的变动情况以及一段时间内各产品占公司销售份额的大小等。

学习目标

- 学会趋势分析
- 学会对比分析
- 学会结构分析

9.1 趋势分析——各月销售额汇总折线图

通常当数据表中有时间序列时，就需要对数据进行趋势分析。趋势分析的目的是了解数据在过去一段时间内的波动和变化情况，以便预测其发展趋势。

在趋势分析中，最常见的图表就是折线图，有时候还需要将折线图与柱形图或面积图结合起来。

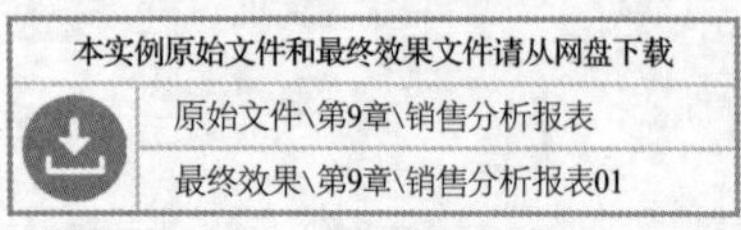

折线图是趋势分析中最常见的图表之一。销售分析报表中的数据一般是从系统中导出来的，拿到这样的销售明细表格，我们应该如何分析？应该给领导提交一份什么样的分析报告？首先，数据明细表中的A列是明细日期，对于有明细日期的数据，一般都需要对各个月的销售额进行汇总，了解一段时间内销售额的走向，以便预测产品未来的销售情况。

1. 使用折线图进行趋势分析

❶ 打开本实例的原始文件，切换到2019年销售流水表中，选中数据区域中的任意一个单元格，切换到【插入】选项卡，在【图表】组中单击【数据透视图】按钮的上半部分，如图9.1–1所示。

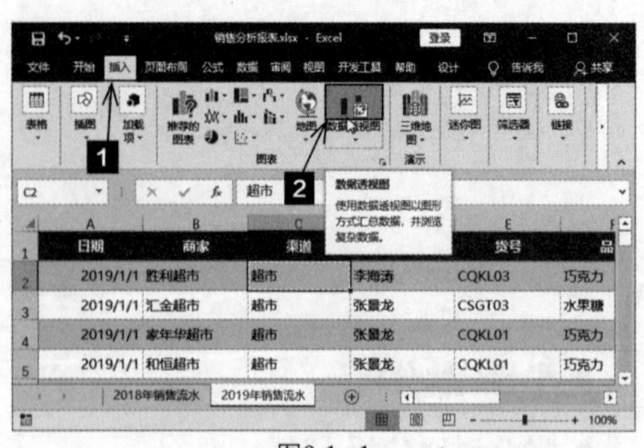

图9.1–1

❷ 弹出【创建数据透视图】对话框，【请选择要分析的数据】和【选择放置数据透视图的位置】保持默认即可，单击【确定】按钮，如图9.1–2所示。

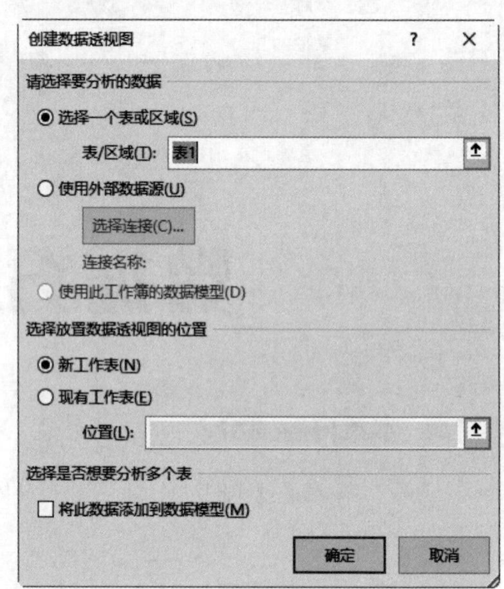

图9.1–2

❸ 单击【确定】按钮后返回工作表，即可看到创建的数据透视表、数据透视图的框架以及【数据透视图字段】对话框，如图9.1–3所示。

图9.1–3

❹ 在【数据透视图字段】对话框中，通过鼠标拖曳的方式，将字段“日期”拖曳到【轴（类别）】列表框中，将字段“金额”拖曳到【值】列表框中，如图9.1–4所示。

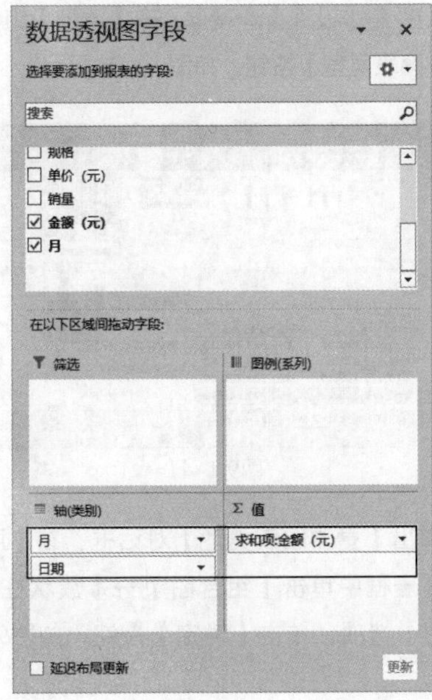
图9.1-4

❺　可以看到各月销售额的汇总结果，效果如图9.1-5所示。

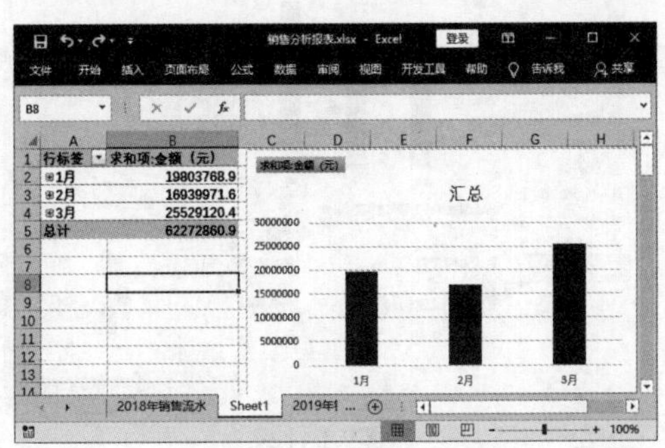
图9.1-5

❻　默认插入的数据透视图是柱形图，但是我们需要插入的是折线图，所以用户需要更改图表的类型。切换到【设计】选项卡，在【类型】组中单击【更改图表类型】按钮，如图9.1-6所示。

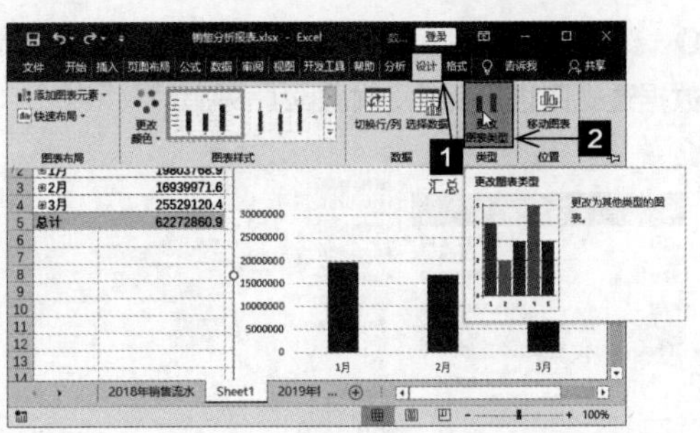
图9.1-6

❼　弹出【更改图表类型】对话框，在【所有图表】列表框中单击【折线图】→【带数据标记的折线图】选项，单击【确定】按钮，如图9.1-7所示。

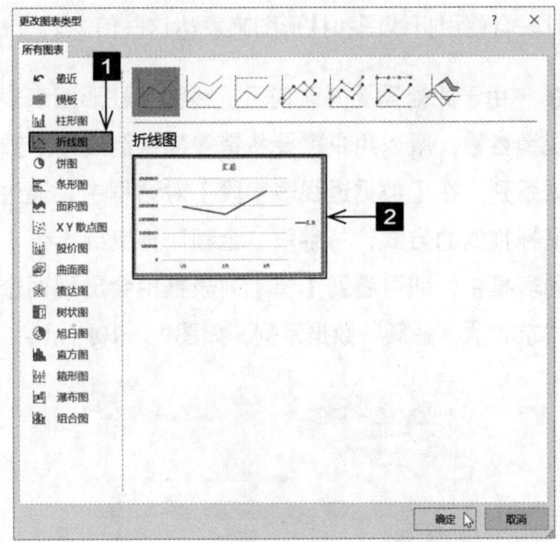
图9.1-7

❽　单击【确定】按钮后返回工作表，可以看到图表已经转变为折线图，如图9.1-8所示。

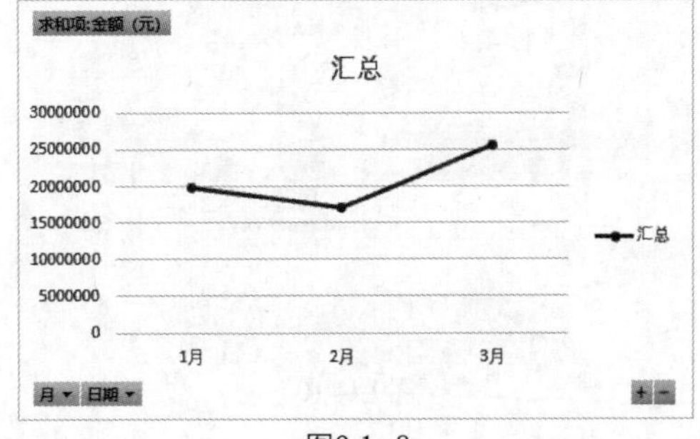
图9.1-8

❾ 用户可以按照前面的方法，对数据透视表和数据透视图进行美化，如图9.1-9所示。

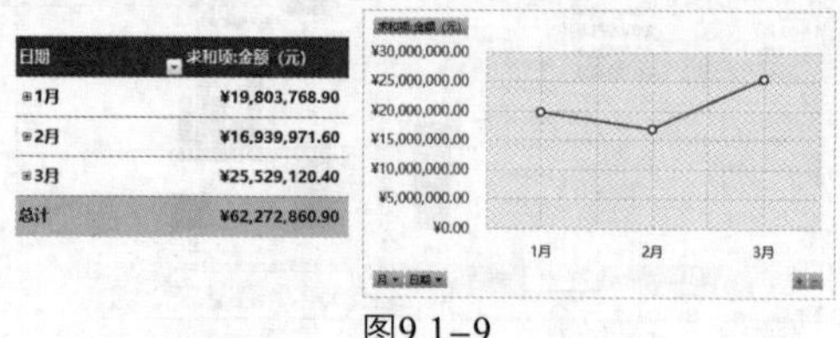

图9.1-9

2. 折线图与柱形图结合使用

只用一条折线来表现数据略显单薄。使用折线图来分析销售额时，我们不仅要看数据的变动和走势，还要看销售额的多少，此时，就可以同时联合使用折线图和柱形图来表达这些信息。

❶ 由于此处需要同时使用折线图和柱形图来表现销售额，所以用户需要将销售额绘制成两个数据系列。在【数据透视表字段】对话框中，通过鼠标拖曳的方式，将字段“金额”拖曳到【值】列表框中，即可看到【值】列表框中会出现两个“求和项：金额”数据系列，如图9.1-10所示。

图9.1-10

❷ 切换到【设计】选项卡，在【类型】组中单击【更改图表类型】按钮，如图9.1-11所示。

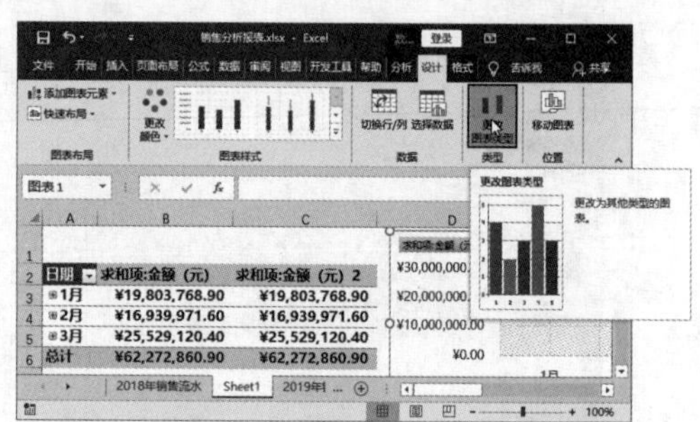

图9.1-11

❸ 弹出【更改图表类型】对话框，在【所有图表】列表框中单击【组合图】→【簇状柱形图-折线图】选项，单击【确定】按钮，如图9.1-12所示。

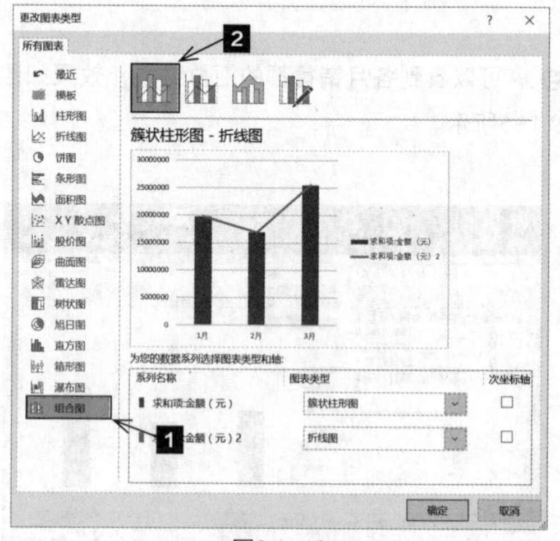

图9.1-12

❹ 单击【确定】按钮后返回工作表，即可看到新的图表，如图9.1-13所示。

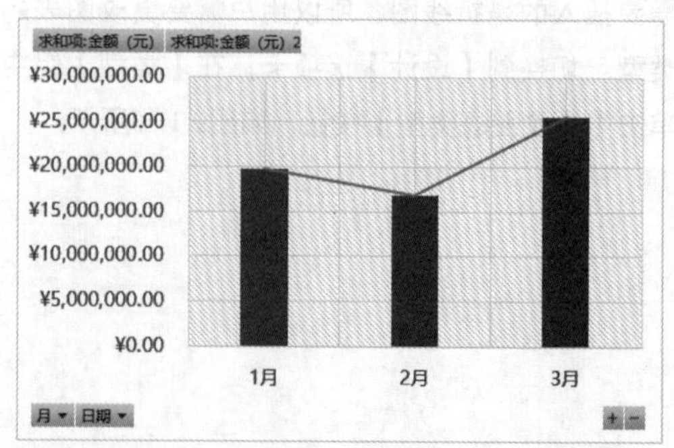

图9.1-13

❺ 在更改图表类型时，数据透视表和数据透视图都发生了一些变化，用户可以重新对其进行美化设置，如图9.1-14所示。

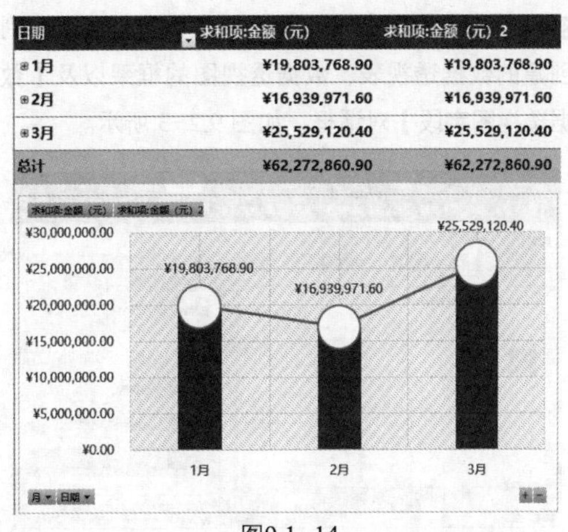

日期	求和项:金额（元）	求和项:金额（元）2
⊞1月	¥19,803,768.90	¥19,803,768.90
⊞2月	¥16,939,971.60	¥16,939,971.60
⊞3月	¥25,529,120.40	¥25,529,120.40
总计	¥62,272,860.90	¥62,272,860.90

图9.1-14

9.2　对比分析——销售额汇总柱形图

数据的对比分析是实际工作中经常要做的，可用来分析哪种产品销量大，哪个业务员业绩好，哪个月的销售额好等。

在对比分析中，最常见的图表就是柱形图和条形图。

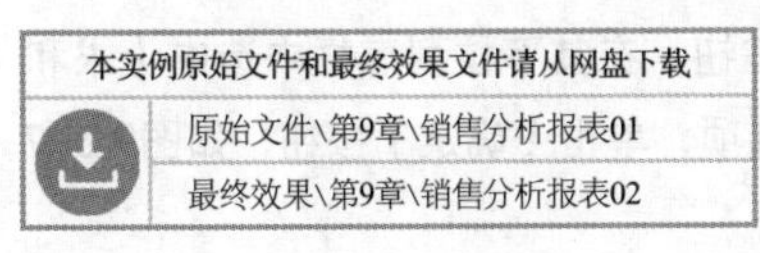

一般要分析的数据系列不多时，使用簇状柱形图来进行对比分析比较合适。

❶ 打开本实例的原始文件，切换到2019年销售流水表，选中数据区域中的任意一个单元格，切换到【插入】选项卡并在【图表】组中单击【数据透视图】按钮的上半部分，如图9.2-1所示。

图9.2-1

❷ 弹出【创建数据透视图】对话框，在【选择放置数据透视图的位置】组中选中【现有工作表】单选按钮，将光标移动到【位置】文本框中，然后选中Sheet1工作表中的一个空白单元格，单击【确定】按钮，如图9.2-2所示。

创建数据透视图

请选择要分析的数据

◉ 选择一个表或区域(S)

表/区域(T)：表1

○ 使用外部数据源(U)

选择连接(C)...

连接名称：

○ 使用此工作簿的数据模型(D)

选择放置数据透视图的位置

○ 新工作表(N)

◉ 现有工作表(E)

位置(L)：Sheet1!$A$18

选择是否想要分析多个表

☐ 将此数据添加到数据模型(M)

确定　取消

图9.2-2

❸ 单击【确定】按钮后返回工作表，可以看到创建的数据透视表、数据透视图的框架以及【数据透视图字段】对话框，如图 9.2–3 所示。

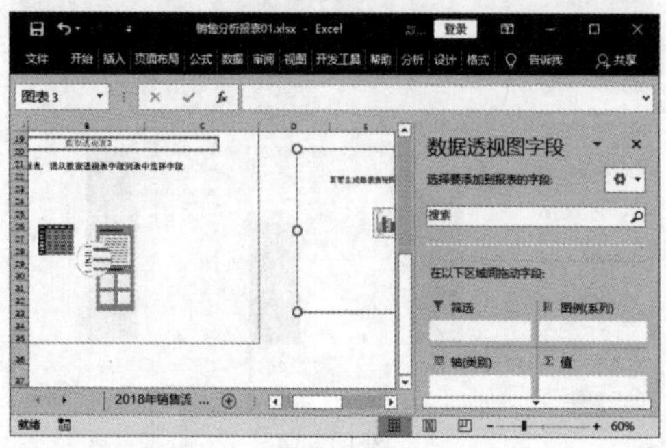

图9.2–3

❹ 在【数据透视图字段】对话框中，通过鼠标拖曳的方式，将字段“品名”拖曳到【轴（类别）】列表框中，将字段“金额”拖曳到【值】列表框中，如图 9.2–4 所示。

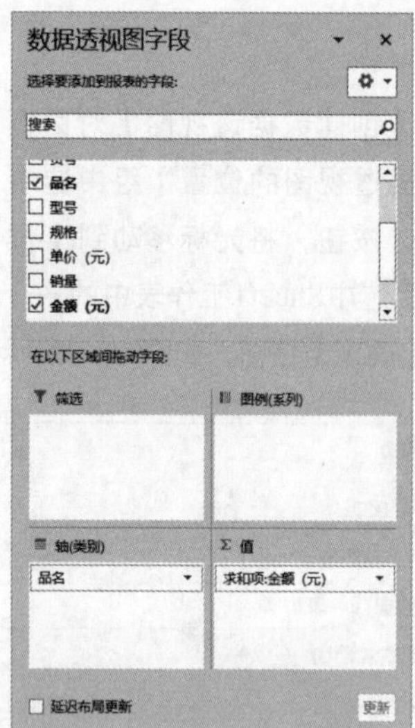

图9.2–4

❺ 可以看到各类产品的销售额汇总结果，效果如图 9.2–5 所示。

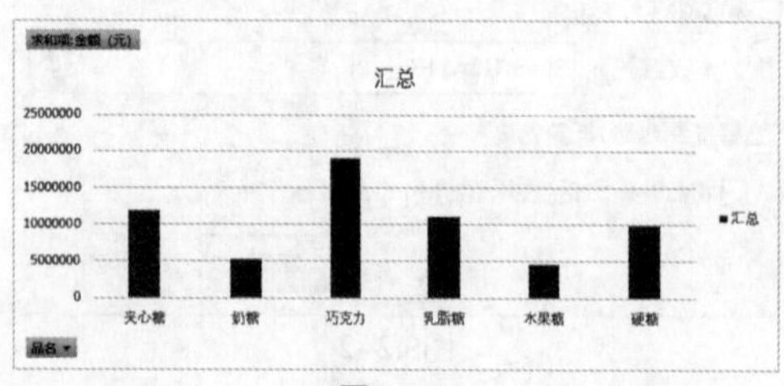

图9.2–5

❻ 默认插入的数据透视表是都是按照数据系列的名称排列的，这样出来的数据透视图是高低起伏的，在对比分析时，容易有失误。为了方便分析，用户可以将数据系列按金额排序。单击数据透视表“行标签”右侧的下拉按钮，在弹出的下拉列表框中选中【其他排序选项】选项，如图 9.2–6所示。

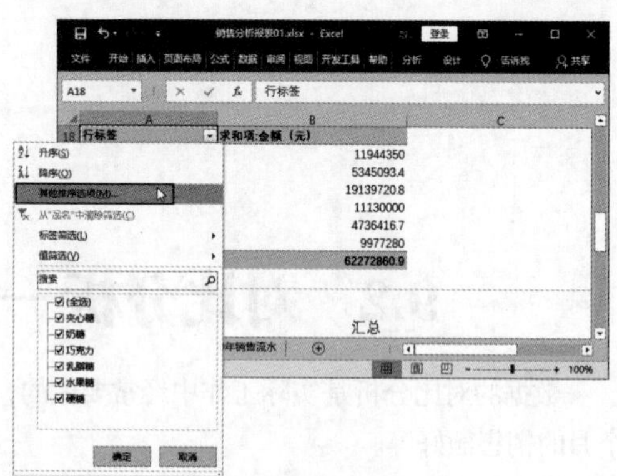

图9.2–6

❼ 弹出【排序（品名）】对话框，选中【升序排序】单选按钮，在其下拉列表框中选中【求和项：金额】选项，单击【确定】按钮，如图9.2–7所示。

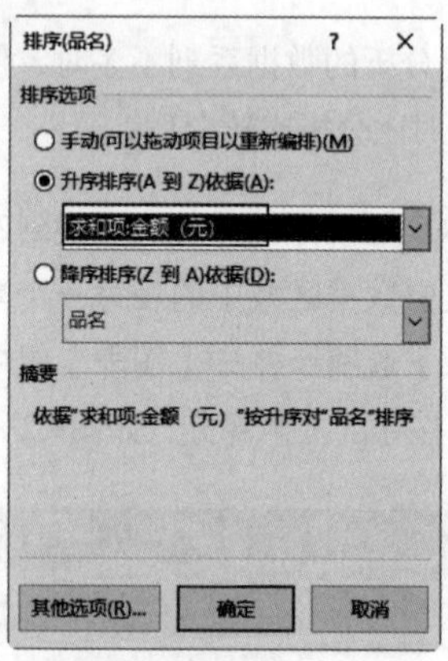

图9.2–7

❽ 单击【确定】按钮后返回工作表，可以看到图表已经按金额排序，如图9.2–8所示。

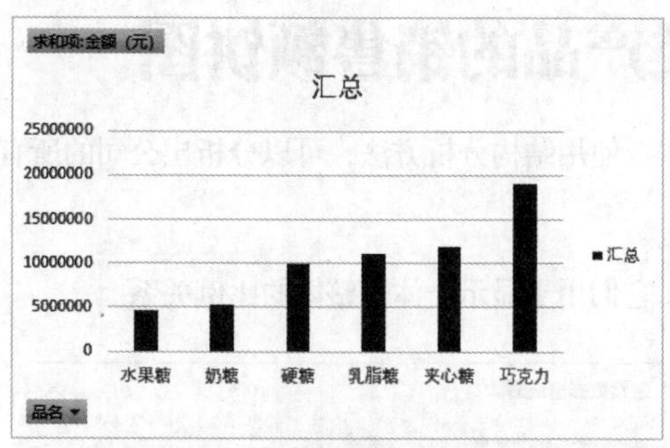

图9.2-8

❾ 至此，关于产品对比分析的图表结构就创建完成，用户可以对其进行适当美化，如图9.2-9所示。

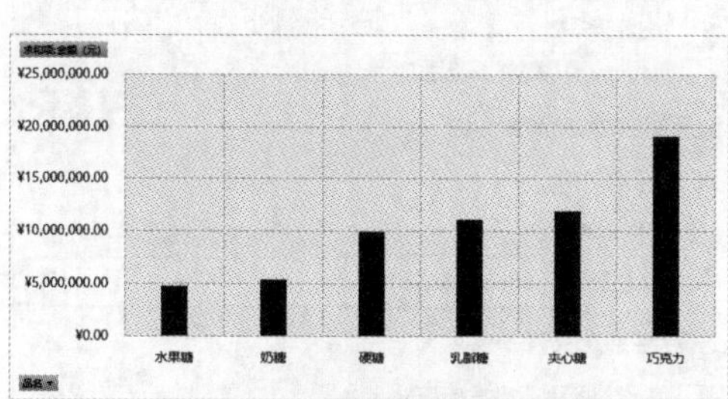

图9.2-9

前面我们使用柱形图对比分析的是这个时间段内不同产品的销售额。此外，在进行销售分析时，还应针对业务员的业绩、同一年度不同月的销售额以及不同年度相同月的销售额进行分析。

对业务员的业绩进行分析的目的是了解每个业务员的销售情况，以便根据销售情况对业务员进行奖罚。最终效果如图9.2-10所示。

业务员	求和项:金额（元）
李海涛	¥19,910,118.50
王鹏举	¥20,882,438.40
张景龙	¥21,480,304.00
总计	¥62,272,860.90

图9.2-10

同一年度不同月份销售额的对比分析称“环比分析”，是销售额分析中一种非常重要的分析方法，其目的是对一年内不同月份的销售额进行分析，以了解一年内不同时期的销售情况。环比分析的数据透视表和数据透视图效果如图9.2-11所示。

日期	求和项:金额（元）
⊞1月	¥19,803,768.90
⊞2月	¥16,939,971.60
⊞3月	¥25,529,120.40
总计	¥62,272,860.90

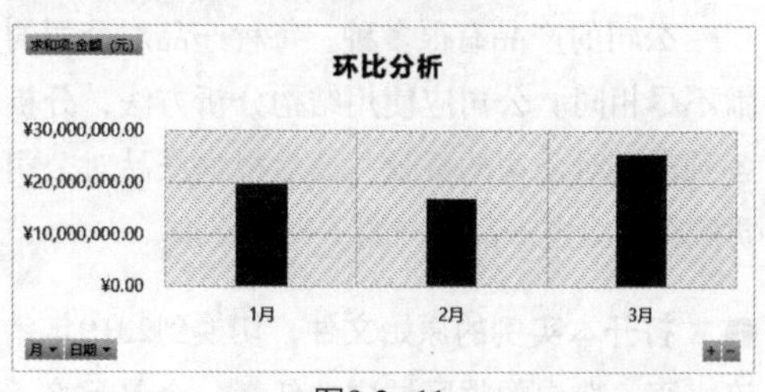

图9.2-11

不同年度相同月份的销售分析称“同比分析”，其目的是对两年同期的数据进行对比分析，了解同期销售额的变化情况。同比分析的数据透视表和数据透视图效果如图9.2-12所示。

月份	2018年	2019年
1月	¥14,202,337.00	¥19,803,768.90
2月	¥12,770,516.90	¥16,939,971.60
3月	¥14,100,556.10	¥25,529,120.40

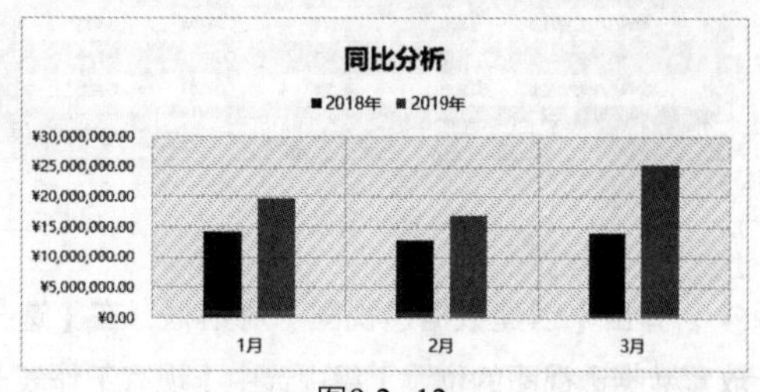

图9.2-12

9.3 结构分析——各类产品的销售额饼图

结构分析也是实际数据分析中常用的一种分析方法。使用结构分析方法，可以分析出公司的所有产品中哪种产品对公司的贡献最大。

在结构分析中，最常见的图表就是饼图和圆环图，它们用于显示个体与整体的比例关系。

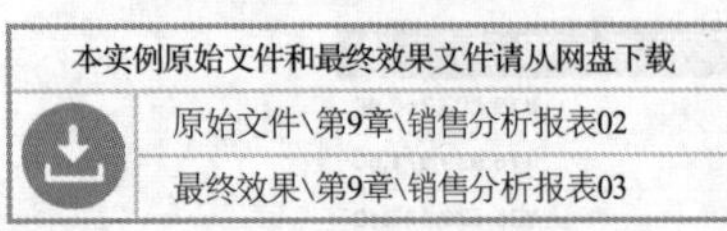

扫码看视频

公司的产品有很多种，每种产品对公司的贡献不尽相同。公司应使用结构分析方法，分析出各种产品对公司的贡献，然后根据产品对公司的贡献情况决定产品生产的下一步安排。

❶ 打开本实例的原始文件，切换到2019年销售流水表，选中数据区域中的任意一个单元格，切换到【插入】选项卡并在【图表】组中单击【数据透视图】按钮的上半部分，如图9.3-1所示。

图9.3-1

❷ 弹出【创建数据透视图】对话框，在【选择放置数据透视图的位置】组中选中【现有工作表】单选按钮，将光标定位到【位置】文本框中，然后选中Sheet1工作表中的一个空白单元格，单击【确定】按钮，如图9.3-2所示。

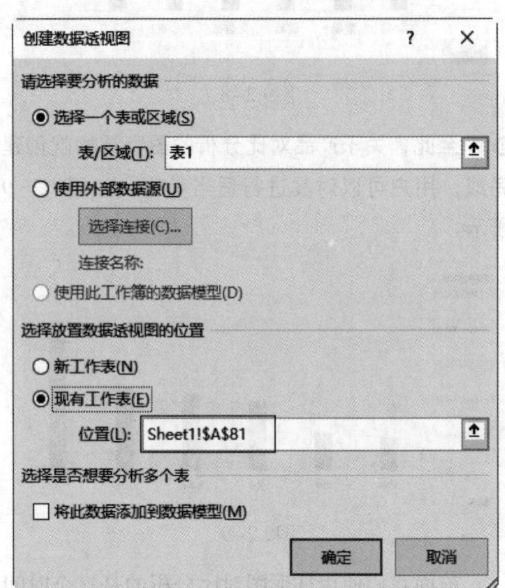

图9.3-2

❸ 单击【确定】按钮后返回工作表，即可看到创建的数据透视表、数据透视图的框架以及【数据透视图字段】对话框，如图9.3-3所示。

图9.3-3

❹　在【数据透视图字段】对话框中通过鼠标拖曳的方式，将字段“品名”拖曳到【轴（类别）】列表框中，将字段“金额”拖曳到【值】列表框中，如图9.3-4所示。

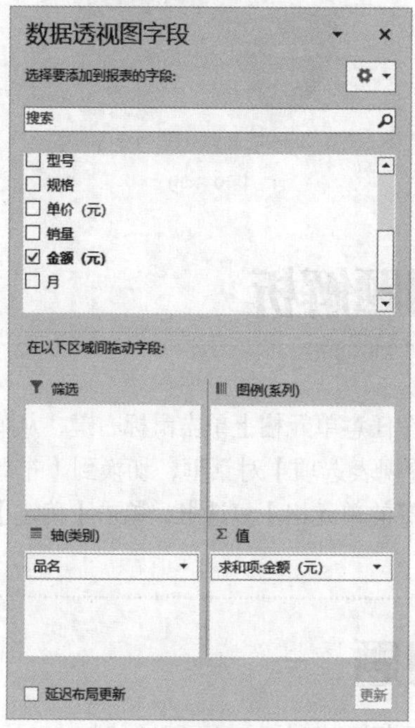

图9.3-4

❺　可以看到各类产品的销售额汇总结果，效果如图9.3-5所示。

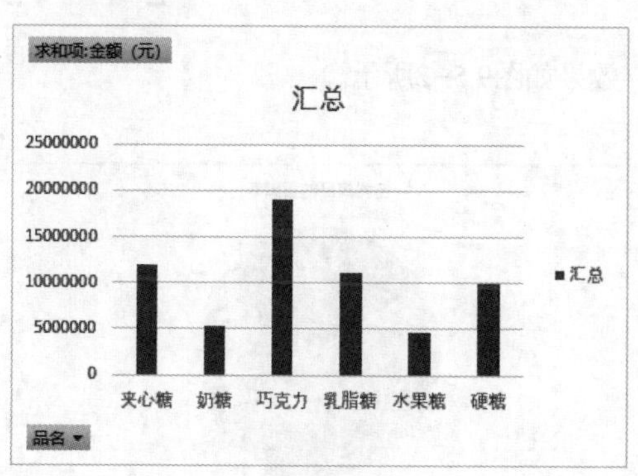

图9.3-5

❻　用户可以看到默认插入的数据透视图是柱形图，但是我们需要插入的是饼图，所以我们需要更改图表的类型。切换到【设计】选项卡，在【类型】组中单击【更改图表类型】按钮，如图9.3-6所示。

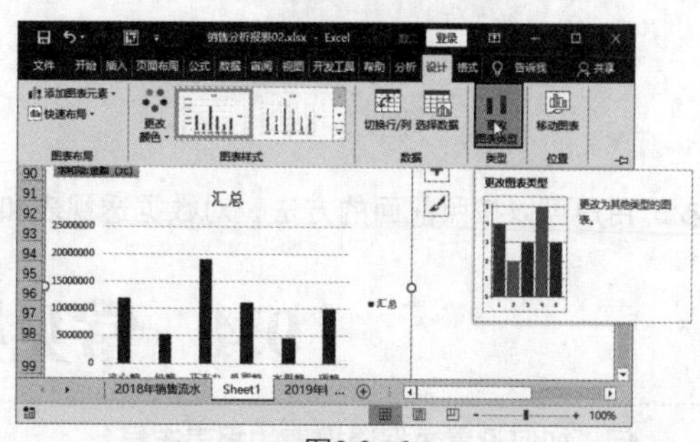
图9.3-6

❼　弹出【更改图表类型】对话框，在【所有图表】列表框中单击选中【饼图】选项，单击【确定】按钮，如图9.3-7所示。

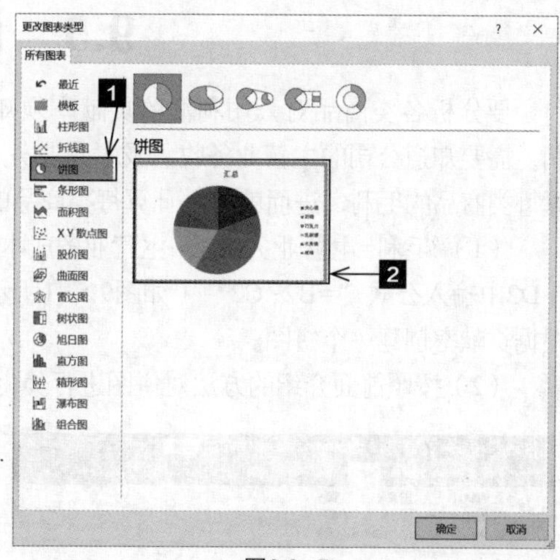

图9.3-7

❽　单击【确定】按钮后会返回工作表，可以看到图表已经转变为饼图，如图9.3-8所示。

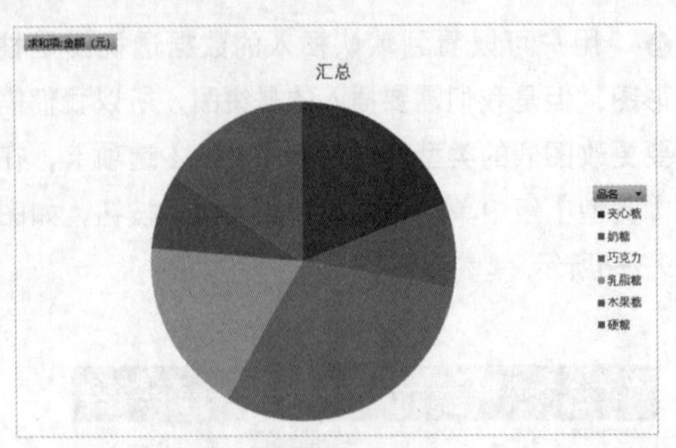

图9.3–8

❾ 用户可以按照前面的方法，对数据透视表和数据透视图进行美化，如图9.3–9所示。

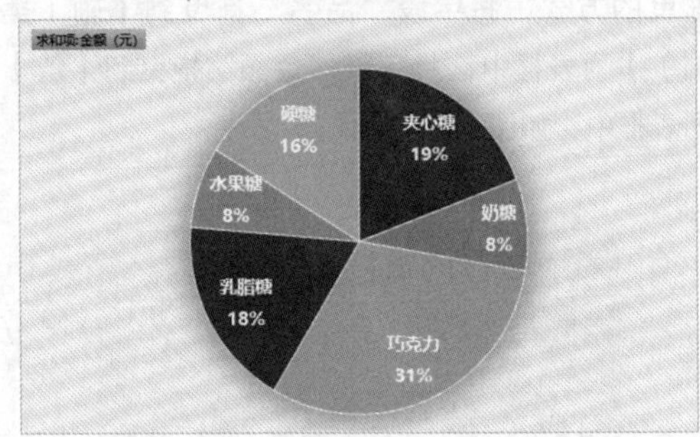

图9.3–9

9.4 常见疑难问题解析

问：如何设置数据透视表的报表布局?

答：打开本实例的原始文件，切换到工作表Sheet1，在任意单元格上单击鼠标右键，从弹出的快捷菜单中选择【数据透视表选项】命令，弹出【数据透视表选项】对话框，切换到【布局和格式】选项卡，在【布局】框中选中【合并且居中排列带标签的单元格】复选框，单击【确定】按钮即可。

9.5 课后习题

要分析各类商品对公司利润的贡献率须知道每类商品获取的利润；而要计算利润，需要知道公司的主营业务收入及主营业务成本，有了收入和成本之后，就可以计算每类商品的毛利，进而就可以计算每类商品的毛利率以及贡献率。

（1）毛利=主营业务收入–主营业务成本，先在单元格D列中计算商品的毛利，在D2中输入公式“=B2–C2”（如图9.5–1所示），再依次计算毛利率和贡献率，并根据贡献率创建一个饼图。

（2）按照前面介绍的方法对饼图进行美化设置，效果如图9.5–2所示。

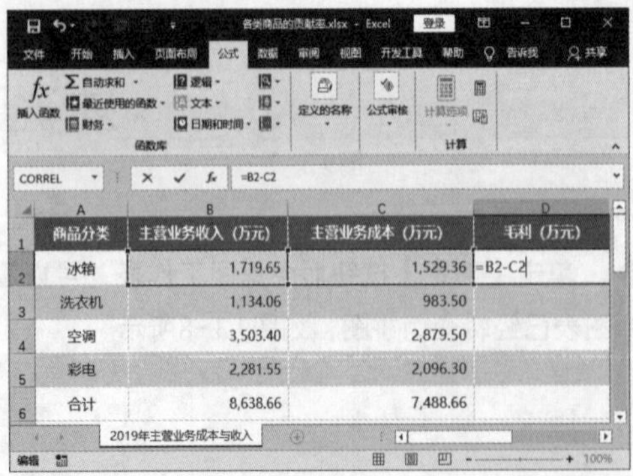

商品分类	主营业务收入（万元）	主营业务成本（万元）	毛利（万元）
冰箱	1,719.65	1,529.36	=B2-C2
洗衣机	1,134.06	983.50	
空调	3,503.40	2,879.50	
彩电	2,281.55	2,096.30	
合计	8,638.66	7,488.66	

图9.5–1

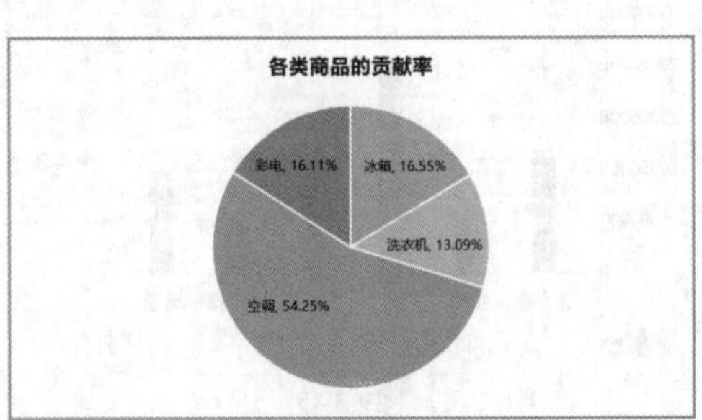

图9.5–2

第10章 编辑与设计幻灯片

本章内容简介

本章结合实际案例介绍如何新建和保存演示文稿，在演示文稿中插入、删除、移动、复制和隐藏幻灯片，以及在幻灯片中插入图形与表格。

学完本章我能做什么

通过本章的学习，我们可以熟练地制作一份工作总结汇报，以及将演示文稿以图片的形式展现出来。

学习目标

- 学会演示文稿的基本操作
- 学会幻灯片的基本操作
- 了解PPT母版的特性
- 了解PPT母版的结构和类型
- 学会设计PPT母版

10.1 PowerPoint的基本操作——年终工作总结汇报

在使用PowerPoint 制作演示文稿（由多页幻灯片组成）之前，首先需要熟悉PowerPoint的基本操作。本节首先介绍如何创建和编辑演示文稿、如何插入新幻灯片以及对幻灯片进行美化设置。

10.1.1 演示文稿的基本操作

演示文稿的基本操作主要包括新建和保存演示文稿等。

扫码看视频

1. 新建演示文稿

新建空白演示文稿

通常情况下，启动PowerPoint之后，在PowerPoint开始界面中单击【空白演示文稿】选项，即可创建一个名为“演示文稿1”的空白演示文稿，如图10.1–1所示。

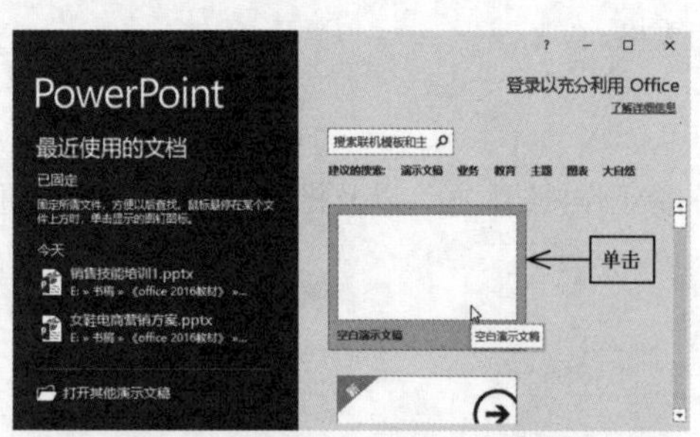

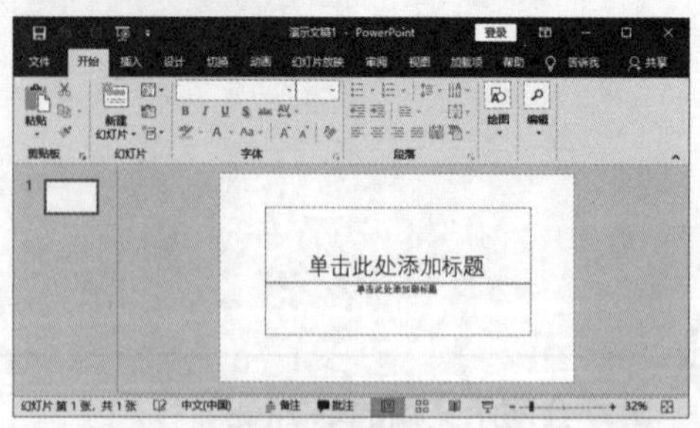

图10.1–1

根据模板创建演示文稿

为了使用户可以更快捷地创建演示文稿，系统还提供了很多演示文稿的模板。用户可以根据需要选择合适的模板，在模板的基础上创建演示文稿，具体操作步骤请用户扫描二维码并观看视频进行学习，这里不再赘述。

2. 保存演示文稿

演示文稿在制作过程中应及时地进行保存，以免因停电或尚未制作完成就误将演示文稿关闭，造成不必要的损失。保存演示文稿的具体步骤如下。

❶ 在演示文稿窗口中的快速访问工具栏中单击【保存】按钮，如图10.1–2所示。

图10.1–2

❷ 第一次保存将弹出【另存为】界面，在该界面选中【这台电脑】选项，单击【浏览】按钮，如图10.1–3所示。

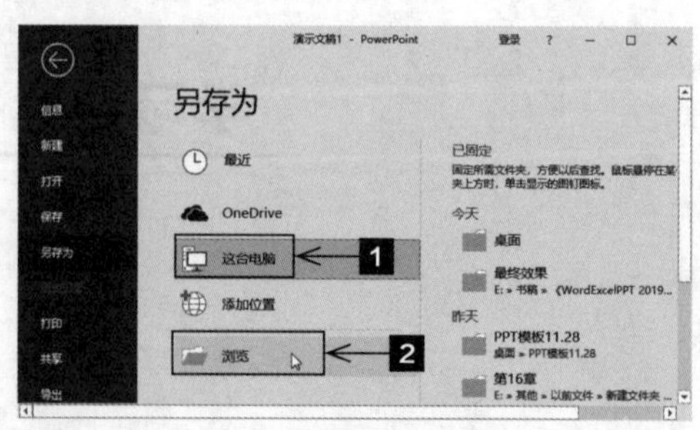

图10.1–3

❸ 弹出【另存为】对话框，在保存范围列表框中选择合适的保存位置，然后在【文件名】文本框中输入文件名称，单击【保存】按钮，即可保存演示文稿，如图10.1-4所示。

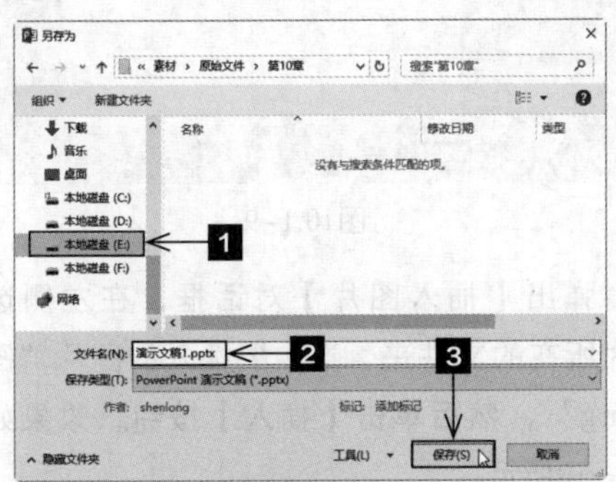
图10.1-4

如果对已有的演示文稿进行了编辑操作，可以直接按【Ctrl】+【S】组合键，对演示文稿进行保存。

用户也可以单击【文件】按钮，在弹出的界面中单击【选项】，在弹出的【PowerPoint选项】对话框中，切换到【保存】选项卡，然后设置【保存自动恢复信息时间间隔】选项，这样每隔几分钟系统就会自动保存演示文稿，具体操作步骤请扫描二维码并观看视频进行学习。

3. 新建幻灯片

在制作演示文稿的过程中，新建幻灯片是一种常用的基本操作。在演示文稿中新建幻灯片的方法有两种：一种是通过右键快捷菜单新建幻灯片，另一种是通过【幻灯片】组的按钮来新建幻灯片。接下来我们重点介绍如何使用右键快捷菜单来新建幻灯片，具体的操作步骤如下。

❶ 打开演示文稿，在导航窗格中的第1张幻灯片上单击鼠标右键，然后在弹出的快捷菜单中单击【新建幻灯片】命令，如图10.1-5所示。

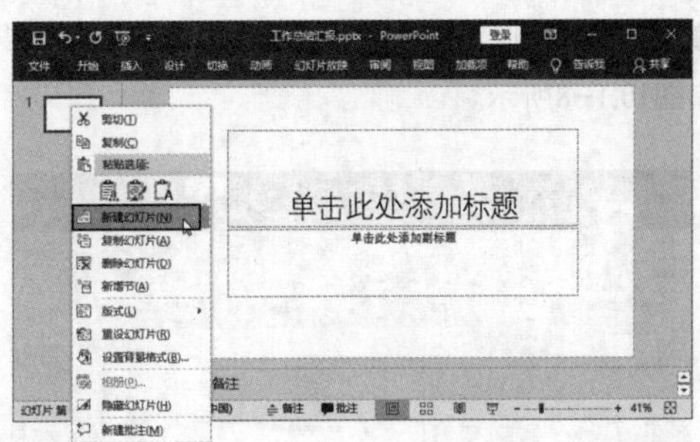
图10.1-5

❷ 返回演示文稿，可以看到新建的幻灯片已经在演示文稿中，如图10.1-6所示。

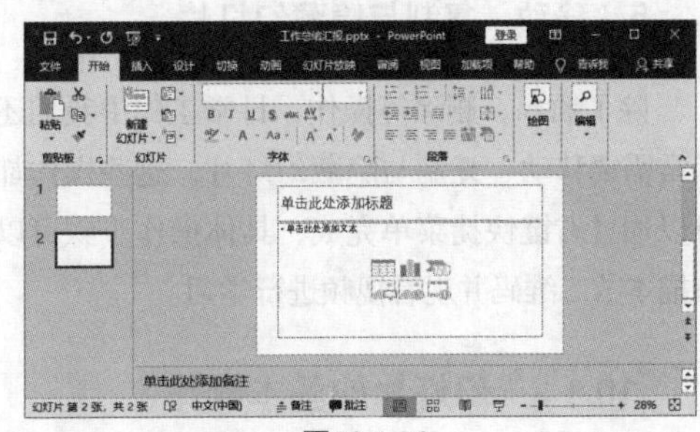
图10.1-6

4. 删除幻灯片

如果演示文稿中有多余的幻灯片，用户可以将其删除。

❶ 在左侧导航窗格中选中要删除的幻灯片，例如选中第2张幻灯片，然后单击鼠标右键，在弹出的快捷菜单中单击【删除幻灯片】命令，如图10.1-7所示。

图10.1-7

❷ 可以看到选中的第2张幻灯片被删除，效果如图10.1-8所示。

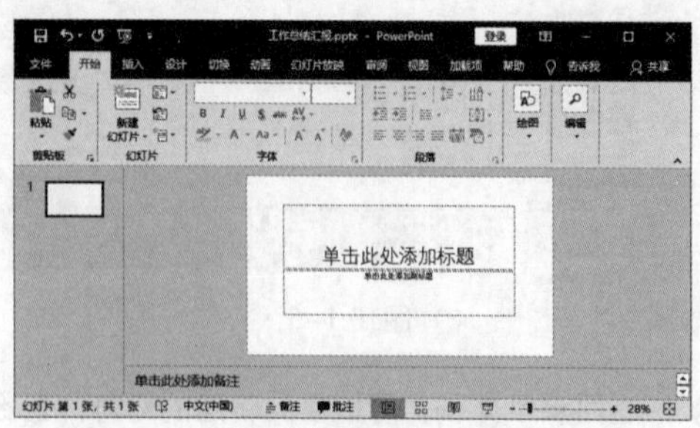

图10.1-8

5. 移动、复制与隐藏幻灯片

除了插入、删除等操作，日常工作中我们还经常需要移动、复制与隐藏幻灯片，这些操作都可以通过右键快捷菜单完成，具体操作步骤可以扫描本节二维码并观看视频进行学习。

10.1.2 幻灯片的基本操作

幻灯片的基本操作包括在幻灯片中插入图片、文本、形状等。

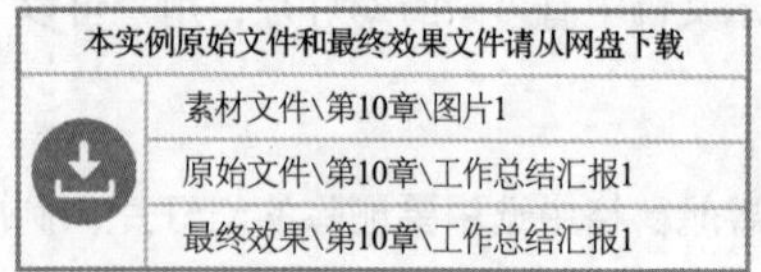

1. 插入并设置图片

插入图片

使用图片不仅可以使幻灯片更加美观，同时好的图片还可以帮助读者更好地理解幻灯片的内容。下面我们来学习如何在幻灯片中插入图片。

❶ 切换到【插入】选项卡，在【图像】组中单击【图片】按钮，如图10.1-9所示。

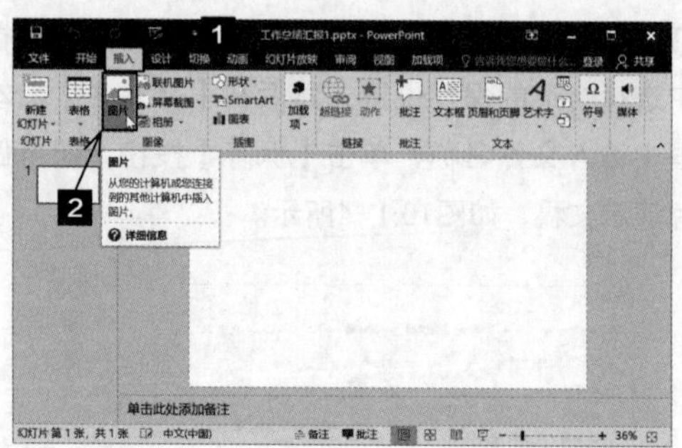

图10.1-9

❷ 弹出【插入图片】对话框，在左侧选择图片所在的文件夹，选中要插入的图片“图片1.png”，然后单击【插入】按钮，效果如图10.1-10所示。

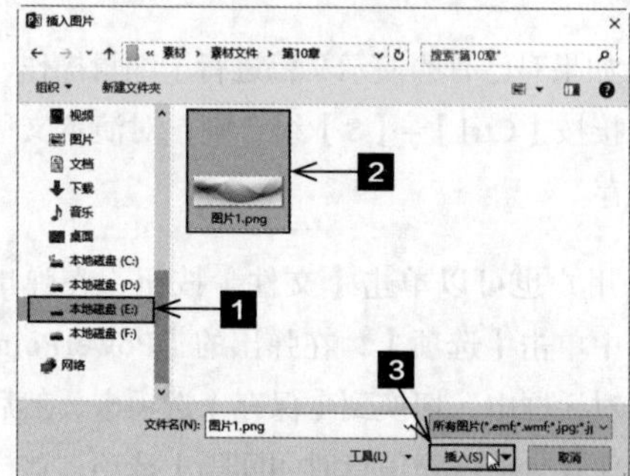

图10.1-10

❸ 可以看到选中的图片插入到了幻灯片中，效果如图10.1-11所示。

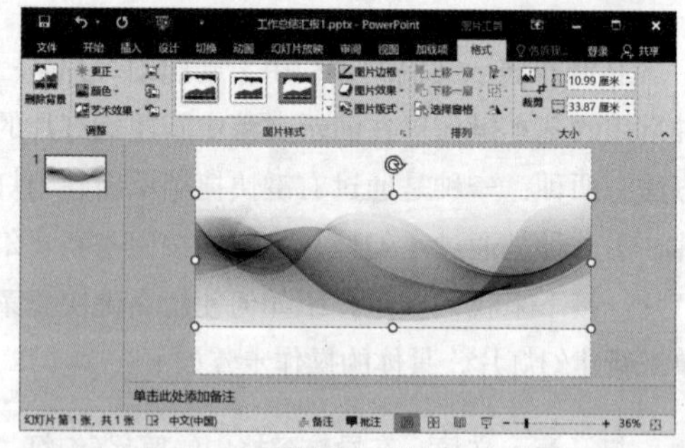

图10.1-11

设置图片

由于我们插入的图片是作为工作总结的片头图片，它在宽度上应该充满工作总结的片头，因此我们需要将图片的宽度调整到与页面宽度一致。调整图片宽度的具体操作步骤如下。

❶ 选中图片，切换到【格式】选项卡，在【大小】组中的【宽度】微调框中输入“33.87厘米”，如图10.1-12所示。

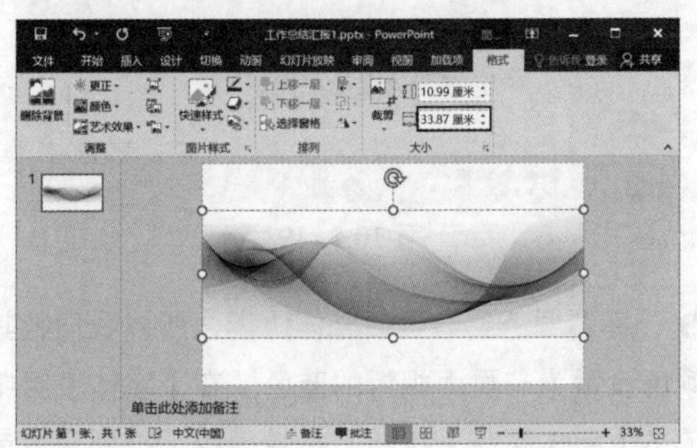

图10.1-12

❷ 可以看到图片的高度也会等比例增加，这是因为系统默认图片是锁定纵横比的，如图10.1-13所示。

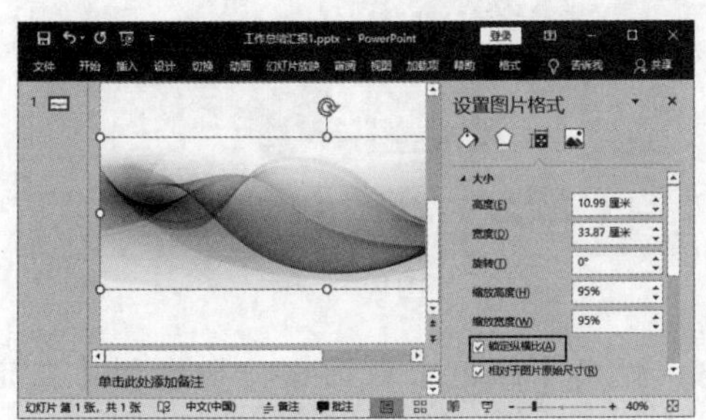

图10.1-13

❸ 前面我们已经设定好图片的宽度，所以现在只需要将图片相对于页面左对齐和顶端对齐即可。选中图片，切换到【格式】选项卡，在【排列】组中单击【对齐】按钮，在弹出的下拉列表中单击【左对齐】选项，如图10.1-14所示。

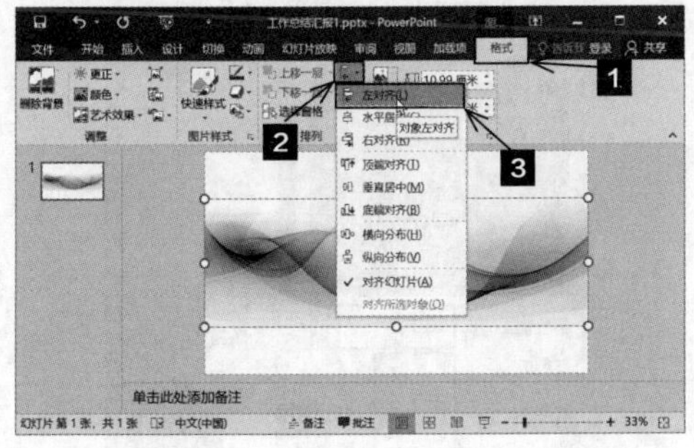

图10.1-14

❹ 再次单击【对齐】按钮，在弹出的下拉列表框中单击【顶端对齐】选项，如图10.1-15所示。

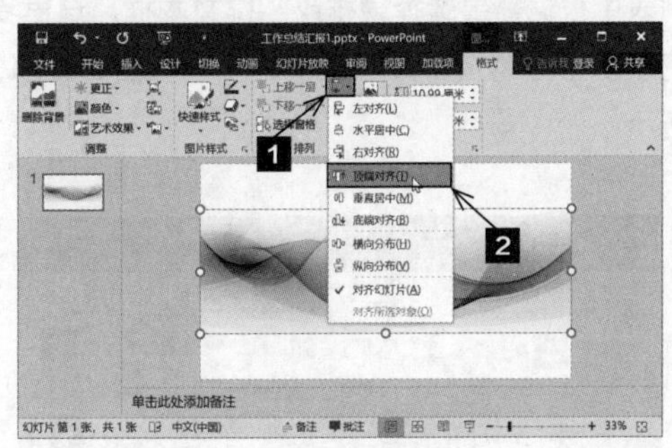

图10.1-15

2. 插入并设置文本框

文本作为幻灯片内容的主要传递者，是幻灯片的核心。在幻灯片中最直接的文本添加方式就是使用占位符，因为很多幻灯片的默认版式中都带有占位符。在这种情况下，用户就可以直接在占位符中输入文本，然后调整文本的大小和格式，再根据版面需要适当调整占位符在幻灯片中的位置即可，如图10.1-16所示。

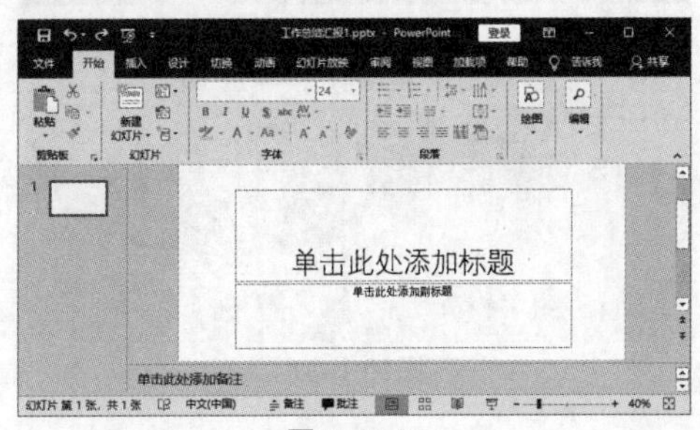

图10.1-16

插入文本框

用户除了可以在占位符中添加文本，还可以通过插入文本框的方式来添加文本。在本实例中，我们先插入了图片，所以需要使用插入文本框的方式来输入文本，在幻灯片中插入文本框的具体操作步骤如下。

❶ 切换到【插入】选项卡，在【文本】组中单击【文本框】按钮的下半部分，在弹出的下拉列表中根据需要选择横排或竖排文本框，这里我们单击【绘制横排文本框】选项，如图10.1-17所示。

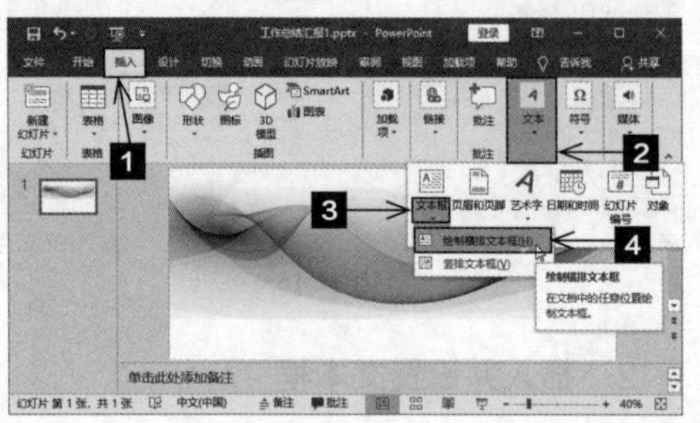

图10.1-17

❷ 当鼠标指针变为“十”形状时，按住鼠标左键不放，拖曳鼠标即可绘制一个横排文本框，并在文本框中输入文本内容“2018”，如图10.1-18所示。

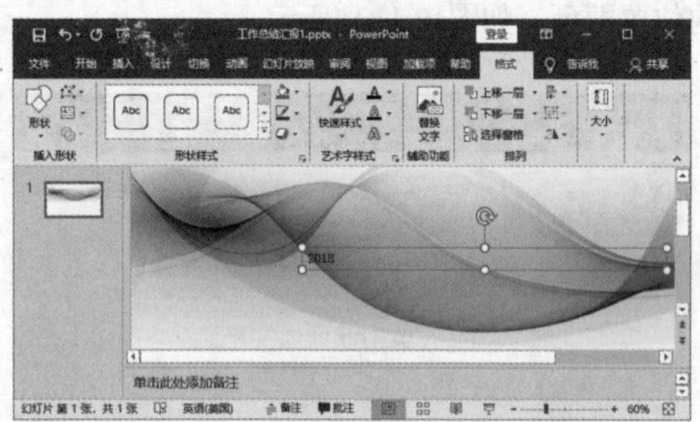

图10.1-18

❸ 接下来设置所输入文本的字体颜色和大小。标题文本需要正式些，且为了突出标题，需要将其字号设置得大一些。选中输入的文本，切换到【开始】选项卡，在【字体】组中的【字体】下拉列表框中选中“微软雅黑”选项，在【字号】文本框中输入“115”即可，如图10.1-19所示。

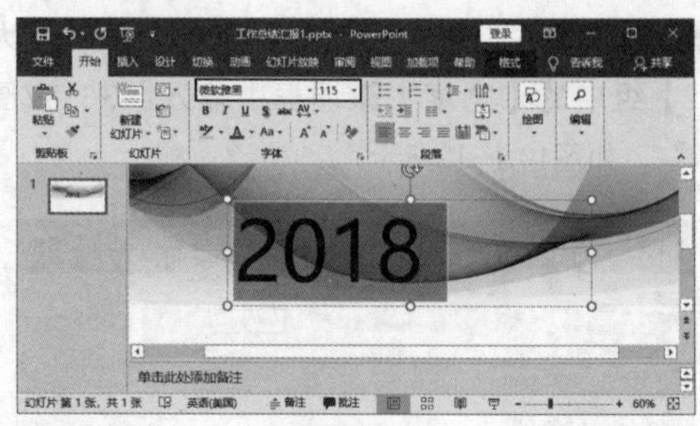

图10.1-19

❹ 标题颜色要与页面整体协调，所以我们将其颜色设置为与页面相近的蓝色。在【字体】组中单击【字体颜色】按钮，在弹出的下拉列表中单击【其他颜色】选项，如图10.1-20所示。

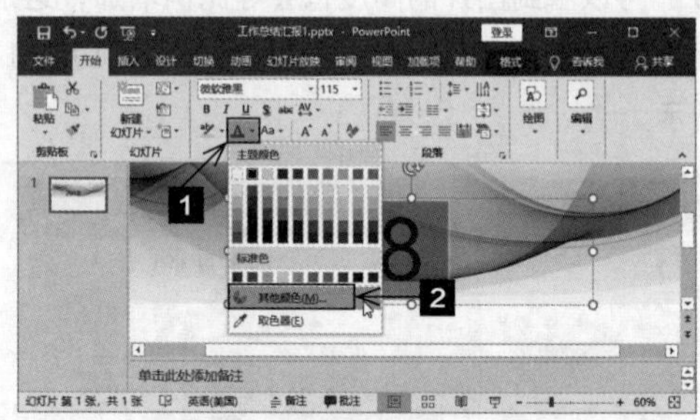

图10.1-20

❺ 弹出【颜色】对话框，切换到【自定义】选项卡，在【颜色模式】下拉列表框中选中【RGB】选项，将【红色】【绿色】【蓝色】微调框中的数值分别设置为“7”“71”和“167”，单击【确定】按钮，如图10.1-21所示。

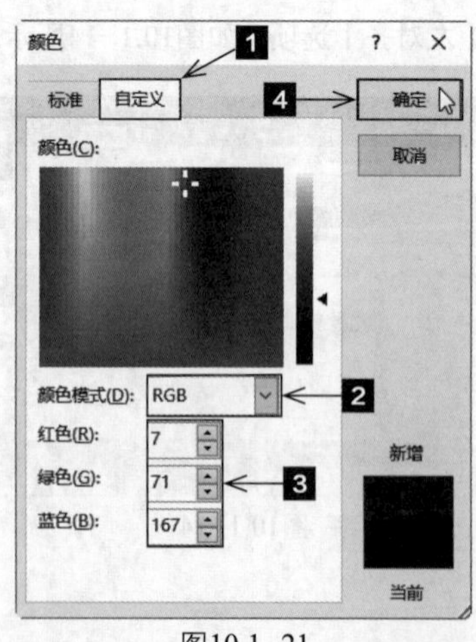

图10.1-21

❻ 设置完成后即可在幻灯片中看到效果如图10.1-22所示。

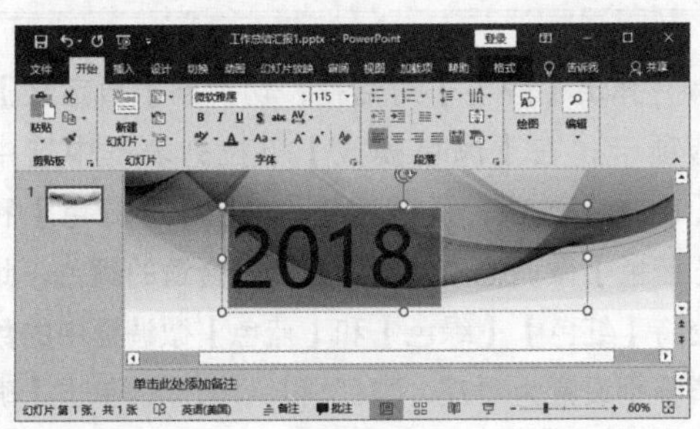

图10.1-22

设置文本

系统默认文本框中的文字是靠左显示的，但是就我们当前的布局来看，文本框属于长条形的，文字又比较少，为避免页面失衡，文字居中显示会比较好。设置文本的具体操作步骤如下。

❶ 选中文本，切换到【开始】选项卡，在【段落】组中单击【居中】按钮，即可使文字相对于文本框居中对齐，如图10.1-23所示。

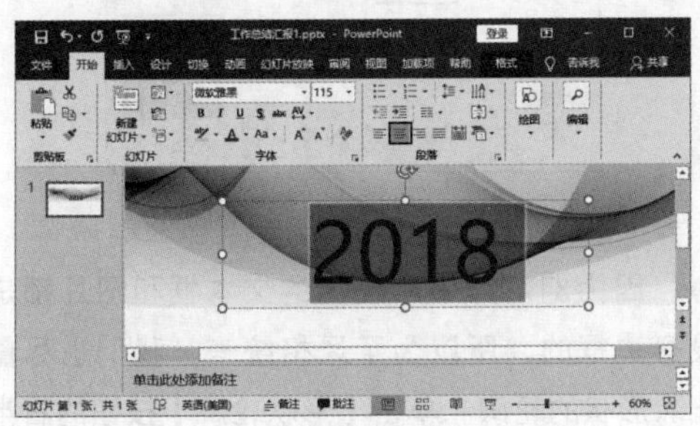

图10.1-23

❷ 设置完成后，将文本框移动到合适的位置，然后按照相同的方法在当前页面中插入其他文本框并输入相应的内容，效果如图10.1-24所示。

图10.1-24

3. 插入并设置形状

形状在幻灯片设计中的作用不容小觑，堪称幻灯片设计的“好帮手”。在幻灯片制作中，形状有很多用途，例如突出重点、美化外观。

插入形状

在幻灯片中形状的应用也是非常广泛的，它既可以充当文本框，又可以通过不同的排列组合来表现不同的逻辑关系。下面我们先来讲解如何在幻灯片中插入形状，以及形状的一些基本编辑操作。

❶ 按照前面介绍的方法在第一张幻灯片下方插入另一张空白幻灯片，切换到【插入】选项卡，在【插图】组中单击【形状】按钮，在弹出的下拉列表框中选中【矩形】选项，如图10.1-25所示。

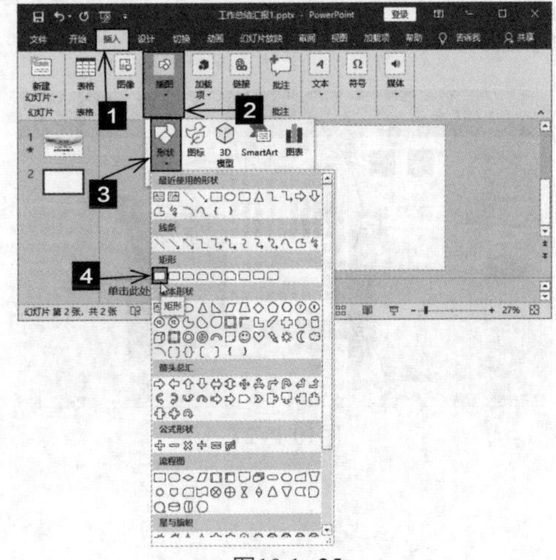

图10.1-25

❷ 随即鼠标指针变成“十”形状，按住【Shift】键，拖动鼠标，即可在幻灯片中绘制一个纵横比为1∶1的矩形。如果不需要绘制纵横比为1∶1的形状，则不按【Shift】键，如图10.1-26所示。

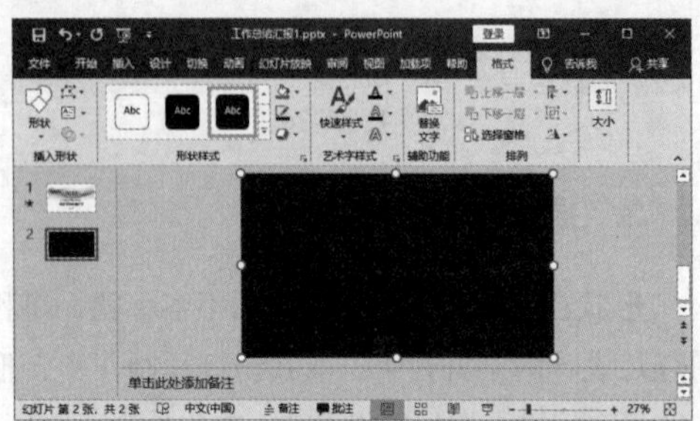

图10.1-26

提示：在PPT中绘制形状时，按住【Shift】键，即可绘制纵横比为1∶1的形状；在调整幻灯片中形状、图片的大小时，按住【Shift】键，可以保持其原有纵横比。

设置形状

形状绘制完成后，接下来我们就要对形状进行美化填充了，美化填充形状的具体操作步骤如下。

❶ 选中绘制的矩形，切换到【格式】选项卡，在【形状样式】组中单击【形状填充】按钮的右半部分，在弹出的下拉列表中单击【其他填充颜色】选项，如图10.1-27所示。

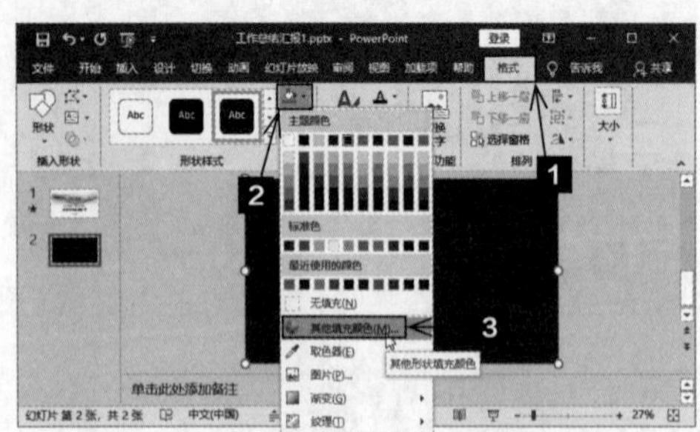

图10.1-27

提示：在PPT中使用颜色时，应尽量使用主题颜色，这样方便后期修改和调整。

❷ 弹出【颜色】对话框，切换到【自定义】选项卡，在【颜色模式】下拉列表框中选中【RGB】选项，通过调整【红色】【绿色】和【蓝色】微调框中的数值来选择合适的颜色，此处将【红色】【绿色】和【蓝色】微调框中的数值分别设置为“7”“71”和“167”，单击【确定】按钮，如图10.1-28所示。

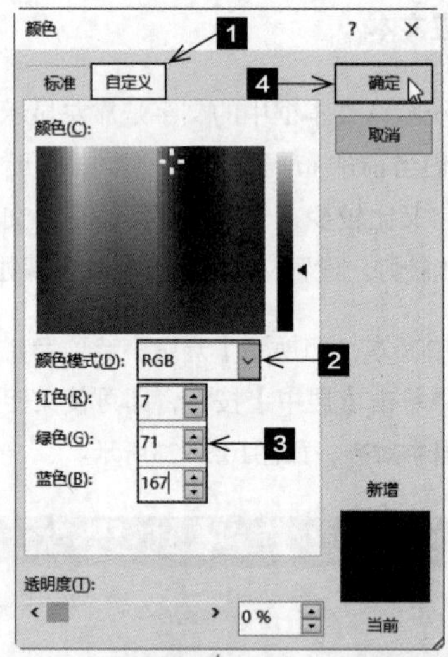

图10.1-28

❸ 因为幻灯片中所使用的文本框和图片都是没有边框的，所以为了风格统一，我们也尽量删除形状的轮廓。单击【形状轮廓】按钮的右半部分，在弹出的下拉列表框中选中【无轮廓】选项，如图10.1-29所示，返回到幻灯片即可看到形状的设置效果。

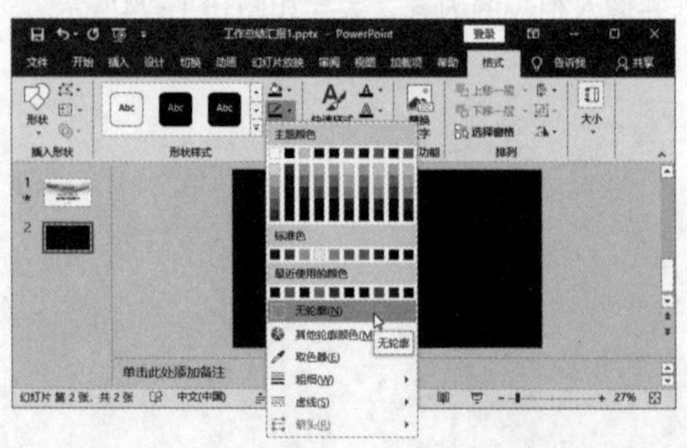

图10.1-29

插入文本

底图设置完成后，要输入相关的文本内容。我们可以使用文本框来输入，插入文本框的方法参照前面即可，这里不再赘述，请扫码观看视频。插入文本的效果如图10.1-30所示。

图10.1-30

10.2 课堂实训——编辑企业宣传片

结合10.1节学习的内容，用户可以根据操作要求来编辑企业宣传片的封面页与目录页，效果如图10.2-1所示。

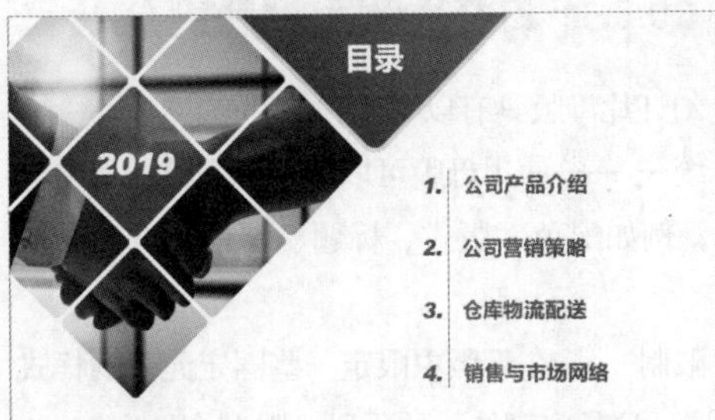

图10.2-1

专业背景

企业宣传片是企业自主投资制作的，主观介绍自有企业的主营业务、产品、企业规模及人文历史的专题片。企业宣传片主要是企业的一种具有动态化、艺术化特征的阶段性总结的展播方式，企业通过这一方式回望过去。

实训目的

◎ 熟练编辑封面页

◎ 熟练编辑目录页

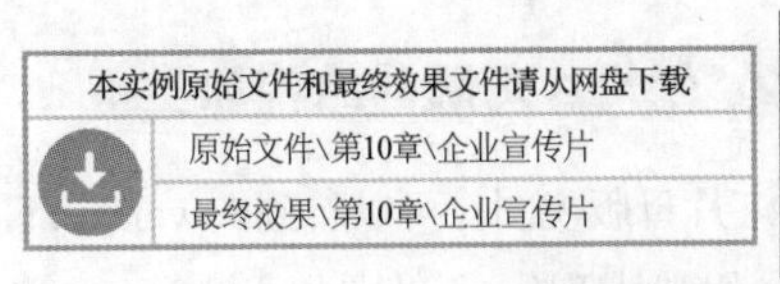

操作思路

1. 编辑封面页

在幻灯片中插入4个不同大小的圆角矩形，并在【形状填充】和【形状轮廓】中进行相应的设置；然后在形状上插入文本和图片，并在幻灯片中插入文本框、输入文本，完成后的效果如图10.2-2所示。

图10.2-2

2. 编辑目录页

在目录页中插入9个圆角矩形，然后设置其形状和轮廓，将矩形组合起来，在【设置形状格式】对话框中选中【图片或纹理填充】单选按钮，即可添加图片，然后插入形状和文本框，完成效果如图10.2-3所示。

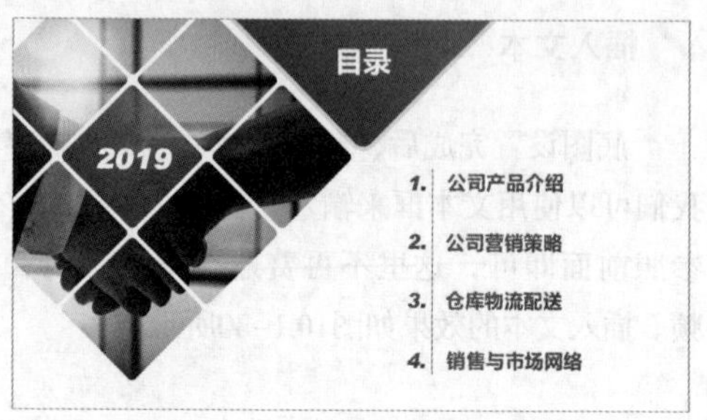

图10.2-3

10.3 母版设计——公司销售培训

PPT母版包含出现在每一张幻灯片上的显示元素，如文本占位符、图片、动作按钮，或者是在相应版式中出现的元素。用户使用母版可以更方便地统一幻灯片的样式及风格，提高PPT制作效率。

10.3.1 幻灯片母版的特性

幻灯片母版具有以下三种特性。

统一——使用母版可以使演示文稿的风格更统一，例如配色、版式、标题、字体和页面布局等。

限制——在母版中限定一些固定元素的样式或位置，这是实现统一的手段，限制个性发挥。

速配——排版时根据内容和类别一键选定对应的版式。

鉴于幻灯片母版的以上特性，如果用户制作的PPT具有以下特点，那就给PPT定制一个母版：PPT的页面数量大、页面版式可以分为固定的若干类、需要多次制作类似的PPT、对制作速度有要求。

10.3.2 幻灯片母版的结构和类型

进入幻灯片母版视图，可以看到PowerPoint 2016自带的一组默认母版，分别是以下几类。

Office主题幻灯片版式：在这一页中添加的内容会作为背景在下面所有版式中出现。

标题幻灯片版式：可用于幻灯片的封面封底，与主题页不同的是需要选中隐藏背景图形。

标题和内容幻灯片版式：标题框架+内容框架。

除了上述几类，还有节标题、比较、空白、仅标题、仅图片等不同的幻灯片版式布局可供用户选择。

以上幻灯片版式都可以根据设计需要进行调整。用户可以保留需要的版式，将多余的版式删除。

10.3.3 设计幻灯片母版

我们一般按照封面页、过渡页、目录页、内容页和封底页这5类页面来设计幻灯片母版。

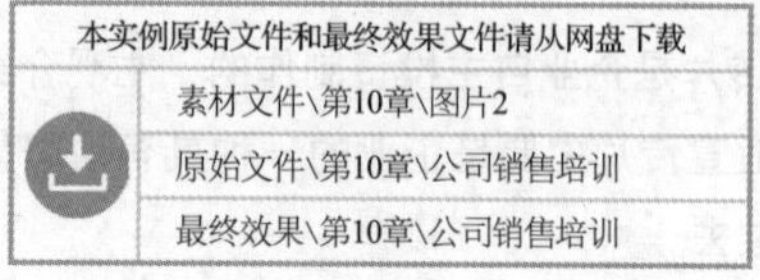
本实例原始文件和最终效果文件请从网盘下载

素材文件\第10章\图片2

原始文件\第10章\公司销售培训

最终效果\第10章\公司销售培训

扫码看视频

1. 设计封面页版式

因为封面页的可变性不大，图片一般不需要变化，要变的就是标题文字，所以我们一般将背景图片设计在母版中，在母版中利用占位符固定好标题文字的位置。具体操作步骤如下。

❶ 打开本实例的原始文件，切换到【视图】选项卡，在【母版视图】组中单击【幻灯片母版】按钮，如图10.3-1所示。

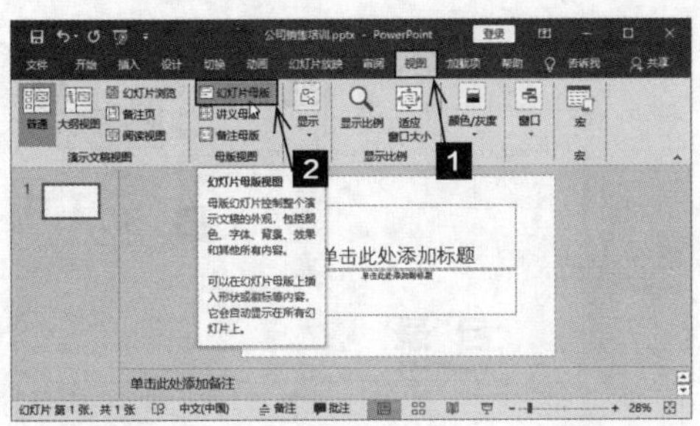
图10.3-1

❷　进入幻灯片母版视图后，在左侧的幻灯片导航窗格中选择一个版式，例如选中【标题幻灯片版式】选项。接下来添加其他固定不变的元素，如图片、形状。例如先插入一张图片作为背景。在幻灯片中删除其余占位符，切换到【插入】选项卡，在【图像】组中单击【图片】按钮，如图10.3-2所示。

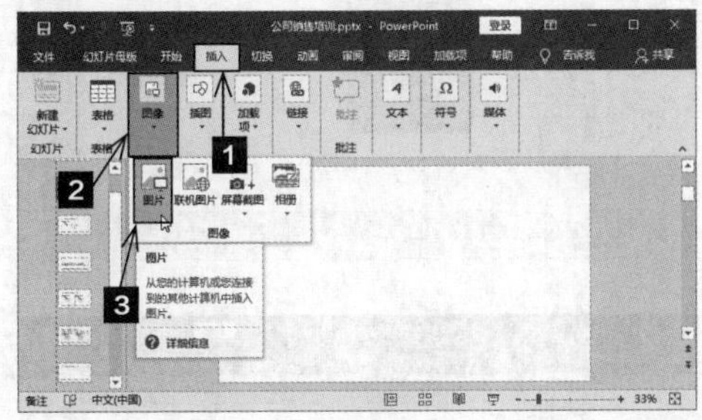
图10.3-2

❸　弹出【插入图片】对话框，找到素材图片所在的文件夹，选中素材图片，单击【插入】按钮，如图10.3-3所示。

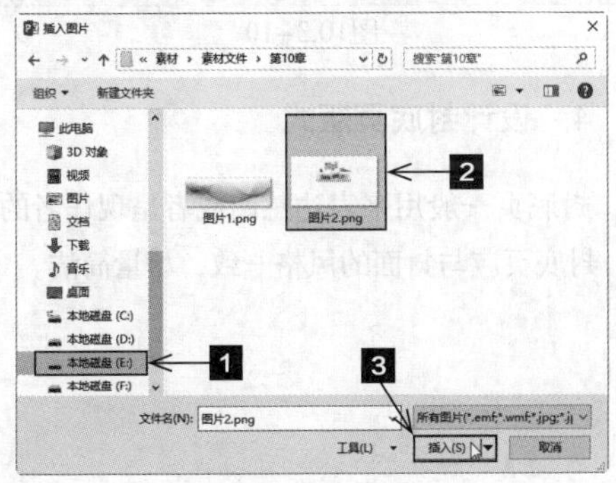
图10.3-3

❹　可以看到选中的素材图片被插入到幻灯片中，作为幻灯片底图的图片需要充满整个页面，所以用户要调整图片大小，并将图片顶端对齐和左对齐页面即可，如图10.3-4所示。

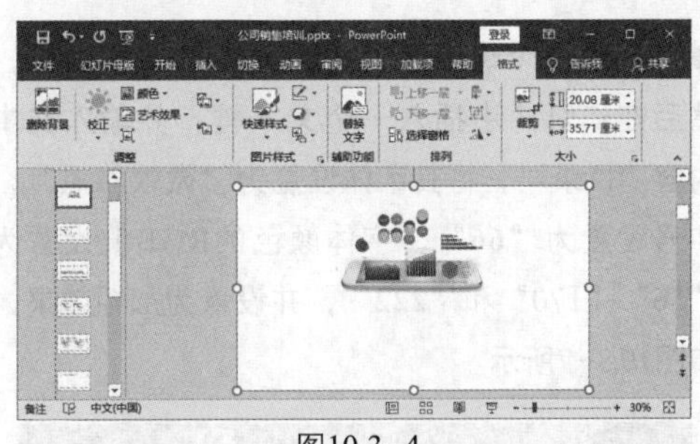
图10.3-4

❺　插入图片后，即可输入文本内容。为了将图片与文本间隔开，可以在图片下方插入一条直线，切换到【插入】选项卡，在【插图】组中单击【形状】按钮，在弹出的下拉列表中选中【直线】选项，如图10.3-5所示。

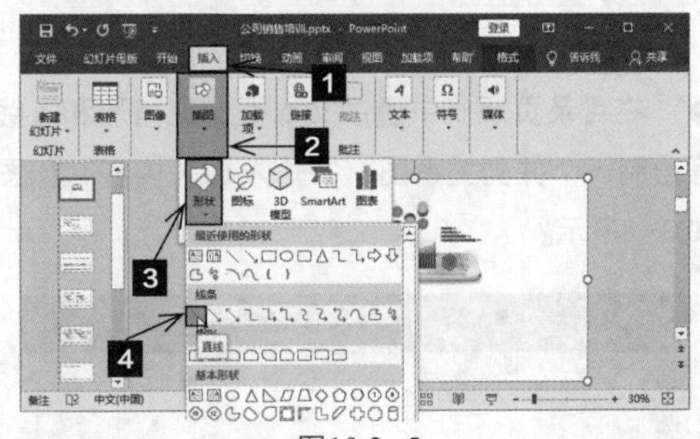
图10.3-5

❻　当鼠标指针变为“十”形状时，拖曳鼠标即可绘制一条直线，将直线的轮廓颜色的RGB值设置为“143”“211”和“62”，粗细设置为“4.5磅”，然后移动到合适的位置，效果如图10.3-6所示。

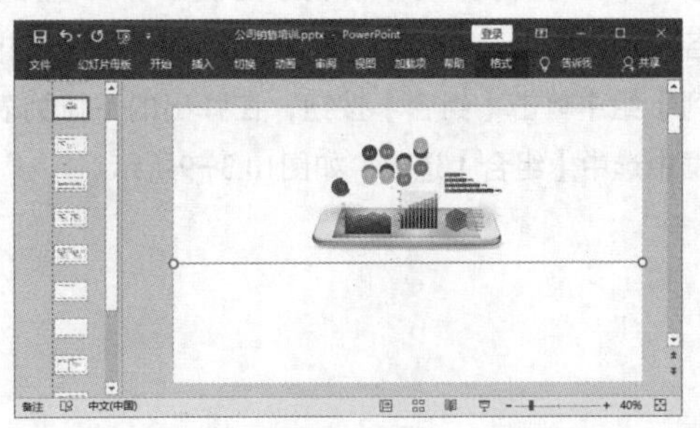
图10.3-6

2. 设计目录页版式

目录页主要是由形状和文本框组成的一个并列关系的信息图表。目录页版式设计具体操作步骤如下。

❶ 选中一个母版版式，删除多余的占位符，然后在幻灯片中插入一个文本框，并输入文本内容“目录”，将其字体设置为“微软雅黑”，字号设置为“66”，字体颜色的RGB值设置为“56”“170”和“222”，并设置为加粗效果，如图10.3-7所示。

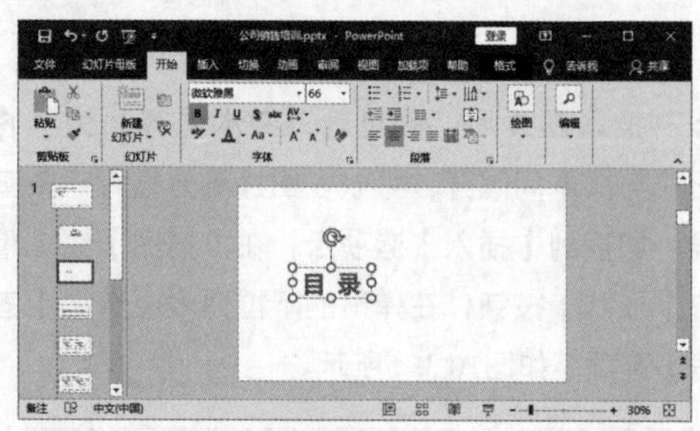

图10.3-7

❷ 在目录页版式中通过文本框、三角形和直线等绘制一个并列关系图，并输入相关内容，如图10.3-8所示。

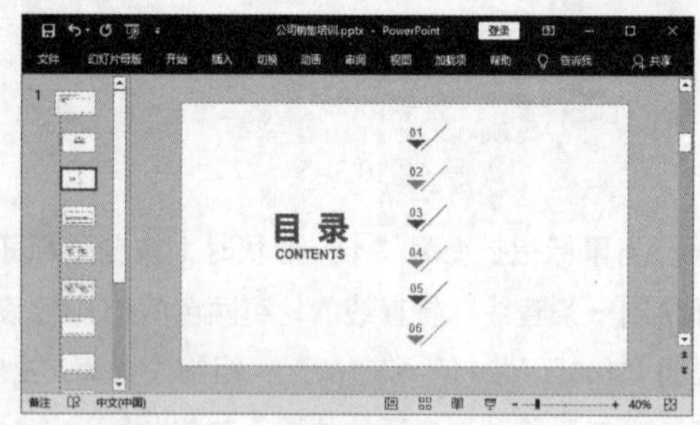

图10.3-8

❸ 设置好并列关系后，为了方便移动，可以将各种形状组合。切换到【格式】选项卡，在【排列】组中单击【组合】按钮，在弹出的下拉列表框中选中【组合】选项，如图10.3-9所示。

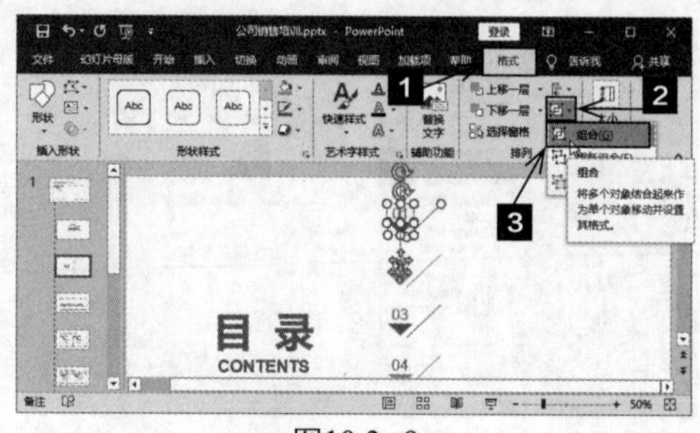

图10.3-9

3. 设计过渡页和内容页版式

过渡页主要是形状与文本框，内容页用户可根据自己的需求进行设置，此处均不再赘述。过渡页设计效果如图10.3-10所示。

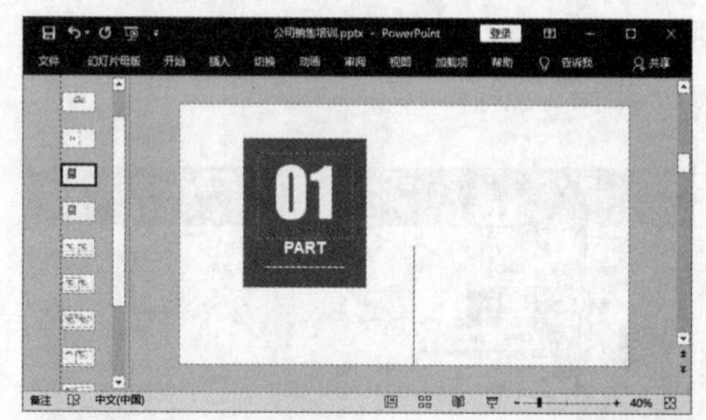

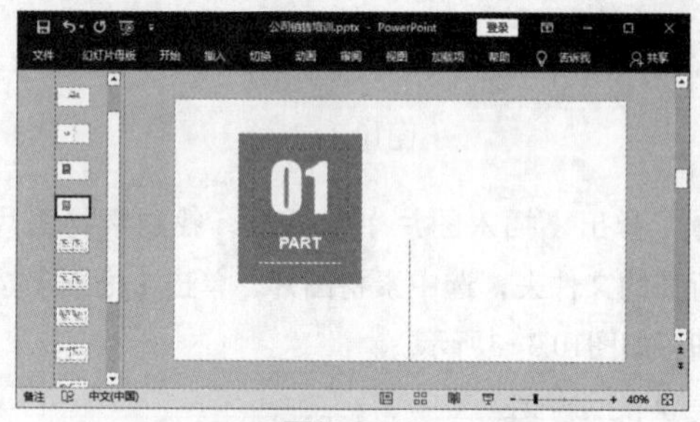

图10.3-10

4. 设计封底页版式

封底页一般用来表达感谢或者呈现作者的信息。封底页应与封面的风格一致，尽量简洁。

10.4　课堂实训——销售技能培训母版

结合10.3节学习的内容，用户可以根据操作要求来设置销售技能培训的母版，效果如图10.4–1所示。

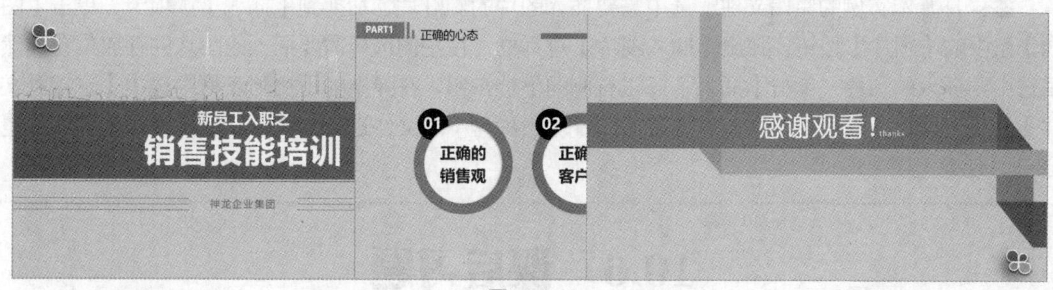

图10.4–1

专业背景

销售的工作就是去满足客户的需求，并巧妙地让客户认同和接受销售人员的工作。要成功地做到这一点，销售人员必须充分了解公司的产品和服务，并具备优良的销售技巧。

实训目的

◎　熟练编辑封面页

◎　熟练编辑目录页

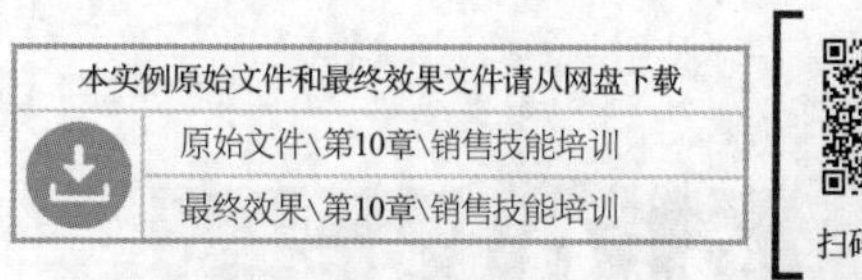

本实例原始文件和最终效果文件请从网盘下载

原始文件\第10章\销售技能培训

最终效果\第10章\销售技能培训

扫码看视频

操作思路

1. 设置封面页

单击【幻灯片母版】按钮进入幻灯片母版视图，在母版视图中选择合适的版式并对封面页进行设置，完成后的效果如图10.4–2所示。

图10.4–2

2. 设置内容页

在内容页中插入4个形状，然后在【形状填充】和【形状轮廓】下拉列表中调整其形状和轮廓，完成效果如图10.4–3所示。

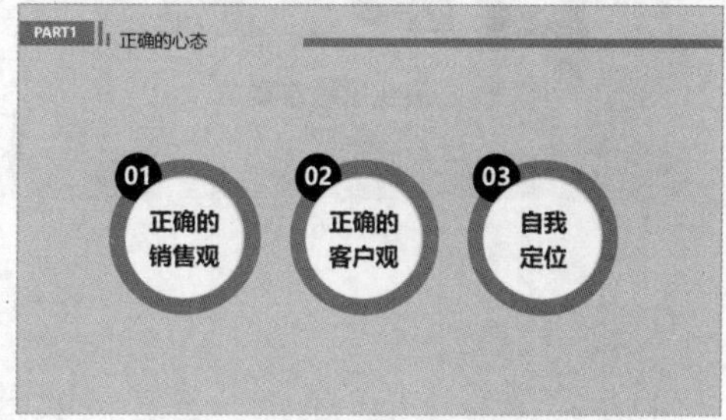

图10.4–3

3. 设置封底页

在封底页中按照前面介绍的方法插入几个不同的形状，并设置其形状和轮廓，完成效果如图10.4–4所示。

图10.4–4

10.5 常见疑难问题解析

问：如何自动更新图片？

答：打开本实例的原始文件，选中需要插入图片的幻灯片，切换到【插入】选项卡，单击【图像】组中的【图片】按钮，弹出【插入图片】对话框，在左侧选择需要插入的图片的存放位置，然后选中要插入的图片，单击【插入】按钮右侧的下拉按钮，在弹出的下拉列表框中选中【链接到文件】选项，即可在幻灯片中插入有链接的图片。当磁盘中的文件进行了修改，演示文稿中的图片也会自动更新。

10.6 课后习题

（1）在【幻灯片母版】中设置封面页中的图片，在目录页、过渡页以及内容页中分别插入适当的形状。

扫码看视频

（2）设置完成后，返回演示文稿，在每张幻灯片中添加合适的内容，并对幻灯片进行美化设置。最终效果如图10.6-1、图10.6-2、图10.6-3、图10.6-4所示。

图10.6-1

图10.6-2

图10.6-3

图10.6-4

第11章
动画效果与放映

本章内容简介

本章结合实际案例介绍什么是动画、动画的应用、动画排列、添加视频功能以及演示文稿的放映、打包方法。

学完本章我能做什么

通过本章的学习，我们可以将营销推广方案以不同的效果进行展示，对女装策划方案进行放映和打包。

学习目标

- ▶ 学会设置演示文稿的动画效果
- ▶ 学会添加多媒体文件
- ▶ 学会放映演示文稿
- ▶ 学会打包演示文稿

11.1 设置PPT动画效果——电子产品推广方案

合理地使用动画，既能够为PPT的演示增添美感和视觉冲击力，又可以“赶走观众的瞌睡”，调动观众的热情，自然也能给观众留下深刻的印象。

11.1.1 演示文稿的动画效果

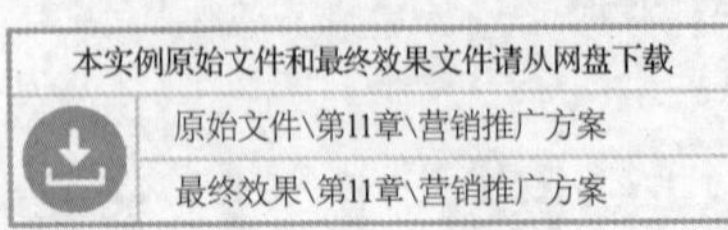

演示文稿的动画效果一般可以分为两个方面：一个方面是页面切换动画，另一个方面是页面中各元素的动画。

1. 页面切换动画

用户创建的演示文稿默认页面之间切换时没有动画效果，都是直接翻页，如果用户觉得前后两页幻灯片的切换方式太过普通，可以考虑添加PowerPoint 2016中种类丰富、效果绚丽的幻灯片切换动画。

PowerPoint 2016默认提供了“细微”“华丽”和“动态内容”3大类共40多种页面切换动画效果，如图11.1-1所示。

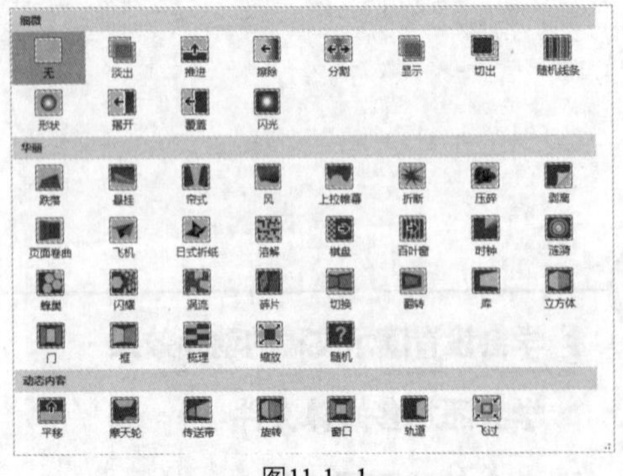

图11.1-1

细微型的切换效果相对来说比较简单。

华丽型的切换效果则更富有视觉冲击力。

动态内容的切换效果会为幻灯片中的内容元素提供动画效果，有时也用来为页面中的图片等对象提供切换效果。

❶ 打开本实例的原始文件，切换到【切换】选项卡，在【切换到此幻灯片】组中单击【其他】按钮，在弹出的切换效果库中选择一种合适的切换效果即可，如图11.1-2所示。

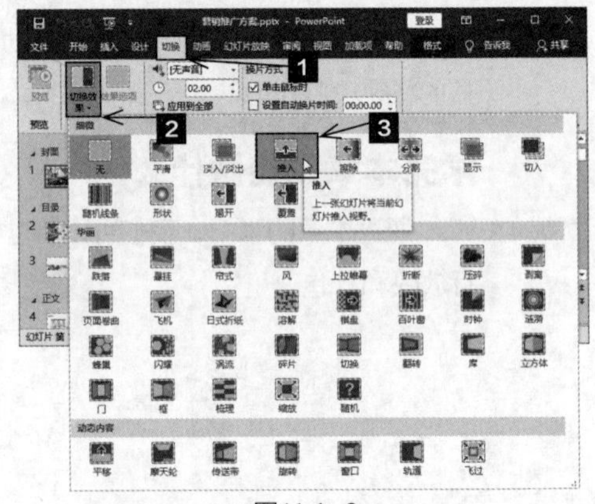

图11.1-2

❷ 对于系统提供的这些切换效果，用户还可以根据页面需要，通过【效果选项】设置不同的变化方式。例如刚才选择的推入效果，默认是从中央向左右展开的，除此之外，系统还提供了另外3种展开方式，用户可以根据页面需要选择不同的展开方式，如图11.1-3所示。

图11.1-3

❸ 用户除了可以对幻灯片的切换效果进行设置外，还可以调整切换的声音、持续时间和换片方式。因为每一个演示文稿都由很多张幻灯片组成，如果你不想一张一张地设置其切换方式，也可以一次性选中所有幻灯片，然后在切换效果库中选中【随机】选项，这样所有幻灯片都会添加上动画效果，而且相互之间的效果不同，如图11.1-4所示。

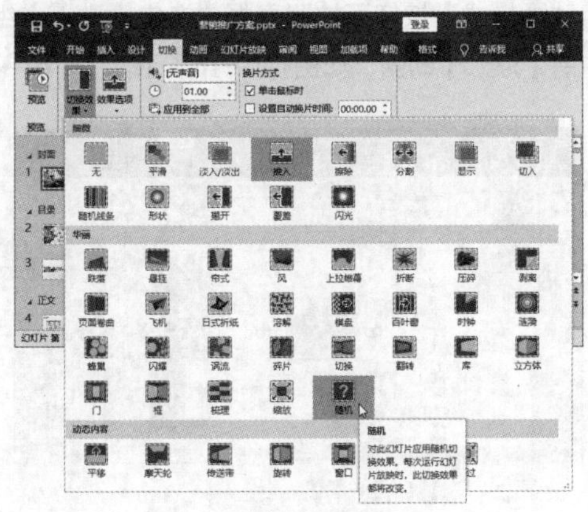
图11.1-4

2. 为元素设置动画效果

PowerPoint 2016为各元素提供了多种形式的动画效果，包括进入、强调、退出、动作路径等。为幻灯片添加动画特效，可以突出PPT中的关键内容、显示页面或各内容之间的层次关系。

进入动画是最基本的自定义动画效果之一，用户可以根据需要对PPT中的文本、图形、图片、组合等多种对象实现从无到有、陆续展现的动画效果。为幻灯片中的元素设置动画效果也是有规律可循的，一般是按照左右顺序或者上下顺序，有时也会按照由内而外的顺序设置。下面我们通过一个实例来讲解进入动画的具体设置步骤。

❶ 打开本实例的原始文件，第1张幻灯片中的元素按位置可以分为两组，即上下两组，用户在添加进入动画时就可以按照这个顺序来添加。选中公司的LOGO图标，切换到【动画】选项卡，在【动画】组中单击【动画样式】按钮，弹出下拉列表，在【进入】动画组中，单击【飞入】选项，如图11.1-5所示。

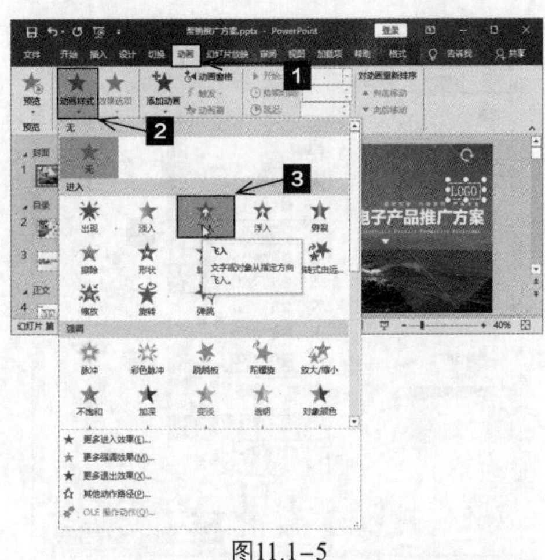

图11.1-5

❷ 为LOGO图标添加“飞入”的动画效果后，然后在【高级动画】组中单击【动画窗格】按钮，如图11.1-6所示。

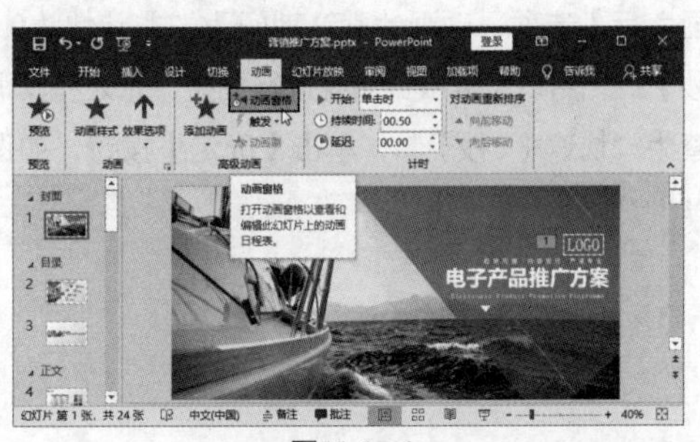
图11.1-6

❸ 弹出【动画窗格】对话框，选中动画1，然后单击鼠标右键，在弹出的快捷菜单中单击【效果选项】命令，如图11.1-7所示。

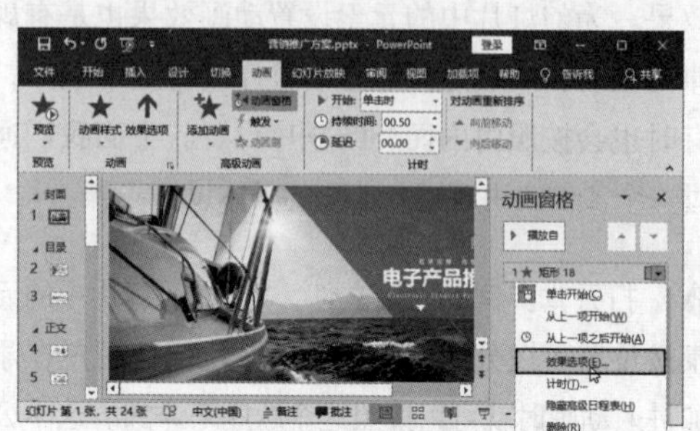

图11.1-7

❹ 弹出【飞入】对话框，切换到【效果】选项卡，在【设置】组中的【方向】下拉列表框中选中【自右侧】选项，如图11.1-8所示。

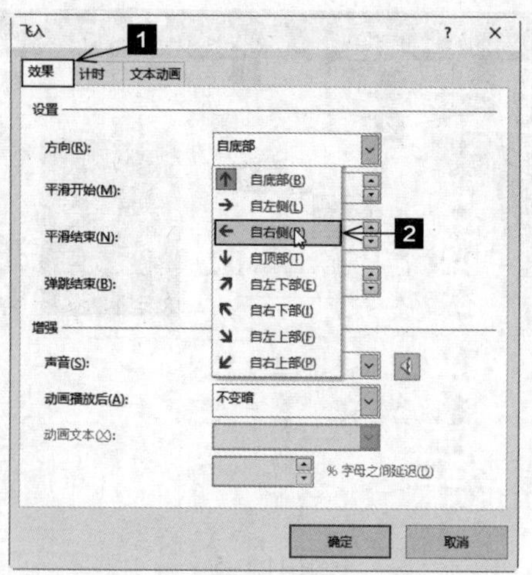

图11.1-8

❺ 切换到【计时】选项卡，在默认情况下动画是单击鼠标时开始，用户也可以设置为自动播放动画。在【开始】下拉列表框中选中【上一动画之后】选项，动画的默认期间为“非常快（0.5秒）”，用户可以根据需要进行调整，此处将其调整为“快速（1秒）”，单击【确定】按钮，如图11.1-9所示。

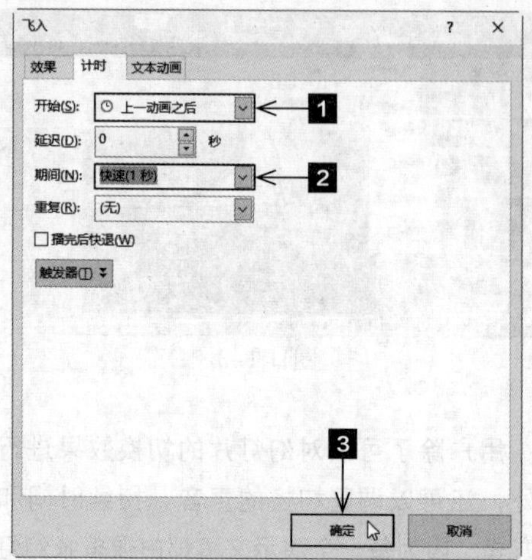

图11.1-9

❻ 返回演示文稿，在【预览】组中单击【预览】按钮的上半部分，即可预览当前动画效果。

❼ 接下来设置当前幻灯片标题的动画效果。选中标题部分的文本，切换到【动画】选项卡，在【动画样式】按钮下拉列表框中选中【进入】组中的【浮入】动画，如图11.1-10所示。

图11.1-10

❽ 添加浮入动画后，调整动画自动播放的时间，在【计时】组中的【开始】下拉列表框中选中【上一动画之后】选项，如图11.1-11所示。

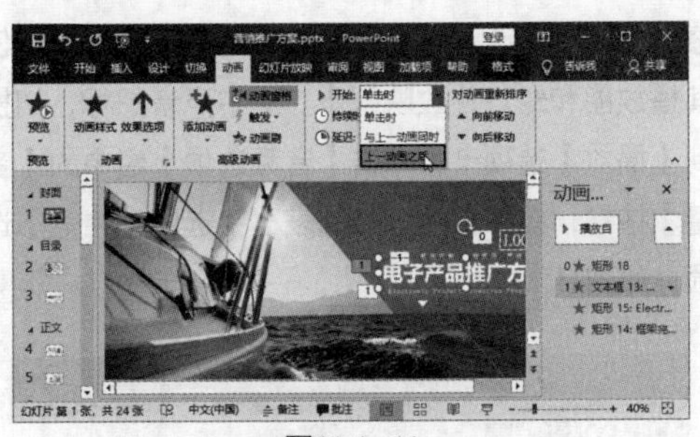

图11.1-11

❾ 显然3个文本的动画应该是在上一动画结束之后同时播放的，因此在【动画窗格】对话框中选中后面的所有动画，在【计时】组中的【开始】下拉列表框中选中【与上一动画同时】选项，如图11.1-12所示。

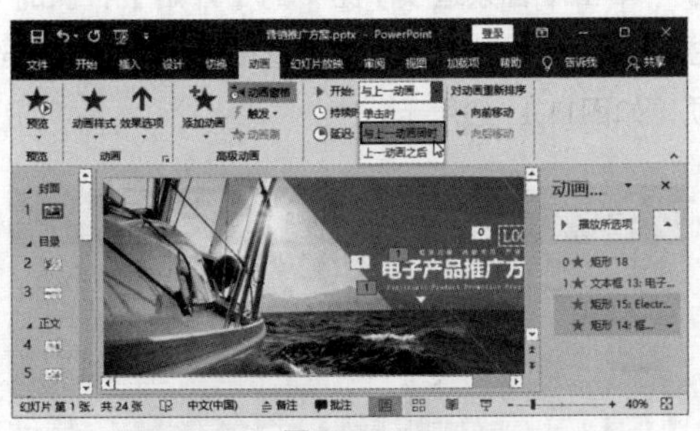

图11.1-12

❿ 最后设置下方的三角形的动画，选中三角形，在【动画】组中的【动画样式】按钮下拉列表中，选中【进入】动画组中的【弹跳】动画，如图11.1-13所示，然后将动画播放时间设置为【上一动画之后】即可。

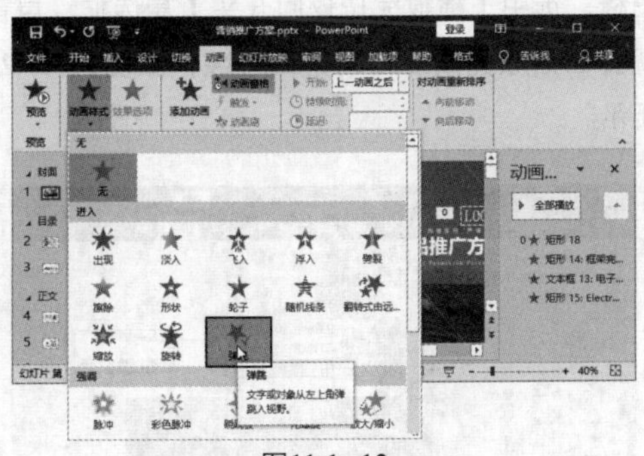

图11.1-13

至此，当前幻灯片的进入动画即设置完成，用户可以单击【预览】按钮进行预览，同时可以按照相同的方法设置其他页面元素的进入动画效果。

强调动画是在放映过程中通过放大、缩小、闪烁等方式引起注意的一种动画。利用这一功能为一些文本框或对象组合添加强调动画，可以获得意想不到的效果。其添加方式与进入动画相同，此处不再赘述。

退出动画是让对象从有到无、逐渐消失的一种动画效果。退出动画实现了画面的连贯过渡，是不可或缺的动画效果。

11.1.2 添加多媒体文件

用户可以在幻灯片中添加声音等多媒体文件，增强演示文稿的播放效果。

在幻灯片中恰当地插入声音，可以使幻灯片的播放效果更加生动、逼真，从而引起观众的注意，使之产生观看的兴趣。插入声音文件的具体步骤如下。

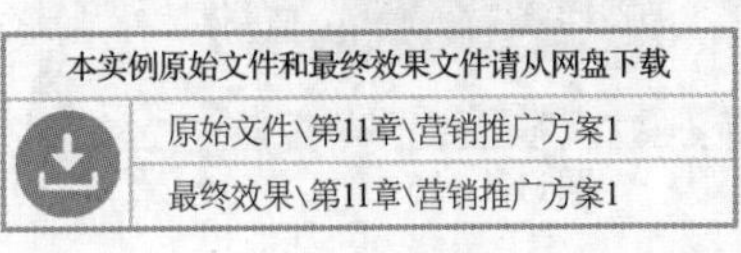

本实例原始文件和最终效果文件请从网盘下载

原始文件\第11章\营销推广方案1

最终效果\第11章\营销推广方案1

扫码看视频

❶ 切换到第1张幻灯片中，切换到【插入】选项卡，在【媒体】组中单击【音频】按钮，在弹出的下拉列表中单击【PC上的音频】选项，如图11.1-14所示。

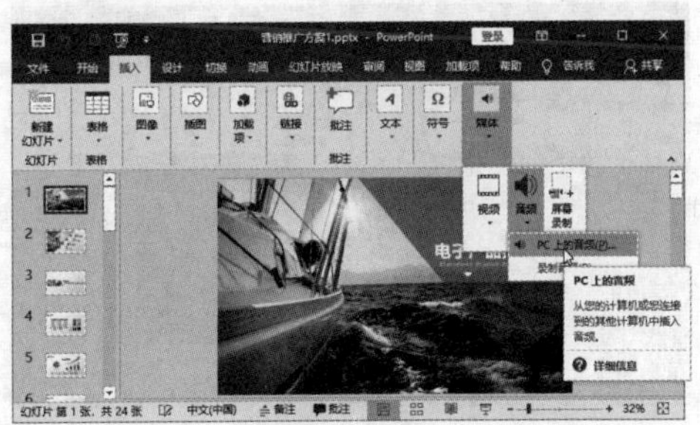

图11.1-14

❷ 弹出【插入音频】对话框，打开声音素材所在的文件夹，然后选择需要插入的声音文件，例如选中“钢琴.mp3”选项，单击【插入】按钮，如图11.1-15所示。

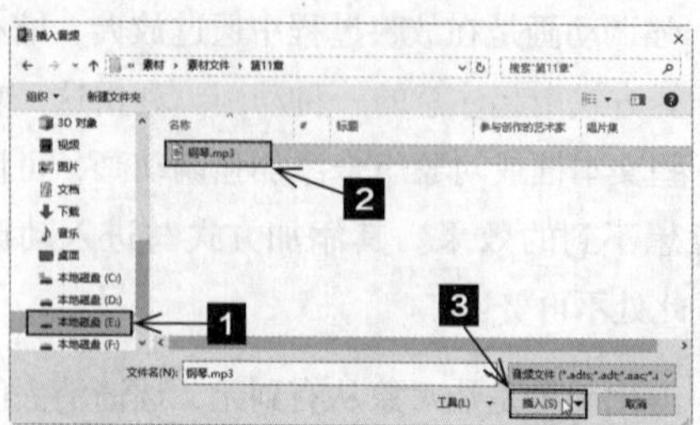

图11.1-15

❸ 可以看到在第1张幻灯片中插入声音图标，并且会出现显示声音播放进度的显示框，在幻灯片中将声音图标拖动到合适的位置，并适当调整其大小，如图11.1-16所示。

图11.1-16

❹ 在幻灯片中插入声音后，可以先听一下声音效果。单击播放进度显示框左侧的【播放/暂停】按钮，随即音频文件进入播放状态，并显示播放进度，如图11.1-17所示。

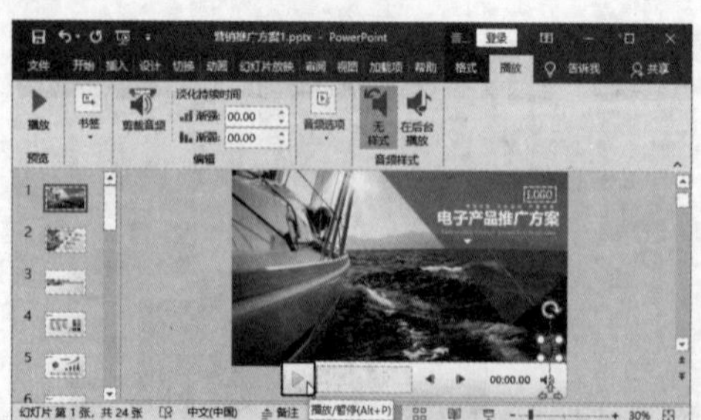

图11.1-17

❺ 插入声音后，可以设置声音的播放效果，使其播放能和幻灯片放映同步。选中声音图标，切换到【播放】选项卡，单击【音频选项】组中的【音量】按钮，在弹出的下拉列表框中选中【中等】选项，如图11.1-18所示。

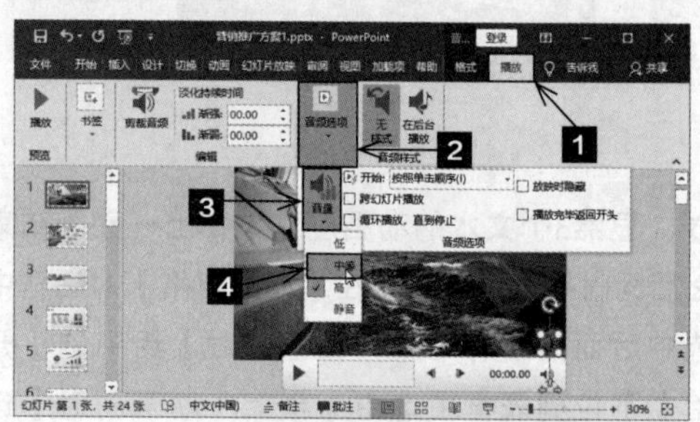

图11.1-18

❻ 单击【音频选项】组中的【开始】右侧的下拉按钮，在弹出的下拉列表框中选中【自动】选项，如图11.1-19所示。

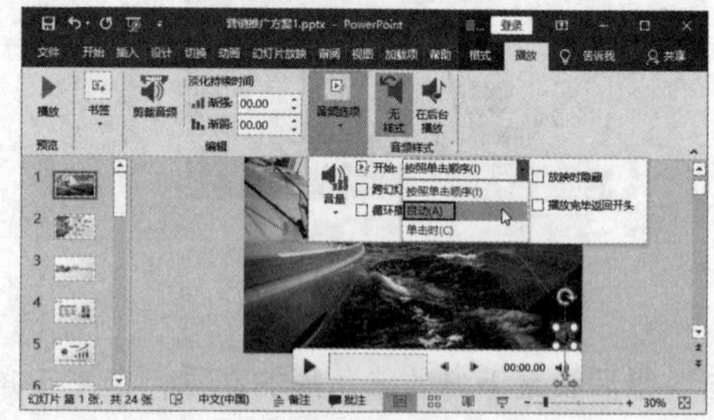

图11.1-19

❼ 在【音频选项】组中选中【循环播放，直到停止】复选框，声音就会循环播放直到幻灯片放映完；选中【放映时隐藏】复选框，隐藏声音图标；选中【播放完毕返回开头】复选框，声音就会在播放完成后自动返回开头，如图11.1-20所示。

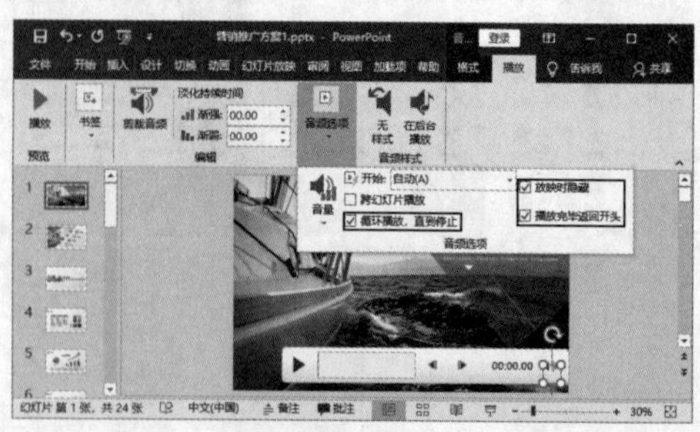

图11.1-20

11.2 课堂实训——企业战略管理

结合11.1节学习的内容，用户可以根据操作要求为企业战略管理添加动画效果。效果如图11.2-1所示。

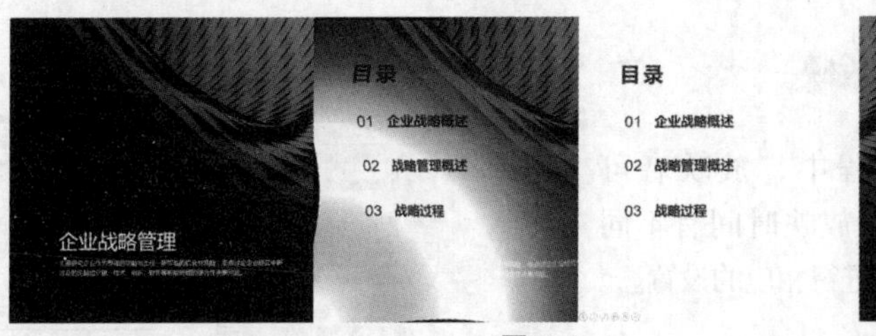

图11.2-1

专业背景

企业要在市场上寻求发展，就需要从实际出发，对整个企业做出总体的战略计划。为企业战略添加动画效果可以更好地展现企业的战略。

实训目的

◎ 熟练掌握如何添加动画

◎ 熟练掌握如何设置动画及其持续时间

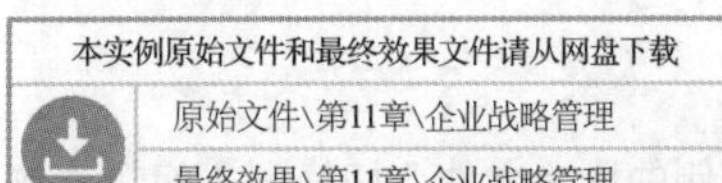

操作思路

1. 添加动画

在【切换到此幻灯片】组中单击【其他】按钮，为幻灯片选中【涟漪】选项，如图11.2-2所示。

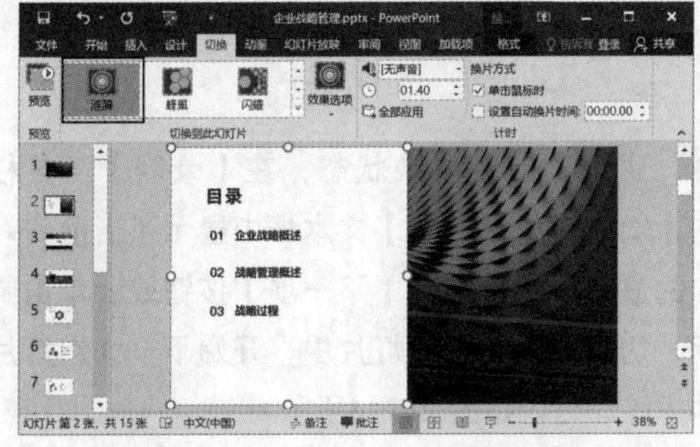

图11.2-2

2. 设置动画

【效果选项】可用于设置不同的进入方向。系统默认涟漪的进入方向是中心，我们通过【效果选项】将其设置为【从左下部】，如图11.2-3所示。

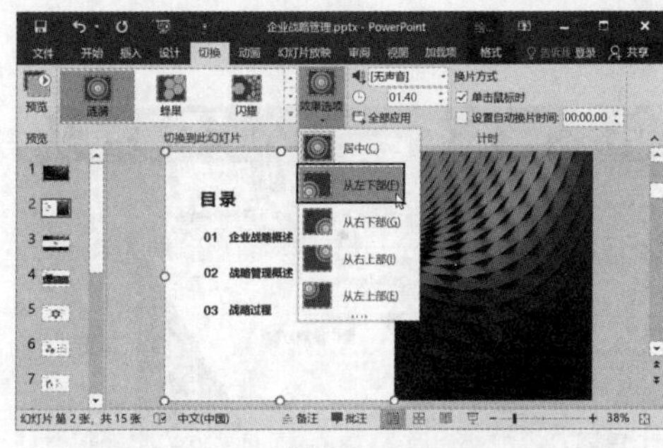

图11.2-3

3. 设置动画持续时间

在【计时】组中的【持续时间】微调框中，将持续时间设置为“07.00”，如图11.2-4所示。

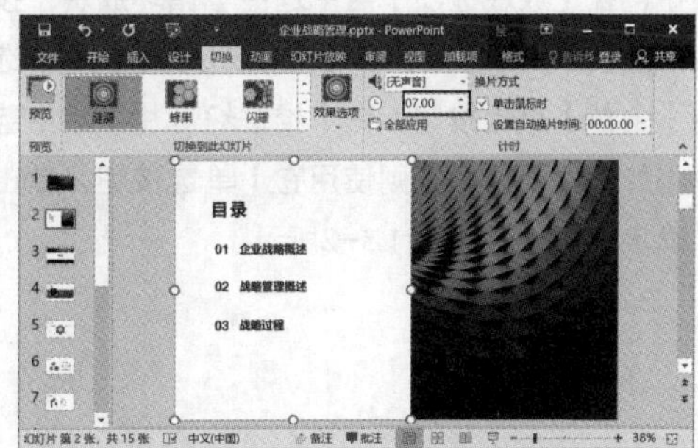

图11.2-4

11.3 演示文稿的应用——女装推广策划方案

演示文稿制作完成后，用户就可以放映了。用户还可以对演示文稿进行打包设置，以供他人使用。

11.3.1 演示文稿的放映

在放映演示文稿的过程中，放映者可能对演示文稿的放映方式和放映时间有不同的需求，因此，用户可以对其进行相应的设置。

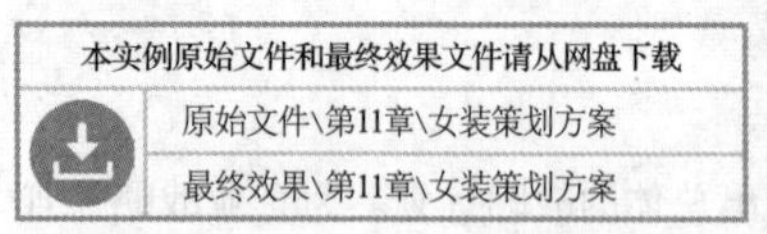

本实例原始文件和最终效果文件请从网盘下载

原始文件\第11章\女装策划方案

最终效果\第11章\女装策划方案

扫码看视频

设置演示文稿放映方式和放映时间的具体步骤如下。

❶ 打开本实例的原始文件，切换到【幻灯片放映】选项卡，在【设置】组中单击【设置幻灯片放映】按钮，如图11.3-1所示。

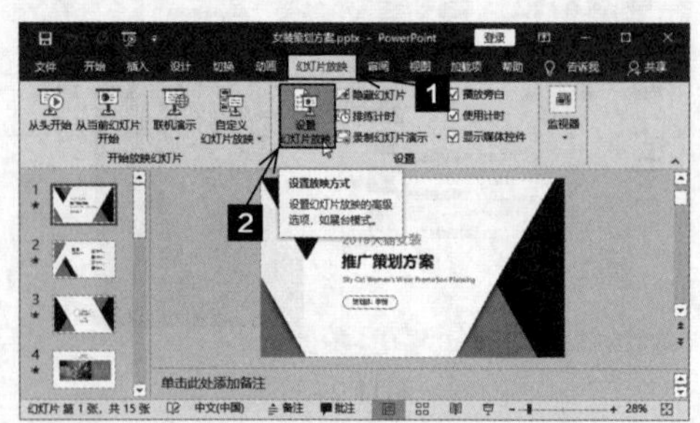

图11.3-1

❷ 弹出【设置放映方式】对话框，在【放映类型】组中选中【演讲者放映（全屏幕）】单选按钮，在【放映选项】组中选中【循环放映，按Esc键终止】复选框，在【放映幻灯片】组中选中【全部】单选按钮，在【推进幻灯片】组中选中【如果出现计时，则使用它】单选按钮，单击【确定】按钮，如图11.3-2所示。

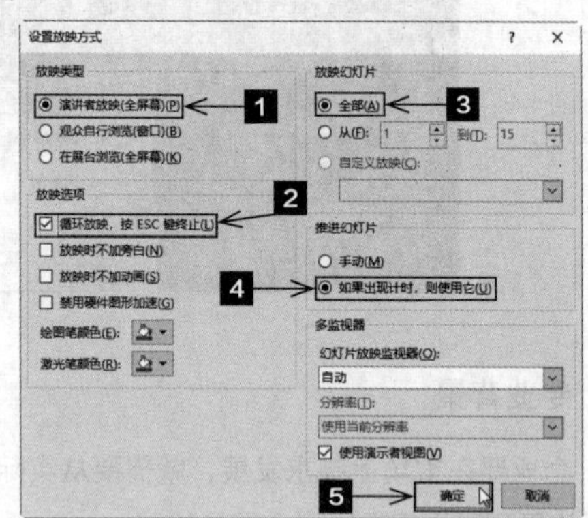

图11.3-2

❸ 返回演示文稿，然后单击【设置】组中的【排练计时】按钮，如图11.3-3所示。

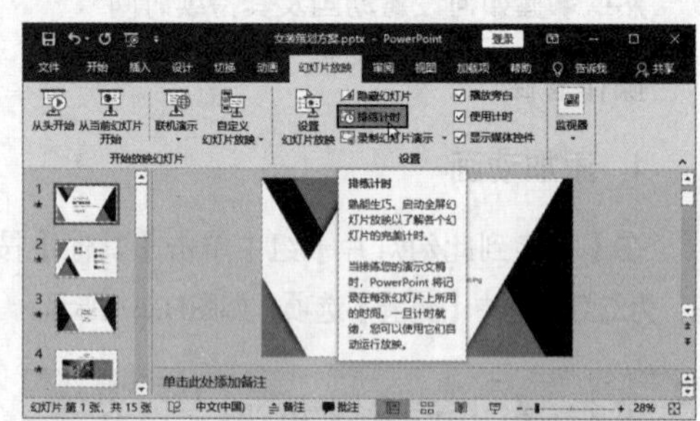

图11.3-3

❹ 进入幻灯片放映状态，在【录制】工具栏的【幻灯片放映时间】文本框中显示了当前幻灯片的放映时间，单击【下一项】按钮或者单击鼠标，切换到下一张幻灯片中，开始下一张幻灯片的排练计时，如图11.3-4所示。

图11.3-4

❺ 此时当前幻灯片的排练计时从“0”开始，而【录制】工具栏最右侧的累计时间是从第一张幻灯片的排练计时开始的。若想重新排练计时，可单击【重复】按钮，这样【幻灯片放映时间】文本框中的时间就从“0”开始；若想暂停计时，可以单击【暂停录制】按钮，这样当前幻灯片的排练计时就会暂停，直到单击【下一项】按钮时排练计时才继续。按照同样的方法为所有幻灯片设置其放映时间，如图11.3-5所示。

图11.3-5

提示：如果用户知道每张幻灯片的放映时间，则可直接在【录制】工具栏中的【幻灯片放映时间】文本框中输入其放映时间，然后按【Enter】键切换到下一张幻灯片，继续上述操作，直到放映完幻灯片为止。

❻ 单击【录制】工具栏中的【关闭】按钮，弹出【Microsoft PowerPoint】对话框，单击【是】按钮，如图11.3-6所示。

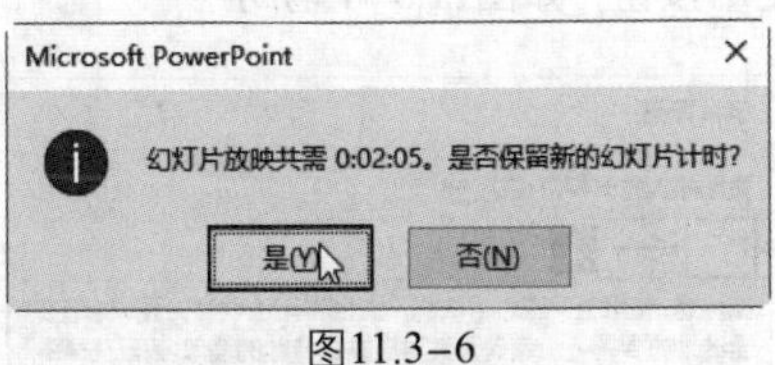

图11.3-6

❼ 切换到【视图】选项卡，单击【演示文稿视图】组中的【幻灯片浏览】按钮，如图11.3-7所示。

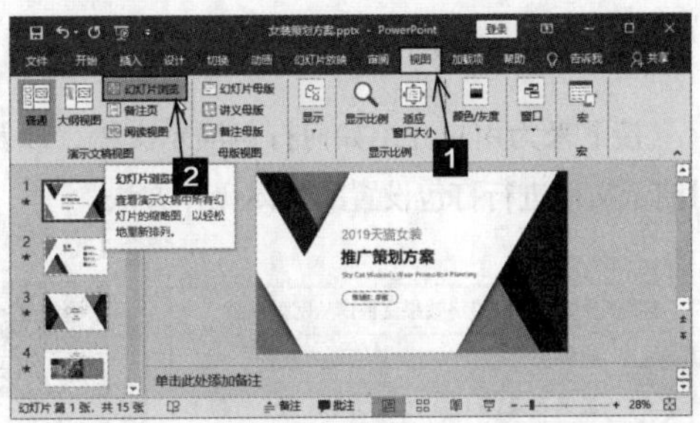

图11.3-7

❽ 系统自动转入幻灯片浏览视图，可以看到在每张幻灯片缩略图的右下角都显示了幻灯片的放映时间，如图11.3-8所示。

图11.3-8

❾ 切换到【幻灯片放映】选项卡，在【开始放映幻灯片】组中单击【从头开始】按钮，如图11.3-9所示。

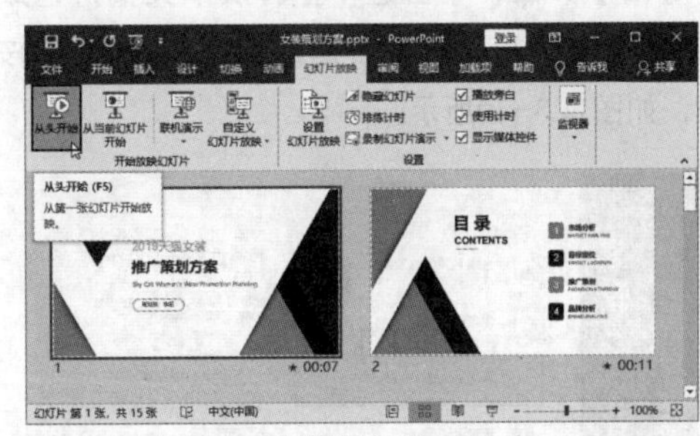

图11.3-9

❿ 此时幻灯片进入播放状态，用户根据排练的时间来放映幻灯片即可。

11.3.2 演示文稿的打包

接下来为用户介绍如何打包演示文稿，以及对演示文稿进行打包设置的具体操作方法。

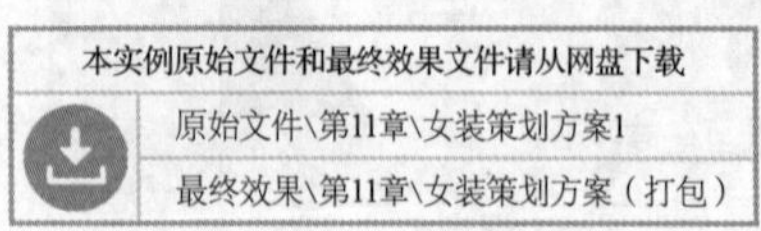

本实例原始文件和最终效果文件请从网盘下载

原始文件\第11章\女装策划方案1

最终效果\第11章\女装策划方案（打包）

扫码看视频

在实际工作中，用户可能需要将演示文稿拿到其他的电脑上去演示。如果演示文稿太大，不容易复制和携带，此时最好的方法就是将演示文稿打包。

用户若使用压缩工具对演示文稿进行压缩，则可能会丢失一些链接信息，因此可以使用PowerPoint 2016提供的【打包向导】功能将演示文稿和播放器一起打包，然后复制到另一台电脑中，将演示文稿解压并进行播放。如果打包之后用户又对演示文稿做了修改，还可以使用【打包向导】功能重新打包，也可以一次打包多个演示文稿。具体的操作步骤如下。

❶ 打开本实例的原始文件，单击【文件】按钮，在弹出的界面中单击【导出】选项，弹出【导出】界面，单击选中【将演示文稿打包成CD】选项，然后单击右侧的【打包成CD】按钮，如图11.3-10所示。

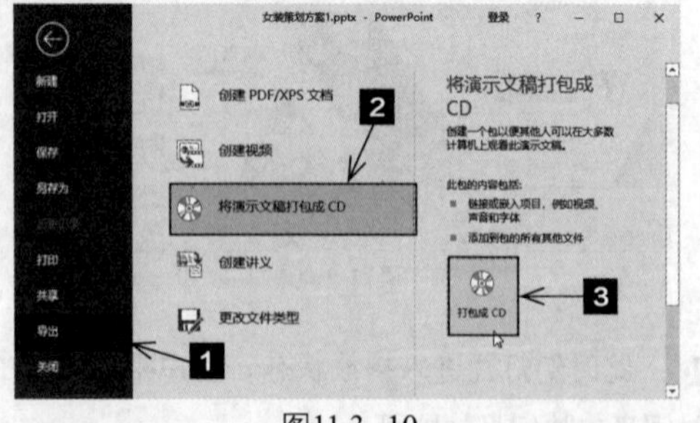

图11.3-10

❷ 弹出【打包成CD】对话框，单击【选项】按钮，如图11.3-11所示。

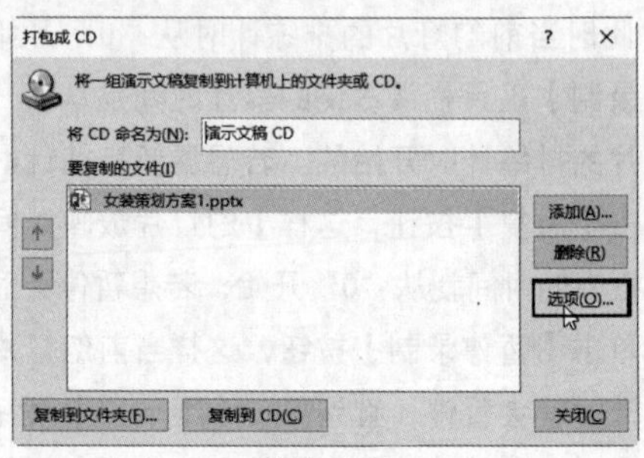

图11.3-11

❸ 弹出【选项】对话框，用户可以在对话框中设置多个打包选项。这里选中【包含这些文件】组中的【链接的文件】复选框、【嵌入的TrueType字体】复选框，然后在【打开每个演示文稿时所用密码】和【修改每个演示文稿时所用密码】文本框中输入密码（本章涉及的密码均为“123”），单击【确定】按钮，如图11.3-12所示。

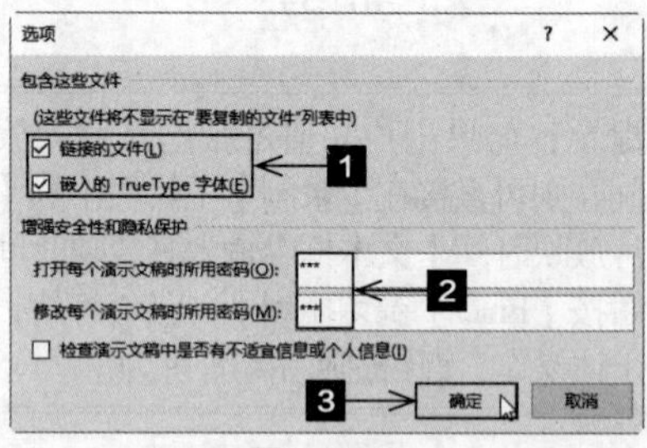

图11.3-12

❹ 弹出【确认密码】对话框，在【重新输入打开权限密码】文本框中输入密码“123”，单击【确定】按钮，如图11.3-13所示。

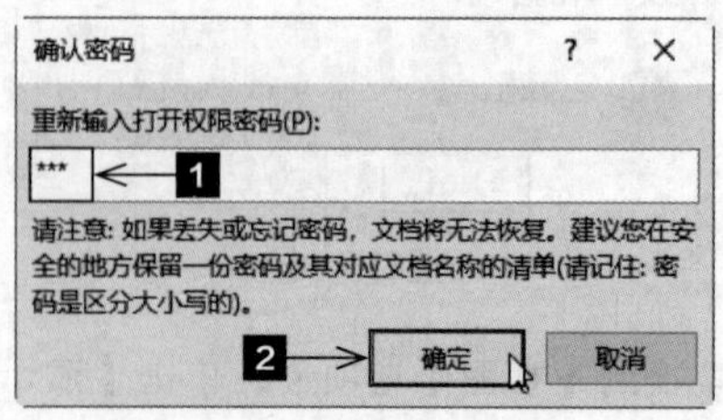

图11.3-13

❺ 再次弹出【确认密码】对话框，在【重新输入修改权限密码】文本框中再次输入密码“123”，单击【确定】按钮，如图11.3-14所示。

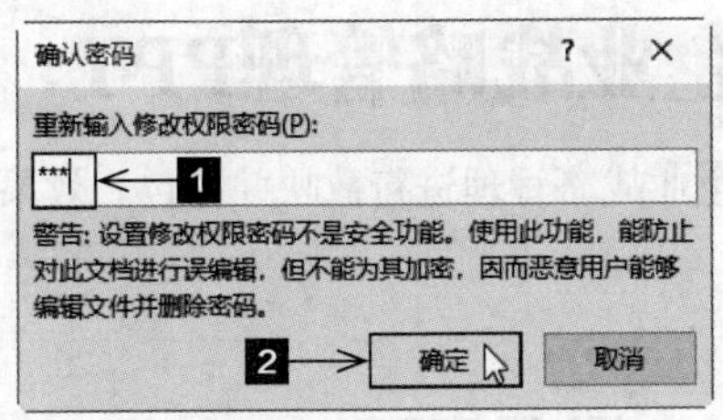

图11.3-14

❻　返回【打包成CD】对话框，单击【复制到文件夹】按钮，如图11.3-15所示。

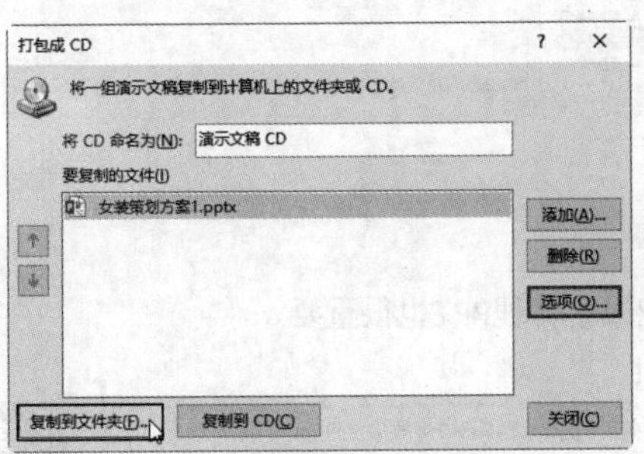

图11.3-15

❼　弹出【复制到文件夹】对话框，在【文件夹名称】文本框中输入复制的文件夹名称。在此输入“女装策划方案（打包）”，然后单击【浏览】按钮，如图11.3-16所示。

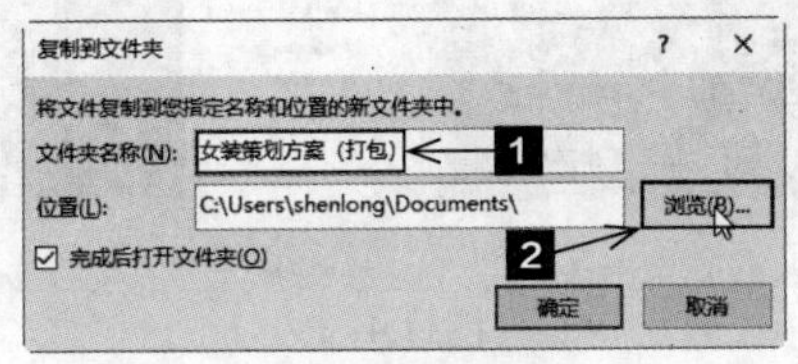

图11.3-16

❽　弹出【选择位置】对话框，选择文件需要保存的位置，然后单击【选择】按钮即可，如图11.3-17所示。

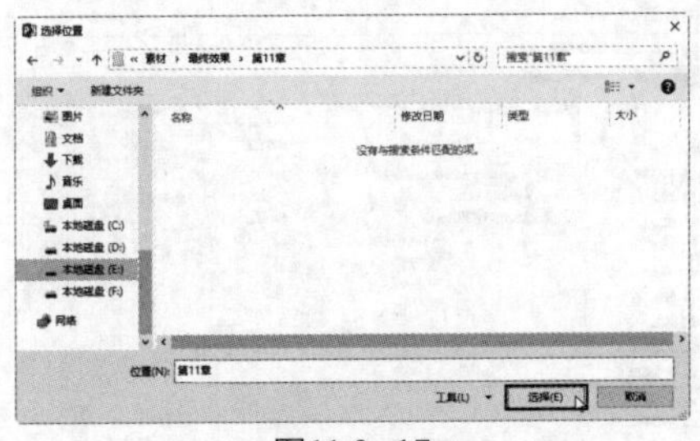

图11.3-17

❾　返回【复制到文件夹】对话框，单击【确定】按钮，如图11.3-18所示。

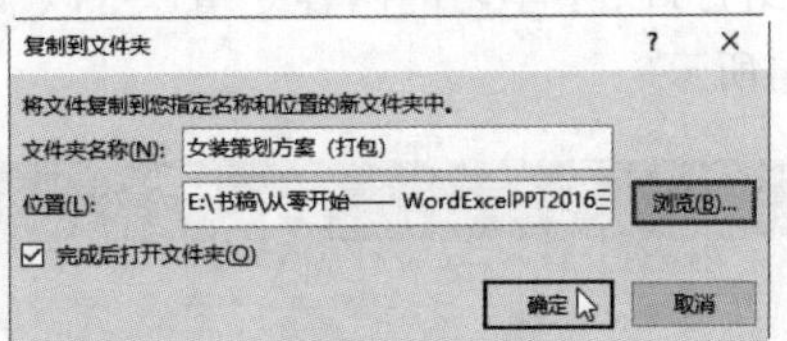

图11.3-18

❿　弹出【Microsoft PowerPoint】提示对话框，提示用户“是否要在包中包含链接文件？”，单击【是】按钮，如图11.3-19所示，表示链接的文件内容会同时被复制。

图11.3-19

⓫　此时系统开始复制文件，并弹出【正在将文件复制到文件夹】对话框，提示用户正在把文件复制到选中的文件夹，如图11.3-20所示。

图11.3-20

⓬　返回【打包成CD】对话框，单击【关闭】按钮即可，如图11.3-21所示。

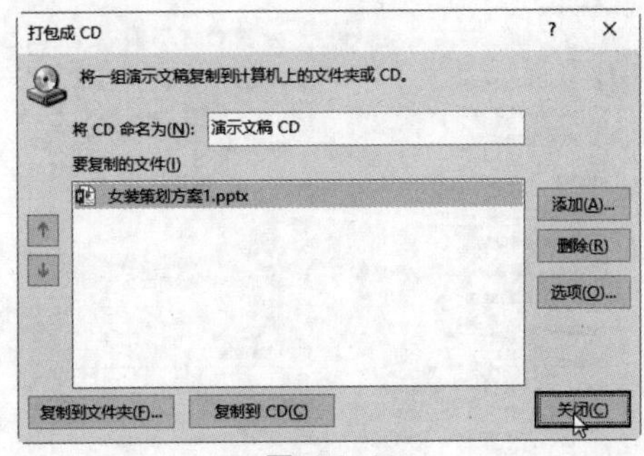

图11.3-21

⓭　用户找到相应的文件夹，就可以看到打包后的相关内容。

11.4 课堂实训——放映企业战略管理PPT

结合11.3节学习的内容，用户可以根据操作要求为企业战略管理进行放映并打包。效果如图11.4–1所示。

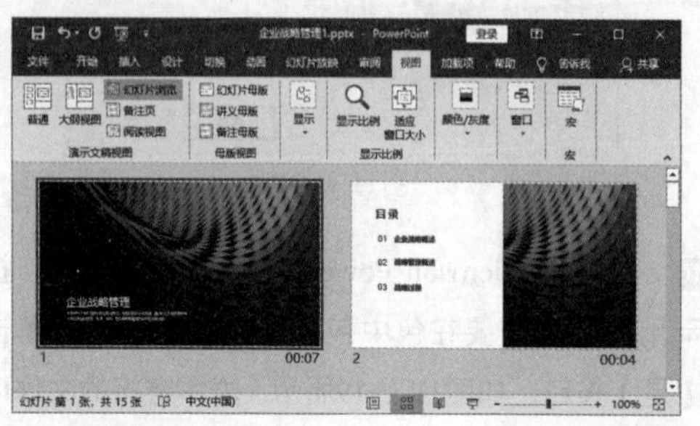

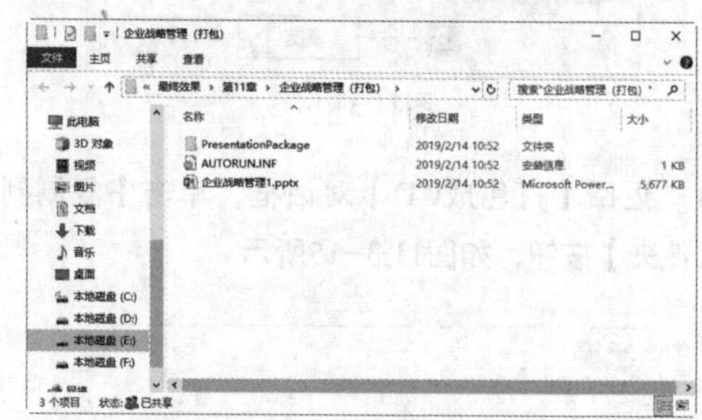

图11.4–1

专业背景

企业战略管理PPT的内容很关键，正确放映和打包企业战略管理PPT也很重要。

实训目的

◎ 熟练放映企业战略管理PPT

◎ 熟练掌握如何打包企业战略管理PPT

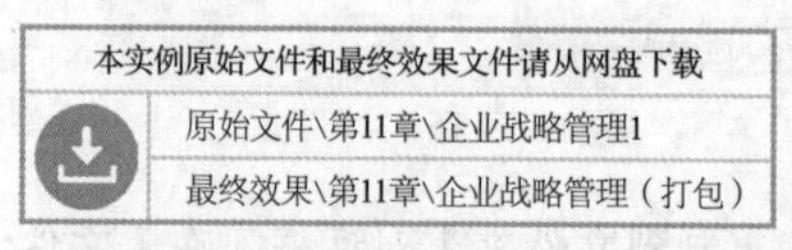

操作思路

1. 放映企业战略管理PPT

切换到【幻灯片放映】选项卡，在【设置】组中单击【设置幻灯片放映】按钮，在【设置放映方式】对话框中进行放映设置，设置的操作如图11.4–2所示，放映的效果如图11.4–3所示。

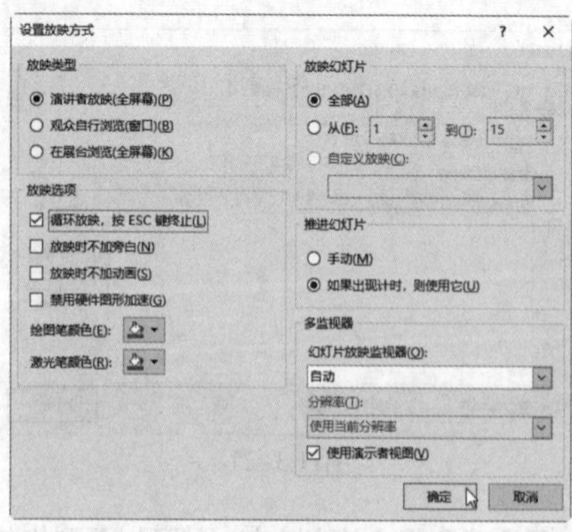

图11.4–2

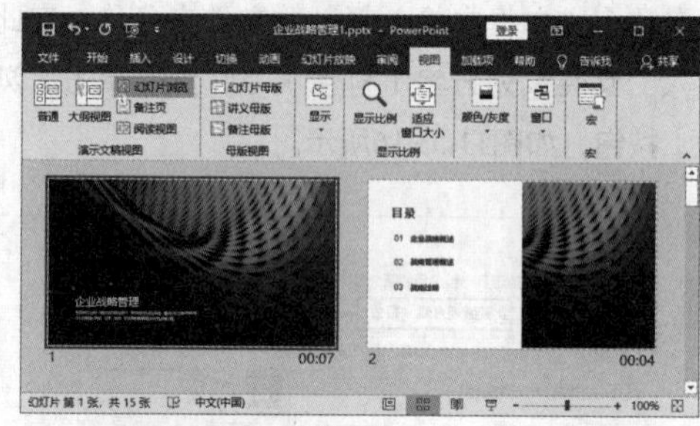

图11.4–3

2. 打包企业战略管理PPT

在【导出】界面中单击【打包成CD】按钮，在【打包成CD】对话框中进行设置，完成后的效果如图11.4–4所示。

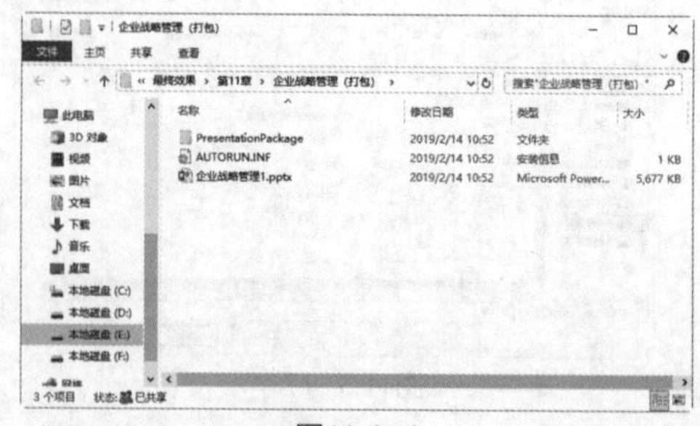

图11.4–4

11.5　常见疑难问题解析

问：如何取消PPT放映结束时的黑屏？

答：打开PPT文件，单击【文件】按钮，在弹出的界面中单击【选项】菜单项，弹出【PowerPoint选项】对话框，切换到【高级】选项卡，在【幻灯片放映】组中撤选【以黑幻灯片结束】复选框。单击【确定】按钮返回演示文稿，放映该幻灯片，放映结束就不会出现黑屏了。

问：如何在放映时关闭动画效果？

答：打开本实例的原始文件，切换到【幻灯片放映】选项卡，在【设置】组中单击【设置幻灯片放映】按钮，弹出【设置放映方式】对话框，在【放映选项】组中选中【放映时不加动画】单选按钮，然后单击【确定】按钮返回幻灯片中，按【F5】键确认应用效果。

11.6　课后习题

在制作幻灯片时，为动画添加声音效果，能更好地展现演示文稿。

扫码看视频

（1）选中幻灯片，通过【PC上的音频】选项，在动画中插入音频，如图11.6-1所示。

（2）对插入幻灯片中的音频进行设置，然后通过单击【播放】按钮进行播放，如图11.6-2所示。

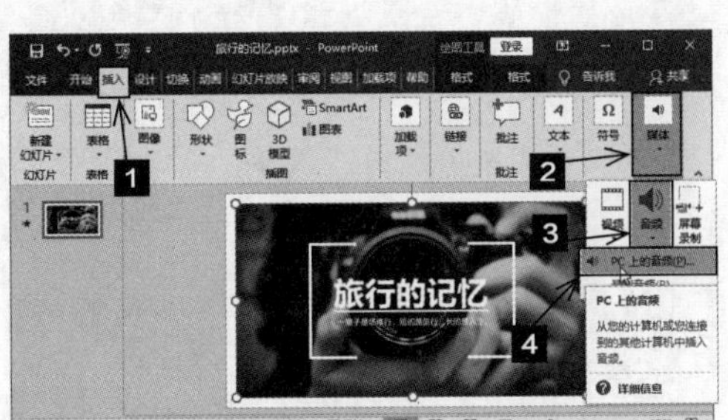

图11.6-1

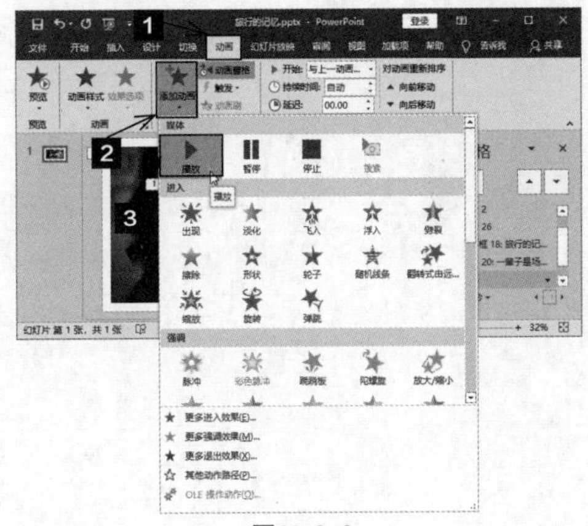

图11.6-2